「Python 資料科學手冊 第二版」的讚譽

雖然現今有許多資料科學的書籍，但我發現 Jake VanderPlas 的書有他的獨特之處。本書涵蓋了非常廣泛與複雜的主題，將其逐步分解之後以易於理解的方式，透過出色的寫作和練習讓您可以快速地活用這些概念。

—— *Celeste Stinger*，網站可靠性工程師

Jake VanderPlas 的專業知識與對於分享知識的熱情是無庸置疑的。本次最新改版提供了清晰且易於遵循的示例，為您說明成功配置與使用基本資料科學和機器學習工具。如果你是準備深入瞭解並使用基於 Python 工具以獲得來自於您的資料的真實洞見之核心技術，這將會是適合您的書！

—— *Anne Bonner*，*Content Simplicity* 創辦人暨 *CEO*

多年來，《Python 資料科學手冊》一書一直是我推薦給資料科學學生的首選。第二版在這本已經很棒的書上又精進 Jupyter 的 Notebook，可讓您在閱讀的同時一邊執行您最喜歡的資料科學實作方法。

—— *Noah Gift*，*Duke* 大學駐校創業家暨 *Pragmatic AI Labs* 創辦人

再版書很好地介紹了使 Python 成為頂尖程式語言的資料科學及科學計算方面的程式庫，全書以易於理解的方式呈現，並附上了許多很棒的範例。

—— *Allen Downey*，《*Think Python*》和《*Think Baayes*》的作者

《Python 資料科學手冊》對於那些正在學習 Python 資料科學技術的讀者而言，是一本很棒的指引。書中以易於理解的方式呈現完整的實用範例，讀者無疑地能夠學會如何有效地儲存、操作和從資料集中獲取洞見。

—— *William Jamir Silva*，*Adjust GmbH*，高級軟體工程師

Jake VanderPlas 對於向那些正在學習資料科學的人介紹 Python 核心概念和工具應用方面有豐富的經驗，在《Python 資料科學手冊》的第二版中，他再次展現了此一才能。在這本書中，他提供了入門所需的所有工具之概述，並解釋了為什麼某些事情是現在這個樣子的背景，然後以易於理解的方式呈現。

—— *Jackie Kazil*，*Mesa Library* 創建者與 *Data Science* 領導人

第二版

Python 資料科學學習手冊

SECOND EDITION

Python Data Science Handbook

Essential Tools for Working with Data

Jake VanderPlas 著

何敏煌 譯

O'REILLY®

目錄

前言

什麼是資料科學？

這是一本關於使用 Python 來從事資料科學工作的書。首先要面對的問題是：「何謂『資料科學』（*Data Science*）？」這是一個很難明確定義的詞，尤其是在這個詞已經被濫用的情況下。有些人認為這個名詞是多餘的（畢竟，哪有不包含資料的科學呢）、或認為這是個可以為自己履歷加料的流行語，好吸引那些特別喜歡科技的招聘人員的目光。

在我心裡的想法是，這些批評忽略了一些重要的事情。儘管資料科學表面上充滿炒作，但在跨領域技能的許多應用領域中，它可能是我們最好的標籤。這個「**跨領域**」的部分是關鍵：在我的心目中，資料科學目前最好的定義是 Dew Conway 所畫的 Data Science Venn Diagram，這張圖於 2010 年 9 月首次出現在其部落格中（參閱圖 P-1）。

雖然這些圖中某些交集的標籤內容並沒有那麼正式，但這張圖抓住了一些我認為人們提到「資料科學」時的所指的本質：它根本上是一個跨學科的主題。資料科學由三個不同但相互重疊的領域所組成：**統計學家**的技能，瞭解如何對越來越大的資料集進行建模與整合；**電腦科學家**的技能：用於設計以及使用高效的演算法進行儲存、處理與視覺化這些資料；以及**領域專家**：那些我們認為在某些傳統項目中有著「良好的」訓練，可以提出適合的問題以及得到對的答案的人。

有鑑於此，我建議讀者不要將資料科學視為一個需要從頭學習的全新領域知識，而是將其視為是可以應用在你目前專業領域的一套新技能。無論你是要報導選舉結果、預測股票收益、最佳化線上廣告的點擊率、辨識在顯微照片下的微生物、在天文領域尋找新的星體、或是在任何領域中用到資料，本書的目標，就是提供你在自身專業領域中，提出新問題並找到解答的能力。

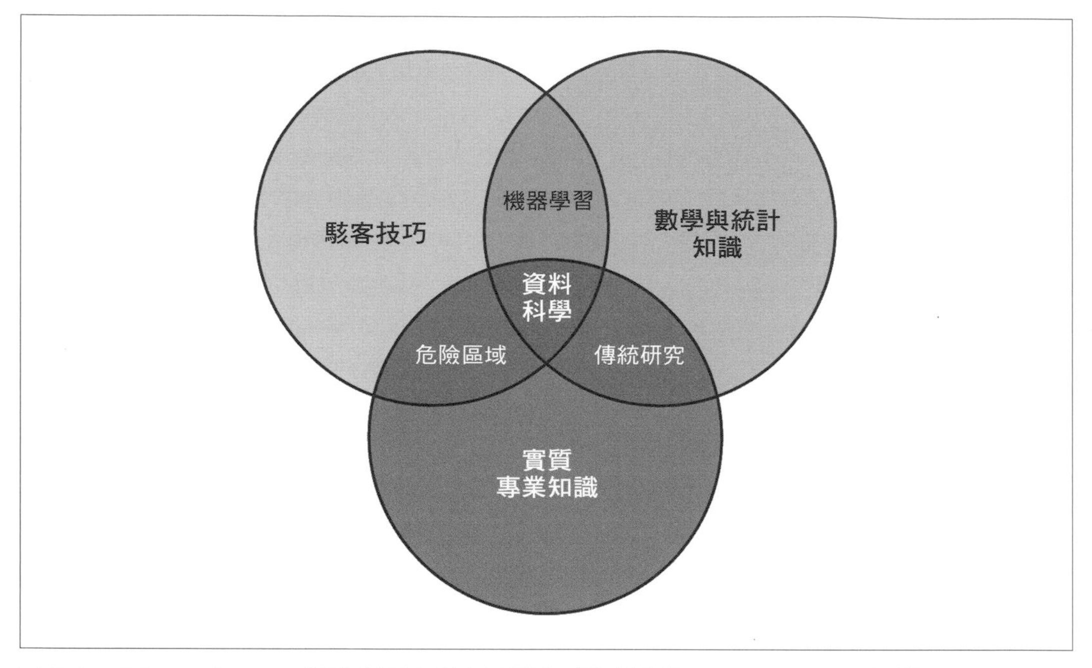

圖 P-1：由 Drew Conway 繪製的資料科學文氏圖。（資料來源：Drew Conway 授權，https://oreil.ly/PkOOw）

本書適用對象

我在華盛頓大學和許多技術研討會和見面會的教學場合中，最常被問到的問題是：「我該如何學習 Python ？」提問的人包括具有技術背景的學生、開發人員和研究人員，他們通常都已經具備編寫程式碼、使用計算及數值工具的經驗。其中大部分的人並不打算精通 Python，只是想要把它當成一個用來處理手邊大量資料並進行科學計算的工具。雖然網路上有大量的影音檔案、部落格文章及教學內容，但我對於這個問題長久以來都缺乏一個好的答案而感到沮喪，這給了我出版本書的動機。

本書並不是一本介紹 Python 或是一般程式設計的書籍。我假設本書的讀者已經熟悉了 Python 語言，知道如何定義函式、指定變數、呼叫物件方法、控制程式的流程以及利用 Python 執行一些基本任務。本書將能幫助 Python 的使用者瞭解如何運用 Python 資料科學堆疊（也就是我們將在接下來的章節介紹的程式庫以及相關的工具）來有效率地儲存、操作、以及進一步取得對於資料的洞見。

為何選用 Python ？

在過去的幾十年裡，Python 已經成為科學計算任務的一流工具，這些任務包括大規模數據集的分析與視覺化。這個發展也許會讓 Python 早期的支持者感到意外，因為 Python 在設計之初並沒有特別考慮到資料分析和科學計算。

Python 在資料科學領域特別有用的原因主要來自於這些大型具活躍的第三方套件生態系：*NumPy* 用來處理以同質性陣列為主的資料；*Pandas* 用來處理異質性和標籤類型的資料；*SciPy* 用來進行一般的科學計算工作；*Matplotlib* 用來處理具有發行等級品質的視覺化；*IPython* 用來進行互動式執行及程式碼共享；*Scikit-Learn* 可以進行機器學習；以及更多本書接下來要介紹的工具。

如果你正在尋找針對 Python 語言的指引，我建議你可以參考本書的姐妹專案《Python 旋風之旅》（*https://oreil.ly/jFtWj*）。這份簡短的報告介紹了 Python 的基礎與重要特色，適合已經熟悉一種以上程式語言的資料科學家閱讀。

本書大綱

本書每一篇都聚焦在一個特定的套件或工具，這些套件或工具都是 Python 資料科學中非常重要的組成。每一篇中再分割為較簡短且內容獨立的專章，讓每一章可以單獨地探討一個概念：

- 第一篇：〈Jupyter：更好用的 Python 開發環境〉介紹 IPython 與 Jupyter。這些套件提供的運算環境，是許多使用 Python 的資料科學家們執行作業的環境。
- 第二篇：〈NumPy 介紹〉聚焦在 NumPy 程式庫，這組程式庫提供 `ndarray`，它可以極高效率地在 Python 程式中儲存及操作密集資料陣列。
- 第三篇：〈使用 Pandas 操作資料〉介紹 Pandas 程式庫，它提供了 `DataFrame` 資料結構，可以高效地在 Python 程式中儲存和操作標籤及欄位式的資料。

- 第四篇：〈使用 Matplotlib 視覺化資料〉中則集中介紹 Matplotlib，這個程式庫提供了 Python 在資料視覺化上靈活的運用能力。
- 第五篇：「機器學習」聚焦在 Scikit-Learn 程式庫，這組程式庫對於一些重要的一些機器學習演算法，提供了高效且簡潔的 Python 實作。

PyData 的世界當然不會只有這 6 個套件，而且它每天仍在持續地成長。考慮到這一點，我也會在本書中介紹其他有趣的工作、專案、以及套件，它們將 Python 的可能性推到更遠。然而，這 6 個專案是目前在 Python 的資料科學領域中是最基本且有最多成果的，我認為就算即使這個生態系持續不斷地成長，仍然會圍繞著它們。

安裝注意事項

安裝 Python 及程式庫套組以啟用科學計算能力相當直覺。本節提供一些你在設定自己的電腦時需要留意的事項。

雖然有許多不同的方法可以安裝 Python，我最推薦的是在資料科學領域最受歡迎的 Anaconda 發佈版本，它在 Windows、Linux、或是 macOS 的作業方式都很類似。Anaconda 有兩個主要的發佈版本：

- Miniconda（*https://oreil.ly/dH7wJ*）提供了 Python 直譯器以及一個被稱為 *conda* 的命令列工具。conda 是一個 Python 套件的跨平台管理工具，就像是我們在 Linux 作業系統中使用的 apt 或是 yum 一樣。如果你是 Linux 使用者的話，一定可以很快上手。
- Anaconda（*https://oreil.ly/ndxjm*）包含 Python 以及 conda，還有許許多多資料科學使用的預裝套件。因為這些綑綁套件包的容量較大，全部安裝起來需要許多 GB 的硬碟空間。

包含在 Anaconda 中的套件均可以在 Miniconda 中手動安裝，基於這個理由，我推薦從 Miniconda 開始。

為了方便本書的閱讀，請下載並安裝 Miniconda 套件，並確認你選用的是 Python 3 版本，然後使用以下的指令安裝在本書中所有會使用到的套件：

```
[~]$ conda install numpy pandas scikit-learn matplotlib seaborn jupyter
```

在本書中，我們也會使用到更多在 Python 資料科學生態系中的特定工具，安裝的方式通常也是跟上述的方式一樣簡單，只要輸入 **conda install** 以及**套件名稱**就可以了。如果遇到一些在預設的 conda 指令上無法安裝的套件，請一定要去 *conda-forge*（*https://oreil.ly/CCvwQ*）看看，這是一個由社群所驅動的 conda 套件程式庫集散地。

如果你想要獲得關於 conda 更多的資訊，包括如何建立與使用 conda 環境（我強烈建議你這麼做），請參考 conda 的線上說明文件（*https://oreil.ly/MkqPw*）。

本書編排慣例

本書使用的字型、字體慣例，如下所示：

斜體字（*Italic*）

用來表示檔名、副檔名、路徑、網址和電子郵件；中文使用楷體字。

定寬字（`Constant width`）

用來表示程式列表，也用在文章段落中表示程式元素，例如變數或函式的名稱、資料庫、資料類型、環境變數、敘述，以及關鍵字。

定寬粗體字（**`Constant width bold`**）

用來顯示指令，或其他應該由使用者逐字輸入的文字。

定寬斜體字（*`Constant width italic`*）

顯示應由使用者提供的數值來取代，或者應該視情況決定的數值來取代的文字。

這個圖示代表一般注意事項。

使用範例程式

補充教材（程式碼、圖表等）可以在以下的網址中下載：

http://github.com/jakevdp/PythonDataScienceHandbook

如果你有技術上的問題或是在使用範例程式碼時遇到了困難，請寄信到 *bookquestions@oreilly.com*

本書的目的是幫助你完成工作，書裡的範例程式碼，基本上可以用在你的程式和文件中，不需要在特別找我們取得授權，除非你重製（reproduce）了大量的程式碼。舉例來說，你寫的程式用了一些這本書裡頭的程式碼不需要授權。販售或散佈來自於 O'Reilly 書籍的範例光碟就需要取得授權。藉由引用此書以及範例程式碼來回答問題並不需要取得授權。把大量來自於本書的範例程式碼包含在你的產品中的文件則需要取得授權。

我們感謝（但不是必要）你指明出處。出處通常包括篇名、作者、出版社、以及 ISBN。例如：「Python Data Science Handbook , 2nd edition, by Jake VanderPlas（O'Reilly）Copyright 2023 Jake Vander Plas, 978-1-098-12122-8.」。

若你認為自己的使用目的超出合理範圍或是不在上述範圍內，歡迎你聯絡我們：*permissions@oreilly.com*。

第一篇

Jupyter：更好用的 Python 開發環境

Python 有許多開發環境可以選用，而且我總是被問到在工作中使用哪一種。我的回答有時會讓一些人感到訝異：我偏愛的開發環境是 IPython（*http://ipython.org/*）加上一個文字編輯器（我會依當時的心情選用 Emacs 或 VSCode）。一開始，IPython（Interactive Python 的簡稱）在 2001 年被 Fernando Perez 用來做為一個加強版的 Python 直譯器，後來發展成為一個專案。用 Perez 的話來說，此專案的目標是用來提供「在整個研究計算的生命週期中所使用的工具」。如果說 Python 是資料科學工作的引擎，那麼，你可以把 IPython 當作是一個互動交談式的控制台。

做為一個好用的 Python 交談介面，IPython 也在語言中提供了許多好用的語法擴充；我們將會在這裡介紹一些最重要的部分。或許在 Jupyter 專案中大家最熟悉的介面就是 Jupyter Notebook，這是一個以瀏覽器為基礎的環境，非常便於開發、合作、分享、甚至是公開做為資料科學成果的發佈。做為 Notebook 格式很有用處的範例之一，就是你正在閱讀的頁面：本書所有的草稿都是由被放在 IPython 中的 Notebook 所組成。

本篇首先將介紹一些對資料科學實作有用的 Jupyter 及 IPython，尤其是它們在 Python 基礎功能上外加的語法。接下來，我們將更深入的介紹一些更有用的「magic 魔術命令」，這些命令可以用來加速建立與使用資料科學程式碼。最後，我們將會提到一些 Notebook 的特色，這些特色可以幫助我們更瞭解資料並分享結果。

第 1 章

IPython 和 Jupyter 入門

為資料科學編寫 Python 程式碼時，我通常會在三種工作模式之間切換：使用 IPython Shell 測試一連串指令；運用 Jupyter Notebook 中進行較長的互動式分析，並與他人共享程式碼；在 Emacs 或 VSCode 等整合開發環境（IDE）中建立可重用的 Python 套件。本章將聚焦於前兩種模式：IPython Shell 與 Jupyter Notebook。

使用 IDE 進行軟體開發對資料科學家相當重要，但我們並不會在本章討論它。

啟動 IPython Shell

本章的內容與本書大部分的章節一樣，不是設計為僅透過閱讀來被動吸收的知識。我建議你在閱讀本書時，跟著本書的工具和語法進行實作，如此建立出來的肌肉記憶將遠超過只是閱讀的效果。你可以在命令列輸 **ipython** 啟動 IPython 直譯器，或是透過 Anaconda 或 EPD 這一類發行套件，使用它們專屬的啟動程式（我們將在第 4 頁「IPython 的求助與說明文件」小節中詳細地介紹）。

啟動 IPython 之後，應該會看到如下所示的提示訊息：

```
Python 3.9.2 (v3.9.2:1a79785e3e, Feb 19 2021, 09:06:10)
Type 'copyright', 'credits' or 'license' for more information
IPython 7.21.0 -- An enhanced Interactive Python. Type '?' for help.

In [1]:
```

看到上面的訊息，就表示已經準備好可以繼續往下操作了。

啟動 Jupyter Notebook

Jupyter Notebook 是 IPython Shell 的瀏覽器圖形化介面版本，擁有許多動態的顯示能力。除了可以執行 Python/IPython 的陳述式，在 Notebook 中還允許使用者加入格式化的文字、靜態或動態的視覺化資料、數學式、JavaScript 小工具（widget）等，這些文件也可以儲存起來，讓他人在自己的系統中開啟並執行。

雖然 IPython Notebook 是在瀏覽器中檢視以及編輯，但它必須要連結到一個執行中的 Python 處理程序才有辦法執行程式碼，為了啟用這個處理程序（也就是所謂的「kernel」），需在你的系統中執行以下命令：

```
$ jupyter lab
```

這行命令將會啟動一個讓瀏覽器可以瀏覽的本地端的 Web 伺服器，並即刻顯示出一段紀錄訊息，如下：

```
$ jupyter lab
[ServerApp] Serving notebooks from local directory: /Users/jakevdp/ \
PythonDataScienceHandbook
[ServerApp] Jupyter Server 1.4.1 is running at:
[ServerApp] http://localhost:8888/lab?token=dd852649
[ServerApp] Use Control-C to stop this server and shut down all kernels
(twice to skip confirmation).
```

在執行命令之後，預設的瀏覽器也會馬上被開啟，瀏覽目前本地端的 URL，實際的網址視你的系統狀態而定。如果瀏覽器沒有順利地自動執行的話，也可以自行手動開啟瀏覽器程式，然後前往這個位址（在本例為：*http://localhost:8888/lab*）。

IPython 的求助與說明文件

如果你還沒閱讀本章的其他段落，請先看看這個：我發現在這裡討論的工具，對於我每天的工作流程有非常大的幫助。當一個科技人被要求幫助遇到電腦相關問題的朋友、家人或是同事時，知道如何找到答案的情況遠比可以直接回答的情況多。在資料科學也是一樣的。可以搜尋的網頁資源（像是線上文件、郵件討論串、Stack Overflow 網站的回答區）均包含了相當豐富的資訊，甚至（特別是？）會找到之前你曾經搜尋過的主題。要成為一個在資料科學有效率的練習者，請減少死背一些可能用得到的指令和工具，多去學習如何有效率地從網頁搜尋引擎中找出未知的資訊。

IPython/Jupyter 最重要的功能之一，就是縮短使用者和說明文件型式之間的距離，而且搜尋可以幫助我們更有效率地工作。儘管網頁搜尋可以回答複雜的問題，但在 IPython 中其實就可以找到比想像還要多的資訊。如下所列的這些例子，在 IPython 中只要幾個按鍵就可以得到答案：

- 如何呼叫某個函式？這個函式有什麼參數以及選項？
- 某個 Python 物件的原始碼是什麼？
- 匯入了什麼套件？
- 這個物件的屬性和方法函式分別是什麼？

接下來將說明如何利用 IPython 的工具，像是用「?」去探索說明文件，以及用「??」去取得原始程式碼，還有用「Tab」鍵達到自動補齊的功能。

使用「?」取得說明文件

Python 語言和它的資料科學生態系是以使用者為主體而建立的，而存取說明文件是其中一個重要的功能。每一個 Python 的物件都包含了一個被稱為函式說明字串（docstring）的參考資料。在大部分的情況下，函式說明字串會含有對此物件的內容、以及使用方法的精簡摘要。Python 有一個內建的 `help` 函式可以用來存取並顯示出這些資訊。例如，要檢視內建的 `len` 函式之說明文件，可以進行如下的操作：

```
In [1]: help(len)
    Help on built-in function len in module builtins:

len(obj, /)
    Return the number of items in a container.
```

在不同的解譯器中，求助訊息可能會以行內文件的方式，或是以獨立彈出的視窗來顯示。

因為經常會對 Python 物件進行求助查詢，所以 IPython 提供「?」字元做為取得這些說明文件以及相關資訊的快捷方式，如下所示：

```
In [2]: len?
Signature: len(obj, /)
Docstring: Return the number of items in a container.
Type:      builtin_function_or_method
```

此符號可以使用在任何對象，包括物件的方法函式：

```
In [3]: L = [1, 2, 3]
In [4]: L.insert?
Signature: L.insert(index, object, /)
Docstring: Insert object before index.
Type:      builtin_function_or_method
```

以及物件本身，也會依據不同的型態顯示出相對應的資訊：

```
In [5]: L?
Type:        list
String form: [1, 2, 3]
Length:      3
Docstring:
Built-in mutable sequence.

If no argument is given, the constructor creates a new empty list.
The argument must be an iterable if specified.
```

重要的是，就算是針對自定義的函式以及物件也可以。以下定義了一個具有函式說明字串的小型函式：

```
In [6]: def square(a):
  ....:     """Return the square of a."""
  ....:     return a ** 2
  ....:
```

要替自定義的函式建立 docstring，只要在第一行加上說明用字串即可。因為函式說明字串的內容通常都會有許多行，所以習慣上會使用 Python 的三引數字串符號。

現在可以使用「?」符號來顯示此自定義函式的函式說明字串了：

```
In [7]: square?
Signature: square(a)
Docstring: Return the square of a.
File:      <ipython-input-6>
Type:      function
```

透過函式說明字串快速取得說明文件的方法，也是讓你養成在編寫程式碼時，總是想到要加上行內說明文件習慣的一個好理由。

使用「??」取得原始程式碼

因為 Python 語言非常容易閱讀，通常可以藉由閱讀程式原始碼，進一步地對於感興趣的物件更深入地理解。IPython 提供使用雙問號（??）做為閱讀原始碼的快捷方法：

```
In [8]: square??
Signature: square(a)
Source:
def square(a):
    """Return the square of a."""
    return a ** 2
File:      <ipython-input-6>
Type:      function
```

像是這樣簡單的函式，雙問號讓我們可以很快地看到隱藏在內部的細節。

但是如果你多試幾次就會發現，有些時候在字尾附加上「??」並不會顯示出原始碼，這通常是因為你查詢的物件並不是使用 Python 實作的，而是使用 C 或是其他具編譯功能的語言所建立的。此種情況下，「??」字尾的輸出結果會和「?」字尾是一樣的。特別是那些 Python 內建的物件和型態，例如：前面例子中使用的 `len`：

```
In [9]: len??
Signature: len(obj, /)
Docstring: Return the number of items in a container.
Type:      builtin_function_or_method
```

「?」以及「??」提供了一個快速的介面，讓我們可以找到任一 Python 函式或模組實際執行內容的相關資訊。

使用 Tab 補齊功能來探索模組

IPython 的另外一個好用的介面是 Tab 鍵自動補齊以及探索物件、模組、和名稱空間的功能。在接下來的例子中，我將使用 <Tab> 來表示當 Tab 鍵被按下去的情況。

物件內容的 Tab 補齊

每一個 Python 物件都有許多的屬性和方法。就像之前說明過的 `help` 函式，Python 有一個內建的 `dir` 函式可以把這些屬性和方法都列出來，但是 Tab 鍵的補齊功能更好用。例如：想要瀏覽物件的所有可用屬性，可以在鍵入物件的名稱之後加上一個「`.`」句點符號，然後按下 Tab 鍵：

```
In [10]: L.<TAB>
           append() count    insert   reverse
           clear     extend   pop      sort
           copy      index    remove
```

只要輸入一個或多個字元，這個列表內容就會減少一些，此時再按下 Tab 鍵就可以找到更符合的屬性或方法：

```
In [10]: L.c<TAB>
            clear() count()
            copy()

In [10]: L.co<TAB>
             copy()  count()
```

如果只剩一個符合的項目，按下 Tab 鍵就會直接把整列顯示出來。例如：以下的例子就會直接由 `L.count` 取代：

```
In [10]: L.cou<TAB>
```

雖然 Python 並沒有嚴格強制區分外部公有的和內部私有的屬性，但慣例上會使用底線符號來標明私有的內部屬性。為了避免混淆，這些私有的屬性和特殊的方法預設上在顯示時會被忽略，但是仍然可以透過加上底線的方式把它們顯示出來：

```
In [10]: L._<TAB>
          __add__               __delattr__      __eq__
          __class__             __delitem__      __format__()
          __class_getitem__() __dir__()         __ge__             >
          __contains__          __doc__          __getattribute__
```

為了簡明一些，在這裡只列出實際輸出內容的前幾行。這些大部分都是 Python 的雙底線方法函式（通常暱稱為「dunder」方法）。

在匯入套件時的 Tab 補齊

Tab 補齊在匯入套件時也非常好用。例如，可以使用這個功能來找到 itertools 這個套件引入的內容中，所有以「co」開頭的方法：:

```
In [10]: from itertools import co<TAB>
         combinations()                  compress()
         combinations_with_replacement() count()
```

同樣地，也可以使用 Tab 補齊功能來檢視在你的系統中，可以匯入的套件有哪些（此功能和使用哪一種第三方腳本，以及目前 Python 執行階段的能見度有關）：

```
In [10]: import <TAB>
            abc                 anyio
            activate_this       appdirs
            aifc                appnope         >
            antigravity         argon2

In [10]: import h<TAB>
            hashlib html
            heapq   http
            hmac
```

比 Tab 補齊更好用的：萬用字元配對

在知道想要尋找的對象其開頭的幾個字元時，使用 Tab 補齊就非常方便，但是如果已知的字元是在函式或模組名稱的中間或是後面的話，這就派不上用場了。此時，IPython 提供的萬用字元「*」就可以用在這種情形上。

舉例來說，我們可以使用萬用字元來列出，命名空間中所有以「`Warning`」結尾的物件：

```
In [10]: *Warning?
BytesWarning                  RuntimeWarning
DeprecationWarning            SyntaxWarning
FutureWarning                 UnicodeWarning
ImportWarning                 UserWarning
PendingDeprecationWarning     Warning
ResourceWarning
```

要留意的是，「*」可以符合任何的字串，也包括空字串。

同樣地，假設要找的是在名稱中的某處，包含某些字元的字串方法，可以使用以下的方式：

```
In [11]: str.*find*?
str.find
str.rfind
```

我發現這種靈活運用萬用字元的方法，在瞭解新的套件或重新熟悉既有套件時，用來查找特定命令非常好用。

在 IPython Shell 中的快捷鍵

只要你花些時間使用電腦，就會發現一些快捷鍵在工作流程中的用法。常用的像是 Cmd-C 和 Cmd-V（或是 Ctrl-C 和 Ctrl-V）用來複製和貼上，就被廣泛地使用在各式各樣的程式和系統中。老手們通常會更進一步：一些受歡迎的文字編輯器像是 Emacs、Vim 等，更是為使用者提供了各種複雜的快捷組合鍵。

IPython Shell 雖然沒有這麼厲害，但也提供了不少快捷鍵讓你在輸入指令時可以更快一些。雖然這裡面有一些可以運作在瀏覽器中的 Notebook，但這一節主要介紹的是在 IPython Shell 使用的快捷鍵。

一旦你習慣使用快捷鍵，它們可以讓你快速地執行許多命令，你的手甚至可以不用離開鍵盤。如果你是 Emacs 的使用者，或是熟悉 Linux 型式的終端機操作，接下來的內容你將會非常熟悉。以下把這些快捷鍵分成幾組加以說明：**導覽用快捷鍵**、**文字輸入快捷鍵**、**歷史命令快捷鍵**以及**雜項快捷鍵**。

導覽用快捷鍵

儘管使用左方向鍵和右方向鍵在同一列中向前、向後移動非常直覺，還有其他的方法可以讓你的手不用離開原有的鍵盤位置：

按鍵	動作
Ctrl-a	把游標移至本列的最開頭位置
Ctrl-e	把游標移至本列的最末尾位置
Ctrl-b（或左方向鍵）	把游標後退（向左）一個字元
Ctrl-f（或右方向鍵）	把游標前進（向右）一個字元

文字輸入快捷鍵

人們習慣使用倒退鍵來刪除前一個字元，但手指頭還是要多移動一些距離才能到達這個按鍵，而且它一次只能刪除一個字元。在 IPython，有許多快捷鍵可以指定刪除輸入的文字內容的某些部分，其中最有用的就是一次刪除整列文字的快捷鍵。你很快會習慣使用 Ctrl-b 和 Ctrl-d 來取代原本你使用的倒退鍵刪除字元！

按鍵	動作
倒退鍵	刪除本列的前一個字元
Ctrl-d	刪除本列的下一個字元
Ctrl-k	把從游標所在位置到本列末尾的所有文字剪下來
Ctrl-u	把從游標所在位置到本列開頭的所有文字剪下來
Ctrl-y	把之前剪下的內容貼上
Ctrl-t	交換前面 2 個字元的位置

歷史命令快捷鍵

最好用的莫過於接下來所介紹的快捷鍵，它被用來瀏覽在 IPython 中輸入過的歷史命令。在 IPython 使用的命令列歷史資訊可以跨越不同的操作階段，因為它把曾經輸入過的命令都儲存在 IPython profile 目錄的 SQLite 資料庫裡頭。

最直覺的方式就是使用上、下方向鍵在這個歷史命令區中找出想要使用的命令，當然也有其他不錯的選擇：

按鍵	動作
Ctrl-p（或上方向鍵）	往前取得一個曾經輸入過的命令
Ctrl-n（或下方向鍵）	往後取得一個曾經輸入過的命令
Ctrl-r	反向搜尋曾經輸入過的歷史命令

反向搜尋往往特別有用。回想在前一節中我們曾定義一個叫做 square 的函式，請從一個新的 IPython Shell 執行階段透過反向搜尋再一次去找出這個定義。按下「Ctrl-r」時，可以看到如下的提示：

```
In [1]:
(reverse-i-search)`':
```

如果你在此時輸入一些字元，IPython 將會自動以最近使用過的命令填入，然後顯示出符合那些字元的歷史命令：

```
In [1]:
(reverse-i-search)`sqa': square??
```

在任何時候都可以輸入更多的字元改善搜尋的結果，或是再次按下「Ctrl-r」更進一步搜尋其他符合的歷史命令。延續前面的操作，再次按二下「Ctrl-r」，則會出現如下所示的樣子：

```
In [1]:
(reverse-i-search)`sqa': def square(a):
    """Return the square of a"""
    return a ** 2
```

一旦找到想要的命令，按下「Return」（或是「Enter」）就可以終止此次的搜尋。接著使用這個找到的命令，繼續往下操作：

```
In [1]: def square(a):
    """Return the square of a"""
    return a ** 2

In [2]: square(2)
Out[2]: 4
```

你也可以使用「Ctrl-p」、「Ctrl-n」或是上、下方向鍵在歷史命令中搜尋那些符合開頭字元的歷史命令。也就是說，如果輸入 **def** 並按下「Ctrl-p」，就只會找到那些曾經輸入過，而且是以 def 開頭的命令。

雜項快捷鍵

最後，一些不易歸類在上述的分類，但也是很有用的快捷鍵如下：

按鍵	動作
Ctrl-l	清除終端機畫面
Ctrl-c	中斷目前的 Python 命令
Ctrl-d	離開 IPython

「Ctrl-c」快捷鍵特別是在不小心執行了一個要運算很久的工作時非常有用。

這些快捷鍵的介紹似乎有些繁瑣，但是多加練習之後就會成為你的習慣。當這些習慣成為了你的肌肉記憶之後，我相信你一定會想讓這些快捷鍵能夠在所有地方使用。

第 2 章

加強的互動功能

IPython 和 Jupyter 的強大功能，來自於它們所提供的額外互動式工具。本章將介紹其中的許多工具，包括所謂的魔術命令，用於探索輸入與輸出歷史紀錄，以及與 shell 互動的工具。

IPython 魔術命令

在前一章中我們展示了 IPython 如何讓你可以有效且整合地使用並探索 Python。在本章中我們將開始探討 IPython 在標準 Python 語法之上所增加的額外功能。這些在 IPython 中所謂的魔術命令，是以「%」字元做為開頭的命令。這些魔術命令旨在簡潔地解決標準資料分析中的各種常見的問題。

魔術命令有兩種形式：其中之一是使用單一個「%」字元做為開頭，用於執行單行的輸入；另外一種是以「%%」兩個符號字元做為開頭，用於執行多行的輸入。我將在此展示並討論幾個簡短的例子，稍後再重點討論幾個有用的魔術命令。

執行外部程式碼：%run

開始撰寫更多的程式碼後，你會想要能夠同時在 IPython 中以互動的方式探索程式，以及使用編輯器來儲存可以重複使用的程式碼。與其開啟另外一個新的視窗來執行外部程式碼，在同一個 IPython 階段中執行這些程式碼顯然更方便，使用「%run」命令就可以做到這一點。

舉個例子，假設建立了一個 *myscript.py* 檔案，其內容如下：

```
# file: myscript.py

def square(x):
    """square a number"""
    return x ** 2

for N in range(1, 4):
    print(f"{N} squared is {square(N)}")
```

你可以透過以下的方式在 IPython 中執行：

```
In [1]: %run myscript.py
1 squared is 1
2 squared is 4
3 squared is 9
```

在執行了這段程式之後，其中定義的函式現在在 IPython 階段中已是可用的了：

```
In [2]: square(5)
Out[2]: 25
```

在 IPython 直譯器中使用「`%run`」執行程式有幾個可以調校如何執行程式碼的選項，可藉由鍵入 **`%run?`** 以取得說明文件。

計算程式碼執行時間：%timeit

另外一個有用的魔術命令是「`%timeit`」，它能自動化測量緊隨在後的單行程式碼其所執行時間。例如，如果想要檢查串列生成式（list comprehension）的效能：

```
In [3]: %timeit L = [n ** 2 for n in range(1000)]
430 µs ± 3.21 µs per loop (mean ± std. dev. of 7 runs, 1000 loops each)
```

「%timeit」的優點是它可以針對簡短的命令，自動地執行許多次以求出更令人信服的結果。對於多行的敘述，再加上一個「%」符號就可以改成為處理區塊的命令，以處理多行的輸入。例如，以下是使用 `for` 迴圈的一個等效串列建構方法：

```
In [4]: %%timeit
   ...: L = []
   ...: for n in range(1000):
   ...:     L.append(n ** 2)
   ...:
484 µs ± 5.67 µs per loop (mean ± std. dev. of 7 runs, 1000 loops each)
```

在這個例子中，我們馬上可以看出：使用串列生成式（list comprehension）比使用 for 迴圈建構串列還要快上 10%。我們將會在第 28 頁的「剖析和測定程式碼的時間」小節中對 `%timeit` 在計時與剖析程式碼方面進行更多的探討。

魔術函式的求助：?、%magic，以及 %lsmagic

如同其他一般的 Python 函式，IPython 的魔術函式也有函式說明字串，這份好用的說明文件可以透過標準的方式來取得。例如：要讀取 `%timeit` 魔術命令的說明文件，只要簡單地輸入：

```
In [5]: %timeit?
```

其他函式的說明文件也是使用相同的方式。而要取得對於魔術函式的一般性介紹，包括一些使用範例，可以輸入如下：

```
In [6]: %magic
```

想要快速顯示出所有可以使用的魔術函式清單，只要輸入如下：

```
In [7]: %lsmagic
```

最後還是要提到，有需要的話，你也可以使用相當直覺的方式定義一個自己的魔術函式，我們不打算在此進行探討，但如果你對這部分感興趣，可以參考第 33 頁的「更多 IPython 學習資源」小節中所列的參考項目。

輸入和輸出的歷程

之前提到過，在 IPython Shell 中可以使用上方向鍵以及下方向鍵，或是使用「Ctrl-p」、「Ctrl-n」快捷鍵找出之前輸入過的命令。除此之外，在 Shell 與 Notebook 中，IPython 也有許多方式可以取得先前所輸入命令的產出，包括這些命令本身的字串版本。接下來，我們將在此加以探討。

IPython 的 In 和 Out 物件

行文至此，相信你已經相當熟悉在 IPython 中使用 `In[1]:/Out[1]:` 此種型式的提示字元。但這些不只是為了好看而已，它們提供了一些線索讓我們可以在目前的執行階段中，存取之前的輸入和輸出。假設你開始了一個執行階段，看起來像是以下這個樣子：

```
In [1]: import math

In [2]: math.sin(2)
Out[2]: 0.9092974268256817

In [3]: math.cos(2)
Out[3]: -0.4161468365471424
```

上述程式碼匯入了 math 套件，並計算數字 2 的正弦和餘弦。這些輸入和輸出都被顯示在 Shell 中，並標上 In/Out 標籤。不僅如此，事實上，IPython 還建立了一些名為 In 和 Out 的 Python 變數，並自動更新以反映這些歷程資訊：

```
In [4]: In
Out[4]: ['', 'import math', 'math.sin(2)', 'math.cos(2)', 'In']

In [5]: Out
Out[5]:
{2: 0.9092974268256817,
 3: -0.4161468365471424,
 4: ['', 'import math', 'math.sin(2)', 'math.cos(2)', 'In', 'Out']}
```

In 物件是一個串列，它依序保存了所有輸入的內容（串列中的第一個項目就是一開始的地方，因此 In[1] 就是第一個命令）：

```
In [6]: print(In[1])
import math
```

Out 並不是一個串列，而是一個字典，它由輸出所對應到的輸入編號做為索引（如果有的話）：

```
In [7]: print(Out[2])
.9092974268256817
```

並不是所有的操作都會有輸出：例如，import 敘述和 print 敘述並不會影響輸出。也許你會好奇為什麼 print 不會有輸出，如果你把它看成是一個函式的話，應該就能理解：因為此函式的傳回值是 None，為了精簡起見，所有傳回值是 None 的命令並不會被加到 Out 中。

當需要和之前的執行結果交互使用時，這個做法會非常好用。例如，要使用之前 sin(2) ** 2 和 cos(2) ** 2 的執行結果來進行加總，如下：

```
In [8]: Out[2] ** 2 + Out[3] ** 2
Out[8]: 1.0
```

如同我們預期的，三角恆等式的結果為 `1.0`。在這個例子中，使用之前的結果也許並不是那麼必要，但是如果你之前執行過一個非常耗費計算時間的結果，就會非常需要重用該結果以避免再次耗費大量時間。

底線快捷符號和先前的輸出

標準的 Python Shell 只包含一個簡單的快捷符號用來處理之前的輸出：這個變數「_」（也就是一個單一的底線）用來一直保持著最近的一次輸出，而這個功能在 IPython 中也可以使用：

```
In [9]: print(_)
1.0
```

但 IPython 甚至更進一步，你可以使用雙底線去取得兩次之前的輸出，三個底線符號則可以再更往前一步（會跳過所有沒有輸出的命令）：

```
In [10]: print(__)
-0.4161468365471424

In [11]: print(___)
.9092974268256817
```

IPython 就停留在三個底線符號，因為再多就不容易計數了，而且超過 3 個之前的結果，使用行號來取得輸出相較容易。

還有一個快捷符號也是要提一下，那就是把標準的 `Out[X]` 改為 `_X`（也就是一個底線再加上一個代表行號的數字）：

```
In [12]: Out[2]
Out[12]: 0.9092974268256817

In [13]: _2
Out[13]: 0.9092974268256817
```

抑制輸出

有時候你希望讓敘述不要輸出（就像我們即將在第 4 章所探討的繪圖命令）。或是有時候執行的結果不想要被放在輸出的歷程中，亦或是要讓它在別的參考被移除時可以解除配置。最簡單抑制命令之輸出的方法，是在該命令的行末處加上一個分號：

```
In [14]: math.sin(2) + math.cos(2);
```

這個敘述會被安靜地計算，而結果不會被顯示在螢幕上，也不會被儲存在 `Out` 這個字典變數中：

```
In [15]: 14 in Out
Out[15]: False
```

相關的魔術命令

使用 `%history` 這個魔術命令可以很方便地一次性列出許多之前曾經輸入過的指令。以下的指令可以列出前面 3 個指令的歷史紀錄：

```
In [16]: %history -n 1-3
   1: import math
   2: math.sin(2)
   3: math.cos(2)
```

通常，你可以輸入 `%history?` 取得對於可用選項的更多說明和相關資訊（請參考第 1 章對於「？」功能的說明）。其他有用的魔術指令。包括 %rerun（用來重新執行命令歷史中的一部分），還有 %save（用來把一組歷史命令儲存到檔案中）。

IPython 和 Shell 命令

當以交談式的方式使用標準的 Python 直譯器時，其中一個令人挫折的地方是，你會面對需要在多個視窗之間來回切換，以便執行 Python 工具和系統命令列工具。IPython 彌補了這個缺口，它提供了可以直接在 IPython 終端機中執行作業系統 shell 命令的語法。神奇的地方在於驚嘆號：所有放在「!」之後的任何內容都不會在 Python 核心中執行，而是放到作業系統的命令列上執行。

接下來的操作環境假設是在 Unix-like 作業系統中，像是 Linux 或是 macOS 執行。其中一些操作示例在 Windows 作業系統下將會無法順利執行，然而如果你使用的是 Windows *Subsystem for Linux*（*https://oreil.ly/H5MEE*），那麼這些範例將可以正確地執行。如果不熟悉作業系統 shell 命令的操作，建議你可以去複習一下由 Software Carpentry Foundation 所整理的 Shell 教學（*https://oreil.ly/RrD2Y*）。

Shell 的快速介紹

全面介紹 shell/terminal（終端機）/command line（命令列）已然超出了本章的範圍，但是對此不熟悉的朋友，我們會提供一個快速簡短的介紹。shell 是以文字形式和電腦互動的方法。早在 1980 年中期，當 Microsoft 和 Apple 推出他們像現在一樣無所不在的圖形式作業系統之後，大部分的電腦使用者往往以使用滑鼠點按選單以及拖放移動等操作，來與他們的作業系統互動。但是作業系統在圖形使用者介面之前，就存在著使用文字輸入的基本控制方式：也就是在提示字元之後，使用者藉由輸入一個命令，然後電腦依照使用者指示的方式去運行。這些早期的提示字元系統就是 shell 和終端機的前身，也是現代資料科學家們現在還在使用的方式。

不熟悉 shell 的人也許會問，透過在圖示及選單上簡單的點按就可以完成許多結果時，為什麼還要這麼麻煩？ shell 的使用者也許會用另外一個問題回答：透過輸入文字就可以完成這麼多工作時，為什麼還要用滑鼠去找圖示或選單來點按？這聽起來只是典型的在技術偏好上的抉擇，但是如果面對的工作沒那麼簡單時，就可以較清楚地看出，處理進階工作時 shell 提供更多的控制，雖然它的學習曲線會讓一般電腦程度的使用者望而卻步。

舉例來說，這裡有一個 Linux/OS X 在 shell 階段的例子，當使用者要在他的系統查詢、建立、以及修改目錄和檔案時（`osx:~ $` 是命令提示字元，所有在 `$` 號後面是要輸入的命令；放在 `#` 後面的文字表示這是一個註解的描述，並不是要輸入的內容）：

```
osx:~ $ echo "hello world"              # echo 就像是 Python 的 print 函式
hello world

osx:~ $ pwd                             # pwd = 印出工作的路徑
/home/jake                              # 這是我們所在的「path」

osx:~ $ ls                              # ls = 列出工作中目錄的內容
notebooks  projects

osx:~ $ cd projects/                    # cd = 變更目錄

osx:projects $ pwd
/home/jake/projects

osx:projects $ ls
datasci_book   mpld3   myproject.txt

osx:projects $ mkdir myproject          # mkdir = 建立一個新的目錄

osx:projects $ cd myproject/

osx:myproject $ mv ../myproject.txt ./  # mv = 搬移檔案。在此我們把檔案 myproject.txt
                                        # 從上層目錄 (../)
                                        # 搬到目前目錄 (./)
```

```
osx:myproject $ ls
myproject.txt
```

這些動作都只是一些你很熟悉之操作的精簡方式（瀏覽目錄結構、建立一個目錄、搬移一個檔案等等），它使用輸入文字取代透過滑鼠在圖示和選單之間的點按動作。只需要少數的命令（`pwd`、`ls`、`cd`、`mkdir`、還有 `cp`）就可以進行大部分的檔案操作。當你從基礎更進一步時，shell 操作方式會顯得更好用。

IPython 中的 Shell 命令

你可以在 IPython 的 shell 環境中執行作業系統任何命令提示字元接受的命令，只要在該指令前加上「`!`」就可以了。例如：`ls`、`pwd`、和 `echo` 這些命令，如下所示：

```
In [1]: !ls
myproject.txt

In [2]: !pwd
/home/jake/projects/myproject

In [3]: !echo "printing from the shell"
printing from the shell
```

取出 / 傳入值到 Shell

shell 命令不只可以從 IPython 中呼叫執行，也可以在 IPython 的名稱空間中和程式碼互動。例如：可以使用等號把任何 shell 命令執行後的輸出放在 Python 串列中：

```
In [4]: contents = !ls

In [5]: print(contents)
['myproject.txt']

In [6]: directory = !pwd

In [7]: print(directory)
['/Users/jakevdp/notebooks/tmp/myproject']
```

傳回的值並不是以標準的串列型態回傳，而是由 IPython 所定義的一個特別的 shell 傳回值型態：

```
In [8]: type(directory)
IPython.utils.text.SList
```

它的行為看起來像是 Python 串列，但是它具有更多的功能，像是可以使用 `grep` 和 `fields` 方法，以及 s、n、和 p 等屬性，讓我們更容易搜尋、過濾、和顯示這些結果。更多的相關資訊可以使用 IPython 內建的求助功能取得。

相對而言，如果要傳遞 Python 的變數到命令列的執行環境中，可以透過 {*varname*} 語法：

```
In [9]: message = "hello from Python"

In [10]: !echo {message}
hello from Python
```

大括號中的內容即為變數名稱，它會被 shell 命令列中的變數所取代。

和 Shell 相關的魔術命令

在使用 IPython 命令一段時間之後，你可能會注意到沒辦法使用 `!cd` 在檔案系統中切換工作目錄：

```
In [11]: !pwd
/home/jake/projects/myproject

In [12]: !cd ..

In [13]: !pwd
/home/jake/projects/myproject
```

這是因為在 Notebook 中的 shell 命令是被執行在一個暫存的子 shell 中的關係。如果你打算永久地切換目前的工作目錄，可以使用 `%cd` 這個魔術命令：

```
In [14]: %cd ..
/home/jake/projects
```

實際上，在預設的情況下可以不需要使用 % 符號：

```
In [15]: cd myproject
/home/jake/projects/myproject
```

這就是所謂的 *automagic* 函式，這樣的行為可以透過 %automagic 這個魔術函式來切換。

除了 %cd，其他和 shell 相關的可用魔術函式包括 %cat、%cp、%env、%ls、%man、%mkdir、%more、%mv、%pwd、%rm、以及 %rmdir，在 automagic 處於 on 的情況下，這些命令都是不需要加上 % 就可以使用的，這樣的功能讓我們在 IPython 中操作時，就好像是在作業系統的命令提示字元（終端機）中一樣：

```
In [16]: mkdir tmp

In [17]: ls
myproject.txt  tmp/

In [18]: cp myproject.txt tmp/

In [19]: ls tmp
myproject.txt

In [20]: rm -r tmp
```

像是這樣對於 shell 指令的操作方式就如同在終端機視窗一樣，可以讓我們在撰寫程式碼時，減少在直譯器和 shell 命令之間來回切換的次數。

第 3 章

除錯與程式碼分析

除了在上一章中討論的增強互動工具之外，Jupyter 還提供了許多方法讓我們可以探索和理解正在運行中的程式碼，例如追蹤邏輯上的錯誤或是非預期的緩慢執行。本章將探討其中的一些工具。

錯誤及除錯

程式的開發以及資料的分析總是需要許多反覆的測試，而 IPython 就提供了一些工具讓這個過程更加順手。此節將會簡要的涵蓋控制 Python 例外回報的一些選項，然後探索這些用來在程式碼中除錯的工具。

控制例外：%xmode

當 Python 腳本執行失敗時，通常都會產生一個錯誤。當直譯器遇到這些錯誤時，這些造成錯誤的相關資訊會被放在 *traceback* 中，它可以在 Python 中加以存取。透過 `%xmode` 這個魔術函式，IPython 允許你控制當錯誤產生時要顯示多少資訊。請參考以下這段程式碼：

```
In [1]: def func1(a, b):
            return a / b

        def func2(x):
            a = x
            b = x - 1
```

```
        return func1(a, b)

In [2]: func2(1)
ZeroDivisionError                         Traceback (most recent call last)
<ipython-input-2-b2e110f6fc8f> in <module>()
----> 1 func2(1)

<ipython-input-1-d849e34d61fb> in func2(x)
      5     a = x
      6     b = x - 1
----> 7     return func1(a, b)

<ipython-input-1-d849e34d61fb> in func1(a, b)
      1 def func1(a, b):
----> 2     return a / b
      3
      4 def func2(x):
      5     a = x

ZeroDivisionError: division by zero
```

呼叫 func2 造成了錯誤，而檢視所列出來的追蹤資訊，我們可以明確地看出發生了什麼事。在預設的情況下，這樣的追蹤包含了可以指向導致這個錯誤的步驟，其數行前後文之內容。%xmode 魔術函式（簡稱為**錯誤模式**）用來改變列印資訊的模式。

%xmode 需要輸入一個參數，也就是模式設定，共有三種模式可用：Plain、Context 和 Verbose。預設是 Context，這個模式就是上面看起來的樣子。而 Plain 模式則較為精簡，呈現的資訊較少：

```
In [3]: %xmode Plain
Out[3]: Exception reporting mode: Plain

In [4]: func2(1)
Traceback (most recent call last):

  File "<ipython-input-4-b2e110f6fc8f>", line 1, in <module>
    func2(1)

  File "<ipython-input-1-d849e34d61fb>", line 7, in func2
    return func1(a, b)

  File "<ipython-input-1-d849e34d61fb>", line 2, in func1
    return a / b

ZeroDivisionError: division by zero
```

Verbose 模式加上了一些額外的資訊，包括任何被呼叫的函式所使用之參數：

```
In [5]: %xmode Verbose
Out[5]: Exception reporting mode: Verbose

In [6]: func2(1)
ZeroDivisionError                         Traceback (most recent call last)
<ipython-input-6-b2e110f6fc8f> in <module>()
----> 1 func2(1)
        global func2 = <function func2 at 0x103729320>

<ipython-input-1-d849e34d61fb> in func2(x=1)
      5     a = x
      6     b = x - 1
----> 7     return func1(a, b)
        global func1 = <function func1 at 0x1037294d0>
        a = 1
        b = 0

<ipython-input-1-d849e34d61fb> in func1(a=1, b=0)
      1 def func1(a, b):
----> 2     return a / b
        a = 1
        b = 0
      3
      4 def func2(x):
      5     a = x

ZeroDivisionError: division by zero
```

這些額外的資訊可以協助我們更明確地瞭解，發生這個錯誤的原因。所以，為何不全部使用 Verbose 模式？因為當程式碼很複雜時，這樣的回溯會變得非常長。依照不同的內文而定，有時候預設的簡要模式會比較容易使用。

在檢視回溯訊息不夠用時的除錯方法

Python 標準的互動式除錯器是 pdb。它讓使用者進入程式碼，逐列理解不易發現的引發錯誤之原因。而 IPython 的加強版本是 ipdb，也就是 IPython 的除錯器。

有許多種啟動這兩個除錯器的方式，在這裡就不一一陳述，有興趣的讀者可以參考這兩個工具的線上說明文件。

在 IPython 中，最方便的除錯介面是 %debug 魔術命令。在出現錯誤後呼叫它，它會自動地開啟一個交談式的介面並提示出現錯誤的點。ipdb 提示字元讓我們可以探索目前堆疊中的狀態，查看可用的變數，甚至執行 Python 的命令！

來看看最近遇到的錯誤，然後做些基本的工作（列印出 a 和 b 的值），之後輸入 quit 離開除錯階段：

```
In [7]: %debug <ipython-input-1-d849e34d61fb>(2)func1()
      1 def func1(a, b):
----> 2     return a / b
      3

ipdb> print(a)
1
ipdb> print(b)
0
ipdb> quit
```

不過，這個交談式除錯器能做的遠不止於此，我們甚至可以在堆疊中上下瀏覽並探索裡面的變數值：

```
In [8]: %debug <ipython-input-1-d849e34d61fb>(2)func1()
      1 def func1(a, b):
----> 2     return a / b
      3

ipdb> up <ipython-input-1-d849e34d61fb>(7)func2()
      5     a = x
      6     b = x - 1
----> 7     return func1(a, b)

ipdb> print(x)
1
ipdb> up <ipython-input-6-b2e110f6fc8f>(1)<module>()
----> 1 func2(1)

ipdb> down <ipython-input-1-d849e34d61fb>(7)func2()
      5     a = x
      6     b = x - 1
----> 7     return func1(a, b)

ipdb> quit
```

這樣不只可以快速地找出引發錯誤的地方，也可以知道是哪些函式的呼叫引發了這次的錯誤。

如果想要讓除錯器在發生錯誤時自動地執行，可以使用 `%pdb` 魔術函式去開啟這樣的自動行為：

```
In [9]: %xmode Plain
        %pdb on
        func2(1)
Exception reporting mode: Plain
Automatic pdb calling has been turned ON
ZeroDivisionError: division by zero <ipython-input-1-d849e34d61fb>(2)func1()
      1 def func1(a, b):
----> 2     return a / b
      3

ipdb> print(b)
0
ipdb> quit
```

最後，如果打算讓一段程式碼從頭到尾都是以互動的方式執行，可以使用 `%run -d`，接著使用 `next` 命令一步一步地執行每一行程式碼。

互動式除錯可以使用的命令比我在此處所說明的還要多得多。表 3-1 列出了一些更常見與有用的部分以及它們的說明。

表 3-1：除錯命令的部分列表

命令	說明
`l(ist)`	顯示在檔案中目前的位置
`h(elp)`	顯示所有命令的列表，或是針對指定的命令提供求助訊息
`q(uit)`	離開除錯器及程式
`c(ontinue)`	離開除錯器但是程式還是繼續執行
`n(ext)`	前往程式的下一步
`<enter>`	重複前一個命令
`p(rint)`	印出變數
`s(tep)`	進入副程式
`r(eturn)`	離開副程式

更多的訊息請在除錯器中使用 `help` 命令，或是查閱 `ipdb` 的線上說明文件（*https://oreil.ly/TVSAT*）。

剖析和測定程式碼的時間

在開發程式的過程以及建立資料處理管線（pipeline）時，經常有一些需要在不同的實作方式間取捨的情況。過早在開發你的演算法時關心這個問題，可能會適得其反。就像是 Donald Knuth 所說的：「在 97% 的時間裡，我們應該要忘記那些微小的效能問題，過早優化是萬惡之源。」

儘管如此，當你的程式碼開始運行後，進一步去挖掘其效能反而會非常有幫助。像是檢查一個或一組命令的執行時間，或是深入檢查數行處理程序以找出一系列複雜操作中的瓶頸，都會為你帶來好處。IPython 提供了各式各樣的功能，用來進行這一類型的剖析和測時。在此我們將討論下列 IPython 魔術命令：

`%time`

單一行敘述的執行時間。

`%timeit`

重複執行單一行敘述以取得更正確的時間。

`%prun`

使用剖析器執行程式碼。

`%lprun`

使用逐行執行剖析器執行程式碼。

`%memit`

測量單一行敘述的記憶體使用量。

`%mprun`

使用逐行執行記憶體剖析器執行程式碼。

後面 4 個命令並不在 IPython 的預裝套件中，需要安裝 `line_profiler` 和 `memory_profiler` 延伸套件才行，這些會在後面討論。

程式碼片段的時間測量：%timeit 和 %time

在第 13 頁的「IPython 魔術命令」小節中曾介紹過 `%timeit` line magic 和 `%%timeit` cell magic 被用來測量重複執行的程式碼片段之時間：

```
In [1]: %timeit sum(range(100))
1.53 μs ± 47.8 ns per loop (mean ± std. dev. of 7 runs, 1000000 loops each)
```

因為此運算執行地非常快，所以 `%timeit` 自動做了非常大量的重複運算。對於那些執行較慢的命令，`%timeit` 會自動調整，使用較少的重複次數。

```
In [2]: %%timeit
        total = 0
        for i in range(1000):
            for j in range(1000):
                total += i * (-1) ** j
536 ms ± 15.9 ms per loop (mean ± std. dev. of 7 runs, 1 loop each)
```

有時候重複運算並不是最好的選項。例如：當你要排序一個串列時，可能會被重複的運算所誤導。對有序串列的排序速度，比對未排序過的串列進行排序的速度要來得快，因此重複這些運算會造成測時上的誤差：

```
In [3]: import random
        L = [random.random() for i in range(100000)]
        %timeit L.sort()
Out[3]: 1.71 ms ± 334 μs per loop (mean ± std. dev. of 7 runs, 1000 loops each)
```

像這種情形，`%time` 可能會是比較好的選擇，對於需要較長時間執行的命令也是，此種命令較不會受到系統短暫的延遲影響。以下是比較對於已排序以及未排序的串列，進行排序運算的時間長度：

```
In [4]: import random
        L = [random.random() for i in range(100000)]
        print("sorting an unsorted list:")
        %time L.sort()
Out[4]: sorting an unsorted list:
        CPU times: user 31.3 ms, sys: 686 μs, total: 32 ms
        Wall time: 33.3 ms

In [5]: print("sorting an already sorted list:")
        %time L.sort()
Out[5]: sorting an already sorted list:
        CPU times: user 5.19 ms, sys: 268 μs, total: 5.46 ms
        Wall time: 14.1 ms
```

請留意有序的串列排序運算快了多少，以及使用 `%time` 測到的時間比使用 `%timeit` 測到的時間多了多少，就算是對有序的串列也一樣。事實上，`%timeit` 在私底下做了一些聰明的事以防止系統呼叫妨礙計時工作。例如：它預防了系統對未使用的 Python 物件進行清除的工作（也就是記憶體垃圾回收），這有可能會影響到計時。也因為這個原因，%timeit 的結果通常會明顯地比 %time 還好。

使用 %% 的 cell magic 語法可以讓 %time 像 %timeit 一樣，對多行的程式碼進行時間測量的工作：

```
In [6]: %%time
        total = 0
        for i in range(1000):
            for j in range(1000):
                total += i * (-1) ** j
CPU times: user 655 ms, sys: 5.68 ms, total: 661 ms
Wall time: 710 ms
```

更多關於 %time 和 %timeit 的資訊，以及可用的選項，請使用 IPython 的求助功能（也就是在 IPython 的提示字元後輸入 %time?）。

剖析整個程式：%prun

一個程式是由許多單行的敘述所構成，有時候在前後文中去量測時間，會比只量測個別的敘述來得重要。Python 有內建的程式碼剖析器（請參考 Python 的說明文件），但 IPython 提供了更方便的方法使用這個剖析器，就是 %prun 這個魔術函式。

舉例來說，以下定義了一個進行計算的簡單函式：

```
In [7]: def sum_of_lists(N):
            total = 0
            for i in range(5):
                L = [j ^ (j >> i) for j in range(N)]
                total += sum(L)
            return total
```

現在以 %prun 執行函式呼叫來看看剖析後的結果：

```
In [8]: %prun sum_of_lists(1000000)
14 function calls in 0.932 seconds
Ordered by: internal time
ncalls  tottime  percall  cumtime  percall filename:lineno(function)
     5    0.808    0.162    0.808  0.162 <ipython-input-7-f105717832a2>:4(<listcomp>)
     5    0.066    0.013    0.066  0.013 {built-in method builtins.sum}
     1    0.044    0.044    0.918  0.918 <ipython-input-7-f105717832a2>:1
     > (sum_of_lists)
     1    0.014    0.014    0.932  0.932 <string>:1(<module>)
```

```
1    0.000    0.000    0.932  0.932 {built-in method builtins.exec}
1    0.000    0.000    0.000  0.000 {method 'disable' of '_lsprof.Profiler'
> objects}
```

執行結果是以每一個函式呼叫的總時間排序的表格，花越多時間的放在越上面。在此例中，花費最多執行時間的是 sum_of_lists 的串列生成式。基於此，我們可以開始思考，要改進演算法的效能時，需要做什麼樣的改變。

更多關於 %prun 的資訊，以及可用的選項，請使用 IPython 的求助功能（也就是在 IPython 的命令提示字元中鍵入 %prun?。

使用 %lprun 逐行剖析

使用 %prun 以函式為單位來剖析程式相當有用，但如果能有逐行的剖析報告會更加地方便。這個功能並沒有內建在 Python 和 IPython 中，你需要安裝 line_profiler 套件。安裝 line_profiler 這個套件，只要使用 Python 的套件管理器 pip 就可以了：

```
$ pip install line_profiler
```

接下來，使用 IPython 載入 line_profiler 提供給 IPython 的延伸模組：

```
In [9]: %load_ext line_profiler
```

現在，%lprun 命令將可以對任一個函式執行逐行剖析。在此例中，需要明確地指定要剖析的是哪一個函式：

```
In [10]: %lprun -f sum_of_lists sum_of_lists(5000)
Timer unit: 1e-06 s

Total time: 0.014803 s
File: <ipython-input-7-f105717832a2>
Function: sum_of_lists at line 1


Line #      Hits         Time  Per Hit   % Time  Line Contents
==============================================================
     1                                           def sum_of_lists(N):
     2         1          6.0      6.0      0.0      total = 0
     3         6         13.0      2.2      0.1      for i in range(5):
     4         5      14242.0   2848.4     96.2          L = [j ^ (j >> i) for j
     5         5        541.0    108.2      3.7          total += sum(L)
     6         1          1.0      1.0      0.0      return total
```

最頂端的這些資訊透露出閱讀這些結果的關鍵：計時的時間以微秒為單位，從這裡可以看出程式中哪裡花掉了最多的時間。你可以利用這些資訊去修改程式，讓它在需求的使用情境下得到更好的執行效能。

更多關於 %lprun 的資訊及其可用的選項，請使用 IPython 的求助功能（也就是在 IPython 的提示字元下輸入 %lprun?）。

剖析記憶體的使用情況：%memit 和 %mprun

另一個面向的剖析是在運作時，記憶體使用的總量，這可以使用另外一個 IPython 的延伸套件：memory_profiler 做到。就像是 line_profiler，也是使用 pip 來安裝這個延伸套件：

```
$ pip install memory_profiler
```

然後可以在 IPython 中載入這個模組：

```
In [11]: %load_ext memory_profiler
```

此記憶體剖析延伸模組包含了 2 個有用的魔術函數：%memit（提供等同於 %timeit 的記憶體量測）以及 %mprun 函式（提供等同於 %lprun 的記憶體量測）。%memit 函式使用起來相對簡單：

```
In [12]: %memit sum_of_lists(1000000)
peak memory: 141.70 MiB, increment: 75.65 MiB
```

由上可以看出，這個函式大約使用了 140MB 的記憶體。

對於逐行列出記憶體的使用，可以使用 %mprun magic。不幸的是，這個魔術指令只能使用在分開定義的外部模組，不能使用在 Notebook 裡面。所以，接下來我們要透過 %%file cell magic 建立一個簡單的模組叫做 mprun_demo.py，在裡面放入略微修改的 sum_of_lists 函式，讓記憶體的剖析結果可以更清晰一些：

```
In [13]: %%file mprun_demo.py
         def sum_of_lists(N):
             total = 0
             for i in range(5):
                 L = [j ^ (j >> i) for j in range(N)]
                 total += sum(L)
                 del L # remove reference to L
             return total
Overwriting mprun_demo.py
```

現在可以匯入這個新版本的函式，然後透過記憶體逐行剖析器來執行：

```
In [14]: from mprun_demo import sum_of_lists
         %mprun -f sum_of_lists sum_of_lists(1000000)

Filename: /Users/jakevdp/github/jakevdp/PythonDataScienceHandbook/notebooks_v2/
> m prun_demo.py

Line #    Mem usage    Increment  Occurrences   Line Contents
============================================================
     1     66.7 MiB     66.7 MiB           1   def sum_of_lists(N):
     2     66.7 MiB      0.0 MiB           1       total = 0
     3     75.1 MiB      8.4 MiB           6       for i in range(5):
     4    105.9 MiB     30.8 MiB     5000015           L = [j ^ (j >> i) for j
     5    109.8 MiB      3.8 MiB           5           total += sum(L)
     6     75.1 MiB    -34.6 MiB           5           del L # remove reference to L
     7     66.9 MiB     -8.2 MiB           1       return total
```

其中在 `Increment` 欄位可以看出每一行所影響的總記憶體有多少：可以觀察當建立和刪除串列 `L` 時，多使用了 30MB 的記憶體，這是除了 Python 直譯器本身的背景記憶體用量之外的。

更多關於 `%memit` 和 `%mprun` 的資訊以及可用的選項，請使用 IPython 的求助功能（也就是在 IPython 提示字元後鍵入 `%memit?`）。

更多 IPython 學習資源

在這組章節中，我們簡單描繪了使用 IPython 開始資料科學工作的一些表象。你可以從紙本及網站找到非常多的相關資訊，在此列出一些可能會對你有幫助的資源：

網路資源

IPython 網站（*http://ipython.org*）

IPython 網站有許多的說明文件、範例、教學和各式各樣其他資源。

nbviewer 網站（*http://nbviewer.jupyter.org*）

這個網站在網際網路上分享 IPython Notebook，它的首頁提供了一些範例 Notebook 讓你可以看看其他人使用 IPython 做了哪些有趣的工作或專案。

有趣的 *Jupyter Notebook* 陳列室（*https://github.com/jupyter/jupyter/wiki*）

這個使用 nbviewer 架構，不斷成長的 IPython Notebook 列表，展現了在 IPython 中進行數值分析的深度和廣度。它包括從簡單的範例和教學，到成熟的課程與書籍，全部都是以 Notebook 的格式呈現。

教學影片

在網際網路上搜尋，可以找到許多為了 IPython 錄製的教學影片。我特別推薦由 Fernando Perez 和 Brian Granger 所主辦的 PyCon、SciPy、以及 PyData 研討會，這兩位是 IPython 和 Jupyter 主要的創作者與維護人員。

書籍

Python for Data Analysis（*O'Reilly*）（*https://oreil.ly/ik2g7*）

Wes McKinney 在這本書裡頭有一篇介紹 Python 的章節。雖然大部分的內容和我在這裡討論的有所重疊，但從另外一個面向探討的內容總是會很有幫助。

Learning IPython for Interactive Computing and Data Visualization（*Packt*）

這本由 Cyrille Rossant 所寫的小書對於如何使用 IPython 進行資料分析做了一個很好的介紹。

IPython Interactive Computing and Visualization Cookbook（*Packt*）

同樣是 Cyrille Rossant 所寫的，這本書的內容更多，是使用 IPython 進行資料科學運算的進階內容。顧名思義，它不僅僅介紹 IPython 而且還在廣泛的資料科學主題中做更深入的探討。

最後，提供一個很有用的小技巧：IPython 的問號求助功能（就是第 1 章探討過的功能）如果好好使用的話會對你非常有幫助。當你研究範例或是其他任何時候，透過這個機制，可以幫你熟悉 IPython 所提供的工具的用途。

第二篇

NumPy 介紹

本篇以及接下來的第三篇，主要介紹 Python 語言在記憶體中高效載入、儲存以及操作資料的技術。此主題非常廣泛：資料集可以是非常多種類的資料來源以及各式各樣的格式，包括文件的集合、影像的集合、聲音檔案的集合、數值量測的集合，以及幾乎任何的其他東西。儘管這些具有在表面上顯而易見的異質特性，但許多的資料集基本上都可以被數值陣列所表示。

例如，影像（尤其是數位影像）可以視為由數值代表區域間像素明亮度的二維度數值陣列，聲音檔案則可以看成是一個由時間和聲音強度所組合的一維陣列。文字則可以使用不同的方式轉換成數值表示方式，或許是以二進位數字用來表示某些或某對字詞的頻率。不管資料是哪一種，第一步就是轉換成數值陣列，以使得這些資料可被分析（稍後將在第 40 章中討論這種處理程序的特定例子）。

基於這個理由，對於數值陣列的高效儲存與操作，絕對是從事資料科學的處理程序中最重要的基礎。我們現在將檢視在 Python 中用來處理數值陣列資料的工具：NumPy 套件和 Pandas 套件（我們將在第三篇中討論）。

本書的這個部分將會仔細地介紹 NumPy。NumPy（*Numerical Python* 的簡稱）提供一個高效的介面，用來在稠密資料緩衝區中進行儲存與操作。在某些方面，NumPy 的陣列就像是 Python 內建的 `list` 型態，但是當陣列成長到很巨大時，NumPy 陣列能提供更有效率的儲存和資料操作。NumPy 陣列幾乎是 Python 整個資料科學生態系的核心，所以花些時間學習如何有效率地使用 NumPy，對你來說是非常值得的。

如果你依照本書序言提到的簡要建議，安裝了 Anaconda 套件組，現在你應該已經有了可以直接使用的 NumPy。如果你比較喜歡一切都自己來，那麼可以前往 NumPy 的網站（*https://www.numpy.org/*），然後跟著安裝指引操作。安裝完畢之後，可以匯入 NumPy 再一次確認版本：

```
In [1]: import numpy
        numpy.__version__
Out[1]: '1.21.2'
```

筆者建議使用 1.8 或是之後的版本。習慣上你會發現在 SciPy/PyData 的世界中，匯入套件時都會使用 `np` 這個別名：

```
In [2]: import numpy as np
```

本章以及本書中接下來所有的內容，都會使用此種方式來匯入 NumPy。

關於內建說明文件之提醒

在閱讀本章內容時，不要忘了 IPython 所提供快速瀏覽套件內容（使用 Tab 補齊功能）以及取得各個函式說明文件（使用 ? 字元）的方法。如有需要可再回頭參考在第 1 章的內容。

例如，要顯示所有 numpy 名稱空間的內容，可以使用以下的方法：

```
In [3]: np.<TAB>
```

要顯示 NumPy 的內建說明文件，可以使用以下的方法：

```
In [4]: np?
```

更多詳細的說明文件，包括教學與其他的資源，都可以在 *https://www.numpy.org* 中找到。

第 4 章

瞭解 Python 的資料型態

有效率的資料驅動科學與計算，需要瞭解資料如何儲存與操作。本章會瀏覽和比較資料陣列是如何在原生的 Python 中處理，以及 NumPy 如何改良它。瞭解這些基本的差異將會讓你在閱讀本書接下來的內容時，能有更深入的理解。

Python 的使用者經常是因為它的易用性而被吸引進來，其中一個部分就是動態型別。一些靜態型別的語言像是 C 或是 Java 需要對每一個變數做明確地宣告，而像是 Python 此類動態型別的程式語言則會跳過這個規格。例如，在 C 語言中，要指定一個特定的操作如下：

```
/* C code */
int result = 0;
for(int i=0; i<100; i++){
    result += i;
}
```

而在 Python 中，相同的操作如下所示：

```
# Python code
result = 0
for i in range(100):
    result += i
```

它們主要的差異為：在 C 語言中，每一個變數的資料型態需要明確地宣告，而 Python 的型態則是動態推導的。也就是說，可以指定任意型態的資料給任一變數：

```
# Python code
x = 4
```

```
x = "four"
```

在此例中，把 x 的內容從整數改為字串，同樣的事情在 C 語言中則會造成（視編譯器設定而定）編譯錯誤或是預期之外的結果：

```
/* C code */
int x = 4;
x = "four";  // FAILS
```

此種彈性讓 Python 這一類的動態型別語言非常方便且易於使用。瞭解這樣的情況是如何運作的，對於學習使用 Python 有效率地分析資料非常有用。但是動態型別的特性也指向一個事實，就是 Python 的變數不會只是儲存值而已，它們還必須包含關於型別的額外資訊。以下的小節將探討這個問題。

Python 的整數不僅僅只是整數

標準的 Python 實作是以 C 語言寫成的。這表示每一個 Python 物件都是一個精巧設計的 C 語言結構，這個結構包含不只是值，還有其他的資訊。例如，當我們在 Python 中定義了一個 integer，像是 `x = 10000`，x 不僅僅只是一個「原始」的 integer，它實際上是一個指向複合式 C 語言結構的指標，在這個結構中包含了許多的值。檢視在 Python 3.10 的原始碼，可以發現長整數型態定義，實際上看起來是以下這個樣子（假設 C 語言的巨集是已經被展開之後的情況）：

```
struct _longobject {
    long ob_refcnt;
    PyTypeObject *ob_type;
    size_t ob_size;
    long ob_digit[1];
};
```

在 Python 3.10 中，一個 integer 實際上包含了 4 個部分：

- ob_refcnt：參考的計數，用來協助 Python 處理記憶體的配置和解除。
- ob_type：設定變數的型態。
- ob_size：用來指定接下來的資料成員之記憶體大小。
- ob_digit：用來儲存打算在 Python 變數中表示的實際整數值。

由此可知，和其他像是 C 語言這種編譯式程式語言比起來，Python 相對來說在儲存整數時多了一些額外的負擔，如圖 4-1 所示：

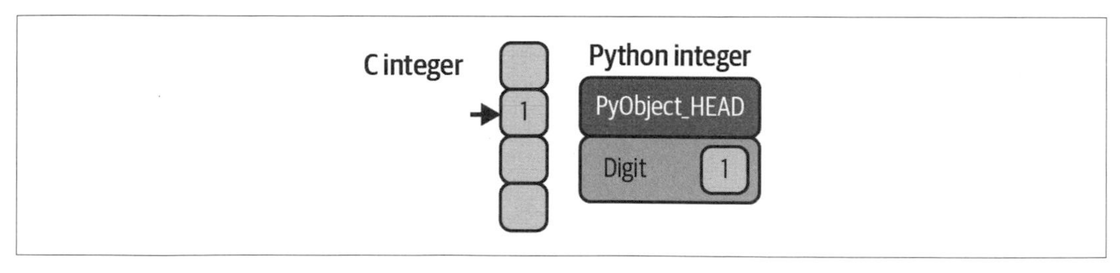

圖 4-1：C 語言和 Python 的整數差異

如圖所示，PyObject_HEAD 是結構的一部分，包含了參考計數器、型態編碼，以及其他在前面提到的部分。

要留意不同的部分是：一個 C 語言的整數是一個以位元組編碼的整數值在記憶體中位址的一個標籤，而 Python 整數則是一個指標，指向記憶體中一個包含所有 Python 物件資訊，其中含有放置整數值的那些位元組。在 Python 整數結構中，這些額外的資訊讓 Python 可以被自由及動態地編寫程式碼，然而，所有 Python 型態的額外資訊也是要付出成本，尤其是那些結合了許多物件的結構會特別明顯。

Python 的串列不僅僅只是串列

接下來讓我們來看看，當使用 Python 的資料結構去儲存許多的 Python 物件時會是什麼情形。在 Python 中，標準的可修改多元素容器是串列，建立一個整數的串列的方法如下：

```
In [1]: L = list(range(10))
        L
Out[1]: [0, 1, 2, 3, 4, 5, 6, 7, 8, 9]
In [2]: type(L[0])
Out[2]: int
```

建立一個字串型態的 list 也是類似的方法：

```
In [3]: L2 = [str(c) for c in L]
        L2
Out[3]: ['0', '1', '2', '3', '4', '5', '6', '7', '8', '9']
In [4]: type(L2[0])
Out[4]: str
```

因為 Python 是動態型別，因此我們可以建立異質的 list，如下所示：

```
In [5]: L3 = [True, "2", 3.0, 4]
        [type(item) for item in L3]
Out[5]: [bool, str, float, int]
```

但是這樣的彈性附帶了額外的成本：允許這些任意的型態，在串列中的每一個項目必須包含它自己的型態資訊、參考計數、以及其他的資訊，也就是說，每個項目都是一個完整的 Python 物件。當所有的變數都是相同型態的特殊情況下，大部分的資訊都是多餘的：也就是如果把它們儲存成固定型態的陣列會較有效率。動態型態的串列和固定型態（NumPy 類型）陣列的差異，請參考圖 4-2。

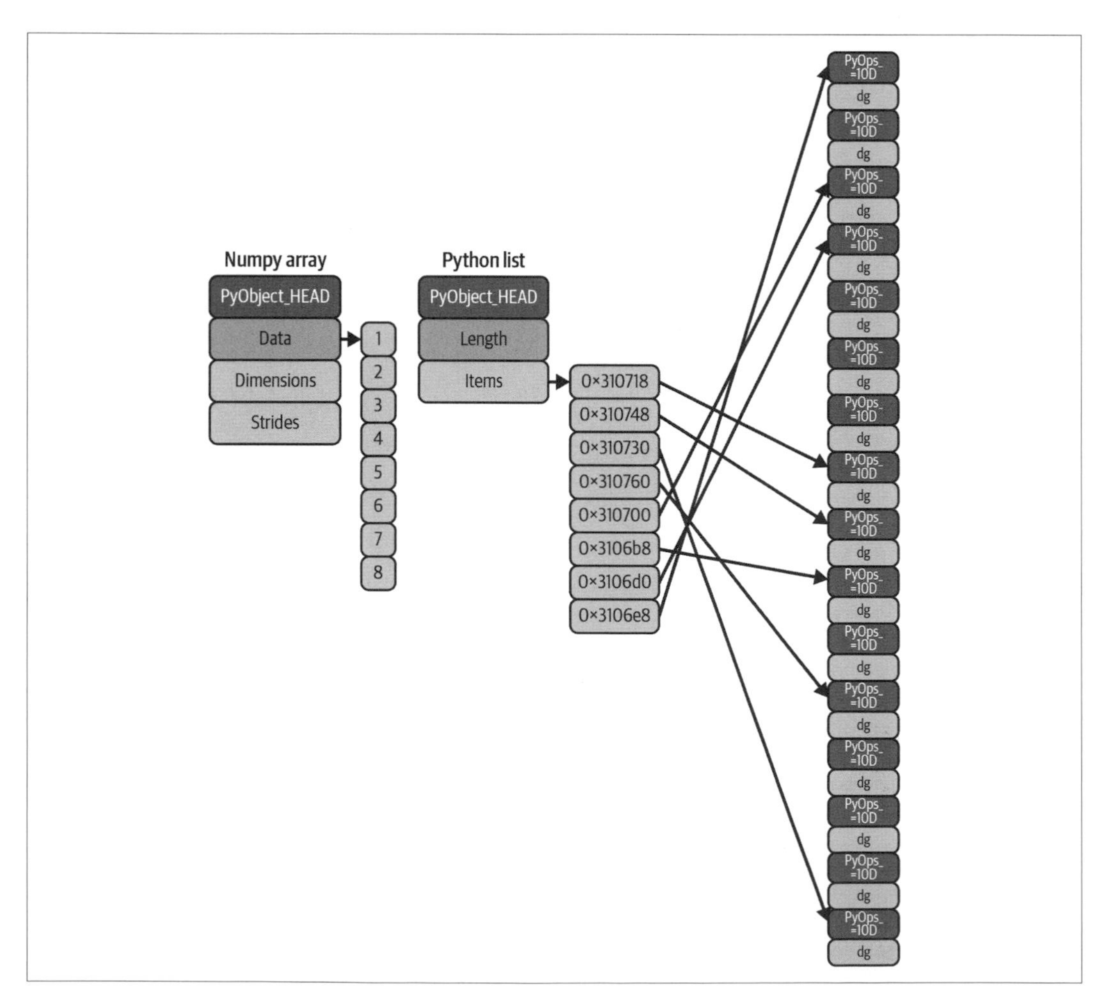

圖 4-2：C 語言和 Python 串列的差異

在實作層級中，陣列本質上包含了指向連結資料區塊的指標。在另一方面，Python 串列的指標則是指向一群指標，這些指標依序指向各自完整的 Python 物件，就像是之前看到的 Python 整數一樣。此種串列的優點就是彈性，它可以放入任何想要的型態，而像是 NumPy 類型的固定型態陣列就缺乏這樣的彈性，但是在儲存和操作資料上卻更有效率。

Python 的固定型態陣列

Python 提供幾種不同的方式可以有效率地儲存資料在固定型態、資料緩衝區中。內建的 `array` 模組（從 Python 3.3 開始）可以用來建立單一型態的稠密陣列：

```
In [6]: import array
        L = list(range(10))
        A = array.array('i', L)
        A
Out[6]: array('i', [0, 1, 2, 3, 4, 5, 6, 7, 8, 9])
```

在上述的程式碼中，「`i`」是用來設定接下來的內容之型態為整數（integer）的型態編碼。

然而更好用的是 NumPy 套件中的 `ndarray` 物件。雖然 Python 的 `array` 物件提供以陣列為基礎的資料是有效率的儲存方式，NumPy 增加了對於資料更有效率的操作。我們會在後續的章節中探討這些操作，接下來要說明幾種建立 NumPy 陣列的不同方法。

從 Python Lists 建立 NumPy 陣列

我們從匯入標準的 NumPy，並把它命令為 `np` 這個別名開始：

```
In [7]: import numpy as np
```

現在我們可以使用 `np.array`，從 Python 的串列來建立陣列：

```
In [8]: # Integer array
        np.array([1, 4, 2, 5, 3])
Out[8]: array([1, 4, 2, 5, 3])
```

不同於 Python 的串列，NumPy 限制所有在陣列中的內容需為同樣的型態。如果型態不符合，NumPy 將會試著自動轉換其型態，在這裡，整數會被轉換為浮點數：

```
In [9]: np.array([3.14, 4, 2, 3])
Out[9]: array([3.14, 4.  , 2.  , 3.  ])
```

如果你想要明確地設定陣列中的型態，可以使用 `dtype` 這個參數：

```
In [10]: np.array([1, 2, 3, 4], dtype=np.float32)
Out[10]: array([1., 2., 3., 4.], dtype=float32)
```

最後，不像是 Python 串列總是一維的順序，NumPy 陣列可以包含多個維度。在這裡展示如何利用串列來初始化一個多維度的陣列：

```
In [11]: # 使用巢狀式串列建立一個多維度的陣列
         np.array([range(i, i + 3) for i in [2, 4, 6]])
Out[11]: array([[2, 3, 4],
                [4, 5, 6],
                [6, 7, 8]])
```

如上所示，在內層的每一個串列，會被當作是產出結果的二維陣列每一列的內容。

從無到有建立陣列

特別是在大型的陣列，使用程序從無到有建立 NumPy 陣列會更有效率。底下是幾個例子：

```
In [12]: # 建立一個內容全為 0，長度為 10 的整數陣列
         np.zeros(10, dtype=int)
Out[12]: array([0, 0, 0, 0, 0, 0, 0, 0, 0, 0])
In [13]: # 建立一個內容全為 1 的 3x5 浮點數陣列
         np.ones((3, 5), dtype=float)
Out[13]: array([[1., 1., 1., 1., 1.],
                [1., 1., 1., 1., 1.],
                [1., 1., 1., 1., 1.]])

In [14]: # 建立一個填滿 3.14 內容的 3x5 陣列
         np.full((3, 5), 3.14)
Out[14]: array([[3.14, 3.14, 3.14, 3.14, 3.14],
                [3.14, 3.14, 3.14, 3.14, 3.14],
                [3.14, 3.14, 3.14, 3.14, 3.14]])

In [15]: # 建立一個依序填滿的陣列
         # 從 0 開始，到 20 結束，每次以 2 為間隔
         #（這和內建的 range() 函式類似）
         np.arange(0, 20, 2)
Out[15]: array([ 0,  2,  4,  6,  8, 10, 12, 14, 16, 18])

In [16]: # 建立一個 5 個值的陣列，在 0 到 1 之間平均分佈
         np.linspace(0, 1, 5)
```

```
Out[16]: array([0.  , 0.25, 0.5 , 0.75, 1.  ])

In [17]: # 建立一個均勻分佈的 3x3 陣列
         # 在 0 到 1 之間亂數值
         np.random.random((3, 3))
Out[17]: array([[0.09610171, 0.88193001, 0.70548015],
                [0.35885395, 0.91670468, 0.8721031 ],
                [0.73237865, 0.09708562, 0.52506779]])

In [18]: # 建立一個 3x3 的陣列，內容為常態分佈的亂數值
         # 平均是 0 而標準差為 1
         np.random.normal(0, 1, (3, 3))
Out[18]: array([[-0.46652655, -0.59158776, -1.05392451],
                [-1.72634268,  0.03194069, -0.51048869],
                [ 1.41240208,  1.77734462, -0.43820037]])

In [19]: # 建立一個 3x3 的陣列，內容為介於範圍是 [0, 10] 的整數亂數
         np.random.randint(0, 10, (3, 3))
Out[19]: array([[4, 3, 8],
                [6, 5, 0],
                [1, 1, 4]])

In [20]: # 建立一個 3x3 的單位矩陣（identity matrix）
           np.eye(3)
Out[20]: array([[1., 0., 0.],
               [0., 1., 0.],
               [0., 0., 1.]])

In [21]: # 建立一個 3 個整數的未初始化陣列
         # 這些值會是原本就存在那些記憶體中的值
         np.empty(3)
Out[21]: array([1., 1., 1.])
```

NumPy 的標準資料型態

NumPy 的陣列內含單一型態的值，因此充份瞭解這些型態的細節以及它們的限制是非常重要的。因為 NumPy 是使用 C 語言建立的，這些型態對於 C、Fortran 和其他類似程式語言的使用者來說應該會相當熟悉。

標準的 NumPy 資料型態列在表 4-1 中。在建構陣列時，可以透過字串來指定型態：

```
np.zeros(10, dtype='int16')
```

或使用相對應的 NumPy 物件：

```
np.zeros(10, dtype=np.int16)
```

除此之外還有一些更進階的型態規格可以設定，像是指定大端序（big-endian）或是小端序（little endian）數字等。更多的資訊，請參考 NumPy 的說明文件（*https:// numpy.org/*）。NumPy 也支援複合的資料型態，這部分將會在第 12 章加以討論。

表 4-1：標準的 NumPy 資料型態

資料型態	說明
bool_	布林值（True 或 False），以一個位元組來儲存
int_	預設的整數型態（和 C 的 long 一樣，一般不是 int64 就是 int32）
intc	和 C 語言的 int 一樣（一般是 int32 或 int64）
intp	用來做為索引的整數（和 C 的 ssize_t 一樣；一般不是 int32 就是 int64）
int8	位元組（-128 到 127）
int16	整數（-32768 到 32767）
int32	整數（-2147483648 到 2147483647）
int64	整數（-9223372036854775808 到 9223372036854775807）
uint8	無號整數（0 到 255）
uint16	無號整數（0 到 65535）
uint32	無號整數（0 到 4294967295）
uint64	無號整數（0 到 18446744073709551615）
float_	float64 的簡稱
float16	半精度浮點數：正負號位元，5 位元指數，10 位元尾數
float32	單精度浮點數：正負號位元，8 位元指數，23 位元尾數
float64	倍精度浮點數：正負號，11 位元指數，52 位元尾數
complex_	complex128 的簡稱
complex64	複數，使用 2 個 32 位元浮點數表示
complex128	複數，使用 2 個 64 位元浮點數表示

第 5 章

NumPy 陣列基礎

在 Python 中的資料操作幾乎就是在 NumPy 進行陣列操作的同義字：就連一些新式的工具像是 Pandas（在第三篇中會加以介紹）也是建立在 NumPy 陣列之上。這一章將展示使用 NumPy 陣列操作以存取資料和子陣列，以及 split（分割）、reshape（重塑）、以及 join（串接）陣列的例子。雖然在這裡展示的這些操作看起來有些不易閱讀，而且過於學術，但它們包含了貫穿本書其他範例的建構方塊，請你還是好好熟悉它們吧！

底下是將在這裡涵蓋的基本陣列操作之分類：

陣列的屬性

決定陣列的大小、形狀、記憶體使用、以及資料型態。

陣列的索引

取得以及設定陣列元素個別的值。

陣列的切片

在大陣列中取得和設定其中較小的子陣列。

陣列的重塑

改變陣列的形狀（shape）

陣列的組合和分割

把多個陣列組合成 1 個陣列，以及把 1 個陣列切割成許多個陣列。

NumPy 陣列屬性

先來討論一些有用的陣列屬性。我們一開始先定義 3 個隨機亂數陣列：一維陣列、二維陣列以及三維陣列，並使用 NumPy 的亂數產生器，在亂數產生前先設定一個 seed 以確保每一次程式碼執行時，都會產生相同的亂數陣列：

```
In [1]: import numpy as np
        rng = np.random.default_rng(seed=1701)  # 指定一個種子值確保每次執行時
                                                # 均產生同樣的亂數內容

        x1 = rng.integers(10, size=6)  # 一維陣列
        x2 = rng.integers(10, size=(3, 4))  # 二維陣列
        x3 = rng.integers(10, size=(3, 4, 5))  # 三維陣列
```

每一個陣列分別有 `ndim`（維數）、`shape`（每一個維度的大小）、`size`（整個陣列的大小總和）、以及 `dtype`（每一個元素的資料型態）等屬性：

```
In [2]: print("x3 ndim: ", x3.ndim)
        print("x3 shape:", x3.shape)
        print("x3 size: ", x3.size)
        print("dtype:   ", x3.dtype)
Out[2]: x3 ndim:  3
        x3 shape: (3, 4, 5)
        x3 size:  60
        dtype:    int64
```

對於資料型態更多的討論請參考第 4 章。

陣列索引：存取單一個陣列元素

如果你習慣 Python 的標準串列索引方式，在 NumPy 中進行索引也會非常容易上手。

在一維陣列中，可以在中括號中指定想要的索引，以存取到第 *i* 個值（從 0 開始算），就像是在操作 Python 的串列一樣：

```
In [3]: x1
Out[3]: array([9, 4, 0, 3, 8, 6])

In [4]: x1[0]
Out[4]: 9

In [5]: x1[4]
Out[5]: 8
```

你也可以使用負數，從陣列的末端回推你想要的索引位置：

```
In [6]: x1[-1]
Out[6]: 6

In [7]: x1[-2]
Out[7]: 8
```

在多維陣列中，可以使用以半形逗號分隔的方式（列 , 行），存取陣列中的資料項：

```
In [8]: x2
Out[8]: array([[3, 1, 3, 7],
               [4, 0, 2, 3],
               [0, 0, 6, 9]])
In [9]: x2[0, 0]
Out[9]: 3
In [10]: x2[2, 0]
Out[10]: 0
In [11]: x2[2, -1]
Out[11]: 9
```

也可以透過前面所說明的索引方式修改指定位置的陣列值：

```
In [12]: x2[0, 0] = 12
         x2
Out[12]: array([[12,  1,  3,  7],
                [ 4,  0,  2,  3],
                [ 0,  0,  6,  9]])
```

要留意的是，NumPy 與 Python 的串列不同，它的陣列元素都必須是固定且單一的型態。這表示，你可能會在試著於整數陣列中插入一個浮點數值時，這個值將會被靜悄悄地截去小數部分。可千萬別不小心被這個自動轉換的行為害到。

```
In [13]: x1[0] = 3.14159  # 此數字的小數部分會被截掉！
         x1
Out[13]: array([3, 4, 0, 3, 8, 6])
```

陣列切片：存取子陣列

如同之前使用中括號存取個別的陣列元素一般，我們也可以再加上切片的符號（冒號「:」字元）改為存取其中的子陣列。NumPy 切片語法和在標準的 Python 串列中使用的語法一樣，存取陣列 x 的一個切片，可以使用以下的方式：

```
x[start:stop:step]
```

如果有任一個值沒有指定的話，則它們的預設值分別是 `start=0`、`stop=<size of dimension>` 和 `step=1`。接著分別來看看在一維陣列以及多維度陣列中操作子陣列的方法。

一維子陣列

以下是一些存取一維陣列子陣列的操作範例：

```
In [14]: x1
Out[14]: array([3, 4, 0, 3, 8, 6])

In [15]: x1[:3]  # 前面 3 個元素
Out[15]: array([3, 4, 0])

In [16]: x1[3:]  # 所有在索引 3 之後的元素
Out[16]: array([3, 8, 6])

In [17]: x1[1:4]  # 中間的子陣列
Out[17]: array([4, 0, 3])

In [18]: x1[::2]  # 間隔 2 的所有元素
Out[18]: array([3, 0, 8])

In [19]: x1[1::2]  # 從索引值 1 開始間隔 2 的所有元素
Out[19]: array([4, 3, 6])
```

當 step 是負值時，你可能會感到困惑。在這個情況下，start 和 stop 的預設值將會彼此互換。因此，這裡提供了一個反向取得陣列的簡便方式：

```
In [20]: x1[::-1]  # 反轉所有的元素
Out[20]: array([6, 8, 3, 0, 4, 3])

In [21]: x1[4::-2]  # 從索引值 4 開始，反向往前取得間隔 2 的所有元素
Out[21]: array([8, 0, 3])
```

多維子陣列

多個維度的切片也是使用同樣的方式，只要使用逗號來分隔多個切片值的指定內容就可以了。例如：

```
In [22]: x2
Out[22]: array([[12,  1,  3,  7],
                [ 4,  0,  2,  3],
                [ 0,  0,  6,  9]])
```

```
In [23]: x2[:2, :3]  # 前 2 列以及前 3 欄
Out[23]: array([[12,  1,  3],
                [ 4,  0,  2]])
In [24]: x2[:3, ::2]  # 前 3 列，間隔為 2 的欄
Out[24]: array([[12,  3],
                [ 4,  2],
                [ 0,  6]])

In [25]: x2[::-1, ::-1]  # 反向取出所有列和欄的值
Out[25]: array([[ 9,  6,  0,  0],
                [ 3,  2,  0,  4],
                [ 7,  3,  1, 12]])
```

存取陣列中的個別列或欄的所有值是一個常用的例行程序。此程序可以透過結合索引和切片的技巧來完成。以下使用單獨一個「:」符號就可以取出整欄的值：

```
In [26]: x2[:, 0]  # x2 陣列的第 1 欄
Out[26]: array([12,  4,  0])

In [27]: x2[0, :]  # x2 陣列的第 1 列
Out[27]: array([12,  1,  3,  7])
```

在上面這個讀取整列值的方法中，後面那個「:」符號可以省略，讓語法更加精簡：

```
In [28]: x2[0]  # 和 x2[0, :] 具有相同的效果
Out[28]: array([12,  1,  3,  7])
```

把子陣列視為未複製（No-Copy）的視圖

不同於 Python 串列的切片，NumPy 陣列的切片是以視圖的方式傳回而不是複製出陣列資料中的值。請參考我們之前使用的 2 維陣列：

```
In [29]: print(x2)
Out[29]: [[12  1  3  7]
          [ 4  0  2  3]
          [ 0  0  6  9]]
```

從該陣列中取出一個 2x2 的子的陣列：

```
In [30]: x2_sub = x2[:2, :2]
         print(x2_sub)
Out[30]: [[12  1]
          [ 4  0]]
```

現在我們修改這個子陣列的內容，你會看到原始的那個陣列值也被改變了：

```
In [31]: x2_sub[0, 0] = 99
         print(x2_sub)
Out[31]: [[99  1]
          [ 4  0]]

In [32]: print(x2)
Out[32]: [[99  1  3  7]
          [ 4  0  2  3]
          [ 0  0  6  9]]
```

有些使用者會對此種處理方式感到訝異，但此種方式最能表現出它的優點。例如：當我們在操作一個大型的資料集時，可以僅存取這個資料集的正在處理中的部分內容，而不需要在資料緩衝區中去複製那些還未處理的大量資料。

建立陣列的複本

雖然陣列視圖是一個不錯的特性，但有時候也是需要明確地從陣列或子陣列中複製出資料。只要使用 `copy()` 方法就可以簡單地做到：

```
In [33]: x2_sub_copy = x2[:2, :2].copy()
         print(x2_sub_copy)
Out[33]: [[99  1]
          [ 4  0]]
```

現在即使你修改子陣列，原來的那個陣列的內容也不會被更動了：

```
In [34]: x2_sub_copy[0, 0] = 42
         print(x2_sub_copy)
Out[34]: [[42  1]
          [ 4  0]]

In [35]: print(x2)
Out[35]: [[99  1  3  7]
          [ 4  0  2  3]
          [ 0  0  6  9]]
```

陣列重塑

另一個有用的操作是對陣列的重塑，可以利用 `reshape` 方法來達成。例如，如果你想要把 1 到 9 的數字放到一個 3x3 的陣列中，可以使用以下這樣的方式操作：

```
In [36]: grid = np.arange(1, 10).reshape(3, 3)
         print(grid)
Out[36]: [[1 2 3]
          [4 5 6]
          [7 8 9]]
```

不過要注意的是，透過此方式重塑陣列，原來的陣列和重塑之後的陣列尺寸要能夠符合。如果可能的話，`reshape` 方法會使用原有陣列中未複製的視圖，但這在不連續的記憶體緩衝中就不一定如此。

另外一個常用的重塑用法，是把一維陣列放進一個二維陣列中當作是它的其中一列或是一欄：

```
In [37]: x = np.array([1, 2, 3])
         x.reshape((1, 3))  # 透過 reshape 建立列向量
Out[37]: array([[1, 2, 3]])

In [38]: x.reshape((3, 1))  # 透過 reshape 建立欄向量
Out[38]: array([[1],
                [2],
                [3]])
```

有一種便捷的做法是在切片的語法中使用 `np.newaxis`：

```
In [39]: x[np.newaxis, :]  # 透過 newaxis 建立列向量
Out[39]: array([[1, 2, 3]])

In [40]: x[:, np.newaxis]  # 透過 newaxis 建立欄向量
Out[40]: array([[1],
                [2],
                [3]])
```

本書接下來的內容中將會經常看到此種類型的轉換。

陣列的串接和分割

所有前面執行的程序都是針對單一個陣列，當然也可以把多個陣列結合成一個，或是反過來把一個陣列分割成多個陣列。以下就來看看這些操作。

陣列的串接

在 NumPy 中串接兩個陣列，主要是以 np.concatenate、np.vstack、以及 np.hstack 這幾個程序來完成。np.concatenate 使用一個陣列的元組或是串列當作是第一個參數，如下所示：

```
In [41]: x = np.array([1, 2, 3])
         y = np.array([3, 2, 1])
         np.concatenate([x, y])
Out[41]: array([1, 2, 3, 3, 2, 1])
```

你也可以一次串接 2 個以上的陣列：

```
In [42]: z = np.array([99, 99, 99])
         print(np.concatenate([x, y, z]))
Out[42]: [ 1  2  3  3  2  1 99 99 99]
```

也可以使用在二維陣列上：

```
In [43]: grid = np.array([[1, 2, 3],
                          [4, 5, 6]])

In [44]: # 沿著第一軸串接
         np.concatenate([grid, grid])
Out[44]: array([[1, 2, 3],
                [4, 5, 6],
                [1, 2, 3],
                [4, 5, 6]])

In [45]: # 沿著第二軸串接 (zero-indexed)
         np.concatenate([grid, grid], axis=1)
Out[45]: array([[1, 2, 3, 1, 2, 3],
                [4, 5, 6, 4, 5, 6]])
```

如果要在不同維度陣列間進行串接操作，使用 np.vstack（垂直堆疊）以及 np.hstack（水平堆疊）函式會比較清楚：

```
In [46]: # 垂直地堆疊在陣列上
         np.vstack([x, grid])
Out[46]: array([[1, 2, 3],
                [1, 2, 3],
                [4, 5, 6]])

In [47]: # 水平地堆疊在陣列上
         y = np.array([[99],
                       [99]])
         np.hstack([grid, y])
```

```
Out[47]: array([[ 1,  2,  3, 99],
                [ 4,  5,  6, 99]])
```

同樣地，對於更高維度的陣列，np.dstack 則會沿著第三軸堆疊到陣列上。

分割陣列

和串接相反的操作是分割，其函式分別是 np.split、np.hsplit、以及 np.vsplit。這幾個函式可以透過一組陣列索引值的串列來指定要分割的點：

```
In [48]: x = [1, 2, 3, 99, 99, 3, 2, 1]
         x1, x2, x3 = np.split(x, [3, 5])
         print(x1, x2, x3)
Out[48]: [1 2 3] [99 99] [3 2 1]
```

請留意，N 個分割的點會產生 $N+1$ 個子陣列。np.hsplit 以及 np.vsplit 函式也是類似的行為：

```
In [49]: grid = np.arange(16).reshape((4, 4))
         grid
Out[49]: array([[ 0,  1,  2,  3],
                [ 4,  5,  6,  7],
                [ 8,  9, 10, 11],
                [12, 13, 14, 15]])

In [50]: upper, lower = np.vsplit(grid, [2])
         print(upper)
         print(lower)
Out[50]: [[0 1 2 3]
          [4 5 6 7]]
         [[ 8  9 10 11]
          [12 13 14 15]]

In [51]: left, right = np.hsplit(grid, [2])
         print(left)
         print(right)
Out[51]: [[ 0  1]
          [ 4  5]
          [ 8  9]
          [12 13]]
         [[ 2  3]
          [ 6  7]
          [10 11]
          [14 15]]
```

同樣地，np.dsplit 也是沿著第三軸進行分割用的函式。

第 6 章

在 NumPy 陣列中計算：通用函式（Universal Functions）

到目前為止，已經討論了許多 NumPy 中簡單卻是必要的基礎，在接下來的幾個小節裡，將深入探討為什麼 NumPy 在 Python 的資料科學世界中如此重要的理由。也就是說，它提供了一個簡單而且彈性的介面，讓在陣列中的資料可以使用最佳的方式進行計算。

在 NumPy 的陣列中進行計算可以非常快速、也可能非常慢。要讓它快速的關鍵在於使用向量化的操作，通常都是透過 NumPy 的通用函式（ufuncs）進行。本章提供了需要 NumPy 的通用函式的動機，它可以讓陣列中元素在進行重複性計算時更有效率，接著會介紹在 NumPy 套件中許多常見的算術通用函式。

緩慢的迴圈

Python 預設的實作（眾所周知的 CPython）在執行一些操作時非常慢，這肇因於程式語言的動態與直譯器本質：因為資料型別是彈性的，所以運算的順序就不能像是 C 語言和 Fortran 語言一樣可以被編譯成有效率的機器碼再加以執行。最近有許多想要解決這個弱點的嘗試，比較常見的有：PyPy 專案（*http://pypy.org/*），一個 Python 語言的即時編譯實作；Cython 專案（*http://cython.org*），可以將 Python 的程式碼轉換成相容的 C 語言程式碼；Numba 專案（*http://numba.pydata.org/*），可以將小片段 Python 程式碼轉換成快速的 LLVM 位元組碼（bytecode）。這些專案各有優缺點，但可以肯定的是，它們在使用人數上還無法超越標準的 CPython 引擎。

另外一個 Python 明顯相對緩慢的情況，是在重複許多小操作的時候，像是使用迴圈在操作陣列的每一個元素時。例如：有一個陣列需要計算每一個元素的倒數，直覺上我們會試著使用以下的方式：

```
In [1]: import numpy as np
        rng = np.random.default_rng(seed=1701)

        def compute_reciprocals(values):
            output = np.empty(len(values))
            for i in range(len(values)):
                output[i] = 1.0 / values[i]
            return output

        values = rng.integers(1, 10, size=5)
        compute_reciprocals(values)
Out[1]: array([0.11111111, 0.25      , 1.        , 0.33333333, 0.125     ])
```

對於有 C 語言或是 Java 背景的人來說，這樣的做法相當地自然。但是，如果在輸入資料非常大的情況下，去測量這段程式碼的執行時間，你就會看出這個操作非常地緩慢，緩慢得讓人驚訝！以下使用 IPython 的 `%timeit` 魔術命令（我們在第 28 頁的「剖析和測定程式碼的時間」小節中曾討論過）：

```
In [2]: big_array = rng.integers(1, 100, size=1000000)
        %timeit compute_reciprocals(big_array)
Out[2]: 2.61 s ± 192 ms per loop (mean ± std. dev. of 7 runs, 1 loop each)
```

這段程式碼花了好幾秒才完成這些百萬次的作業以及儲存結果！甚至當把這些計算拿到以 gigaflops（也就是每秒可以執行數十億次的數值運算）為單位的行動電話上執行，這看起來也是非常地慢。在這裡形成瓶頸的原因其實並不是運算本身，而是型別檢查以及 CPython 在迴圈中的每一個週期中都必須執行函式的派送。每一次在進行倒數計算時，Python 首先會檢查該物件的型別，然後執行動態查找以呼叫使用這個型別的正確函式。如果我們使用編譯過的程式碼取代，這些型別的規格早就在程式碼在執行之前就已經知道了，如此在計算結果時就會有效率多了。

加入通用函式

對於許多運算的型態，NumPy 提供了一個方便的介面，用在此種固定型態以及已編譯的程序，也就是所謂的向量化操作。你可以透過簡單的方式對陣列執行這樣的操作以實現這個目標，它會被套用在每一個元素上。向量化方式是被設計用來把迴圈推送到在 NumPy 中的已編譯層，好讓執行的速度更快。

比較以下的這兩個結果：

```
In [3]: print(compute_reciprocals(values))
        print(1.0 / values)
Out[3]: [0.11111111 0.25       1.         0.33333333 0.125     ]
        [0.11111111 0.25       1.         0.33333333 0.125     ]
```

比較一下在大型陣列上個別的執行時間，可以看到比 Python 的迴圈快上幾個數量級以上：

```
In [4]: %timeit (1.0 / big_array)
Out[4]: 2.54 ms ± 383 µs per loop (mean ± std. dev. of 7 runs, 100 loops each)
```

透過通用函式在 NumPy 中進行向量化運算，主要的目的就是快速地執行在 NumPy 陣列值的相關操作。通用函式非常具有彈性，之前看到的是在陣列和純量之間的運算，也可以在兩個陣列之間進行操作：

```
In [5]: np.arange(5) / np.arange(1, 6)
Out[5]: array([0.        , 0.5       , 0.66666667, 0.75      , 0.8       ])
```

而且通用函式並不被侷限於一維陣列，它們也可以在多維陣列中運作地很好：

```
In [6]: x = np.arange(9).reshape((3, 3))
        2 ** x
Out[6]: array([[  1,   2,   4],
               [  8,  16,  32],
               [ 64, 128, 256]])
```

透過通用函式對於向量化的值進行運算，幾乎總是比使用 Python 的迴圈來得更有效率，尤其是當陣列成長到更大的時候。任何時候當你看到在 Python 程式碼中的迴圈時，就應該考慮是否要使用向量化的表達式來取代。

探索 NumPy 的通用函式

通用函式有兩種使用方式：一個是可以運作在單一輸入的單元通用函式，另一個是可以運作在 2 個輸入二元通用函式。接著是此二類函數的使用示例：

陣列算術

NumPy 的通用函式用起來非常自然，是因為它使用 Python 原有的運算子。標準的加法、減法、乘法、以及除法可以使用如下所示的方式加以執行：

```
In [7]: x = np.arange(4)
        print("x      =", x)
        print("x + 5  =", x + 5)
        print("x - 5  =", x - 5)
        print("x * 2  =", x * 2)
        print("x / 2  =", x / 2)
        print("x // 2 =", x // 2)  # 取地板的除號（整除）
Out[7]: x      = [0 1 2 3]
        x + 5  = [5 6 7 8]
        x - 5  = [-5 -4 -3 -2]
        x * 2  = [0 2 4 6]
        x / 2  = [0.  0.5 1.  1.5]
        x // 2 = [0 0 1 1]
```

還有單元通用函式負號、`**` 指數運算子、以及 `%` 取餘數的運算：

```
In [8]: print("-x     = ", -x)
        print("x ** 2 = ", x ** 2)
        print("x % 2  = ", x % 2)
Out[8]: -x     =  [ 0 -1 -2 -3]
        x ** 2 =  [0 1 4 9]
        x % 2  =  [0 1 0 1]
```

此外，如果需要的話也可以把這些運算串起來，它們也遵循標準的運算優先順序：

```
In [9]: -(0.5*x + 1) ** 2
Out[9]: array([-1.  , -2.25, -4.  , -6.25])
```

所有的算術運算子都被便利地包裝到指定的函式，並放到 NumPy 裡；例如「+」號其實是包裝成 `add` 函式：

```
In [10]: np.add(x, 2)
Out[10]: array([2, 3, 4, 5])
```

表 6-1 列出在 NumPy 中可以使用的算術運算子。

表 6-1：在 NumPy 中可以使用的算術運算子

運算子	相對應的通用函式	說明
+	np.add	加法（例如：1 + 1 = 2）
-	np.subtract	減法（例如：3 - 2 = 1）
-	np.negative	負數符號（例如：-2）
*	np.multiply	乘法（例如：2 * 3 = 6）
/	np.divide	除法（例如：3 / 2 = 1.5）
//	np.floor_divide	取地板除法（例如：3 // 2 = 1）
**	np.power	指數（例如：2 ** 3 = 8）
%	np.mod	取餘數運算（例如：9 % 4 = 1）

此外還有布林 / 位元運算子，將在第 9 章中加以探討。

絕對值

就像是 NumPy 可以執行 Python 內建的算術運算一樣，取絕對值函式也是以同樣的方式：

```
In [11]: x = np.array([-2, -1, 0, 1, 2])
         abs(x)
Out[11]: array([2, 1, 0, 1, 2])
```

相對應的 NumPy 通用函式是 `np.absolute`，不過也可以用 `np.abs`：

```
In [12]: np.absolute(x)
Out[12]: array([2, 1, 0, 1, 2])

In [13]: np.abs(x)
Out[13]: array([2, 1, 0, 1, 2])
```

這個通用函式也可以處理複數資料，其傳回的絕對值為它的大小：

```
In [14]: x = np.array([3 - 4j, 4 - 3j, 2 + 0j, 0 + 1j])
         np.abs(x)
Out[14]: array([5., 5., 2., 1.])
```

三角函數

NumPy 提供非常多有用的通用函式，其中在資料科學上最常用的是三角函數。我們先從定義一個由角度組成的陣列開始：

```
In [15]: theta = np.linspace(0, np.pi, 3)
```

現在我們可以計算這些值的一些三角函數：

```
In [16]: print("theta      = ", theta)
         print("sin(theta) = ", np.sin(theta))
         print("cos(theta) = ", np.cos(theta))
         print("tan(theta) = ", np.tan(theta))
Out[16]: theta      =  [0.         1.57079633 3.14159265]
         sin(theta) =  [0.0000000e+00 1.0000000e+00 1.2246468e-16]
         cos(theta) =  [ 1.000000e+00  6.123234e-17 -1.000000e+00]
         tan(theta) =  [ 0.00000000e+00  1.63312394e+16 -1.22464680e-16]
```

這些值會使用機器的精準度來計算，這就是為什麼應該是 0 的時候不會總是完全等於 0。反三角函數也可以使用：

```
In [17]: x = [-1, 0, 1]
         print("x         = ", x)
         print("arcsin(x) = ", np.arcsin(x))
         print("arccos(x) = ", np.arccos(x))
         print("arctan(x) = ", np.arctan(x))
Out[17]: x         =  [-1, 0, 1]
         arcsin(x) =  [-1.57079633  0.          1.57079633]
         arccos(x) =  [3.14159265 1.57079633 0.        ]
         arctan(x) =  [-0.78539816  0.          0.78539816]
```

指數與對數

另外一個在 NumPy 通用函式中常見的運算是指數：

```
In [18]: x = [1, 2, 3]
         print("x   =", x)
         print("e^x =", np.exp(x))
         print("2^x =", np.exp2(x))
         print("3^x =", np.power(3., x))
Out[18]: x   = [1, 2, 3]
         e^x = [ 2.71828183  7.3890561  20.08553692]
         2^x = [2. 4. 8.]
         3^x = [ 3.  9. 27.]
```

指數的倒數，也就是對數，也有相對應的函數可用。基本的 np.log 提供自然對數，如果你想要計算以 2 或 10 為底的對數也可以：

```
In [19]: x = [1, 2, 4, 10]
         print("x        =", x)
         print("ln(x)    =", np.log(x))
         print("log2(x)  =", np.log2(x))
         print("log10(x) =", np.log10(x))
Out[19]: x        = [1, 2, 4, 10]
         ln(x)    = [0.         0.69314718 1.38629436 2.30258509]
         log2(x)  = [0.         1.         2.         3.32192809]
         log10(x) = [0.         0.30103    0.60205999 1.        ]
```

還有一些特定的版本，在輸入值非常小時，可以用來維持其精準度：

```
In [20]: x = [0, 0.001, 0.01, 0.1]
         print("exp(x) - 1 =", np.expm1(x))
         print("log(1 + x) =", np.log1p(x))
Out[20]: exp(x) - 1 = [0.         0.0010005  0.01005017 0.10517092]
         log(1 + x) = [0.         0.0009995  0.00995033 0.09531018]
```

當 x 非常小時，這些函數會提供比原始的 np.log 或 np.exp 更精確的數值。

特殊的通用函式

NumPy 還有更多的通用函式可以使用，包括雙曲線函數、位元運算、比較運算子、弳度到度的轉換、以及取整數和餘數等等。仔細去檢視 NumPy 的說明文件可以看到更多有趣的功能。

另一個支援更特殊和晦澀的通用函式來源是 scipy.special 子模組。如果打算在資料上做一些晦澀的數學函數計算，它們有可能會被實作在 scipy.special 中。這些函數遠超出我們可以列在這裡的數量，但是底下的程式碼片段展示了兩個可能會是來自於統計背景的內容：

```
In [21]: from scipy import special

In [22]: # Gamma 函數（一般化的階乘）以及其相關的函數
         x = [1, 5, 10]
         print("gamma(x)     =", special.gamma(x))
         print("ln|gamma(x)| =", special.gammaln(x))
         print("beta(x, 2)   =", special.beta(x, 2))
Out[22]: gamma(x)     = [1.0000e+00 2.4000e+01 3.6288e+05]
         ln|gamma(x)| = [ 0.          3.17805383 12.80182748]
```

```
        beta(x, 2)   = [0.5        0.03333333 0.00909091]

In [23]: # 誤差函數（高斯積分），
         # 它的 complement 以及 inverse
         x = np.array([0, 0.3, 0.7, 1.0])
         print("erf(x)  =", special.erf(x))
         print("erfc(x) =", special.erfc(x))
         print("erfinv(x) =", special.erfinv(x))
Out[23]: erf(x)  = [0.         0.32862676 0.67780119 0.84270079]
         erfc(x) = [1.         0.67137324 0.32219881 0.15729921]
         erfinv(x) = [0.         0.27246271 0.73286908        inf]
```

在 NumPy 以及 `scipy.special` 中有非常非常多的通用函式可以使用。這些套件的說明文件都可以在線上找到，請搜尋「gamma function python」，你就可以找到相關的資訊。

進階通用函式

許多 NumPy 使用者在使用通用函式時，並沒有完全發揮它們的特色，在此將概略地說明這些通用函式的一些特色。

指定輸出

對於大量的計算，有時候指定計算完畢的結果要儲存在哪一個陣列是非常有用的。對比於建立一個暫時的陣列，如果你喜歡，也可以使用這種方式直接在記憶體位置上寫入計算結果。在所有的通用函式中，可以加上一個 `out` 參數來做到這點：

```
In [24]: x = np.arange(5)
         y = np.empty(5)
         np.multiply(x, 10, out=y)
         print(y)
Out[24]: [ 0. 10. 20. 30. 40.]
```

這也可以使用陣列檢視的方式進行操作，例如，可以把計算的結果，寫到某一個指定陣列，以每隔一個位置的方式來放置：

```
In [25]: y = np.zeros(10)
         np.power(2, x, out=y[::2])
         print(y)
Out[25]: [ 1.  0.  2.  0.  4.  0.  8.  0. 16.  0.]
```

如果改用 `y[::2] = 2 ** x` 進行同樣的操作，則會先建立一個暫時性的陣列用來放置 2 ** x 的結果，接著再進行第二次的操作，將這些結果複製到 y 陣列中。對於少量的運算來說這並不會有什麼差別；一旦陣列非常大，謹慎使用 `out` 將節省的大量的記憶體空間。

聚合計算

對於二元通用函式來說，一些有趣的聚合操作可以直接從物件中進行運算。例如：如果打算使用特定的運算來簡化一個陣列，可以使用通用函式的 `reduce` 方法。簡化會重複執行一個給定的運算至陣列中的每一個元素，直到剩下一個結果為止。

例如：在 `add` 這個通用函式上呼叫 `reduce`，會傳回陣列中所有元素的加總：

```
In [26]: x = np.arange(1, 6)
         np.add.reduce(x)
Out[26]: 15
```

同樣地，在 `multiply` 通用函式上呼叫 `reduce`，則會傳回所有陣列元素的乘積：

```
In [27]: np.multiply.reduce(x)
Out[27]: 120
```

如果想要儲存所有中間運算的結果，可以使用 `accumulate` 取代：

```
In [28]: np.add.accumulate(x)
Out[28]: array([ 1,  3,  6, 10, 15])
In [29]: np.multiply.accumulate(x)
Out[29]: array([  1,   2,   6,  24, 120])
```

以上這些特定的例子都是使用 NumPy 的函式去計算結果（`np.sum`、`np.prod`、`np.cumsum`、`np.cumprod`），這些將會在第 7 章中加以探討。

外積

最後，任一個通用函式可以使用 `outer` 來計算兩個不同輸入值的所有成對輸出。這讓你可以使用一行指令建立一個乘法表：

```
In [30]: x = np.arange(1, 6)
         np.multiply.outer(x, x)
Out[30]: array([[ 1,  2,  3,  4,  5],
                [ 2,  4,  6,  8, 10],
                [ 3,  6,  9, 12, 15],
                [ 4,  8, 12, 16, 20],
                [ 5, 10, 15, 20, 25]])
```

`ufunc.at` 及 `ufunc.reduceat` 方法，將在第 10 章中討論，它們也是很有用處的方法。

另一個通用函式非常有用的功能是可以在不同的大小、形狀的陣列間進行運算，此類的操作方式就是擴張（*broadcasting*）。這個主題相當重要，值得我們使用一整章的篇幅來加以探討（請參閱第 8 章）。

學習更多的通用函式

更多關於通用函式（包括所有可用的函數列表）的資訊可以在 NumPy（*http://www.numpy.org*）以及 SciPy（*http://www.scipy.org*）的說明文件網站中找到。

別忘了我們也可以在 IPython 中透過匯入套件的方式直接存取到相關資料，使用 IPython 的 Tab 補齊功能和「?」求助功能，也就是我們在第 1 章中所介紹過的方法。

第 7 章

聚合操作：min、max、以及兩者之間的所有操作

通常在面對任一資料集時，第一步就是計算許多的摘要統計值。最常用的摘要統計就是平均數和標準差，它們可以摘要出資料集中的典型數值，但其他的聚合計算也很有用（總和、乘積、中位數、最小值和最大值、以及分位數等等）。

NumPy 內建了快速的聚合函數可以在陣列上操作，我們將在這裡討論與演示。

在陣列中做加總

很快地舉個例子，考量要把陣列中的所有值進行加總。Python 自己也可以使用內建的 `sum` 函式來做到：

```
In [1]: import numpy as np
        rng = np.random.default_rng()

In [2]: L = rng.random(100)
        sum(L)
Out[2]: 52.76825337322368
```

這樣的語法和 NumPy 的 `sum` 函式相當類似，在這個簡單的例子中，結果當然會是一樣的：

```
In [3]: np.sum(L)
Out[3]: 52.76825337322366
```

然而，因為是在編譯過的程式碼中執行，所以 NumPy 版本的運算當然快多了：

```
In [4]: big_array = rng.random(1000000)
        %timeit sum(big_array)
        %timeit np.sum(big_array)
Out[4]: 89.9 ms ± 233 µs per loop (mean ± std. dev. of 7 runs, 10 loops each)
        521 µs ± 8.37 µs per loop (mean ± std. dev. of 7 runs, 1000 loops each)
```

但是要留意的地方是，`sum` 函式和 `np.sum` 函式並不完全一樣，有時候會造成一些混淆！特別是它們的參數所代表的意義並不一樣（`sum(x, 1)` 會從 1 開始加總，而 `np.sum(x, 1)` 則是沿著第 1 軸，也就是對列進行加總），而且 `np.sum` 可以自動處理多維度的陣列，我們將會在後續的小節中看到。

最小值和最大值

同樣地，Python 也有內建的 `min` 以及 `max` 函式來找出陣列中的最小值和最大值：

```
In [5]: min(big_array), max(big_array)
Out[5]: (2.0114398036064074e-07, 0.9999997912802653)
```

NumPy 的相對應函式使用相似的語法，當然運算速度也是快多了：

```
In [6]: np.min(big_array), np.max(big_array)
Out[6]: (2.0114398036064074e-07, 0.9999997912802653)

In [7]: %timeit min(big_array)
        %timeit np.min(big_array)
Out[7]: 72 ms ± 177 µs per loop (mean ± std. dev. of 7 runs, 10 loops each)
        564 µs ± 3.11 µs per loop (mean ± std. dev. of 7 runs, 1000 loops each)
```

對於 `min`、`max`、`sum`、和其他幾個 NumPy 的聚合函式來說，可以使用陣列物件本身的方法來簡化其寫法：

```
In [8]: print(big_array.min(), big_array.max(), big_array.sum())
Out[8]: 2.0114398036064074e-07 0.9999997912802653 499854.0273321711
```

如果可能的話，在 NumPy 陣列中進行聚合運算時，請確認你使用的是 NumPy 的版本！

多維度的聚合運算

一個常見的聚合運算是沿著列或欄上進行，例如：有一個儲存了一些資料的二維陣列如下：

```
In [9]: M = rng.integers(0, 10, (3, 4))
        print(M)
Out[9]: [[0 3 1 2]
         [1 9 7 0]
         [4 8 3 7]]
```

預設上，每一個 NumPy 的聚合函式會對於整個陣列傳回一個聚合運算後的結果：

```
In [10]: M.sum()
Out[10]: 45
```

但聚合函式接受一個 *axis* 參數，可以指定要沿著哪一個軸來進行運算。例如，透過指定 `axis=0` 可以找出每一欄的最小值如下：

```
In [11]: M.min(axis=0)
Out[11]: array([0, 3, 1, 0])
```

這個函式會依照欄位數傳回 4 個值。

使用同樣的方法，我們也可以找出每一列的最大值：

```
In [12]: M.max(axis=1)
Out[12]: array([3, 9, 8])
```

使用 axis 的方式對於熟悉其他程式語言的使用者來說可能會有些混淆。`axis` 這個關鍵字用來指定在陣列中要被收合起來的那個維度，而不是要被傳回來的那個。所以指定 axis=0 表示第一個維度會被收合起來，對於一個二維的陣列來說，這表示在欄中的每一個數值會被聚集起來運算。

其他聚合函式

NumPy 提供許多其他具有類似 API 的聚合函式，此外，大部分的聚合函式都有一個 `NaN-safe` 的複本，它們在執行計算時會忽略缺失的值，並以特殊的 IEEE 浮點數 `NaN` 值的表示法加以註明（請參考第 16 章）。

表 7-1 列出了一些在 NumPy 中有用的聚合函式。

表 7-1：在 NumPy 中可以使用的聚合函式

函式名稱	NaN-safe 版本	說明
np.sum	np.nansum	計算元素的加總
np.prod	np.nanprod	計算元素的乘積
np.mean	np.nanmean	計算元素的平均值
np.std	np.nanstd	計算標準差
np.var	np.nanvar	計算變異數
np.min	np.nanmin	找出最小值
np.max	np.nanmax	找出最大值
np.argmin	np.nanargmin	找出最小值的索引位置
np.argmax	np.nanargmax	找出最大值的索引位置
np.median	np.nanmedian	計算元素的中位數
np.percentile	np.nanpercentile	計算基於等級的百分位數
np.any	N/A	檢測是否有任一元素為 True
np.all	N/A	檢測是否所有的元素均為 True

本書接下來的部分將會經常看到這些聚合函式的使用。

範例：歷屆美國總統的平均身高

NumPy 的聚合函式在統計摘要一組資料值時非常地有用。舉個簡單的例子：來看看關於歷屆美國總統的身高。這個資料放在 *president_heights.csv* 檔案中，這是一個以逗號隔開標籤和數值的列表：

```
In [13]: !head -4 data/president_heights.csv
Out[13]: order,name,height(cm)
         1,George Washington,189
         2,John Adams,170
         3,Thomas Jefferson,189
```

接下來會用到將在第三篇探討的 Pandas 套件來讀取這個檔案，並取出這些資訊（以下的身高是以公分為單位）：

```
In [14]: import pandas as pd
         data = pd.read_csv('data/president_heights.csv')
         heights = np.array(data['height(cm)'])
         print(heights)
Out[14]: [189 170 189 163 183 171 185 168 173 183 173 173 175 178 183 193 178 173
          174 183 183 168 170 178 182 180 183 178 182 188 175 179 183 193 182 183
          177 185 188 188 182 185 191 182]
```

現在有了這個資料陣列，就可以用來計算許多摘要的統計值：

```
In [15]: print("Mean height:       ", heights.mean())
         print("Standard deviation:", heights.std())
         print("Minimum height:    ", heights.min())
         print("Maximum height:    ", heights.max())
Out[15]: Mean height:        180.04545454545453
         Standard deviation: 6.983599441335736
         Minimum height:     163
         Maximum height:     193
```

請留意以上的每一個例子，這些聚合運算把整個陣列簡化成一個摘要數值，提供關於這些數值分佈上的訊息。也許我們會想要計算百分位數及中位數：

```
In [16]: print("25th percentile:   ", np.percentile(heights, 25))
         print("Median:            ", np.median(heights))
         print("75th percentile:   ", np.percentile(heights, 75))
Out[16]: 25th percentile:    174.75
         Median:             182.0
         75th percentile:    183.5
```

由上可以看出，美國總統的身高中位數是 182 公分，只有不到 6 英呎。

當然，有時候讓這些資料以視覺的方式呈現會更有用，這可以透過 Matplotlib 工具（在第四篇將會有完整的說明）來完成。例如，以下的程式碼就可以產生出此種圖表，如圖 7-1 所示：

```
In [17]: %matplotlib inline
         import matplotlib.pyplot as plt
         plt.style.use('seaborn-whitegrid')

In [18]: plt.hist(heights)
         plt.title('Height Distribution of US Presidents')
         plt.xlabel('height (cm)')
         plt.ylabel('number');
```

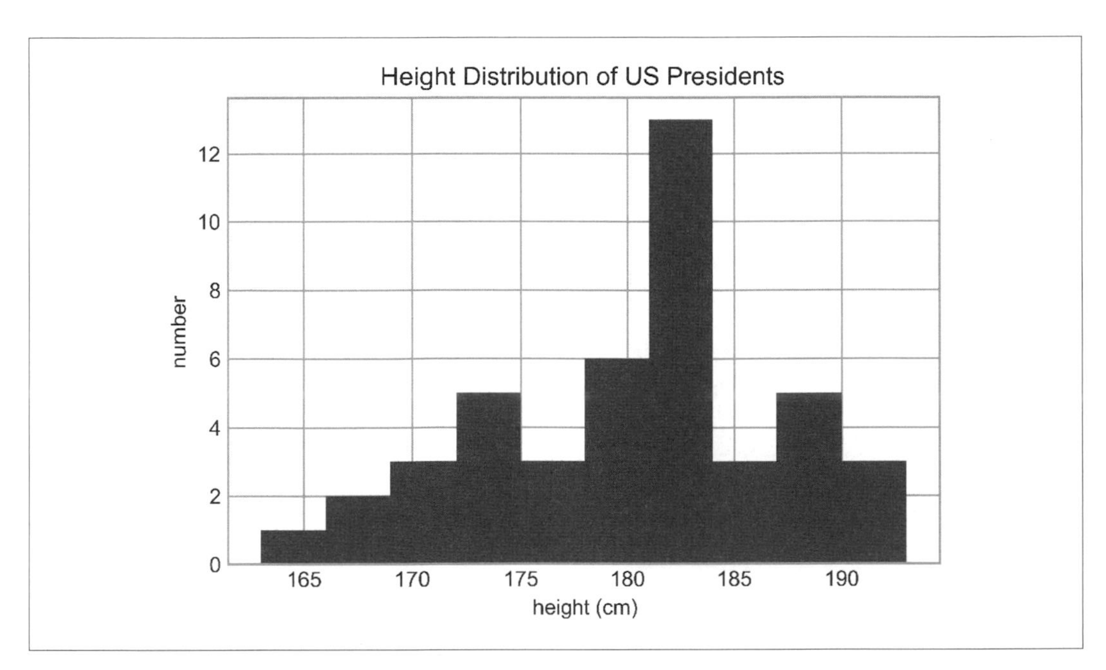

圖 7-1：總統身高的直方圖

第 8 章

在陣列上進行計算：擴張（Broadcasting）

我們在第 6 章看到了一些 NumPy 通用函式如何使用向量化計算的方式避免掉緩慢的 Python 迴圈。本章討論擴張（broadcasting）：它是 NumPy 的一組規則，讓我們在不同大小的陣列上使用一些二元運算（加法、減法、乘法等等）。

擴張簡介

回想一下，當陣列的大小相同時，二元運算是以逐個元素去執行運算：

```
In [1]: import numpy as np

In [2]: a = np.array([0, 1, 2])
        b = np.array([5, 5, 5])
        a + b
Out[2]: array([5, 6, 7])
```

擴張允許這類型的二元運算可以執行在不同大小的陣列，例如：可以簡單地把一個純量（可以想像它是一個 0 維的陣列）加到一個陣列中：

```
In [3]: a + 5
Out[3]: array([5, 6, 7])
```

我們可以想成這個計算是把數值 5 拉長或是複製成為一個陣列 [5, 5, 5]，然後再把它加到結果中。

使用同樣的概念，可以延伸這樣的陣列到更高的維度。觀察以下的程式碼，我們把一維陣列加到二維陣列的結果：

```
In [4]: M = np.ones((3, 3))
        M
Out[4]: array([[1., 1., 1.],
               [1., 1., 1.],
               [1., 1., 1.]])

In [5]: M + a
Out[5]: array([[1., 2., 3.],
               [1., 2., 3.],
               [1., 2., 3.]])
```

在此，為了符合陣列 M 的形狀，一維陣列被拉長，或擴張成為二維陣列。

上述的例子相對地容易被理解，接著來看看同時擴張 2 個陣列這種比較複雜的例子，請參考以下範例：

```
In [6]: a = np.arange(3)
        b = np.arange(3)[:, np.newaxis]

        print(a)
        print(b)
Out[6]: [0 1 2]
        [[0]
         [1]
         [2]]
In [7]: a + b
Out[7]: array([[0, 1, 2],
               [1, 2, 3],
               [2, 3, 4]])
```

正如之前拉長或是擴張一個值去符合另外一個陣列的形狀，在這裡 2 個陣列 a 和 b 都被拉長以符合彼此均可接受的共通形狀，這樣的結果就變成了二維陣列。這些例子的幾何形狀被畫在圖 8-1 中。

圖中的淺色方塊表示被擴張的值，再說一次，在這樣的計算中並不會佔用到額外的記憶體，但是在概念上這樣表示較易被理解。

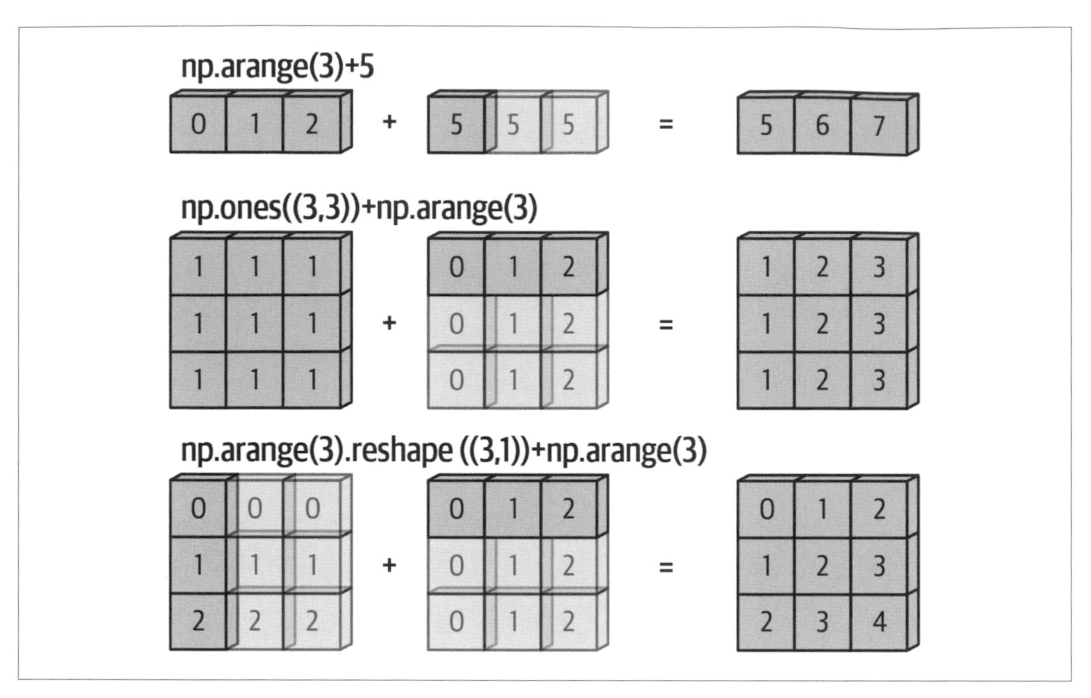

圖 8-1：NumPy 擴張示意圖，修改自 astroML 說明文件中的原始碼（*http://astroml.org*），並在取得授權之下使用。[1]

擴張規則

在 NumPy 的擴張遵循著一組嚴格的規則來決定兩陣列間的交互作用：

規則 *1*

　如果 2 個陣列的維度不同，比較低維度的那個陣列會被使用它起始（左側）的元素填補（*padded*）。

規則 *2*

　如果 2 個陣列不能夠在任一維度中符合，具有形狀是 1 的那個陣列的那一維要被拉長到符合另外一個陣列的形狀。

1 繪製這個圖表的程式碼可以在線上的附錄（*https://oreil.ly/gtOaU*）中找到。

規則 *3*

如果任一個維度的大小不相同，也沒有任何一個維度大小等於 1，則產生錯誤。

為了更清楚地理解這些規則，請仔細檢視以下的幾個例子：

擴張範例 1

假設我們要把一個二維陣列加到一個一維陣列：

```
In [8]: M = np.ones((2, 3))
        a = np.arange(3)
```

檢視此二陣列的操作情況。首先，陣列的形狀分別如下：

- `M.shape` 是 `(2, 3)`
- `a.shape` 是 `(3,)`

從第一條規則來看，陣列 a 有比較少的維度，所以要在它的左邊墊一個維度：

- M.shape 維持 (2, 3)
- a.shape 成為 (1, 3)

依照第二條規則，由於第一個維度並不相容，所以要把它的維度拉長以符合另外一個陣列：

- M.shape 維持 (2, 3)
- a.shape 成為 (2, 3)

在形狀符合之後，最後的形狀就會是（2, 3）：

```
In [9]: M + a
Out[9]: array([[1., 2., 3.],
               [1., 2., 3.]])
```

擴張範例 2

現在來看看兩個陣列都需要進行擴張運算的例子：

```
In [10]: a = np.arange(3).reshape((3, 1))
         b = np.arange(3)
```

還是一樣先列出這兩個陣列的形狀：

- a.shape 是 (3, 1)
- b.shape 是 (3,)

依照規則 1，必須把 b 的形狀墊上一個維度：

- a.shape 維持 (3, 1)
- b.shape 成為 (1, 3)

從規則二，這兩個陣列的那個一個維度都必須升級到和另外一個陣列一致的大小：

- a.shape 成為 (3, 3)
- b.shape 成為 (3, 3)

因為結果可以符合，也就是形狀是相容的，所以可以看到以下的結果：

```
In [11]: a + b
Out[11]: array([[0, 1, 2],
                [1, 2, 3],
                [2, 3, 4]])
```

擴張範例 3

現在來看一個兩陣列沒有辦法相容的例子：

```
In [12]: M = np.ones((3, 2))
         a = np.arange(3)
```

這和第一個例子有一點不同的情況：陣列 M 被我們做了行列上的調換。這樣會如何影響到計算結果呢？以下是陣列的形狀：

- M.shape 是 (3, 2)
- a.shape 是 (3,)

再一次根據規則 1，在 a 這個陣列加上一個維度：

- M.shape 維持 (3, 2)
- a.shape 成為 (1, 3)

使用規則 2，a 的第一個維度會被拉長以符合 M：

- M.shape 維持 (3, 2)
- a.shape 成為 (3, 3)

現在根據規則 3，最終的陣列形狀並不符合，所以這兩個陣列是不相容的，就像是我們觀察到的，以下是對於這個運算的嘗試：

```
In [13]: M + a
ValueError: operands could not be broadcast together with shapes (3,2) (3,)
```

請注意在此可能會產生的混淆：你可能會想說，可以藉由把 1 個維度墊到右邊而不是左邊，讓 a 和 M 可以相容，但是，這並不是擴張的工作方式。此類的彈性在某些情況下可能會有用，但是它會造成在許多方面潛在的不確定性。如果右側的墊充是你想要的，你可以明確地使用陣列的形狀重塑的方法（以下使用的是在第 5 章中曾經介紹過的 np.newaxis）：

```
In [14]: a[:, np.newaxis].shape
Out[14]: (3, 1)

In [15]: M + a[:, np.newaxis]
Out[15]: array([[1., 1.],
                [2., 2.],
                [3., 3.]])
```

還要留意的地方是，雖然討論的焦點是在「+」這個運算子上，但是擴張規則可以套用在任一個二元通用函式之上。例如，以下的 logaddexp(a, b) 函式，它要以比原有的方法在計算 log(exp(a) + exp(b)) 時具有更多的精確度：

```
In [16]: np.logaddexp(M, a[:, np.newaxis])
Out[16]: array([[1.31326169, 1.31326169],
                [1.69314718, 1.69314718],
                [2.31326169, 2.31326169]])
```

如需要更多可用的通用函式之相關資訊，可以參考第 6 章。

擴張運算實務

在本書中將會看到的許多例子中，擴張運算是其中的核心基礎。接著來看看幾個簡單且有用的例子。

陣列置中

在第 6 章，我們看到了通用函式允許 NumPy 使用者移除顯然寫入緩慢的 Python 迴圈。擴張延伸了這方面的能力。在資料科學中一個常見的例子是從資料陣列中逐行減去其平均值。假設我們有一個含有 10 個觀察者的陣列，每一個都是由 3 個值所組成。使用標準差（請參考第 38 章），我們把它們儲存在一個 10x3 的陣列中：

```
In [17]: rng = np.random.default_rng(seed=1701)
         X = rng.random((10, 3))
```

我們可以使解用第一個維度的平均聚合來計算每一欄的平均值：

```
In [18]: Xmean = X.mean(0)
         Xmean
Out[18]: array([0.38503638, 0.36991443, 0.63896043])
```

現在我們可以藉由減去平均值（這是一個擴張運算）來置中 X 陣列：

```
In [19]: X_centered = X - Xmean
```

為了再確認一次正確性，可以檢查這個置中過的資料陣列得到近似於 0 的平均值：

```
In [20]: X_centered.mean(0)
Out[20]: array([ 4.99600361e-17, -4.44089210e-17,  0.00000000e+00])
```

由於機器精準度問題，其實這個平均值就是 0。

繪製二維陣列函數

擴張運算在繪製二維函數圖形時也非常好用。假設定義了一個函數 $z = f(x, y)$，擴張可以用在格點之間計算這個函數：

```
In [21]: # x 和 y 在 0 到 5 之間具有 50 個增量
         x = np.linspace(0, 5, 50)
         y = np.linspace(0, 5, 50)[:, np.newaxis]

         z = np.sin(x) ** 10 + np.cos(10 + y * x) * np.cos(x)
```

在此使用 Matplotlib 描繪這個二維陣列，展示在圖 8-2 中（這些工具將會在第 28 章中討論）：

```
In [22]: %matplotlib inline
         import matplotlib.pyplot as plt

In [23]: plt.imshow(z, origin='lower', extent=[0, 5, 0, 5])
         plt.colorbar();
```

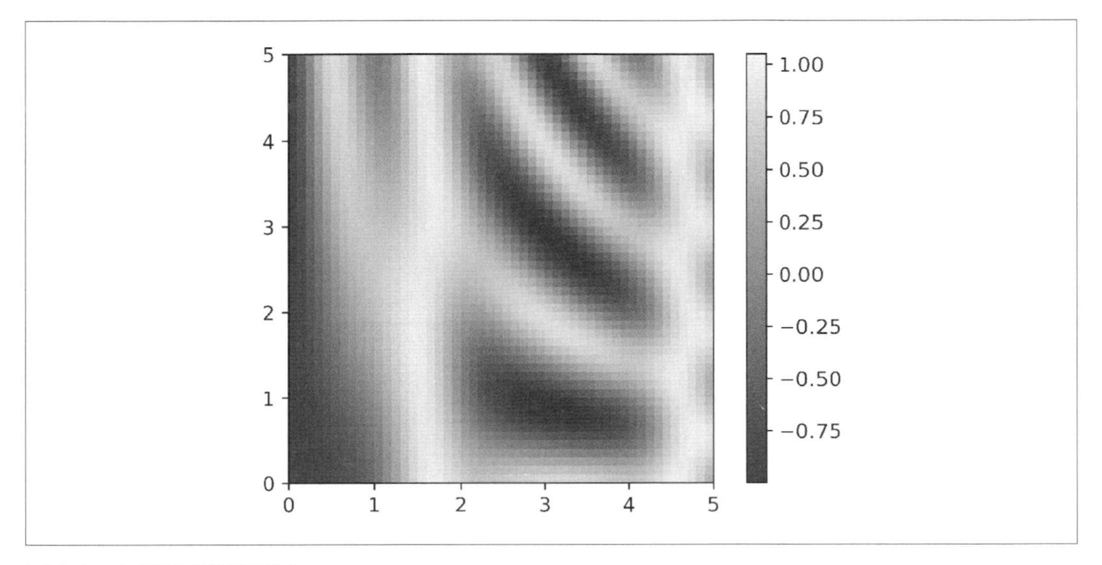

圖 8-2：2 維陣列的視覺化

這個結果是一個引人注目的二維函數視覺化圖形。

第 9 章

比較、遮罩以及布林邏輯

本章要說明的是使用布林遮罩（Boolean mask）對於 NumPy 陣列中的值進行檢查與操作。遮罩可以在當你想要根據某些設定的條件，對於陣列中的值進行擷取、修改、計數或是其他操作時使用：例如，想要計算大於某一條件值的所有元素的個數，或是要移除所有超過某一個臨界值的異常值等等。在 NumPy 中，使用布林遮罩來完成這一類型的工作，通常會比較有效率。

範例：計算下雨天數

假設你有一組資料記錄了某一個城市一整年中每天的降雨量。例如，在此，使用 Pandas（我們在第三篇中有更詳細的說明）載入一份西雅圖在 2015 年的日降雨統計數據：

```
In [1]: import numpy as np
        from vega_datasets import data

        # 使用 DataFrame 運算去取得雨量並把它設定為 NumPy 陣列
        rainfall_mm = np.array(
            data.seattle_weather().set_index('date')['precipitation']['2015'])
        len(rainfall_mm)
Out[1]: 365
```

此陣列包含了 365 筆數值，以毫米為單位儲存從 2015 年 1 月 1 日到 12 月 31 日每日降雨量。

先來看一下這組資料視覺化後的樣子，圖 9-1 是每天降雨量的直方圖，這是使用 Matplotlib（我們將會在第四篇中詳細地探討這個工具）所產生的：

```
In [2]: %matplotlib inline
        import matplotlib.pyplot as plt
        plt.style.use('seaborn-whitegrid')
In [3]: plt.hist(rainfall_mm, 40);
```

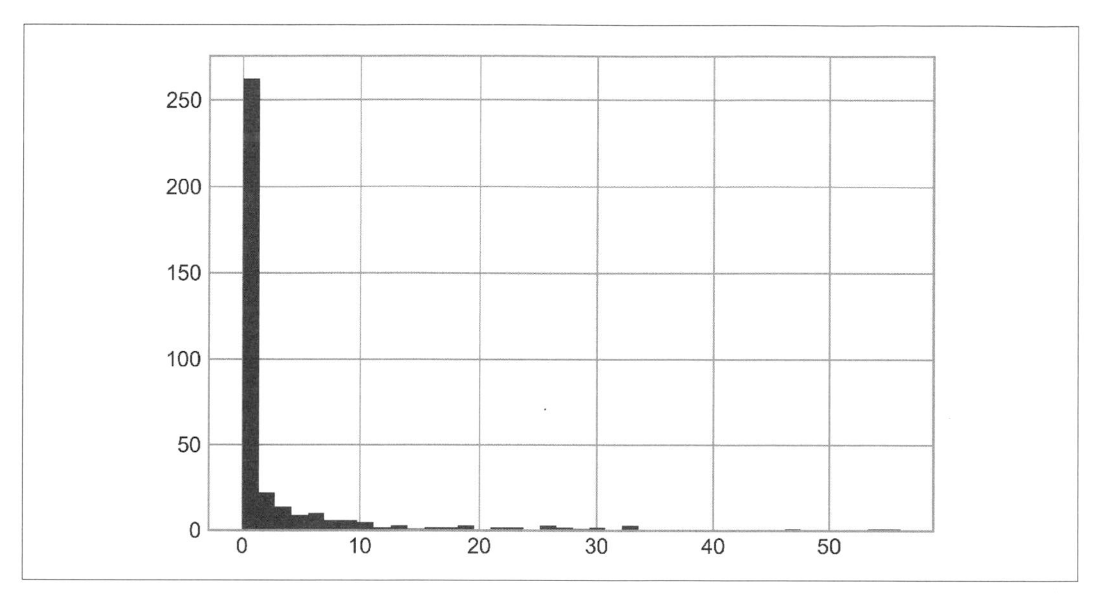

圖 9-1：西雅圖 2015 年降雨量的直方圖

這張直方圖讓我們大致瞭解了資料的樣子：在 2015 年絕大部分的日子，西雅圖量測到的降雨量都趨近於 0。但這張圖並無法傳遞出一些更具體的資訊：例如，這一年有多少個下雨天？那些下雨天的平均降雨量是多少？有多少天的降雨量超過 10 毫米？

有一個方法可以手動地回答這些問題：透過迴圈檢視這些資料，當看到某個資料在指定的範圍內時就增加一次計數。但是前面曾經說過，這樣的迴圈不管是在寫程式時或是執行程式碼的時候都非常沒有效率。我們在第 6 章時看到了 NumPy 通用函式被使用在陣列上進行迴圈運算時，能快速地執行以元素操做為單位的算術計算；同樣地，這也可以使用其他的通用函式來執行以元素操做為單位的陣列比較，而且可以藉由操作這些結果來回答之前提出的問題。我們現在將暫時脫離資料面，先開始討論 NumPy 中使用遮罩快速回答這一類問題的一些通用型工具。

做為通用函式的比較運算子

第 6 章對通用函式的介紹主要聚焦在算術運算子上。其中包括 `+`、`-`、`*`、`/`、和其他在陣列以元素為操作單位可以用的運算子。NumPy 也可以使用比較運算子像是 `<`（小於）和 `>`（大於）當作是元素操作的通用函式。比較運算子的結果是一個布林值資料型態的陣列。所有可以用的 6 個標準比較運算子如下：

```
In [4]: x = np.array([1, 2, 3, 4, 5])

In [5]: x < 3  # less than
Out[5]: array([ True,  True, False, False, False])

In [6]: x > 3  # greater than
Out[6]: array([False, False, False,  True,  True])

In [7]: x <= 3  # less than or equal
Out[7]: array([ True,  True,  True, False, False])

In [8]: x >= 3  # greater than or equal
Out[8]: array([False, False,  True,  True,  True])

In [9]: x != 3  # not equal
Out[9]: array([ True,  True, False,  True,  True])

In [10]: x == 3  # equal
Out[10]: array([False, False,  True, False, False])
```

當然也可以逐元素地比較 2 個陣列，而且可以包含複合的敘述：

```
In [11]: (2 * x) == (x ** 2)
Out[11]: array([False,  True, False, False, False])
```

就像是在使用算術運算子的例子中一樣，比較運算子被當作是 NumPy 中的通用函式；例如，當你寫 `x < 3`，NumPy 內部使用的是 `np.less(x, 3)`。以下是比較運算子和它們相對應的 ufunc 的摘要：

運算子	等價的通用函式	運算子	等價的通用函式
`==`	`np.equal`	`!=`	`np.not_equal`
`<`	`np.less`	`<=`	`np.less_equal`
`>`	`np.greater`	`>=`	`np.greater_equal`

就像是算術通用函式的例子中一樣，它們可以在任何大小和形狀的陣列中使用。底下是一個二維陣列的例子：

```
In [12]: rng = np.random.default_rng(seed=1701)
         x = rng.integers(10, size=(3, 4))
         x
Out[12]: array([[9, 4, 0, 3],
                [8, 6, 3, 1],
                [3, 7, 4, 0]])

In [13]: x < 6
Out[13]: array([[False,  True,  True,  True],
                [False, False,  True,  True],
                [ True, False,  True,  True]])
```

上述的每一個例子中，其結果都是布林值陣列，而 NumPy 提供了若干樣式用來使用這些布林型態的結果。

在布林陣列上運算

針對任一個布林陣列，可以做非常多有用的運算。底下以 `x` 為標的，這是在之前建立的二維陣列：

```
In [14]: print(x)
Out[14]: [[9 4 0 3]
          [8 6 3 1]
          [3 7 4 0]]
```

計算項目個數

要計算在一個布林陣列中有多少個 `True`，`np.count_nonzero` 就很有用：

```
In [15]: # 有多少項目的值小於 6 ?
         np.count_nonzero(x < 6)
Out[15]: 8
```

可以看到共有 8 個陣列項目的值小於 6。另外一個取得這個資訊的方法是使用 `np.sum`；

在這個例子中，`False` 被當作是 `0`，而 `True` 則被當作是 `1`：

```
In [16]: np.sum(x < 6)
Out[16]: 8
```

使用 sum() 的好處是，就像是其他 NumPy 聚合函式，這個加總計算可以沿著欄或列進行：

```
In [17]: # 每一列中有多少個項目數值小於 6 ？
         np.sum(x < 6, axis=1)
Out[17]: array([3, 2, 3])
```

這樣可以計算出這個矩陣的每一列中，值小於 6 的個數。

如果你對於快速檢查所有值或任一值是否為 True 感興趣，可以使用（就像是你猜到的）np.any() 或是 np.all()：

```
In [18]: # 是否有任一個值大於 8 ？
         np.any(x > 8)
Out[18]: True

In [19]: # 是否有任一個值小於 0 ？
         np.any(x < 0)
Out[19]: False

In [20]: # 所有的值都小於 10 嗎？
         np.all(x < 10)
Out[20]: True

In [21]: # 所有的值都等於 6 嗎？
         np.all(x == 6)
Out[21]: False
```

np.all() 和 np.any() 可以被使用在任何指定的維度軸上，例如：

```
In [22]: # 每一列中所有的值都小於 8 嗎？
         np.all(x < 8, axis=1)
Out[22]: array([False, False,  True])
```

在上述的例子中，第 3 列上所有的元素都小於 8，但是第 1 列及第 2 列則不是。

最後，很快地提醒一下，正如在第 7 章中有提到過的，Python 也有內建的 sum()、any()、以及 all() 函式。這些函式和 NumPy 版本有不一樣的語法，特別是使用在多維陣列時，會造成錯誤或意料之外的結果。在這些例子中，別忘了要使用的是 np.sum()、np.any()、以及 np.all()。

布林運算子

我們已經看過如何計算你可能想要做的像是整天的雨量小於 20 毫米，或是整天的雨量大於 10 毫米的方法。但如果想要知道的是整天的降雨量小於 20 毫米但是大於 10 毫米的情形呢？可以透過 Python 的位元邏輯運算子 &、|、^、以及 ~ 來完成。就像是標準的算術運算子，NumPy 使用通用函式重載了這些運算子，讓它們可以運行在陣列（通常是布林值）元素上。

例如，可以提出這一類複合的問題如下：

```
In [23]: np.sum((rainfall_mm > 10) & (rainfall_mm < 20))
Out[23]: 16
```

上述的資訊告訴我們，降雨量介於 10 到 20 毫米之間的天數是 16 天。

請留意括號在這裡很重要，因為運算子的優先順序規則，如果在式子中把括號移除的話，會像是以下的方式計算，並導致錯誤：

```
rainfall_mm > (10 & rainfall_mm) < 20
```

讓我們展示一個比較複雜的表示式。透過德摩根定律（De Morgon's law），我們可以使用另外一個方法來計算出相同的結果：

```
In [24]: np.sum(~( (rainfall_mm <= 10) | (rainfall_mm >= 20) ))
Out[24]: 16
```

在陣列運算中結合比較運算子與布林運算子，讓高效率的邏輯運算應用到更多的地方。

以下的表格摘要了位元布林運算子和其等價的通用函式：

運算子	等價通用函式
&	np.bitwise_and
|	np.bitwise_or

有了這些工具，我們可以開始回答之前關於天氣資料中曾經提到過的一些問題。以下是一些結合聚合功能布林操作所計算出的一些範例結果：

```
In [25]: print("沒有下雨的天數：            ", np.sum(rainfall_mm == 0))
         print("有下雨的天數：              ", np.sum(rainfall_mm != 0))
         print("降雨量超過 10 毫米的天數：  ", np.sum(rainfall_mm > 10))
         print("降雨量少於 5 毫米的天數：   ", np.sum((rainfall_mm > 0) &
                                                      (rainfall_mm < 5)))
```

```
Out[25]: 沒有下雨的天數：          221
         有下雨的天數：            144
         降雨量超過 10 毫米的天數：  34
         降雨量少於 5 毫米的天數：   83
```

把布林陣列做為遮罩

在前面的章節中我們檢視了直接在布林陣列中進行聚合計算的方法。一個更強大的樣式是使用布林陣列當作是遮罩，去選取出資料中特定的子集合。回到之前的 x 陣列：

```
In [26]: x
Out[26]: array([[9, 4, 0, 3],
                [8, 6, 3, 1],
                [3, 7, 4, 0]])
```

假設想要在此陣列中找到一個所有的值都小於 5 的陣列，就像是之前看到過的，可以很快地使用這個條件取得布林陣列：

```
In [27]: x < 5
Out[27]: array([[False,  True,  True,  True],
                [False, False,  True,  True],
                [ True, False,  True,  True]])
```

現在可以輕易地透過索引這個布林陣列，從陣列中選取這些資料；這就是所謂的遮罩運算：

```
In [28]: x[x < 5]
Out[28]: array([4, 0, 3, 3, 1, 3, 4, 0])
```

傳回來的是一個符合給定條件的一維陣列，也就是說，所有的值在該遮罩的該位置上是 True。我們可以依照自己的想法自由地操作，例如，可以對於西雅圖的降雨量資料，計算相關的統計數據：

```
In [29]: # 建立一個都是下雨天的遮罩
         rainy = (rainfall_mm > 0)
         # 建立一個都是夏天的遮罩 (6 月 21 日是第 172 天 )
         days = np.arange(365)
         summer = (days > 172) & (days < 262)

         print("2015 年下雨天的雨量中位數 ( 毫米 )：       ",
               np.median(rainfall_mm[rainy]))
         print("2015 年夏季下雨天的雨量中位數 ( 毫米 )：  ",
               np.median(rainfall_mm[summer]))
```

```
        print("2015 年下雨天的最大降雨量（毫米）：      ",
              np.max(rainfall_mm[summer]))
        print("2015 年非夏季下雨天的雨量中位數（毫米）：",
              np.median(rainfall_mm[rainy & ~summer]))
Out[29]: 2015 年下雨天的雨量中位數（毫米）：      3.8
         2015 年夏季下雨天的雨量中位數（毫米）：  0.0
         2015 年下雨天的最大降雨量（毫米）：      32.5
         2015 年非夏季下雨天的雨量中位數（毫米）：4.1
```

透過結合布林運算、遮罩運算、以及聚合計算，我們可以非常快地回答我們資料集中關於這一類的問題。

使用關鍵字 and/or vs. 運算子 &/|

一個經常會被混淆的點是關鍵字 `and` 和 `or` 以及另外一類的運算子 `&` 和 `|` 的差別。什麼情況下要使用這種或是另外一種呢？

它們的差別是：`and` 和 `or` 決定整個物件的真或假，而使用 `&` 和 `|` 則是針對物件內的每一個位元進行運算。

當你使用 `and` 或是 `or`，它相當於要求 Python 把整個物件當作是一個布林實體。在 Python 中，所有不是零的整數都會被當作是 `True`。如此：

```
In [30]: bool(42), bool(0)
Out[30]: (True, False)

In [31]: bool(42 and 0)
Out[31]: False

In [32]: bool(42 or 0)
Out[32]: True
```

當你使用 `&` 和 `|` 在整數上時，這個敘述的運算在元素上的位元，套用到 `and` 或是 `or` 的運算到組成數字的每一個位元：

```
In [33]: bin(42)
Out[33]: '0b101010'

In [34]: bin(59)
Out[34]: '0b111011'

In [35]: bin(42 & 59)
Out[35]: '0b101010'
```

```
In [36]: bin(42 | 59)
Out[36]: '0b111011'
```

你需留意到，二進位表示法的那些位元會被逐一比較以產生出結果。

當你在 NumPy 中有一個布林值陣列，可以想像成一個把 `1 = True` 以及 `0 = False` 的位元字串，而且和之前相同的計算方法得到 `&` 和 `|` 運算之結果：

```
In [37]: A = np.array([1, 0, 1, 0, 1, 0], dtype=bool)
         B = np.array([1, 1, 1, 0, 1, 1], dtype=bool)
         A | B
Out[37]: array([ True,  True,  True, False,  True,  True])
```

但是如果你使用 `or` 在這些陣列上，將會試著去計算整個陣列物件的真或假，就無法得到預期的結果：

```
In [38]: A or B
ValueError: The truth value of an array with more than one element is
          > ambiguous.
          a.any() or a.all()
```

同樣地，在一個陣列上做執行布林敘述式，你應該使用 `|` 或是 `&` 而不是 `or` 或 `and`：

```
In [39]: x = np.arange(10)
         (x > 4) & (x < 8)
Out[39]: array([False, False, False, False, False,  True,  True,  True, False,
                False])
```

嘗試去計算整個陣列的真值或假值，會得到同樣的 `ValueError`，就像是在前面看到的一樣。

```
In [40]: (x > 4) and (x < 8)
ValueError: The truth value of an array with more than one element is
          > ambiguous.
          a.any() or a.all()
```

所以，請記得：`and` 和 `or` 對於整個物件進行布林計算，而 `&` 和 `|` 則是對於物件的內容（每一個單獨的位元或位元組）執行多個布林計算。對於 NumPy 的布林陣列，後者幾乎符合我們真正想要進行的運算。

第 10 章

Fancy（花式）索引

在前面的章節中我們討論了如何使用簡單的索引（像是：`arr[0]`）、切片（像是：`arr[:5]`）、以及布林遮罩（像是：`arr[arr>0]`）去存取或修改陣列的某一個部分。在這一章中我們將要看看另一種型態的索引，也就是 *fancy*（花式）索引或稱為 *vectorized*（向量）索引。fancy 索引就像是之前看過的單純索引，但是傳遞索引的陣列不是單一的純量。這讓我們可以非常快速地存取和修改一個陣列值中的複雜子集合。

探索 Fancy 索引

fancy 索引在概念上很簡單：它傳遞一個陣列做為索引，以一次存取多個陣列元素。例如：考慮以下的陣列：

```
In [1]: import numpy as np
        rng = np.random.default_rng(seed=1701)

        x = rng.integers(100, size=10)
        print(x)
Out[1]: [90 40  9 30 80 67 39 15 33 79]
```

假設想要取得 3 個不同的元素，可以操作如下：

```
In [2]: [x[3], x[7], x[2]]
Out[2]: [30, 15, 9]
```

另外一個可行的做法是，傳遞一個串列或是索引陣列去取得同樣的結果：

```
In [3]: ind = [3, 7, 4]
        x[ind]
Out[3]: array([30, 15, 80])
```

當使用索引陣列時，產生結果之陣列形狀，反映了索引陣列的形狀，而不是被索引陣列的形狀：

```
In [4]: ind = np.array([[3, 7],
                        [4, 5]])
        x[ind]
Out[4]: array([[30, 15],
               [80, 67]])
```

fancy 索引也可以運作在多個維度，參考以下的陣列：

```
In [5]: X = np.arange(12).reshape((3, 4))
        X
Out[5]: array([[ 0,  1,  2,  3],
               [ 4,  5,  6,  7],
               [ 8,  9, 10, 11]])
```

就像是標準的索引，第 1 個索引參考列，而第 2 個索引則是參考欄：

```
In [6]: row = np.array([0, 1, 2])
        col = np.array([2, 1, 3])
        X[row, col]
Out[6]: array([ 2,  5, 11])
```

請留意結果的第 1 個值是 `X[0, 2]`，第 2 個值則是 `X[1, 1]`，而第 3 個則是 `X[2, 3]`。fancy 索引的「索引對」遵循了我們在第 8 章中提到過的所有擴張規則。因此，如果在索引中結合了欄向量和列向量，可以得到一個二維的結果：

```
In [7]: X[row[:, np.newaxis], col]
Out[7]: array([[ 2,  1,  3],
               [ 6,  5,  7],
               [10,  9, 11]])
```

在這裡，每一個列的值符合每一個欄向量，就像我們在算術運算擴張中看到的那樣。例如：

```
In [8]: row[:, np.newaxis] * col
Out[8]: array([[0, 0, 0],
               [2, 1, 3],
               [4, 2, 6]])
```

一定要記得的是，使用 fancy 索引所傳回的結果反映的是索引擴張後的形狀，而不是被索引陣列的形狀。

索引的組合運用

fancy 索引可以被結合到之前看過的索引機制，進行更具威力的操作，例如：參考以下的 X 陣列：

```
In [9]: print(X)
Out[9]: [[ 0  1  2  3]
         [ 4  5  6  7]
         [ 8  9 10 11]]
```

我們可以結合 fancy 和簡單的索引：

```
In [10]: X[2, [2, 0, 1]]
Out[10]: array([10,  8,  9])
```

也可以結合 fancy 索引和切片：

```
In [11]: X[1:, [2, 0, 1]]
Out[11]: array([[ 6,  4,  5],
                [10,  8,  9]])
```

還可以把 fancy 索引和遮罩組合在一起使用：

```
In [12]: mask = np.array([True, False, True, False])
         X[row[:, np.newaxis], mask]
Out[12]: array([[ 0,  2],
                [ 4,  6],
                [ 8, 10]])
```

這些索引的組合選項都可以讓存取和修改陣列值的各種操作變得非常有彈性。

範例：隨機點選取

Fancy 索引一個常用的地方是從一個矩陣中選取一個子集合。例如：假設有一個 $N \times D$ 矩陣用來表示在 D 維度上的 N 個點，例如下面這些取自二維常態分佈的點：

```
In [13]: mean = [0, 0]
         cov = [[1, 2],
                [2, 5]]
```

```
        X = rng.multivariate_normal(mean, cov, 100)
        X.shape
Out[13]: (100, 2)
```

使用我們即將在第四篇中討論到的繪圖工具，它可以把這些點視覺化成為一個散佈圖（Scatter Plot）（圖 10-1）：

```
In [14]: %matplotlib inline
         import matplotlib.pyplot as plt
         plt.style.use('seaborn-whitegrid')

         plt.scatter(X[:, 0], X[:, 1]);
```

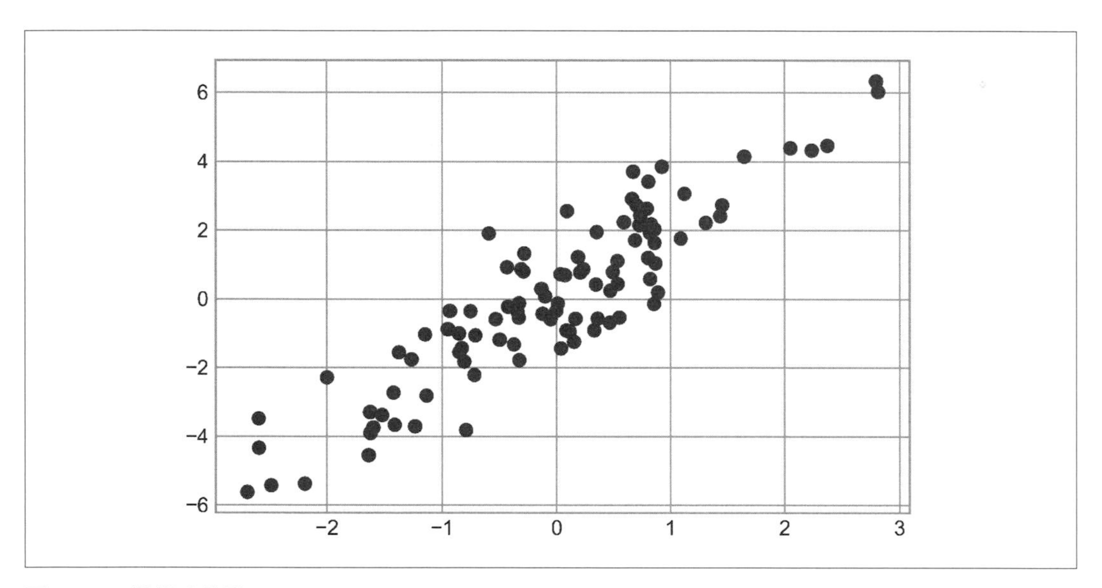

圖 10-1：常態分佈點

讓我們使用 fancy 索引來選取 20 個隨機點。首先選用 20 個不重複的亂數索引，然後使用這些索引去取得原始陣列的一部分：

```
In [15]: indices = np.random.choice(X.shape[0], 20, replace=False)
         indices
Out[15]: array([82, 84, 10, 55, 14, 33,  4, 16, 34, 92, 99, 64,  8, 76, 68, 18, 59, 80,
                87, 90])

In [16]: selection = X[indices]  # 在這裡使用 fancy 索引
         selection.shape
Out[16]: (20, 2)
```

現在可以看到這些被選到的點，我們使用較大的圓形疊畫到被選到點的位置上（圖 10-2）：

```
In [17]: plt.scatter(X[:, 0], X[:, 1], alpha=0.3)
         plt.scatter(selection[:, 0], selection[:, 1],
                     facecolor='none', edgecolor='black', s=200);
```

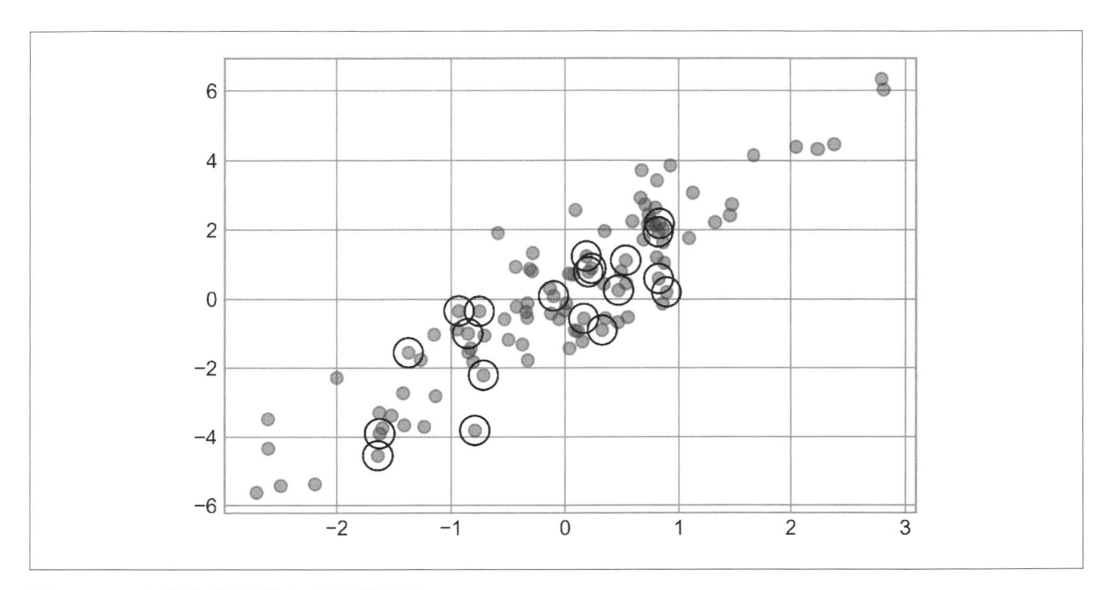

圖 10-2：在所有資料點中的隨機選取

此種策略經常被使用在快速分割資料集上，在統計模型（請參閱第 39 章）中，為了進行驗證而分割訓練 / 測試資料時常常會被拿來使用，而且也可以用來使用取樣研究以回答統計學上的問題。

使用 Fancy 索引修改陣列值

就像是 fancy 索引可以用來取得部分陣列一樣，它也可以被用來修改部分的陣列。例如：假設有一個索引陣列，想要在陣列中的一些相關聯項目設定某些值：

```
In [18]: x = np.arange(10)
         i = np.array([2, 1, 8, 4])
         x[i] = 99
         print(x)
Out[18]: [ 0 99 99  3 99  5  6  7 99  9]
```

也可以使用任一設定值運算子來做這件事，例如：

```
In [19]: x[i] -= 10
         print(x)
Out[19]: [ 0 89 89  3 89  5  6  7 89  9]
```

然而要留意的是，這些運算的重複索引會引發一些潛在未如預期的結果，考慮以下的情況：

```
In [20]: x = np.zeros(10)
         x[[0, 0]] = [4, 6]
         print(x)
Out[20]: [6. 0. 0. 0. 0. 0. 0. 0. 0. 0.]
```

那麼 4 到哪裡去了？此運算首先指定 `x[0] = 4`，接著是 `x[0] = 6`。因此最終的結果當然會是 6 這個值。

這很合理，但是考慮以下的運算：

```
In [21]: i = [2, 3, 3, 4, 4, 4]
         x[i] += 1
         x
Out[21]: array([6., 0., 1., 1., 1., 0., 0., 0., 0., 0.])
```

你可能會預期 `x[3]` 應該會放 2，而且 `x[4]` 應該會是 3，這是每一個索引被重複的次數。為什麼不是這樣？概念上，這是因為 `x[i] + = 1` 是 `x[i] = x[i] + 1` 的簡寫，`x[i] + 1` 被計算了之後，這個結果被指定到了 `x` 的索引，因此，它並不會因為發生多次計算而被提高，但是這個設定動作，會導致最終不直觀的結果。

那麼如果你想要的是重複運算的其他行為時該如何？為此，你可以使用通用函式的 `at` 方法執行以下的操作：

```
In [22]: x = np.zeros(10)
         np.add.at(x, i, 1)
         print(x)
Out[22]: [0. 0. 1. 2. 3. 0. 0. 0. 0. 0.]
```

`at` 方法讓運算子對指定的索引（在此為 `i`）與指定的值（在此為 `1`），在同一位置套用指定的運算。另外一個在精神上相似的方法是通用函式的 `reduceat` 方法，你可以在 NumPy 的說明文件中找到相關的資訊（*https://oreil.ly/7ys9D*）。

範例：資料分箱（Binning Data）

你可以使用這些想法有效率地手動把資料分組以建立一個直方圖。例如，假設有 1,000 個值想要很快地找出它們分別會落在陣列中的哪一個箱子（組），可以使用 `ufunc.at` 如下：

```
In [23]: rng = np.random.default_rng(seed=1701)
         x = rng.normal(size=100)

         # 手動計算直方圖
         bins = np.linspace(-5, 5, 20)
         counts = np.zeros_like(bins)

         # 為每一個 x 找到適當的箱子
         i = np.searchsorted(bins, x)

         # 為每一個箱子加 1
         np.add.at(counts, i, 1)
```

這些計數現在反映了每一個箱子中資料點的數量，也就是說，如下所示的直方圖（圖 10-3）：

```
In [24]: # 把結果畫出來
         plt.plot(bins, counts, drawstyle='steps');
```

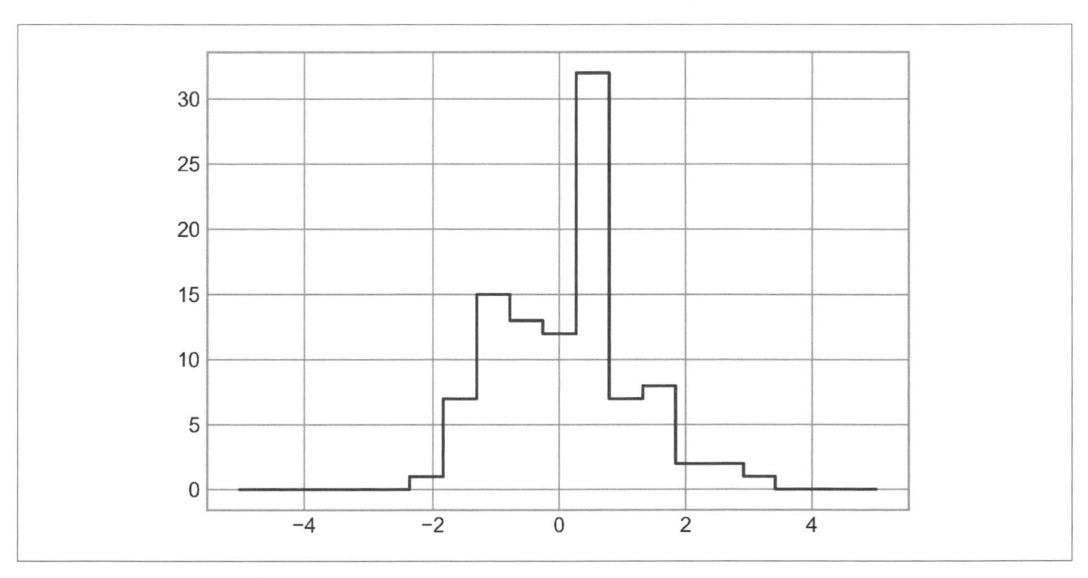

圖 10-3：手動計算的直方圖

當然，每一次要畫直方圖時都這樣做並不方便，這就是為什麼 Matplotlib 要提供 plt.hist() 方法函式的原因，它只用一行就可以完成相同的任務：

```
plt.hist(x, bins, histtype='step');
```

此函式會建立一個幾乎和剛剛看到的一樣的圖形。要計算分箱方法，Matplotlib 使用 np.histogram 函式，它和之前做的運算非常地相似，讓我們在此做一個比較：

```
In [25]: print(f"NumPy histogram ({len(x)} points):")
         %timeit counts, edges = np.histogram(x, bins)

         print(f"Custom histogram ({len(x)} points):")
         %timeit np.add.at(counts, np.searchsorted(bins, x), 1)
Out[25]: NumPy histogram (100 points):
         33.8 µs ± 311 ns per loop (mean ± std. dev. of 7 runs, 10000 loops each)
         Custom histogram (100 points):
         17.6 µs ± 113 ns per loop (mean ± std. dev. of 7 runs, 100000 loops each)
```

我們的一行演算法比 NumPy 最佳化過的演算法還要快上兩倍！如果深入去發掘 np.histogram 原始碼（可以在 IPython 中使用 np.histogram?? 做到），你可以發現它包含了許多之前做過的搜尋並計數的操作，這是因為 NumPy 的演算法較有彈性，而且特別設計讓它在資料點變大的時候，會有比較好的效能：

```
In [26]: x = rng.normal(size=1000000)
         print(f"NumPy histogram ({len(x)} points):")
         %timeit counts, edges = np.histogram(x, bins)

         print(f"Custom histogram ({len(x)} points):")
         %timeit np.add.at(counts, np.searchsorted(bins, x), 1)
Out[26]: NumPy histogram (1000000 points):
         84.4 ms ± 2.82 ms per loop (mean ± std. dev. of 7 runs, 10 loops each)
         Custom histogram (1000000 points):
         128 ms ± 2.04 ms per loop (mean ± std. dev. of 7 runs, 10 loops each)
```

上述的程式碼比較反映了演算法的效能絕不是一個簡單的問題。大資料集的演算法效率並不常常會是小資料集時的最佳選擇，反之亦然（請參閱第 11 章）。但是透過自己編寫演算法的好處是，你可以更加地瞭解基本方法，然後就沒有限制了，你可以建立自己的研究以探索資料。使用 Python 在資料密集應用的效率關鍵在於，瞭解有關於像是 np.histogram 這一類的通用便利程序，以及知道它們適用的地方，但是當你需要更進階的作業時，也可以知道如何使用低階的功能。

第 11 章

排序陣列

到目前為止我們主要關心的工具是去存取和操作 NumPy 中的資料陣列。本章將探討在 NumPy 陣列中進行資料排序相關的演算法。這些演算法在電腦科學介紹課程中是相當受歡迎的主題：如果你曾經遇到過，它們可能還在你的夢中（也許正是你的惡夢），像是插入排序、選擇排序、合併排序、快速排序、氣泡排序等等，這些演算法要做的事都一樣：把在串列或是陣列中的值依序排好。

Python 有許多內建的函式和方法用來排序串列以及其他可迭代物件。`sorted()` 函式接受一個串列，然後回傳一個排過順序的複本：

```
In [1]: L = [3, 1, 4, 1, 5, 9, 2, 6]
        sorted(L)  # 回傳一個排序過的複本
Out[1]: [1, 1, 2, 3, 4, 5, 6, 9]
```

做為對比，`sort()` 方法則是直接把串列的內容進行排序：

```
In [2]: L.sort()  # 直接在串列中排序，並且傳回 None
        print(L)
Out[2]: [1, 1, 2, 3, 4, 5, 6, 9]
```

Python 的排序方法相當彈性，可以處理任一可迭代物件。例如：底下用來排序一個字串：

```
In [3]: sorted('python')
Out[3]: ['h', 'n', 'o', 'p', 't', 'y']
```

內建的排序方法相當方便，但是正如前面所討論的，因為 Python 本身的動態型別特性意味著它們的效能不如專為單一型態數值陣列設計的程序。所以我們就需要使用 NumPy 排序程序。

在 NumPy 快速排序：np.sort 以及 np.argsort

np.sort() 函式相當於是 Python 內建的 sorted() 函式，它會高效地回傳一個已排序的陣列複本：

```
In [4]: import numpy as np

        x = np.array([2, 1, 4, 3, 5])
        np.sort(x)
Out[4]: array([1, 2, 3, 4, 5])
```

與 Python 串列的 sort() 方法相似，你也可以使用 sort() 方法讓它直接在陣列中排序資料：

```
In [5]: x.sort()
        print(x)
Out[5]: [1 2 3 4 5]
```

另一個相關的函式是 argsort()，它傳回的是已排序元素的位置索引：

```
In [6]: x = np.array([2, 1, 4, 3, 5])
        i = np.argsort(x)
        print(i)
Out[6]: [1 0 3 2 4]
```

此結果的第 1 個元素代表的是最小元素值的索引位置，第 2 個值則是第 2 小的元素值的索引位置，依此類推。如果需要的話，這些索引可以被使用（透過 fancy 索引）於建構已排序的陣列，如下：

```
In [7]: x[i]
Out[7]: array([1, 2, 3, 4, 5])
```

稍後你將會在本章後面看到 argsort() 的應用。

沿著列或欄排序

NumPy 排序演算法中一個好用的功能是它可以在多維陣列中指定要被排序的列或欄，只要使用 axis 這個參數就可以了，例如：

```
In [8]: rng = np.random.default_rng(seed=42)
        X = rng.integers(0, 10, (4, 6))
        print(X)
Out[8]: [[0 7 6 4 4 8]
```

```
        [0 6 2 0 5 9]
        [7 7 7 7 5 1]
        [8 4 5 3 1 9]]

In [9]: # 排序 X 中的每一欄
        np.sort(X, axis=0)
Out[9]: array([[0, 4, 2, 0, 1, 1],
               [0, 6, 5, 3, 4, 8],
               [7, 7, 6, 4, 5, 9],
               [8, 7, 7, 7, 5, 9]])

In [10]: # 排序 X 中的每一列
         np.sort(X, axis=1)
Out[10]: array([[0, 4, 4, 6, 7, 8],
                [0, 0, 2, 5, 6, 9],
                [1, 5, 7, 7, 7, 7],
                [1, 3, 4, 5, 8, 9]])
```

要記得的是，這樣的處理方式，該列或欄被當作是獨立的陣列，任何在列或是欄之間的關係都會遺失！

部分排序：分區（Partitioning）

有時我們對於排序整個陣列並沒有興趣，只是想要找出陣列中最小的 k 個值。NumPy 提供了可以這樣用的 `np.partition` 函式。`np.partition` 拿取一個的陣列以及數字 k，其傳回的結果是一個新的陣列，此陣列把最小的 k 個值放在該分區的左側，剩下的值就放在右側：

```
In [11]: x = np.array([7, 2, 3, 1, 6, 5, 4])
         np.partition(x, 3)
Out[11]: array([2, 1, 3, 4, 6, 5, 7])
```

請留意上述的結果陣列中的前 3 個值就是陣列中最小的 3 個，而其他的值就留在右側的位置上。在這 2 個分區中，元素並沒有經過刻意地排序。

和排序相同的地方是，我們也可以在多維度的陣列中指定任一軸線進行分區：

```
In [12]: np.partition(X, 2, axis=1)
Out[12]: array([[0, 4, 4, 7, 6, 8],
                [0, 0, 2, 6, 5, 9],
                [1, 5, 7, 7, 7, 7],
                [1, 3, 4, 5, 8, 9]])
```

在回傳的陣列中可以看到每一列分成 2 區，最小的那 2 個值放在左側的前 2 個位置處，而其他的值就放在剩餘的位置中。

最後，就像是 np.argsort 可以得到排序後的索引值，np.argpartition 也是用在傳回分區後的索引值。我們將會在接下來的章節中看到它們的用途。

範例：k- 近鄰算法

讓我們很快地來看一下如何沿著多個軸線，使用 argsort 函式找出在一個資料集合中，每一個點的最靠近鄰居有哪些。在此將先在二維平面上建立 10 個隨機資料點的集合。使用標準的慣例，先把它們放在一個 10×2 的陣列中：

```
In [13]: X = rng.random((10, 2))
```

要知道這些資料點看起來像什麼樣子，可以先把它們畫出來（圖 11-1）：

```
In [14]: %matplotlib inline
         import matplotlib.pyplot as plt
         plt.style.use('seaborn-whitegrid')
         plt.scatter(X[:, 0], X[:, 1], s=100);
```

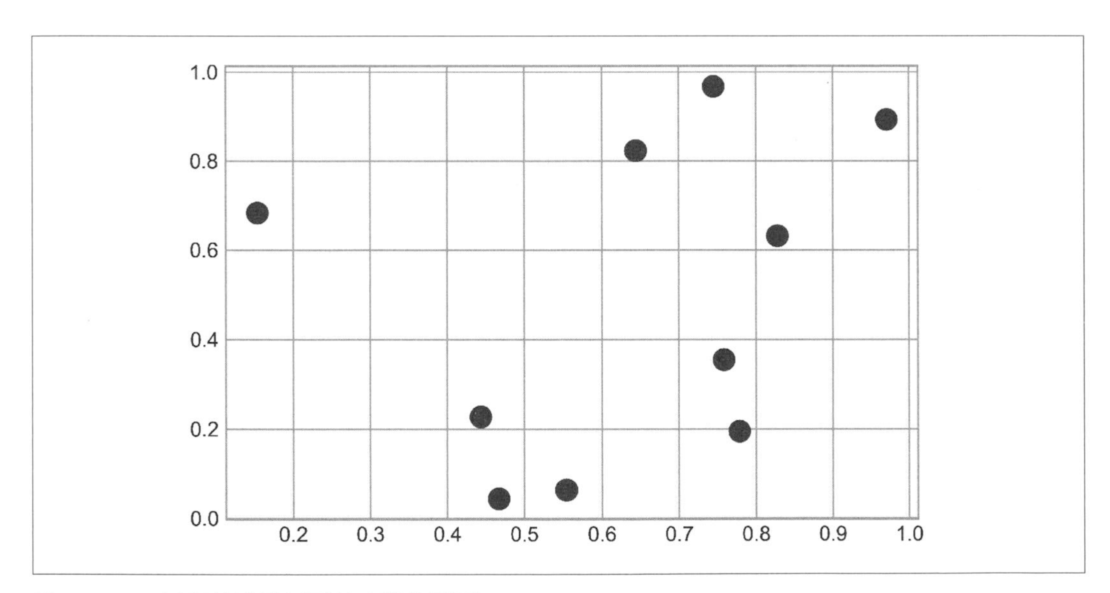

圖 11-1：k- 近鄰算法範例點的視覺化圖形

現在可以計算每一對點之間的距離。你應該還記得，平面上兩點之間的平方距離是它們在每一維度中的離差平方和，使用 NumPy 提供的高效擴張計算（請參閱第 8 章）和聚合計算（請參閱第 7 章）程序，只需要一行就可以計算一整個矩陣的平方距離：

```
In [15]: dist_sq = np.sum((X[:, np.newaxis] - X[np.newaxis, :]) ** 2, axis=-1)
```

此運算中包含了許多技巧在裡面，而且如果你不太熟悉 NumPy 的擴張規則，可能會有一些混淆。當遇到這樣的程式碼，把它拆開成為幾個構成的步驟可能會很有用：

```
In [16]: # 對每一對點，計算它們座標的差值
         differences = X[:, np.newaxis] - X[np.newaxis, :]
         differences.shape
Out[16]: (10, 10, 2)

In [17]: # 取這些座標差值的平方
         sq_differences = differences ** 2
         sq_differences.shape
Out[17]: (10, 10, 2)

In [18]: # 把座標的平方差加總起來以得到平方距離
         dist_sq = sq_differences.sum(-1)
         dist_sq.shape
Out[18]: (10, 10)
```

為了再次確認所做的操作是否正確，必須確認這個矩陣的對角線（也就是，每一個點和自己的距離之集合）必須都是 0：

```
In [19]: dist_sq.diagonal()
Out[19]: array([0., 0., 0., 0., 0., 0., 0., 0., 0., 0.])
```

當這些成對的平方距離轉換好了之後，就可以使用 `np.argsort` 去沿著每一列排序。最左列的欄將會是最近鄰居的所有索引：

```
In [20]: nearest = np.argsort(dist_sq, axis=1)
         print(nearest)
Out[20]: [[0 9 3 5 4 8 1 6 2 7]
          [1 7 2 6 4 8 3 0 9 5]
          [2 7 1 6 4 3 8 0 9 5]
          [3 0 4 5 9 6 1 2 8 7]
          [4 6 3 1 2 7 0 5 9 8]
          [5 9 3 0 4 6 8 1 2 7]
          [6 4 2 1 7 3 0 5 9 8]
          [7 2 1 6 4 3 8 0 9 5]
          [8 0 1 9 3 4 7 2 6 5]
          [9 0 5 3 4 8 6 1 2 7]]
```

留意到第 1 個欄位所得到的數字依序從 0 到 9，因為離每一個點最近的就是它自己，符合我們的預期。

藉由完整的排序，在這個例子實際上可以做比我們預期的還要多的事。如果只是對最近的 *k* 個鄰居有興趣，只需要對每個列進行分區，讓最小的 *k + 1* 個平方距離放在最前面，而其他比較大的距離就放在陣列其他剩餘的位置中。我們可以藉由 `np.argpartition` 函式做到：

```
In [21]: K = 2
         nearest_partition = np.argpartition(dist_sq, K + 1, axis=1)
```

為了視覺化這些資料點的近鄰網路，可以使用線條來連接每一個點以及和它最近的 2 個鄰居（圖 11-2）：

```
In [22]: plt.scatter(X[:, 0], X[:, 1], s=100)

         # 從每一個點和它最近的 2 個相鄰點畫直線
         K = 2

        for i in range(X.shape[0]):
            for j in nearest_partition[i, :K+1]:
                # 從 X[i] 到 X[j] 畫一條線
                # 使用一些 zip 魔術讓這件事發生：
                plt.plot(*zip(X[j], X[i]), color='black'
```

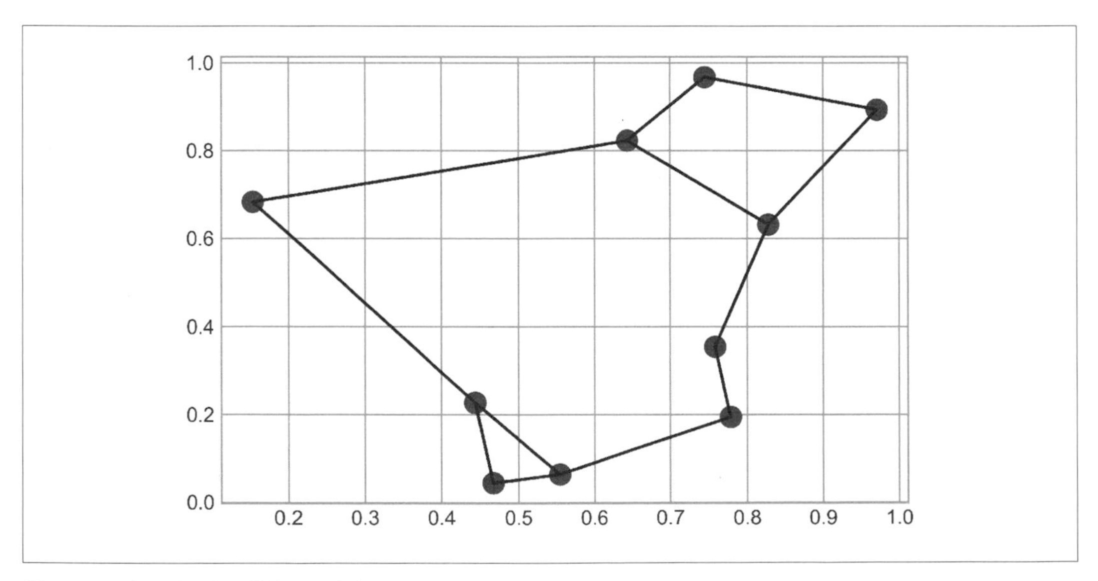

圖 11-2：每一個點和其相鄰點的視覺圖

在此圖中的每一個點和其最近的 2 點之間都畫上了一條線。乍看之下，看起來好像有一些點似乎是畫超出 2 條線：這是因為一個現象，如果 A 點是 B 點最近的 2 個相鄰點之一，這並不必然表示 B 點也是 A 點的最近的 2 個相鄰點之一。

雖然在此例中的擴張運算和逐列排序看起來沒有使用迴圈那麼直覺，但它讓資料在 Python 中運算變得非常有效率。你可能會很想要在這一類型的運算中手動地使用迴圈來做，但它幾乎就會導致比向量版本還要慢的演算法。此種方法最棒的地方是它的編寫方式和資料大小無關：我們可以輕易地在任意數量的維度上計算 100 個或是 1,000,000 個點的相鄰點，它們的程式碼是相同的。

最後，筆者要提醒的是，當要執行的是非常大的近鄰搜尋，還有以樹狀或是近似演算法，其複雜度等級是 $\mathcal{O}[N \log N]$，或比暴力演算法的 $\mathcal{O}\left[N^2\right]$ 好。其中一個此類的例子是在 Scikit-Learn（*https://oreil.ly/lUFb8*）中實作的 KD-Tree。

第 12 章

結構資料：NumPy 的結構陣列（Structured Array）

儘管我們的資料經常可以表示成相同型態的資料陣列，但有時候並不是這樣的。本章會展示 NumPy 的結構陣列（*structured array*）以及記錄陣列（`record array`）的使用，它們提供對於複合、異質性的資料一個有效率的儲存方式。在此節中看到的一些操作樣式對於一些簡單的運算很有用，這些使用情境通常也會用在 Pandas `DataFrame` 的使用上，這點我們將會在第三篇中加以探討。

```
In [1]: import numpy as np
```

假設有一筆許多人的類別資料（像是：名字、年紀及體重），而我們想要將這些資料儲存在 Python 程式中，它可以被儲存在不同的 3 個陣列中：

```
In [2]: name = ['Alice', 'Bob', 'Cathy', 'Doug']
        age = [25, 45, 37, 19]
        weight = [55.0, 85.5, 68.0, 61.5]
```

但這樣看起來有些難看，而且無法得知這 3 個陣列是否相關聯。NumPy 允許我們使用自然一點的方式，也就是利用一個單一的結構陣列來儲存所有的資料。

回想之前用來建立一個簡單陣列的敘述：

```
In [3]: x = np.zeros(4, dtype=int)
```

可以使用類似的方法藉由指定複合資料型態格式來建立一個結構陣列：

```
In [4]: # 在結構陣列中使用複合資料型態
        data = np.zeros(4, dtype={'names':('name', 'age', 'weight'),
                                  'formats':('U10', 'i4', 'f8')})
        print(data.dtype)
Out[4]: [('name', '<U10'), ('age', '<i4'), ('weight', '<f8')]
```

在此，「U10」被譯為「最大長度是 10 的 Unicode 字串」，「i4」被譯為「4-byte（也就是 32 bit）整數」，而「f8」則是「8-byte（也就是 64 bit）浮點數」。在接下來的章節中將會討論這些型態的其他選項。

現在已經建立了一個容器陣列，可以使用串列值把它們填入這個陣列中：

```
In [5]: data['name'] = name
        data['age'] = age
        data['weight'] = weight
        print(data)
Out[5]: [('Alice', 25, 55. ) ('Bob', 45, 85.5) ('Cathy', 37, 68. )
         ('Doug', 19, 61.5)]
```

正如預期，資料現在已被放置於一個便於存取的記憶體區塊中了。

結構陣列便利的地方是，你可以使用索引或是名稱存取這些值：

```
In [6]: # 取得所有的 name
        data['name']
Out[6]: array(['Alice', 'Bob', 'Cathy', 'Doug'], dtype='<U10')

In [7]: # 取得第 1 列的資料
        data[0]
Out[7]: ('Alice', 25, 55.)

In [8]: # 取得最後一列的 name
        data[-1]['name']
Out[8]: 'Doug'
```

使用布林遮罩，甚至可以執行一些像是過濾年紀這一類的複雜運算：

```
In [9]: # 取得 age 小於 30 的所有 name
        data[data['age'] < 30]['name']
Out[9]: array(['Alice', 'Doug'], dtype='<U10')
```

如果你打算做比這個還要複雜的運算，應該要考慮使用 Pandas 套件，這會在第四篇中說明。就像是將會看到的，Pandas 提供一個叫做 `DataFrame` 的物件，它是建構在 NumPy 陣列上的結構，提供像是剛剛看到的各式各樣有用的資料操作功能，而且還多更多。

探索結構陣列的建立

結構陣列資料型態可以使用許多不同的方式來指定。早先，我們看過使用字典的方法：

```
In [10]: np.dtype({'names':('name', 'age', 'weight'),
                   'formats':('U10', 'i4', 'f8')})
Out[10]: dtype([('name', '<U10'), ('age', '<i4'), ('weight', '<f8')])
```

為了更清楚一些，數值的型態可以使用 Python 的型態或是 NumPy 的 `dtype` 來取代：

```
In [11]: np.dtype({'names':('name', 'age', 'weight'),
                   'formats':((np.str_, 10), int, np.float32)})
Out[11]: dtype([('name', '<U10'), ('age', '<i8'), ('weight', '<f4')])
```

複合的型態也可以被使用由元組所組成的個列來指定：

```
In [12]: np.dtype([('name', 'S10'), ('age', 'i4'), ('weight', 'f8')])
Out[12]: dtype([('name', 'S10'), ('age', '<i4'), ('weight', '<f8')])
```

如果型態的名稱對你來說不重要，可以直接以逗號分隔的字串來設定：

```
In [13]: np.dtype('S10,i4,f8')
Out[13]: dtype([('f0', 'S10'), ('f1', '<i4'), ('f2', '<f8')])
```

這樣簡寫的格式碼可能看起來會有一些混淆，但是它們是建立在一個簡單的原則上。第一個（可選的）字元是「`<`」或是「`>`」，分別是用來表示「小端序」（little endian）或是「大端序」（big endian），它們是用來表式符號位元的順序慣例。下一個字元指定資料的型態：字元、位元組、整數、浮點數等等（請參考表 12-1）。最後的那些字元則是以位元組為單位，用來表示此物件的大小。

表 12-1：NumPy 資料型態

字元	說明	範例
`'b'`	位元組	`np.dtype('b')`
`'i'`	有號整數	`np.dtype('i4') == np.int32`
`'u'`	無號整數	`np.dtype('u1') == np.uint8`
`'f'`	浮點數	`np.dtype('f8') == np.int64`

字元	說明	範例
'c'	複數浮點數	pointnp.dtype('c16') == np.complex128
'S','a'	字串	np.dtype('S5')
'U'	unicode 字串	np.dtype('U') == np.str_
'V'	原始資料 (void)	np.dtype('V') == np.void

更多進階的複合型態

要定義更進階的複合型態也是可以的。例如：可以建立一個型態，其中每一個元素都包含一個陣列或矩陣的值。在此，我們將建立一個其中包含有叫做 mat 這個 3×3 浮點數矩陣的資料型態：

```
In [14]: tp = np.dtype([('id', 'i8'), ('mat', 'f8', (3, 3))])
         X = np.zeros(1, dtype=tp)
         print(X[0])
         print(X['mat'][0])
Out[14]: (0, [[0., 0., 0.], [0., 0., 0.], [0., 0., 0.]])
         [[0. 0. 0.]
          [0. 0. 0.]
          [0. 0. 0.]]
```

現在每一個在 X 陣列中的元素都是由一個 id 和一個 3×3 矩陣所組成的。為什麼要使用這樣的方式來取代一個簡單的多維度陣列，或是一個 Python 的字典呢？理由是，NumPy 的 dtype 直接對應到 C 結構定義，所以該緩衝區包含這些陣列的內容可以被直接使用正確的 C 程式碼存取。如果你發現正在寫一個 Python 的介面到傳統的 C 語言或是 Fortran 程式庫來操作此結構化的資料，此種結構陣列可以提供一個強力的介面！

記錄陣列（Record Array）：Structured Arrays with a Twist

NumPy 也提供了記錄陣列（np.recarray 類別的實例），它幾乎和剛剛說明過的結構陣列一樣，除了一個額外的特色：欄位可以被當作是屬性而不是字典鍵來存取。回想之前使用以下的寫法來存取我們範例資料集中的 age：

```
In [15]: data['age']
Out[15]: array([25, 45, 37, 19], dtype=int32)
```

如果把資料當作紀錄來看，可以少打幾個字來取得它：

```
In [16]: data_rec = data.view(np.recarray)
         data_rec.age
Out[16]: array([25, 45, 37, 19], dtype=int32)
```

記錄陣列的缺點是，儘管使用了相同的語法，但它在存取欄位時多了一些額外的負擔：

```
In [17]: %timeit data['age']
         %timeit data_rec['age']
         %timeit data_rec.age
Out[17]: 121 ns ± 1.4 ns per loop (mean ± std. dev. of 7 runs, 1000000 loops each)
         2.41 µs ± 15.7 ns per loop (mean ± std. dev. of 7 runs, 100000 loops each)
         3.98 µs ± 20.5 ns per loop (mean ± std. dev. of 7 runs, 100000 loops each)
```

是否要為了更加便利的符號而多付出一點點額外的執行時間，就看你個人應用了。

是時候轉移到 Pandas 上了

關於結構陣列和記錄陣列的這一章，就是這一篇的尾聲了，因為接下來將要進入下一個要討論的套件：Pandas。就像是之前討論的，結構陣列在某些情況中是很需要把它弄清楚的，尤其是在那些使用 NumPy 陣列要對應到在 C、Fortran 或是其他語言的二進位資料格式上。但是，對於那些每天都要使用的結構資料，Panda 套件是更好的選擇，而在下一篇，將會使用幾章的篇幅來全面深入討論。

第三篇

使用 Pandas 操作資料

在第二篇中，我們深入討論 NumPy 和它的 ndarray 物件的細節，它們提供了 Python 中高效率的儲存和操作稠密類型的陣列，在此將藉由深入 Pandas 程式庫所提供的資料結構細節建立這樣的知識。Pandas 是建立在 NumPy 之上較新式的套件，它提供對於 DataFrame 高效率的實作。DataFrame 本質上是多維度陣列附加上列和欄的標籤，經常是存放著異質性的型態且／或缺失的資料，同時提供這些標籤資料一個便利的儲存介面，Pandas 實作了一堆讓資料庫框架以及試算表程式使用者熟悉的各種具威力的資料操作。

如我們所見，NumPy 的 ndarray 資料結構提供一般在數值計算工作中會看到的，乾淨且組織良好的資料之重要功能。儘管在這一方面它做得非常好，但它的限制非常明顯，當需要更有彈性（在資料上加上標籤，處理缺失資料等等），以及嘗試去操作沒有好好地對應到每一個元素的擴張運算（分組、軸線上等等），在我們所處的環境中要分析那些缺乏結構的資料時，這些都是很重要的部分。Pandas，特別是它的 Series 以及 DataFrame 物件，是建立在 NumPy 陣列結構之上，提供了對於此種佔據資料科學家大部分時間的「清理數據」工作更有效率的存取。

本書的這個部分將會聚焦在如何有效率地使用 Series、DataFrame、以及相關結構的技巧，我們將會在適當的情況下使用從真實資料集中取出的範例，但是這些範例不必然是主要的焦點。

在系統中安裝 Pandas 需要先安裝 NumPy，如果你是從原始碼建立程式庫，還需要可以編譯 C 和 CPython 原始碼的正確工具。詳細的安裝資訊可以在 Pandas 的說明文件（*http://pandas.pydata.org/*）中找到。如果你遵從在本書序中的建議並使用 Anaconda 的話，其實 Pandas 應該已經被安裝好了。

Pandas 安裝完成之後，可以執行匯入以檢查它的版本；以下是本書所使用的版本：

```
In [1]: import pandas
        pandas.__version__
Out[1]: '1.3.5'
```

正如同會在匯入 NumPy 時使用 `np` 別名，在匯入 Pandas 時也會使用 `pd` 這個別名：

```
In [2]: import pandas as pd
```

這個匯入的慣例將會在本書之後的所有地方使用。

關於內建說明文件的提醒

在你閱讀本篇時，不要忘了 IPython 提供的快速探索套件內容能力（使用定位鍵補齊功能）以及取得各式各樣函式說明文件（使用 ? 字元）。（如果需要更清楚的說明，請回頭參閱第 1 章）。

例如，要顯示 pandas 名稱空間中的所有內容，可以如下鍵入：

```
In [3]: pd.<TAB>
```

如果要顯示內建的 Pandas 說明文件，則可以像下面這樣：

```
In [4]: pd?
```

更多詳細的說明文件，以及教學和其他的資源，可以在 *http://pandas.pydata.org/* 中找到。

第 13 章

Pandas 物件介紹

在最基本的層級中，Pandas 的物件可以想成是 NumPy 結構陣列的加強版，它把列和欄從原本的索引加上了標籤識別取代原有的整數索引。在本章中即將看到的，Pandas 提供了許多有用的工具、方法、和功能在這些基本的資料結構上，但是幾乎這每一樣的使用都需要先瞭解這些結構才行。因此，在往下閱讀之前，先介紹一下三個基本的 Pandas 資料結構：Series、DataFrame、以及 Index。

先從匯入標準的 NumPy 和 Pandas 開始程式碼階段：

```
In [1]: import numpy as np
        import pandas as pd
```

Pandas Series 物件

Pandas Series 是一個被索引資料的一維陣列，它可以使用一個串列或陣列來建立，如下：

```
In [2]: data = pd.Series([0.25, 0.5, 0.75, 1.0])
        data
Out[2]: 0    0.25
        1    0.50
        2    0.75
        3    1.00
        dtype: float64
```

Series 結合了包括一個值序列和明確的索引序列，然後就可以使用 values 以及 index 屬性加以存取。values 就像是我們熟悉的 NumPy 陣列一樣：

```
In [3]: data.values
Out[3]: array([0.25, 0.5 , 0.75, 1.  ])
```

index 是一個型態為 pd.Index 的類似陣列物件，我們將會再更詳細地討論：

```
In [4]: data.index
Out[4]: RangeIndex(start=0, stop=4, step=1)
```

就像是 NumPy 陣列一般，資料可以使用關聯式索引透過熟悉的 Python 方括號符號來存取：

```
In [5]: data[1]
Out[5]: 0.5

In [6]: data[1:3]
Out[6]: 1    0.50
        2    0.75
        dtype: float64
```

如上所述，Pandas Series 比它所類比的一維 NumPy 陣列還要來得通用及靈活。

使用 Series 做為通用的 NumPy 陣列

從到目前為止我們所看到的，Series 物件似乎基本上可以和 NumPy 的一維陣列交換使用。最主要的不同是 NumPy 陣列使用隱含地定義整數索引來存取值，而 Pandas Series 則是需要明確地定義和值相關聯的索引。

明確指定索引定義提供了 Series 一個額外的能力。例如：索引不必然是整數，而可以是任何想要的型態。例如：可以使用字串當作索引：

```
In [7]: data = pd.Series([0.25, 0.5, 0.75, 1.0],
                         index=['a', 'b', 'c', 'd'])
        data
Out[7]: a    0.25
        b    0.50
        c    0.75
        d    1.00
        dtype: float64
```

這個項目一如預期地使用以下的方式取出：

```
In [8]: data['b']
Out[8]: 0.5
```

甚至可以使用非連續性或是不依照順序的索引：

```
In [9]: data = pd.Series([0.25, 0.5, 0.75, 1.0],
                         index=[2, 5, 3, 7])
        data
Out[9]: 2    0.25
        5    0.50
        3    0.75
        7    1.00
        dtype: float64
In [10]: data[5]
Out[10]: 0.5
```

使用 Series 做為特殊化的字典

依照這樣的用法，可以把 Pandas Series 想成有一點像是一個特殊化的 Python 字典。字典是一個任意對應鍵（key）和值（value）的結構，而 Series 則是對應具型態的鍵和一組具型態的值之結構。型態在這裡很重要：就像是隱身在 NumPy 陣列後的指定型態編譯過的程式碼，讓它在執行運算時比原有的 Python 串列更具效能一樣，Pandas Series 的型態資訊也讓它比 Python 的字典在執行運算時更有效率。

我們可以讓「把 Series 當作是字典」這樣的類比，透過從 Python 字典建立 Series 物件的方式讓它變得更清楚。在此我們有根據 2020 年的人口普查中全美人口最多的 5 個州：

```
In [11]: population_dict = {'California': 39538223, 'Texas': 29145505,
                            'Florida': 21538187, 'New York': 20201249,
                            'Pennsylvania': 13002700}
         population = pd.Series(population_dict)
         population
Out[11]: California      39538223
         Texas           29145505
         Florida         21538187
         New York        20201249
         Pennsylvania    13002700
         dtype: int64
```

根據上方的內容，可以執行典型的字典方式存取資料項目：

```
In [12]: population['California']
Out[12]: 39538223
```

不像是傳統的字典，Series 也支援陣列型態的切片運算：

```
In [13]: population['California':'Florida']
Out[13]: California    39538223
         Texas         29145505
         Florida       21538187
         dtype: int64
```

我們將會在第 14 章討論 Pandas 在索引和切片上的一些怪癖。

建構 Series 物件

我們已經看過一些從頭建立 Pandas Series 的方式，都是使用如下所示的樣子：

```
pd.Series(data, index=index)
```

其中 index 是一個可選用的參數，而 data 則可以是許多實體的其中一個。

例如，data 可以是一個串列或是 NumPy 陣列，在此例中，index 預設就是一個整數序列：

```
In [14]: pd.Series([2, 4, 6])
Out[14]: 0    2
         1    4
         2    6
         dtype: int64
```

或者如果 data 是一個純量，它可以被重複地填入到指定的索引中：

```
In [15]: pd.Series(5, index=[100, 200, 300])
Out[15]: 100    5
         200    5
         300    5
         dtype: int64
```

data 如果是一個字典，則它的 index 預設就是字典的鍵：

```
In [16]: pd.Series({2:'a', 1:'b', 3:'c'})
Out[16]: 2    a
         1    b
         3    c
         dtype: object
```

在每一個例子中，可以透過明確地設定 index，以控制使用鍵的順序或子集合：

```
In [17]: pd.Series({2:'a', 1:'b', 3:'c'}, index=[1, 2])
Out[17]: 1    b
         2    a
         dtype: object
```

Pandas DataFrame 物件

Pandas 的下一個基礎結構是 DataFrame。就像是之前討論過的 Series 物件，DataFrame 可以想成是一般化的 NumPy 陣列或是 Python 字典的一個特例。現在即刻透過此兩種觀點來看看。

把 DataFrame 做為通用 NumPy 陣列

如果把 Series 物件想成是可以靈活設定索引的一維陣列，那麼 DataFrame 可以類比成可自由設定列索引和欄名的二維陣列。就像是你可能會把二維陣列想成是依照一系列欄排列的一維欄，你也可以把 DataFrame 當作是對齊在一起的 Series 物件。在此，所謂「對齊」的意思是，它們是屬於同一個索引值。

為了展現這樣的概念，讓我們建立一個新的 Series 來列出之前討論過的，5 個州的區域面積（單位是平方公里）：

```
In [18]: area_dict = {'California': 423967, 'Texas': 695662, 'Florida': 170312,
                      'New York': 141297, 'Pennsylvania': 119280}
         area = pd.Series(area_dict)
         area
Out[18]: California      423967
         Texas           695662
         Florida         170312
         New York        141297
         Pennsylvania    119280
         dtype: int64
```

之前已經有和這個相配合的 population Series，在此可以使用一個字典型態來建立一個二維物件以包含這些資訊：

```
In [19]: states = pd.DataFrame({'population': population,
                                'area': area})
         states
Out[19]:               population    area
         California      39538223  423967
         Texas           29145505  695662
```

```
          Florida         21538187  170312
          New York        20201249  141297
          Pennsylvania    13002700  119280
```

就像是 Series 物件一樣，DataFrame 有一個 index 屬性可以取得索引的標籤：

```
In [20]: states.index
Out[20]: Index(['California', 'Texas', 'Florida', 'New York', 'Pennsylvania'],
          > dtype='object')
```

更進一步地，DataFrame 也有一個 columns 屬性，它也是一個 Index 物件，包括了欄標籤的資訊：

```
In [21]: states.columns
Out[21]: Index(['population', 'area'], dtype='object')
```

如此，DataFrame 可以想成是一個通用的 NumPy 陣列，該陣列的列和欄都可以使用一般的索引來存取資料。

把 DataFrame 做為特殊化的字典

同樣地，我們也可以把 DataFrame 想像成一個特殊化的字典。一個字典會對應一個鍵到一個值，而 DataFrame 會對應一個欄位名稱到一個 Series 的欄資料。例如，使用「area」屬性查詢資料會傳回一個包含之前看到的面積 Series 物件：

```
In [22]: states['area']
Out[22]: California      423967
         Texas           695662
         Florida         170312
         New York        141297
         Pennsylvania    119280
         Name: area, dtype: int64
```

注意這裡有一個可能會混淆的地方：在 NumPy 的二維陣列中，data[0] 會傳回第一列，而 DataFrame 的 data['col0'] 則會傳回第一個欄。因為這個原因，儘管這兩種想法都有其用處，把 DataFrame 當作是一般化的字典會比一般化的 NumPy 陣列來得好。第 14 章中將會發掘更多靈活的 DataFrame 索引方法。

建構 DataFrame 物件

Pandas DataFrame 可以使用許多種方式來建立，在此將列出幾個例子：

從一個 Series 物件

DataFrame 就是一堆 Series 物件，單一個 Series 可以用來建構一個單欄的 DataFrame：

```
In [23]: pd.DataFrame(population, columns=['population'])
Out[23]:               population
           California   39538223
                Texas   29145505
              Florida   21538187
             New York   20201249
         Pennsylvania   13002700
```

從一個字典串列

任何字典串列都可以建構出 DataFrame。以下使用一個簡單的串列生成式來建立一些資料：

```
In [24]: data = [{'a': i, 'b': 2 * i}
                 for i in range(3)]
         pd.DataFrame(data)
Out[24]:    a  b
         0  0  0
         1  1  2
         2  2  4
```

就算是在字典中缺少了某些鍵，Pandas 也會把它們使用 NaN（也就是「Not a Number」，請參閱第 16 章）值填入：

```
In [25]: pd.DataFrame([{'a': 1, 'b': 2}, {'b': 3, 'c': 4}])
Out[25]:      a  b    c
         0  1.0  2  NaN
         1  NaN  3  4.0
```

從 Series 物件的字典建立

就像是之前看到過的，DataFrame 也可以使用 Series 物件的字典來建立：

```
In [26]: pd.DataFrame({'population': population,
                       'area': area})
Out[26]:               population    area
         California      39538223  423967
         Texas           29145505  695662
         Florida         21538187  170312
         New York        20201249  141297
         Pennsylvania    13002700  119280
```

從 NumPy 的二維陣列來建立

提供一個二維陣列的資料，就可以使用任意指定的列和欄名來建立 DataFrame。如果忽略名稱的設定，則會使用整數值當作是索引：

```
In [27]: pd.DataFrame(np.random.rand(3, 2),
                      columns=['foo', 'bar'],
                      index=['a', 'b', 'c'])
Out[27]:         foo       bar
         a  0.471098  0.317396
         b  0.614766  0.305971
         c  0.533596  0.512377
```

從 NumPy 的結構陣列

在第 12 章的中提到過的結構陣列，Pandas DataFrame 的操作和結構陣列非常相似，也可以直接拿來建立 DataFrame：

```
In [28]: A = np.zeros(3, dtype=[('A', 'i8'), ('B', 'f8')])
         A
Out[28]: array([(0, 0.), (0, 0.), (0, 0.)], dtype=[('A', '<i8'), ('B', '<f8')])

In [29]: pd.DataFrame(A)
Out[29]:    A    B
         0  0  0.0
         1  0  0.0
         2  0  0.0
```

Pandas 的 Index 物件

如你之前看過的 Series 和 DataFrame 物件都包括一個顯式的 index 讓我們可以參考和修改資料。這個 Index 物件本身是一個有趣的結構，它可以想成是一個不能修改的陣列（*immutable array*），或是一個有序的集合（*ordered set*）（技術上是一個多重集 multiset，因為 Index 物件可以包含重複的資料）。這樣的觀點會在 Index 物件上提供的操作方面形成一些有趣的結果。以一個簡單的例子來看，先從一個整數串列建立 Index 開始：

```
In [30]: ind = pd.Index([2, 3, 5, 7, 11])
         ind
Out[30]: Int64Index([2, 3, 5, 7, 11], dtype='int64')
```

把 Index 當作是不可修改的陣列

Index 物件有許多的操作和陣列一樣，例如，可以使用標準的 Python 索引符號去取得其中的值或切片：

```
In [31]: ind[1]
Out[31]: 3

In [32]: ind[::2]
Out[32]: Int64Index([2, 5, 11], dtype='int64')
```

Index 物件也有許多和 NumPy 陣列相似的屬性：

```
In [33]: print(ind.size, ind.shape, ind.ndim, ind.dtype)
Out[33]: 5 (5,) 1 int64
```

一個 Index 物件和 NumPy 陣列不同處是這些索引是不能夠修改的，也就是說，它們不能透過平常使用的方法修改內容：

```
In [34]: ind[1] = 0
TypeError: Index does not support mutable operations
```

此不可修改的特性讓它在多個 DataFrame 和陣列之間共用索引時比較安全，不用擔心粗心大意的索引修改所產生的潛在副作用。

Index 當作是有序的集合

Pandas 物件是被設計用來方便操作像是不同資料集的聯合，因為它們需要多方面的集合算術。Index 物件遵循許多在 Python 內建集合資料結構的慣例，所以像是聯集、交集、差集、以及其他的整合運算都可以被以相同的方式計算：

```
In [35]: indA = pd.Index([1, 3, 5, 7, 9])
         indB = pd.Index([2, 3, 5, 7, 11])
In [36]: indA.intersection(indB)
Out[36]: Int64Index([3, 5, 7], dtype='int64')
In [37]: indA.union(indB)
Out[37]: Int64Index([1, 2, 3, 5, 7, 9, 11], dtype='int64')
In [38]: indA.symmetric_difference(indB)
Out[38]: Int64Index([1, 2, 9, 11], dtype='int64')
```

第 14 章

資料的索引與選取

在第二篇曾經介紹過用來存取、設定、以及修改 NumPy 陣列值的方法和工具，包括索引（例：arr[2, 1]）、切片（例：arr[:, 1:5]）、遮罩（例：arr[arr > 0]）、fancy 索引（例：arr[0, [1, 5]]）、以及它們的組合（例：arr[:, [1, 5]]）。在此，我們將在 Pandas 的 Series 以及 DataFrame 物件使用同樣的做法存取和修改其中的資料。如果你習慣 NumPy 的型式，在 Pandas 中相對應的形式將會感到非常熟悉，儘管其中有少部分的怪癖需要額外留意。

我們將從一維 Series 物件的簡單例子開始，然後再移往更複雜的二維 DataFrame 物件。

在 Series 中選取資料

就像是在前面的章節中看到的一樣，Series 物件的行為在許多地方非常像一維的 NumPy 陣列，而在許多方面也像是標準的 Python 字典。如果你牢記這兩種重疊的類比，將會有助於瞭解在這些陣列中進行資料索引和選取的形式。

把 Series 當作是字典

像是字典一樣，Series 物件提供從一堆鍵中到一堆值的對應方法：

```
In [1]: import pandas as pd
        data = pd.Series([0.25, 0.5, 0.75, 1.0],
                         index=['a', 'b', 'c', 'd'])
        data
```

```
Out[1]: a    0.25
        b    0.50
        c    0.75
        d    1.00
        dtype: float64

In [2]: data['b']
Out[2]: 0.5
```

也可以使用類似字典的 Python 表達式和方法檢查這些鍵／索引和值：

```
In [3]: 'a' in data
Out[3]: True

In [4]: data.keys()
Out[4]: Index(['a', 'b', 'c', 'd'], dtype='object')

In [5]: list(data.items())
Out[5]: [('a', 0.25), ('b', 0.5), ('c', 0.75), ('d', 1.0)]
```

Series 物件甚至可以使用類似字典的語法進行修改。就像是你可以藉由設定一個新的鍵去擴大這個字典一樣，也可以藉由加入一個新的索引值來擴增 Series：

```
In [6]: data['e'] = 1.25
        data
Out[6]: a    0.25
        b    0.50
        c    0.75
        d    1.00
        e    1.25
        dtype: float64
```

此物件的簡易可變更性質是一個便利的特色：在本質上，Pandas 會自行決定記憶體的配置和是否需要進行資料的複製，一般來說使用者並不需要去擔心這些問題。

把 Series 當作是一維陣列

Series 透過字典型態的介面建構，而提供陣列型式的項目選取方式，就像是在操作 NumPy 的基本方法一樣，也就是切片、遮罩、以及 fancy 索引。底下是一些例子：

```
In [7]: # 藉由指定索引來切片
        data['a':'c']
Out[7]: a    0.25
        b    0.50
```

```
        c    0.75
        dtype: float64

In [8]: # 藉由隱含的整數索引來切片
        data[0:2]
Out[8]: a    0.25
        b    0.50
        dtype: float64

In [9]: # 遮罩
        data[(data > 0.3) & (data < 0.8)]
Out[9]: b    0.50
        c    0.75
        dtype: float64

In [10]: # fancy 索引
         data[['a', 'e']]
Out[10]: a    0.25
         e    1.25
         dtype: float64
```

在這些例子中，切片可能是最容易被混淆的來源。請留意當使用顯式索引（也就是 `data['a':'c']`）進行切片時，最終索引是被包含在切片中的，但是當使用隱式索引（也就是 `data[0:2]`）時，最終的索引會被排除在切片結果之外。

索引器：loc 與 iloc

如果你的 `Series` 有一個明確的整數索引，像是 `data[1]` 的索引操作會使用明確索引，而如果切片的操作像是 `data[1:3]`，則會使用隱式的 Python 型式索引：

```
In [11]: data = pd.Series(['a', 'b', 'c'], index=[1, 3, 5])
         data
Out[11]: 1    a
         3    b
         5    c
         dtype: object

In [12]: # 當索引時使用顯式索引
         data[1]
Out[12]: 'a'

In [13]: # 當切片時使用隱式索引
         data[1:3]
```

```
Out[13]: 3    b
         5    c
         dtype: object
```

因為這樣在整數索引上潛在的可能混淆，Pandas 提供了一些特別的 *indexer* 屬性可以明確地呈現確實的機制。它們不是基本的方法函式，而是在 `Series` 中可以針對資料揭示特定切片介面的屬性。

首先，`loc` 屬性允許索引和切片總是使用顯式索引：

```
In [14]: data.loc[1]
Out[14]: 'a'

In [15]: data.loc[1:3]
Out[15]: 1    a
         3    b
         dtype: object
```

`iloc` 屬性則是讓索引和切片的索引總是以隱式 Python 型式索引：

```
In [16]: data.iloc[1]
Out[16]: 'b'

In [17]: data.iloc[1:3]
Out[17]: 3    b
         5    c
         dtype: object
```

Python 程式碼指導原則的其中一條，是「顯式勝於隱式」。`loc` 和 `iloc` 的明確本質讓它們在維護一個簡潔和易讀的程式碼非常有用。尤其是在整數索引的例子，一直使用這個原則可以預防因為混用索引和切片慣例所造成的難以捉摸的程式臭蟲。

在 DataFrame 中選取資料

回想一下 `DataFrame` 使用起來有許多地方像是一個二維陣列或是結構陣列，而另外也有許多地方像是一個共用相同索引的 `Series` 結構字典。這樣的比喻讓我們在這個結構中探索資料選取時非常有用。

把 DataFrame 當作是字典

第一個比喻是把 `DataFrame` 當作是相關 `Series` 物件的一個字典。回到各州人口與面積的例子：

```
In [18]: area = pd.Series({'California': 423967, 'Texas': 695662,
                           'Florida': 170312, 'New York': 141297,
                           'Pennsylvania': 119280})
         pop = pd.Series({'California': 39538223, 'Texas': 29145505,
                          'Florida': 21538187, 'New York': 20201249,
                          'Pennsylvania': 13002700})
         data = pd.DataFrame({'area':area, 'pop':pop})
         data
Out[18]:                 area       pop
         California    423967  39538223
         Texas         695662  29145505
         Florida       170312  21538187
         New York      141297  20201249
         Pennsylvania  119280  13002700
```

每一個 Series 組成了 DataFrame 的欄，這些可以被以字典型式索引的方式透過欄名來取得：

```
In [19]: data['area']
Out[19]: California      423967
         Texas           695662
         Florida         170312
         New York        141297
         Pennsylvania    119280
         Name: area, dtype: int64
```

同樣地，也可以把欄名字串當作是屬性的方式來取得：

```
In [20]: data.area
Out[20]: California      423967
         Texas           695662
         Florida         170312
         New York        141297
         Pennsylvania    119280
         Name: area, dtype: int64
```

使用屬性的方式取得資料雖然好用，但是要注意的是，它並不適用於所有的情況。例如：如果欄名不是一個字串，或是欄名和 DataFrame 的方法有衝突，就無法使用屬性名稱的方式來存取。例如：DataFrame 有一個 pop() 方法，所以 data.pop 將會指向這個方法而不是那個叫做「pop」的欄：

```
In [21]: data.pop is data["pop"]
Out[21]: False
```

尤其是你應該要避免想要嘗試透過屬性的名稱去設定欄位內容（例如：使用 data['pop'] = z 而不是 data.pop = z）。

像是之前討論的 Series 物件一樣，此種字典型式的語法也可以被用在修改物件上，以下是加上一個新欄的例子：

```
In [22]: data['density'] = data['pop'] / data['area']
         data
Out[22]:                area       pop     density
         California    423967  39538223   93.257784
         Texas         695662  29145505   41.896072
         Florida       170312  21538187  126.463121
         New York      141297  20201249  142.970120
         Pennsylvania  119280  13002700  109.009893
```

上述的例子展現了透過在 Series 物件之間使用逐元素算術運算的直觀語法；第 15 章我們將會更進一步地探討。

把 DataFrame 當作是二維陣列

就像之前提到的，可以把 DataFrame 當作是一個強化版的二維陣列。使用 values 這個屬性可以檢查原始的陣列資料：

```
In [23]: data.values
Out[23]: array([[4.23967000e+05, 3.95382230e+07, 9.32577842e+01],
                [6.95662000e+05, 2.91455050e+07, 4.18960717e+01],
                [1.70312000e+05, 2.15381870e+07, 1.26463121e+02],
                [1.41297000e+05, 2.02012490e+07, 1.42970120e+02],
                [1.19280000e+05, 1.30027000e+07, 1.09009893e+02]])
```

考慮到此點，可以在 DataFrame 上執行許多熟悉的類似陣列的操作方式。例如：可以把整個 DataFrame 進行行列交換的轉置操作：

```
In [24]: data.T
Out[24]:          California         Texas       Florida      New York  Pennsylvania
         area     4.239670e+05  6.956620e+05  1.703120e+05  1.412970e+05  1.192800e+05
         pop      3.953822e+07  2.914550e+07  2.153819e+07  2.020125e+07  1.300270e+07
         density  9.325778e+01  4.189607e+01  1.264631e+02  1.429701e+02  1.090099e+02
```

然而在索引 DataFrame 物件時，很顯然地透過字典型式的欄位索引方式，會妨礙到我們把它簡單地當作是 NumPy 陣列。尤其是傳遞單一 index 去存取陣列中的一列：

```
In [25]: data.values[0]
Out[25]: array([4.23967000e+05, 3.95382230e+07, 9.32577842e+01])
```

以及傳遞單一「index」到 DataFrame 去取得一欄：

```
In [26]: data['area']
Out[26]: California      423967
         Texas           695662
         Florida         170312
         New York        141297
         Pennsylvania    119280
         Name: area, dtype: int64
```

對此陣列型式的索引，我們需要另外一種慣例。在此，Pandas 再一次使用之前提過的 loc、iloc 這些索引器。使用 iloc 索引器，我們可以像索引一個簡單的 NumPy 陣列（使用隱式 Python 型式索引）一樣索引底層陣列，但是 DataFrame 索引和欄標籤會被保留在結果中：

```
In [27]: data.iloc[:3, :2]
Out[27]:               area       pop
         California  423967  39538223
         Texas       695662  29145505
         Florida     170312  21538187
```

同樣的，使用 loc 索引器，我們可以使用類似陣列型式的方式索引資料，但是使用顯式索引和欄名：

```
In [28]: data.loc[:'Florida', :'pop']
Out[28]:               area       pop
         California  423967  39538223
         Texas       695662  29145505
         Florida     170312  21538187
```

任何熟悉的 NumPy 型式資料存取樣式都可以用在這些索引器中。例如，在 loc 索引器裡，我們可以結合遮罩和 fancy 索引，如下所示：

```
In [29]: data.loc[data.density > 120, ['pop', 'density']]
Out[29]:                pop     density
         Florida   21538187  126.463121
         New York  20201249  142.970120
```

任何這些索引方式的慣例也可以被用在設定或修改資料值：這些都是標準的方式，所以你可能在 NumPy 中操作時就已經習慣了：

```
In [30]: data.iloc[0, 2] = 90
         data
Out[30]:                 area       pop     density
         California    423967  39538223   90.000000
```

```
              Texas         695662  29145505   41.896072
              Florida       170312  21538187  126.463121
              New York      141297  20201249  142.970120
              Pennsylvania  119280  13002700  109.009893
```

為了讓自己能夠更熟練地在 Pandas 中操作資料，我建議花一些時間在一個簡單的 `DataFrame`，然後藉由各式各樣索引的嘗試去探索各種類型的索引、切片、遮罩、以及 fancy 索引。

額外的索引慣例

還有 2 個額外的索引慣例可能看起來和之前討論的有些不一樣，它們在實作上還是非常有用。首先，當索引指向欄位，切片指向列時：

```
In [31]: data['Florida':'New York']
Out[31]:             area       pop     density
         Florida   170312  21538187  126.463121
         New York  141297  20201249  142.970120
```

此切片也可以讓列的索引以數字取代：

```
In [32]: data[1:3]
Out[32]:            area       pop     density
         Texas    695662  29145505   41.896072
         Florida  170312  21538187  126.463121
```

同樣地，直接遮罩操作也可以被以列來處理，而不是欄：

```
In [33]: data[data.density > 120]
Out[33]:             area       pop     density
         Florida   170312  21538187  126.463121
         New York  141297  20201249  142.970120
```

這兩種慣例在語法上和 NumPy 陣列上的相似，但是它們可能並不是很精準地符合 Pandas 的慣例，但在實務上仍然非常有用。

第 15 章

在 Pandas 中操作資料

NumPy 的一個重要的強項就是可以快速地執行逐項運算，包括基本的算術（加法、減法、乘法等等）以及更多複雜的運算（三角函數、指數、和對數運算等等）。Pandas 承襲了 NumPy 的這些功能，在第 6 章中介紹的通用函式是其中的關鍵。

然而 Pandas 包括了兩個變形：對於像是負數和三角函數此種單元運算，通用函式可以在輸出時保留索引和欄標籤，而二元操作像是加法和乘法，當把物件傳遞給通用函式時，Pandas 將會自動對齊索引。這意味要從不同的資料來源保存資料內容和合併資料（包含潛在對於 NumPy 陣列中進行錯誤移除工作），在 Pandas 中成為非常簡單的事。我們將在此更進一步地檢視在一維 Series 結構和二維 DataFrame 結構之間的這些明確定義的操作。

通用函式：索引保存

因為 Pandas 是設計來和 NumPy 一起工作的，任何 NumPy 的通用函式都可以在 Pandas 的 Series 和 DataFrame 物件上運作。讓我們從在打算展示的內容中定義一個簡單的 Series。

和 DataFrame 開始：

```
In [1]: import pandas as pd
        import numpy as np

In [2]: rng = np.random.default_rng(42)
```

```
        ser = pd.Series(rng.integers(0, 10, 4))
        ser
Out[2]: 0    0
        1    7
        2    6
        3    4
        dtype: int64

In [3]: df = pd.DataFrame(rng.integers(0, 10, (3, 4)),
                          columns=['A', 'B', 'C', 'D'])
        df
Out[3]:    A  B  C  D
        0  4  8  0  6
        1  2  0  5  9
        2  7  7  7  7
```

如果套用 NumPy 的通用函式在這些物件上，結果將會是另外一個被保留索引的 Pandas 物件：

```
In [4]: np.exp(ser)
Out[4]: 0       1.000000
        1    1096.633158
        2     403.428793
        3      54.598150
        dtype: float64
```

對於更複雜的連續運算也是如此：

```
In [5]: np.sin(df * np.pi / 4)
Out[5]:               A             B         C         D
        0  1.224647e-16 -2.449294e-16  0.000000 -1.000000
        1  1.000000e+00  0.000000e+00 -0.707107  0.707107
        2 -7.071068e-01 -7.071068e-01 -0.707107 -0.707107
```

任一個在第 6 章介紹的通用函式都可以相同的方式使用。

通用函式：索引對齊

對於在兩個 `Series` 或是 `DataFrame` 物件間的二元運算，Pandas 會在執行運算的過程中對齊索引。若是在不完整的資料中工作時，這將會非常方便。請看以下這些例子：

在 Series 中對齊索引

舉個例子，假設要合併 2 個不同的資料來源，而且要找出美國中面積和人口均為前 3 名的州：

```
In [6]: area = pd.Series({'Alaska': 1723337, 'Texas': 695662,
                          'California': 423967}, name='area')
        population = pd.Series({'California': 39538223, 'Texas': 29145505,
                                'Florida': 21538187}, name='population')
```

當把它們相除之後取得人口密度，如下所示：

```
In [7]: population / area
Out[7]: Alaska              NaN
        California    93.257784
        Florida             NaN

        Texas         41.896072
        dtype: float64
```

此結果陣列包含了兩個輸入陣列的索引聯集，可以直接從這些索引確定：

```
In [8]: area.index.union(population.index)
Out[8]: Index(['Alaska', 'California', 'Florida', 'Texas'], dtype='object')
```

任一個項目其中有一個或另一個是沒有資料的就會被標記為 NaN，或是「Not a Number」，這是 Pandas 用來標註遺失資料的方式（第 16 章有針對缺失資料更進一步的討論）。此種索引配對的方式，在任何 Python 的內建算術表達式都是如此，任何缺失的資料都會以 NaN 來當作是預設值：

```
In [9]: A = pd.Series([2, 4, 6], index=[0, 1, 2])
        B = pd.Series([1, 3, 5], index=[1, 2, 3])
        A + B
Out[9]: 0    NaN
        1    5.0
        2    9.0
        3    NaN
        dtype: float64
```

如果使用 NaN 的行為不是你想要的，可以在運算子的地方使用適當的物件方法去填入資料。例如，呼叫 A.add(B) 相等於 A + B，但是允許明確地指定，當任一元素的資料遺失時要填入的特定值：

```
In [10]: A.add(B, fill_value=0)
Out[10]: 0    2.0
         1    5.0
         2    9.0
         3    5.0
         dtype: float64
```

在 DataFrame 中的索引對齊

當在 DataFrame 上執行運算時，同樣型式的對齊也會同時發生在欄和索引值上：

```
In [11]: A = pd.DataFrame(rng.integers(0, 20, (2, 2)),
                          columns=['a', 'b'])
         A
Out[11]:     a  b
         0  10  2
         1  16  9

In [12]: B = pd.DataFrame(rng.integers(0, 10, (3, 3)),
                          columns=['b', 'a', 'c'])
         B
Out[12]:    b  a  c
         0  5  3  1
         1  9  7  6
         2  4  8  5

In [13]: A + B
Out[12]:       a     b   c
         0  13.0   7.0 NaN
         1  23.0  18.0 NaN
         2   NaN   NaN NaN
```

請留意，索引被正確地對齊和它們在 2 個物件之內的順序無關，而且在結果中的索引會被排序。就像之前在 Series 中的例子，可以使用相關聯物件算術方法，傳遞任何想要的 fill_value 放在缺失項目的位置上。於此，將在 A 中填入所有值的平均數：

```
In [14]: A.add(B, fill_value=A.values.mean())
Out[14]:        a      b      c
         0  13.00   7.00  10.25
         1  23.00  18.00  15.25
         2  17.25  13.25  14.25
```

表 15-1 列出了 Python 運算子以及和它等價的 Pandas 物件方法。

表 15-1：在 Python 運算子和 Pandas 方法之間的對應

Python 運算子	Pandas 方法
+	add()
-	sub(), subtract()
*	mul(), multiply()
/	truediv(), div(), divide()
//	floordiv()
%	mod()
**	pow()

通用函式：在 DataFrame 和 Series 之間的運算

當你在 DataFrame 和 Series 之間執行運算時，索引和欄都是使用相同的方式對齊。在 DataFrame 和 Series 之間的運算就好像是在 NumPy 中的二維和一維陣列操作一樣。考慮一個常見的運算，找出一個二維陣列和它其中一列的所有差值：

```
In [15]: A = rng.integers(10, size=(3, 4))
         A
Out[15]: array([[4, 4, 2, 0],
                [5, 8, 0, 8],
                [8, 2, 6, 1]])

In [16]: A - A[0]
Out[16]: array([[ 0,  0,  0,  0],
                [ 1,  4, -2,  8],
                [ 4, -2,  4,  1]])
```

根據 NumPy 的擴張規則（請參閱第 8 章），在一個二維陣列上減去它的其中一列會被逐列套用。

在 Pandas，類似的慣例也是預設以逐列的方式操作：

```
In [17]: df = pd.DataFrame(A, columns=['Q', 'R', 'S', 'T'])
         df - df.iloc[0]
Out[17]:    Q  R  S  T
         0  0  0  0  0
         1  1  4 -2  8
         2  4 -2  4  1
```

但如果想要逐欄運算的話，可以使用之前提過的物件方法，然後指定 axis 這個關鍵字：

```
In [18]: df.subtract(df['R'], axis=0)
Out[18]:    Q  R  S  T
         0  0  0 -2 -4
         1 -3  0 -8  0
         2  6  0  4 -1
```

要注意這些 DataFrame/Series 運算，就像是之前討論過的運算一樣，會自動地在 2 個元素間對齊索引：

```
In [19]: halfrow = df.iloc[0, ::2]
         halfrow
Out[19]: Q    4
         S    2
         Name: 0, dtype: int64

In [20]: df - halfrow
Out[20]:      Q   R    S   T
         0  0.0 NaN  0.0 NaN
         1  1.0 NaN -2.0 NaN
         2  4.0 NaN  4.0 NaN
```

這種對於索引和欄的保存與對齊意味著在 Pandas 上的資料在進行操作時總是會維護這些資料內容，可以避免在操作異質或具有缺失列之資料的 NumPy 陣列時出現一些常見的錯誤。

第 16 章

處理缺失資料

真實世界中的資料和在範例中的資料之不同，就在於它們很少是乾淨且具有同質性的。特別是，許多有趣的資料集都會有一些缺失資料。問題更大的是，不同的資料來源表示缺失資料的方式也會不一樣。

本章將討論對於缺失資料的一般考量，探討 Pandas 會選擇如何表示它們。同時也會展示一些 Pandas 用來處理在 Python 中缺失資料的內建工具。在本書接下來的部分，將會用 *null*、*NaN*、或是 *NA* 來代表缺失的資料。

對於缺失資料慣例的取捨

有許多種方式被發展用來在表格或是 `DataFrame` 中表示缺失的資料。一般來說，它們都圍繞在此兩種策略的其中一者：使用遮罩（*mask*）整體性地表示缺失資料，或是選用一個哨兵值（*sentinel value*）表示缺失資料的項目。

在使用遮罩的方法中，遮罩可能是另外一個布林陣列，或是在資料中的其中一個位元，用來表示此資料是一個空值。

在哨兵值方法中，哨兵值可能是一些特定的資料慣例，像是用 -9999 或是很少見的位元樣式來表示缺失資料，或者也可以是更整體性的慣例，像是用一個特定的浮點數值 `NaN`（Not a Number）來表示，此特殊值是 IEEE 浮點數規格中的一個特殊值。

上述的方法沒有一個是不需要取捨的：使用另一個陣列需要配置額外的布林陣列，它會造成計算和儲存的額外負擔。而哨兵值的方法則減少了可以表示的有效值之可用範圍，而且也可能會增加（通常是沒有最佳化過的）在 CPU 或是 GPU 算術時的邏輯操作。常見的特殊值像是 NaN 並不是所有的資料型態都會提供。

就是因為在大部分的情況之下並沒有最佳的選擇存在，不同的程式語言和系統會使用不同的慣例。例如，R 語言使用保留的位元樣式，在每一個資料型態中當作是哨兵值用來表示缺失資料，而 SciDB 系統則在每一個元素中使用額外的位元組用來表示 NA 狀態。

在 Pandas 的缺失資料

Pandas 處理缺失資料的方式受限於 NumPy 套件，它並沒有為非浮點數資料型態提供內建的 NA 值表示法。

Pandas 可以跟隨 R 的方式在每一個資料型態的最前面加上一個起始位元樣式來表示空值，然而如果這樣的話，就會讓它變得非常笨重。R 只包含了 4 種基本資料型態，而 NumPy 所支援的資料型態遠遠超過這個數目。例如，R 只有單一整數型態，而 NumPy 把精準度、符號、以及位元組順序也算進來的話，有多達 14 種基本整數型態。為每一個可用的 NumPy 資料型態保留一個特殊的位元樣式，會導致在處理各式各樣型態之間的運算時，多出了許多笨重的額外成本，甚至可能需要另外新增一個 NumPy 套件的分支。再者，對於較小的資料型態（像是 8 位元的整數），犧牲一個位元當作遮罩也會明顯地影響它可以表示的值之範圍。

因為這些限制與取捨，Pandas 有兩種「模式」用於儲存及操作空值：

- 預設的模式是使用以哨兵為基礎的缺失資料機制，視資料型態使用 NaN 或是 None。
- 或者，你可以選擇使用 Pandas 提供的（本章後面會加以討論）可為空值的資料型態（dtypes），其結果是創建一個隨附的遮罩陣列以追蹤缺失的資料項目。這些缺失的項目會以特殊的 pd.NA 值呈現給使用者。

無論哪一種情況，Pandas API 提供的運算與操作都將以可預測的方式處理和傳遞這些缺失的項目。但是，為了對做出這些選擇的原因較有感覺，讓我們快速深入研究 None、NaN、以及 NA 所會面對的權衡。像往常一樣，我們將從匯入 NumPy 與 Pandas 開始：

```
In [1]: import numpy as np
        import pandas as pd
```

None 做為哨兵值

對於一些資料型態，Pandas 使用 None 做為哨兵值。None 是一個 Python 的物件，這表示任一陣列包含 None 就必須指定 dtype=object，也就是說，它必需是一個 Python 物件的序列值。

例如：觀察以下如果你把 None 傳遞給 NumPy 陣列會發生什麼事：

```
In [2]: vals1 = np.array([1, None, 2, 3])
        vals1
Out[2]: array([1, None, 2, 3], dtype=object)
```

dtype=object 表示，在 NumPy 中理解陣列中內容值的最適合型態就是 Python 的物件。雖然這種物件陣列在某些目的下很有用，但在這些資料上的任何運算都會是運行於 Python 層級，相較於一些在原生型態陣列上的快速運算，它們會有許多多出來的負擔：

```
In [3]: %timeit np.arange(1E6, dtype=int).sum()
Out[3]: 2.73 ms ± 288 μs per loop (mean ± std. dev. of 7 runs, 100 loops each)

In [4]: %timeit np.arange(1E6, dtype=object).sum()
Out[4]: 92.1 ms ± 3.42 ms per loop (mean ± std. dev. of 7 runs, 10 loops each)
```

再者，因為 Python 並不支援 None 的算術運算，像是 sum() 以及 min() 這一類的聚合運算一般而言將會導致錯誤：

```
In [5]: vals1.sum()
TypeError: unsupported operand type(s) for +: 'int' and 'NoneType'
```

基於這個理由，Pandas 並不使用 None 做為在數值陣列中的哨兵值。

NaN：缺失的數值資料

另外一個缺失資料表示法，NaN（是 Not a Number 的縮寫）就不一樣。它是一個特殊的浮點數值，所有的系統只要是使用標準 IEEE 浮點數表示法就都能夠識別：

```
In [6]: vals2 = np.array([1, np.nan, 3, 4])
        vals2
Out[6]: array([ 1., nan,  3.,  4.])
```

要留意的是 NumPy 為這個陣列選用一個原生的浮點數型態：這意味不像是之前的物件陣列，這個陣列可以支援在編譯後程式碼中的快速運算。你應該會發覺 NaN 有一點像是

資料病毒 -- 它會感染任何一個被它接觸到的物件。不管是哪一種運算，在 NaN 中進行算術運算後的結果也會是另外一個 NaN：

```
In [7]: 1 + np.nan
Out[7]: nan

In [8]: 0 * np.nan
Out[8]: nan
```

請注意，這表示在這些值上的聚合運算是合乎規範（也就是它們不會導致錯誤），但是這樣的情形並不總是有用：

```
In [9]: vals2.sum(), vals2.min(), vals2.max()
Out[9]: (nan, nan, nan)
```

NumPy 提供一些特殊的聚合運算可以忽略這些缺失的值：

```
In [10]: np.nansum(vals2), np.nanmin(vals2), np.nanmax(vals2)
Out[10]: (8.0, 1.0, 4.0)
```

需謹記在心的是，NaN 是一個特殊的浮點數值，它並不是整數、字串、或是其他型態的 NaN 值。

在 Pandas 中的 NaN 和 None

NaN 和 None 都有它們的用處，而 Pandas 則是交替著使用它們，在它們之間適當地轉換：

```
In [11]: pd.Series([1, np.nan, 2, None])
Out[11]: 0    1.0
         1    NaN
         2    2.0
         3    NaN
         dtype: float64
```

對於那些沒有可用哨兵值的型態來說，Pandas 會在 NA 值出現時自動轉型。例如，如果設定一個 np.nan 的值到整數陣列，它就會自動地轉換型別到浮點數以適應這個 NA 值：

```
In [12]: x = pd.Series(range(2), dtype=int)
         x
Out[12]: 0    0
         1    1
         dtype: int64

In [13]: x[0] = None
         x
```

```
Out[13]: 0    NaN
         1    1.0
         dtype: float64
```

請留意，除了把整數陣列轉換成浮點數陣列之外，Pandas 還自動地把 None 轉換成 NaN 值。

雖然這樣神奇的型態跟一些像是 R 這種特定領域的語言對於 NA 值做單一認定的方式，比較起來有一些駭客的影子，但是 Pandas 這種自動轉型的哨兵值做法在我的實務經驗上很少引發問題。

表 16-1 列出在 Pandas 中當遇到 NA 值時，型別轉換的慣例。

表 16-1：Pandas 用來處理 NA 時的型態

型態類別	儲存 NA 時的轉換動作	NA 的哨兵值
floating	不變	np.nan
object	不變	None 或 np.nan
integer	轉換成 float64	np.nan
boolean	轉換成 object	None 或 np.nan

要謹記在心的是，在 Pandas 中，字串資料總是被以 object dtype 的方式儲存。

Pandas 可空值的 Dtype

在 Pandas 的早期版本，NaN 和 None 做為哨兵值是唯一可用的缺失資料表示方法。如此形成的主要困難是關於隱式類型轉換。例如：沒有辦法表示一個具有缺失資料的真正整數陣列。

為了解決這個困難，Pandas 後來添加了可空值的 *dtype*（*nullable dtype*），它們與一般 dtype 的區別在於它們的名稱首字會以大寫來表示。（例如：pd.Int32 對比於 np.int32）。為了維持向上相容性，這些可空值的 dtype 僅在指定要求的時候使用。

例如：底下有一個具有缺失資料的整數 Series，它是從包含所有三種可用缺失資料標記的串列中所建立的：

```
In [14]: pd.Series([1, np.nan, 2, None, pd.NA], dtype='Int32')
Out[14]: 0       1
         1    <NA>
```

```
2       2
3    <NA>
4    <NA>
dtype: Int32
```

在本章其餘部分探討的所有操作中，此表示形式可以與其他表示形式互換使用。

在 Null 值上運算

就像之前看到的，Pandas 在表示缺失資料或是空值時，None、NaN、和 NA 是可以交換使用的。為了利用這樣的慣例，在 Pandas 的資料結構中有許多有用的方法可以用來偵測、移除，以及取代空值，它們是：

`isnull()`

用來產生一個布林遮罩以指示缺失的資料。

`notnull()`

`isnull()` 相反的操作。

`dropna()`

傳回一個過濾過版本的資料。

`fillna()`

傳回一個含有被填入或估算進缺失值的資料複本。

我們將會以對這些程序做一個簡要的探索和展示來結束這一章。

偵測 Null 值

Pandas 的資料結構有兩個偵測空資料的方法：`isnull()` 和 `notnull()`。它們都會傳回一個在資料上的布林遮罩，例如：

```
In [15]: data = pd.Series([1, np.nan, 'hello', None])
In [16]: data.isnull()
Out[16]: 0    False
         1     True
         2    False
         3     True
         dtype: bool
```

就像是在第 14 章中提到的，布林遮罩可以直接做為 Series 或是 DataFrame 的索引：

```
In [17]: data[data.notnull()]
Out[17]: 0        1
         2    hello
         dtype: object
```

isnull() 和 notnull() 方法會在 DataFrame 物件上產生類似的結果。

拋棄 Null 值

比前面的遮罩方法更方便的方法是 dropna()（也就是移除 NA 值）和 fillna()（填入 NA 值）。對於一個 Series，這個結果相當地直覺：

```
In [18]: data.dropna()
Out[18]: 0        1
         2    hello
         dtype: object
```

對於 DataFrame 則多了一些選項。請考慮以下的 DataFrame：

```
In [19]: df = pd.DataFrame([[1,      np.nan, 2],
                            [2,      3,      5],
                            [np.nan, 4,      6]])
         df
Out[19]:      0    1  2
         0  1.0  NaN  2
         1  2.0  3.0  5
         2  NaN  4.0  6
```

我們不能從 DataFrame 中拋棄單一個值，只能夠丟棄一整列或是欄。依照不同的應用你可能會想要選擇其中之一，所以 dropna() 提供了許多選項給 DataFrame 使用。

預設的情況是，dropna() 會移除任何出現 null 值的那些列：

```
In [20]: df.dropna()
Out[20]:      0    1  2
         1  2.0  3.0  5
```

你也可以移除 NA 值所在的不同資料軸：axis=1 或 axis='columns' 會移除所有存在空值的欄：

```
In [21]: df.dropna(axis='columns')
Out[21]:    2
         0  2
         1  5
         2  6
```

但是這樣也把一些好的資料移除了。你可能比較想要只移除一整列或欄中都是 NA 值的那些，或是大部分是 NA 值的列或欄。這種想法可以透過指定 how 或是 thresh 參數來做到，這兩個參數讓我們可以更細緻地去控制要丟棄多少數量的空值。

預設值是 how='any'，也就是任何包含空值的列或欄（根據 axis 關鍵字的設定）都會被移除。可以指定 how='all'，則只有全部都是空值的列或欄才會被扔掉：

```
In [22]: df[3] = np.nan
         df
Out[22]:      0    1  2   3
         0  1.0  NaN  2 NaN
         1  2.0  3.0  5 NaN
         2  NaN  4.0  6 NaN

In [23]: df.dropna(axis='columns', how='all')
Out[23]:      0    1  2
         0  1.0  NaN  2
         1  2.0  3.0  5
         2  NaN  4.0  6
```

要更細微地調整，可以用 thresh 參數來指定非空值的個數至少要多少個，該列或欄才會被保留：

```
In [24]: df.dropna(axis='rows', thresh=3)
Out[24]:      0    1  2   3
         1  2.0  3.0  5 NaN
```

在此，第一列和最後一列都被拋棄，因為它們只有 2 個非空值資料。

填入 Null 值

有時候相較於移除 NA 值資料，我們比較想要把它們填入一個有效的值。填入的值可以是一個像是 0 這樣的數值，或是來自於良好資料中的估算或是插補值。可以使用 isnull() 方法當作是遮罩在其中做這件事，但因為它是 Pandas 中很常用的運算，所以 Pandas 提供了 fillna() 方法，它可以傳回一個取代過空值資料的陣列複本。

請考慮以下的 Series ：

```
In [25]: data = pd.Series([1, np.nan, 2, None, 3], index=list('abcde'),
                          dtype='Int32')
         data
Out[25]: a       1
         b    <NA>
         c       2
         d    <NA>
         e       3
         dtype: Int32
```

可以用一個單一值填入 NA 的項目中，例如 0：

```
In [26]: data.fillna(0)
Out[26]: a    1
         b    0
         c    2
         d    0
         e    3
         dtype: Int32
```

可以指定一個向前填補（forward-fill），讓它使用前一個值填入：

```
In [27]: # 向前填補
         data.fillna(method='ffill')
Out[27]: a    1
         b    1
         c    2
         d    2
         e    3
         dtype: Int32
```

或是指定向後填補（back-fill）去填入下一個值：

```
In [28]: # 向後填補
         data.fillna(method='bfill')
Out[28]: a    1
         b    2
         c    2
         d    3
         e    3
         dtype: Int32
```

在 DataFrame 的情況中，這個選項很類似，但是可以指定它要沿著哪一個軸來進行填補資料的動作：

```
In [29]: df
Out[29]:      0    1  2   3
         0  1.0  NaN  2 NaN
         1  2.0  3.0  5 NaN
         2  NaN  4.0  6 NaN

In [30]: df.fillna(method='ffill', axis=1)
Out[30]:      0    1    2    3
         0  1.0  1.0  2.0  2.0
         1  2.0  3.0  5.0  5.0
         2  NaN  4.0  6.0  6.0
```

要留意的是，在進行向前填補的期間，如果前一個值是不能用的，則 NA 的值會被保留下來。

第 17 章

階層式索引（Hierarchical Indexing）

到目前為止，主要聚焦於儲存在 Pandas 中的 `Series` 和 `DataFrame` 物件中的一維和二維資料。進一步到更高維度，也就是使用超過 1 個或 2 個鍵去索引資料也是常見的情形。早期的 Pandas 版本提供了 `Panel` 和 `Panel4D` 物件，可以被想像成是 2D `DataFrame` 的 3D 或 4D 類物件，但它們在實際使用上會有些笨拙。實務上處理高維度資料更常見的方式，是使用階層索引（也就是**多重索引**，*multi-indexing*），透過在一個索引中合併多個索引層級來進行。此種方式，更高維度的資料可以被簡潔地使用我們熟悉的一維 `Series` 和二維 `DataFrame` 物件來表示。（如果你對於以 Pandas 風格的靈活索引方式處理 N 維陣列感到興趣，你可以參閱一個名為 Xarray 的傑出套件（*https://xarray.pydata.org*）。

本章將探討直接建立 `MultiIndex` 物件，關注在這些多索引資料中的索引、切片、和統計數據計算，以及一些用在資料的簡單和階層索引表示法之間轉換工作的有用程序。

先從標準的匯入開始：

```
In [1]: import pandas as pd
        import numpy as np
```

多重索引（Series）

我們先從如何以一維的 Series 表示二維資料開始看起。為了具體一些，我們將考量一個序列的資料，每一個資料點中有一個字元和一個數值鍵。

不好的方式

假設想要追蹤關於 2 個不同年度的州資料。使用 Pandas 工具已經足以應付，但你可能會想要試試看簡單地使用 Python 的元組當作是鍵：

```
In [2]: index = [('California', 2010), ('California', 2020),
                 ('New York', 2010), ('New York', 2020),
                 ('Texas', 2010), ('Texas', 2020)]
        populations = [37253956, 39538223,
                       19378102, 20201249,
                       25145561, 29145505]
        pop = pd.Series(populations, index=index)
        pop
Out[2]: (California, 2010)    37253956
        (California, 2020)    39538223
        (New York, 2010)      19378102
        (New York, 2020)      20201249
        (Texas, 2010)         25145561
        (Texas, 2020)         29145505
        dtype: int64
```

此種索引機制，可以直覺地對這個序列使用元組索引進行索引或切片：

```
In [3]: pop[('California', 2020):('Texas', 2010)]
Out[3]: (California, 2020)    39538223
        (New York, 2010)      19378102
        (New York, 2020)      20201249
        (Texas, 2010)         25145561
        dtype: int64
```

但是便利性就此打住。例如，如果需要從 2010 中選取所有的資料，為了讓它可以得到結果，將會需要執行許多麻煩的（而且可能很慢的）整合工作：

```
In [4]: pop[[i for i in pop.index if i[1] == 2010]]
Out[4]: (California, 2010)    37253956
        (New York, 2010)      19378102
        (Texas, 2010)         25145561
        dtype: int64
```

雖然產生了想要的結果，但是也不是像我們逐漸愛上的，在 Pandas 中的切片語法那麼乾淨（或是說對於大的資料集沒那麼有效率）。

比較好的方式：Pandas MultiIndex

幸運的是，Pandas 提供了比較好的方式。以元組為基礎的索引方式基本上是多重索引的退化版本，而 Pandas `MultiIndex` 提供了我們想要擁有的運算型態。可以使用以下的元組建立一個 multi-index：

```
In [5]: index = pd.MultiIndex.from_tuples(index)
```

請留意 `MultiIndex` 包含了多個索引的層級。在這個例子中，州的名稱和年份，就好像每一個資料點的多重標籤，用來編碼到這些階層中。

如果使用 `MultiIndex` 重新索引之前的序列，可以看到資料的階層表示方式：

```
In [6]: pop = pop.reindex(index)
        pop
Out[6]: California  2010    37253956
                    2020    39538223
        New York    2010    19378102
                    2020    20201249
        Texas       2010    25145561
                    2020    29145505
        dtype: int64
```

在此，這個 Series 列出來的前 2 欄顯示出多重索引值，而第 3 欄則是資料。需要留意的是，有一些項目並沒有在第 1 欄中出現，在這個 multi-index 表示法中，任何空白的項目都表示它的值會和這一行的上方相同。

現在要存取第 2 個索引是 2010 的所有資料，只要簡單地使用 Pandas 的切片符號就可以了：

```
In [7]: pop[:, 2020]
Out[7]: California    39538223
        New York      20201249
        Texas         29145505
        dtype: int64
```

此結果就是我們感興趣的鍵之單一索引陣列。這個語法比一開始使用之手刻的，以元組為基礎的多重索引方式要方便多了（而且這樣的運算也更有效率）現在，我們將進一步討論對分層索引資料的這種索引操作。

以多重索引做為額外的維度

在此你可能會注意到：我們可以使用 DataFrame 的索引和欄標籤來儲存相同的資料。事實上，Pandas 就是用來做這些事的。unstack() 方法可以快速地轉換多重索引的 Series 成為我們習慣的 DataFrame：

```
In [8]: pop_df = pop.unstack()
        pop_df
Out[8]:                 2010      2020
        California  37253956  39538223
        New York    19378102  20201249
        Texas       25145561  29145505
```

很自然地，stack() 方法提供的是相反的操作：

```
In [9]: pop_df.stack()
Out[9]: California  2010    37253956
                    2020    39538223
        New York    2010    19378102
                    2020    20201249
        Texas       2010    25145561
                    2020    29145505
        dtype: int64
```

行文至此，你可能會覺得奇怪，為什麼我們會一直被階層式索引困住這麼久。理由很簡單：就當作是要能夠在一維的 Series 中透過使用多重索引去表示二維的資料，如此，也就可以使用此種方式，在 Series 或是 DataFrame 上表示三維或更高維度的資料。在多重索引中的每一層都可以表示資料的額外維度，透過這個特性的優點，讓我們在想要表示的資料型態上有更多的彈性。更具體地說，如果想要為每一州每一年的人口統計資料加上另外一個額外的欄位（像是 18 歲以下的人口）；使用多重索引在 DataFrame 加上另一個欄位就非常容易了：

```
In [10]: pop_df = pd.DataFrame({'total': pop,
                                'under18': [9284094, 8898092,
                                            4318033, 4181528,
                                            6879014, 7432474]})
         pop_df
Out[10]:                     total   under18
         California 2010  37253956   9284094
                    2020  39538223   8898092
         New York   2010  19378102   4318033
                    2020  20201249   4181528
         Texas      2010  25145561   6879014
                    2020  29145505   7432474
```

再者，所有在第 15 章中討論到的所有通用函式和其他功能，都可以在階層式索引中運作地非常好。在此，以年度區分來計算低於 18 歲人口的比例如下：

```
In [11]: f_u18 = pop_df['under18'] / pop_df['total']
         f_u18.unstack()
Out[11]:                  2010      2020
         California  0.249211  0.225050
         New York    0.222831  0.206994
         Texas       0.273568  0.255013
```

這讓我們可以更簡便且快速地操作和探索更高維度的資料。

建立多重索引的方法

建立一個多重索引 Series 或是 DataFrame 最直接的方法，就是簡單地傳遞一個 2 個或多個索引陣列的串列給建構子。例如：

```
In [12]: df = pd.DataFrame(np.random.rand(4, 2),
                           index=[['a', 'a', 'b', 'b'], [1, 2, 1, 2]],
                           columns=['data1', 'data2'])
         df
Out[12]:         data1     data2
         a 1  0.748464  0.561409
           2  0.379199  0.622461
         b 1  0.701679  0.687932
           2  0.436200  0.950664
```

這項多重索引的建立工作會在背景中執行。

同樣地，如果你傳遞一個正確的元組做為鍵的字典，Pandas 將會自動識別出來，並預設使用多重索引：

```
In [13]: data = {('California', 2010): 37253956,
                 ('California', 2020): 39538223,
                 ('New York', 2010): 19378102,
                 ('New York', 2020): 20201249,
                 ('Texas', 2010): 25145561,
                 ('Texas', 2020): 29145505}
         pd.Series(data)
Out[13]: California  2010    37253956
                     2020    39538223
         New York    2010    19378102
                     2020    20201249
```

```
Texas        2010    25145561
             2020    29145505
dtype: int64
```

儘管如此，有時候透過明確地設定以建立多重索引會很有用，以下是這些方法的其中 2 個例子。

顯式多重索引建構子

為了讓建構索引的方法更具彈性，可以改用在 pd.MultiIndex 類別中的建構子方法函式。例如，就像之前做過的，可以在每一層中賦予索引值，從一個簡單的陣列串列建構多重索引：

```
In [14]: pd.MultiIndex.from_arrays([['a', 'a', 'b', 'b'], [1, 2, 1, 2]])
Out[14]: MultiIndex([('a', 1),
                     ('a', 2),
                     ('b', 1),
                     ('b', 2)],
                    )
```

也可以在每一個點中給予多重索引值，從一個元組串列中建構：

```
In [15]: pd.MultiIndex.from_tuples([('a', 1), ('a', 2), ('b', 1), ('b', 2)])
Out[15]: MultiIndex([('a', 1),
                     ('a', 2),
                     ('b', 1),
                     ('b', 2)],
                    )
```

甚至也可以從單一索引的笛卡兒積（Cartesian product）建構多重索引：

```
In [16]: pd.MultiIndex.from_product([['a', 'b'], [1, 2]])
Out[16]: MultiIndex([('a', 1),
                     ('a', 2),
                     ('b', 1),
                     ('b', 2)],
                    )
```

同樣地，可以藉由傳遞 `levels`（對每一層含有可用索引的串列的串列）以及 codes（參考到這些標籤串列的串列）直接使用它的內部編碼建立多重索引：

```
In [17]: pd.MultiIndex(levels=[['a', 'b'], [1, 2]],
                       codes=[[0, 0, 1, 1], [0, 1, 0, 1]])
```

```
Out[17]: MultiIndex([('a', 1),
                     ('a', 2),
                     ('b', 1),
                     ('b', 2)],
                    )
```

在建立 Series 或 DataFrame 時，可以傳遞這些物件中的任一個當作是 index 參數，或是對一個已經存在的 Series 或 DataFrame 使用 reindex 方法。

多重索引的階層名稱

有時候為多重索引的各層取個名字會很方便。可以藉由傳遞 names 參數到任一個之前的多重索引建構子完成這項工作，或是在之後使用 index 的 names 屬性設定：

```
In [18]: pop.index.names = ['state', 'year']
         pop
Out[18]: state       year
         California  2010    37253956
                     2020    39538223
         New York    2010    19378102
                     2020    20201249
         Texas       2010    25145561
                     2020    29145505
         dtype: int64
```

當操作到的資料集愈來愈多時，保持追蹤各式各樣索引值所代表的意義非常重要。

欄的多重索引

在一個 DataFrame 中，列和欄是完全對稱的，所以列有多層索引，欄也會有多階索引。以下的內容是我們仿製（多少有一點真實性）的一些醫學資料：

```
In [19]: # 階層索引和欄
         index = pd.MultiIndex.from_product([[2013, 2014], [1, 2]],
                                            names=['year', 'visit'])
         columns = pd.MultiIndex.from_product([['Bob', 'Guido', 'Sue'],
                                               ['HR', 'Temp']],
                                              names=['subject', 'type'])

         # 仿製一些資料
         data = np.round(np.random.randn(4, 6), 1)
         data[:, ::2] *= 10
         data += 37
```

```
        # 建立 DataFrame
        health_data = pd.DataFrame(data, index=index, columns=columns)
        health_data
Out[19]: subject      Bob        Guido        Sue
         type          HR  Temp    HR  Temp    HR  Temp
         year visit
         2013 1      30.0  38.0  56.0  38.3  45.0  35.8
              2      47.0  37.1  27.0  36.0  37.0  36.4
         2014 1      51.0  35.9  24.0  36.7  32.0  36.2
              2      49.0  36.3  48.0  39.2  31.0  35.7
```

這基本上就是一組 4 維度的資料，這些維度分別是對象（subject）、測量數據的種類（type）、年度（year）、以及就診的次數（visit）。在此我們可以使用姓名索引最上層的欄，即可得到存有此人資訊的一個完整 DataFrame：

```
In [20]: health_data['Guido']
Out[20]: type          HR  Temp
         year visit
         2013 1      56.0  38.3
              2      27.0  36.0
         2014 1      24.0  36.7
              2      48.0  39.2
```

多重索引的索引與切片

在多重索引上的索引和切片也非常地直覺，而且如果把索引想成是被加入的維度，會很有幫助。我們將先觀察在多重索引 Series 中的索引方法，然後是多重索引的 DataFrame 物件。

多重索引的 Series

試想之前看過的州人口的多重索引 Series：

```
In [21]: pop
Out[21]: state       year
         California  2010    37253956
                     2020    39538223
         New York    2010    19378102
                     2020    20201249
         Texas       2010    25145561
                     2020    29145505
         dtype: int64
```

我們可以藉由多個項目的索引存取單一個元素：

```
In [22]: pop['California', 2010]
Out[22]: 37253956
```

多重索引也支援部分索引（*partial indexing*），或是在索引中只索引其中的一層。結果是另外一個內含比較低層級的 Series：

```
In [23]: pop['California']
Out[23]: year
         2010    37253956
         2020    39538223
         dtype: int64
```

部分切片也可以使用，只要對多重索引進行排序即可（參閱第 153 頁的「已排序和未排序的索引」小節）：

```
In [24]: poploc['california':'new york']
Out[24]: state       year
         california  2010    37253956
                     2020    39538223
         new york    2010    19378102
                     2020    20201249
         dtype: int64
```

對於已排序的索引，可以藉由傳遞一個空的切片放在第一個索引，在比較低層級的地方執行部分索引：

```
In [25]: pop[:, 2010]
Out[25]: state
         california    37253956
         new york      19378102
         texas         25145561
         dtype: int64
```

其他型式的索引和選取（請參閱第 14 章）也沒問題。例如：基於布林遮罩來選取：

```
In [26]: pop[pop > 22000000]
Out[26]: state       year
         California  2010    37253956
                     2020    39538223
         Texas       2010    25145561
                     2020    29145505
         dtype: int64
```

透過 fancy 索引也可以進行資料的選取：

```
In [27]: pop[['California', 'Texas']]
Out[27]: state       year
         California  2010    37253956
                     2020    39538223
         Texas       2010    25145561
                     2020    29145505
         dtype: int64
```

多重索引的 DataFrame

一個多重索引的 DataFrame 也可以使用類似的方式。來看看之前設計的小型醫療 DataFrame：

```
In [28]: health_data
Out[28]: subject      Bob       Guido         Sue
         type          HR  Temp    HR  Temp    HR  Temp
         year visit
         2013 1      30.0  38.0  56.0  38.3  45.0  35.8
              2      47.0  37.1  27.0  36.0  37.0  36.4
         2014 1      51.0  35.9  24.0  36.7  32.0  36.2
              2      49.0  36.3  48.0  39.2  31.0  35.7
```

請記得欄在 DataFrame 是主要的，而其在索引的 Series 中使用的語法也可以套用到欄上。例如：可以使用一個簡單的操作涵蓋 Guido 的心跳資料：

```
In [29]: health_data['Guido', 'HR']
Out[29]: year  visit
         2013  1        56.0
               2        27.0
         2014  1        24.0
               2        48.0
         Name: (Guido, HR), dtype: float64
```

同時，以單一索引的例子來說，也可以使用我們在第 14 章中介紹的 loc、iloc、和 ix indexer。例如：

```
In [30]: health_data.iloc[:2, :2]
Out[30]: subject      Bob
         type          HR  Temp
         year visit
         2013 1      30.0  38.0
              2      47.0  37.1
```

這些索引器提供基於二維資料的陣列型式檢視，但是在 loc 或 iloc 中的每一個個別的索引，都可以被傳入一個多重索引的元組，例如：

```
In [31]: health_data.loc[:, ('Bob', 'HR')]
Out[31]: year  visit
         2013  1        30.0
               2        47.0
         2014  1        51.0
               2        49.0
         Name: (Bob, HR), dtype: float64
```

在這些索引元組中進行切片並不是特別方便，試著在一個元組中建立一個切片將會導致語法錯誤：

```
In [32]: health_data.loc[(:, 1), (:, 'HR')]
SyntaxError: invalid syntax (3311942670.py, line 1)
```

你可以透過使用明確地設定 Python 內建的 slice() 函數，來建立想要的切片以得到結果，但是一個比較好的方式是使用 IndexSlice 物件，這是 Pandas 所提供的，剛好適用於這種情形。例如：

```
In [33]: idx = pd.IndexSlice
         health_data.loc[idx[:, 1], idx[:, 'HR']]
Out[33]: subject      Bob Guido   Sue
         type          HR    HR    HR
         year visit
         2013 1      30.0  56.0  45.0
         2014 1      51.0  24.0  32.0
```

正如你可以看到的，還有許多方式可以在多重索引的 Series 和 DataFrame 中和資料互動，而在本書中所提到的許多工具，熟悉它們最好的方法就是都親自試試看。

重排列多重索引

在多重索引的資料中操作資料的其中一個關鍵，就是瞭解如何有效地轉換這些資料。有許多種操作可以保留資料集中所有的資訊，但是可以為了不同計算目的而重新排列它們。之前使用的 stack() 和 unstack() 方法是其中主要的例子，但是還有更多的方式可以去微調、控制在階層索引和欄之間的資料之重新排列，這些方式將在這裡探討。

已排序和未排序的索引

早先曾經提到一個警告，在此再多強調一些。如果索引是未排序的，許多多重索引的切片操作將會失敗。讓我們更仔細地觀察這個部分。

我們從建立一些簡單的多重索引資料開始，而它們的索引是未依詞典順序（*lexographically*）排列的。

```
In [34]: index = pd.MultiIndex.from_product([['a', 'c', 'b'], [1, 2]])
         data = pd.Series(np.random.rand(6), index=index)
         data.index.names = ['char', 'int']
         data
Out[34]: char  int
         a     1      0.280341
               2      0.097290
         c     1      0.206217
               2      0.431771
         b     1      0.100183
               2      0.015851
         dtype: float64
```

如果試圖去取得這個索引的部分切片，將會產生錯誤如下：

```
In [35]: try:
             data['a':'b']
         except KeyError as e:
             print("KeyError", e)
KeyError 'Key length (1) was greater than MultiIndex lexsort depth (0)'
```

雖然從錯誤訊息中並不能夠看清完整的意思，但這是肇因於多重索引沒有排序的關係。基於一些不同的理由，部分切片和其他類似的操作一樣需要多重索引的階層中都必須是被排列過（也就是以字典的排序方式）的順序。Pandas 提供許多方便的程序可以執行這一類的排序。例如：DataFrame 的 sort_index() 以及 sortlevel() 方法。在此使用最簡單的 sort_index()：

```
In [36]: data = data.sort_index()
         data
Out[36]: char  int
         a     1      0.280341
               2      0.097290
         b     1      0.100183
               2      0.015851
         c     1      0.206217
               2      0.431771
         dtype: float64
```

在索引已被排序的情況下，部分切片就可以如預期般的執行：

```
In [37]: data['a':'b']
Out[37]: char  int
         a     1      0.280341
               2      0.097290
         b     1      0.100183
               2      0.015851
         dtype: float64
```

索引的 stack（堆疊）和 unstack（解堆疊）

就像是之前看過的，把一個資料夾從一個堆疊的多層索引轉換成為一個簡單的二維陣列表示法是可能的，只要指定要使用的層即可：

```
In [38]: pop.unstack(level=0)
Out[38]: year            2010      2020
         state
         California  37253956  39538223
         New York    19378102  20201249
         Texas       25145561  29145505

In [39]: pop.unstack(level=1)
Out[39]: state       year
         California  2010    37253956
                     2020    39538223
         New York    2010    19378102
                     2020    20201249
         Texas       2010    25145561
                     2020    29145505
         dtype: int64
```

stack() 的相反操作是 unstack()，它可以用來回復原來的序列：

```
In [40]: pop.unstack().stack()
Out[40]: state       year
         California  2010    37253956
                     2020    39538223
         New York    2010    19378102
                     2020    20201249
         Texas       2010    25145561
                     2020    29145505
         dtype: int64
```

索引的設定與重設

另外一個重排列階層資料的方式是把索引標籤轉換成為欄。可以透過 `reset_index()` 方法來完成。在 population 字典上呼叫這個方法會產生一個帶有 `state` 和 `year` 欄位的 `DataFrame`，這個 `DataFrame` 的資訊之前是以索引的型式存在。為了簡明一些，可以為將要顯示的欄資料選擇性地指定資料的名稱如下：

```
In [41]: pop_flat = pop.reset_index(name='population')
         pop_flat
Out[41]:         state  year  population
         0  California  2010    37253956
         1  California  2020    39538223
         2    New York  2010    19378102
         3    New York  2020    20201249
         4       Texas  2010    25145561
         5       Texas  2020    29145505
```

一個經常的情況是從欄的值去建立一個多重索引。此種方式可以透過 `DataFrame` 的 `set_index()` 方法做到，它會傳回一個具有多重索引的 `DataFrame`：

```
In [42]: pop_flat.set_index(['state', 'year'])
Out[42]:                  population
         state      year
         California 2010    37253956
                    2020    39538223
         New York   2010    19378102
                    2020    20201249
         Texas      2010    25145561
                    2020    29145505
```

實務上我發現這種型態的重新索引是當我在面對真實世界資料時，最常用的做法之一。

第 18 章

合併資料集：concat 和 append

從不同的資料來源中合併資料是許多有趣的研究之一。這些操作可以包括很直覺地把兩個不同的資料集直接串接在一起，或是複雜一點地執行像是資料庫型式的 join 和 merge，讓它們可以正確地處理在不同資料集之間的重疊內容。Series 和 DataFrame 內建即具有這些型式的操作，而 Pandas 使用函數和方法讓處理這些型態的資料更加地快速和直覺。

在此，先看一下 Series 和 DataFrame 使用 pd.concat 方法來進行簡單的資料串接，稍後將深入探討在 Pandas 中所實現的在記憶體中（in-memory）的 merge 和 join 操作。

先從標準的 import 開始：

```
In [1]: import pandas as pd
        import numpy as np
```

為了方便起見，我們將定義一個函式，它用來建立一個在之後的例子中要使用的特殊格式 DataFrame：

```
In [2]: def make_df(cols, ind):
            """ 快速建立一個 DataFrame"""
            data = {c: [str(c) + str(i) for i in ind]
                    for c in cols}
            return pd.DataFrame(data, ind)
```

```
        # 範例 DataFrame
        make_df('ABC', range(3))
Out[2]:     A   B   C
        0  A0  B0  C0
        1  A1  B1  C1
        2  A2  B2  C2
```

此外，我們將會建立一個類別讓我們可以並排顯示多個 DataFrame，這段程式碼使用了特別的 _repr_html_ 方法，這是 IPython/Jupyter 用來實現具有豐富格式物件的顯示方法：

```
In [3]: class display(object):
            """Display HTML representation of multiple objects"""
            template = """<div style="float: left; padding: 10px;">
            <p style='font-family:"Courier New", Courier, monospace'>{0}{1}
            """
            def __init__(self, *args):
                self.args = args

            def _repr_html_(self):
                return '\n'.join(self.template.format(a, eval(a)._repr_html_())
                                 for a in self.args)

            def __repr__(self):
                return '\n\n'.join(a + '\n' + repr(eval(a))
                                   for a in self.args)
```

使用上述的這個類別可以讓我們接下來要討論的內容可以更清楚地呈現。

回想：NumPy 陣列的串接

在 Series 和 DataFrame 中的串接運算和在 NumPy 陣列的串接非常類似，它可以透過 np.concatenate 函式來完成，我們在第 5 章有過相關的討論。回想一些之前做過的，你可以合併 2 個或更多個陣列的內容成為一個，如下：

```
In [4]: x = [1, 2, 3]
        y = [4, 5, 6]
        z = [7, 8, 9]
        np.concatenate([x, y, z])
Out[4]: array([1, 2, 3, 4, 5, 6, 7, 8, 9])
```

第一個參數是要被合併陣列的串列或元組。此外，它也可以加上 axis 關鍵字，讓我們可以指定結果中要被合併的是哪一個軸：

```
In [5]: x = [[1, 2],
             [3, 4]]
        np.concatenate([x, x], axis=1)
Out[5]: array([[1, 2, 1, 2],
               [3, 4, 3, 4]])
```

使用 pd.concat 進行簡單的串接

Pandas 有一個叫做 pd.concat() 的函式，它和 np.concatenate 有類似的語法，但是它包含了許多接著要討論的參數：

```
# Signature in Pandas v1.3.5
pd.concat(objs, axis=0, join='outer', ignore_index=False, keys=None,
          levels=None, names=None, verify_integrity=False,
          sort=False, copy=True)
```

pd.concat() 可以被使用在對於 Series 或 DataFrame 物件的串接上，就像是 np.concatenate() 函式被用在簡單的陣列串接一樣：

```
In [6]: ser1 = pd.Series(['A', 'B', 'C'], index=[1, 2, 3]s)
        ser2 = pd.Series(['D', 'E', 'F'], index=[4, 5, 6])
        pd.concat([ser1, ser2])
Out[6]: 1    A
        2    B
        3    C
        4    D
        5    E
        6    F
        dtype: object
```

更高維度的物件像是 DataFrame 當然也可以使用：

```
In [7]: df1 = make_df('AB', [1, 2])
        df2 = make_df('AB', [3, 4])
        display('df1', 'df2', 'pd.concat([df1, df2])')
Out[7]: df1            df2            pd.concat([df1, df2])
            A   B          A   B          A   B
        1  A1  B1      3  A3  B3      1  A1  B1
        2  A2  B2      4  A4  B4      2  A2  B2
                                      3  A3  B3
                                      4  A4  B4
```

預設的情況下，在 DataFrame 中會被執行於列上（也就是 axis=0），然而就像是 np.concatenate 一樣，pd.concat 也可以讓我們透過設定 axis 以指定要被處理的軸。請參考以下的例子：

```
In [8]: df3 = make_df('AB', [0, 1])
        df4 = make_df('CD', [0, 1])
        display('df3', 'df4', "pd.concat([df3, df4], axis='columns')")
Out[8]: df3           df4           pd.concat([df3, df4], axis='columns')
            A   B         C   D         A   B   C   D
        0  A0  B0     0  C0  D0     0  A0  B0  C0  D0
        1  A1  B1     1  C1  D1     1  A1  B1  C1  D1
```

上述的例子也可以指定為 axis=1，只不過在這裡使用 axis='columns' 更加地直覺。

重複的索引

np.concatenate 和 pd.concate 一個重要的差異是 Pandas 的串接會保留索引，就算是結果會造成索引重複也一樣！請參考以下這個簡短的例子：

```
In [9]: x = make_df('AB', [0, 1])
        y = make_df('AB', [2, 3])
        y.index = x.index  # make indices match
        display('x', 'y', 'pd.concat([x, y])')
Out[9]: x             y             pd.concat([x, y])
            A   B         A   B         A   B
        0  A0  B0     0  A2  B2     0  A0  B0
        1  A1  B1     1  A3  B3     1  A1  B1
                                    0  A2  B2
                                    1  A3  B3
```

請留意在結果中出現的重複索引。儘管此種情形在 DataFrame 中沒有問題，然而這樣的結果並不會是我們想要的。pd.concat() 有幾種方式可以處理這種情形：

把此種重複情形視為錯誤

如果想要簡單地驗證 pd.concat() 所產生的結果中不要有重疊的索引，你可以指定 verify_integrity 旗標。把它設定為 True，那麼如果在串接的過程中出現重複索引就會引起例外。這裡有一個例子，為了簡化起見，我們將捕捉例外並把錯誤訊息列印出來：

```
In [10]: try:
             pd.concat([x, y], verify_integrity=True)
         except ValueError as e:
             print("ValueError:", e)
ValueError: Indexes have overlapping values: Int64Index([0, 1], dtype='int64')
```

忽略索引

有時候索引本身並不重要，所以你可能會想要單純地把它忽略掉。你可以指定 ignore_index 這個旗標。當它被設定為 True 時，串接之後會直接在 DataFrame 結果中使用新的整數索引：

```
In [11]: display('x', 'y', 'pd.concat([x, y], ignore_index=True)')
Out[11]: x              y              pd.concat([x, y], ignore_index=True)
             A   B          A   B          A   B
         0  A0  B0      0  A2  B2      0  A0  B0
         1  A1  B1      1  A3  B3      1  A1  B1
                                       2  A2  B2
                                       3  A3  B3
```

加上多重索引鍵

另外一種選擇是使用 keys 選項去替資料來源指定一個標籤，則結果就會是一個包含資料的階層式索引序列：

```
In [12]: display('x', 'y', "pd.concat([x, y], keys=['x', 'y'])")
Out[12]: x              y              pd.concat([x, y], keys=['x', 'y'])
             A   B          A   B            A   B
         0  A0  B0      0  A2  B2      x 0  A0  B0
         1  A1  B1      1  A3  B3        1  A1  B1
                                       y 0  A2  B2
                                         1  A3  B3
```

我們可以使用在第 17 章中討論的工具去轉換多重索引 DataFrame 成為我們感興趣的表現方式。

使用 Join 進行串接

在剛剛看過的那個簡短的例子中，主要是使用共享的欄名來串接 DataFrame。在實務上，來自於不同資料來源的資料會有不同的欄名組合，pd.concat 提供許多選項讓我們處理這樣的情況。以下兩個 DataFrame 的串接工作，它們有一些（不是全部）欄是共通的：

```
In [13]: df5 = make_df('ABC', [1, 2])
         df6 = make_df('BCD', [3, 4])
         display('df5', 'df6', 'pd.concat([df5, df6])')
Out[13]: df5                df6                pd.concat([df5, df6])
             A   B   C          B   C   D          A    B   C    D
         1  A1  B1  C1      3  B3  C3  D3      1   A1  B1  C1  NaN
         2  A2  B2  C2      4  B4  C4  D4      2   A2  B2  C2  NaN
                                               3  NaN  B3  C3   D3
                                               4  NaN  B4  C4   D4
```

在預設的情況下，沒有資料的項目會填入 NA 這個值。要改變這種情形，可以調整 concat 函式中的 `join` 參數。預設的情況是，`join` 是輸入欄位的聯集（`join='outer'`），但是可以使用 `join='inner'` 來改為交集：

```
In [14]: display('df5', 'df6',
                 "pd.concat([df5, df6], join='inner')")
Out[14]: df5                df6
             A   B   C          B   C   D
         1  A1  B1  C1      3  B3  C3  D3
         2  A2  B2  C2      4  B4  C4  D4

         pd.concat([df5, df6], join='inner')
             B   C
         1  B1  C1
         2  B2  C2

         3  B3  C3
         4  B4  C4
```

另一個常用的樣式是在串接之前使用 `reindex` 方法，讓我們可以細緻地控制要捨棄哪些欄位：

```
In [15]: pd.concat([df5, df6.reindex(df5.columns, axis=1)])
Out[15]:       A   B   C
         1    A1  B1  C1
         2    A2  B2  C2
         3   NaN  B3  C3
         4   NaN  B4  C4
```

append 方法

因為經常直接把陣列串在一起，`Series` 和 `DatFrame` 物件可以透過 `append` 方法，讓我們少打幾個鍵完成同樣的工作。例如，比起呼叫 `pd.concat([df1, df2])`，簡單地呼叫 `df1.append(df2)` 也可以：

```
In [16]: display('df1', 'df2', 'df1.append(df2)')
Out[16]: df1           df2           df1.append(df2)
             A   B          A   B         A   B
         1  A1  B1      3  A3  B3     1  A1  B1
         2  A2  B2      4  A4  B4     2  A2  B2
                                      3  A3  B3
                                      4  A4  B4
```

要注意的是，不像 Python 串列的 `append()` 和 `extend()` 方法，在 Pandas 中的 `append()` 並不會變更原來的物件，取而代之的是建立一個合併資料的新物件。它也不是一個非常有效率的方法，因為它包含了新索引以及資料緩衝區的建立，因此，如果你打算執行多個 `append` 操作，比較好的方式是建立一個 `DataFrame` 的串列，然後把它們全部一次一起傳遞給 `concate()` 函數。

下一章將檢視另一個更具威力，可以從多個資料來源合併資料的方法，一個在 `pd.merge` 中實作的資料庫型式 merge/join。更多關於 `concate()`、`append()` 以及相關功能的資料，請參考在 Pandas 說明文件中的「Merge, Join, and Concatenate」部分（*https://oreil.ly/cY16c*）。

第 19 章

合併資料集：merge 和 join

Pandas 提供的一個主要特色就是它的高效能記憶體內（in-memory）join 和 merge 操作。如果你曾經使用過資料庫，應該會對於這種型態的資料互動很熟悉。這一類主要的介面就是 `pd.merge` 函式，我們將會舉一些簡單的例子說明在實務上它是如何運作的。

為了方便起見，我們將在匯入模組之後，再一次定義前一章所定義過的 `display` 類別：

```
In [1]: import pandas as pd
        import numpy as np

        class display(object):
            """Display HTML representation of multiple objects"""
            template = """<div style="float: left; padding: 10px;">
            <p style='font-family:"Courier New", Courier, monospace'>{0}{1}
            """
            def __init__(self, *args):
                self.args = args

            def _repr_html_(self):
                return '\n'.join(self.template.format(a, eval(a)._repr_html_())
                                 for a in self.args)

            def __repr__(self):
                return '\n\n'.join(a + '\n' + repr(eval(a))
                                   for a in self.args)
```

關聯式代數（Relational Algebra）

在 pd.merge() 中可以使用的行為就是我們所熟知的關聯式代數（relational algebra）的子集合，它是操作關聯式資料相關規則的正規集，而且規範了在大部分的資料庫中可以操作的概念基礎。關聯式代數方法的強項是它提出了許多基礎的運算，這些運算成為在任何資料集上進行更複雜運算的建構方塊。基礎運算被有效率地實作在資料庫或是其他程式中，因此可以用來廣泛地執行複雜的組合運算。

Pandas 在 `pd.merge()` 函數中實作了許多基本建構方塊，還有在 `Series` 和 `DataFrame` 中相關的 `join()` 方法，這些方式讓我們可以更有效率地連結來自於不同資料來源的資料。

Join 的分類

`pd.merge()` 函式實作了許多種類的 `join`：一對一、多對一、以及多對多。此 3 種 `join` 可以透過同一個 `pd.merge()` 呼叫介面來存取：要執行哪一種型式的資料要看輸入資料的型式而定。在此，我們將展示一個關於這三種型態的簡單例子，稍後再進一步討論其詳細的選項。

一對一（One-to-One）Join

也許最簡單的 join 就是一對一 join 了，它在許多方面很像是之前在第 18 章中看過的逐欄串接操作。舉個具體的例子，請考慮以下 2 個 `DataFrame`，它們是公司中一些員工的資料：

```
In [2]: df1 = pd.DataFrame({'employee': ['Bob', 'Jake', 'Lisa', 'Sue'],
                            'group': ['Accounting', 'Engineering',
                                      'Engineering', 'HR']})
        df2 = pd.DataFrame({'employee': ['Lisa', 'Bob', 'Jake', 'Sue'],
                            'hire_date': [2004, 2008, 2012, 2014]})
        display('df1', 'df2')
Out[2]: df1                             df2
          employee        group           employee  hire_date
        0      Bob   Accounting         0     Lisa       2004
        1     Jake  Engineering         1      Bob       2008
        2     Lisa  Engineering         2     Jake       2012
        3      Sue           HR         3      Sue       2014
```

為了合併這些資料到同一個 DataFrame 中，我們可以使用 pd.merge() 函式：

```
In [3]: df3 = pd.merge(df1, df2)
        df3
Out[3]:   employee        group  hire_date
        0      Bob   Accounting       2008
        1     Jake  Engineering       2012
        2     Lisa  Engineering       2004
        3      Sue           HR       2014
```

pd.merge() 函式會辨識在兩個 DataFrame 中那個叫做「employee」的欄位，然後自動地使用這個欄位做為鍵（key）以執行合併動作。合併的結果就是一個含有此二輸入資訊的新 DataFrame。請留意，在每一欄中，項目的順序沒有必要被維持，在此例，「employee」欄位的順序在 df1 和 df2 中是不同的，而 pd.merge() 函式可以正確地處理此部分。此外，除了以索引來做為合併的特殊情況，一般來說合併之後索引就會被丟棄（參閱之前討論過的「left_index 和 right_index 關鍵字」）。

多對一（Many-to-One）Join

多對一 join 是用在兩個要合併的關鍵欄之中有重複項目的情形。對於多對一的例子，儲存結果的 DataFrame 將會正確地保存那些重複項目。考慮以下這個多對一 join 的例子：

```
In [4]: df4 = pd.DataFrame({'group': ['Accounting', 'Engineering', 'HR'],
                            'supervisor': ['Carly', 'Guido', 'Steve']})
        display('df3', 'df4', 'pd.merge(df3, df4)')
Out[4]: df3                                       df4
          employee        group  hire_date              group supervisor
        0      Bob   Accounting       2008      0   Accounting      Carly
        1     Jake  Engineering       2012      1  Engineering      Guido
        2     Lisa  Engineering       2004      2           HR      Steve
        3      Sue           HR       2014

        pd.merge(df3, df4)
          employee        group  hire_date supervisor
        0      Bob   Accounting       2008      Carly
        1     Jake  Engineering       2012      Guido
        2     Lisa  Engineering       2004      Guido
        3      Sue           HR       2014      Steve
```

產生出來的 DataFrame 多了一個叫做「supervisor」的欄位，它會依據輸入的資料，視情況可能會有一些位置中出現重複項目。

多對多（Many-to-Many）Join

多對多的 join 在概念上會比較容易搞混，但是它還是有明確的定義。如果一個關鍵欄位在左邊和右邊的陣列都含有重複項目，則結果就是多對多的 merge。透過另一個範例來更清楚地說明。考慮以下的內容，當我們有一個 DataFrame，它用來顯示每一個群組相關的技能：

執行了多對多的 join，就可以列出每一個人所擁有的技能：

```
In [5]: df5 = pd.DataFrame({'group': ['Accounting', 'Accounting',
                                      'Engineering', 'Engineering', 'HR', 'HR'],
                            'skills': ['math', 'spreadsheets', 'software', 'math',
                                       'spreadsheets', 'organization']})
        display('df1', 'df5', "pd.merge(df1, df5)")
Out[5]: df1                           df5
          employee        group               group        skills
        0      Bob   Accounting     0   Accounting          math
        1     Jake  Engineering     1   Accounting  spreadsheets
        2     Lisa  Engineering     2  Engineering      software
        3      Sue           HR     3  Engineering          math
                                    4           HR  spreadsheets
                                    5           HR  organization


        pd.merge(df1, df5)
          employee        group        skills
        0      Bob   Accounting          math
        1      Bob   Accounting  spreadsheets
        2     Jake  Engineering      software
        3     Jake  Engineering          math
        4     Lisa  Engineering      software
        5     Lisa  Engineering          math
        6      Sue           HR  spreadsheets
        7      Sue           HR  organization
```

這三種型式的 join 可以和 Pandas 的其他工具一起使用，以實現更廣的陣列功能。但實務上，資料集很難得會非常乾淨，可以直接像這樣操作。在以下的章節中，將要考慮一些 pd.merge() 所提供的選項以調整 join 操作的工作方式。

指定 Merge 鍵

我們已經看過 pd.merge() 的預設行為了，在兩個輸入間，把一個或多個相符合的欄名做為鍵來使用。然而，常見的情況是，欄名並不都會是符合得那麼完美，而 pd.merge() 提供了一些選項用來處理這種情況。

關鍵字：on

最簡單的方式，你可以使用 on 關鍵字來明確地指定關鍵欄的名稱，來當作是要處理的那一欄、或是一個欄串列：

```
In [6]: display('df1', 'df2', "pd.merge(df1, df2, on='employee')")
Out[6]: df1                          df2
          employee        group        employee  hire_date
        0      Bob   Accounting      0     Lisa       2004
        1     Jake  Engineering      1      Bob       2008
        2     Lisa  Engineering      2     Jake       2012
        3      Sue           HR      3      Sue       2014

        pd.merge(df1, df2, on='employee')
          employee        group  hire_date
        0      Bob   Accounting       2008
        1     Jake  Engineering       2012
        2     Lisa  Engineering       2004
        3      Sue           HR       2014
```

這個選項只有在兩邊的 DataFrame 都有指定的那個欄名才可以正常地工作。

關鍵字：left_on 和 right_on

有時候你可能會想要合併兩個資料中的不同欄名。例如：可能有一個資料集的員工名稱標籤是「name」而不是「employee」。在此例中，可以使用 left_on 和 right_on 關鍵字去分別指定這兩個欄位名稱：

```
In [7]: df3 = pd.DataFrame({'name': ['Bob', 'Jake', 'Lisa', 'Sue'],
                            'salary': [70000, 80000, 120000, 90000]})
        display('df1', 'df3', 'pd.merge(df1, df3, left_on="employee",
                  right_on="name")')
Out[7]: df1                          df3
          employee        group         name  salary
        0      Bob   Accounting      0   Bob   70000
        1     Jake  Engineering      1  Jake   80000
        2     Lisa  Engineering      2  Lisa  120000
        3      Sue           HR      3   Sue   90000

        pd.merge(df1, df3, left_on="employee", right_on="name")
          employee        group  name  salary
        0      Bob   Accounting   Bob   70000
        1     Jake  Engineering  Jake   80000
        2     Lisa  Engineering  Lisa  120000
        3      Sue           HR   Sue   90000
```

結果中會產生冗餘欄位，我們也可以把它們拋棄，即使用 DataFrame 的 drop() 方法：

```
In [8]: pd.merge(df1, df3, left_on="employee", right_on="name").drop('name', axis=1)
Out[8]:   employee        group  salary
        0      Bob   Accounting   70000
        1     Jake  Engineering   80000
        2     Lisa  Engineering  120000
        3      Sue           HR   90000
```

關鍵字：left_index 和 right_index

有時候，與其使用欄位進行合併，可能你反而會想要使用索引。例如：資料看起來可能像是以下這樣：

```
In [9]: df1a = df1.set_index('employee')
        df2a = df2.set_index('employee')
        display('df1a', 'df2a')
Out[9]: df1a                      df2a
                      group                 hire_date
        employee                  employee
        Bob      Accounting       Lisa           2004
        Jake    Engineering       Bob            2008
        Lisa    Engineering       Jake           2012
        Sue              HR       Sue            2014
```

你可以在 pd.merge() 中透過指定 left_index 或是 right_index 旗標，使用索引當作是要合併的鍵：

```
In [10]: display('df1a', 'df2a',
                 "pd.merge(df1a, df2a, left_index=True, right_index=True)")
Out[10]: df1a                      df2a
                       group                 hire_date
         employee                  employee
         Bob      Accounting       Lisa           2004
         Jake    Engineering       Bob            2008
         Lisa    Engineering       Jake           2012
         Sue              HR       Sue            2014

         pd.merge(df1a, df2a, left_index=True, right_index=True)
                       group  hire_date
         employee
         Bob      Accounting       2008
         Jake    Engineering       2012
         Lisa    Engineering       2004
         Sue              HR       2014
```

為了方便起見，Pandas 包含了 `DataFrame.join()` 方法，它在執行合併時預設是以索引為基礎進行，就不需要指定額外的關鍵字：

```
In [11]: df1a.join(df2a)
Out[11]:                  group  hire_date
         employee
         Bob         Accounting       2008
         Jake       Engineering       2012
         Lisa       Engineering       2004
         Sue                 HR       2014
```

如果想要混合使用索引和欄，可以結合 `left_index` 和 `right_on` 或 `left_on` 和 `right_index` 去取得想要的行為：

```
In [12]: display('df1a', 'df3', "pd.merge(df1a, df3, left_index=True,
                  right_on='name')")
Out[12]: df1a                       df3
                          group      name  salary
         employee                   0   Bob   70000
         Bob         Accounting     1  Jake   80000
         Jake       Engineering     2  Lisa  120000
         Lisa       Engineering     3   Sue   90000
         Sue                 HR

         pd.merge(df1a, df3, left_index=True, right_on='name')
                  group  name  salary
         0   Accounting   Bob   70000
         1  Engineering  Jake   80000
         2  Engineering  Lisa  120000
         3           HR   Sue   90000
```

所有這些選項都可以在多重索引和多重欄位上使用，這些行為的介面都非常直覺。更多相關的資訊，請參考 Pandas 說明文件中的「Merge, Join, and Concatenate」部分（*https://oreil.ly/ffyAp*）。

在 Join 中指定集合算術運算

在所有之前的例子中，我們掩蓋了在執行 join 時一個重要的考量，也就是在 join 時使用的集合算術型態。這會發生在當一個值在其中一個關鍵欄而並不在另外一個裡面時。請考慮以下的例子：

```
In [13]: df6 = pd.DataFrame({'name': ['Peter', 'Paul', 'Mary'],
                             'food': ['fish', 'beans', 'bread']},
                            columns=['name', 'food'])
         df7 = pd.DataFrame({'name': ['Mary', 'Joseph'],
                             'drink': ['wine', 'beer']},
                            columns=['name', 'drink'])
         display('df6', 'df7', 'pd.merge(df6, df7)')
Out[13]: df6                  df7
             name   food           name drink
         0  Peter   fish      0    Mary  wine
         1   Paul  beans      1  Joseph  beer
         2   Mary  bread

         pd.merge(df6, df7)
            name   food drink
         0  Mary  bread  wine
```

此 2 資料集合併之後，只有在共同欄位「name」中兩個資料集裡都有的 Mary 被留下來。也就是在預設的情況下，這個結果會包含兩者輸入集合的交集（*intersection*），也就是所謂的內部連接（*inner join*）。我們可以使用 how 關鍵字明確地指定不同的方式，預設值是「inner」：

```
In [14]: pd.merge(df6, df7, how='inner')
Out[14]:    name   food drink
         0  Mary  bread  wine
```

how 其他可用的選項包括「outer」、「left」、以及「right」。所謂的外部連結（*outer join*）會傳回 2 輸入欄位的聯集運算的合併，而缺失的資料就會填入 NA 值：

```
In [15]: display('df6', 'df7', "pd.merge(df6, df7, how='outer')")
Out[15]: df6                  df7
             name   food           name drink
         0  Peter   fish      0    Mary  wine
         1   Paul  beans      1  Joseph  beer
         2   Mary  bread

         pd.merge(df6, df7, how='outer')
              name   food drink
         0   Peter   fish   NaN
         1    Paul  beans   NaN
         2    Mary  bread  wine
         3  Joseph    NaN  beer
```

左連接（*left join*）和右連接（*right join*）是分別以左邊項目或右邊項目為主的外部連接，例如：

```
In [16]: display('df6', 'df7', "pd.merge(df6, df7, how='left')")
Out[16]: df6                 df7
             name   food          name drink
         0  Peter   fish      0    Mary  wine
         1   Paul  beans      1  Joseph  beer
         2   Mary  bread

         pd.merge(df6, df7, how='left')
             name   food drink
         0  Peter   fish   NaN
         1   Paul  beans   NaN
         2   Mary  bread  wine
```

上述輸出的列是以左邊輸入之項目為依據。使用 `how='right'` 也是類似的方法。

所有的這些選項都可以直接地被套用到前面的 join 型態中。

重疊欄位名稱：suffixes 關鍵字

最後，將以說明如何解決在 2 個輸入的 DataFrame 中有相衝突的欄名做為結束。請參考以下的例子：

```
In [17]: df8 = pd.DataFrame({'name': ['Bob', 'Jake', 'Lisa', 'Sue'],
                             'rank': [1, 2, 3, 4]})
         df9 = pd.DataFrame({'name': ['Bob', 'Jake', 'Lisa', 'Sue'],
                             'rank': [3, 1, 4, 2]})
         display('df8', 'df9', 'pd.merge(df8, df9, on="name")')
Out[17]: df8                df9
            name  rank         name  rank
         0   Bob     1      0   Bob     3
         1  Jake     2      1  Jake     1
         2  Lisa     3      2  Lisa     4
         3   Sue     4      3   Sue     2

         pd.merge(df8, df9, on="name")
            name  rank_x  rank_y
         0   Bob       1       3
         1  Jake       2       1
         2  Lisa       3       4
         3   Sue       4       2
```

因為輸出的結果有 2 個相衝突的欄名，merge 函數會自動地加上 _x 或是 _y 字尾讓輸出的欄名不要與另一個相同。如果這些預設值不適當，也可以透過 suffixes 關鍵字去自訂一個：

```
In [18]: pd.merge(df8, df9, on="name", suffixes=["_L", "_R"])
Out[18]:    name  rank_L  rank_R
         0   Bob       1       3
         1  Jake       2       1
         2  Lisa       3       4
         3   Sue       4       2
```

這些字尾可以在任一個 join 的方式中使用，而也可以用在有許多重複欄位的情況。

在第 20 章中，我們將更加深入到關聯代數。更進一步的討論，請參考 Pandas 說明文件中的「Merge, Join, Concatenate and Compare」（*https://oreil.ly/l8zZ1*）。

範例：美國聯邦州的資料

合併和連結運算在合併來自於不同來源的資料時經常使用。在此我們將會用到關於美國的州和其人口數的一些資料。這個資料檔案可以在（*https://oreil.ly/aq6Xb*）中取得：

```
In [19]: # 底下是下載資料的 shell 操作命令
         # repo = "https://raw.githubusercontent.com/jakevdp/data-USstates/master"
         # !cd data && curl -O {repo}/state-population.csv
         # !cd data && curl -O {repo}/state-areas.csv
         # !cd data && curl -O {repo}/state-abbrevs.csv
```

使用 Pandas 的 read_csv() 函式來檢視這三個資料集：

```
In [20]: pop = pd.read_csv('data/state-population.csv')
         areas = pd.read_csv('data/state-areas.csv')
         abbrevs = pd.read_csv('data/state-abbrevs.csv')

         display('pop.head()', 'areas.head()', 'abbrevs.head()')
Out[20]: pop.head()
           state/region     ages  year  population
         0           AL  under18  2012   1117489.0
         1           AL    total  2012   4817528.0
         2           AL  under18  2010   1130966.0
         3           AL    total  2010   4785570.0
         4           AL  under18  2011   1125763.0

         areas.head()
                state  area (sq. mi)
```

```
0     Alabama         52423
1      Alaska        656425
2     Arizona        114006
3    Arkansas         53182
4  California        163707

abbrevs.head()
        state abbreviation
0     Alabama           AL
1      Alaska           AK
2     Arizona           AZ
3    Arkansas           AR
4  California           CA
```

有了這些資訊，假設現在想要計算的是一個相對直觀的結果：美國各州及領地在 2010 年的人口密度排名。很明顯地是要從這些資料去找出結果，但在這裡必須先將資料集進行整合以得到這個排名。

我們將從多對一的合併開始，這將為 population 這個 `DataFrame` 提供所有州的全名。從 `pop` 的 `state/region` 欄位和 `abbrevs` 的 `abbreviation` 欄位進行合併，使用 `how='outer'` 去確保不一致的標籤在合併的過程中不會被丟棄：

```
In [21]: merged = pd.merge(pop, abbrevs, how='outer',
                           left_on='state/region', right_on='abbreviation')
         merged = merged.drop('abbreviation', axis=1) # drop duplicate info
         merged.head()
Out[21]:   state/region     ages  year  population    state
         0           AL  under18  2012   1117489.0  Alabama
         1           AL    total  2012   4817528.0  Alabama
         2           AL  under18  2010   1130966.0  Alabama
         3           AL    total  2010   4785570.0  Alabama
         4           AL  under18  2011   1125763.0  Alabama
```

以下再次確認其中是否有任何的不一致，可以藉由尋找內容中含有 null 資料的列來確認：

```
In [22]: merged.isnull().any()
Out[22]: state/region    False
         ages            False
         year            False
         population       True
         state            True
         dtype: bool
```

在 population 資料中有一些是 null，分別把它們列出來：

```
In [23]: merged[merged['population'].isnull()].head()
Out[23]:       state/region     ages  year  population state
         2448            PR  under18  1990         NaN   NaN
         2449            PR    total  1990         NaN   NaN
         2450            PR    total  1991         NaN   NaN
         2451            PR  under18  1991         NaN   NaN
         2452            PR    total  1993         NaN   NaN
```

可以看出在 population 中，那些 null 值都是 Puerto Rico（波多黎各）在 2000 年之前的資料，這應該是因為那時候這些資料在原始的資料來源中是不存在的。

還有更重要的是，我們也看到有一些新的 state 項目也是 null，這表示它們沒有在 abbrevs 鍵中有相對應的項目！來搞清楚是哪一個區域中缺少了相符合的項目：

```
In [24]: merged.loc[merged['state'].isnull(), 'state/region'].unique()
Out[24]: array(['PR', 'USA'], dtype=object)
```

依此可以很快地推論出產生這個問題的情況：我們的人口資料包含了波多黎各（PR）以及把各州加總的美國（USA）這兩個項目，但是這兩個項目並沒有出現在州簡稱的欄位中。底下可以藉由填入正確的項目，很快地修正這個問題：

```
In [25]: merged.loc[merged['state/region'] == 'PR', 'state'] = 'Puerto Rico'
         merged.loc[merged['state/region'] == 'USA', 'state'] = 'United States'
         merged.isnull().any()
Out[25]: state/region    False
         ages            False
         year            False
         population       True
         state           False
         dtype: bool
```

如此在 state 欄位中就不會再出現 null，所有的項目設定好了。

現在，可以使用類似的程序合併這些區域資料。檢視此結果，在兩邊的 state 欄位上進行 join：

```
In [26]: final = pd.merge(merged, areas, on='state', how='left')
         final.head()
Out[26]:   state/region     ages  year  population    state  area (sq. mi)
         0            AL  under18  2012   1117489.0  Alabama        52423.0
         1            AL    total  2012   4817528.0  Alabama        52423.0
         2            AL  under18  2010   1130966.0  Alabama        52423.0
```

```
3           AL     total  2010   4785570.0  Alabama        52423.0
4           AL  under18  2011   1125763.0  Alabama        52423.0
```

再一次，檢查看看是否有因為不符合的情況形成的 null：

```
In [27]: final.isnull().any()
Out[27]: state/region     False
         ages             False
         year             False
         population        True
         state            False
         area (sq. mi)     True
         dtype: bool
```

在 area 欄位中有 null，以下可以看看是哪一個區域被忽略了：

```
In [28]: final['state'][final['area (sq. mi)'].isnull()].unique()
Out[28]: array(['United States'], dtype=object)
```

可以看到 `areas DataFrame` 並不包含有「全美國」這個區域。一般的情況下加入適當的值即可（例如加總所有州的值），但在這個例子中，我們打算只單純地把它丟棄即可，因為在目前的討論中，把美國全部的人口密度放進去比較並沒有什麼意義：

```
In [29]: final.dropna(inplace=True)
         final.head()
Out[29]:   state/region     ages  year  population    state  area (sq. mi)
         0           AL  under18  2012   1117489.0  Alabama        52423.0
         1           AL    total  2012   4817528.0  Alabama        52423.0
         2           AL  under18  2010   1130966.0  Alabama        52423.0
         3           AL    total  2010   4785570.0  Alabama        52423.0
         4           AL  under18  2011   1125763.0  Alabama        52423.0
```

現在已經得到所有想要的資料了。要回答我們感興趣的問題，首先選擇和 2000 年相關的部分資料，以及全部的人口數。使用 `query()` 函式可以很快地做到（要執行這個查詢需先安裝 NumExpr 套件，請參考第 24 章）：

```
In [30]: data2010 = final.query("year == 2010 & ages == 'total'")
         data2010.head()
Out[30]:     state/region   ages  year  population       state  area (sq. mi)
         3             AL  total  2010   4785570.0     Alabama        52423.0
         91            AK  total  2010    713868.0      Alaska       656425.0
         101           AZ  total  2010   6408790.0     Arizona       114006.0
         189           AR  total  2010   2922280.0    Arkansas        53182.0
         197           CA  total  2010  37333601.0  California       163707.0
```

現在可以計算人口密度並排序了。先從各州資料的重新索引開始，然後計算結果：

```
In [31]: data2010.set_index('state', inplace=True)
         density = data2010['population'] / data2010['area (sq. mi)']

In [32]: density.sort_values(ascending=False, inplace=True)
         density.head()
Out[32]: state
         District of Columbia    8898.897059
         Puerto Rico             1058.665149
         New Jersey              1009.253268
         Rhode Island             681.339159
         Connecticut              645.600649
         dtype: float64
```

此結果為美國各州加上華盛頓特區（Washington，DC）以及波多黎各在 2010 年人口密度的排名，使用每平方英哩的居民數做為排名依據。可以看到在此資料集中，華盛頓特區（也就是 District of Columbia，哥倫比亞特區）是人口密度最高的區域，而在各州中最高密度的則是紐澤西州（New Jersey）：

我們也可以檢查排名的最末幾位：

```
In [33]: density.tail()
Out[33]: state
         South Dakota    10.583512
         North Dakota     9.537565
         Montana          6.736171
         Wyoming          5.768079
         Alaska           1.087509
         dtype: float64
```

可以看到密度最低的州顯然就是阿拉斯加（Alaska），每一平方英哩大概就比 1 個人多一點點。

此類型資料合併在使用真實世界資料來源並想要回答一些問題是很常見的情況，我希望這個例子可以讓你對於如何使用前面提到過的合併工具用來取得對於資料的洞見能有一些想法。

第 20 章

聚合計算與分組

許多分析資料任務一個很重要的基礎是有效率地進行摘要計算：聚合計算像是 `sum()`、`mean()`、`median()`、`min()`、以及 `max()`，可以看成是使用一個數字來更深入地洞察資料潛在的本質。在這一章中，我們將探討在 Pandas 中的聚合計算，從類似於在 NumPy 中看到的簡單運算，到以 `groupby` 概念為基礎的複雜運算。

為了方便，我們將使用之前使用過的同一個 `display` 魔術函式：

```
In [1]: import numpy as np
        import pandas as pd

        class display(object):
            """Display HTML representation of multiple objects"""
            template = """<div style="float: left; padding: 10px;">
            <p style='font-family:"Courier New", Courier, monospace'>{0}{1}
            """
            def __init__(self, *args):
                self.args = args

            def _repr_html_(self):
                return '\n'.join(self.template.format(a, eval(a)._repr_html_())
                                 for a in self.args)

            def __repr__(self):
                return '\n\n'.join(a + '\n' + repr(eval(a))
                                   for a in self.args)
```

行星資料

在此將使用行星資料集，它可以從 Seaborn 套件（*http://seaborn.pydata.org*）（請參考第 36 章）中找到。它提供了天文學家們在其他恆星周圍所發現的行星（指太陽系外行星，extrasolar planets、或簡稱為系外行星，exoplanets）的資訊。我們可以使用以下簡單的 Seaborn 命令來下載這些資料：

```
In [2]: import seaborn as sns
        planets = sns.load_dataset('planets')
        planets.shape
Out[2]: (1035, 6)
In [3]: planets.head()
Out[3]:            method  number  orbital_period   mass  distance  year
        0  Radial Velocity       1         269.300   7.10     77.40  2006
        1  Radial Velocity       1         874.774   2.21     56.95  2008
        2  Radial Velocity       1         763.000   2.60     19.84  2011
        3  Radial Velocity       1         326.030  19.40    110.62  2007
        4  Radial Velocity       1         516.220  10.50    119.47  2009
```

資料裡面包含直到 2014 年被發現的超過 1,000 個行星的詳細資料。

在 Pandas 中進行簡單的聚合計算

在第 7 章，我們探討了一些在 NumPy 陣列中可用的資料聚合計算。就像是使用一維的 NumPy 陣列，對於一個 Pandas Series 而言，聚合計算也會傳回一個單一的值：

```
In [4]: rng = np.random.RandomState(42)
        ser = pd.Series(rng.rand(5))
        ser
Out[4]: 0    0.374540
        1    0.950714
        2    0.731994
        3    0.598658
        4    0.156019
        dtype: float64

In [5]: ser.sum()
Out[5]: 2.811925491708157

In [6]: ser.mean()
Out[6]: 0.5623850983416314
```

如果是 DataFrame，在預設的情形下，聚合計算會對每一欄傳回結果：

```
In [7]: df = pd.DataFrame({'A': rng.rand(5),
                           'B': rng.rand(5)})
        df
Out[7]:          A         B
        0  0.155995  0.020584
        1  0.058084  0.969910
        2  0.866176  0.832443
        3  0.601115  0.212339
        4  0.708073  0.181825

In [8]: df.mean()
Out[8]: A    0.477888
        B    0.443420
        dtype: float64
```

透過 axis 參數的指定，也可以改為「以列為單位」進行聚合計算，如下所示：

```
In [9]: df.mean(axis='columns')
Out[9]: 0    0.088290
        1    0.513997
        2    0.849309
        3    0.406727
        4    0.444949
        dtype: float64
```

Pandas Series 和 DataFrame 物件包含了所有之前在第 7 章中提過常見的聚合計算，而且，它還有一個方便的方法 describe() 可以針對每一個欄，進行幾種常見的聚合計算，並以分列的方式傳回結果。使用這個方法在行星資料上如下，但在結果中只要有缺失資料的那一列就會被丟棄：

```
In [10]: planets.dropna().describe()
Out[10]:          number  orbital_period        mass    distance         year
         count  498.00000      498.000000  498.000000  498.000000   498.000000
         mean     1.73494      835.778671    2.509320   52.068213  2007.377510
         std      1.17572     1469.128259    3.636274   46.596041     4.167284
         min      1.00000        1.328300    0.003600    1.350000  1989.000000
         25%      1.00000       38.272250    0.212500   24.497500  2005.000000
         50%      1.00000      357.000000    1.245000   39.940000  2009.000000
         75%      2.00000      999.600000    2.867500   59.332500  2011.000000
         max      6.00000    17337.500000   25.000000  354.000000  2014.000000
```

這是一個要開始瞭解資料集總體特性時很有用的方法。例如，看一下 `year` 這個欄位，雖然太陽系外行星在 1989 年就被發現了，但是超過一半已知的系外行星是直到 2010 年之後才被找到。這都要感謝克卜勒任務（Kepler mission），它是一個太空望遠鏡計畫，設計的目的是透過行星凌星的現象來發現系外行星。

表 20-1 為其他在 Pandas 內建的聚合計算的摘要。

表 20-1：Pandas 聚合方法列表

聚合計算	傳回值
`count()`	資料項目的總數
`first()`, `last()`	第一個和最後一個資料項目
`mean()`, `median()`	平均數和中位數
`min()`, `max()`	最小值和最大值
`std()`, `var()`	標準差和變異數
`mad()`	平均絕對離差
`prod()`	所有資料項的積
`sum()`	所有資料項的和

以上是 `DataFrame` 和 `Series` 物件的所有方法。

然而要更深入地進入資料，這些簡單的聚合函數通常是不夠的。下一個階段的資料摘要是 `groupby` 操作，它們是可以讓你快速且有效地對於資料子集合進行聚合計算。

groupby：Split、Apply、Combine

簡單的聚合計算可以讓你淺嚐一下你的資料，但是我們經常想要針對某些標籤或索引進行條件式的聚合計算：這即是透過所謂的 `groupby` 操作完成。「group by」是來自於 SQL 資料庫語言的命令，但這個詞也許比較像是最先由 Hadley Wickham 在有名的 Rstats 中提出的：*split*、*apply*、*combine*。

Split、Apply、Combine

關於 split-apply-combine 運算的典型例子，其中「apply」是摘要聚合計算，如圖 20-1 所示。

圖 20-1 讓我們可以更清楚知道 `groupby` 是如何完成的：

- 切割（*split*）步驟包含依照指定鍵的值分解和重組一個 `DataFrame`。
- 套用（*apply*）步驟包含在一個特定分組中計算某一個函數，通常是聚合計算、轉換、或是過濾。
- 合併（*combine*）步驟則是合併之前的運算結果把它變成一個輸出陣列。

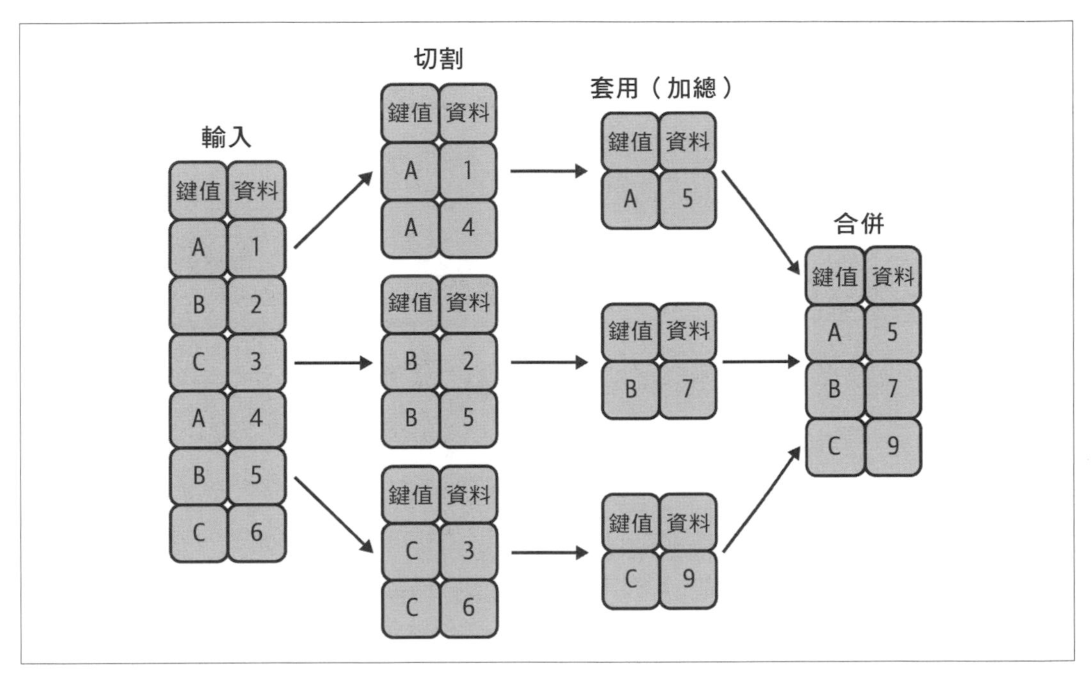

圖 20-1：groupby() 運算的視覺化示意圖[1]

儘管可以整合一些之前介紹過的遮罩、聚合計算、以及合併命令來手動地完成這些工作，但是要瞭解的是，這些中間產生的內容是不需要明顯地把它們產生出來。比較來說，`groupby()` 可以對於這些資料針對每一個分組使用這個方式一次執行完成，包括 sum、mean、count、min、或是其他聚合函式。`groupby()` 的威力在於它把這些步驟抽掉變成一個動作：使用者不需要去想這些運算在底層是如何完成，取而代之的是把這個運算當作是一個完整的操作。

1 產生此圖的程式碼可以在線上附錄（*https://oreil.ly/zHqzu*）中找到。

舉個具體的例子，讓我們看一下使用 Pandas 進行下表所示的計算。先從建立一個輸入用的 DataFrame 開始：

```
In [11]: df = pd.DataFrame({'key': ['A', 'B', 'C', 'A', 'B', 'C'],
                            'data': range(6)}, columns=['key', 'data'])
         df
Out[11]:  key  data
         0  A     0
         1  B     1
         2  C     2
         3  A     3
         4  B     4
         5  C     5
```

可以使用 DataFrame 的 groupby() 方法計算最基本的 split-apply-combine 運算，傳遞想要使用的關鍵欄名進去：

```
In [12]: df.groupby('key')
Out[12]: <pandas.core.groupby.generic.DataFrameGroupBy object at 0x11d241e20>
```

留意傳回來的值不是 DataFrame 的集合，而是 DataFrameGroupBy 物件。這個物件特別的地方是：可以把它想成是 DataFrame 的一個特殊的視角，它準備好讓我們可以深入檢視這個群組的內容，但是並不真正執行實際的運算，直到聚合計算被設定為止。此被稱為「惰性計算」（lazy evaluation）的方法在聚合計算時很常見，可以被非常高效地處理，幾乎不會被使用者察覺。

為了產生結果，可以套用一個聚合計算到這個 DataFrameGraopBy 物件，它會被執行適當的 apply/combine 步驟以產生想要的結果：

```
In [13]: df.groupby('key').sum()
Out[13]:      data
         key
         A       3
         B       5
         C       7
```

sum() 方法只是其中一個可能，概念上你可以套用任何在 Pandas 或是 NumPy 的聚合函式，就像是任一個有效的 DataFrame 運算一樣，這些會在接下來的討論中看到。

GroupBy 物件

GroupBy 物件是一個非常彈性的抽象概念：在許多情況下，你可以簡單地把它當作是 DataFrame 的一個集合（collection），而且所有困難的事都在看不到的地方執行。再來看一些使用行星資料的例子。

也許可以使用 GroupBy 執行的最重要的操作是聚合計算（*aggregate*）、過濾（*filter*）、轉換（*transform*）、和套用（*apply*），這些我們將在下一節中完整地討論，但在此之前，讓我們先介紹一些可以使用在基本的 GroupBy 運算的其他功能。

欄索引

GroupBy 物件支援就像是在 DataFrame 中的欄索引，傳回值就是修改過的 GroupBy 物件。例如：

```
In [14]: planets.groupby('method')
Out[14]: <pandas.core.groupby.generic.DataFrameGroupBy object at 0x11d1bc820>
In [15]: planets.groupby('method')['orbital_period']
Out[15]: <pandas.core.groupby.generic.SeriesGroupBy object at 0x11d1bcd60>
```

在此從原來的 DataFrame 群組中以參考它欄名的方式選擇了一個特別的 Series 群組。對於這個 GroupBy 物件來說，在呼叫聚合計算之前是沒有任何的計算會被執行的：

```
In [16]: planets.groupby('method')['orbital_period'].median()
Out[16]: method
         Astrometry                         631.180000
         Eclipse Timing Variations         4343.500000
         Imaging                          27500.000000
         Microlensing                      3300.000000
         Orbital Brightness Modulation        0.342887
         Pulsar Timing                       66.541900
         Pulsation Timing Variations       1170.000000
         Radial Velocity                    360.200000
         Transit                              5.714932
         Transit Timing Variations           57.011000
         Name: orbital_period, dtype: float64
```

這結果讓我們對於每一種方法在軌道週期（以天為單位）的靈敏度等級上有一些概念。

在群組中的迭代

GroupBy 物件支援直接在群組中進行迭代，並把每一個群組以 Series 或是 DataFrame 傳回。

```
In [17]: for (method, group) in planets.groupby('method'):
             print("{0:30s} shape={1}".format(method, group.shape))
Out[17]: Astrometry                     shape=(2, 6)
         Eclipse Timing Variations      shape=(9, 6)
         Imaging                        shape=(38, 6)
         Microlensing                   shape=(23, 6)
         Orbital Brightness Modulation  shape=(3, 6)
         Pulsar Timing                  shape=(5, 6)
         Pulsation Timing Variations    shape=(1, 6)
         Radial Velocity                shape=(553, 6)
         Transit                        shape=(397, 6)
         Transit Timing Variations      shape=(4, 6)
```

雖然透過內建的 apply 功能快多了，但是它對於為了除錯而進行手動操作觀察時還是很有用的，這一點稍後會加以討論。

分派方法

透過一些 Python 的類別魔術，任一個沒有明顯地透過 GroupBy 物件實作的方法也將可以被傳送過去，然後在群組中呼叫，不論它們是 Series 還是 DataFrame 物件。例如，可以使用 DataFrame 的 describe() 方法執行一組聚合計算，以便在群組中來描述這些資料：

```
In [18]: planets.groupby('method')['year'].describe().unstack()
Out[18]:        method
         count  Astrometry                          2.0
                Eclipse Timing Variations           9.0
                Imaging                            38.0
                Microlensing                       23.0
                Orbital Brightness Modulation       3.0
                                                   ...
         max    Pulsar Timing                    2011.0
                Pulsation Timing Variations      2007.0
                Radial Velocity                  2014.0
                Transit                          2014.0
         Length: 80, dtype: float64
```

這張表格可以幫助我們更瞭解這些資料。例如：大部分的行星直到 2014 年才被 Radial Velocity 和 Transit 方法所發現的，雖然後者只有在最近才變得比較常見。最新的方法似乎是 Transit Timing Variation 和 Orbital Brightness Modulation，它們直到 2011 年才開始發現新的行星。

這只是一個運用分派方法的例子。要留意它們被套用到每一個單獨的群組，而且結果接著會在 GroupBy 中合併之後傳回。再一次，任何有效的 DataFrame/Series 方法都可以被使用到相依的 GroupBy 物件，提供了許多非常彈性以及威力的操作。

Aggregate、Filter、Transform、Apply

前面的討論主要聚焦在對於合併操作的聚合計算，但是還有許多的選項可以使用。特別是，GroupBy 物件有 aggregate()、filter()、transform()、以及 apply() 方法可以有效率地在合併群組資料之前實作各式各樣有用的操作。

接下來各小節的例子將使用以下這個 DataFrame：

```
In [19]: rng = np.random.RandomState(0)
         df = pd.DataFrame({'key': ['A', 'B', 'C', 'A', 'B', 'C'],
                            'data1': range(6),
                            'data2': rng.randint(0, 10, 6)},
                            columns = ['key', 'data1', 'data2'])
         df
Out[19]:   key  data1  data2
         0   A      0      5
         1   B      1      0
         2   C      2      3
         3   A      3      3
         4   B      4      7
         5   C      5      9
```

聚合計算

我們現在已經熟悉在 GroupBy 中使用 sum()、median()、以及其他類似的函式進行聚合計算，但是 aggregate() 方法更具有彈性。它可以輸入字串、函式、或是一個串列，然後一次執行所有聚合計算。在此有一個快速的範例合併所有的部分：

```
In [20]: df.groupby('key').aggregate(['min', np.median, max])
Out[20]:     data1            data2
           min median max   min median max
         key
         A       0    1.5   3     3    4.0   5
         B       1    2.5   4     0    3.5   7
         C       2    3.5   5     3    6.0   9
```

另一個有用的樣式是傳送一個字典，此字典把欄名對應到該欄位要被套用的運算上：

```
In [21]: df.groupby('key').aggregate({'data1': 'min',
                                      'data2': 'max'})
Out[21]:      data1  data2
         key
         A        0      5
         B        1      7
         C        2      9
```

過濾

過濾操作可以基於群組特性丟棄一些資料。例如：想要保留所有的標準差高於某一個臨界值的群組如下：

```
In [22]: def filter_func(x):
             return x['data2'].std() > 4

         display('df', "df.groupby('key').std()",
                 "df.groupby('key').filter(filter_func)")
Out[22]: df                         df.groupby('key').std()
           key  data1  data2           data1     data2
         0   A      0      5        key
         1   B      1      0        A     2.12132  1.414214
         2   C      2      3        B     2.12132  4.949747
         3   A      3      3        C     2.12132  4.242641
         4   B      4      7
         5   C      5      9

         df.groupby('key').filter(filter_func)
           key  data1  data2
         1   B      1      0
         2   C      2      3
         4   B      4      7
         5   C      5      9
```

filter() 函式應該傳回一個指定哪一個群組要傳送到過濾的布林值。在此因為群組 A 沒有超過 4 的標準差，所以它就被從結果中移除。

轉換

當聚合函式需要傳回一個資料的縮減版本，轉換回傳一些整個資料轉換過的版本送去新合併。像這樣的轉換，輸出的形狀會和輸入的是一樣的。一個常見的例子是透過減去群組平均值來把資料置中：

```
In [23]: def center(x):
             return x - x.mean()
         df.groupby('key').transform(center)
Out[23]:    data1  data2
         0   -1.5    1.0
         1   -1.5   -3.5
         2   -1.5   -3.0
         3    1.5   -1.0
         4    1.5    3.5
         5    1.5    3.0
```

apply 方法

apply() 方法讓我們可以套用任一個函式到群組結果。這個函式輸入一個 DataFrame，然後傳回一個 Pandas 物件（例如：DataFrame、Series）或是一個純量；合併操作會調整為適合輸出的型態：

例如，底下的 apply() 函式會藉由第二欄的總和來正規化第一欄：

```
In [24]: def norm_by_data2(x):
             # x x 是群組值的 DataFrame
             x['data1'] /= x['data2'].sum()
             return x

         df.groupby('key').apply(norm_by_data2)
Out[24]:   key     data1  data2
         0   A  0.000000      5
         1   B  0.142857      0
         2   C  0.166667      3
         3   A  0.375000      3
         4   B  0.571429      7
         5   C  0.416667      9
```

在 GroupBy 內的 apply() 相當有彈性：唯一的準則是這個函式取得一個 DataFrame 然後傳回一個 Pandas 物件或純量，中間要做什麼全由你決定。

指定分組鍵

在之前展示過的簡單範例中，我們使用單一個欄名來分割 DataFrame。這只是在群組中可以被定義的諸多選項中的一種，接下來將繼續檢視在群組定義中可以使用的其他選項。

提供做為分組鍵的 list、陣列、序列數、或索引

鍵可以是任一符合 DataFrame 長度的序列或串列。例如：

```
In [25]: L = [0, 1, 0, 1, 2, 0]
         df.groupby(L).sum()
Out[25]:    data1  data2
         0      7     17
         1      4      3
         2      4      7
```

當然，這表示有其他的、更冗長的方法可以用來完成之前的 df.groupby('key')：

```
In [26]: df.groupby(df['key']).sum()
Out[26]:       data1  data2
         key
         A         3      8
         B         5      7
         C         7     12
```

字典或序列對應索引到群組

另外一個方法是提供一個字典對應到索引值來當作是群組鍵：

```
In [27]: df2 = df.set_index('key')
         mapping = {'A': 'vowel', 'B': 'consonant', 'C': 'consonant'}
         display('df2', 'df2.groupby(mapping).sum()')
Out[27]: df2                           df2.groupby(mapping).sum()
             data1  data2                         data1  data2
         key                           key
         A       0      5              consonant     12     19
         B       1      0              vowel          3      8
         C       2      3
         A       3      3
         B       4      7
         C       5      9
```

任意 Python 函式

和對應（mapping）類似，也可以傳遞任一個 Python 的函式，它將會輸入這個索引值，然後輸出這個群組：

```
In [28]: df2.groupby(str.lower).mean()
Out[28]:       data1  data2
         key
         a       1.5    4.0
         b       2.5    3.5
         c       3.5    6.0
```

有效鍵的串列

更進一步地，之前所有可以選用的鍵均可以在多索引上被合併到群組：

```
In [29]: df2.groupby([str.lower, mapping]).mean()
Out[29]:                 data1  data2
         key key
         a   vowel        1.5    4.0
         b   consonant    2.5    3.5
         c   consonant    3.5    6.0
```

分組範例

在這裡的一個範例，透過這幾行 Python 程式碼，可以把所有之前看到的都放在一起，然後以「發現的方法」和「10 年為單位」計算被發現行星的數量：

```
In [30]: decade = 10 * (planets['year'] // 10)
         decade = decade.astype(str) + 's'
         decade.name = 'decade'
         planets.groupby(['method', decade])['number'].sum().unstack().fillna(0)
Out[30]: decade                         1980s  1990s  2000s  2010s
         method
         Astrometry                       0.0    0.0    0.0    2.0
         Eclipse Timing Variations        0.0    0.0    5.0   10.0
         Imaging                          0.0    0.0   29.0   21.0
         Microlensing                     0.0    0.0   12.0   15.0
         Orbital Brightness Modulation    0.0    0.0    0.0    5.0
         Pulsar Timing                    0.0    9.0    1.0    1.0
         Pulsation Timing Variations      0.0    0.0    1.0    0.0
         Radial Velocity                  1.0   52.0  475.0  424.0
         Transit                          0.0    0.0   64.0  712.0
         Transit Timing Variations        0.0    0.0    0.0    9.0
```

上述的方法顯示了在查看現實資料集時，結合我們迄今為止討論的許多操作上的威力：我們很快就對首次發現後的幾年內何時以及如何發現太陽系外行星有了粗略的瞭解。

在此我建議你深入研究這幾行程式碼，然後搞清楚各個步驟，確實地瞭解它們是做了什麼才得到這些結果。它們當然是還算複雜的範例，但是瞭解這些部分之後，就可以使用類似的方法探索你的資料。

第 21 章

樞紐分析表

我們已經看過如何使用 groupby() 萃取以探索資料集中的相互關係。樞紐分析表（Pivot Table）是類似的操作，它常見於電子試算表和其他以表格為操作方式的程式中。樞紐分析表使用簡單的，以欄為主的資料當作是輸入，然後把這些項目分組到二維的表格中，提供一個對於資料的多重維度摘要檢視。樞紐分析表和 groupby 的不同點有時候會容易引起混淆，把樞紐分析表看做是一個，實質上是 groupby 聚合計算的多重維度版本，對於瞭解它是很有幫助的。也就是說，當你進行 split-apply-combine 時，split 和 combine 並不是發生在一維的索引上，而是在二維的格子上。

使用樞紐分析表的動機

以這一節中的例子，將會使用鐵達尼號（*Titanic*）旅客的資料，它也是可以從 Seaborn 程式庫（請參閱第 36 章）中取得：

```
In [1]: import numpy as np
        import pandas as pd
        import seaborn as sns
        titanic = sns.load_dataset('titanic')

In [2]: titanic.head()
Out[2]:    survived  pclass     sex   age  sibsp  parch     fare embarked  class  \
        0         0       3    male  22.0      1      0   7.2500        S  Third
        1         1       1  female  38.0      1      0  71.2833        C  First
        2         1       3  female  26.0      0      0   7.9250        S  Third
        3         1       1  female  35.0      1      0  53.1000        S  First
        4         0       3    male  35.0      0      0   8.0500        S  Third
```

```
     who  adult_male deck  embark_town alive  alone
0    man        True  NaN  Southampton    no  False
1  woman       False    C    Cherbourg   yes  False
2  woman       False  NaN  Southampton   yes   True
3  woman       False    C  Southampton   yes  False
4    man        True  NaN  Southampton    no   True
```

上述資料包含了在這艘不幸的航班上每一個旅客的許多資料，包括性別、年齡、艙等、付款金額、以及許多資訊。

手動製作樞紐分析表

要更瞭解這些資料，要先把它們根據性別、存活狀態、或是它們的組合來分組。如果你已經閱讀了之前的章節，可能會想套用 `groupby()` 運算。例如：以性別來檢視存活率：

```
In [3]: titanic.groupby('sex')[['survived']].mean()
Out[3]:         survived
        sex
        female  0.742038
        male    0.188908
```

我們可以馬上觀察到：整體而言，登船的女性每 4 個就有 3 個獲救，而男性則 5 個之中只有 1 個。

這是很有用的資訊，但是也可以再進一步檢視，分別看包含男女性別以及艙等的存活率。使用 `groupby()` 這個詞彙，可以這樣操作：首先以艙等和性別進行分組，選擇存活者，套用平均聚合計算來合併各組的結果，最後拆開分層索引的堆疊，以揭示其隱藏的多維陣列特性，程式碼如下：

```
In [4]: titanic.groupby(['sex', 'class'])['survived'].aggregate('mean').unstack()
Out[4]: class      First    Second     Third
        sex
        female  0.968085  0.921053  0.500000
        male    0.368852  0.157407  0.135447
```

以上的資訊讓我們瞭解性別和艙等如何影響到存活率，但是這個程式碼開始看起來有些含混。儘管這些同時執行運算的每一個步驟都是依照之前討論的工具進行的，但這一長串的程式碼並不容易閱讀或使用。此種二維的 `groupby()` 是很常見的，讓 Pandas 加入這個方便的程序，`pivot_table`，用來簡潔地處理這一類型的多維度聚合計算。

樞紐分析表的語法

以下使用 DataFrame 的 pivot_table 方法進行和之前等價的運算：

```
In [5]: titanic.pivot_table('survived', index='sex', columns='class', aggfunc='mean')
Out[5]: class      First    Second     Third
        sex
        female  0.968085  0.921053  0.500000
        male    0.368852  0.157407  0.135447
```

此種方式顯然比 groupby() 方式更易讀，也能夠產生相同的結果。正如你所預期的，這一艘船在 20 世紀跨大西洋的航程中，倖存者傾向於女性和較高艙等。頭等艙的女性幾乎必然會存活（嗨！羅絲！），而三等艙的男性 10 個裡面只有 1 個會倖存下來（抱歉囉，傑克！）。

多層樞紐分析表

就好像在 groupby 中一樣，樞紐分析表中區分群組可以使用多層指定，也有許多選項可以使用。例如：若想要把年紀當成是第 3 個維度，則可以先把年齡使用 pd.cut 函數分成幾個範圍：

```
In [6]: age = pd.cut(titanic['age'], [0, 18, 80])
        titanic.pivot_table('survived', ['sex', age], 'class')
Out[6]: class               First    Second     Third
        sex    age
        female (0, 18]   0.909091  1.000000  0.511628
               (18, 80]  0.972973  0.900000  0.423729
        male   (0, 18]   0.800000  0.600000  0.215686
               (18, 80]  0.375000  0.071429  0.133663
```

相同的策略同樣地可以運作在欄上面。讓我們增加付款額度的相關資料，這次使用 pd.qcut 自動地計算分位數：

```
In [7]: fare = pd.qcut(titanic['fare'], 2)
        titanic.pivot_table('survived', ['sex', age], [fare, 'class'])
Out[7]: fare            (-0.001, 14.454]                    (14.454, 512.329]  \
        class                      First    Second     Third             First
        sex    age
        female (0, 18]               NaN  1.000000  0.714286          0.909091
               (18, 80]              NaN  0.880000  0.444444          0.972973
        male   (0, 18]               NaN  0.000000  0.260870          0.800000
               (18, 80]              0.0  0.098039  0.125000          0.391304
```

```
fare
class              Second     Third
sex    age
female (0, 18]   1.000000  0.318182
       (18, 80]  0.914286  0.391304
male   (0, 18]   0.818182  0.178571
       (18, 80]  0.030303  0.192308
```

此結果是一個 4 維度的聚合計算，包含了階層式的索引（請參閱第 17 章），以網格的方式顯示，展現出這些值之間的關係。

樞紐分析表的額外選項

DataFrame 的 pivot_table 方法之完整可呼叫參數如下所示：

```
# 在 Pandas 1.3.5 中可以使用的呼叫參數
DataFrame.pivot_table(data, values=None, index=None, columns=None,
                      aggfunc='mean', fill_value=None, margins=False,
                      dropna=True, margins_name='All', observed=False,
                      sort=True)
```

我們已經看過前面 3 個參數的例子，在此將快速地檢視剩下的部分。其中的 2 個選項 fill_value 和 dropna，一看即知是用來處理缺失資料的，在此就不再透過例子說明了。

aggfunc 關鍵字用來控制要套用哪一種聚合計算的型態，預設是平均值（mean）。就像是在 groupby() 中一樣，聚合計算的指定可以使用字串來表示許多可能的選項（'sum'、'mean'、'count'、'min'、'max' 等等），也可以使用函式（np.sum()、min()、sum() 等等）來實作。再者，也可以使用一個字典對應一個欄位到任一個上述想要的功能：

```
In [8]: titanic.pivot_table(index='sex', columns='class',
                            aggfunc={'survived':sum, 'fare':'mean'})
Out[8]:               fare                          survived
        class        First     Second      Third    First Second Third
        sex
        female  106.125798  21.970121  16.118810       91     70    72
        male     67.226127  19.741782  12.661633       45     17    47
```

請留意在此忽略了 values 這個關鍵字，當你要對 aggfunc 指定一個對應時，它的內容會被自動地判定。

在每一個群組中計算總數是非常有用的，它可以使用 margins 關鍵字完成：

```
In [9]: titanic.pivot_table('survived', index='sex', columns='class', margins=True)
Out[9]: class      First    Second     Third       All
        sex
        female  0.968085  0.921053  0.500000  0.742038
        male    0.368852  0.157407  0.135447  0.188908
        All     0.629630  0.472826  0.242363  0.383838
```

以上自動地給我們關於在各艙等以性別為依據的生存率、不同性別以艙等為依據的存活率、以及整體的存活率為 38%。可以使用 margins_name 為 margin 加上標籤，它的預設值是「All」。

範例：出生率資料

來看另一個可自由下載，關於美國出生率的資料，它是由美國疾病管制中心（Centers for Disease Control，CDC）所提供的（*https://oreil.ly/2NWnk*）。（這份資料集已經被 Andrew Gelman 和他的團隊做過非常詳細的分析了，可以參閱這個部落格文章（*https://oreil.ly/5EqEp*）：[1]

```
In [10]: # 使用 shell 命令下載資料的方法：
         # !cd data && curl -O \
         # https://raw.githubusercontent.com/jakevdp/data-CDCbirths/master/births.csv
In [11]: births = pd.read_csv('data/births.csv')
```

瀏覽這些資料，可以看出它較為簡單，僅包含以日期和性別的分組出生數：

```
In [12]: births.head()
Out[12]:    year  month  day gender  births
         0  1969      1  1.0      F    4046
         1  1969      1  1.0      M    4440
         2  1969      1  2.0      F    4454
         3  1969      1  2.0      M    4548
         4  1969      1  3.0      F    4548
```

我們可以使用樞紐分析表對這些資料有更多的瞭解。先加上一個 decade 欄，然後把「以 10 年為單位」的男性和女性的出生數當作是一個函數：

1 本節中使用的資料表使用出生時的性別（sex），也稱為「gender」，依此在資料中設定為男性（male）和女性（female）。雖然性別是一個獨立於生物學的光譜，但在討論這個資料集時，為了一致性和清晰度，我將會使用相同的名詞。

```
In [13]: births['decade'] = 10 * (births['year'] // 10)
         births.pivot_table('births', index='decade', columns='gender',
                            aggfunc='sum')
Out[13]: gender         F         M
         decade
         1960      1753634   1846572
         1970     16263075  17121550
         1980     18310351  19243452
         1990     19479454  20420553
         2000     18229309  19106428
```

我們馬上就發現，在每一個 10 年中男性的出生數都比較高。要讓這個趨勢看起來更清楚一些，可以使用在 Pandas 中內建的繪圖工具把這些資料以年為單位視覺化地呈現出來，如圖 21-1 所示。（請參考第四篇對於 Matplotlib 繪圖功能的討論）：

```
In [14]: %matplotlib inline
         import matplotlib.pyplot as plt
         plt.style.use('seaborn-whitegrid')
         births.pivot_table(
             'births', index='year', columns='gender', aggfunc='sum').plot()
         plt.ylabel('total births per year');
```

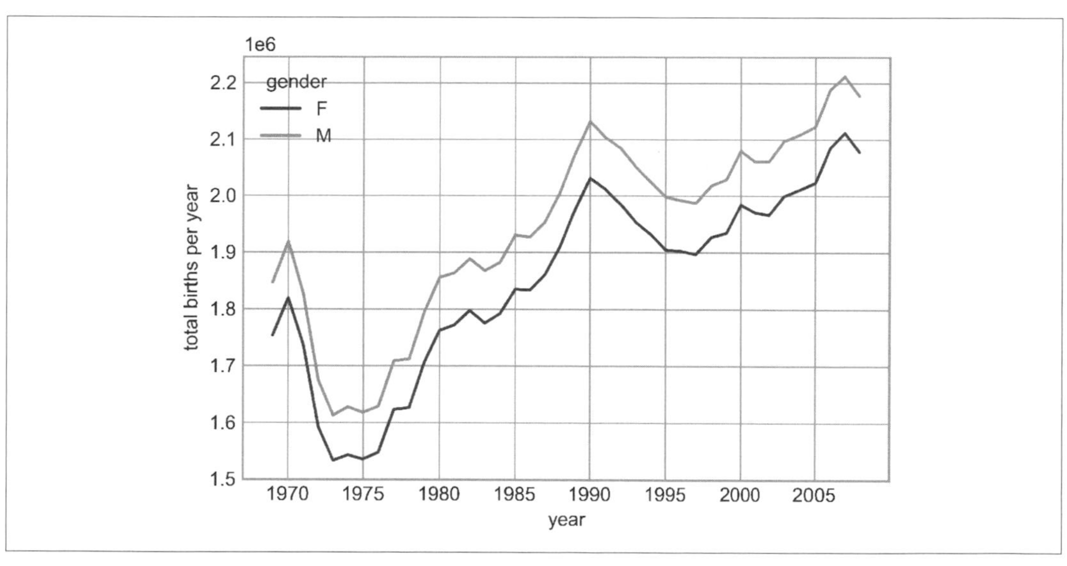

圖 21-1：美國每年不同性別出生人口的數目[2]

2 本圖表全彩的版本可以在 GitHub 上找到（*https://oreil.ly/PDSH_GitHub*）。

藉由一個簡單的樞紐分析表以及 plot() 方法，我們立刻就可看出以性別為檢視對象，每一年出生人數之趨勢。它很明顯地呈現出在過去的 50 年間，男性的出生人數比女性大約高出 5%。

儘管這和樞紐分析表不一定相關，但是利用之前介紹過的 Pandas 工具還可以從這些資料中取出更多有趣的特徵。先從清理一些資料開始，移除因為日期輸入錯誤的一些偏差（例如：6 月 31 日）或是不存在的資料（例如 6 月 99 日）。一個簡單的方式就是一次性地把這些偏差值全部移除，你可以使用強大的 sigma-clipping 運算：

```
In [15]: quartiles = np.percentile(births['births'], [25, 50, 75])
         mu = quartiles[1]
         sig = 0.74 * (quartiles[2] - quartiles[0])
```

最後一行就是一個樣本平均的穩健評估，0.74 這個常數是來自於高斯分佈的四分位距，你可以在我與 Željko Ivezi 、Andrew J. Connolly 和 Alexander 所合著的《Gray Statistics, Data Mining, and Machine Learning in Astronomy》（Princeton University 出版）一書中學習到更多關於 sigma-clipping 運算。

有了這個，就可以使用 query() 方法（我們會在第 24 章中加以討論）去過濾掉在這些值之外的資料列：

```
In [16]: births = births.query('(births > @mu - 5 * @sig) &
                                (births < @mu + 5 * @sig)')
```

接下來把 day 欄設成整數型態，之前因為有一些欄包含有「null」以致於被設定為字串：

```
In [17]: # set 'day' column to integer; it originally was a string due to nulls
         births['day'] = births['day'].astype(int)
```

最後，合併日、月、以及年，以建立一個日期索引（參閱第 23 章），你就可以很快地在每一列中計算星期幾：

```
In [18]: # 從 year, month, day 來建立 datetime 索引
         births.index = pd.to_datetime(10000 * births.year +
                                       100 * births.month +
                                       births.day, format='%Y%m%d')

         births['dayofweek'] = births.index.dayofweek
```

使用這個資料，畫出這幾十年中在週一到週日的出生數（圖 21-2）：

```
In [19]: import matplotlib.pyplot as plt
         import matplotlib as mpl
```

```
births.pivot_table('births', index='dayofweek',
                    columns='decade', aggfunc='mean').plot()
plt.gca().set(xticks=range(7),
              xticklabels=['Mon', 'Tues', 'Wed', 'Thurs',
                           'Fri', 'Sat', 'Sun'])
plt.ylabel('mean births by day');
```

很顯然地，週末的出生人數比工作日還要少一些！留意此圖中並沒有 1990 年代和 2000 年代的資料，因為 CDC 在從 1989 年之後的資料中只有出生的月份。

另外一個有趣的檢視是繪出每一年的哪一天之平均出生人數。首先把資料依月和日來分組：

```
In [20]: births_by_date = births.pivot_table('births',
                                             [births.index.month, births.index.day])
         births_by_date.head()
Out[20]:        births
         1 1  4009.225
           2  4247.400
           3  4500.900
           4  4571.350
           5  4603.625
```

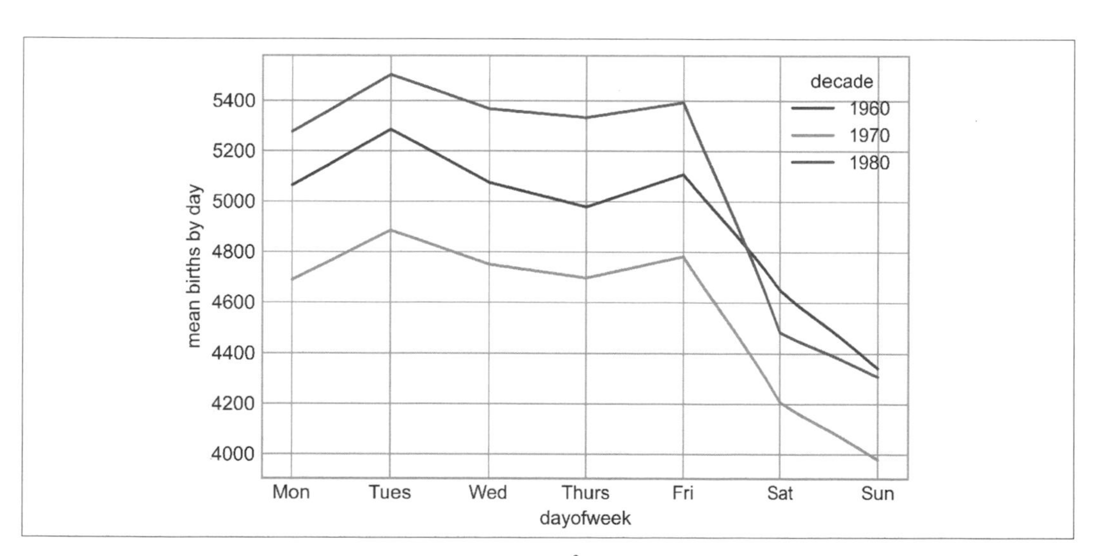

圖 21-2：以十年為單位，週一到週日的平均出生率[3]

3　本圖表的全彩版本可以在 GitHub（*https://oreil.ly/PDSH_GitHub*）上取得。

此結果是一個基於月和日的多重索引。為了容易繪出此圖表，可以把月和日與一個虛擬的年份（留意年的部分要能夠讓因閏年所形成的 2 月 29 日可以被正確處理）結合為一組：

```
In [21]: from datetime import datetime
         births_by_date.index = [datetime(2012, month, day)
                                 for (month, day) in births_by_date.index]
         births_by_date.head()
Out[21]:                births
         2012-01-01  4009.225
         2012-01-02  4247.400
         2012-01-03  4500.900
         2012-01-04  4571.350
         2012-01-05  4603.625
```

只聚焦在月和年上，得到一個以一年中的不同日期來看出生人數的時間序列。此資料可以使用 `plot` 畫出圖形（圖 21）。它透露出一些有趣的趨勢：

```
In [22]: # 把結果畫出來
         fig, ax = plt.subplots(figsize=(12, 4))
         births_by_date.plot(ax=ax);
```

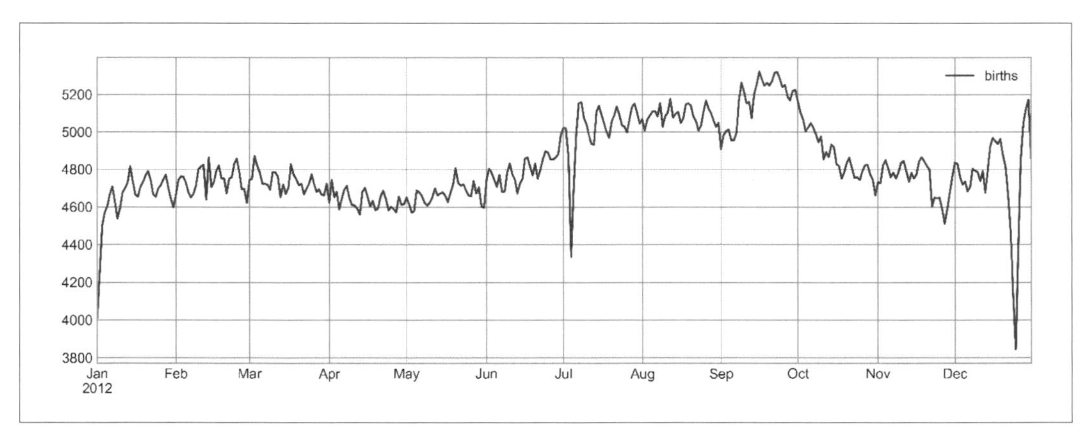

圖 21-3：從不同日期看平均每日出生人數 [4]

4　本圖表的全彩版本可以在 GitHub（*https://oreil.ly/PDSH_GitHub*）中取得。

這張圖讓人印象深刻的地方在於，美國節日（例如：獨立紀念日、勞動節、感恩節、新年）的出生率都降低很多，然而這看起來反映了計畫生育所產生的結果，而不是一些深層身心理因素所影響的自然生育。關於這個趨勢的更多討論，可以參閱 Andrew Gelman 在部落格上的分析（*https://oreil.ly/ugVHI*）。我們在第 32 章中會再次用到這個例子，並使用 Matplotlib 工具為這張圖加上更多的標記內容。

審視這個簡短的例子，看到了許多 Python 和 Pandas 工具可以被合併使用，以取得對於各式各樣資料更深入的觀察。後面的章節中，會有一些處理這些資料更複雜的應用。

第 22 章

向量化字串操作

Python 的其中一個強項是它對於處理和操作字串資料相對簡單。Pandas 建立在這個基礎上，而且提供了完整的向量化字串操作，當我們在處理（其實就是：清理）真實世界資料時，它就會成為非常重要的部分。本章將就 Pandas 字串操作做一個完整的檢視，而且關注在如何使用它們去清理那些非常煩雜的、從網際網路蒐集而來的菜單資料集。

Pandas 字串操作介紹

在前面的章節中已經示範過，那些工具像是 NumPy 以及 Pandas 的通用算術運算，是如何讓我們可以很容易快速地在許多陣列元素上執行同樣的運算，例如：

```
In [1]: import numpy as np
        x = np.array([2, 3, 5, 7, 11, 13])
        x * 2
Out[1]: array([ 4,  6, 10, 14, 22, 26])
```

向量化的運算簡化了在資料陣列上的運算語法：我們不用再去擔心陣列的大小和形狀，只要關心想要做什麼樣的運算就可以了。對於字串的陣列，NumPy 並沒有提供像這樣簡單的使用方法，以致於你會被困在更複雜的迴圈語法中：

```
In [2]: data = ['peter', 'Paul', 'MARY', 'gUIDO']
        [s.capitalize() for s in data]
Out[2]: ['Peter', 'Paul', 'Mary', 'Guido']
```

這樣的做法可能對於某些資料是足夠的，但是如果其中有資料缺失，此運算需要加入額外的檢查：

```
In [3]: data = ['peter', 'Paul', None, 'MARY', 'gUIDO']
        [s if s is None else s.capitalize() for s in data]
Out[3]: ['Peter', 'Paul', None, 'Mary', 'Guido']
```

此種人工的方式不僅冗長且不方便，而且可能衍生出更多的錯誤。

Pandas 提供了對應的方法包括透過 Pandas `Series` 的 `str` 特性以及包含字串的 `Index` 物件以解決向量化字串操作的需求，以及正確處理缺失資料的方法。所以，假設建立了一個 Pandas `Series`，則此資料可以直接呼叫 `str.capitalize` 方法，因為該方法具有內建的缺失資料處理功能：

```
In [4]: import pandas as pd
        names = pd.Series(data)
        names.str.capitalize()
Out[4]: 0    Peter
        1     Paul
        2     None
        3     Mary
        4    Guido
        dtype: object
```

Pandas 字串方法的表格

如果你對於在 Python 中操作字串有充分的理解，大部分 Pandas 的字串語法應該夠直覺到讓我們只要列出所有可用方法的表格就可以了。在深入挖掘一些精妙之處以前，將先從這裡開始。本節的內容使用了以下的 `Series` 物件：

```
In [5]: monte = pd.Series(['Graham Chapman', 'John Cleese', 'Terry Gilliam',
                           'Eric Idle', 'Terry Jones', 'Michael Palin'])
```

和 Python 字串處理類似的方法

幾乎所有的 Python 內建字串方法都被對應到一個 Pandas 向量化字串方法。這裡是 Pandas `str` 方法對應到 Python 字串方法函式的部分：

```
len         lower       translate   islower     ljust
upper       startswith  isupper     rjust       find
endswith    isnumeric   center      rfind       isalnum
isdecimal   zfill       index       isalpha     split
strip       rindex      isdigit     rsplit      rstrip
capitalize  isspace     partition   lstrip      swapcase
```

留意它們有不同的傳回值。有一些，像是 lower() 傳回的是一個字串的 Series：

```
In [6]: monte.str.lower()
Out[6]: 0    graham chapman
        1       john cleese
        2     terry gilliam
        3         eric idle
        4       terry jones
        5     michael palin
        dtype: object
```

有些則是回傳數值：

```
In [7]: monte.str.len()
Out[7]: 0    14
        1    11
        2    13
        3     9
        4    11
        5    13
        dtype: int64
```

或是布林值：

```
In [8]: monte.str.startswith('T')
Out[8]: 0    False
        1    False
        2     True
        3    False
        4     True
        5    False
        dtype: bool
```

也有些回傳的是串列或是每一個元素值的複合值：

```
In [9]: monte.str.split()
Out[9]: 0    [Graham, Chapman]
        1       [John, Cleese]
        2     [Terry, Gilliam]
        3         [Eric, Idle]
        4       [Terry, Jones]
        5     [Michael, Palin]
        dtype: object
```

在持續往下討論時，將會看到此種串列 Series 物件更進一步的操作。

使用正規表示式的方法

此外，有許多方法接受使用正規表示式（regexps）去檢查每一個字串元素的內容，然後依循 Python 內建的 re 模組之 API 慣例（請參閱表 22-1）。

表 22-1：Pandas 的方法和 Python re 模組中的函式之對應表

方法	說明
match()	對每一個元素呼叫 re.match()，然後傳回一個布林值
extract()	對每一個元素呼叫 re.match()，然後用字串傳回符合的群組
findall()	對每一個元素呼叫 re.findall()
replace()	用其他的字串取代符合的樣式
contains()	對每一個元素呼叫 re.search()，然後傳回一個布林值
count()	計算符合樣式的數目
split()	相當於 str.split()，但是接受正規表示式
rsplit()	相當於 str.rsplit()，但是接受正規表示式

透過上述的這些方法函式，可以進行廣泛且有趣的操作。例如：可以透過詢問每一個元素開始的相鄰字元取出每一個名字：

```
In [10]: monte.str.extract('([A-Za-z]+)', expand=False)
Out[10]: 0     Graham
         1       John
         2      Terry
         3       Eric
         4      Terry
         5    Michael
         dtype: object
```

或是也可以執行一些更複雜的，像是找出所有名字中開始和結尾都是子音的字串，在正規表示式中可以使用「^」表示字串的開頭處，而使用「$」表示字串的結尾處：

```
In [11]: monte.str.findall(r'^[^AEIOU].*[^aeiou]$')
Out[11]: 0    [Graham Chapman]
         1                  []
         2     [Terry Gilliam]
         3                  []
         4       [Terry Jones]
         5     [Michael Palin]
         dtype: object
```

這樣可以將正規表示式的能力精確地套用在 Series 或 DataFrame 項目上，這對於資料的分析和清理多了更多的可能性。

雜項方法

最後，表 22-2 列出了一些可以讓我們更方便操作的其他方法。

表 22-2：其他 Pandas 字串方法

方法	說明
get()	索引每一個元素
slice()	切片每一個元素
slice_replace()	使用傳進去的值取代在每一個元素的切片
cat()	串接字串
repeat()	重複值
normalize()	重複值傳回字串的 Unicode 格式
pad()	在字串的左邊、右邊、或是兩邊加上空白
wrap()	把長字串分割成多列，每一列不超過給定的寬度
join()	每 Series 中的每一個元素以傳入的分格符號串連成字串
get_dummies()	把虛擬變數提取出來變成一個 DataFrame

向量化項目的存取和切片

特別是 get() 和 slice() 操作，允許從每一個陣列中向量化存取元素。例如：你可以使用 str.slice(0, 3) 從陣列中取得一個前 3 個字元的切片。要注意的是，這個行為也可以透過 Python 的一般索引語法來實現，例如：df.str.slice(0, 3) 和 df.str[0:3] 是相等的：

```
In [12]: monte.str[0:3]
Out[12]: 0    Gra
         1    Joh
         2    Ter
         3    Eri
         4    Ter
         5    Mic
         dtype: object
```

對 df.str.get(i) 和 df.str[i] 進行索引是相同的。

這些索引方法也可以讓你存取從 `split()` 傳回來的陣列元素。例如：要擷取每一個項目的姓氏，可以結合 `split()` 和 `str` 索引：

```
In [13]: monte.str.split().str[-1]
Out[13]: 0    Chapman
         1     Cleese
         2    Gilliam
         3       Idle
         4      Jones
         5      Palin
         dtype: object
```

指示符變數

另外一個需要多解釋一些的是 `get_dummies()`。當資料中有一個欄位包含了一些編碼過的指示符時它就很有用處。

例如：如果有一個資料集包含某一型式編碼的資訊，像是 A="born in America"、B="born in the United Kingdom"、C="likes cheese、以及 D="likes spam"：

```
In [14]: full_monte = pd.DataFrame({'name': monte,
                                    'info': ['B|C|D', 'B|D', 'A|C',
                                             'B|D', 'B|C', 'B|C|D']})
         full_monte
Out[14]:             name   info
         0  Graham Chapman  B|C|D
         1     John Cleese    B|D
         2   Terry Gilliam    A|C
         3       Eric Idle    B|D
         4     Terry Jones    B|C
         5   Michael Palin  B|C|D
```

`get_dummies()` 程序讓你可以快速地把這些指示符切割出來成為一個 `DataFrame`：

```
In [15]: full_monte['info'].str.get_dummies('|')
Out[15]:    A  B  C  D
         0  0  1  1  1
         1  0  1  0  1
         2  1  0  1  0
         3  0  1  0  1
         4  0  1  1  0
         5  0  1  1  1
```

把上述這些操作做為建構方塊，你可以在清理資料時建構一個沒有任何侷限的字串處理程序。

在此不會更進一步深入探討這些方法，但是筆者鼓勵你完整地閱讀 Pandas 的線上文件「Working with Text Data」(*https://oreil.ly/oYgWA*)，或是參閱第 239 頁的「更多資源」小節中的清單。

範例：食譜資料庫

向量化的字串操作在清理真實世界中雜亂的資料時非常有用。在此，我們將遍歷這樣的一個例子，使用一個編輯自不同網頁來源的開放式食譜資料庫。我們的目標是剖析食譜資料讓它成為食材清單，以便可以更快地找出一份根據我們目前手上擁有的食材為主的食譜。用來編譯的腳本可以在 GitHub（*https://oreil.ly/3S0Rg*）中找到，而目前版本的資料庫也可以在該連結中找到。

這份資料庫大約 30MB，可以利用以下的指令下載及解壓縮：

```
In [16]: # repo = "https://raw.githubusercontent.com/jakevdp/open-recipe-data/master"
         # !cd data && curl -O {repo}/recipeitems.json.gz
         # !gunzip data/recipeitems.json.gz
```

此資料庫使用的是 JSON 格式，所以可以試著透過 `pd.read_json` 讀取它（讀取這份資料集時需要把 `line=True` 加上去，因為檔案中的每一行都是一個 JSON 項目）：

```
In [17]: recipes = pd.read_json('data/recipeitems.json', lines=True)
         recipes.shape
Out[17]: (173278, 17)
```

在此，你可以發現這全部有將近 175,000 個食譜以及 17 個欄位，把其中一列找出來看看我們得到了些什麼：

```
In [18]: recipes.iloc[0]
Out[18]: _id                                {'$oid': '5160756b96cc62079cc2db15'}
         name                                    Drop Biscuits and Sausage Gravy
         ingredients         Biscuits\n3 cups All-purpose Flour\n2 Tablespo...
         url                 http://thepioneerwoman.com/cooking/2013/03/dro...
         image               http://static.thepioneerwoman.com/cooking/file...
         ts                                         {'$date': 1365276011104}
         cookTime                                                       PT30M
         source                                               thepioneerwoman
         recipeYield                                                       12
         datePublished                                             2013-03-11
         prepTime                                                       PT10M
         description         Late Saturday afternoon, after Marlboro Man ha...
         totalTime                                                        NaN
```

```
creator                                                                  NaN
recipeCategory                                                           NaN
dateModified                                                             NaN
recipeInstructions                                                       NaN
Name: 0, dtype: object
```

這裡有非常多資訊，但是大部分都是非常雜亂的型式，就像是一般從網頁上抓下來時會有的樣子。尤其是食材清單是使用字串格式；以下將會小心地擷取這些感興趣的資訊，讓我們從詳細檢視食材開始：

```
In [19]: recipes.ingredients.str.len().describe()
Out[19]: count    173278.000000
         mean        244.617926
         std         146.705285
         min           0.000000
         25%         147.000000
         50%         221.000000
         75%         314.000000
         max        9067.000000
         Name: ingredients, dtype: float64
```

這些食材清單平均 250 個字元長，最少的是 0，而最多的將近有 10,000 個字元！

基於好奇心，來看看是哪一個食譜有這麼長的食材清單：

```
In [20]: recipes.name[np.argmax(recipes.ingredients.str.len())]
Out[20]: 'Carrot Pineapple Spice &amp; Brownie Layer Cake with Whipped Cream &amp;
          > Cream Cheese Frosting and Marzipan Carrots'
```

我們可以進行其他聚合計算來探索這些資料。例如，來看一下有多少食譜是用來準備早餐所需的（使用正規表示式以同時匹配小寫及大寫字母）：

```
In [21]: recipes.description.str.contains('[Bb]reakfast').sum()
Out[21]: 3524
```

或是多少食譜使用了肉桂這個食材：

```
In [22]: recipes.ingredients.str.contains('[Cc]innamon').sum()
Out[22]: 10526
```

甚至可以看一下有沒有食譜把肉桂（cinnamon）這個食材拼錯成「cinamon」：

```
In [23]: recipes.ingredients.str.contains('[Cc]inamon').sum()
Out[23]: 11
```

這一類型的基本資料探查也可以結合 Pandas 的字串工具。此種資料清理正是 Python 真正厲害的地方。

一個簡單的食譜推薦器

讓我們再更進一步開始建立一個簡單的食譜推薦系統：給一份食材清單，找出一個使用所有這些食材的食譜。雖然在概念上十分地直覺，但從這些異質的資料中進行這個工作卻很複雜：沒有一個是簡單的操作，例如從每一列中擷取出一個乾淨的食材清單。所以，偏離一下主題：先從一般的食材清單開始，並且簡單地搜尋看看它們是否都存在於每一個食譜的食材清單中。為了簡單起見，暫且只考慮草本植物和香料。

```
In [24]: spice_list = ['salt', 'pepper', 'oregano', 'sage', 'parsley',
                       'rosemary', 'tarragon', 'thyme', 'paprika', 'cumin']
```

在此建立一個由 True 和 False 組成的布林 DataFrame，用來表示這個食材是否出現在此清單中：

```
In [25]: import re
         spice_df = pd.DataFrame({
             spice: recipes.ingredients.str.contains(spice, re.IGNORECASE)
             for spice in spice_list})
         spice_df.head()
Out[25]:     salt  pepper  oregano   sage  parsley  rosemary  tarragon  thyme   \
         0  False   False    False   True    False     False     False  False
         1  False   False    False  False    False     False     False  False
         2   True    True    False  False    False     False     False  False
         3  False   False    False  False    False     False     False  False
         4  False   False    False  False    False     False     False  False

            paprika   cumin
         0    False   False
         1    False   False
         2    False    True
         3    False   False
         4    False   False
```

以此例而言，假設要尋找會使用到香菜（parsley）、辣椒（paprika）、和龍蒿（tarragon）的食譜。你可以使用在第 24 章提到的 query() 方法，快速地計算出來：

```
In [26]: selection = spice_df.query('parsley & paprika & tarragon')
         len(selection)
Out[26]: 10
```

以上發現只有 10 個食譜同時使用了這三樣食材：接著使用 selection 當作是索引，找出這些食譜的名字：

```
In [27]: recipes.name[selection.index]
Out[27]: 2069      All cremat with a Little Gem, dandelion and wa...
         74964                         Lobster with Thermidor butter
         93768      Burton's Southern Fried Chicken with White Gravy
         113926                     Mijo's Slow Cooker Shredded Beef
         137686                     Asparagus Soup with Poached Eggs
         140530                                 Fried Oyster Po'boys
         158475                Lamb shank tagine with herb tabbouleh
         158486                 Southern fried chicken in buttermilk
         163175            Fried Chicken Sliders with Pickles + Slaw
         165243                        Bar Tartine Cauliflower Salad
         Name: name, dtype: object
```

現在已經讓將近 175,000 種的食譜選擇，變成只剩下 10 種，你就容易決定晚餐要煮些什麼了。

更進一步使用食譜

希望這個例子可以讓你淺嚐一下，透過 Pandas 字串方法提升此類型清理資料的操作。當然，建立一個非常穩健的食譜推薦系統需要更多的工作。從每一個食譜中擷取出完整的食材清單是此工作非常重要的一部分。不幸的是，裡面使用的各式各樣格式讓整個過程非常費時。此點是在資料科學的旅程中，清理來自於真實世界中的資料，經常是工作中主要的部分，而 Pandas 提供可以幫助我們做得更有效的工具。

第 23 章

使用時間序列（Time Series）

Pandas 最初是在財務模型領域發展的，所以如預期的，它也包含了相當多的工具集可以用來操作日期、時間、時間索引的資料。日期（date）和時間（time）資料有幾種不同的類型，我們將在此討論：

時間戳（*timestamp*）

　一個特定的時間點（例如：2021 年 7 月 4 日早上 7 點）。

時間間隔（*time interval* 及 *period*）

　表示某一個特定的開始時間和結束時間中的時間長度。例如：2021 年 6 月。period 通常是表示一個時間間隔的特例，每一個間隔是一個固定的長度，而且它們不會重疊（例如：使用 24 小時的長度來構成一天）。

時間差（*time delta* 或 *durations*）

　表示一個時間長度（例如：22.56 秒）。

在此章中將介紹如何在 Pandas 使用這裡的每一個日期和時間的資料。短短的一節中沒辦法對於 Python 或 Pandas 可以用的時間系列工具進行完整的引導，取而代之，我們將做一個廣泛的介紹，說明做為一個使用者，如何嘗試使用時間序列。在對 Pandas 提供的工具進行更進一步介紹之前，先從對 Python 中所提供、和日期及時間有關的工具進行簡要的介紹。最後，在列出一些可以進一步研究的資源之後，我們將會檢閱一些在 Pandas 中使用時間序列的一些簡短的範例。

Python 中的日期和時間

在 Python 的世界中有許多對於日期、時間、時間差、以及時間區間的表示方法。雖然 Pandas 提供的時間序列工具在資料科學應用中是比較有用的，但是檢視一下在 Python 中的其他和此有關的套件也有幫助。

Python 原生的日期和時間：datetime 以及 dateutil

Python 用來操作日期和時間的基本物件是內建的 `datetime` 模組。配合第三方 `dateutil` 套件，可以很快地執行一堆在日期和時間上有用的功能。例如，可以使用 `datetime` 型態手動建立一個日期：

```
In [1]: from datetime import datetime
        datetime(year=2021, month=7, day=4)
Out[1]: datetime.datetime(2021, 7, 4, 0, 0)
```

或是使用 dateutil 模組，可以從一個各式各樣的字串中剖析出日期：

```
In [2]: from dateutil import parser
        date = parser.parse("4th of July, 2021")
        date
Out[2]: datetime.datetime(2021, 7, 4, 0, 0)
```

一旦有了一個 datetime 物件，即可執行像是「列印出某一天是星期幾」的工作：

```
In [3]: date.strftime('%A')
Out[3]: 'Sunday'
```

在最後一行，使用列印日期的一個標準字串格式編碼（`'%A'`），你可以在 Python 的 `datetime` 文件中（*https://oreil.ly/AGVR9*）的 `strftime` 該節中找到相關資訊（*https://oreil.ly/bjdsf*）。其他有用的日期工具之說明文件，可以在 `dateutil` 線上文件中找到（*https://oreil.ly/Y5Rwd*）。相關的套件是 `pytz`（*https://oreil.ly/DU9J*），它包含了可以用來處理最令人頭痛的時間系列資料的部分：時區。

`datetime` 和 `dateutil` 的威力在於它們的使用彈性和簡易的語法：你可以使用這些物件和它們內建的方法，很容易地去執行幾乎任何感興趣的運算。而當打算操作非常大的日期和時間陣列時，就像是 Python 的數值變數串列會比 NumPy 型態的數值陣列效能差一樣，Python 之 datetime 物件串列也會比編碼過的日期固定型態陣列來得差。

時間的固定型態陣列：NumPy 的 datetime64

NumPy 的 datetime64 dtype 把日期編碼為 64 位元整數，如此可以讓日期陣列更加地緊湊，並以高效的方式運作。datetime64 需要一個特定的輸入格式：

```
In [4]: import numpy as np
        date = np.array('2021-07-04', dtype=np.datetime64)
        date
Out[4]: array('2021-07-04', dtype='datetime64[D]')
```

一旦我們有了此種格式的日期，我們可以很快地對其進行向量化操作：

```
In [5]: date + np.arange(12)
Out[5]: array(['2021-07-04', '2021-07-05', '2021-07-06', '2021-07-07',
               '2021-07-08', '2021-07-09', '2021-07-10', '2021-07-11',
               '2021-07-12', '2021-07-13', '2021-07-14', '2021-07-15'],
              dtype='datetime64[D]')
```

因為 NumPy datetime64 陣列是單一型態，這個型式的操作可以比在 Python 中使用 datetime 物件還要更快地被執行，特別是陣列變得更大的時候（我們之前在第 6 章介紹過此種型式的向量化）。

datetime64 和 timedelta64 物件有一個細節是，它們被建立在一個基本的時間單位（*fundamental time unit*）上。因為 datetime64 物件被限制在 64 位元的精確度，此編碼的範圍為是 264 乘上這個基本的單位。換句話說，datetime64 強制在時間的解析度和最大可表示範圍間做了取捨。

例如，如果想要可以達到一奈秒（nanosecond）的精確度，你只能有編碼到 264 個奈秒的資訊，也就是不到 600 年。NumPy 會從輸入值去推算想要使用的單位：例如，下列是以天為單位的 datetime：

```
In [6]: np.datetime64('2021-07-04')
Out[6]: numpy.datetime64('2021-07-04')
```

底下是以分為單位的 datetime：

```
In [7]: np.datetime64('2021-07-04 12:00')
Out[7]: numpy.datetime64('2021-07-04T12:00')
```

你可以使用其中的一個編碼格式強制設定想要的基本單位。例如，以下強制使用以奈秒為單位的時間：

```
In [8]: np.datetime64('2021-07-04 12:59:59.50', 'ns')
Out[8]: numpy.datetime64('2021-07-04T12:59:59.500000000')
```

表 23-1 是從 NumPy `datetime64` 說明文件中擷取部分，列出可用的格式碼以及該編碼可以使用的相對和絕對時間範圍。

表 23-1：日期和時間編碼的說明

編碼	意義	時間範圍（相對）	時間範圍（絕對）
Y	年	± 9.2e18 年	[9.2e18 BC, 9.2e18 AD]
M	月	± 7.6e17 年	[7.6e17 BC, 7.6e17 AD]
W	星期	± 1.7e17 年	[1.7e17 BC, 1.7e17 AD]
D	天	± 2.5e16 年	[2.5e16 BC, 2.5e16 AD]
h	小時	± 1.0e15 年	[1.0e15 BC, 1.0e15 AD]
m	分	± 1.7e13 年	[1.7e13 BC, 1.7e13 AD]
s	秒	± 2.9e12 年	[2.9e9 BC, 2.9e9 AD]
ms	毫秒	± 2.9e9 年	[2.9e6 BC, 2.9e6 AD]
us	微秒	± 2.9e6 年	[290301 BC, 294241 AD]
ns	奈秒	± 292 年	[1678 AD, 2262 AD]
ps	微微秒	± 106 天	[1969 AD, 1970 AD]
fs	毫微微秒	± 2.6 小時	[1969 AD, 1970 AD]
as	原秒	± 9.2 秒	[1969 AD, 1970 AD]

就我們在真實世界中看到的資料型態，有用的預設是 `datetime64[ns]`，因為它可以編碼出現代日期中夠用的範圍以及適合的精確度。

最後要說明的是，雖然 `datetime64` 資料型態解決了一些 Python 內建的 `datetime` 型態的不足，但它缺少了許多由 `datetime`（特別是 `dateutil`）所提供的方便的函式和方法。更多的資訊可以在 NumPy 的 `datetime64` 說明文件（*https://oreil.ly/XDbck*）中找到。

在 Pandas 中的 date 和 time：在兩個世界都最好

Pandas 建立了之前所有提到過的工具以提供 `Timestamp` 物件，它結合了 `datetime` 和 dateutil 的易用性以及 `numpy.datetime64` 的儲存效率及向量化的介面。從這些 `Timestamp`

物件的群組中，Pandas 可以建立一個 DataFrameIndex，它可以被使用在 Series 或是 DataFrame 的索引資料。

例如，可以使用 Pandas 工具去重複之前做過的示範。以下示範剖析一個具有彈性的格式字串資料，以及使用格式編碼去輸出某一天是星期幾：

```
In [9]: import pandas as pd
        date = pd.to_datetime("4th of July, 2021")
        date
Out[9]: Timestamp('2021-07-04 00:00:00')
In [10]: date.strftime('%A')
Out[10]: 'Sunday'
```

此外，可以直接在同一個物件上執行 NumPy 型式的向量化操作：

```
In [11]: date + pd.to_timedelta(np.arange(12), 'D')
Out[11]: DatetimeIndex(['2021-07-04', '2021-07-05', '2021-07-06', '2021-07-07',
                        '2021-07-08', '2021-07-09', '2021-07-10', '2021-07-11',
                        '2021-07-12', '2021-07-13', '2021-07-14', '2021-07-15'],
                       dtype='datetime64[ns]', freq=None)
```

在下一節中，我們將對於如何使用 Pandas 提供的工具用來處理時間序列資料，做更深入的檢視。

Pandas 時間序列：使用時間做索引

當我們開始使用時間戳來索引資料時，Pandas 的時間序列工具就變得非常有用。例如，可以建構一個具有時間索引資料的 Series 物件如下：

```
In [12]: index = pd.DatetimeIndex(['2020-07-04', '2020-08-04',
                                   '2021-07-04', '2021-08-04'])
         data = pd.Series([0, 1, 2, 3], index=index)
         data
Out[12]: 2020-07-04    0
         2020-08-04    1
         2021-07-04    2
         2021-08-04    3
         dtype: int64
```

在 Series 中有了資料，就可以使用任何一個在前面章節中討論過的 Series 索引樣式，傳遞被包裝成日期的值：

```
In [13]: data['2020-07-04':'2021-07-04']
Out[13]: 2020-07-04    0
```

```
         2020-08-04    1
         2021-07-04    2
         dtype: int64
```

有一些特別只能利用日期做為索引的操作，像是傳遞一個年份值，以取得所有資料中依據年份來取得的切片：

```
In [14]: data['2021']
Out[14]: 2021-07-04    2
         2021-08-04    3
         dtype: int64
```

稍後將會額外看到把日期當作是索引的方便範例，但是首先，讓我們審視一下可用的時間序列資料結構。：

Pandas 時間序列資料結構

這一節將會介紹用來和時間序列資料一起使用的基本資料結構：

- 對於時間戳（*time stamp*），Pandas 提供了 `Timestamp` 型態。就像之前提過的，它本質上取代了 Python 原生的 `datetime`，但是建立在更有效率的 `numpy.datetime64` 資料型態上。其相關的索引結構是 `DatetimeIndex`。
- 對於時間間隔（*time period*），Pandas 提供了 `Period` 型態。它以 `numpy.datetime64` 為基礎編碼了一個固定頻率間隔。其相關的索引結構是 `PeriodIndex`。
- 對於時間差（*time delta* 或 *duration*），Pandas 提供了 `Timedelta` 型態。`Timedelta` 是 Python 原生 `datetime.timedelta` 型態更有效率的替代品，也是以 `numpy.timedelta64` 為基礎。它相關的索引結構是 `TimedeltaIndex`。

在這些日期時間物件中，最基本的是 `Timestamp` 和 `DatetimeIndex` 物件。雖然這些類別物件可以直接被呼叫，但是最常使用的是 `pd.to_datetime()` 函數，它可以解析非常多種格式。傳遞一個單一日期到 `pd.to_datetime()` 會產生一個 `Timestamp`，傳遞一串日期時預設會產生一個 `DatetimeIndex`：

```
In [15]: dates = pd.to_datetime([datetime(2021, 7, 3), '4th of July, 2021',
                                 '2021-Jul-6', '07-07-2021', '20210708'])
         dates
Out[15]: DatetimeIndex(['2021-07-03', '2021-07-04', '2021-07-06', '2021-07-07',
                        '2021-07-08'],
                       dtype='datetime64[ns]', freq=None)
```

任一 DatetimeIndex 可以透過 to_period() 函式加上一個頻率單位編碼將之轉換成 PeriodIndex，在這裡我們使用 'D' 代表以天為單位的頻率：

```
In [16]: dates.to_period('D')
Out[16]: PeriodIndex(['2021-07-03', '2021-07-04', '2021-07-06', '2021-07-07',
                      '2021-07-08'],
                     dtype='period[D]')
```

當一個日期減去另一個時，會產生一個 TimedeltaIndex：

```
In [17]: dates - dates[0]
Out[17]: TimedeltaIndex(['0 days', '1 days', '3 days', '4 days', '5 days'],
          > dtype='timedelta64[ns]', freq=None)
```

常規序列：pd.date_range()

為了讓建立常規日期序列更加地方便，Pandas 提供一些函式用來做這件事：pd.date_range() 可以產生時間戳、pd.period_range() 可以產生時間間隔、而 pd.timedelta_range() 則是用來產生時間差。我們已經看過 Python 的 range() 和 NumPy 的 np.arange() 把起始點、結束點、以及可以選用的陣列步長轉換成一序列的數值，同樣地，pd.date_range() 也接受起始日期、結束日期、以及可以選用的頻率編碼，然後創建一個有規則的日期序列：

```
In [18]: pd.date_range('2015-07-03', '2015-07-10')
Out[18]: DatetimeIndex(['2015-07-03', '2015-07-04', '2015-07-05', '2015-07-06',
                        '2015-07-07', '2015-07-08', '2015-07-09', '2015-07-10'],
                       dtype='datetime64[ns]', freq='D')
```

另一種方式，日期範圍可以不用同時指定開始和結束日，而是以一個起始點再加上要重複的次數就可以了：

```
In [19]: pd.date_range('2015-07-03', periods=8)
Out[19]: DatetimeIndex(['2015-07-03', '2015-07-04', '2015-07-05', '2015-07-06',
                        '2015-07-07', '2015-07-08', '2015-07-09', '2015-07-10'],
                       dtype='datetime64[ns]', freq='D')
```

你可以指定 freq 參數來調整間隔，它的預設值是 D。例如，以下建立一個以小時為單位的一系列時間戳：

```
In [20]: pd.date_range('2015-07-03', periods=8, freq='H')
Out[20]: DatetimeIndex(['2015-07-03 00:00:00', '2015-07-03 01:00:00',
                        '2015-07-03 02:00:00', '2015-07-03 03:00:00',
```

```
                 '2015-07-03 04:00:00', '2015-07-03 05:00:00',
                 '2015-07-03 06:00:00', '2015-07-03 07:00:00'],
                dtype='datetime64[ns]', freq='H')
```

要建立規則間隔或是時間差時間序列，兩個非常類似的 `pd.period_range()` 以及 `pd.timedelta_range()` 也非常有用。以下是一些以月為單位的時間間隔：

```
In [21]: pd.period_range('2015-07', periods=8, freq='M')
Out[21]: PeriodIndex(['2015-07', '2015-08', '2015-09',
                      '2015-10', '2015-11', '2015-12',
                      '2016-01', '2016-02'],
                     dtype='period[M]')
```

以及每次增加一個小時的時間間隔序列：

```
In [22]: pd.timedelta_range(0, periods=6, freq='H')
Out[22]: TimedeltaIndex(['0 days 00:00:00', '0 days 01:00:00', '0 days 02:00:00',
                         '0 days 03:00:00', '0 days 04:00:00', '0 days 05:00:00'],
                        dtype='timedelta64[ns]', freq='H')
```

以上的這些都必須對於 Pandas 的頻率編碼有一些瞭解，這個部分會在下一節中摘要說明之。

頻率和位移值

Pandas 時間系列工具的基礎是關於頻率和日期位移值的概念。底下的表格節錄了主要可以使用的編碼；就好像之前看到的 `D`（day）和 `H`（hour）編碼，我們可以使用這些編碼去指定任何想要的頻率間隔。表 23-2 節錄了主要可以使用的編碼。

表 23-2：Pandas 頻率編碼列表

編碼	說明	編碼	說明
D	日曆天	B	工作天
W	週		
M	月結束點	BM	工作月結束點
Q	季結束點	BQ	工作季結束點
A	年結束點	BA	工作年結束點
H	小時	BH	工作小時
T	分		
S	秒		

編碼	說明	編碼	說明
L	毫秒		
U	微秒		
N	奈秒		

其中月、季、年頻率都是用來標記指定的時間間隔結束點。在它們之後再加上一個 S 的字尾，表示開始點（表 23-3）。

表 23-3：開始索引頻率編碼列表

編碼	說明	編碼	說明
MS	月份開始	BMS	工作月份開始
QS	季開始	BQS	工作季度開始
AS	年開始	BAS	工作年開始

此外可以加上 3 個字母的月編碼放在字尾，標記任何季或是年編碼所使用的月份：

- Q-JAN、BQ-FEB、QS-MAR、BQS-APR 等等。
- A-JAN、BA-FEB、AS-MAR、BAS-APR 等等。

同樣的方式，也可以加上 3 個字母的週編碼做為週頻率的分割點：W-SUN、W-MON、W-TUE、W-WED 等等。

除此之外，編碼也可以結合數字以指定其他的頻率。例如，要建立一個 2 小時 30 分的頻率，可以結合小時（H）以及分（T）編碼如下：

```
In [23]: pd.timedelta_range(0, periods=6, freq="2H30T")
Out[23]: TimedeltaIndex(['0 days 00:00:00', '0 days 02:30:00', '0 days 05:00:00',
                         '0 days 07:30:00', '0 days 10:00:00', '0 days 12:30:00'],
                        dtype='timedelta64[ns]', freq='150T')
```

所有這些簡短的編碼可以被用來做為 Pandas 時間系列位移值的特定實例，這些可以在 pd.tseries.offsets 模組中找到。例如，可以直接使用以下的方式建立一個工作日位移值：

```
In [24]: from pandas.tseries.offsets import BDay
         pd.date_range('2015-07-01', periods=6, freq=BDay())
Out[24]: DatetimeIndex(['2015-07-01', '2015-07-02', '2015-07-03', '2015-07-06',
                        '2015-07-07', '2015-07-08'],
                       dtype='datetime64[ns]', freq='B')
```

更多關於頻率和位移值的討論，可以參考 Pandas 線上說明文件中的「`DateOffset`」一節（*https://oreil.ly/J6JHA*）。

重新取樣、位移、以及窗口設定

使用日期和時間做為索引以直覺地組織和存取資料的能力，是 Pandas 時間序列工具一個重要的部分。一般而言，索引資料的好處（操作時自動對齊、直覺地進行資料切片及存取等等）在此仍然適用，而且 Pandas 還提供了許多額外的時間序列專用的操作。

我們將會在此檢視其中的部分，使用一些股票價格資料當作是範例。因為 Pandas 在金融領域發展地非常龐大，包含了非常多財務資料的特定工具。例如：`pandas-datareader` 套件（可以使用 `pip install pandas-datareader` 安裝）知道如何從許多可用的來源匯入資料。在此，我們將會載入部分的 S&P 500 價格歷史資訊：

```
In [25]: from pandas_datareader import data

         sp500 = data.DataReader('^GSPC', start='2018', end='2022',
                                 data_source='yahoo')
         sp500.head()
Out[25]:                    High          Low         Open        Close      Volume \
         Date
         2018-01-02  2695.889893  2682.360107  2683.729980  2695.810059  3367250000
         2018-01-03  2714.370117  2697.770020  2697.850098  2713.060059  3538660000
         2018-01-04  2729.290039  2719.070068  2719.310059  2723.989990  3695260000
         2018-01-05  2743.449951  2727.919922  2731.330078  2743.149902  3236620000
         2018-01-08  2748.510010  2737.600098  2742.669922  2747.709961  3242650000


                       Adj Close
         Date
         2018-01-02  2695.810059
         2018-01-03  2713.060059
         2018-01-04  2723.989990
         2018-01-05  2743.149902
         2018-01-08  2747.709961
```

為了簡單起見，這裡只使用收盤價：

```
In [26]: sp500 = sp500['Close']
```

我們可以使用 `plot()` 方法把它視覺化，在經過正常的 Matplotlib 設定樣板（參閱第四篇）之後，結果如圖 23-1 所示：

```
In [27]: %matplotlib inline
         import matplotlib.pyplot as plt
         plt.style.use('seaborn-whitegrid')
         sp500.plot();
```

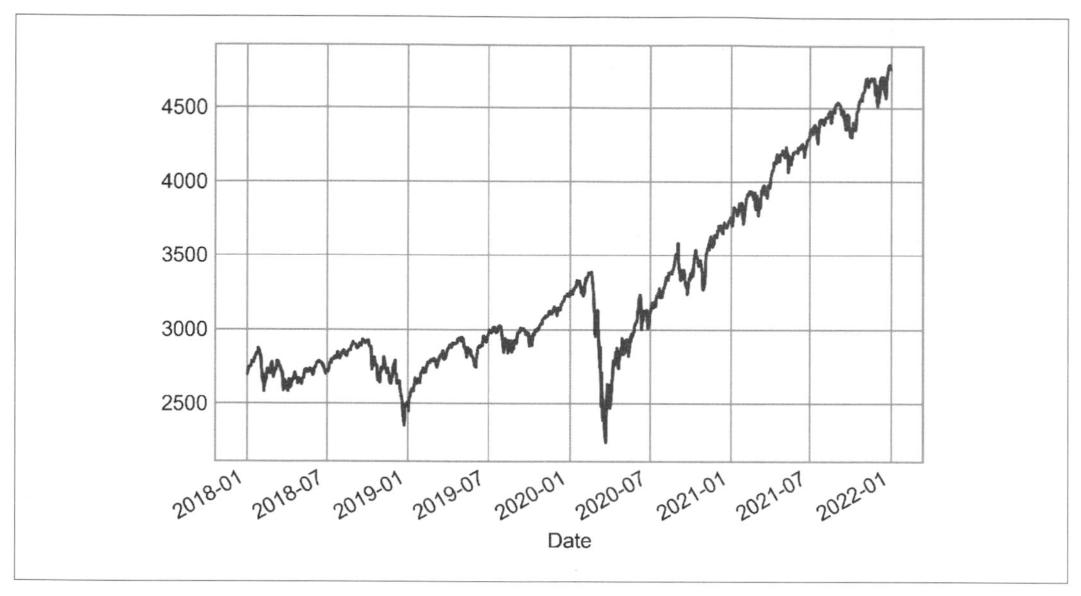

圖 23-1：S&P500 收盤走勢圖

重新取樣與轉換頻率

對於時間序列資料而言，一個常常會用到的需求是在一個較高或較低的頻率進行重新取樣。你可以使用 `resample()` 方法來做到，或是用更簡單的 `asfreq()` 方法。這兩者主要的不同在於 `resample()` 是以資料聚合計算（*data aggregation*）為基礎，而 `asfreq()` 則是以資料選擇（*data selection*）為基礎。

再來看 S&P 500 的收盤價，比較一下當降低取樣這些資料時，兩者傳回的差異。以下將在每一工作年末重新取樣資料，圖 23-2 展示了其結果：

```
In [28]: sp500.plot(alpha=0.5, style='-')
         sp500.resample('BA').mean().plot(style=':')
         sp500.asfreq('BA').plot(style='--');
         plt.legend(['input', 'resample', 'asfreq'],
                    loc='upper left');
```

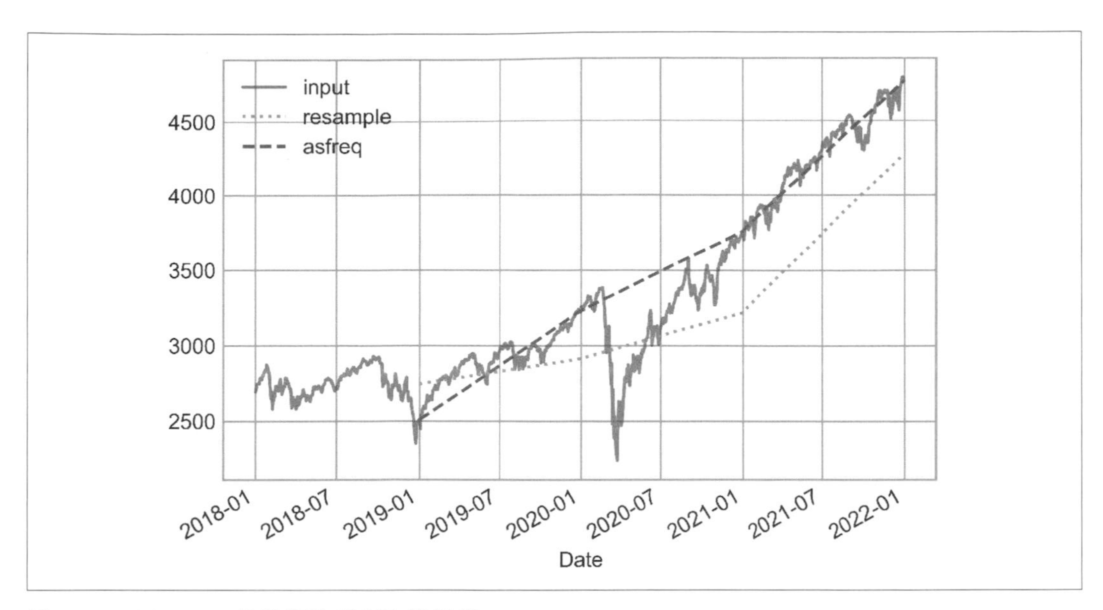

圖 23-2：S&P 500 收盤價的重新取樣結果

請留意其中的差異：在每一個點上，`resample()` 會傳回前一年的平均，而 `asfreq()` 則是傳回該年年末時的值。

在提高取樣頻率時，`resample()` 和 `asfreq()` 大致相同，不過 `resample` 有許多的選項可以選用。在此例中，兩種方法預設情況是讓多出來的取樣點留空；也就是用 NA 值填入。就像是之前在第 16 章討論過的 `pd.fillna()` 函式，`asfreq()` 接受一個 `method` 參數去指定要插補入何值。以下是重新取樣工作日資料改為以天為頻率（也就是包括週末），如圖 23-3 所示：

```
In [29]: fig, ax = plt.subplots(2, sharex=True)
         data = sp500.iloc[:20]
         data.asfreq('D').plot(ax=ax[0], marker='o')
         data.asfreq('D', method='bfill').plot(ax=ax[1], style='-o')
         data.asfreq('D', method='ffill').plot(ax=ax[1], style='--o')
         ax[1].legend(["back-fill", "forward-fill"]);
```

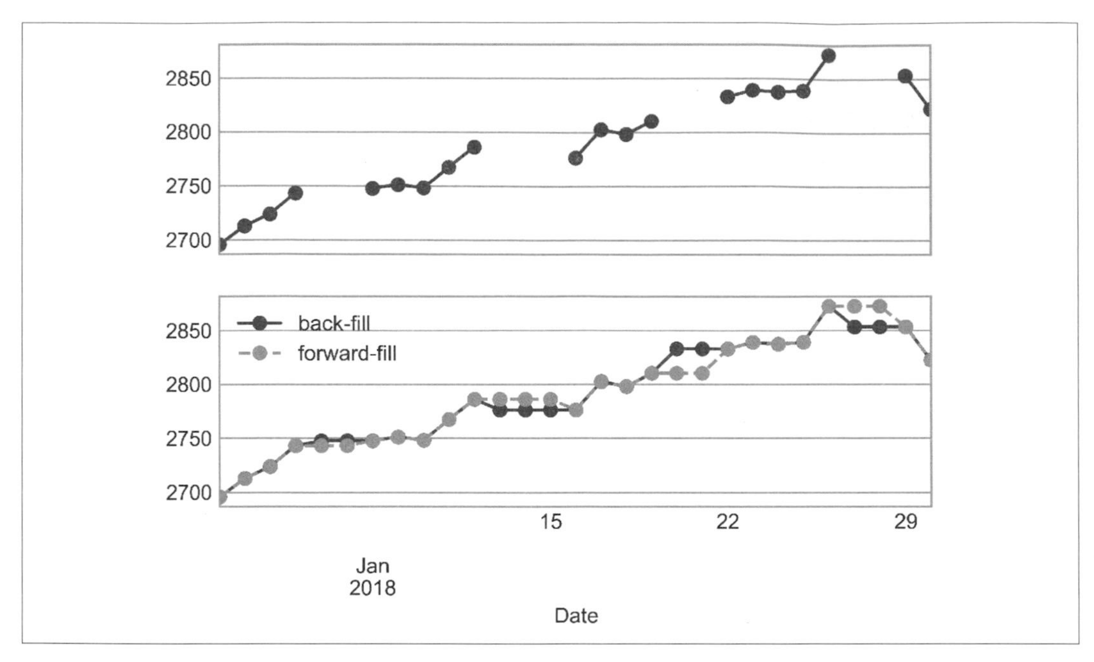

圖 23-3：向前填補（forward-fill）和向後填補（back-fill）內差法的比較

因為 S&P 500 只有在工作日有資料，上面那張圖留下間隔以代表 NA 值，下面那張圖則展現了在填滿間隙時採用不同策略的差異：向前填補（forward-fill）與向後填補（back-fill）。

時間位移（time-shift）

另外一個常見的時間系列專用操作是讓日期可以在時間中移位。為此，Pandas 提供 `shift` 方法，輸入項目數進行資料的位移操作。藉由以固定頻率對時間序列資料進行取樣，提供我們一個探索隨時間變化趨勢的方法。例如：在此我們重新把資料以天為單位進行取樣，然後位移 364，以計算 S&P 500 隨時間推移的一年投資回報（請參考圖 23-4）。

```
In [30]: sp500 = sp500.asfreq('D', method='pad')
         ROI = 100 * (sp500.shift(-365) - sp500) / sp500
         ROI.plot()
         plt.ylabel('% Return on Investment after 1 year');
```

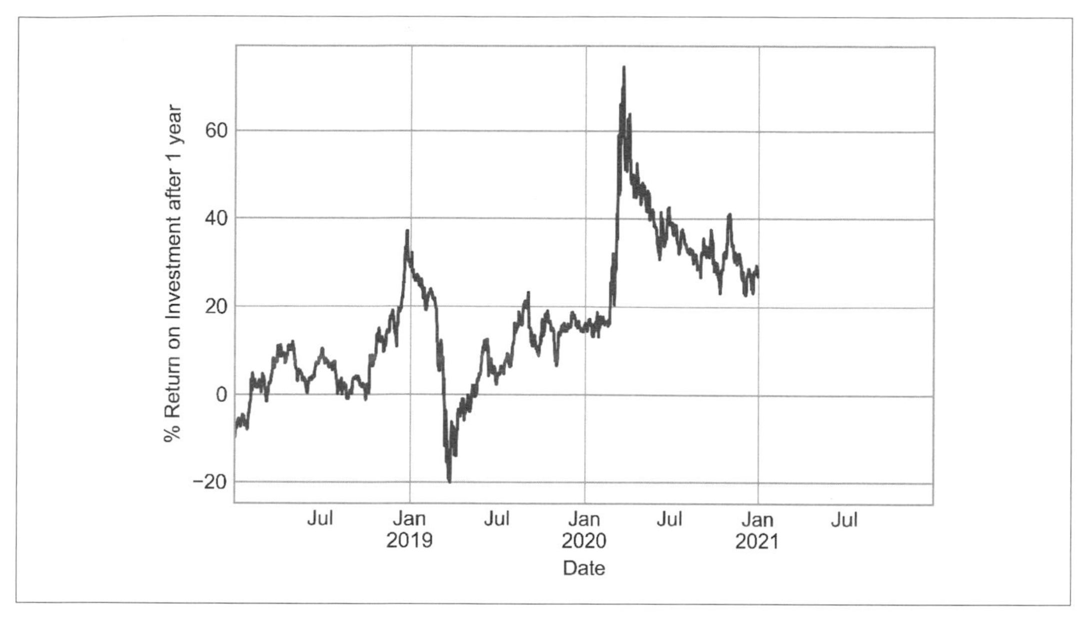

圖 23-4：一年的投資回報率

最糟的一年回報率是在大約 2019 年 3 月份，與新冠病毒相關的市場剛好在一年之後崩盤。正如你所料，對於那些有足夠遠見或好運的人在低價時買入的話，最好的一年回報率是在 2020 年 3 月份。

滾動窗口

滾動統計值是第三種 Pandas 實作的時間序列專屬的操作。可以透過 `Series` 和 `DataFrame` 物件的 `rolling` 屬性來完成，它會傳回一個類似於在 `groupby` 操作（參閱第 20 章）時的視圖。這個滾動視圖預設可以在許多聚合操作中使用。

例如，以下是以一年為中心的股價滾動平均數和標準差（圖 23-5）：

```
In [31]: rolling = sp500.rolling(365, center=True)

         data = pd.DataFrame({'input': sp500,
                              'one-year rolling_mean': rolling.mean(),
                              'one-year rolling_median': rolling.median()})
         ax = data.plot(style=['-', '--', ':'])
         ax.lines[0].set_alpha(0.3)
```

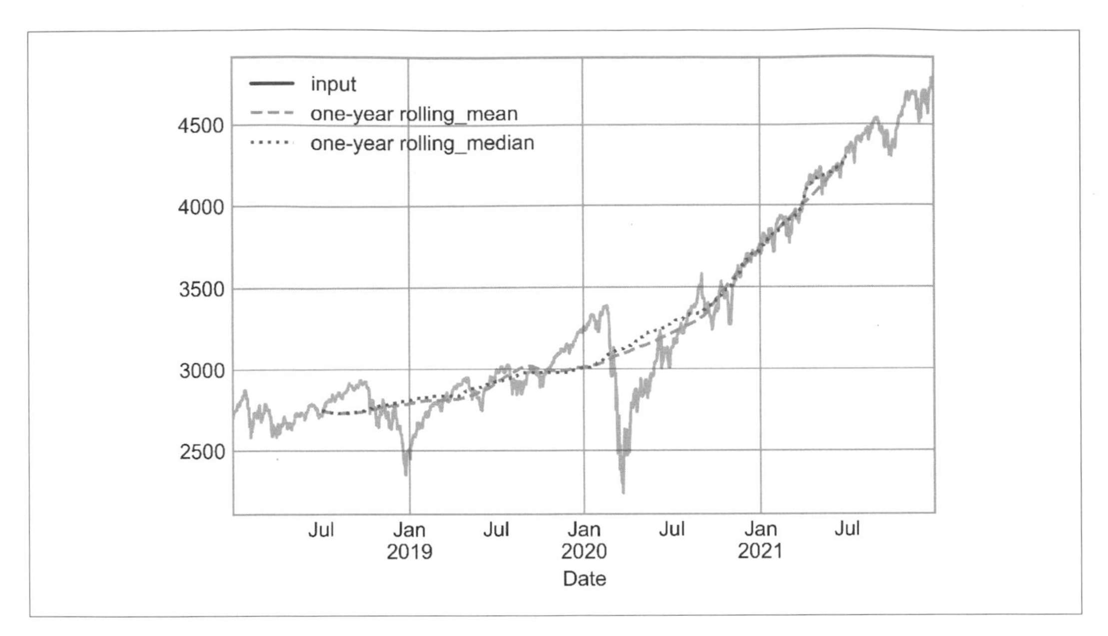

圖 23-5：S&P 500 指數的滾動統計值

就像是 `groupby` 操作，`aggregate()` 和 `apply()` 方法可以被用在客製化的滾動運算中。

到哪裡去學到更多

本章對於 Pandas 所提供的相當有特色的時間系列工具僅僅給了一個簡要的介紹，如需要更詳細的討論，你可以參考 Pandas 線上說明文件的「Time Series/Date Functionality」一節（*https://oreil.ly/uC3pB*）。

另一個很棒的資源是由 Wes McKinney（O'Reilly, 2012）所著的《Python for Data Analysis》一書（*https://oreil.ly/ik2g7*），它在 Pandas 的使用上具有無法衡量之參考價值。尤其是，這本書強調時間系列工具在商業和財務方法的應用，以及聚焦在商業日曆、時區、以及相關主題的特別細節。

就像是筆者一直強調的，你也可以使用 IPython 的求助功能去探索以及嘗試每一個提到過的函式和方法之可用選項，這是學習一個新的 Python 工具最好的方式。

範例：西雅圖自行車數量的視覺化

做為一個更吸引人的，在時間序列資料上操作的範例，讓我們來看看西雅圖弗里蒙特橋（Fremont Bridge，*https://oreil.ly/6qVBt*）上的自行車計數。此資料來自於自動自行車計數器，它被安裝於 2012 年後期，分別在橋的東側和西側人行道上裝置的感測器。這個以小時為單位的計數資料可以在 *http://data.seattle.gov/* 下載；Fremont Bridge Bicycle Counter 資料集可以在 Transportation 類別下找到。

本書所使用的 CSV 可以透過以下的方式完成下載：

```
In [32]: # url = ('https://raw.githubusercontent.com/jakevdp/'
         #        'bicycle-data/main/FremontBridge.csv')
         # !curl -O {url}
```

在資料集下載之後，可以使用 Pandas 讀取 CSV 格式的檔案資料放到 `DataFrame` 中。我們將指定 `Date` 當作是索引，而且要讓這些日期被自動地剖析：

```
In [33]: data = pd.read_csv('FremontBridge.csv', index_col='Date', parse_dates=True)
         data.head()
Out[33]:                      Fremont Bridge Total  Fremont Bridge East Sidewalk  \
         Date
         2019-11-01 00:00:00                  12.0                           7.0
         2019-11-01 01:00:00                   7.0                           0.0
         2019-11-01 02:00:00                   1.0                           0.0
         2019-11-01 03:00:00                   6.0                           6.0
         2019-11-01 04:00:00                   6.0                           5.0

                              Fremont Bridge West Sidewalk
         Date
         2019-11-01 00:00:00                           5.0
         2019-11-01 01:00:00                           7.0
         2019-11-01 02:00:00                           1.0
         2019-11-01 03:00:00                           0.0
         2019-11-01 04:00:00                           1.0
```

為了方便起見，需要進一步地處理這個資料集，簡化欄名：

```
In [34]: data.columns = ['Total', 'East', 'West']
```

現在可以來看看這份資料的統計摘要如下：

```
In [35]: data.dropna().describe()
Out[35]:                Total           East           West
         count  147255.000000  147255.000000  147255.000000
         mean      110.341462      50.077763      60.263699
         std       140.422051      64.634038      87.252147
         min         0.000000       0.000000       0.000000
         25%        14.000000       6.000000       7.000000
         50%        60.000000      28.000000      30.000000
         75%       145.000000      68.000000      74.000000
         max      1097.000000     698.000000     850.000000
```

視覺化這些資料

接著可以藉由繪出此資料集進行觀察。從直接繪出原始資料開始（參見圖 23-6）：

```
In [36]: data.plot()
         plt.ylabel('Hourly Bicycle Count');
```

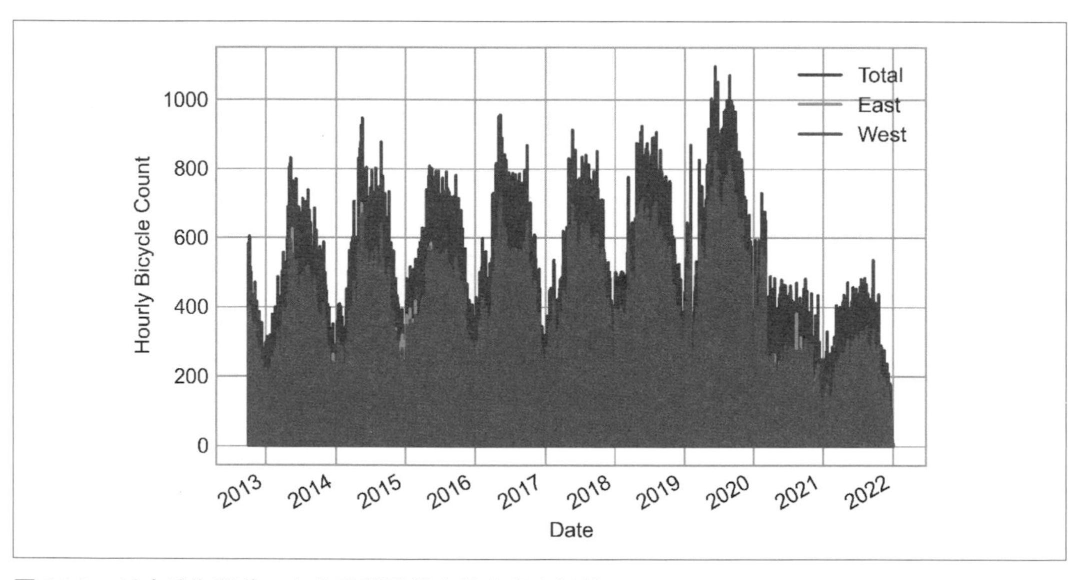

圖 23-6：以小時為單位，在弗里蒙特橋上的自行車計數

這個將近 150,000 小時的樣本對我們來說太過於密集以致於不太有用處。需要透過重新以稀疏一點的格子來取樣以得到更好的觀察。接下來使用星期重新取樣如下（參見圖 23-7）：

```
In [37]: weekly = data.resample('W').sum()
         weekly.plot(style=['-', ':', '--'])
         plt.ylabel('Weekly bicycle count');
```

這樣就讓我們看到了一些趨勢：正如你所料，人們在夏季會比冬季多騎一些自行車，甚至在特定的季節中，自行車的使用在不同的星期中也會有所不同（似乎和天氣有相依性：請參考第 42 章，在那裡會有更深入的探討）。再者，在 2020 年初，COVID-19 疫情對通勤模式的影響也非常顯著。

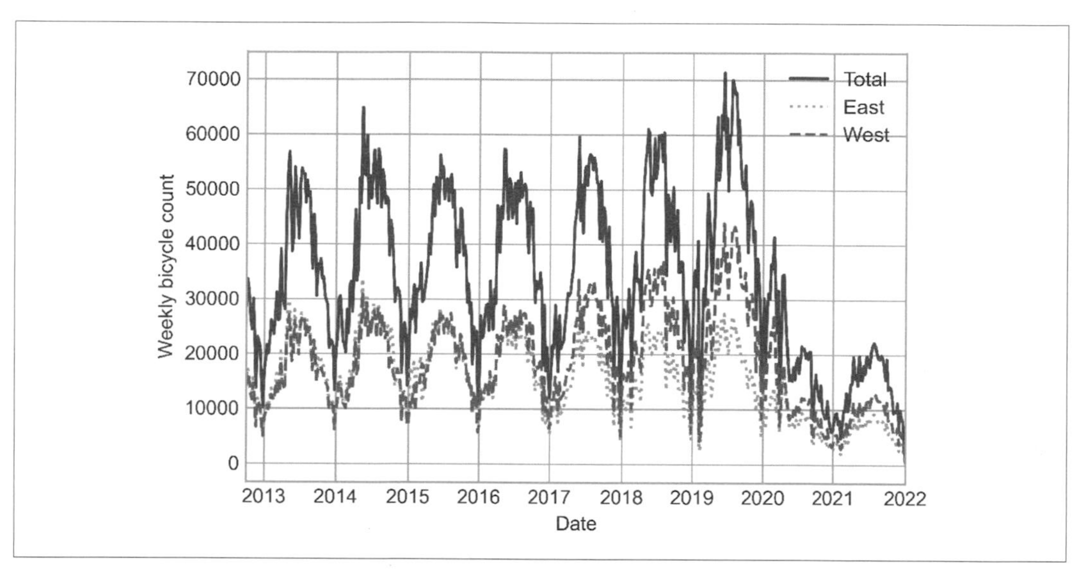

圖 23-7：以星期為單位，記錄自行車穿越西雅圖弗里蒙特橋的次數

另外一個在聚合計算資料時也可以派上用場的是使用滾動平均數，可以利用 `pd.rolling_mean()` 函式。在此，將把資料進行一個 30 天的滾動平均，以確保其置於窗口的中間（參見圖 23-8）：

```
In [38]: daily = data.resample('D').sum()
         daily.rolling(30, center=True).sum().plot(style=['-', ':', '--'])
         plt.ylabel('mean hourly count');
```

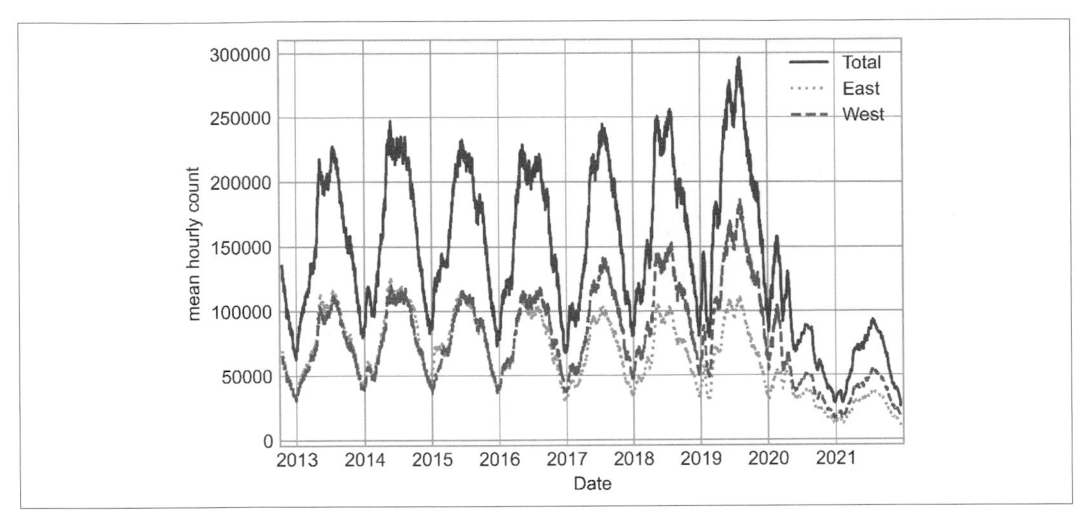

圖 23-8：每週自行車計數的滾動平均數

結果之所以這麼粗糙是因為窗口進行了直接截斷。我們可以透過窗口函式（例如：高斯窗口，Gaussian window）以取得滾動平均比較平滑的版本（如圖 23-9）。以下的程式碼指定了窗口的寬度（選用 50 天）以及窗口中的高斯寬度（選用 10 天）：

```
In [39]: daily.rolling(50, center=True,
                       win_type='gaussian').sum(std=10).plot(style=['-', ':', '--']);
```

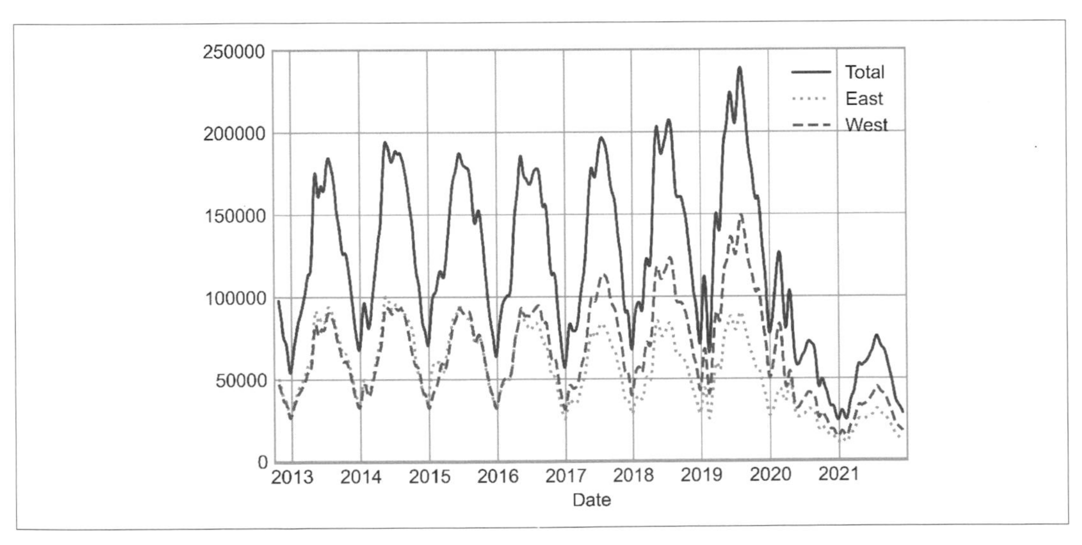

圖 23-9：使用高斯數來平滑以週為單位之自行車計數

深入挖掘資料

在取得資料的一般趨勢時，雖然平滑版本資料視圖還不錯，但它們還隱藏了許多結構！例如：如果你想要看把平均流量，當作是一天中的時間函式。我們可以使用在第 20 章中討論過的 groupby() 功能做到這點（參見圖 23-10）：

```
In [40]: by_time = data.groupby(data.index.time).mean()
         hourly_ticks = 4 * 60 * 60 * np.arange(6)
         by_time.plot(xticks=hourly_ticks, style=['-', ':', '--']);
```

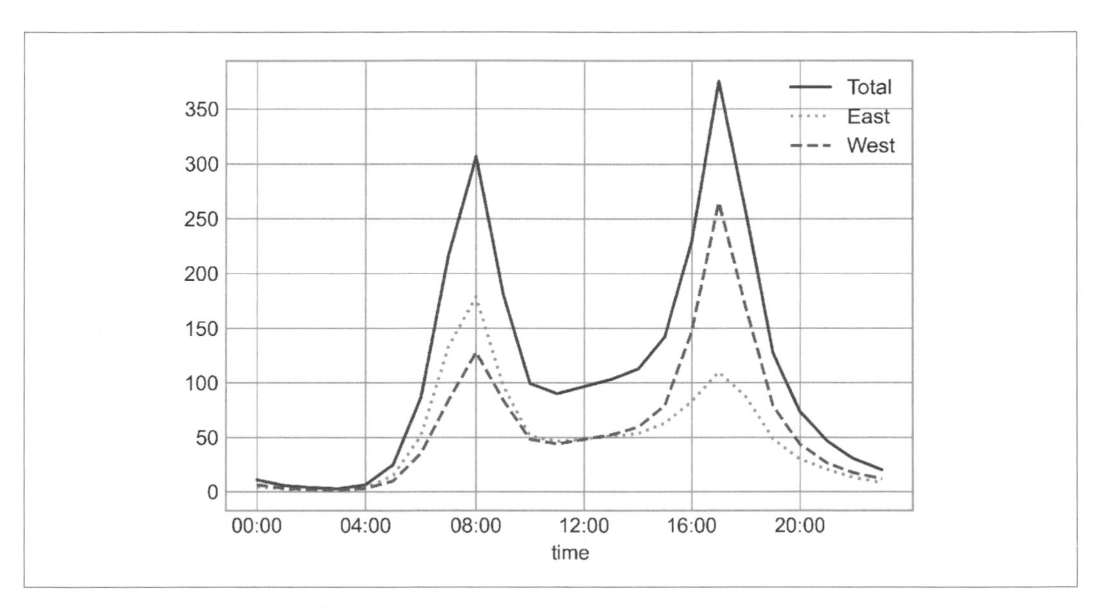

圖 23-10：每小時平均自行車數

每小時流量呈現很明顯的雙峰分佈，兩個高峰分別是在早上 8 點以及下午 5 點。此點剛好證明了通勤流量是行經此橋很重要的因素。還有一個方向性成分：根據資料，東側人行道在上午通勤期間使用得較多，而西人行道在下午通勤期間使用得較多。

我們也好奇在一週中的每一天是如何變化的。再一次，我們使用簡單的 groupby()（參見圖 23-11）如下：

```
In [41]: by_weekday = data.groupby(data.index.dayofweek).mean()
         by_weekday.index = ['Mon', 'Tues', 'Wed', 'Thurs', 'Fri', 'Sat', 'Sun']
         by_weekday.plot(style=['-', ':', '--']);
```

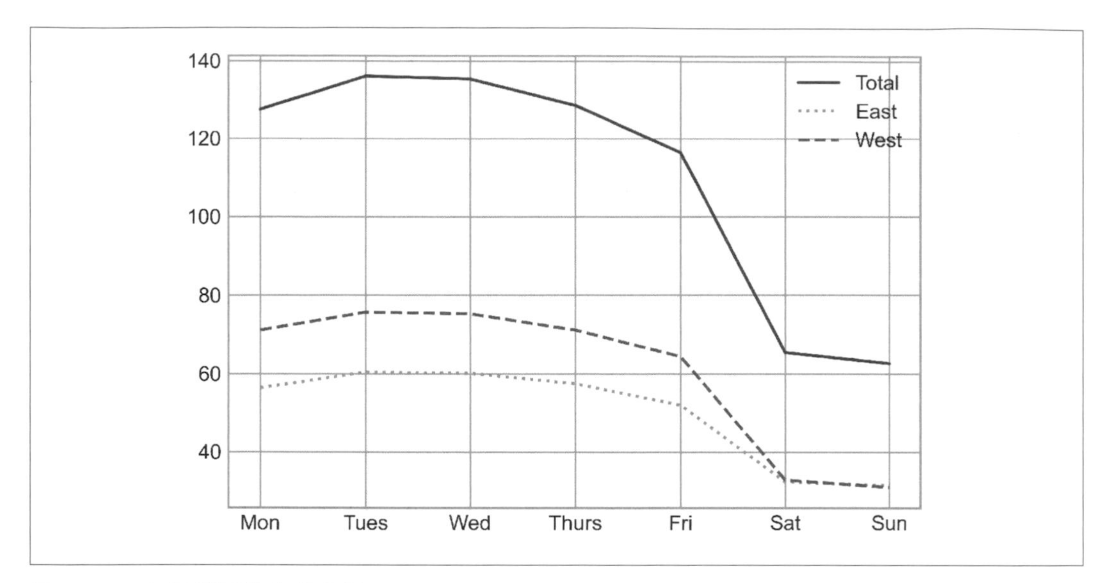

圖 23-11：每天的平均自行車量

此圖顯示出了平常日和週末總量是非常不一樣的，週一到週五的平均自行車量大約是週六和週日的 2 倍。

有了這些觀察，接下來執行複合的 groupby()，然後看看平常日和週末以小時為單位的趨勢。以下將先使用一個標示週末的旗標，以及每日時間所建立的分組開始：

```
In [42]: weekend = np.where(data.index.weekday < 5, 'Weekday', 'Weekend')
         by_time = data.groupby([weekend, data.index.time]).mean()
```

接著，使用一些在第 31 章中會說明的 Matplotlib 工具畫出並列的 2 個 panel，如圖 23-12 所示。

```
In [43]: import matplotlib.pyplot as plt
         fig, ax = plt.subplots(1, 2, figsize=(14, 5))
         by_time.loc['Weekday'].plot(ax=ax[0], title='Weekdays',
                                     xticks=hourly_ticks, style=['-', ':', '--'])
         by_time.loc['Weekend'].plot(ax=ax[1], title='Weekends',
                                     xticks=hourly_ticks, style=['-', ':', '--']);
```

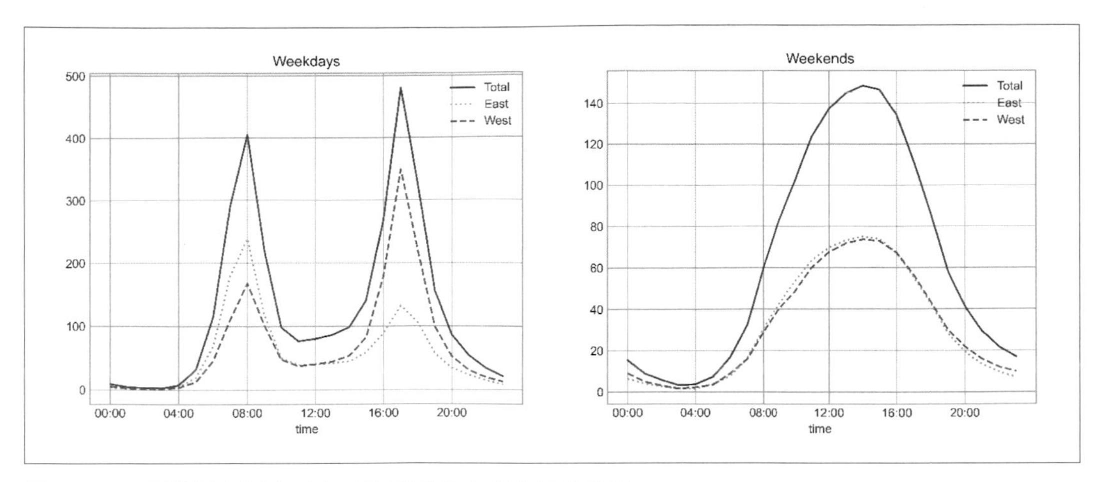

圖 23-12：平常日和週末以小時為單位的自行車平均數量

這個結果顯示了在平常日有很明顯的雙峰現象，而在週末則是重新形成的單峰現象。如果更深入去挖掘這些資料的細節一定會很有趣，包括查看天氣、溫度、一年內的不同時期、以及其他會影響人們通勤模式的因素。更進一步的討論，可以參考我的部落格貼文「Is Seattle Rally Seeing an Uptick in Cycling?」（*https://oreil.ly/j5oEI*），它使用了這個資料的子集。我們在第 42 章裡的建模內文中，將再一次回來探討這個資料集。

第 24 章

高效能 Pandas：eval 與 query

就像是在前面的章節中看到過的，PyData 堆疊的威力是建立在 NumPy 以及 Pandas 讓基本運算使用直覺高階的語法進入低階編譯程式碼的能力：例子就是在 NumPy 中的向量化 / 擴張運算，以及在 Pandas 中分組類的運算。雖然這些抽象概念是非常有效率且影響了許多一般的使用案例，但它們經常依賴在中間暫存物件的建立上，這會造成在運算時間以及記憶體使用上的額外成本。

為了解決這個問題，Pandas 包含了一些方法可以讓你直接存取 C 語言等級速度的運算而不會產生中間陣列的高成本配置：`eval()` 以及 `query()`，它們依靠在 Numexpr 套件上（*https://oreil.ly/acvj5*）。在本章我們將會逐步查看它們的使用，以及提供一些關於何時你可以考慮使用它們的經驗法則。

使用 query 和 eval 的動機：複合的敘述式

之前我們看過 NumPy 以及 Pandas 支援的快速向量化運算：例如，當你要相加兩個陣列元素時：

```
In [1]: import numpy as np
        rng = np.random.default_rng(42)
        x = rng.random(1000000)
        y = rng.random(1000000)
```

```
        %timeit x + y
Out[1]: 2.21 ms ± 142 µs per loop (mean ± std. dev. of 7 runs, 100 loops each)
```

如同在第 6 章中的討論，此種方式和透過 Python 迴圈進行加法比較起來快了非常多：

```
In [2]: %timeit np.fromiter((xi + yi for xi, yi in zip(x, y)),
                            dtype=x.dtype, count=len(x))
Out[2]: 263 ms ± 43.4 ms per loop (mean ± std. dev. of 7 runs, 1 loop each)
```

但是在計算複合敘述時，這樣的方式卻會變得比較沒有效率。例如，考慮以下的敘述：

```
In [3]: mask = (x > 0.5) & (y < 0.5)
```

因為 NumPy 會計算每一個子敘述，這大約等於以下的式子：

```
In [4]: tmp1 = (x > 0.5)
        tmp2 = (y < 0.5)
        mask = tmp1 & tmp2
```

換句話說，每一個中間的步驟都被明顯地配置在記憶體中。如果 `x` 和 `y` 陣列非常大，可能會導致相當大量的記憶體以及運算的額外負擔。Numexpr 程式庫給我們可以對此種複合敘述式逐項元素進行計算的能力，不需要一次配置全部的中間值陣列。Numexpr 說明文件（*https://oreil.ly/acvj5*）中有更詳細的資料，但是在此對於我們想要進行的運算，至少此程式庫可以接受一個以字串表示的 NumPy 型式之敘述式就夠用了：

```
In [5]: import numexpr
        mask_numexpr = numexpr.evaluate('(x > 0.5) & (y < 0.5)')
        np.all(mask == mask_numexpr)
Out[5]: True
```

此例最主要的優點是，Numexpr 使用這種方式計算敘述式時，不需要建立全尺寸的暫存陣列，因此可以比 NumPy 更有效率，尤其是在非常大的陣列時。接著要討論的 Pandas `eval()` 和 `query()` 工具其概念也類似，本質上它們是 NumExpr 功能的 Pandas 包裝器。

使用 pandas.eval 進行高效運算

Pandas 的 `eval` 函式使用字串敘述式高效率地在 `DataFrame` 上進行運算。例如，考慮以下的資料：

```
In [6]: import pandas as pd
        nrows, ncols = 100000, 100
        df1, df2, df3, df4 = (pd.DataFrame(rng.random((nrows, ncols)))
                              for i in range(4))
```

為了計算所有 4 個 DataFrame 的總和，使用傳統的 Pandas 方式，我們只要單純地把它們加起來：

```
In [7]: %timeit df1 + df2 + df3 + df4
Out[7]: 73.2 ms ± 6.72 ms per loop (mean ± std. dev. of 7 runs, 10 loops each)
```

同樣的結果可以把敘述式建立成一個字串，然後透過 pd.eval 加以計算：

```
In [8]: %timeit pd.eval('df1 + df2 + df3 + df4')
Out[8]: 34 ms ± 4.2 ms per loop (mean ± std. dev. of 7 runs, 10 loops each)
```

在取得相同結果的情形下，此敘述式的 eval 版本大約快了 50%（而且使用較少的記憶體）：

```
In [9]: np.allclose(df1 + df2 + df3 + df4,
                    pd.eval('df1 + df2 + df3 + df4'))
Out[9]: True
```

pd.eval 支援了相當廣泛的運算。為了展示這些功能，我們將使用以下的整數資料：

```
In [10]: df1, df2, df3, df4, df5 = (pd.DataFrame(rng.integers(0, 1000, (100, 3)))
                                    for i in range(5))
```

接下來是 pd.eval 所支援的運算之摘要整理：

算術運算子

pd.eval 支援所有的算術運算子。例如：

```
In [11]: result1 = -df1 * df2 / (df3 + df4) - df5
         result2 = pd.eval('-df1 * df2 / (df3 + df4) - df5')
         np.allclose(result1, result2)
Out[11]: True
```

比較運算子

pd.eval 支援所有的比較運算子，包括合併在一起的敘述：

```
In [12]: result1 = (df1 < df2) & (df2 <= df3) & (df3 != df4)
         result2 = pd.eval('df1 < df2 <= df3 != df4')
         np.allclose(result1, result2)
Out[12]: True
```

逐位元運算子

pd.eval 支援 & 以及 | 位元運算子：

```
In [13]: result1 = (df1 < 0.5) & (df2 < 0.5) | (df3 < df4)
         result2 = pd.eval('(df1 < 0.5) & (df2 < 0.5) | (df3 < df4)')
         np.allclose(result1, result2)
Out[13]: True
```

此外，它也支援文字型式的 and 以及 or 布林運算式：

```
In [14]: result3 = pd.eval('(df1 < 0.5) and (df2 < 0.5) or (df3 < df4)')
         np.allclose(result1, result3)
Out[14]: True
```

物件屬性及索引

pd.eval 支援透過 obj.attr 語法存取物件屬性以及透過 obj[index] 語法的索引：

```
In [15]: result1 = df2.T[0] + df3.iloc[1]
         result2 = pd.eval('df2.T[0] + df3.iloc[1]')
         np.allclose(result1, result2)
Out[15]: True
```

其他運算子

其他運算，像是函式呼叫、條件敘述、迴圈、以及其他更多功能目前尚未在 pd.eval 中實作。如果你想要執行這些更複雜的型式的敘述式，你可以直接使用 NumExpr 程式庫。

使用 DataFrame.eval 進行逐欄操作

正如 Pandas 擁有一個高階的 pd.eval 函式，DataFrame 也有一個 eval 方法可以使用同樣的方式運作。eval 方法的好處是資料欄可以用它的名字來參考。以下是使用具有標籤陣列的例子：

```
In [16]: df = pd.DataFrame(rng.random((1000, 3)), columns=['A', 'B', 'C'])
         df.head()
Out[16]:           A         B         C
         0  0.850888  0.966709  0.958690
         1  0.820126  0.385686  0.061402
         2  0.059729  0.831768  0.652259
         3  0.244774  0.140322  0.041711
         4  0.818205  0.753384  0.578851
```

像上面這樣使用 pd.eval，可以計算此 3 欄的敘述式如下：

```
In [17]: result1 = (df['A'] + df['B']) / (df['C'] - 1)
         result2 = pd.eval("(df.A + df.B) / (df.C - 1)")
         np.allclose(result1, result2)
Out[17]: True
```

DataFrame.eval() 方法讓我們對這些欄的計算更加地簡潔：

```
In [18]: result3 = df.eval('(A + B) / (C - 1)')
         np.allclose(result1, result3)
Out[18]: True
```

留意在此在計算表達式時把欄名當作是變數看待，結果正如我們所料。

DataFrame.eval 中的賦值運算

還有一個選項要說明，DataFrame.eval 也允許對任一個欄執行設定值的操作。以下使用之前的 DataFrame，共有「A」、「B」、「C」三個欄位：

```
In [19]: df.head()
Out[19]:           A         B         C
         0  0.850888  0.966709  0.958690
         1  0.820126  0.385686  0.061402
         2  0.059729  0.831768  0.652259
         3  0.244774  0.140322  0.041711
         4  0.818205  0.753384  0.578851
```

可以使用 df.eval 去建立一個新的欄「D」，然後把來自於其他欄計算之後的值設定給它：

```
In [20]: df.eval('D = (A + B) / C', inplace=True)
         df.head()
Out[20]:           A         B         C          D
         0  0.850888  0.966709  0.958690   1.895916
         1  0.820126  0.385686  0.061402  19.638139
         2  0.059729  0.831768  0.652259   1.366782
         3  0.244774  0.140322  0.041711   9.232370
         4  0.818205  0.753384  0.578851   2.715013
```

同樣的方法，任何已經存在的欄都可以被修改：

```
In [21]: df.eval('D = (A - B) / C', inplace=True)
         df.head()
```

```
Out[21]:          A         B         C         D
         0  0.850888  0.966709  0.958690 -0.120812
         1  0.820126  0.385686  0.061402  7.075399
         2  0.059729  0.831768  0.652259 -1.183638
         3  0.244774  0.140322  0.041711  2.504142
         4  0.818205  0.753384  0.578851  0.111982
```

DataFrame.eval 中的本地端變數

`DataFrame.eval` 方法也支援一個額外的語法讓它可以操作本地端的 Python 變數。請考慮以下的內容：

```
In [22]: column_mean = df.mean(1)
         result1 = df['A'] + column_mean
         result2 = df.eval('A + @column_mean')
         np.allclose(result1, result2)
Out[22]: True
```

在此，`@` 字元標記了它是一個變數名稱而不是欄名，可以讓你有效率地計算包含 2 個「名稱空間」的敘述式：欄的名稱空間以及 Python 物件的名稱空間。要注意 `@` 字元只受 `DataFrame.eval` 方式支援，`pandas.eval` 函式則不行，因為 `pandas.eval` 函式只能存取一個（Python）名稱空間。

DataFrame.query 方法

DataFrame 有另外一個可以使用字串型式來計算的方法，叫做 `query` 方法。如下所示：

```
In [23]: result1 = df[(df.A < 0.5) & (df.B < 0.5)]
         result2 = pd.eval('df[(df.A < 0.5) & (df.B < 0.5)]')
         np.allclose(result1, result2)
Out[23]: True
```

以之前在 `DataFrame.eval` 中使用過的情形為例，這是一個包含有 `DataFrame` 欄的敘述式，然而它不能使用 `DataFrame.eval()` 語法表示，取而代之的，這一類型的過濾操作可以使用 `query` 方法：

```
In [24]: result2 = df.query('A < 0.5 and B < 0.5')
         np.allclose(result1, result2)
Out[24]: True
```

此外，為了要更有效率地運算，相較於使用遮罩敘述，此種方式更容易地閱讀與理解。留意 query 方法也可以接受 @ 旗標去標註本地端變數：

```
In [25]: Cmean = df['C'].mean()
         result1 = df[(df.A < Cmean) & (df.B < Cmean)]
         result2 = df.query('A < @Cmean and B < @Cmean')
         np.allclose(result1, result2)
Out[25]: True
```

效能：何時使用這些函式

當你思考要何時使用 eval 和 query 時，有 2 個主要的考量點：運算時間和記憶體的使用。記憶體的使用是最能夠預測的的考量點，每一個複合的敘述式包含 NumPy 陣列或是 Pandas 的 DataFrame 將會造成隱含的暫時性陣列之建立：例如，如下所示的程式碼：

```
In [26]: x = df[(df.A < 0.5) & (df.B < 0.5)]
```

大約等於以下的敘述：

```
In [27]: tmp1 = df.A < 0.5
         tmp2 = df.B < 0.5
         tmp3 = tmp1 & tmp2
         x = df[tmp3]
```

如果暫時的 DataFrame 對於可用記憶體（通常大都是幾個 GB）比較起來是非常顯著的，那使用 eval 或是 query 敘述就是一個好的主意。可以透過以下的方法大略地檢查一下陣列的大小：

```
In [28]: df.values.nbytes
Out[28]: 32000
```

而在效能這一端，即使你沒有最大化你的記憶體時，eval 會是比較快的。這個問題和暫時的 DataFrame 相較於你的系統 CPU 之 L1 或 L2 快取大小（通常大約是幾個 MB）有關：如果比起來大多了，則 eval 可以避免掉一些潛在較慢的，在不同快取記憶體之間值的搬移。實務上，我發現傳統方法和使用 eval/query 方法在運算時間上的差異並不明顯，如果有差的話，在小一點的陣列上，傳統的方法要來得快一些。eval/query 的主要優勢在於節省記憶體，以及有時候它們提供比較清楚的語法。

我們已經涵蓋了大部分 eval 和 query 的細節：如需要更多相關資訊，可以參考 Pandas 的說明文件，不同的剖析器和引擎可以被指定用來執行這些 query，而關於此點的詳細內容，請參考「Enhancing Performance」一節（*https://oreil.ly/DHNy8*）。

更多資源

本書的這個部分，我們涵蓋了許多 Pandas 用來有效率地處理資料分析的基礎。但是，這裡還是忽略了許多部分。要更深入學習 Pandas，我推薦以下的資源：

Pandas 線上說明文件（*http://pandas.pydata.org*）

　這是此套件最完整的說明文件。雖然在此文件中的範例都傾向於小型的資料集，但是對於可使用選項的描述很完整，一般上來說，這對於瞭解如何使用各式各樣的函式非常有用。

Python for Data Analysis（*https://oreil.ly/0hdsf*）

　Wes McKinney（Pandas 的原創者）所著，比起我們這一章的內容，這本書涵蓋更多套件上的細節。尤其是，他深入探究時間系列工具，這是他身為一個財務顧問的專業技術。這本書也有許多應用 Pandas 從真實世界的資料中去取得各式洞察的有趣例子。

Effective Pandas（*https://oreil.ly/cn1ls*）

　由 Pandas 開發者 Tom Augspurger 所著的小電子書，其簡要概述了如何以有效和慣用的方式使用 Pandas 程式庫的完整功能。

Pandas on PyVideo（*https://oreil.ly/mh4wI*）

　從 PyCon 到 SciPy 到 PyData，許多研討會都有來自於 Pandas 開發者和具影響力的使用者的特色教學。PyCon 的教學課程尤其是經常會請到非常有經驗的講者。

我的希望是這樣的，透過使用這些資源，加上讀完這些章的內容，你將可以準備好使用 Pandas 處理任何你遇到的資料分析難題。

第四篇

使用 Matplotlib 視覺化資料

現在我們將深入探討在 Python 中使用 Matplotlib 工具進行視覺化的工作。Matplotlib 是建立在 NumPy 上的一個多平台資料視覺化程式庫，並被設計來和更廣泛的 SciPy 堆疊組一起作業。它是由 John Hunter 在 2002 年所構想出來的，原來的想法是對於 IPython 的一個修補，讓 IPython 在命令列中藉由 `gnuplot` 來實現像是 MATLAB 型式的交談式繪圖。在那時，IPython 的創作者 Fernando Perez 正在努力地完成他的博士學位，他讓 John 知道，可能有幾個月的時間，他都沒辦法抽空檢視這個修補。對此，John 當作是個暗示並建立了自己的版本，Matplotlib 套件因此誕生，並在 2003 年釋出了 0.1 版。當 Matplotlib 被太空望遠鏡科學研究所（Space Telescope Science Institute）（一群在哈伯太空望遠鏡後面的人們）選定並成為他們的繪圖套件之後受到了相當大的推升，它們資助了 Matplotlib 的開發，而且大大地擴展了它的能力。

Matplotlib 的其中一個最重要的特色是，它可以在不同的作業系統和繪圖後端執行。Matplotlib 支援各種後端和輸出型式，這表示你可以不用去管自己使用是哪一個作業系統以及要用哪一種輸出型式。此種跨平台、任何人要做任何事都可以使用的方式是 Matplotlib 最厲害的強項。這使得它讓許多使用者變成了基礎的活躍開發者，讓 Matplotlib 威力強大的工具在 Python 的科學世界中無所不在。

然而，近幾年，Matplotlib 的介面開始呈現老態，新的工具像是在 R 語言中的 `ggplot` 以及 `ggvis` 具有基於 D3js 和 HTML 畫布的網頁視覺化工具包，經常讓 Matplotlib 相較起來顯得笨拙而老派。然而我仍舊認為不能忽略 Matplotlib 此種經過良好測試、跨平台繪圖引擎的優勢。

最近的 Matplotlib 版本讓它相對容易去設定新的整體繪圖樣式（參閱第 34 章），而人們也在它強大的內在中開發了新的套件去驅使 Matplotlib 更乾淨、更現代的 API。例如，Seaborn（參閱第 36 章）、`ggpy`（*http://yhat.github.io/ggpy*）、HoloViews（*http://holoviews.org*）、甚至是 Pandas 它本身也能夠包裝 Matplotlib 的 API。就連像是這樣的包裝器，它也仍然經常去深入 Matplotlib 的語法以調整繪圖的輸出。基於這個理由，我相信 Matplotlib 仍然會留在資料視覺化的堆疊中，即使新工具意味著社群中的人們逐漸遠離直接使用 Matplotlib API。

第 25 章

通用的 Matplotlib 技巧

在深入使用 Matplotlib 建立視覺圖形的細節之前，有許多有用的工作在使用這個套件之前是必須要知道的。

匯入 Matplotlib

就像是使用 np 當作是 NumPy 的簡寫，pd 是 Pandas 的簡寫一樣，匯入 Matplotlib 時也會使用一些標準的別名：

```
In [1]: import matplotlib as mpl
        import matplotlib.pyplot as plt
```

plt 介面將會經常使用到，而在此篇中也都是使用它來進行 Matplotlib 的操作介面。

設定樣式（style）

我們將會使用 plt.style 指示子在圖表中選用適當且比較美觀的樣式。在此設定為 classic 樣式，它可以確保建立的圖形使用的是 Matplotlib 的經典樣式：

```
In [2]: plt.style.use('classic')
```

在本章中將會依照需求調整此樣式，更多關於樣式表的資訊，請參考第 34 章。

Show 或 No Show ？如何顯示你的圖表

一個看不到的視覺化圖形是沒有什麼用處的，但是如何查看它取決於你在哪裡使用它。Matplotlib 運用最好的方式要看你如何使用它。大致上來說，有 3 個可以使用的環境：在腳本、IPython 的終端機，或是 Jupyter 的 Notebook 中：

在腳本中繪圖

如果你在腳本中使用 Matplotlib，`plt.show` 函式會是你的好朋友。`plt.show` 會啟用一個事件迴圈，檢視目前活躍中的圖表物件，然後開啟一個或多個互動式的視窗顯示圖表。

例如，你有一個叫做 *myplot.py* 的腳本，它包含了以下的程式碼：

```
# file: myplot.py
import matplotlib.pyplot as plt
import numpy as np

x = np.linspace(0, 10, 100)

plt.plot(x, np.sin(x))
plt.plot(x, np.cos(x))

plt.show()
```

然後在命令列中執行這個腳本，它將會開啟一個顯示著圖表內容的視窗：

```
$ python myplot.py
```

`plt.show()` 命令在私底下執行了許多的事情，例如：和你系統的交談式繪圖後端互動。操作的細節在不同的系統之間會有許多不同，甚至同系統但是不同的安裝環境也會有差別，不過 Matplotlib 會把這些細節隱藏得很好。

你可能會注意到一件事情：`plt.show` 命令應該在每一個 Python 的 Session 中只會被使用一次，而且經常會看到的是放在腳本最末端的地方。多個 `show` 命令會導致不可預期的行為，視你的後端系統而定，你一定要避免這種情形發生。

在 IPython Shell 中繪製圖表

Matplotlib 也可以在 IPython Shell（請參考第一篇）中無縫地運作。如果你指定 Matplotlib 模式，IPython 可以和 Matplotlib 良好地配合。想要啟用這個模式，你可以在啟動 `ipython` 之後使用 `%matplitlib` 魔術命令：

```
In [1]: %matplotlib
Using matplotlib backend: TkAgg

In [2]: import matplotlib.pyplot as plt
```

此時，任一個 `plt` 的繪圖命令都會開啟一個圖表視窗，然後進一步的命令可以在執行之後更新這個圖表。有一些改變（像是修改已經繪製過的線條的屬性）將不會被自動畫上，要強制更新需要使用 `plt.draw`。在 Matplotlib 模式中並不需要使用 `plt.show`。

在 Jupyter Notebook 中繪製圖表

Jupyter Notebook 是一個以瀏覽器為基礎的互動式資料分析工具，它可以結合記事、程式碼、圖形、HTML 元素、以及更多內容成為一個單獨的可執行文件（請參考第一篇）。

在 Jupyter Notebook 中進行互動式繪圖可以透過 `%matplotlib` 命令完成設定，而且可以像是在 IPython Shell 中一樣的工作方式。你也可以直接在 Notebook 中嵌入圖形，有 2 種可行的選項：

- `%matplotlib inline` 會讓靜態的圖形被嵌在 Notebook 中。
- `%matplotlib notebook` 會讓互動式的圖形被嵌在 Notebook 中。

在此書中，一般來說我們會使用預設的方式，把圖表渲染為靜態圖形（請參考圖 25-1，是一個基本繪製範例的結果）：

```
In [3]: %matplotlib inline

In [4]: import numpy as np
        x = np.linspace(0, 10, 100)

        fig = plt.figure()
        plt.plot(x, np.sin(x), '-')
        plt.plot(x, np.cos(x), '--');
```

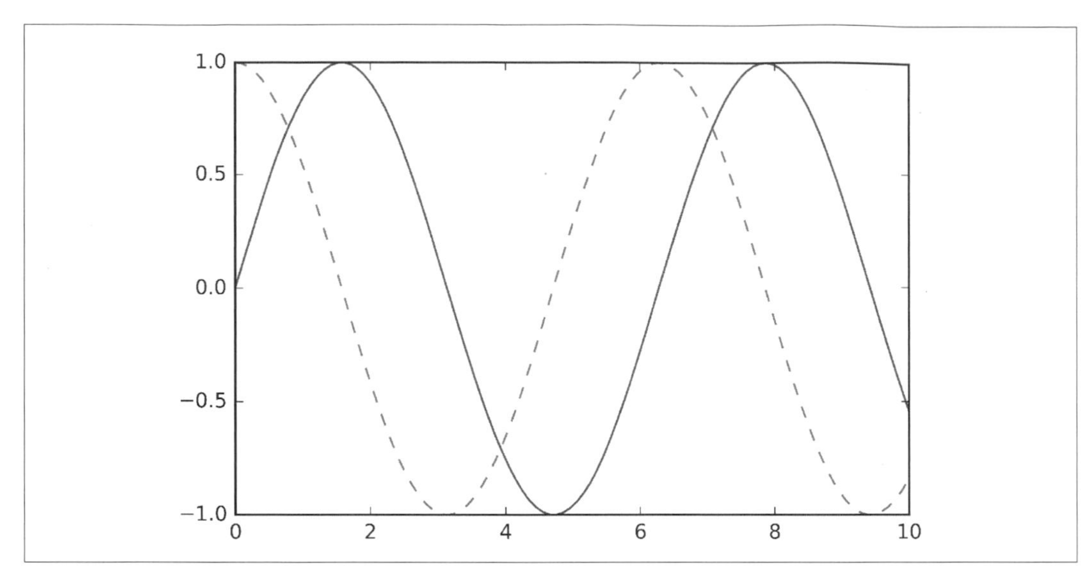

圖 25-1：基本繪製範例

儲存圖形到檔案中

Matplotlib 有一個很好的特色是，它可以把圖形存成各式各樣不同的格式的圖形檔案。使用 `savefig` 命令函式即可儲存圖形，例如，要把之前的圖形存成 PNG 檔案，可以執行如下：

```
In [5]: fig.savefig('my_figure.png')
```

然後在目前的工作目錄之下，就會有一個叫做 my_figure.png 的檔案：

```
In [6]: !ls -lh my_figure.png
Out[6]: -rw-r--r--  1 jakevdp  staff    26K Feb  1 06:15 my_figure.png
```

要確認它的內容是我們所預期的，可以使用 IPython 的 `Image` 物件去顯示這個檔案的內容（圖 25-2）：

```
In [7]: from IPython.display import Image
        Image('my_figure.png')
```

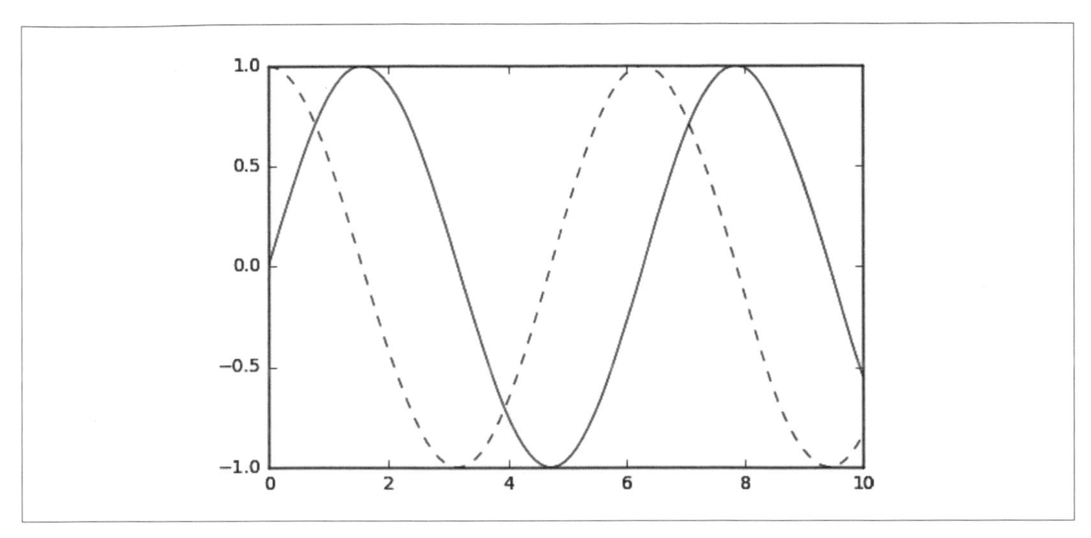

圖 25-2：顯示基本圖形的 PNG 內容

`savefig()` 儲存的檔案格式可以從給定檔名的副檔案得知。依據你安裝的是何種後端，有許多不同的檔案格式可以使用。可以使用以下透過圖形的 `Canvas` 物件的方法，取得所有支援的檔案格式列表：

```
In [8]: fig.canvas.get_supported_filetypes()
Out[8]: {'eps': 'Encapsulated Postscript',
         'jpg': 'Joint Photographic Experts Group',
         'jpeg': 'Joint Photographic Experts Group',
         'pdf': 'Portable Document Format',
         'pgf': 'PGF code for LaTeX',
         'png': 'Portable Network Graphics',
         'ps': 'Postscript',
         'raw': 'Raw RGBA bitmap',
         'rgba': 'Raw RGBA bitmap',
         'svg': 'Scalable Vector Graphics',
         'svgz': 'Scalable Vector Graphics',
         'tif': 'Tagged Image File Format',
         'tiff': 'Tagged Image File Format'}
```

請留意，當你在儲存圖表時，並不需要使用 `plt.show()` 或是之前討論過相關的命令。

買一送一的介面

可能會讓人混淆的 Matplotlib 功能是它的雙介面：一個是便利的 MATLAB 型式以狀態為基礎的介面，以及一個更具威力的物件導向式介面。在此將很快地強調它們之間的差異。

MATLAB 型式介面

Matplotlib 原本是被設計用來做為 MATLAB 使用者的 Python 選擇，它的大部分語法即反映了這個事實。MATLAB 型式的工具包含了 pyplot(plt) 介面。例如，以下的程式碼對於 MATLAB 的使用者而言看起來應該相當熟悉（圖 25-3 展示了結果）：

```
In [9]: plt.figure()  # # 建立一個 plot figure

        # 建立 2 個 panel 中的第 1 個，並設定目前的軸
        plt.subplot(2, 1, 1) # (rows, columns, panel number)
        plt.plot(x, np.sin(x))

        # 建立 2 個 panel 中的第 2 個，並設定目前的軸
        plt.subplot(2, 1, 2)
        plt.plot(x, np.cos(x));
```

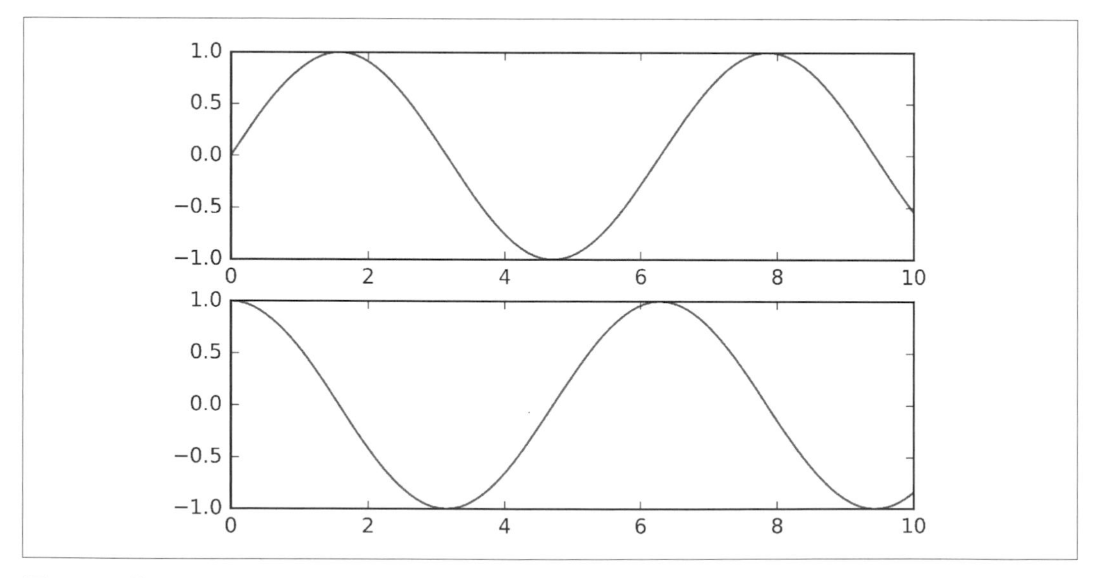

圖 25-3：使用 MATLAB 型式介面繪製子圖

辨別出這個介面的重點是它具有狀態的：它會保持對「目前」figure 和 axes 的追蹤，這也是所有 `plt` 命令要套用的內容。你可以透過 `plt.gcf`（取得目前的圖表）以及 `plt.gca()`（取得目前的軸）來拿到一個指向目前狀態的參考。

雖然這些具有狀態的介面對於簡單的圖表可以很快而且方便，但是它很容易遇到問題。例如：建立第 2 個 Panel 之後，我們要怎麼回到第一個 Panel，並為它加上一點東西？這在 MATLAB 型態的介面中是可以做到的，但是會有一些繁瑣。幸運的是，還有其他更好的方法。

物件導向式介面

物件導向式介面可以使用在更複雜的情況，以及你想要對於圖表有更多的控制上。比起依賴在一些「活躍」中圖表或軸上的符號，在物件導向式介面中，繪圖函式就是被明確指定的 figure 和 axes 物件之方法函式。為了使用物件導向式介面重繪之前的圖表，你可以如下操作（圖 25-4）：

```
In [10]: # 首先建立一個圖表的格子
         # ax 是 2 個軸物件的陣列
         fig, ax = plt.subplots(2)

         # 在適當的物件上呼叫 plot() 方法
         ax[0].plot(x, np.sin(x))
         ax[1].plot(x, np.cos(x));
```

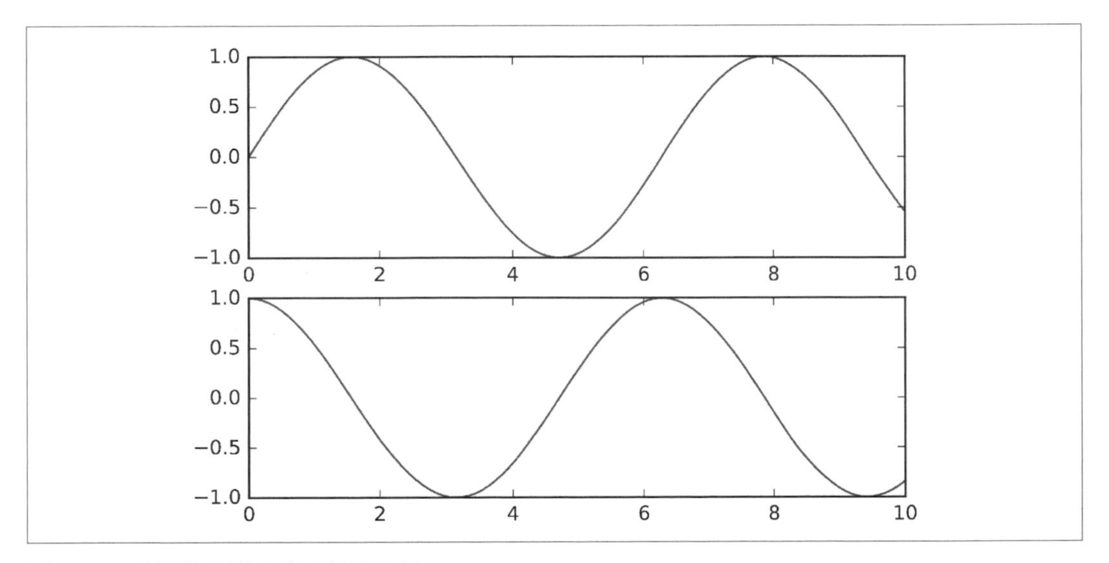

圖 25-4：使用物件導向介面繪製子圖

簡單的圖表，要選擇使用哪一種方法端看你自己的喜好，但是物件導向式介面在圖表變得複雜時就有其必要性。在本章，將在 MATLAB 型式介面和物件導向介面之間切換，取決於哪一種用起來比較便利。在大部分的情況下，這些差異可能就只是在 `plt.plot` 和 `ax.plot` 之間的切換而已，但是其可能會出現的少數陷阱，到時還會在之後的章節中特別強調。

第 26 章

簡單的線條圖

也許所有繪圖中最簡單的就是單一函數 $y = f(x)$ 的視覺化吧。在此，先來看一下建立此種類型的簡單圖表。如同接下來的所有章節，將會以設定可用來繪圖的 Notebook 和匯入將會使用的套件開始：

```
In [1]: %matplotlib inline
        import matplotlib.pyplot as plt
        plt.style.use('seaborn-whitegrid')
        import numpy as np
```

所有的 Matplotlib 圖表，都從建立一個 figure 和一個 axes 開始。最簡單的型式，也就是一個 figure 和 axes，可以用以下這樣的方式建立（圖 26-1）：

```
In [2]: fig = plt.figure()
        ax = plt.axes()
```

在 Matplotlib 中，figure（是類別 `plt.Figure` 的執行實例）可以想成是一個單一的容器，它包含所有要表現的軸、圖形、文字、以及標籤。而 axes（是類別 `plt.Axes` 的執行實例）則是在上面所看到的：一個有邊界和刻度以及標籤的方框，它最終會包含畫上去的元素以建立出我們要的視覺內容。在整本書中通常會使用變數名 `fig` 去表示一個 figure 的實例，而 `ax` 則是一個或一組 axes 的實例。

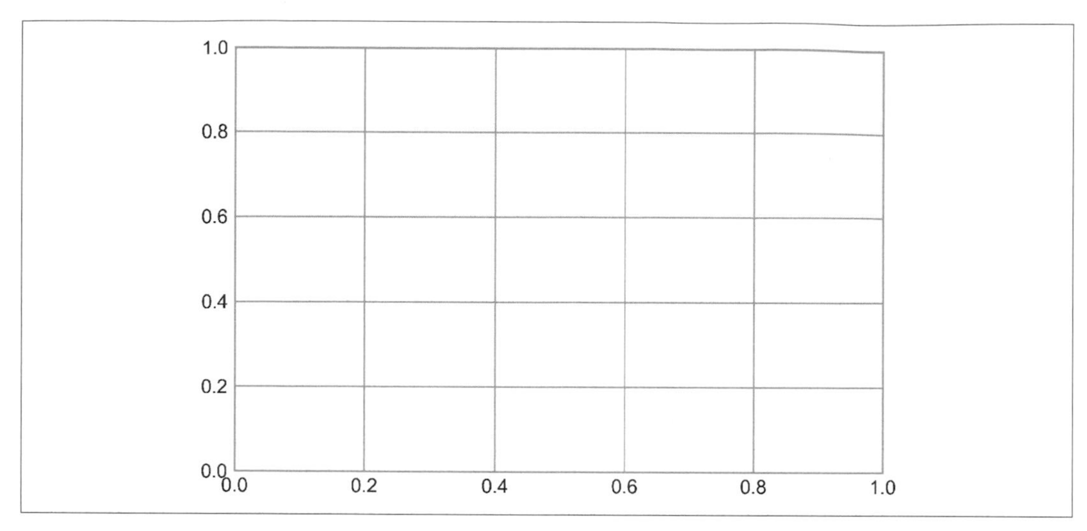

圖 26-1：一個空的格線圖

一旦建立了一個 axes，就可以使用 `ax.plot` 函式繪出資料。讓我們從一個簡單的 SIN 函數開始（圖 26-2）：

```
In [3]: fig = plt.figure()
        ax = plt.axes()

        x = np.linspace(0, 10, 1000)
        ax.plot(x, np.sin(x));
```

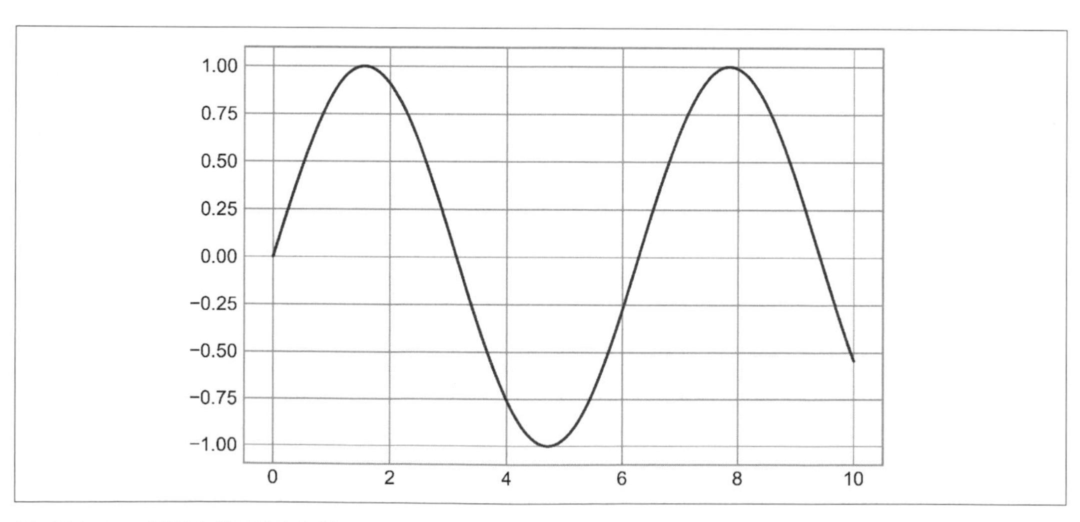

圖 26-2：一個簡單的 SIN 函數

請留意，最後一行後方的分號是有意加上去的：它可以抑制繪圖輸出時一併產生的敘述文字。

此外，我們也可以使用 PyLab 介面讓 figure 和 axes 在背景中建立（參考第四篇對於這兩種介面的討論），如圖 26-3 所示，結果是一樣的。

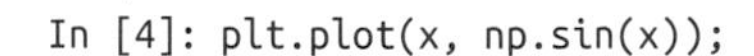

```
In [4]: plt.plot(x, np.sin(x));
```

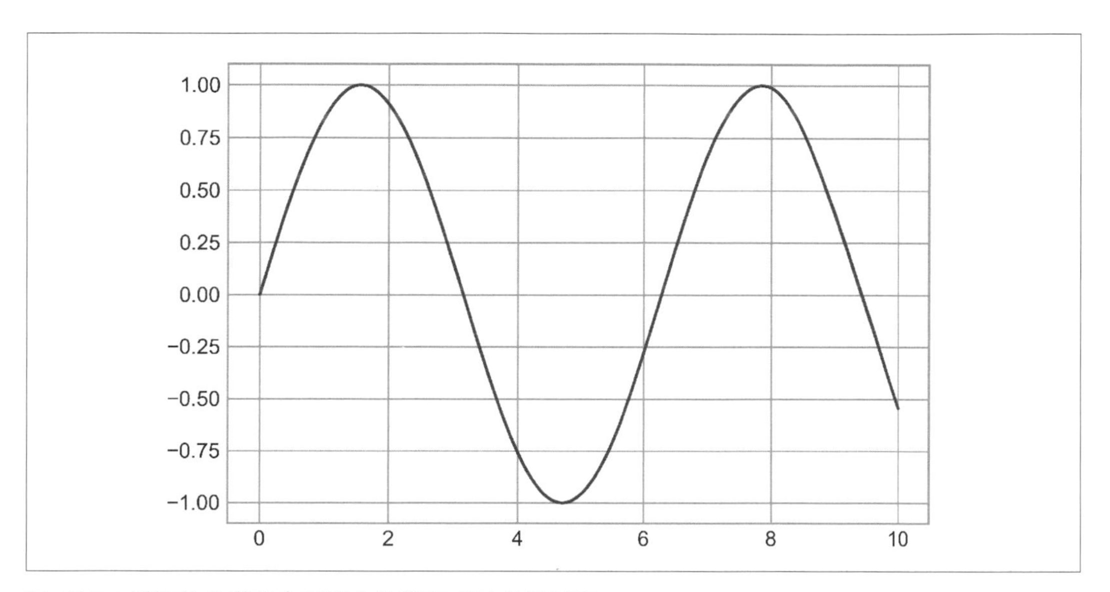

圖 26-3：透過物件導向介面建立的簡單 SIN 函數圖形

如果想要建立的圖形要有許多線條（參考圖 26-4），我們可以簡單地多次呼叫 `plot` 函式：

```
In [5]: plt.plot(x, np.sin(x))
        plt.plot(x, np.cos(x));
```

這就是 Matplotlib 簡單繪圖函式的全部了。接著，我們將會深入關於如何去控制軸和線條外觀的更多細節。

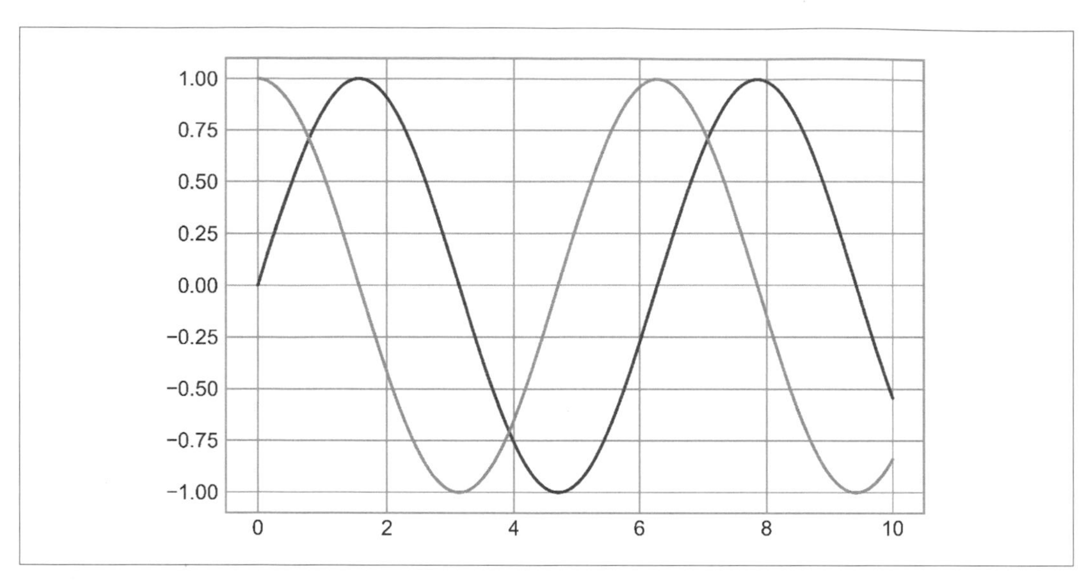

圖 26-4：重疊繪製多組線條

調整圖表：線條顏色和樣式

第一個你可能會想要調整的地方，應該是控制圖表的線條色彩和樣式。`plt.plot` 函式可以傳遞一些額外的參數用來指定顏色及樣式。想要調整顏色可以使用 `color` 關鍵字，它接受一個字串參數用來表示任何可以想像得到的顏色。這些顏色可以用許多種不同的方式指定；圖 26-5 是一些範例的輸出結果：

```
In [6]: plt.plot(x, np.sin(x - 0), color='blue')        # 使用名字來指定顏色
        plt.plot(x, np.sin(x - 1), color='g')           # 使用顏色編碼 (rgbcmyk)
        plt.plot(x, np.sin(x - 2), color='0.75')        # 0 到 1 之間的灰階
        plt.plot(x, np.sin(x - 3), color='#FFDD44')     # 16 進位編碼 (RRGGBB 從 00 到 FF)
        plt.plot(x, np.sin(x - 4), color=(1.0,0.2,0.3)) # RGB 元組，值 0 和 1, values 0 to 1
        plt.plot(x, np.sin(x - 5), color='chartreuse'); # 所有在 HTML 中所支援的顏色名稱
```

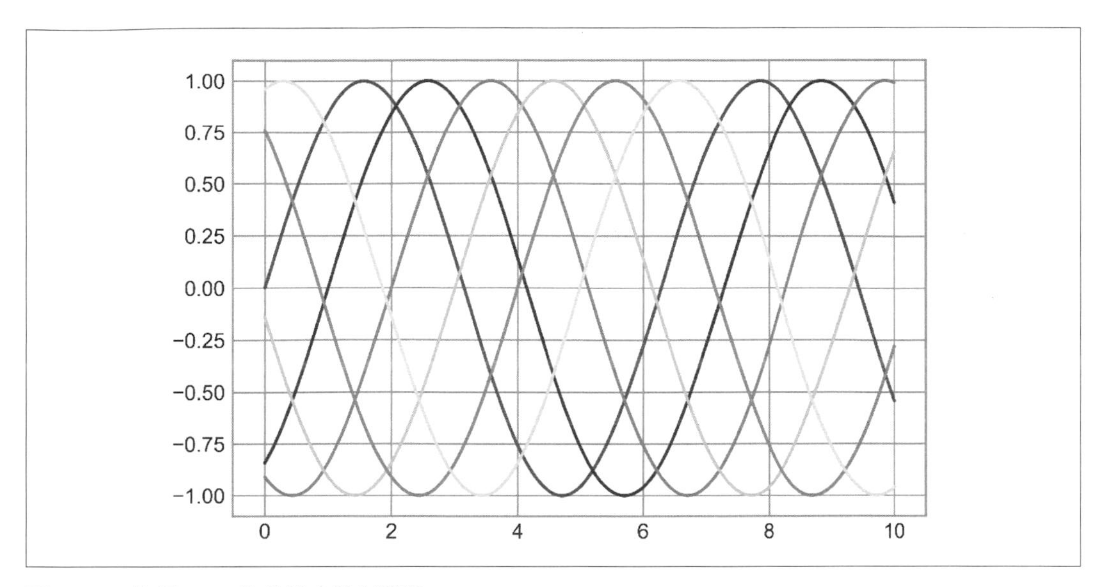

圖 26-5：使用 plot 的參數來控制顏色

如果沒有指定任何顏色，在多線條的情況下，Matplotlib 將會自動地從一組預設的顏色中拿出來循環使用。

同樣地，你可以使用 linestyle 關鍵字設定線條的樣式（圖 26-6）：

```
In [7]: plt.plot(x, x + 0, linestyle='solid')
        plt.plot(x, x + 1, linestyle='dashed')
        plt.plot(x, x + 2, linestyle='dashdot')
        plt.plot(x, x + 3, linestyle='dotted');

        # For short, you can use the following codes:
        plt.plot(x, x + 4, linestyle='-')  # solid
        plt.plot(x, x + 5, linestyle='--') # dashed
        plt.plot(x, x + 6, linestyle='-.') # dashdot
        plt.plot(x, x + 7, linestyle=':'); # dotted
```

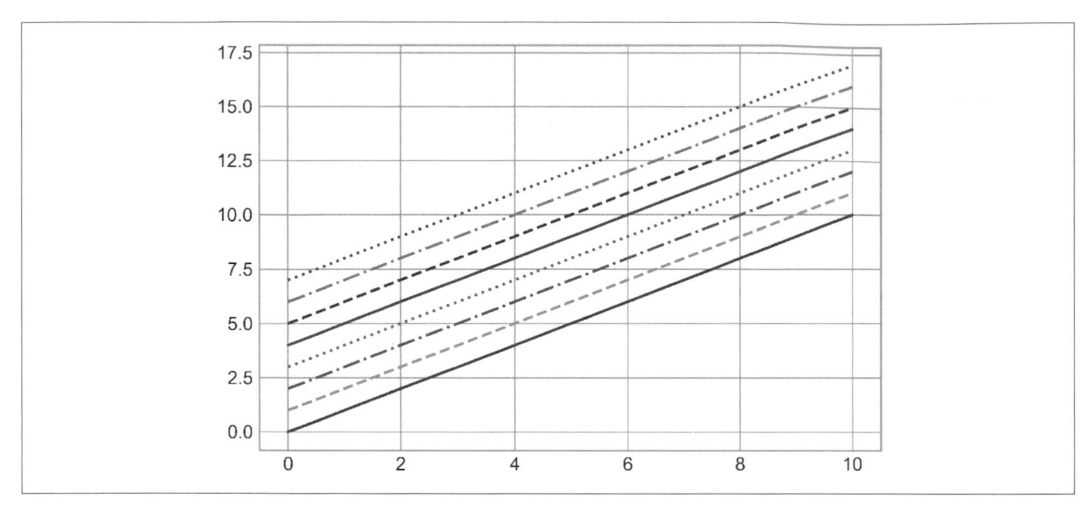

圖 26-6：不同的線條樣式範例

雖然它看起來對於程式碼可讀性而言比較不清晰，但是把 `linestyle` 以及 `color` 合併寫成單一個沒有關鍵字的參數傳送到 `plt.plot()` 函式中，可以節省一些按鍵，圖 26-7 顯示了這些結果：

```
In [8]: plt.plot(x, x + 0, '-g')   # solid green
        plt.plot(x, x + 1, '--c')  # dashed cyan
        plt.plot(x, x + 2, '-.k')  # dashdot black
        plt.plot(x, x + 3, ':r');  # dotted red
```

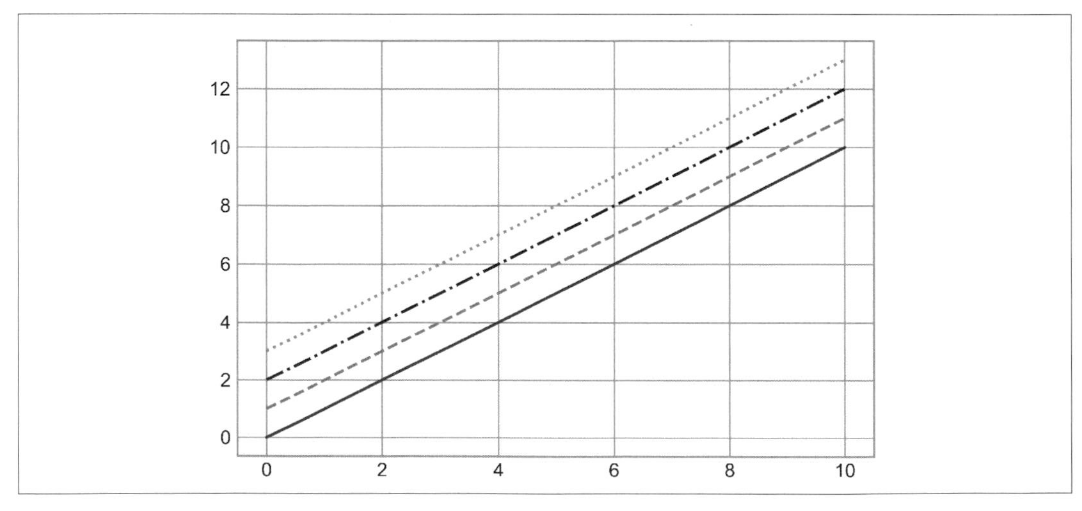

圖 26-7：透過顏色和樣式的簡寫語法控制

這些單字元色彩碼反映了 RGB（Red/Green/Blue）和 CMYK（Cyan/Magenta/Yellow/blacK）色彩系統的簡稱，這兩種色彩系統普遍地在數位彩色圖形中使用。

還有許多其他的參數可以用來微調圖表的外觀，如需要更多的細節，我建議可以使用 IPython 的求助工具（參閱第 1 章）以檢視 `plt.plot` 的說明字串。

調整圖表：Axes 範圍

Matplotlib 在執行繪圖時，預設選用的 axes 範圍都很剛好，但有時候如果能夠精確控制的話也不錯。調整 axes 範圍最基本的方式就是使用 `plt.xlim` 和 `plt.ylim` 方法函式（參考圖 26-8）：

```
In [9]: plt.plot(x, np.sin(x))

        plt.xlim(-1, 11)
        plt.ylim(-1.5, 1.5);
```

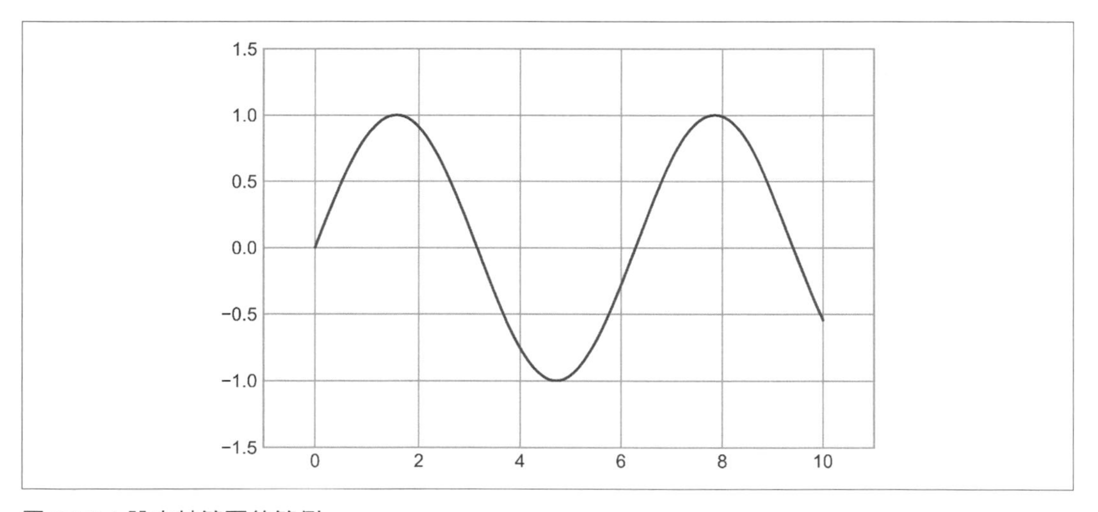

圖 26-8：設定軸範圍的範例

若是基於某些原因想要把其中的一個軸反向顯示的話，只要把參數的順序反過來就可以了（參考圖 26-9）：

```
In [10]: plt.plot(x, np.sin(x))

         plt.xlim(10, 0)
         plt.ylim(1.2, -1.2);
```

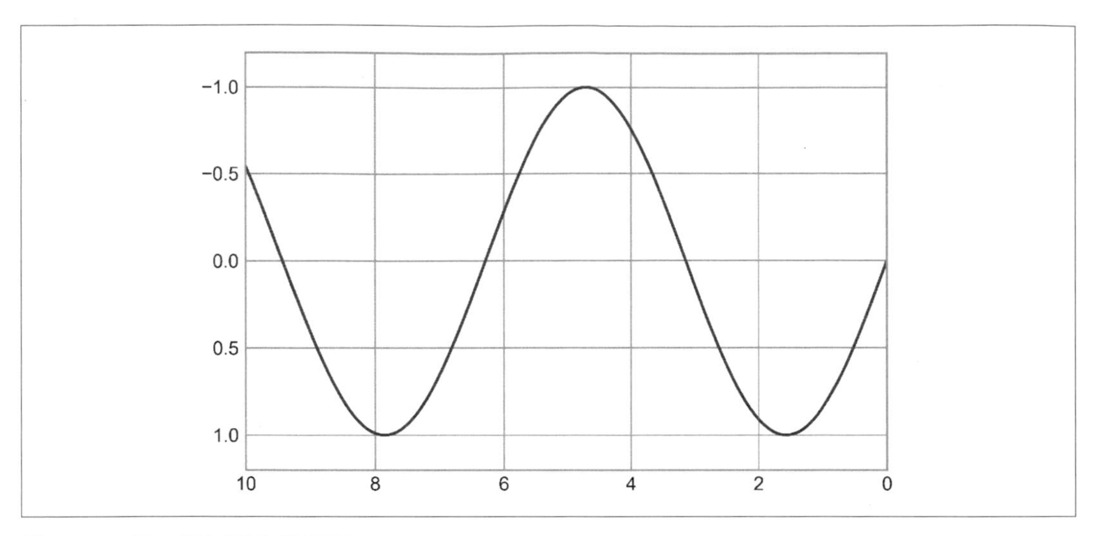

圖 26-9：把 Y 軸反過來的例子

有一個滿有用的方法是 `plt.axis`（在此請注意在 *axes* 的 *e* 和 *axis* 的 *i* 兩者很容易混淆），這個函式可以讓我們透過以文字敘述的方式設定軸的範圍。例如，你可以讓邊界自動地緊靠著目前的內容，如圖 26-10 所示：

```
In [11]: plt.plot(x, np.sin(x))
         plt.axis('tight');
```

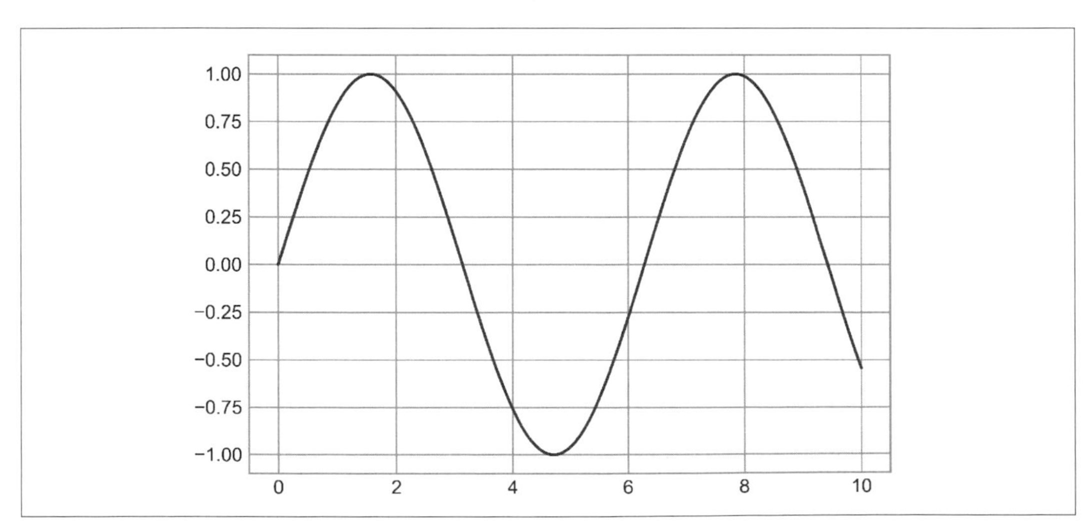

圖 4-15：「tight」排版範例

或是你可以設定要確保相同的比例，使得在螢幕上可以讓 x 的單位等於 y 的單位，如圖 26-11 所示：

```
In [12]: plt.plot(x, np.sin(x))
         plt.axis('equal');
```

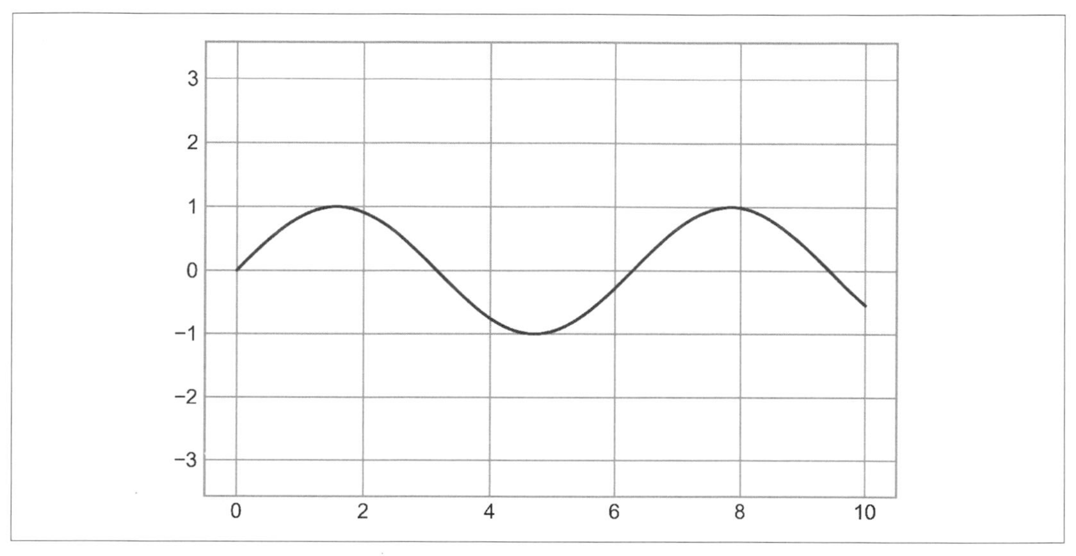

圖 26-11：使用「equal」排版的範例，它的單位會符合輸出解析度

其他選項包括「on」、「off」、「square」、「image」等等，可以參考 `plt.axis` 的函式說明字串以取得更多的資訊。

為圖表加上標籤

在本章的最後一部分，將簡要地檢視我們如何為圖表標上標籤：標題、軸標、以及簡單的圖例。標題和軸標籤是最簡單的標籤，有一些方法函式可以很快地設定它們（參考圖 26-12）：

```
In [13]: plt.plot(x, np.sin(x))
         plt.title("A Sine Curve")
         plt.xlabel("x")
         plt.ylabel("sin(x)");
```

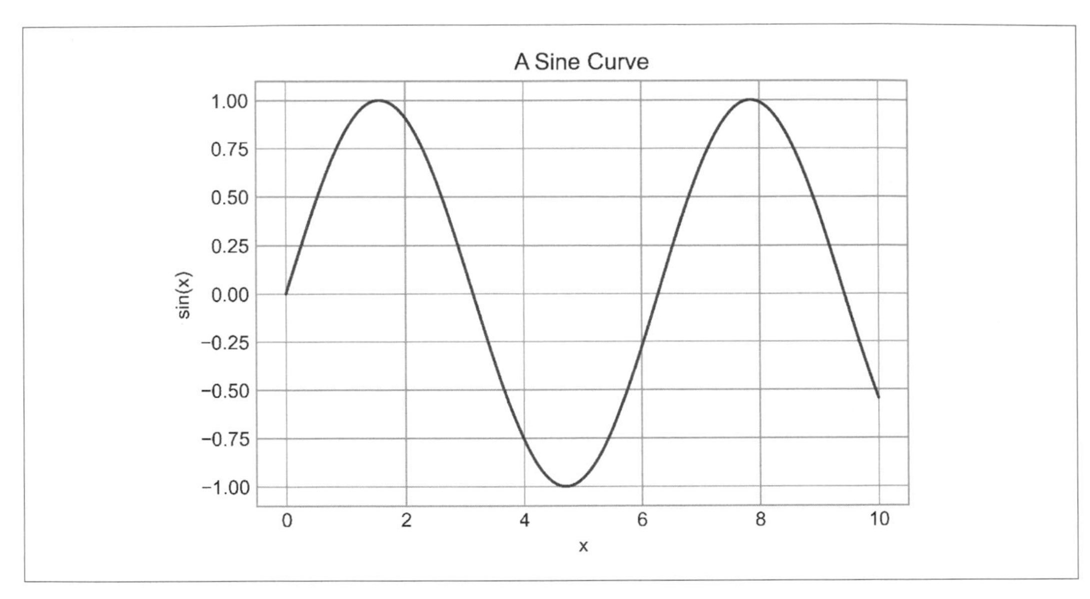

圖 26-12：標題和軸標籤的例子

使用這個函式的參數可以調整標籤的位置、大小、以及樣式。更多的資訊，請參考函式說明字串。

當在一個單一的 axes 上顯示多條線時，就需要加上圖例以標示出每一個線條的類型。Matplotlib 有一個內建的方法可以快速地建立這樣的圖例。沒錯，只要使用 `plt.legend` 方法就可以了。雖然有許多有效的方法可以使用這個函式，我發現指定每一條線標籤最簡單的方式是使用 `plot` 函式的 `label` 關鍵字（參考圖 26-13）：

```
In [14]: plt.plot(x, np.sin(x), '-g', label='sin(x)')
         plt.plot(x, np.cos(x), ':b', label='cos(x)')
         plt.axis('equal')

         plt.legend();
```

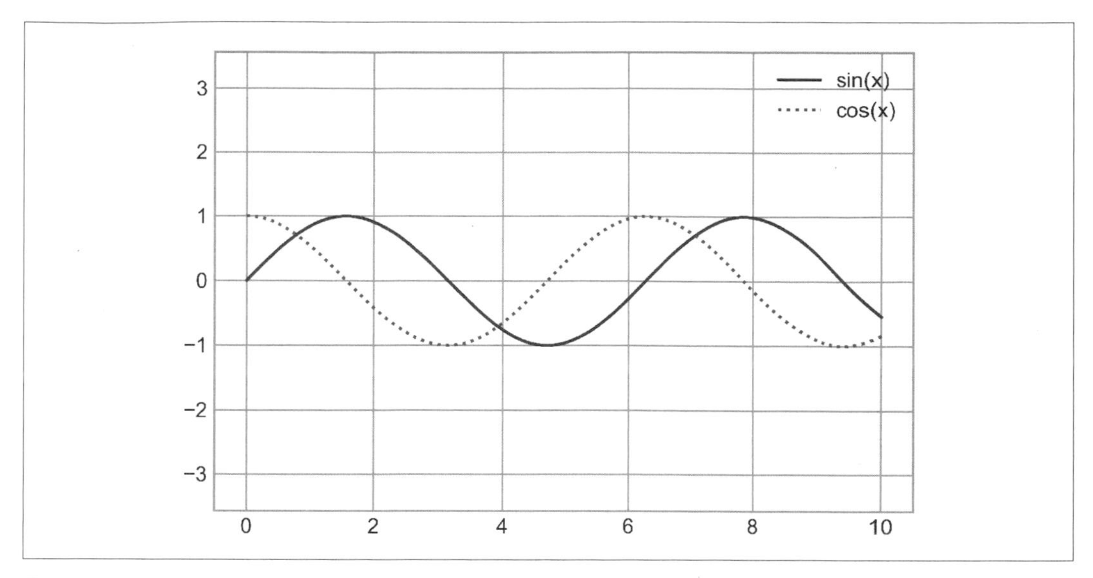

圖 26-13：Plot 圖例使用範例

就像是你看到的，`plt.legend` 函式會持續地追蹤線條樣式和色彩，然後讓它們和正確的標籤匹配。如何指定圖例格式的更多資訊可以在 `plt.legend` 的函式說明字串中找到，此外，也會在第 29 章中介紹更多進階的圖例選項。

Matplotlib 的陷阱

雖然大部分的 `plt` 函式都可以直接轉換成 `ax` 方法函式（像是 `plt.plot` → `ax.plot` 或 `plt.legend` → `ax.legent`），但並不是所有的命令都適用。尤其是，要設定範圍、標籤、以及標題的函式需要做一點修改。要把 MATLAB 型式函式轉換成物件導向方法，請依照以下的做法：

- `plt.xlabel` → `ax.set_xlabel`
- `plt.ylabel` → `ax.set_ylabel`
- `plt.xlim` → `ax.set_xlim`
- `plt.ylim` → `ax.set_ylim`
- `plt.title` → `ax.set_title`

在物件導向介面中繪製圖表，比起個別呼叫這些函式，比較常見且方便的方法是使用 `ax.set()` 一次設定所有的屬性（參見圖 26-14）：

```
In [15]: ax = plt.axes()
         ax.plot(x, np.sin(x))
         ax.set(xlim=(0, 10), ylim=(-2, 2),
                xlabel='x', ylabel='sin(x)',
                title='A Simple Plot');
```

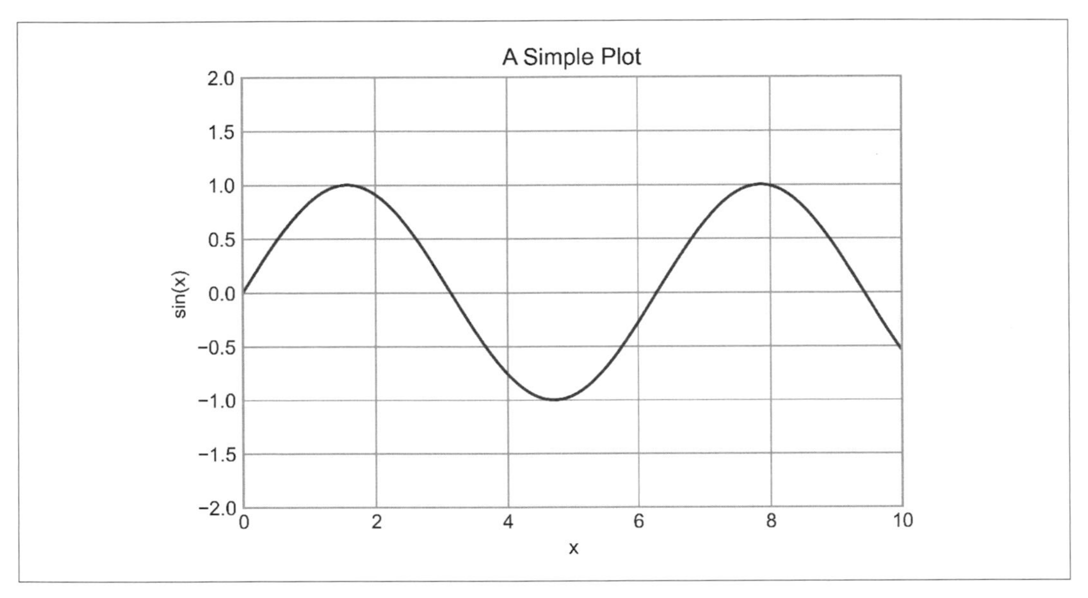

圖 26-14：使用 `ax.set` 一次設定多個屬性的例子

第 27 章

簡單散佈圖

另一個常用的圖表類型是簡單的散佈圖（scatter plot），它是線條圖的表親。它不在每個點之間使用線條連接，取而代之的是直接以點、圓形、或是其他的形狀來表示每一個資料點。在此將從設定一個可以用來繪圖的 Notebook，同時匯入所需的套件開始：

```
In [1]: %matplotlib inline
        import matplotlib.pyplot as plt
        plt.style.use('seaborn-whitegrid')
        import numpy as np
```

使用 plt.plo 繪製散佈圖

前一章聚焦在 plt.plot/ax.plot 產生線條圖的方法，同樣的函式也可以用來繪製散佈圖（圖 27-1）：

```
In [2]: x = np.linspace(0, 10, 30)
        y = np.sin(x)

        plt.plot(x, y, 'o', color='black');
```

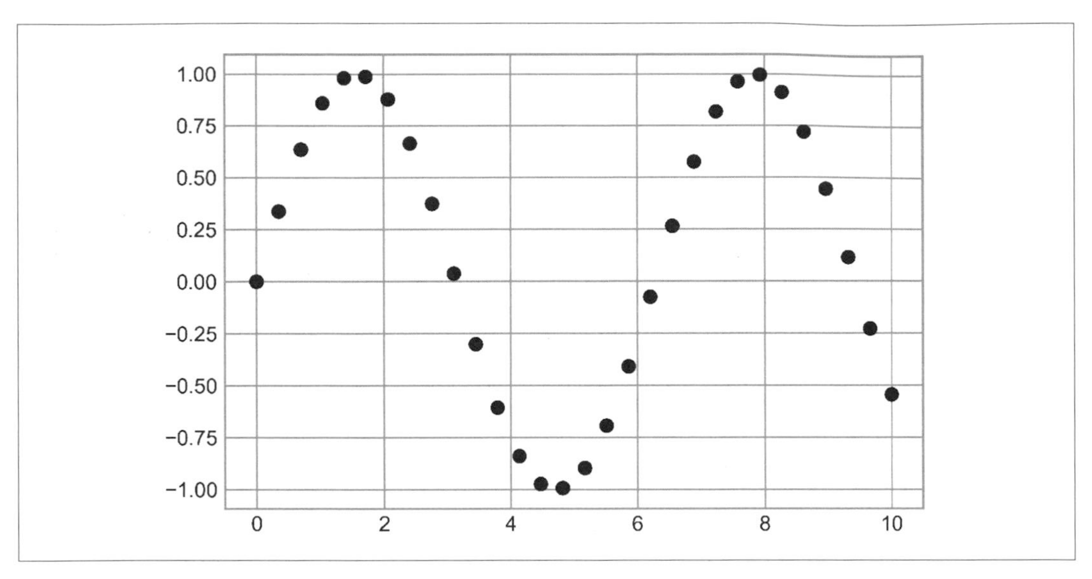

圖 27-1：散佈圖範例

呼叫函式時的第 3 個參數是用來表示繪製圖形時想要使用的形狀。可以指定像是 '-' 以及 '--' 這樣的選項控制線條樣式，此種標記方法有它自己的短字串碼集合。使用符號的完整列表可以在 `plt.plot` 或是 Matplotlib 的說明文件（*https://oreil.ly/tmYIL*）中找到。大部分都是非常直覺的，以下展現一些最常見的例子（參見圖 27-2）：

```
In [3]: rng = np.random.default_rng(0)
        for marker in ['o', '.', ',', 'x', '+', 'v', '^', '<', '>', 's', 'd']:
            plt.plot(rng.random(2), rng.random(2), marker, color='black',
                     label="marker='{0}'".format(marker))
        plt.legend(numpoints=1, fontsize=13)
        plt.xlim(0, 1.8);
```

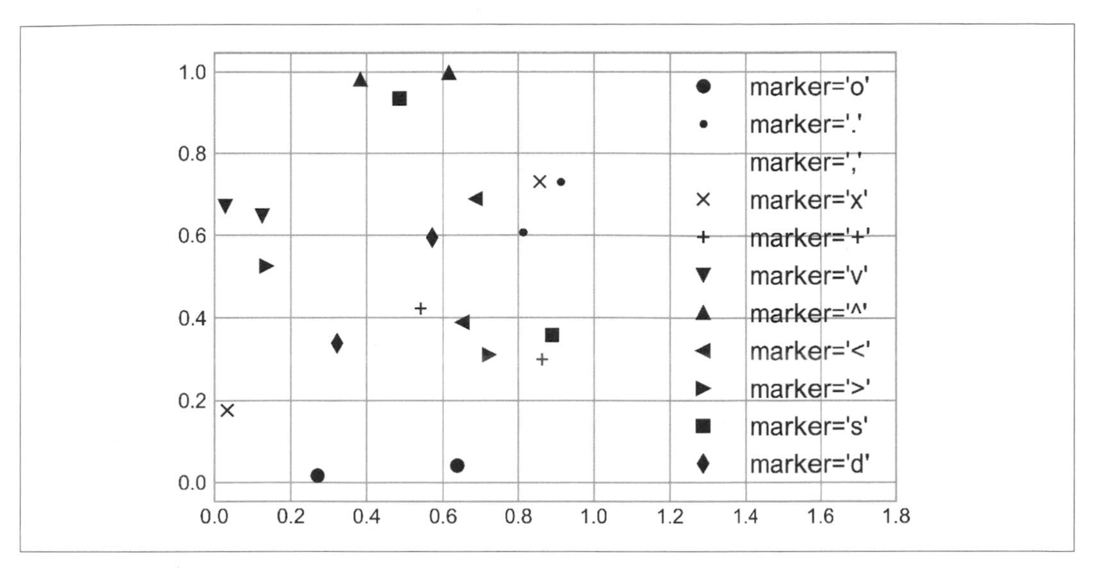

圖 27-2：數字點的展示

加上更多的變化，這些字元編碼也可以一併設定線條與顏色碼，讓它們沿著線條顯示（參見圖 27-3）：

```
In [4]: plt.plot(x, y, '-ok');
```

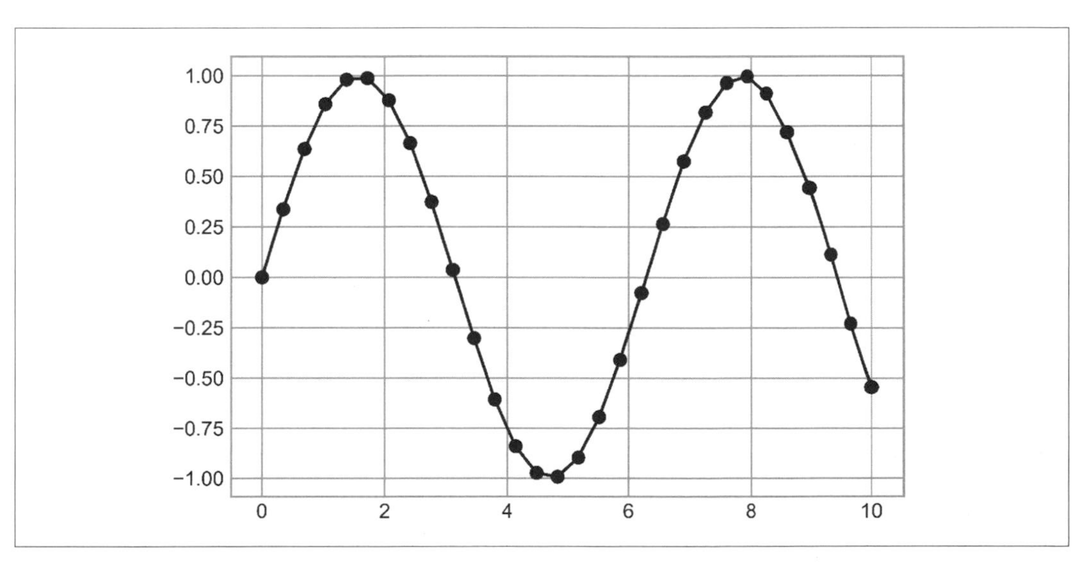

圖 27-3：結合線條與點標記

plt.plot 還有一些額外的參數可以對於線條與標記之屬性進行更多的設定，正如你在圖 27-4 中所看到的：

```
In [5]: plt.plot(x, y, '-p', color='gray',
                 markersize=15, linewidth=4,
                 markerfacecolor='white',
                 markeredgecolor='gray',
                 markeredgewidth=2)
        plt.ylim(-1.2, 1.2);
```

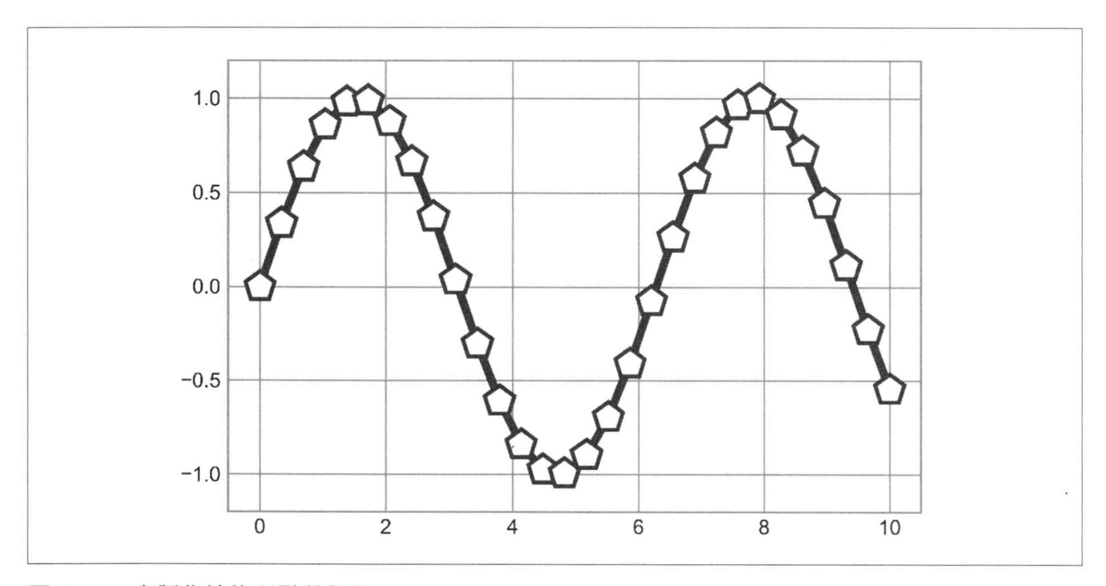

圖 27-4：客製化線條和點的標記

這些類型的選項使 plt.plot 成為 Matplotlib 中進行二維繪圖的主力。更多選項的完整說明，請參考 plt.plot 的說明文件（*https://oreil.ly/ON1xj*）。

使用 plt.scatter 繪製散佈圖

第二種，也是更具威力繪製散佈圖的方法是使用 plt.scatter 函式，它用非常類似於 plt.plot 函式的方法（參見圖 27-5）：

```
In [6]: plt.scatter(x, y, marker='o');
```

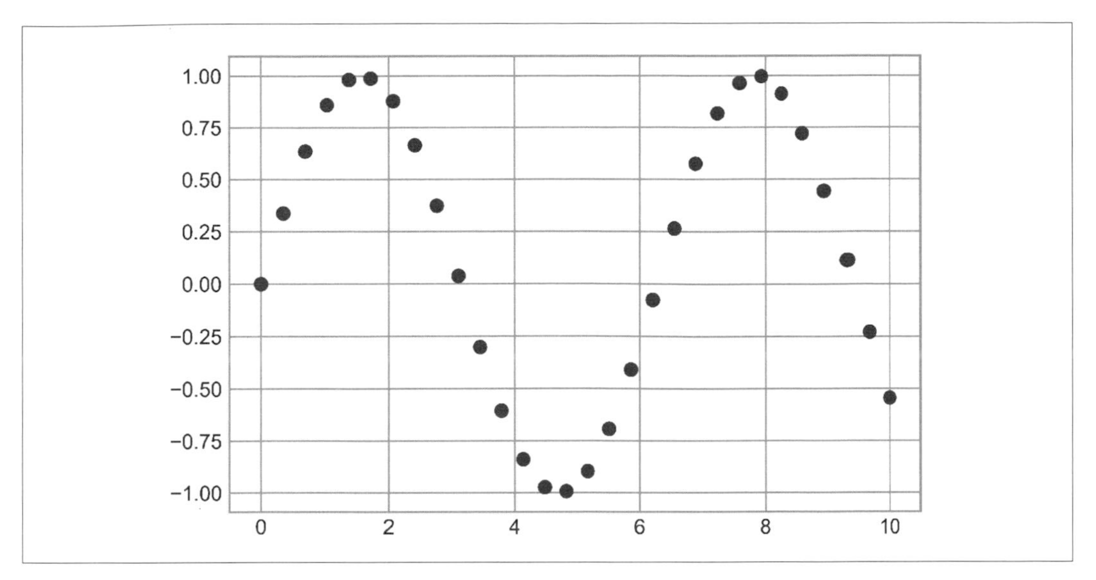

圖 27-5：一個簡單的散佈圖

`plt.scatter` 和 `plt.plot` 主要的不同在於建立散佈圖的過程中，它每一個點的屬性（大小、填滿顏色、框線顏色等等）都可以被個別控制或是對應到資料上。

以下藉由建立一個有許多不同顏色和大小的隨機散佈圖來展示此特色。為了讓重疊的結果可以比較容易檢視，在此將會使用 `alpha` 這個關鍵字調整透明度（參見圖 27-6）。

```
In [7]: rng = np.random.default_rng(0)
        x = rng.normal(size=100)
        y = rng.normal(size=100)
        colors = rng.random(100)
        sizes = 1000 * rng.random(100)

        plt.scatter(x, y, c=colors, s=sizes, alpha=0.3)
        plt.colorbar();  # 顯示顏色刻度
```

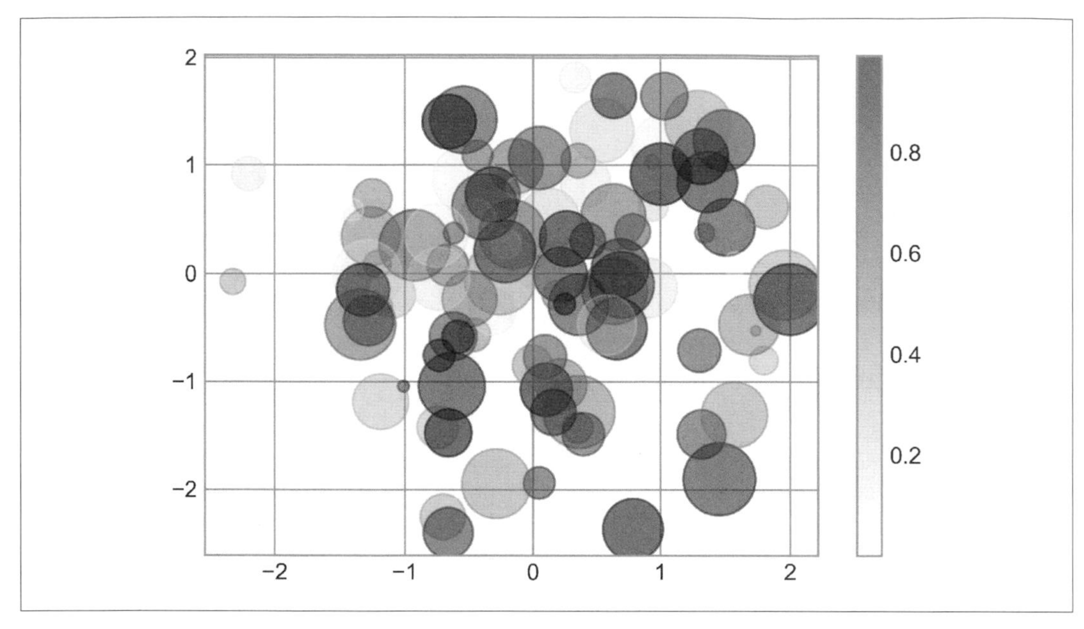

圖 27-6：在散佈圖點上改變大小和顏色

上述顏色參數自動地被對應到一個顏色刻度上（在此使用 colorbar 命令），而大小參數則是以像素為單位。此種方式，點的顏色和大小可以被用來傳遞視覺的資訊，可以用在描繪多維度的資料上。

舉個例子，我們可以使用來自於 Scikit-Learn 的 Iris 資料集，它的每一個樣本都是三種不同類型花朵的其中一種，資料中包含了仔細量測的花瓣和花萼尺寸（參見圖 27-7）：

```
In [8]: from sklearn.datasets import load_iris
        iris = load_iris()
        features = iris.data.T

        plt.scatter(features[0], features[1], alpha=0.4,
                    s=100*features[3], c=iris.target, cmap='viridis')
        plt.xlabel(iris.feature_names[0])
        plt.ylabel(iris.feature_names[1]);
```

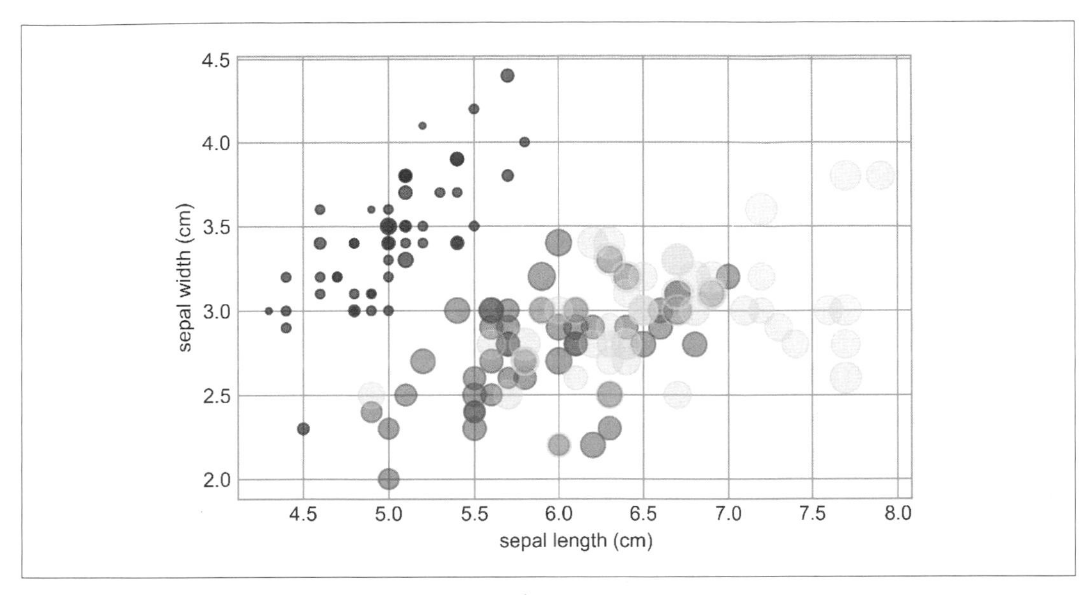

圖 27-7：使用點的屬性去編碼 Iris 資料的特徵[1]

在此可以看到這張散佈圖給我們有能力去同時探索資料不同的 4 個維度：每一點的（x, y）位置是花萼的長度和寬度，點的大小則是和花瓣的寬度有關，顏色則是相對於花的特定種類。像這樣多顏色和多特徵的散佈圖，在探索以及展現資料時都非常有用。

Plot 和 scatter 的比較：關於效能要注意的地方

除了 `plt.plot` 和 `plt.scatter` 提供的特色不一樣之外，還有什麼理由讓我們使用其中一個而不用另外一個？儘管在小量資料時它並不是那麼重要，但當資料量超過幾千個點時，`plt.plot` 比 `plt.scatter` 有效率多了。理由是 `plt.scatter` 有許多能力可以去繪製每一個點的大小或是（以及）顏色，所以在繪製時必須要多做一些額外的工作去個別地建立每一個點。反之，`plt.plot` 的點都是複製出來的，所以對於整個資料集來說，決定點的外觀屬性只要做一次就好了。對大的資料集來說，此種差異會導致非常大的效能差異，而基於這個理由，在大資料集中，`plt.plot` 應該要比 `plt.scatter` 優先被採用。

1 本圖的全彩版本可以在 GitHub（*https://oreil.ly/PDSH_GitHub*）上找到。

視覺化的不確定性

對任一科學測量，精確地處理不確定性即使沒有比較重要，也幾乎是跟準確的數字報告本身一樣地重要。例如，想像我們要使用天文物理學的觀察去推測哈伯常數（Hubble Constant），宇宙擴張速率的本地量測。我知道目前的文獻中認為這個值大約是 71（km/s)/Mpc，但是用我的方法測量到的值是 74(km/s)/Mpc。這兩個值一致嗎？可以確定的是，只利用這個資訊並沒有辦法確定。

假設我以報告的不確定性來質疑這個資訊：目前文獻上建議的值是在 71 ± 2.5（km/s)/Mpc 之間，而我的方法量測的值是 74 ± 5（km/s)/Mpc。現在這些值一致了嗎？這個問題可以計量地回答。

在資料和結果的視覺化時，顯現出錯誤值可以讓一張圖傳達出更完整的資訊。

基本的誤差棒圖（Errorbar）

一個標準視覺化不確定性的方式是使用誤差棒圖（errorbar）。一個基本的誤差棒圖可以透過 Matplotlib 的函式呼叫來建立，如圖 27-8 所示：

```
In [1]: %matplotlib inline
        import matplotlib.pyplot as plt
        plt.style.use('seaborn-whitegrid')
        import numpy as np

In [2]: x = np.linspace(0, 10, 50)
        dy = 0.8
        y = np.sin(x) + dy * np.random.randn(50)

        plt.errorbar(x, y, yerr=dy, fmt='.k');
```

在此 `fmt` 是控制線條和點外觀的格式碼，它和在 `plt.plot` 中使用的簡寫有相同的語法，此點我們在前面的章節以及本章的前面均有詳細的說明。

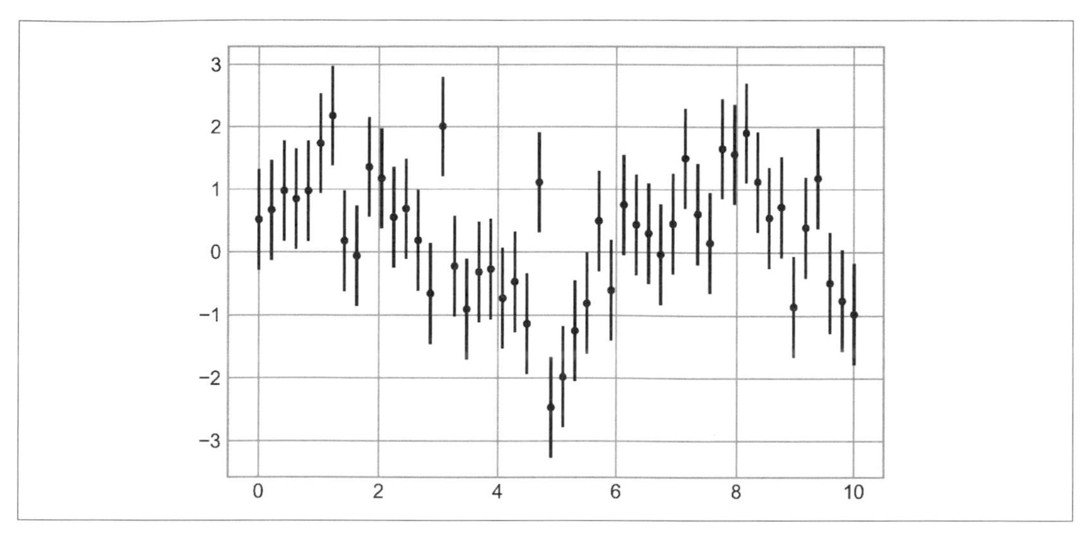

圖 27-8：一個誤差棒圖的範例

除了這些基本的選項之外，errorbar 函式還有許多選項可以微調這些輸出。使用這些額外的選項可以簡單地客製化以讓圖形更加地美觀。尤其是密集的圖形時，讓這些誤差棒比那些點還要來得淡一些會很有用（參見圖 27-9）：

```
In [3]: plt.errorbar(x, y, yerr=dy, fmt='o', color='black',
                     ecolor='lightgray', elinewidth=3, capsize=0);
```

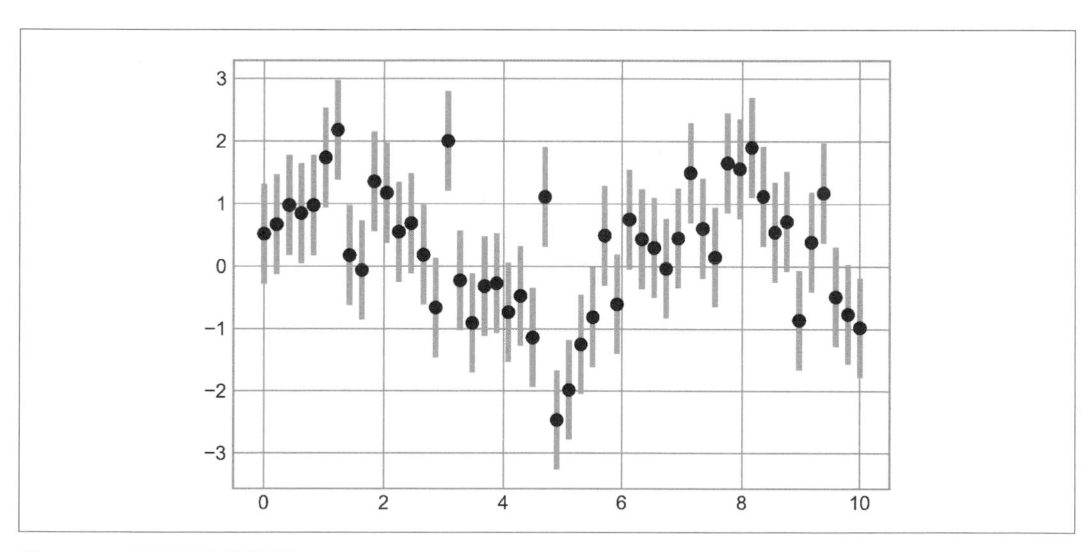

圖 27-9：客製化誤差棒圖

還有更多的選項，用來設定水平的誤差棒圖、單邊誤差棒圖，以及其他許多的變化。更多有關於可用選項的資訊，請參考 `plt.errorbar` 的函式說明字串。

連續型的誤差

有些情況下會需要顯示出連續量上的誤差棒圖。雖然 Matplotlib 沒有內建的方便程序可以進行此類型的應用，但是合併使用基本的 `plt.plot` 以及 `plt.fill_between` 以產生出有用的結果相對起來還算是容易。

在此將執行一個簡單的高斯過程迴歸（Gaussian Process Regression，GPR），使用 Scikit-Learn API（在第 38 章中會有詳細的說明）。這個方法使用非常有彈性的無母數函數到具有不確性值的連續量測上。此時我們還不打算聚焦在高斯過程迴歸中，但是將會聚焦在如何可以把此種連續量測的誤差值進行視覺化：

```
In [4]: from sklearn.gaussian_process import GaussianProcessRegressor

        # 定義一個 model 並畫出一些資料
        model = lambda x: x * np.sin(x)
        xdata = np.array([1, 3, 5, 6, 8])
        ydata = model(xdata)

        # 計算 Gaussian process fit
        gp = GaussianProcessRegressor()
        gp.fit(xdata[:, np.newaxis], ydata)

        xfit = np.linspace(0, 10, 1000)
        yfit, dyfit = gp.predict(xfit[:, np.newaxis], return_std=True)
```

現在有了 `xfit`、`yfit`、以及 `dyfit`，這是資料的連續性擬合。可以像之前那樣把這些傳遞給 `plt.errorbar` 函式，但我們並不真的想要 1,000 點畫 1,000 的誤差線條。取而代之的是，可以使用 `plt.fill_between` 函式透過一個淺的顏色以視覺化出這個連續性的誤差（參見圖 27-10）。

```
In [5]: # 視覺化結果
        plt.plot(xdata, ydata, 'or')
        plt.plot(xfit, yfit, '-', color='gray')
        plt.fill_between(xfit, yfit - dyfit, yfit + dyfit,
                         color='gray', alpha=0.2)
        plt.xlim(0, 10);
```

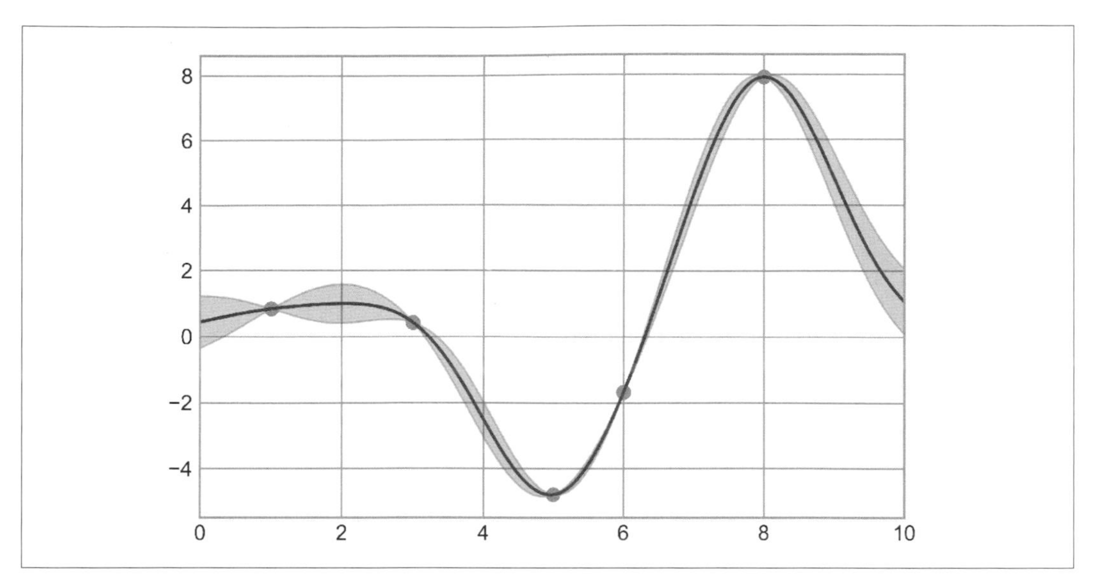

圖 27-10：使用填滿的區域來表現出連續的不確定性

留意在這裡使用 `fill_between` 函式呼叫的樣式：傳遞了 `x` 值，接著一個低的 *y*-bound，然後是較高的 *y*-bound，最後的結果就是把顏色填到此區域中。

這個結果圖給我們對於高斯過程迴歸演算法所做的事有一個非常直觀的視圖：在接近測量資料點的區域中，這個模型很強烈地被限制，而且反映出在一個小的模型誤差。在離測量資料點較遠的地方，這個模型就沒有那麼強烈的限制，模型的誤差就增加了。

更多關於 `plt.fill_between`（以及和它非常相關的 `plt.fill()` 函式）可以使用的選項，請參考該函式的說明字串或是在 Matplotlib 的說明文件。

最後，如果這些對你來說看起來有一點太過於簡單的話，請參閱第 36 章，該章將會探討 Seaborn 套件，它有更簡化的 API 可以用來視覺化此類型的連續誤差棒圖。

第 28 章

密度與等高線圖

有時候使用等高線或是色彩編碼區域在二維空間中顯示三維資料是非常有用的。在 Matplotlib 中有三個函式可以做到這樣的工作：`plt.contour` 建立等高線圖，`plt.contourf` 建立填色的等高線圖，以及 `plt.imshow` 用來顯示影像。這一章會聚焦在使用這些函式的幾個例子上。在此我們將從設定一個用來繪圖的 Notebook 以及匯入所需要的套件開始：

```
In [1]: %matplotlib inline
        import matplotlib.pyplot as plt
        plt.style.use('seaborn-white')
        import numpy as np
```

三維函數的視覺化

我們的第一個例子使用函數 $z = f(x, y)$ 展示等高線圖，它使用以下特別選用的 f（在第 8 章曾經用過，當時使用它來當作是一個陣列擴張的例子）：

```
In [2]: def f(x, y):
            return np.sin(x) ** 10 + np.cos(10 + y * x) * np.cos(x)
```

等高線圖可以使用 `plt.contour` 函式建立。此函式需要 3 個參數：x 值的網格，y 值的網格，z 值的網格。x 和 y 值表示繪圖的位置，而 z 值則會被用來當作是等高層使用。或許準備這種資料最直覺的方式就是使用 `np.meshgrid` 函式，它從一維的陣列中建立一個二維的網格：

```
In [3]: x = np.linspace(0, 5, 50)
        y = np.linspace(0, 5, 40)
        X, Y = np.meshgrid(x, y)
        Z = f(X, Y)
```

現在來看看使用標準的只有線條的等高線圖（圖 28-1）：

```
In [4]: plt.contour(X, Y, Z, colors='black');
```

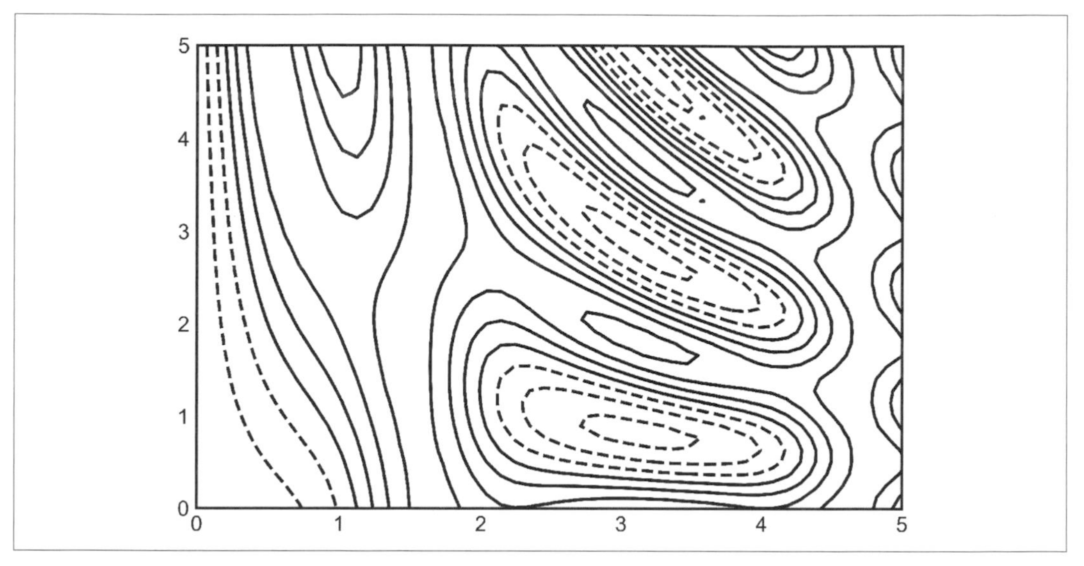

圖 28-1：使用等高線圖視覺化三維資料

請留意如果只使用單一顏色，負值會被以虛線來表示，而正值則是以實線來表示。另一種方式是可以透過 `cmap` 參數指定一個色彩對應表來對線條進行色彩編碼。在此，我們將指定我們想要畫更多線條，在此資料範圍中 20 條相同間隔的線，如圖 28-2 所示：

```
In [5]: plt.contour(X, Y, Z, 20, cmap='RdGy');
```

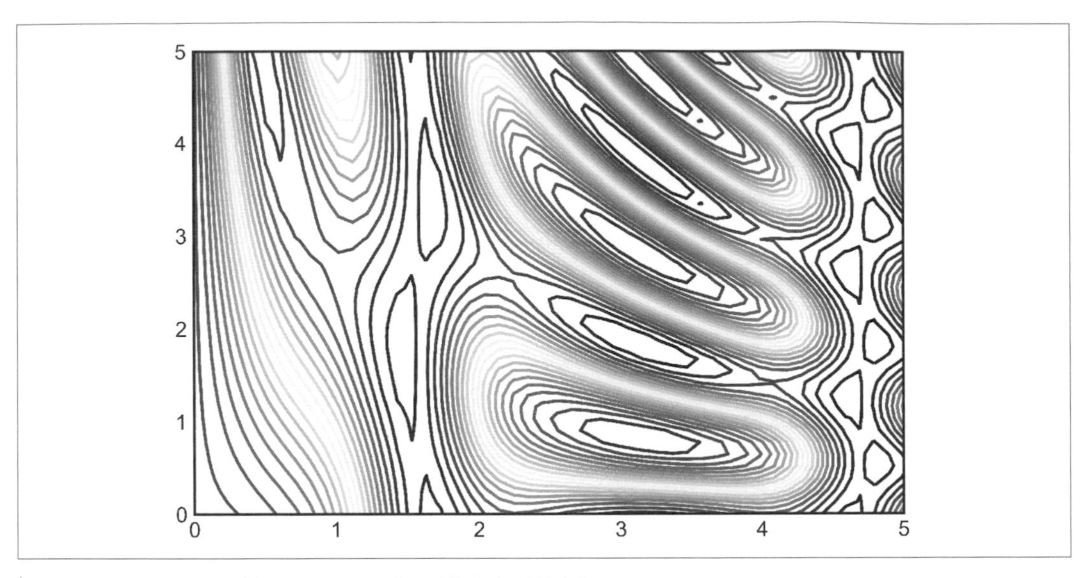

圖 28-2：使用著色的等高線圖視覺化三維度資料範例

在此選用 RdGy（*Red-Gray* 的簡寫）色彩對應表，它在發散資料中是不錯的選擇（例如：正負變異約為零的資料）。Matplotlib 有非常多的色彩對應表可以使用，你可以很容易地在 IPython 中對 plt.cm 模組使用定位鍵補齊的方式來瀏覽：

```
plt.cm.<TAB>
```

圖表現在看起來更好了，但是在線條之間的空間可能有一些分散我們的注意力。我們可以改成使用 plt.contourf()（請留意最後面的 f）實心等高線圖函式來改變這個情況，它和 plt.contour() 的語法大致相同。

此外，還要加上 plt.colorbar() 命令，它可以自動地建立額外具有顏色資訊標籤的軸（參見圖 28-3）：

```
In [6]: plt.contourf(X, Y, Z, 20, cmap='RdGy')
        plt.colorbar();
```

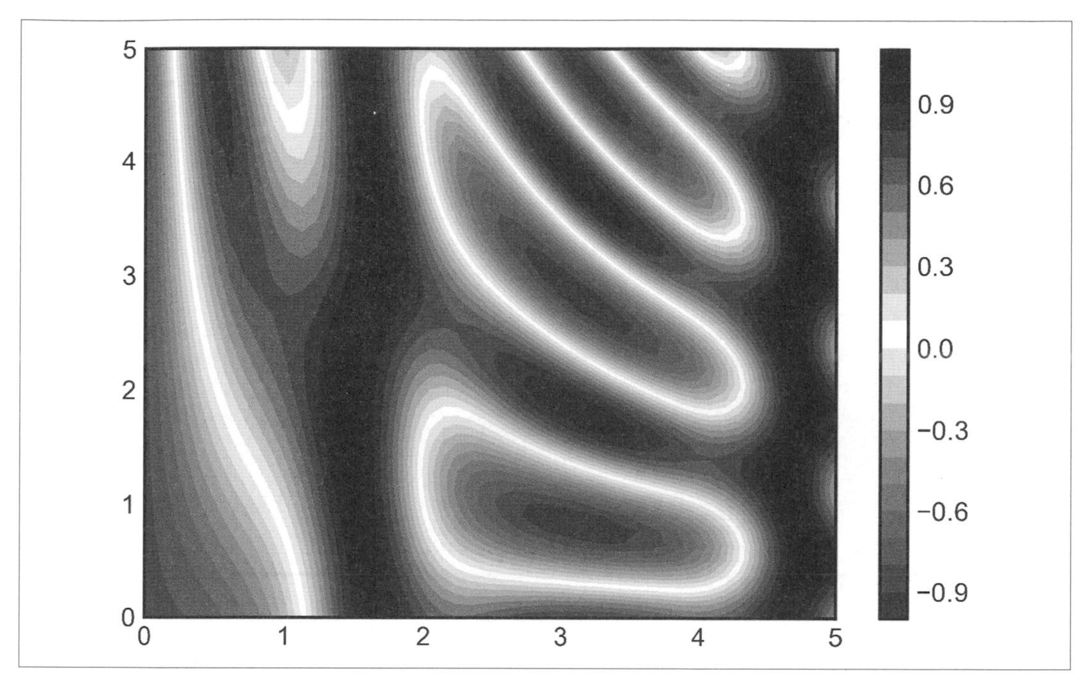

圖 28-3：使用實心等高線圖建立的三維資料視覺化範例

色彩條讓這張圖中黑色的區域很清楚地表示「峰值」，而紅色區域顯然就是「谷值」。

這張圖有一個潛在的問題是看起來有一些斑點。那是因為顏色的步進值比較離散而沒那麼連續，你可以藉由將等高線數目設定到一個非常高的值來修正這個問題，但是這樣的結果會是在繪圖上比較沒有效率：Matplotlib 需要在每一階的每一步重新繪製新的多邊形。一個比較好的方式是使用 `plt.imshow` 函式，它提供 `interpolation` 參數以產生平滑的資料二維表現（參見圖 28-4）。

```
In [7]: plt.imshow(Z, extent=[0, 5, 0, 5], origin='lower', cmap='RdGy',
                   interpolation='gaussian', aspect='equal')
        plt.colorbar();
```

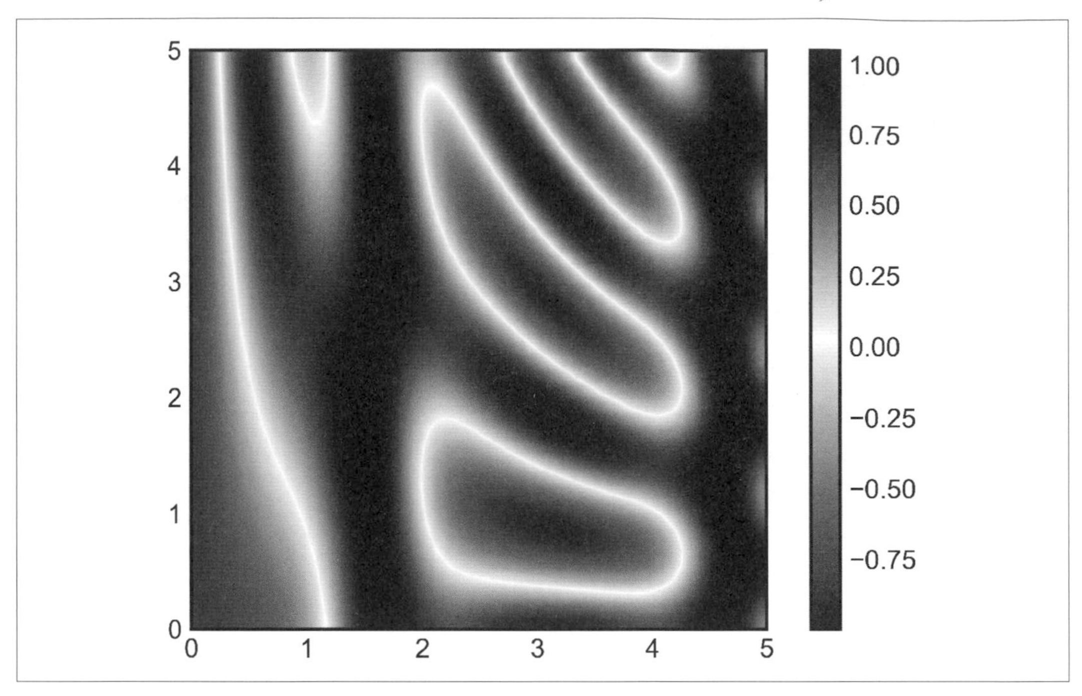

圖 28-4：以影像的方式來表示三維度資料

然而使用 plt.imshow 有一些潛在的陷阱：

- plt.imshow 不接受 x 和 y 格點，因此必須要手動地指定在圖表上的影像範圍 [$xmin$, $xmax$, $ymin$, $ymax$]。
- plt.imshow 預設是遵循標準的影像陣列定義，其原點是在左上角，而不是像一般的等高線圖的左下角。當你使用格點資料時必須要進行轉換。
- plt.imshow 將會自動地調整軸的外觀比例以符合輸入資料，你可以透過設定 aspect 參數來改變。

最後，有時候合併等高線圖和影像圖也是很有用的。例如使用部分透明的背景影像（使用 alpha 參數來設定透明度）以及疊畫上等高線圖加上等高線自己的標籤，使用 plt.clabel 函式（參見圖 28-5）：

```
In [8]: contours = plt.contour(X, Y, Z, 3, colors='black')
        plt.clabel(contours, inline=True, fontsize=8)

        plt.imshow(Z, extent=[0, 5, 0, 5], origin='lower',
                   cmap='RdGy', alpha=0.5)
        plt.colorbar();
```

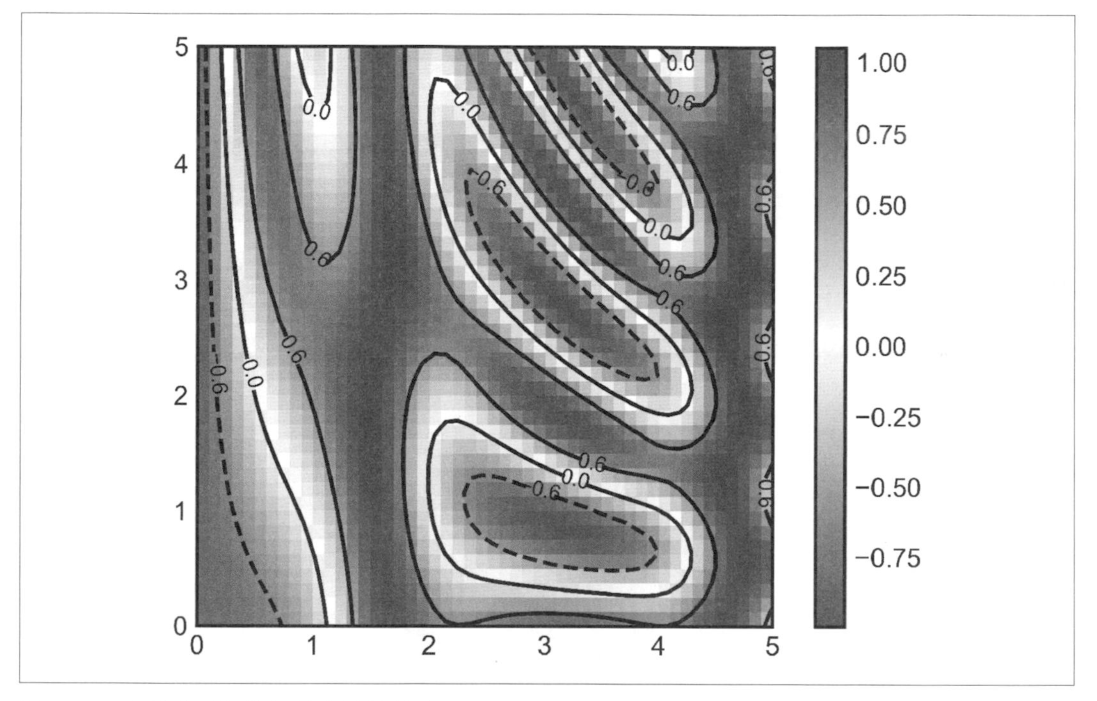

圖 28-5：把等高線標籤疊放在影像檔上面

組合這三個函式：`plt.contour`、`plt.contourf`、以及 `plt.imshow`，讓我們在二維圖形中顯示三維度的資料提供了幾乎無限的可能性。關於這些函式可以使用的選項之相關資訊，請參考它們的說明文字。如果你對於這一類型的資料之三維視覺化感興趣，可以參考第 35 章。

直方圖、分箱法、以及密度

一個簡單的直方圖可以做為快速瞭解資料集的第一步。在此之前，已經預覽過 Matplotlib 的直方圖函式了（在第 9 章討論過了），那時在常態樣板完成匯入之後，只使用一行指令就建立了一個基本的直方圖（參見圖 28-6）：

```
In [1]: %matplotlib inline
        import numpy as np
        import matplotlib.pyplot as plt
        plt.style.use('seaborn-white')

        rng = np.random.default_rng(1701)
        data = rng.normal(size=1000)

In [2]: plt.hist(data);
```

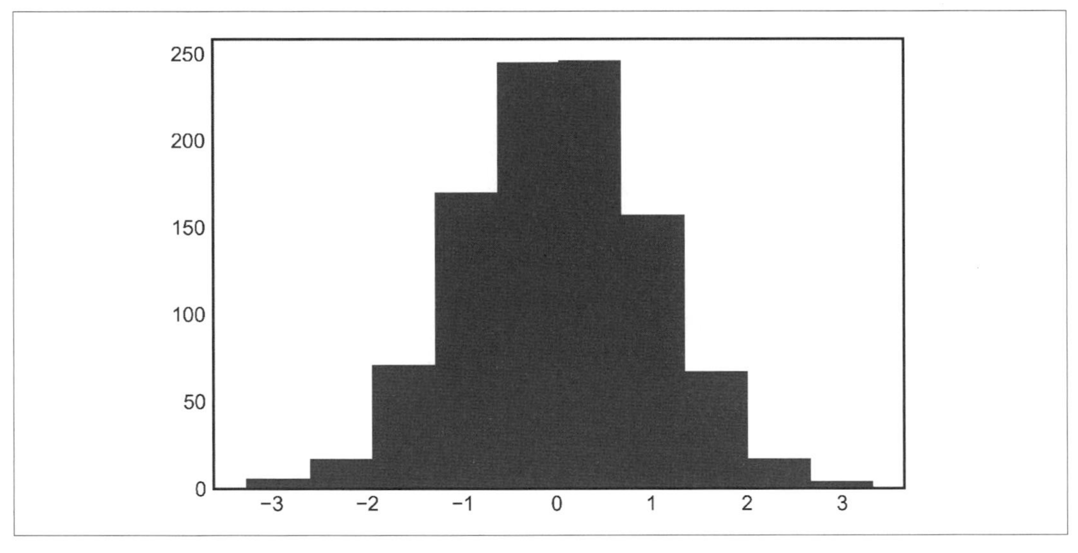

圖 28-6：一個簡單的直方圖

hist 函式有許多選項可以用來同時微調計算和顯示：底下是更加客製化的直方圖例子，如圖 28-7 所示。

```
In [3]: plt.hist(data, bins=30, density=True, alpha=0.5,
                 histtype='stepfilled', color='steelblue',
                 edgecolor='none');
```

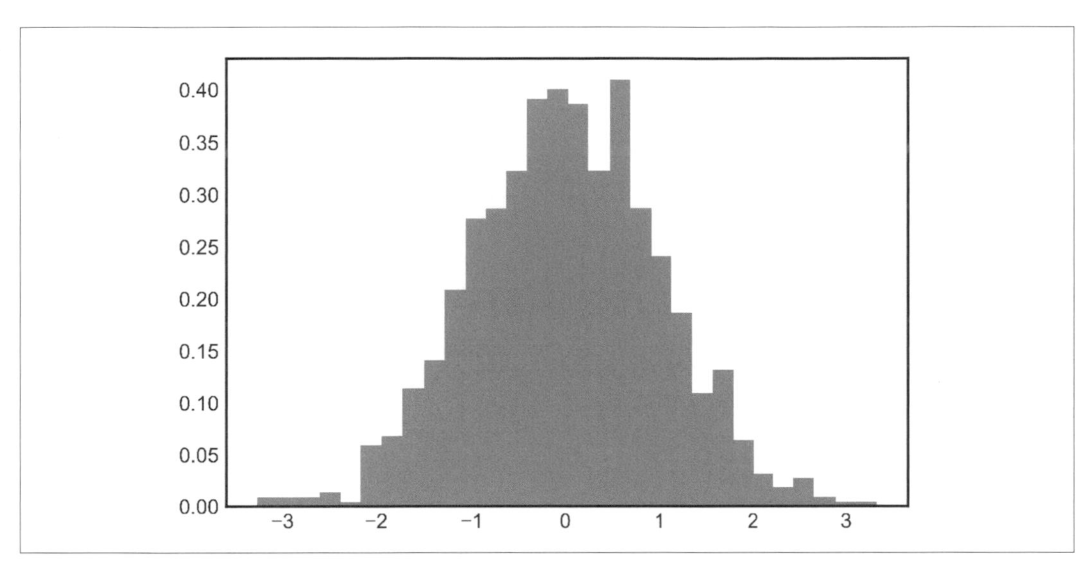

圖 28-7：一個客製化的直方圖

plt.hist 的函式說明字串有更多可用的客製化選項資訊。我發現把 histtype='stepfilled' 和一些透明度 alpha 結合在一起用在幾個分佈的比較上非常有用（參見圖 28-8）。

```
In [4]: x1 = rng.normal(0, 0.8, 1000)
        x2 = rng.normal(-2, 1, 1000)
        x3 = rng.normal(3, 2, 1000)

        kwargs = dict(histtype='stepfilled', alpha=0.3, density=True, bins=40)

        plt.hist(x1, **kwargs)
        plt.hist(x2, **kwargs)
        plt.hist(x3, **kwargs);
```

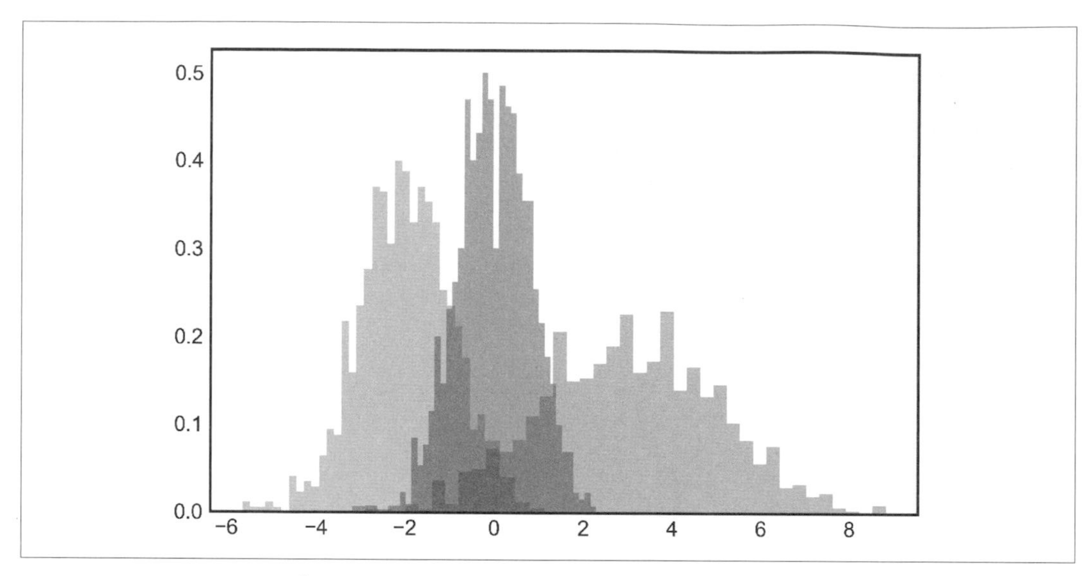

圖 28-8：疊畫多個直方圖 [1]

如果你想要簡單地計算直方圖而不是顯示出來（也就是說，計算在每一個箱子範圍中資料點的數目），你可以使用 np.histogram 這個函式：

```
In [5]: counts, bin_edges = np.histogram(data, bins=5)
        print(counts)
Out[5]: [ 23 241 491 224  21]
```

二維直方圖與分箱法

就像是在建立直方圖時，把一維的數值線變成資料範圍的箱子，我們也可以把二維資料的點分到二維的箱子中，以建立一個直方圖。在這裡簡要地瀏覽幾種可以使用的方法。先從定義一些資料開始，從多變量高斯分佈（Multivariate Gaussian Distribution）取出 x 和 y 陣列：

```
In [6]: mean = [0, 0]
        cov = [[1, 1], [1, 2]]
        x, y = rng.multivariate_normal(mean, cov, 10000).T
```

1　本圖表的全彩版本可以在 GitHub（*https://oreil.ly/PDSH_GitHub*）中找到。

plt.hist2d：二維直方圖

一個直覺的方式是使用 Matplotlib 的 plt.hist2d 函式來繪製二維直方圖（參見圖 28-9）：

```
In [7]: plt.hist2d(x, y, bins=30)
        cb = plt.colorbar()
        cb.set_label('counts in bin')
```

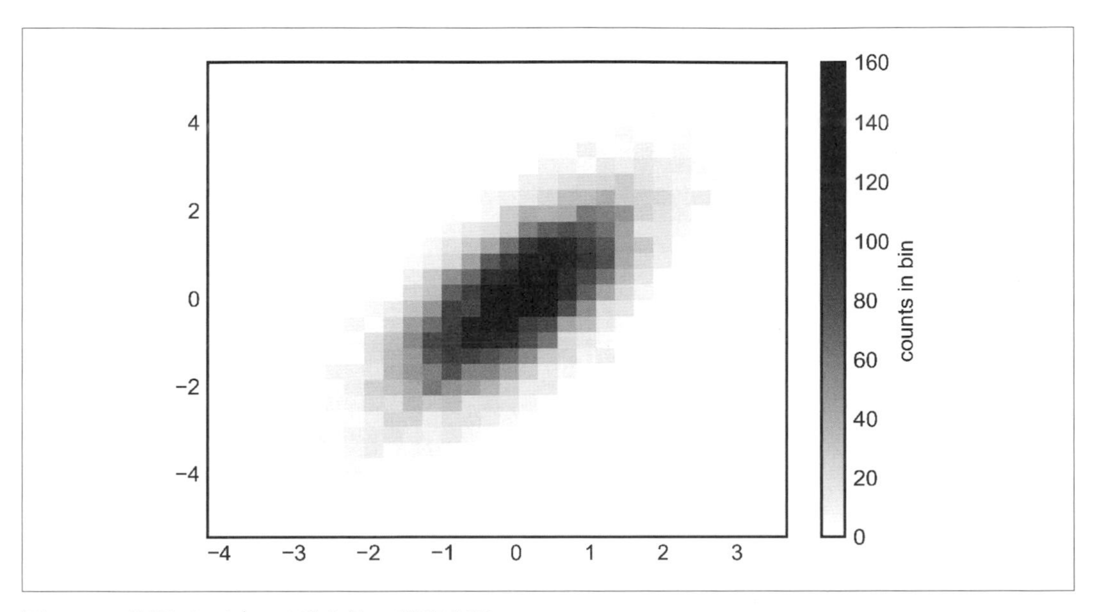

圖 28-9：使用 plt.hist2d 建立的二維直方圖

就像是 plt.hist，plt.hist2d 也有許多選項可以微調圖形以及裝箱的方式，在函式的說明字串中有很好的摘要說明。再者，就像是 plt.hist 有它的另外一個夥伴函式 np.histgram，plt.hist2d 也有一個夥伴是 np.histogram2d：

```
In [8]: counts, xedges, yedges = np.histogram2d(x, y, bins=30)
        print(counts.shape)
Out[8]: (30, 30)
```

如果要把分箱成直方圖的方法，一般化到二維以上的資料中，你可以參考 np.histogramdd 函式。

plt.hexbin：六角形分箱法

二維直方圖建立了一個橫跨在軸上的棋盤型方格。另外一個自然一點的形狀是棋盤狀的正六角形。為了做出這樣的效果，Matplotlib 提供一個 `plt.hexbin` 程序，它可以表現一個二維的資料集在一個六角形的網格中進行分箱之後的樣子（參見圖 28-10）：

```
In [9]: plt.hexbin(x, y, gridsize=30)
        cb = plt.colorbar(label='count in bin')
```

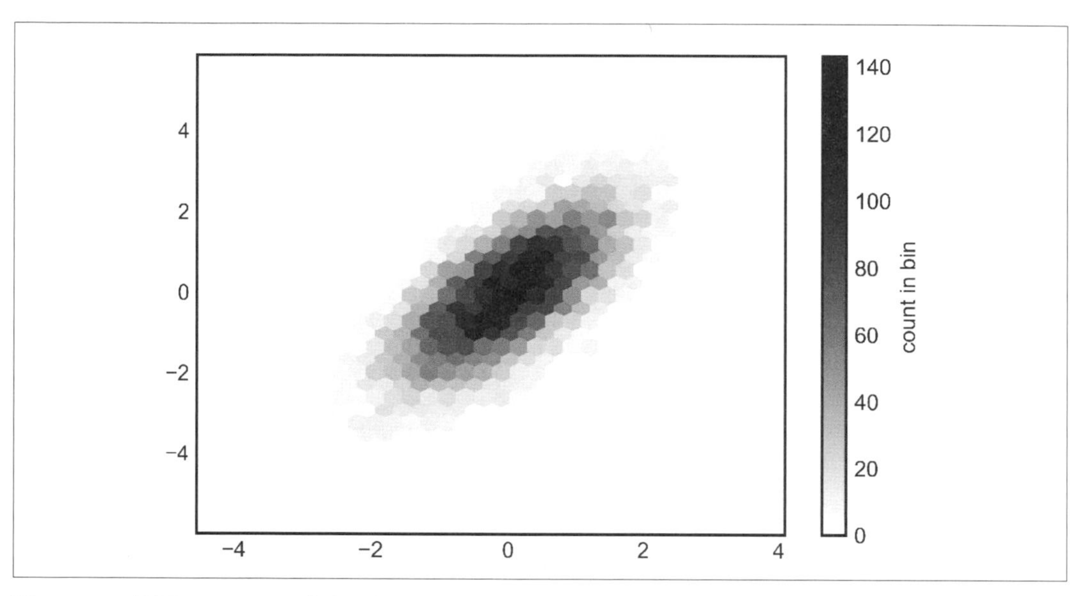

圖 28-10：使用 plt.hexbin 建立一個二維直方圖

`plt.hexbin` 有許多有趣的選項，包括可以指定每一個點的權重，以及在每一個箱子中進行任一 NumPy 聚合計算（權重平均、權重的標準差等等）再加以輸出。

核密度估計（Kernel Density Estimation）

另外一個常見用來在多維度中評估密度的方法是核密度估計（Kernel Density Estimation，KDE）。這將會在第 49 章中進行更全面的討論，現在只是簡單地提一下，KDE 可以被當作是一個用來「抹掉」在空間中的點，然後加上結果以取得一個平滑函數。一個快速而簡單的 KDE 實作可以在 `scipy.stats` 套件中找到。以下即是使用 KDE 的快速例子（圖 28-11）：

```
In [10]: from scipy.stats import gaussian_kde

         # 放入一個陣列的大小 [Ndim, Nsamples]
         data = np.vstack([x, y])
         kde = gaussian_kde(data)

         # e 在一個方形的格子上進行估算
         xgrid = np.linspace(-3.5, 3.5, 40)
         ygrid = np.linspace(-6, 6, 40)
         Xgrid, Ygrid = np.meshgrid(xgrid, ygrid)
         Z = kde.evaluate(np.vstack([Xgrid.ravel(), Ygrid.ravel()]))

         # 把結果畫成一個影像
         plt.imshow(Z.reshape(Xgrid.shape),
                    origin='lower', aspect='auto',
                    extent=[-3.5, 3.5, -6, 6])
         cb = plt.colorbar()
         cb.set_label("density")
```

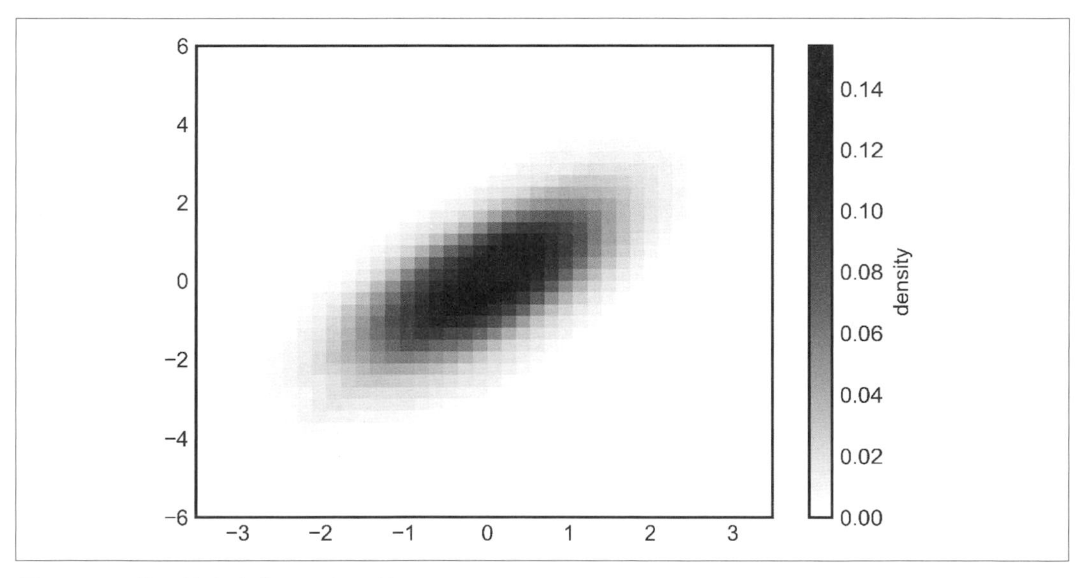

圖 28-11：使用核密度表示一個分佈

KDE 有一個平滑長度可以影響介於細節和平滑度之間的旋鈕（knob）（其中一個例子就是無所不在的偏差和變異之取捨）。如何選取一個正確的平滑長度之相關文獻非常多：`gaussian_kde` 使用的經驗法則嘗試為輸入資料尋找接近最佳的平滑長度。

其他實作 KDE 的方式在 SciPy 生態系中有許多可以使用，每一個都有它自己的許多優點和缺點，例如：`sklearn.neighbors.Kernel Density` 和 `statsmodels.nonparametric.kernel_density.KDEMultivariate`。

對於基於 KDE 的視覺化，使用 Matplotlib 往往過於冗長。在第 36 章介紹的 Seaborn 程式庫，提供很簡潔的 API 可用來建立以 KDE 為基礎的視覺化圖形。

第 29 章

自訂圖表的圖例

圖例藉由指定標籤到不同的圖表元素賦予視覺化內容意義。前面看過如何建立一個簡單的圖例，在此，將再度檢視如何在 Matplotlib 中自訂圖例的位置以及外觀。

最簡單的圖例可以使用 `plt.legend` 命令建立，它會自動地為任一個具有標籤的圖形建立圖例（參見圖 29-1）：

```
In [1]: import matplotlib.pyplot as plt
        plt.style.use('seaborn-whitegrid')

In [2]: %matplotlib inline
        import numpy as np

In [3]: x = np.linspace(0, 10, 1000)
        fig, ax = plt.subplots()
        ax.plot(x, np.sin(x), '-b', label='Sine')
        ax.plot(x, np.cos(x), '--r', label='Cosine')
        ax.axis('equal')
        leg = ax.legend()
```

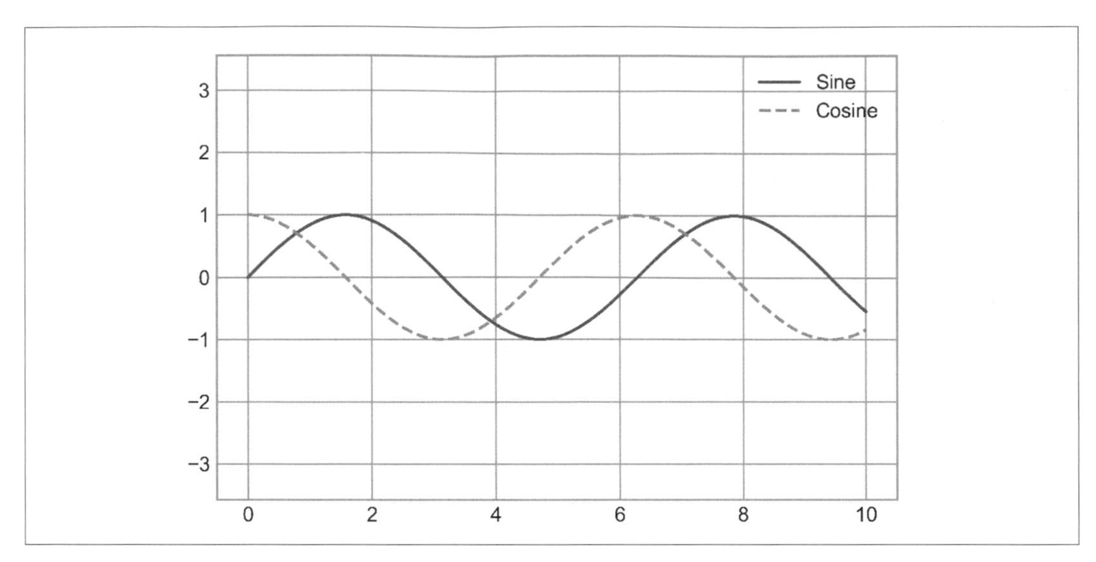

圖 29-1：一個預設的圖表圖例

但是仍有許多種方式可以自訂圖例。例如，我們可以指定位置，然後開啟格線如下（參見圖 29-2）：

```
In [4]: ax.legend(loc='upper left', frameon=True)
        fig
```

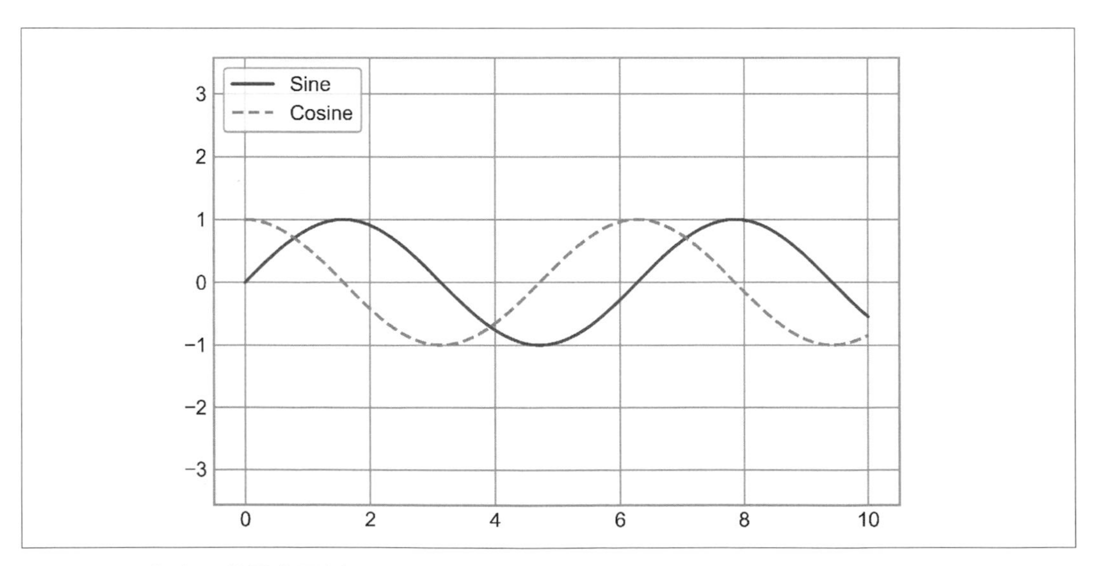

圖 29-2：一個自訂的圖表圖例

我們可以使用 ncol 參數指定圖例的欄位數，如圖 29-3 所示。

```
In [5]: ax.legend(loc='lower center', ncol=2)
        fig
```

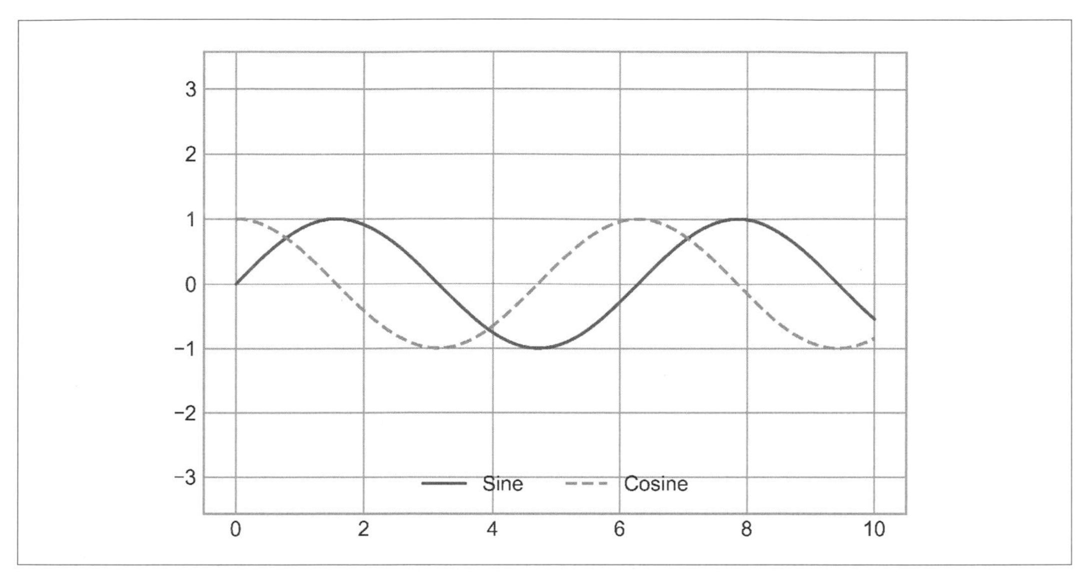

圖 29-3：一個 2 欄的圖表圖例

我們也可以使用圓角矩形（`fancybox`）或是加上陰影、改變框的透明度（alpha 值）、或是在文字周圍墊上一些空間（參見圖 29-4）。

```
In [6]: ax.legend(frameon=True, fancybox=True, framealpha=1,
                  shadow=True, borderpad=1)
        fig
```

更多可以使用的圖例選項，請參考 `plt.leged` 函式說明字串。

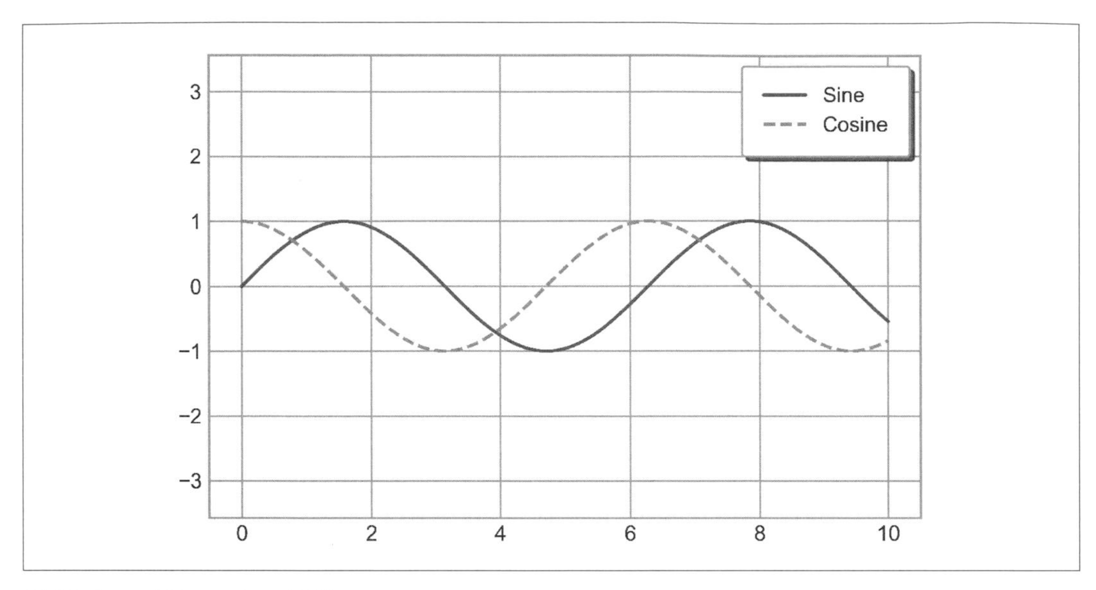

圖 29-4：一個 fancybox 圖例

選取圖例所要使用的元素

就像是之前看過的，圖例預設包含了所有已標記的元素。如果你不打算這樣，可以透過使用在 `plot` 命令中所傳回來的物件來微調元素和標籤的顯示。`plt.plot` 命令可以一次建立許多線條，而且傳回已建立好的線條執行實例串列。傳遞這些到 `plt.legend` 將可以告訴它去識別，接下來的標籤是我們真正想要的（參見圖 29-5）。

```
In [7]: y = np.sin(x[:, np.newaxis] + np.pi * np.arange(0, 2, 0.5))
        lines = plt.plot(x, y)

        # lines 是 plt.Line2D 實例的一個串列
        plt.legend(lines[:2], ['first', 'second'], frameon=True);
```

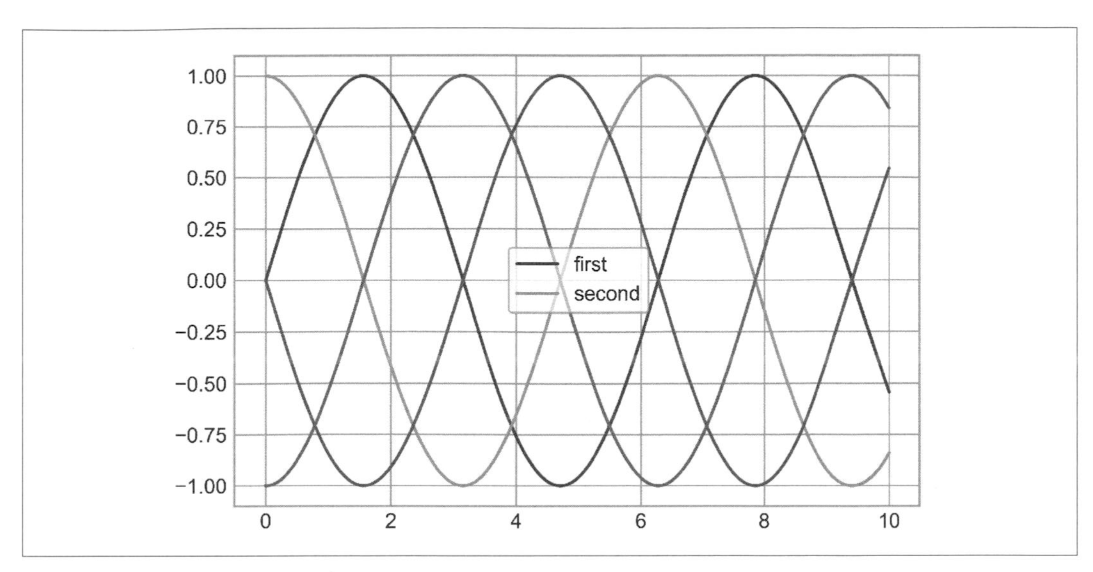

圖 29-5：圖例元素的客製化[1]

在實務上我發現使用第一個方法會比較清楚，套用標籤到你想要顯示在圖例中的圖表元素（參見圖 29-6）。

```
In [8]: plt.plot(x, y[:, 0], label='first')
        plt.plot(x, y[:, 1], label='second')
        plt.plot(x, y[:, 2:])
        plt.legend(frameon=True);
```

請留意在預設的情況下，`legend` 會忽略所有沒有加上標籤的元素。

1 此圖的全彩版本可以在 GitHub（*https://oreil.ly/PDSH_GitHub*）中取得。

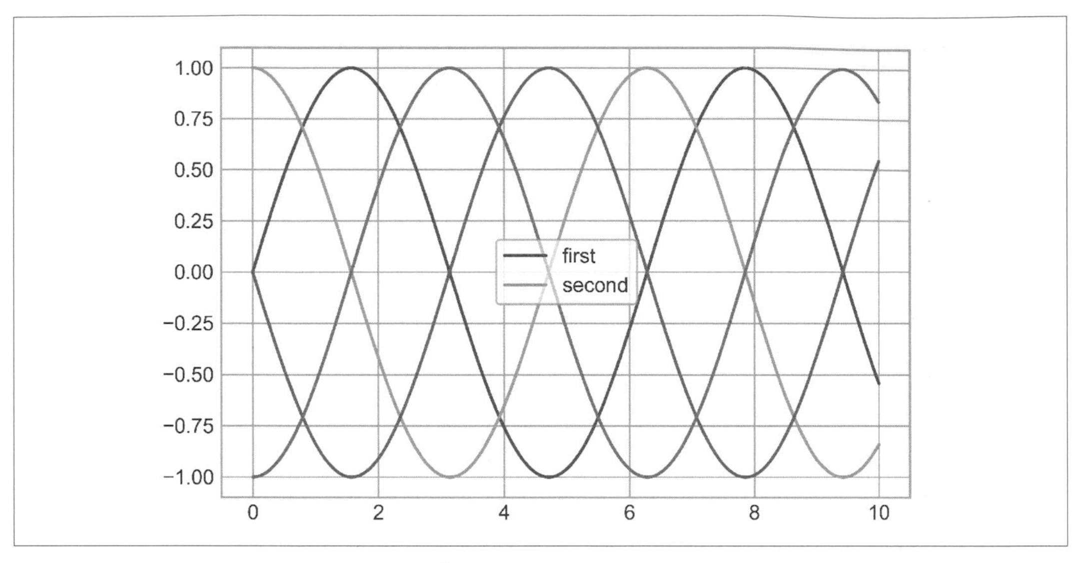

圖 29-6：自訂圖例元素的另外一種方法 [2]

在圖例中的資料點大小

有些時候圖例的預設值在視覺化時並不夠用。例如，如果你想要透過資料點的大小去標記資料的某些特性，然後建立一個圖例來反映這些。在這裡有一個這樣的例子，我們將使用點的大小來表示加州各城市的人口數。在此，我們打算使用一個圖例來表示每一個資料點的比例大小，藉由畫上一些沒有項目的標籤來達成（參見圖 29-7）。

```
In [9]: # 取消以下的註解以來下載這些資料
        # url = ('https://raw.githubusercontent.com/jakevdp/
        #        PythonDataScienceHandbook/''master/notebooks/data/
        #        california_cities.csv')
        # !cd data && curl -O {url}

In [10]: import pandas as pd
         cities = pd.read_csv('data/california_cities.csv')

         # 擷取出我們感興趣的資料
         lat, lon = cities['latd'], cities['longd']
         population, area = cities['population_total'], cities['area_total_km2']
```

2　本圖表的全彩版本可以在 GitHub（*https://oreil.ly/PDSH_GitHub*）中取得。

```
# 設定大小及顏色，但是沒有標籤來畫上這些點
plt.scatter(lon, lat, label=None,
            c=np.log10(population), cmap='viridis',
            s=area, linewidth=0, alpha=0.5)

plt.axis('equal')
plt.xlabel('longitude')
plt.ylabel('latitude')
plt.colorbar(label='log$_{10}$(population)')
plt.clim(3, 7)

# 在這裡我們建立一個圖例：
# 畫上一個有我們想要的大小以及標籤的空串列
for area in [100, 300, 500]:
    plt.scatter([], [], c='k', alpha=0.3, s=area,
                label=str(area) + ' km$^2$')
plt.legend(scatterpoints=1, frameon=False, labelspacing=1,
           title='City Area')

plt.title('California Cities: Area and Population');
```

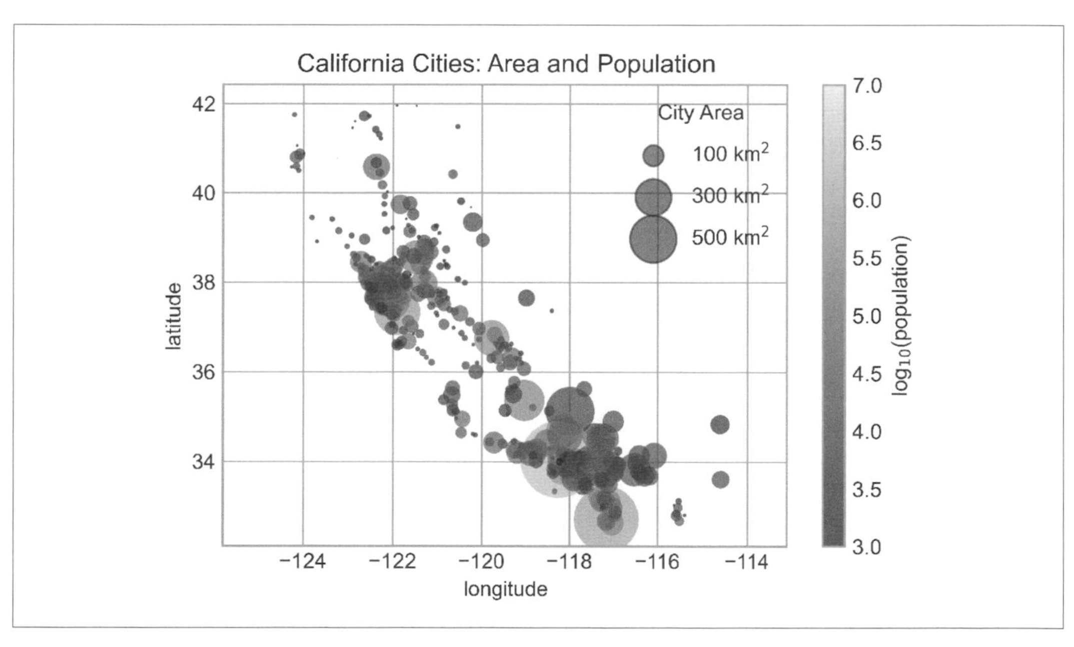

圖 29-7：加州各城市的位置、地理大小以及人口數

圖例可以參考到圖表上的一些物件，所以，如果想要顯示一個特定形狀就需要把它畫上去。在這個例子中，我們想要的物件（灰色的圓形）並不在圖表上，所以要畫上一個空的串列來假裝它們。也要留意的是，圖例只會列出那些具有標籤的圖表元素。

藉由畫上空的串列，我們建立了具有標籤的圖表物件就可以被選到圖例中，如此圖例中就會告訴我們這些有用的資料。這個策略在建立更複雜的視覺化圖形時會非常有用。

多重圖例

有時在設計一個圖表時想要在同一個軸上加上多個圖例，不幸的是，Matplotlib 並沒有簡單的方法：在標準的 `legend` 介面中，整個圖表只能建立一個圖例。如果你打算使用 `plt.legend` 或是 `ax.legend` 建立第二個圖例，它會直接把第一個覆蓋掉。我們可以從無到有建立一個新的圖例 artist（`artist` 是 Matplotlib 用於視覺屬性的基礎類別），然後使用低階的 `ax.add_artist` 方法手動地加上第二個 artist 到這個圖表中（參見圖 29-8）。

```
In [11]: fig, ax = plt.subplots()

         lines = []
         styles = ['-', '--', '-.', ':']
         x = np.linspace(0, 10, 1000)

         for i in range(4):
             lines += ax.plot(x, np.sin(x - i * np.pi / 2),
                              styles[i], color='black')
         ax.axis('equal')

         # 指定第一個圖例的線條和標籤
         ax.legend(lines[:2], ['line A', 'line B'], loc='upper right')

         # 建立第 2 個圖例，然後手動地加入 artist
         from matplotlib.legend import Legend
         leg = Legend(ax, lines[2:], ['line C', 'line D'], loc='lower right')
         ax.add_artist(leg);
```

這是對於組成 Matplotlib 圖表之低階 artist 物件的匆匆一瞥。如果你想去檢視 `ax.legend()` 的原始碼（別忘了可以在 Jupyter 的 ntoebook 中使用 `ax.legend??`），將會看到此函式是如何組織一個合適的 `Legend` artist 邏輯，它會被存在 `legend_` 的屬性中，然後當在繪製圖表時被加上去。

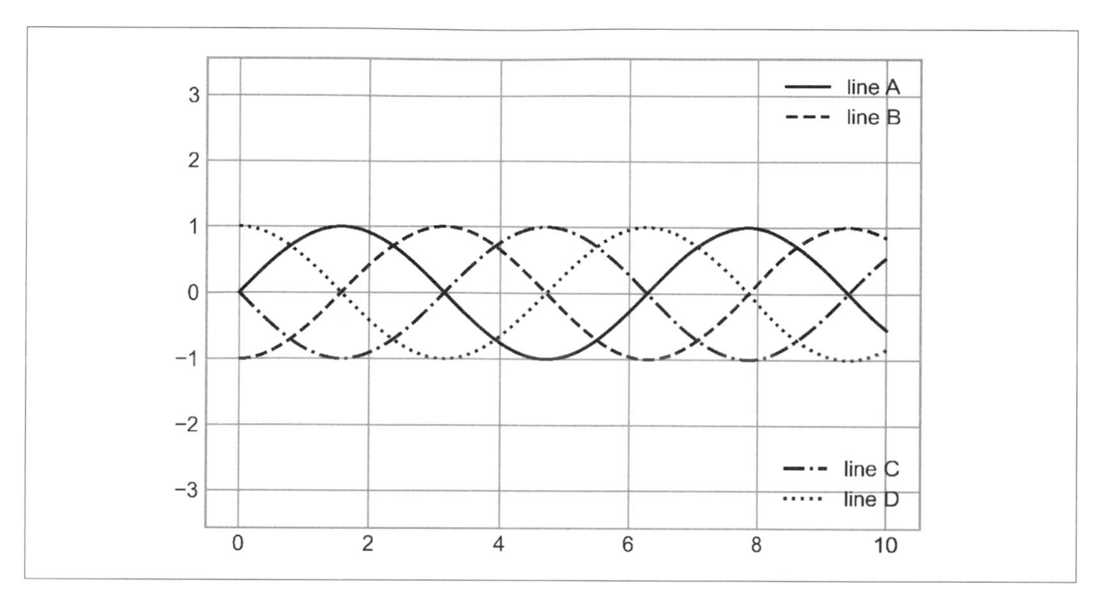

圖 29-8：分成 2 張圖的圖例

第 30 章

自訂色彩條

圖表的圖例可以識別出每一個離散資料點的個別標籤。而對於點、線、區域色彩之連續標籤，一個加上標籤的色彩條（colorbar）是非常好用的工具。在 Matplotlib，色彩條是一個分開的軸，它可以提供圖表中各顏色代表意義的一個鍵值。因為本書是以黑白印刷，此章的內容有一個相同的線上版本，讓你可以看到這些圖形的全彩版本（*https://oreil.ly/PDSH_GitHub*）。我們先從設定繪圖用的 Notebook 並匯入所需要的函式開始：

```
In [1]: import matplotlib.pyplot as plt
        plt.style.use('seaborn-white')

In [2]: %matplotlib inline
        import numpy as np
```

正如我們已經看過很多次的，最簡單的色彩條可以使用 `plt.colorbar` 函式來建立（參見圖 30-1）：

```
In [3]: x = np.linspace(0, 10, 1000)
        I = np.sin(x) * np.cos(x[:, np.newaxis])

        plt.imshow(I)
        plt.colorbar();
```

全彩的圖形可以在 GitHub（*https://oreil.ly/PDSH_GitHub*）的補充教材上找到。

接下來可以探討自訂這些色彩條的一些想法，以及如何有效地在各種情境中使用它們。

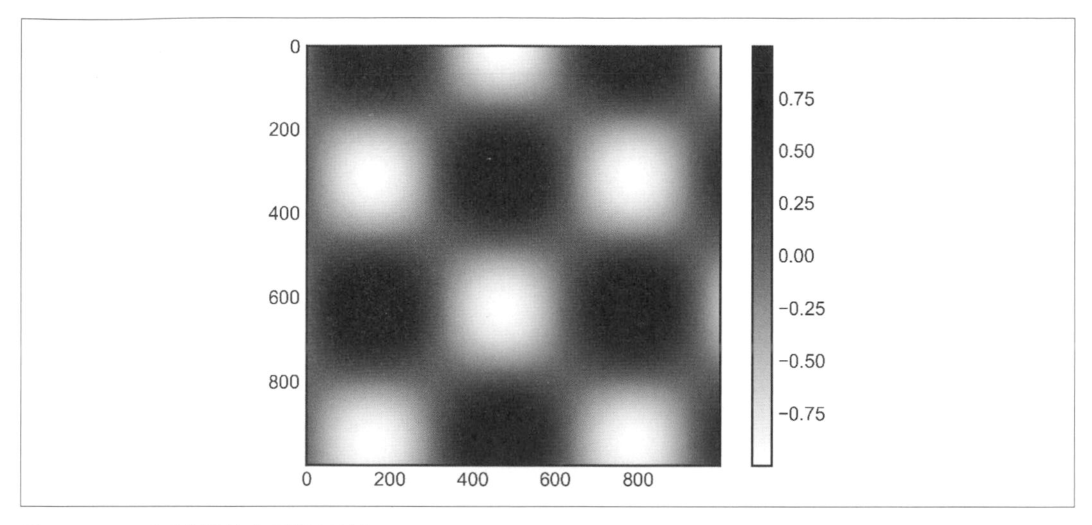

圖 30-1：一個簡單的色彩條圖例

自訂色彩條

可以使用 cmap 參數指定色彩定義表到建立此次建立的視覺化繪圖函式中（參見圖 30-2）。

```
In [4]: plt.imshow(I, cmap='Blues');
```

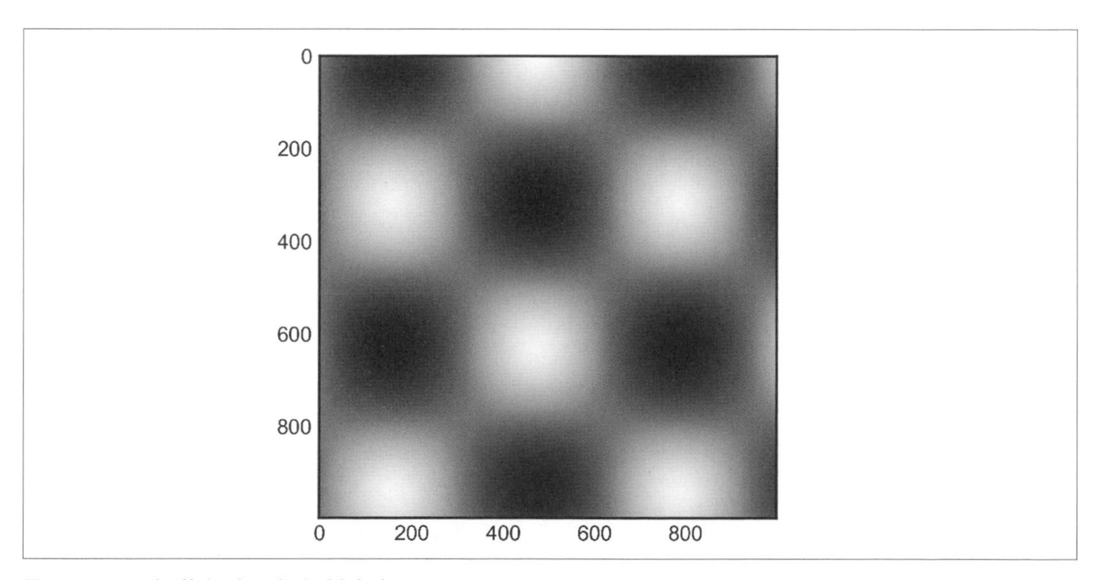

圖 30-2：一個藍色比例顏色對應表

所有可用的色彩對應表都在 `plt.cm` 的名稱空間中：使用 IPython 的定位鍵補齊特色可以列出所有可用的內建對應表清單：

```
plt.cm.<TAB>
```

但是，能夠使用色彩對應表只是第一步，更重要的是在這些可能性中做決定！選擇的重要性可能會超出你原先的預期。

色彩對應表的選擇

在視覺化的過程中對於顏色選用之完整論述已超出了本書的範圍，但是和這個主題相關的有趣內容，請參考這篇由 Nicholas Rougier、Michael Droettboom、與 Philip Bourne 合著的文章「Ten Simple Rules for Better Figures」（*https://oreil.ly/g4GLV*）。Matplotlib 的線上說明文件也對於色彩對應表的選用有一些有趣的討論（*https://oreil.ly/Ll1ir*）。

大體上來說，你應該會注意到有三種類別的色彩對應表：

Sequential 色彩對應表

由連續的一系列色彩所組成（例如：`binary` 或 `viridis`）。

Divergent 色彩對應表

通常包含 2 種不同的顏色，然後從平均值中顯示正偏差和負偏差（例如：`RdBu` 或 `PuOr`）。

Qualitative 色彩對應表

沒有特別順序的色彩所組成的（例如：`rainbow` 或 `jet`）。

`jet` 色彩對應表，它是 Matplotlib 在 2.0 版之前的預設值，就是一個 Qualitative 色彩對應表的例子。做為一個預設值來說它是相當不幸的，因為 Qualitative 對應表通常都是表示量化資料很差的選擇。其中一個問題是，事實上 Qualitative 對應表通常無法隨比例增加而顯示出均勻的亮度變化。

可以把 `jet` 色彩條轉換成黑和白來檢視這樣的情況（圖 30-3）：

```
In [5]: from matplotlib.colors import LinearSegmentedColormap
        def grayscale_cmap(cmap):
            """ 給一個色彩對應表，然後傳回一個灰階的版本 """
            cmap = plt.cm.get_cmap(cmap)
            colors = cmap(np.arange(cmap.N))
```

```
    # 轉換 RGBA 成為感知的灰階亮度
    # 可參考：http://alienryderflex.com/hsp.html
    RGB_weight = [0.299, 0.587, 0.114]
    luminance = np.sqrt(np.dot(colors[:, :3] ** 2, RGB_weight))
    colors[:, :3] = luminance[:, np.newaxis]

    return LinearSegmentedColormap.from_list(
        cmap.name + "_gray", colors, cmap.N)


def view_colormap(cmap):
    """Plot a colormap with its grayscale equivalent"""
    cmap = plt.cm.get_cmap(cmap)
    colors = cmap(np.arange(cmap.N))

    cmap = grayscale_cmap(cmap)
    grayscale = cmap(np.arange(cmap.N))

    fig, ax = plt.subplots(2, figsize=(6, 2),
                           subplot_kw=dict(xticks=[], yticks=[]))
    ax[0].imshow([colors], extent=[0, 10, 0, 1])
    ax[1].imshow([grayscale], extent=[0, 10, 0, 1])
In [6]: view_colormap('jet')
```

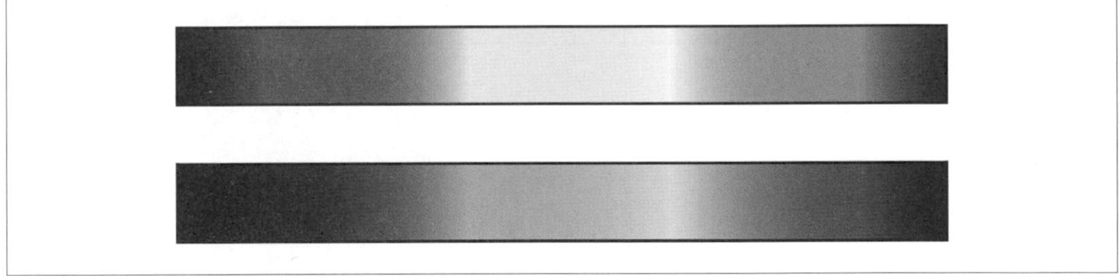

圖 30-3：jet 的色彩對應表和它不均勻的亮度比例

請留意在此影像中的亮度條紋。就算是在全彩的情況下，這種不均勻的亮度也意味著眼睛會被某部分的色彩範圍所吸引，進而強調了資料集中不重要的部分。所以最好是使用像是 Viridis（Matplotlib 2.0 版的預設值）這種色彩對應表，它被設計成能夠在分佈範圍內具有均勻的亮度變化。如此，它就不是只有在彩色模式下表現得不錯，在灰階的列印模式下依然可以轉換地很好（參見圖 30-4）。

```
In [7]: view_colormap('viridis')
```

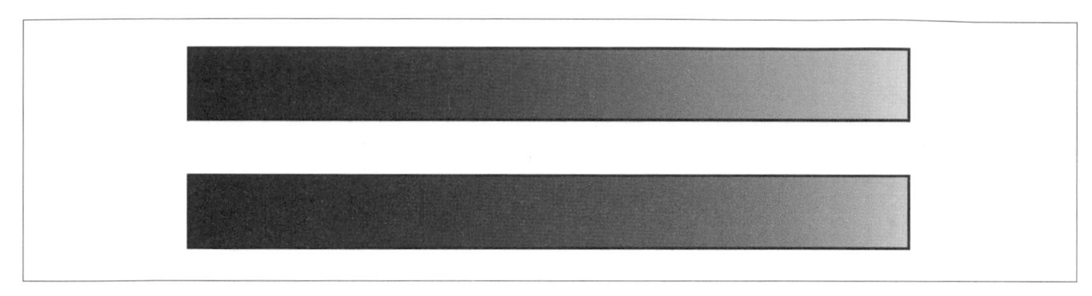

圖 30-4：Viridis 色彩對應表和它的均勻亮度比例

對於其他的情況，例如要從一些平均顯示正負偏差值，像是 `RdBu`（*Red-Blue* 的簡寫）這樣雙色的色彩對應表就可以拿來使用。然而，如同你在圖 30-5 中所看到的，要特別注意的是正負資訊在轉換成灰階之後將會遺失：

```
In [8]: view_colormap('RdBu')
```

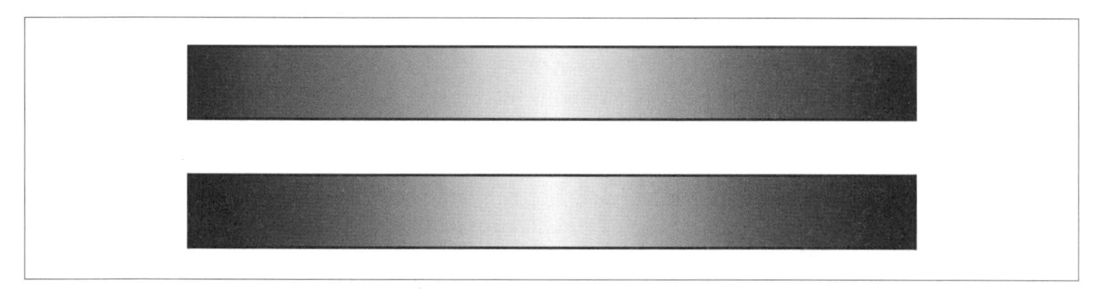

圖 30-5：`RdBu` 色彩對應表與它的亮度

接下來的內容，我們將會看到使用其中的一些色彩對應表的例子。

Matplotlib 中有許多可用的色彩對應表，你可以使用 IPython 來探索 `plt.cm` 這個子模組以看到所有可用清單。在 Python 中更多關於顏色的研究，你可以參考 Seaborn 程式庫中的工具和說明文件（參考第 36 章）。

色彩的限制和延伸

Matplotlib 允許非常大範圍的色彩條客製化。色彩條本身就是一個 `plt.Axes` 的執行實例，因此所有之前學習過的軸和刻度格式都可以套用。色彩條有一些有趣的使用彈性，例如：可以窄化彩色的限制、以及透過 `extend` 屬性，使用三角形箭頭指向最上面和最下面的位置。這有時候會派上用場，例如：如果你正在顯示一個和雜訊有關的影像（圖 30-6）：

```
In [9]: # 製造一個影像中 1% 的雜訊
        speckles = (np.random.random(I.shape) < 0.01)
        I[speckles] = np.random.normal(0, 3, np.count_nonzero(speckles))

plt.figure(figsize=(10, 3.5))

        plt.subplot(1, 2, 1)
        plt.imshow(I, cmap='RdBu')
        plt.colorbar()

        plt.subplot(1, 2, 2)
        plt.imshow(I, cmap='RdBu')
        plt.colorbar(extend='both')
        plt.clim(-1, 1)
```

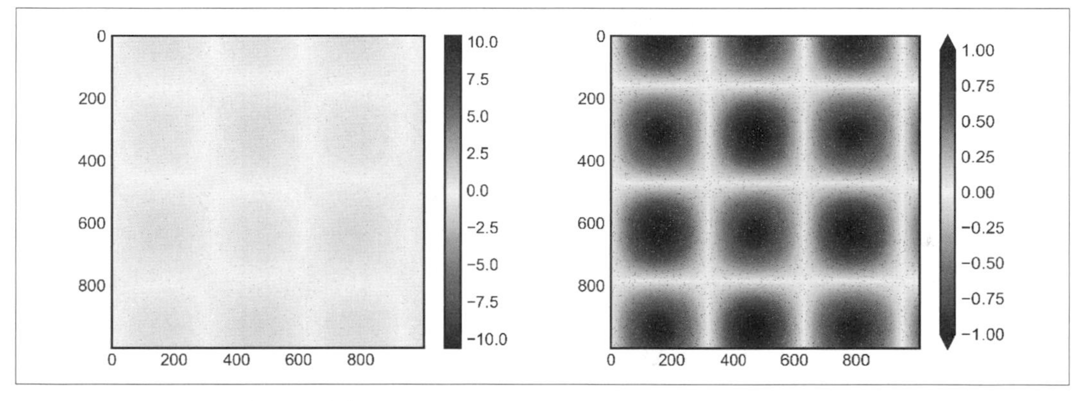

圖 30-6：指定色彩對表的延伸[1]

請留意圖表的左半邊，預設的色彩限制了對雜訊點的反應，而雜訊的範圍完全把我們感興趣的樣式清掉。在圖表的右側，我們手動設定顏色的限制，而且加上延伸去指示超過和低於那些限制的值。此結果在視覺化資料時會更為有用。

1 本圖表的全彩版本可以在 GitHub（*https://oreil.ly/PDSH_GitHub*）中取得。

離散的色彩條

色彩對應預設是連續的，但有時候你可能會想要表現出離散的值。最簡單用來表示離散值的方式是使用 `plt.cm.get_cmap` 函式，然後傳入一個合適的色彩對應表名稱以及要呈現在箱子裡的數目（圖 30-7）：

```
In [10]: plt.imshow(I, cmap=plt.cm.get_cmap('Blues', 6))
         plt.colorbar(extend='both')
         plt.clim(-1, 1);
```

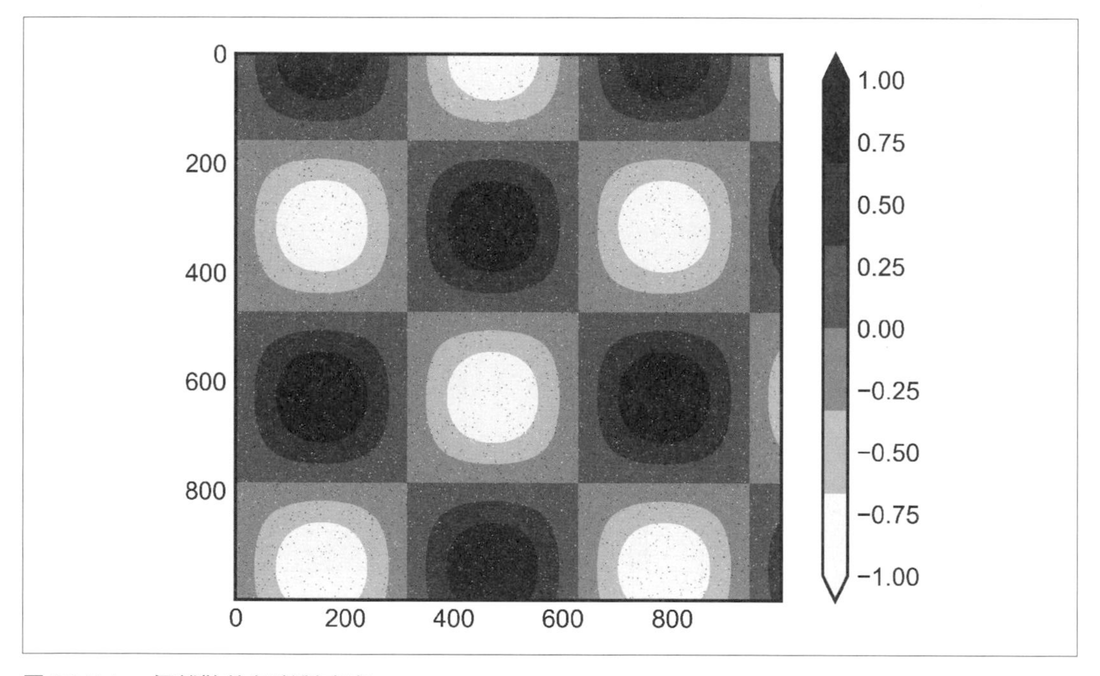

圖 30-7：一個離散的色彩對應表

色彩對應表的離散版本可以像是任何其他的色彩對應表般使用。

範例：手寫數字

為了說明可能的用途，讓我們來看看一個有趣的手寫數字資料視覺化例子。這些資料在 Scikit-Learn 中可以找到，它是由接近 2,000 個 8×8 用來顯示多樣化手寫數字縮圖所組成。

現在，先從下載數字資料集以及使用 `plt.imshow` 顯示出其中的幾個範例圖形開始（圖 30-8）：

```
In [11]: # 載入 0 到 5 的數字影像，然後顯示一些出來
         from sklearn.datasets import load_digits
         digits = load_digits(n_class=6)

         fig, ax = plt.subplots(8, 8, figsize=(6, 6))
         for i, axi in enumerate(ax.flat):
             axi.imshow(digits.images[i], cmap='binary')
             axi.set(xticks=[], yticks=[])
```

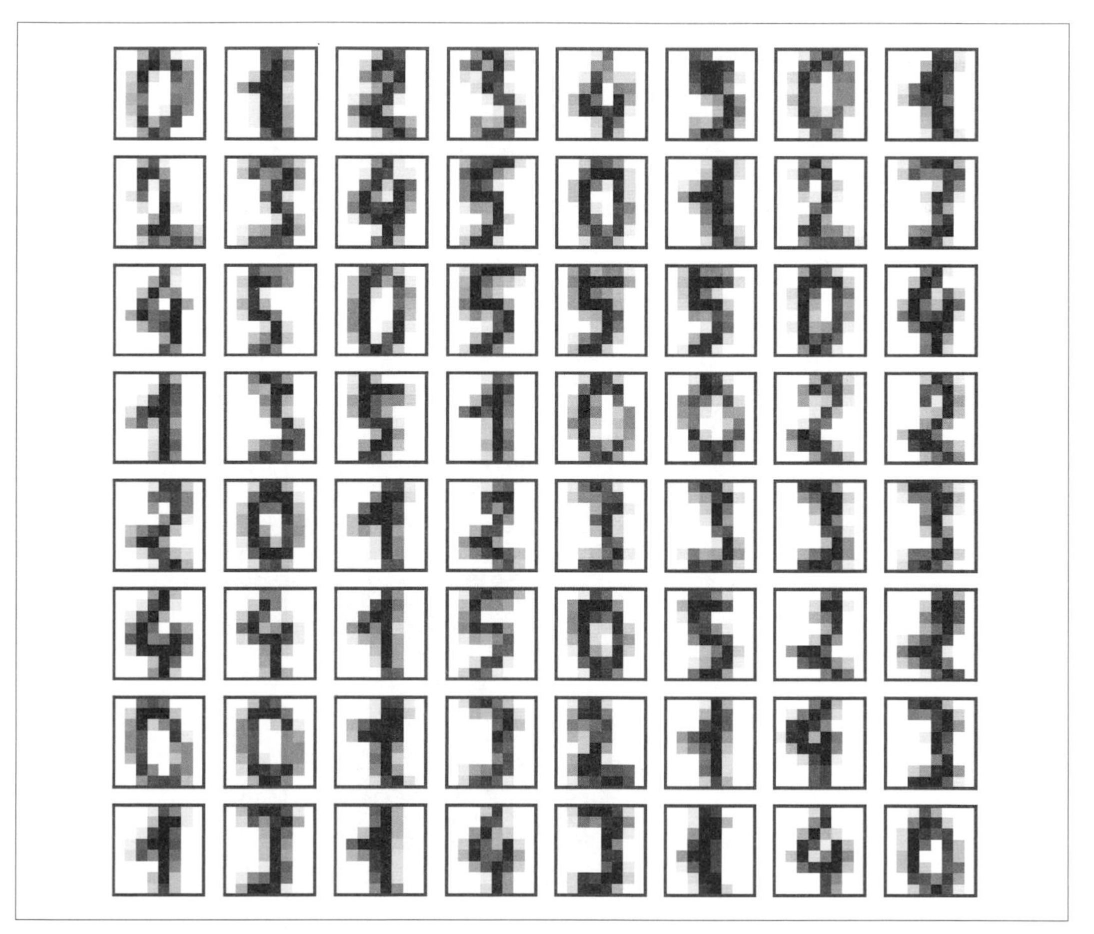

圖 30-8：手寫數字資料的一些範例

因為每一個數字都被以 64 個像素的色調來定義，我們可以把每一個數字當成是在 64 維度空間上的點：每一個維度表示一個像素的亮度。但是在如此高維度空間中視覺化資料會變得極端困難。其中一個嘗試的方向是使用維度簡化（*dimensionality reduction*）技巧像是流形學習（manifold learning），在減少資料維度時仍能維持住我們感興趣的資料之間的關係。維度簡化是非監督式機器學習的其中一個例子，將會在第 37 章中探討其中更多的細節。

先不討論細節的部分，先看看這些數字元資料的二維流形學習映射（細節請參考第 46 章）：

```
In [12]: # 使用 IsoMap 去把這些數字元投影到二維空間
         from sklearn.manifold import Isomap
         iso = Isomap(n_components=2, n_neighbors=15)
         projection = iso.fit_transform(digits.data)
```

在此使用之前的離散色彩對應表檢視結果，設定 `ticks` 和 `clim` 以改進結果色彩條的美觀（圖 30-9）：

```
In [13]: # 繪出結果
         plt.scatter(projection[:, 0], projection[:, 1], lw=0.1,
                     c=digits.target, cmap=plt.cm.get_cmap('plasma', 6))
         plt.colorbar(ticks=range(6), label='digit value')
         plt.clim(-0.5, 5.5)
```

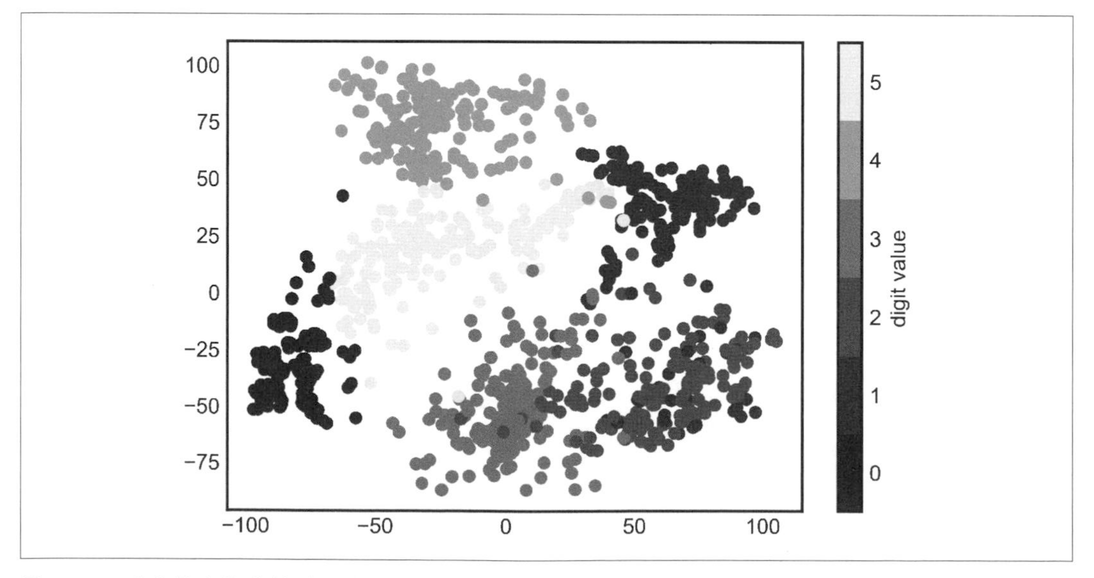

圖 30-9：手寫數字像素的流形嵌入

這樣的投影方式給我們關於資料集中的關係一些觀察：例如：在此投影中，2 和 3 的範圍幾乎重疊，表示某些手寫的 2 和 3 難以被區分，它們可能更容易被自動分類演算法搞混。其他值像是 0 和 1，相距就更遠，它們就不太可能被混淆。

第四篇將會回來探討流形學習與數字辨識。

第 31 章

多重子圖

有時並排比較資料的不同視角是會很有用處的。為此，Matplotlib 提供了子圖的概念：可以在單一圖表中同時存在的較小軸群組。這一些子圖可以被插入圖表的網格或是其他更多複雜的排版中。在這一章將探索在 Matplotlib 中建立子圖的 4 個程序。先從設置用來繪圖的 Notebook 以及匯入要使用的套件開始：

```
In [1]: %matplotlib inline
        import matplotlib.pyplot as plt
        plt.style.use('seaborn-white')
        import numpy as np
```

plt.axes：手動建立子圖

建立一個 axes 最基本的方法是使用 `plt.axes` 函式。就像是之前看到過的，預設的情況下這個建立的 axes 物件會填滿整張圖形。`plt.axes` 可以傳入一個額外的 4 個數字的串列用來表示圖中的座標系統。這些數字代表在此座標系統的（[*bottom, left, width, height*]），範圍是從 0 表示圖的左下角到 1 所表示的右上角。

舉個例子，我們可以建立一個內嵌在另外一個 axes 右上角的 axes，藉由設定 x 和 y 的位置到 0.65（也就是從這張圖的 65% 的寬和 65% 的高開始），以及把 x 和 y 延伸到 0.2（也就是，axes 的大小是圖表寬的 20% 和高的 20%）。圖 31-1 顯示這個結果：

```
In [2]: ax1 = plt.axes()  # 標準的 axes
        ax2 = plt.axes([0.65, 0.65, 0.2, 0.2])
```

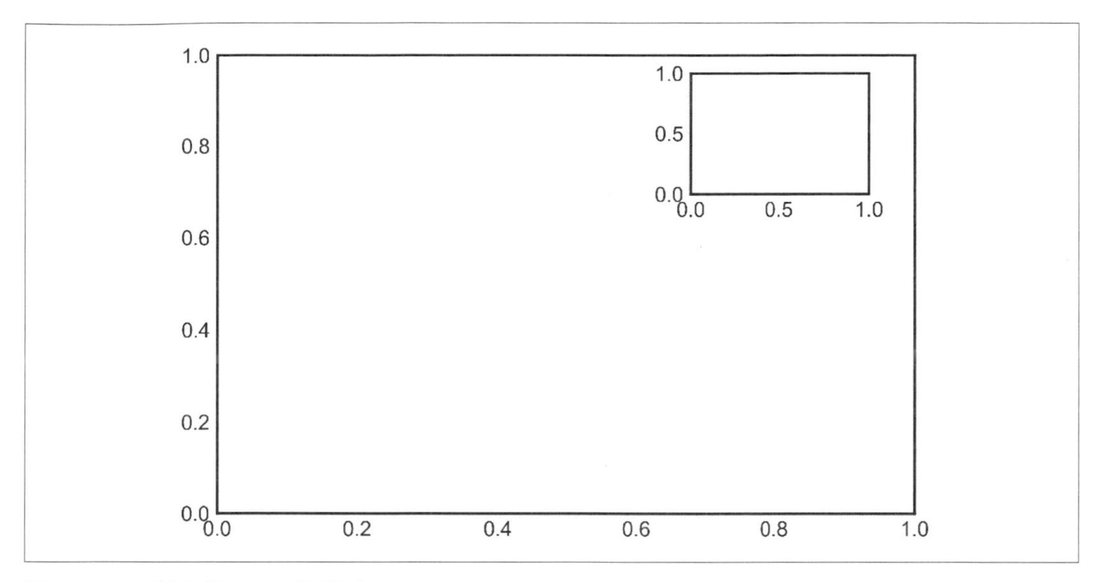

圖 31-1：一個內嵌 axes 的例子

使用物件導向介面的等價命令是 fig.add_axes。以下建立 2 個垂直的堆疊 axes（圖 31-2）：

```
In [3]: fig = plt.figure()
        ax1 = fig.add_axes([0.1, 0.5, 0.8, 0.4],
                           xticklabels=[], ylim=(-1.2, 1.2))
        ax2 = fig.add_axes([0.1, 0.1, 0.8, 0.4],
                           ylim=(-1.2, 1.2))

        x = np.linspace(0, 10)
        ax1.plot(np.sin(x))
        ax2.plot(np.cos(x));
```

在圖中有 2 個 axes（上面那個沒有刻度標籤）剛好接觸在一起：上面那個子圖的下方（在位置 0.5 處）和下面那個子圖的上方配合得剛好（在位置 0.1 + 0.4）。

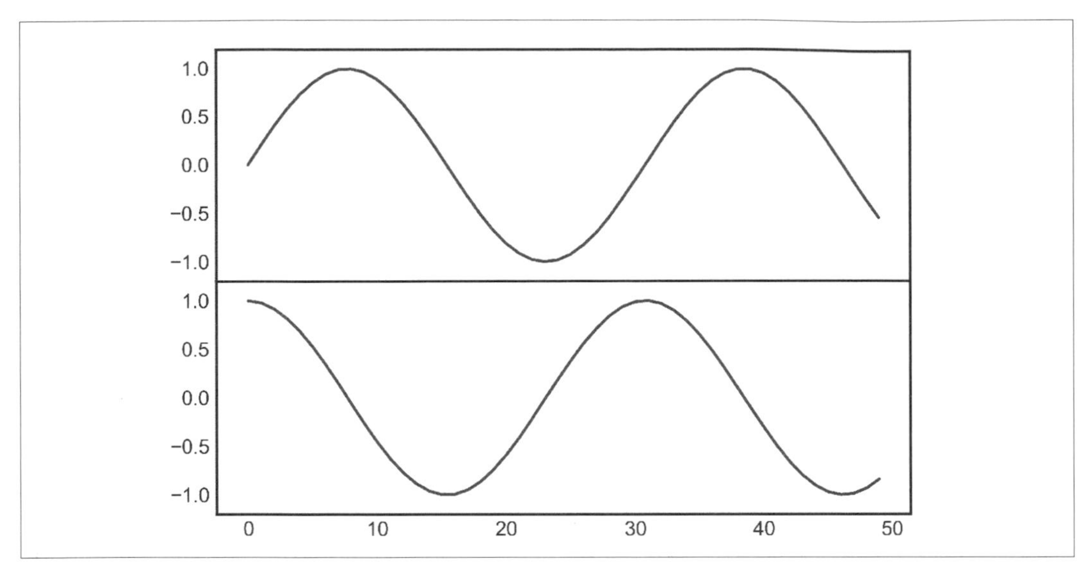

圖 31-2：垂直堆疊的 axes 範例

plt.subplot：子圖的簡單網格

我們經常會在子圖中使用對齊的欄或列，因此 Matplotlib 提供了許多便利的程序可以讓它們非常容易地被建立。就像你即將看到的，以下這個命令使用 3 個整數參數：列的數目、欄的數目、以及要在這個組合中被建立的圖表索引，它們從左上執行到右下（參見圖 31-3）：

```
In [4]: for i in range(1, 7):
            plt.subplot(2, 3, i)
            plt.text(0.5, 0.5, str((2, 3, i)),
                     fontsize=18, ha='center')
```

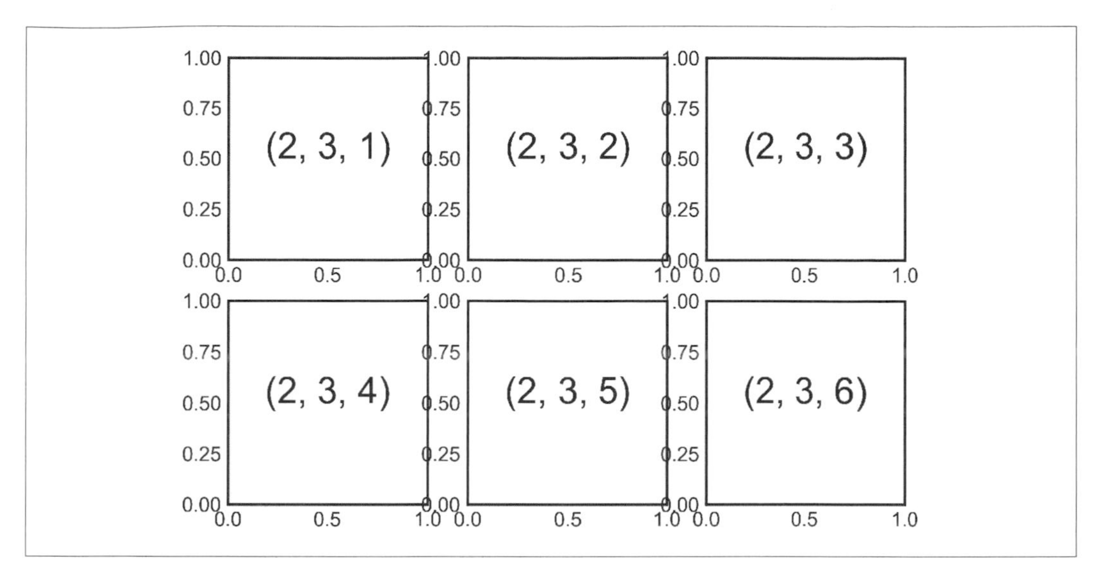

圖 31-3：plt.subplot 的例子

plt.subplots_adjust 命令可以用來調整這些子圖中間的間隙。以下的程式碼使用等價的物件導向命令 fig.add_subplot；圖 31-4 展示這個結果：

```
In [5]: fig = plt.figure()
        fig.subplots_adjust(hspace=0.4, wspace=0.4)
        for i in range(1, 7):
            ax = fig.add_subplot(2, 3, i)
            ax.text(0.5, 0.5, str((2, 3, i)),
                   fontsize=18, ha='center')
```

在圖表中使用 plt.subplots_adjust 的 hspace 和 wspace 參數，用來指定沿著圖表的高度與寬度的間距，以子圖的尺寸做為單位（在此例，間距是子圖之寬與高的 40%）。

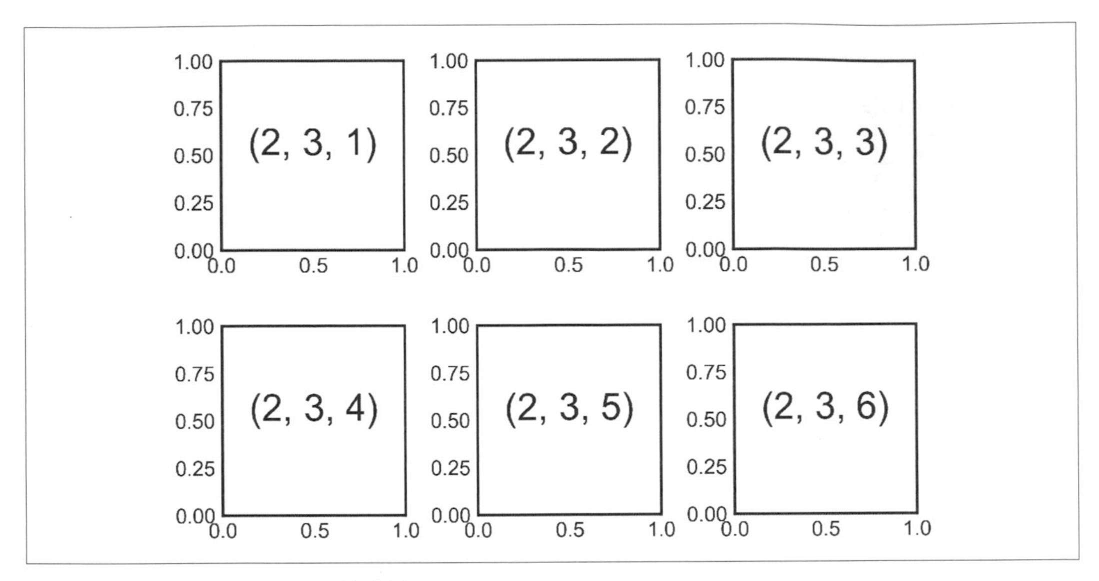

圖 31-4：使用 plt.subplot 調整邊界

plt.subplots：一次準備好整個網格

前面說明的方式在建立大型子圖網格時很快地就會變成一件麻煩事，特別是如果你想要在隱藏內圖的 x 軸和 y 軸標籤時。基於這個原因，plt.subplots() 是比較容易使用的函式（請注意 subplots 後面的 s）。不同於建立單一個子圖，這個函式用一行就可以建立一個完整的子圖網格，傳回值會放在一個 NumPy 的陣列中。它的參數是列數和行數，以及可選用的關鍵字 sharex 和 sharey，此函式可以指定在不同軸之間的關係。

以下會建立一個 2×3 格的子圖，所有在同一列中的軸共用 y 軸比例，而在所有同一欄中的軸則共用 x 軸比例（參見圖 31-5）。

```
In [6]: fig, ax = plt.subplots(2, 3, sharex='col', sharey='row')
```

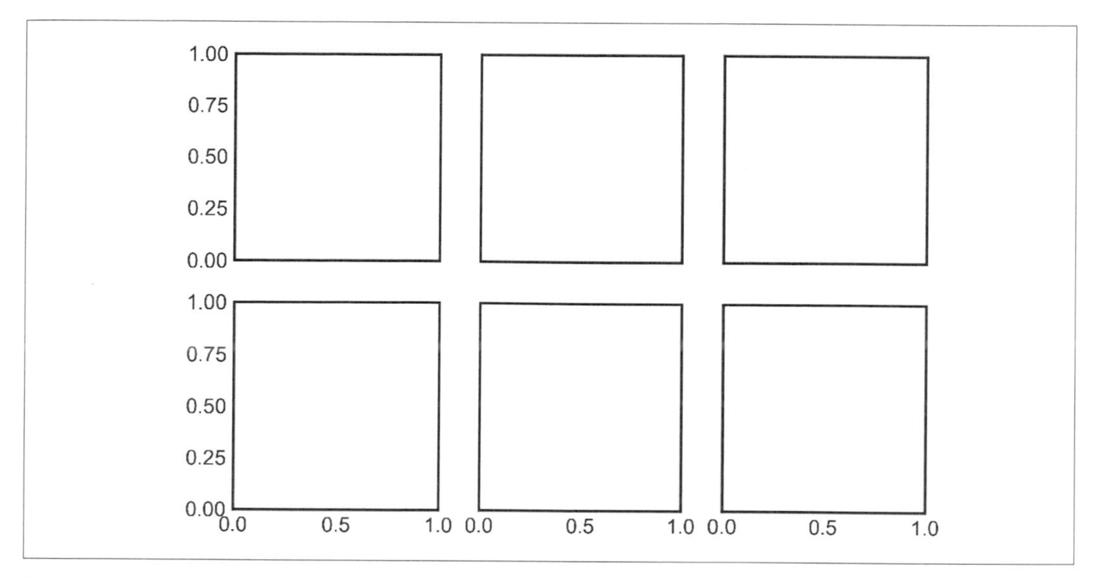

圖 31-5：在 plt.subplots() 中共用 x 和 y 軸

要注意透過指定 sharex 和 sharey，已經自動的在格子中移除裡面的標籤，讓圖表看起來更清楚一些。建立好的網格 axes 執行實例放在 NumPy 陣列中回傳，使我們可以很方便地使用標準的陣列索引符號指定想要的軸（參見圖 31-6）。

```
In [7]: # axes 是在一個二維陣列中，使用 [row, col] 進行索引
        for i in range(2):
            for j in range(3):
                ax[i, j].text(0.5, 0.5, str((i, j)),
                              fontsize=18, ha='center')
        fig
```

相較於 plt.subplot，plt.subplots 更符合 Python 的以 0 為基底的索引慣例。而 plt.subplot 使用的是 MATLAB 型態，也就是為 1 為基底的索引。

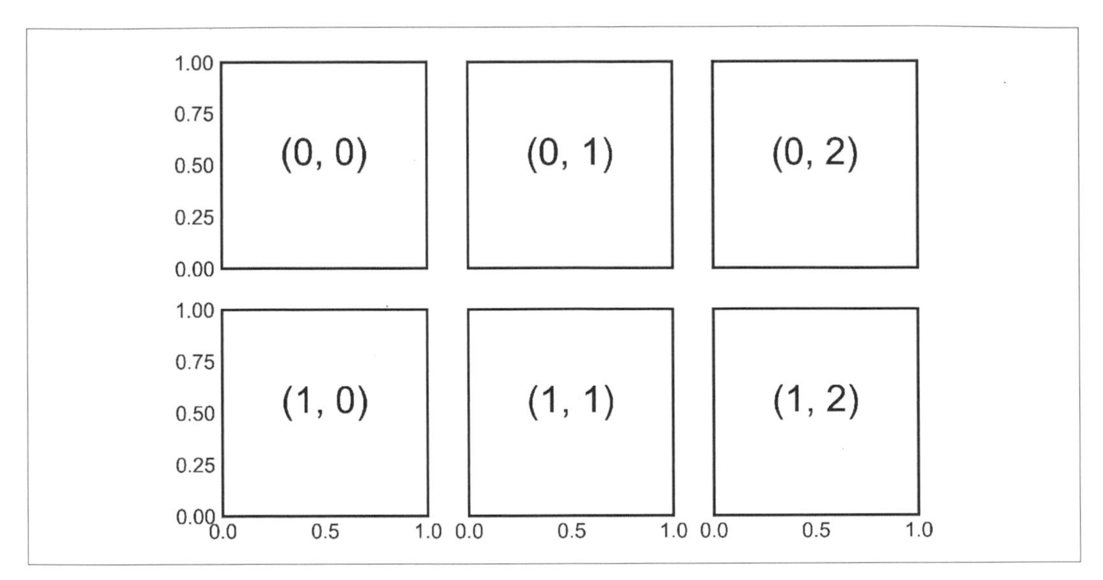

圖 4-64：在子圖的網格中識別不同的圖表

plt.GridSpec：更複雜的排列

比使用有規則的格子來繪製子圖更進階的 plt.GridSpec，是擴充多列和多欄的最佳工具。plt.GridSpec 自己不建立圖表，它只是一個可以被 plt.subplot 命令所識別的便利介面。例如，一個具有指定寬高間隔的網格規格，看起來像是以下這樣：

```
In [8]: grid = plt.GridSpec(2, 3, wspace=0.4, hspace=0.3)
```

據此，可以使用熟悉的 Python 切片語法來指定子圖的位置以及大小（圖 31-7）：

```
In [9]: plt.subplot(grid[0, 0])
        plt.subplot(grid[0, 1:])
        plt.subplot(grid[1, :2])
        plt.subplot(grid[1, 2]);
```

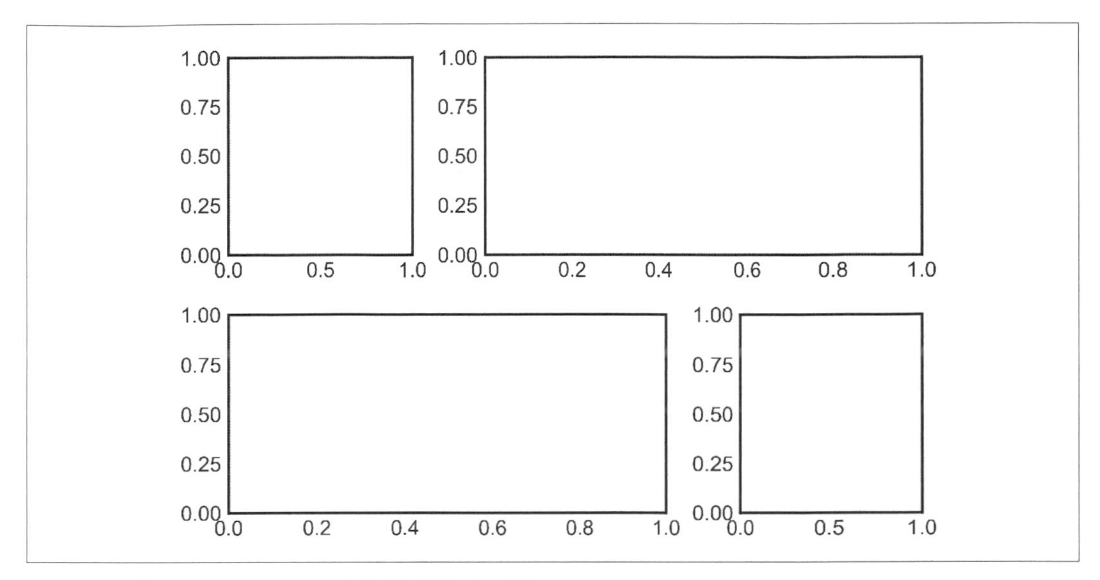

圖 31-7：使用 plt.GridSpec 建立的不規則子圖

此種有彈性的格子對齊類型可以使用的範圍很廣。在建立像是以下這樣的多軸直方圖時（圖 31-8），我經常使用：

```
In [10]: # 建立一些常態分佈資料
         mean = [0, 0]
         cov = [[1, 1], [1, 2]]
         rng = np.random.default_rng(1701)
         x, y = rng.multivariate_normal(mean, cov, 3000).T

         # 使用 GridSpec 設置 axes
         fig = plt.figure(figsize=(6, 6))
         grid = plt.GridSpec(4, 4, hspace=0.2, wspace=0.2)
         main_ax = fig.add_subplot(grid[:-1, 1:])
         y_hist = fig.add_subplot(grid[:-1, 0], xticklabels=[], sharey=main_ax)
         x_hist = fig.add_subplot(grid[-1, 1:], yticklabels=[], sharex=main_ax)

         # 在主要的 axes 上繪製散佈點
         main_ax.plot(x, y, 'ok', markersize=3, alpha=0.2)

         # 在附加的 axes 上加上直方圖
         x_hist.hist(x, 40, histtype='stepfilled',
                     orientation='vertical', color='gray')
         x_hist.invert_yaxis()
```

```
    y_hist.hist(y, 40, histtype='stepfilled',
                orientation='horizontal', color='gray')
    y_hist.invert_xaxis()
```

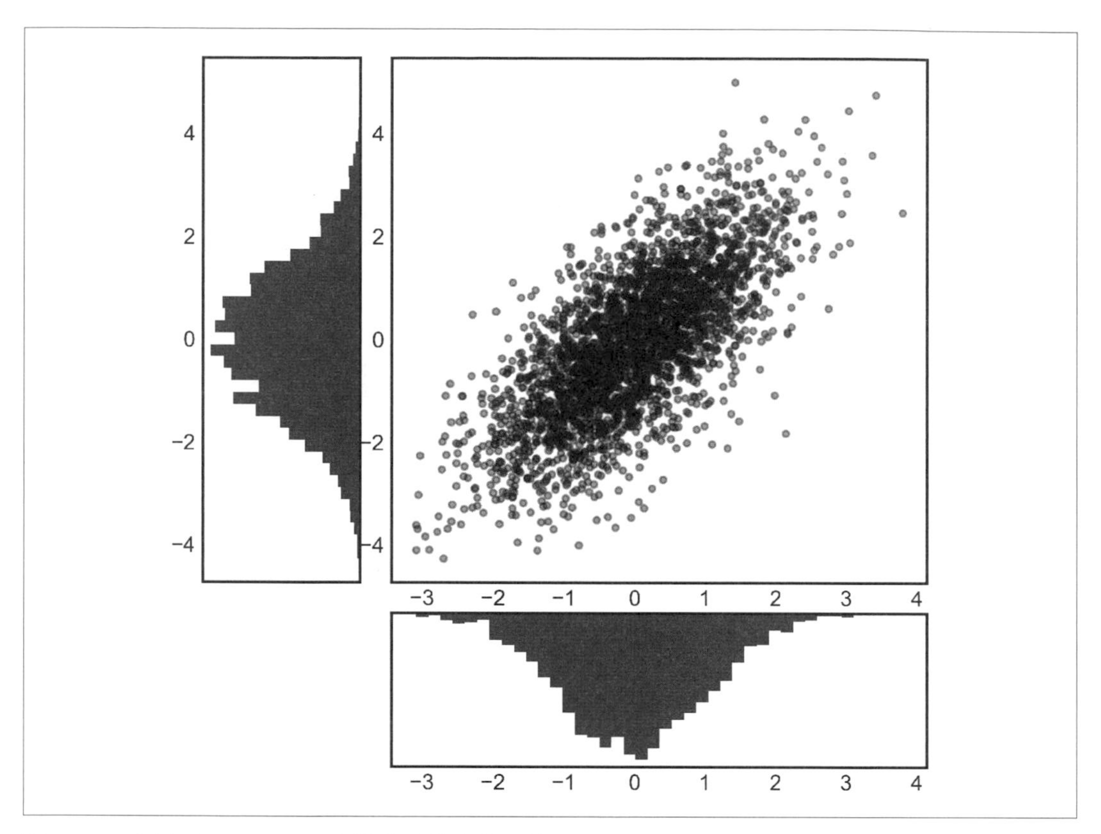

圖 31-8：使用 plt.GridSpec 視覺化多維度的分佈

此種類型的分佈圖在旁邊畫上它的邊界是很常見的，以致於在 Seaborn 套件中有它自己的繪製 API，更多詳細的資訊，請參閱第 36 章。

第 32 章

文字和註釋

理想的視覺化圖之建立，包括引導閱讀者，讓這張圖可以告訴我們一個故事。在一些情況下，這個故事可以完全使用視覺的方法來說，而不需要額外的文字，但在有些情況中，少許的文字提示以及標籤也是需要的。或許大部分會使用的基本註解型態是 axes 的標籤以及標題，但仍有進階選項可以使用。底下以一些資料做例子，把它視覺化並加上一些註釋來幫助傳遞有趣的資訊。以下會從設置一個繪圖用的 Notebook 以及匯入所需要使用的函式開始：

```
In [1]: %matplotlib inline
        import matplotlib.pyplot as plt
        import matplotlib as mpl
        plt.style.use('seaborn-whitegrid')
        import numpy as np
        import pandas as pd
```

範例：假日對於美國出生人數之影響

回到之前在第 194 頁的「範例：出生率資料」小節中使用過的資料，那時產生了一年期間平均出生率的圖表，我們先在此執行同樣的清理程序，然後繪出結果如下（參見圖 32-1）：

```
In [2]: # 下載這些資料的 shell 命令
        # !cd data && curl -O \
        #   https://raw.githubusercontent.com/jakevdp/data-CDCbirths/master/
        #   births.csv
```

```
In [3]: from datetime import datetime

        births = pd.read_csv('data/births.csv')

        quartiles = np.percentile(births['births'], [25, 50, 75])
        mu, sig = quartiles[1], 0.74 * (quartiles[2] - quartiles[0])
        births = births.query('(births > @mu - 5 * @sig) &
                               (births < @mu + 5 * @sig)')

        births['day'] = births['day'].astype(int)

        births.index = pd.to_datetime(10000 * births.year +
                                      100 * births.month +
                                      births.day, format='%Y%m%d')
        births_by_date = births.pivot_table('births',
                                            [births.index.month, births.index.day])
        births_by_date.index = [datetime(2012, month, day)
                                for (month, day) in births_by_date.index]
In [4]: fig, ax = plt.subplots(figsize=(12, 4))
        births_by_date.plot(ax=ax);
```

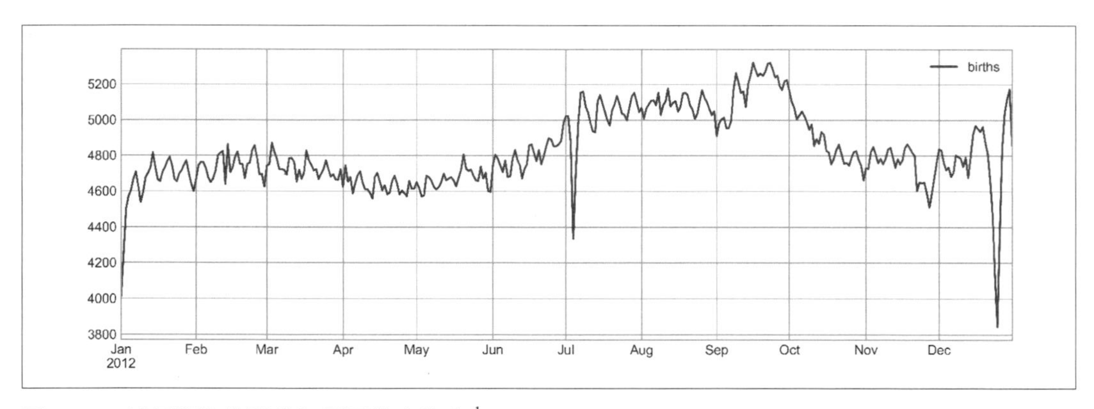

圖 32-1：以日期為依據的每日平均出生率[1]

1 本圖表的全尺寸版本可以在 GitHub（*https://oreil.ly/PDSH_GitHub*）中取得。

當以此方式使用資料傳遞訊息時，在一些特徵處加上註解，可以快速容易地吸引到使用者的注意。在此可以使用 `plt.text`/`ax.text` 命令手動地做到，此命令可以把文字放在指定的 *x*/*y* 值處（參見圖 32-2）。

```
In [5]: fig, ax = plt.subplots(figsize=(12, 4))
        births_by_date.plot(ax=ax)

        # 在圖表上加上標籤
        style = dict(size=10, color='gray')

        ax.text('2012-1-1', 3950, "New Year's Day", **style)
        ax.text('2012-7-4', 4250, "Independence Day", ha='center', **style)
        ax.text('2012-9-4', 4850, "Labor Day", ha='center', **style)
        ax.text('2012-10-31', 4600, "Halloween", ha='right', **style)
        ax.text('2012-11-25', 4450, "Thanksgiving", ha='center', **style)
        ax.text('2012-12-25', 3850, "Christmas ", ha='right', **style)

        # Label the axes
        ax.set(title='USA births by day of year (1969-1988)',
               ylabel='average daily births')

        # Format the x-axis with centered month labels
        ax.xaxis.set_major_locator(mpl.dates.MonthLocator())
        ax.xaxis.set_minor_locator(mpl.dates.MonthLocator(bymonthday=15))
        ax.xaxis.set_major_formatter(plt.NullFormatter())
        ax.xaxis.set_minor_formatter(mpl.dates.DateFormatter('%h'));
```

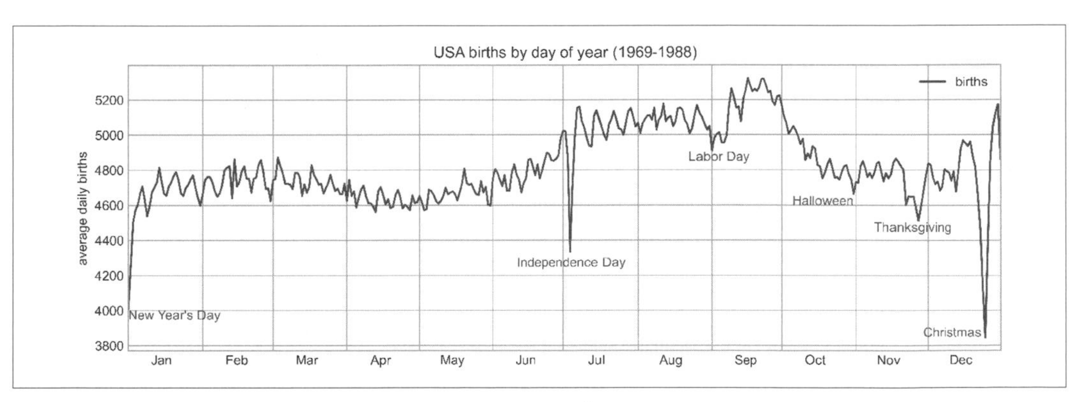

圖 32-2：以日期為依據加上註釋的每日平均出生人數 [2]

2 此圖表的全尺寸版本可以在 GitHub（*https://oreil.ly/PDSH_GitHub*）中取得。

ax.text 方法接受 x 位置、y 位置、以及一個字串，還有額外的關鍵字可以指定顏色、大小、樣式、對齊以及其他的文字屬性。在此使用 ha='right' 以及 ha='center'，其中 ha 是水平對齊（*horizonal alignment*）的簡寫。更多關於可用選項的資訊請參考 plt.text 以及 mpl.text.Text 的函式說明字串。

轉換和文字位置

在前一個例子中，我們讓文字的註解固定到資料的位置處。但有時候會想要把文字固定在 axes 或是圖表上的某一個位置，讓它和資料沒有關係。在 Matplotlib 中，可以透過修改轉換（*transform*）來做到。

Matplotlib 使用幾種不同的座標系統：一個資料點在 $(x, y) = (1, 1)$ 需要被用來表示在圖或軸上的某一個特定位置，而它也需要被表示成在螢幕上的某一個特定像素上。數學上，這樣的座標轉換相對來說比較直覺，而 Matplotlib 有一套發展地很完整的工具組可以在內部執行它們（這些工具可以在 matplotlib.transforms 子模組中找到）。

一般的使用者不太需要去擔心關於這些轉換的細節，但是當你打算要把文字放到圖形上的某一個位置時，這些知識就會有幫助。其有 3 種預先定義好的轉換在此種情況下很有用：

ax.transData

　和資料座標相關聯的轉換。

ax.transAxes

　和 axes（使用 axes 尺寸的單位）相關聯的轉換。

fig.transFigure

　和 figure（使用 figure 尺寸的單位）相關聯的轉換。

在此，來看看在不同位置上使用這些轉換畫上文字的例子（參見圖 32-3）。

```
In [6]: fig, ax = plt.subplots(facecolor='lightgray')
        ax.axis([0, 10, 0, 10])

        # 預設的轉換是 ax.transData，但是我們還是直接設定上去
        ax.text(1, 5, ". Data: (1, 5)", transform=ax.transData)
        ax.text(0.5, 0.1, ". Axes: (0.5, 0.1)", transform=ax.transAxes)
        ax.text(0.2, 0.2, ". Figure: (0.2, 0.2)", transform=fig.transFigure);
```

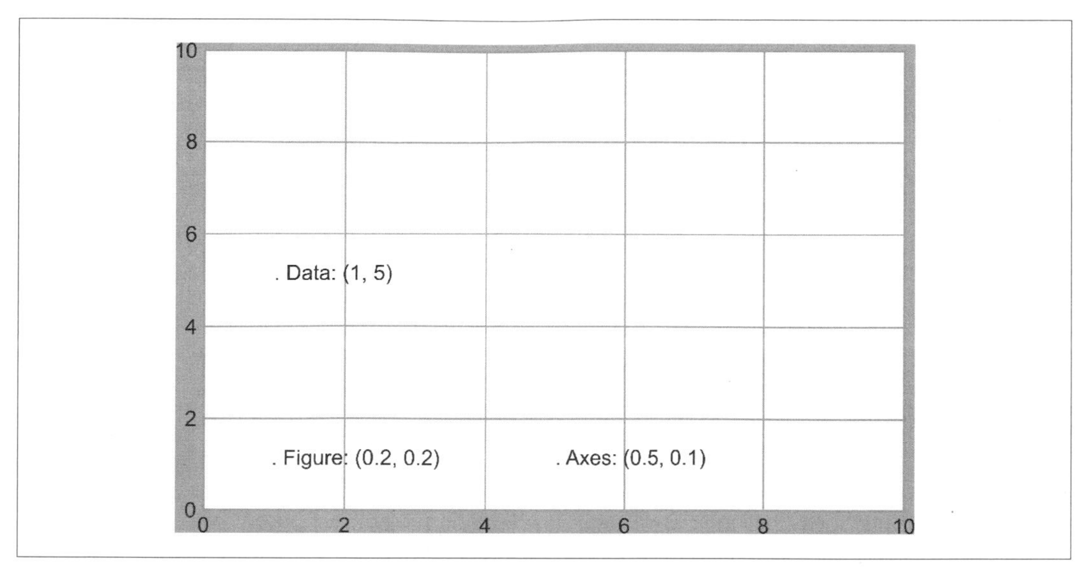

圖 32-3：比較 Matplotlib 的座標系統

留意在預設的情況下，文字會在指定的座標系統中往上以及往左對齊，在此例子中，每一個字串之前的「.」會近似標記了給定的座標位置。

`transData` 座標給出與 x 軸和 y 軸標籤關聯的常用資料座標。`transAxes` 座標給的位置則是從 axes 的左下角（在此是白色的盒子）當作是 axes 尺寸的部分。`transFigure` 座標也是類似的方式，但是指定的位置是從 figure 的左下角（在此為灰色的盒子）當作是 figure 尺寸的部分。

留意現在如果改變了 axes 的範圍，只有 `transData` 的座標會被影響，其他 2 個則保持不變（參見圖 32-4）：

```
In [7]: ax.set_xlim(0, 2)
        ax.set_ylim(-6, 6)
        fig
```

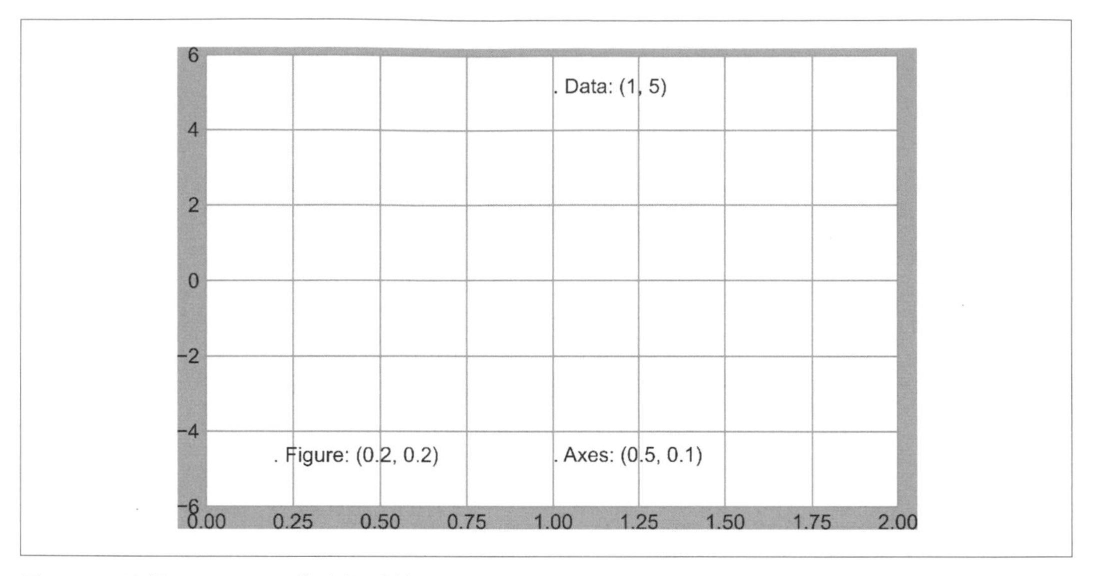

圖 32-4：比較 Matplotlib 的座標系統

你可以藉由交互式地改變 axes 範圍更進一步地瞭解這些行為，如果在 Notebook 中執行這些程式碼，可以透過改變 `%matplotlib inline` 為 `%matplotlib notebook`，然後使用每一個 plot 的選單去和 plot 之間進行互動。

箭頭和註釋

除了刻度符號和文字之外，箭頭符號也是很有用的標記方式。

雖然有一個 `plt.arrow` 函式可以使用，但我不建議你使用它，此種箭頭會被建立成一個 SVG 物件，該物件的比例會根據圖表而改變，使它們變得棘手。取而代之，我比較建議使用 `plt.annotate` 函式。這個函式可以用來建立文字和箭頭，而且這些箭頭在設定上非常有彈性。

以下是 `annotate` 使用一些選項的展示，（參見圖 32-5）。

```
In [8]: fig, ax = plt.subplots()

        x = np.linspace(0, 20, 1000)
        ax.plot(x, np.cos(x))
        ax.axis('equal')
```

```
ax.annotate('local maximum', xy=(6.28, 1), xytext=(10, 4),
            arrowprops=dict(facecolor='black', shrink=0.05))

ax.annotate('local minimum', xy=(5 * np.pi, -1), xytext=(2, -6),
            arrowprops=dict(arrowstyle="->",
                            connectionstyle="angle3,angleA=0,angleB=-90"));
```

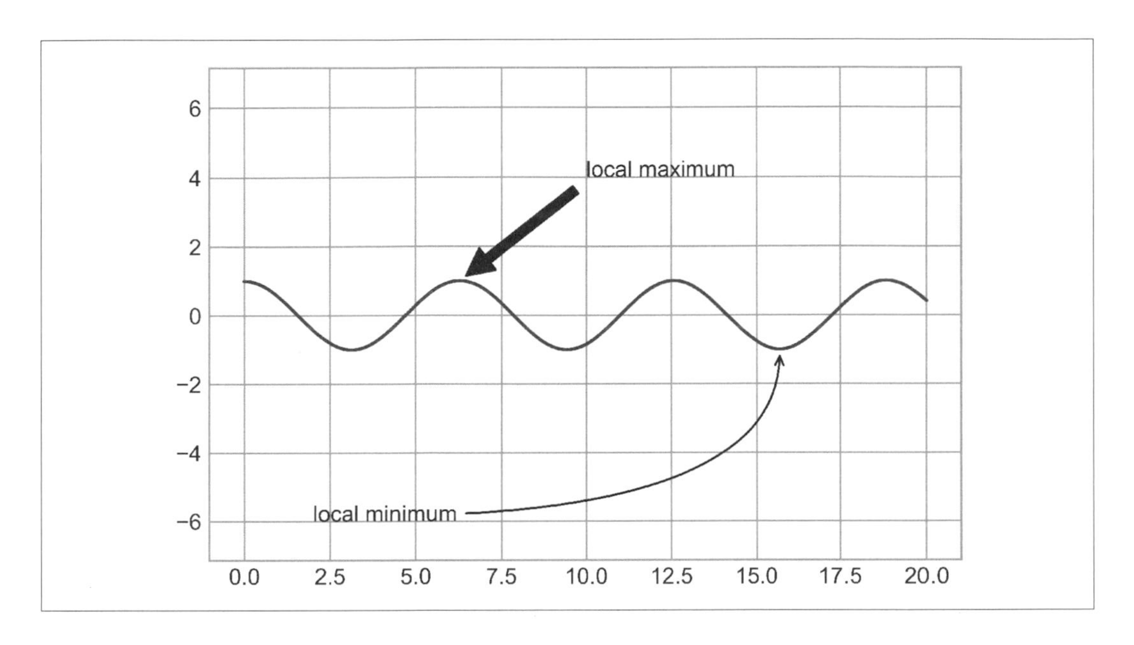

圖 32-5：註釋的例子

此箭頭樣式透過 arrowprops 字典控制，它有許多選項可以使用。這些選項在 Matplotlib 的線上說明文件中有很好的說明，所以與其在此重複解說，我還是快速地展示一些可能性。底下展示一些可能用在之前出生率圖表上的選項（參見圖 32-6）。

```
In [9]: fig, ax = plt.subplots(figsize=(12, 4))
        births_by_date.plot(ax=ax)

        # 增加標籤到圖表上
        ax.annotate("New Year's Day", xy=('2012-1-1', 4100),  xycoords='data',
                    xytext=(50, -30), textcoords='offset points',
                    arrowprops=dict(arrowstyle="->",
                                    connectionstyle="arc3,rad=-0.2"))

        ax.annotate("Independence Day", xy=('2012-7-4', 4250),  xycoords='data',
```

```
            bbox=dict(boxstyle="round", fc="none", ec="gray"),
            xytext=(10, -40), textcoords='offset points', ha='center',
            arrowprops=dict(arrowstyle="->"))

ax.annotate('Labor Day Weekend', xy=('2012-9-4', 4850), xycoords='data',
            ha='center', xytext=(0, -20), textcoords='offset points')
ax.annotate('', xy=('2012-9-1', 4850), xytext=('2012-9-7', 4850),
            xycoords='data', textcoords='data',
            arrowprops={'arrowstyle': '|-|,widthA=0.2,widthB=0.2', })

ax.annotate('Halloween', xy=('2012-10-31', 4600),  xycoords='data',
            xytext=(-80, -40), textcoords='offset points',
            arrowprops=dict(arrowstyle="fancy",
                            fc="0.6", ec="none",
                            connectionstyle="angle3,angleA=0,angleB=-90"))

ax.annotate('Thanksgiving', xy=('2012-11-25', 4500),  xycoords='data',
            xytext=(-120, -60), textcoords='offset points',
            bbox=dict(boxstyle="round4,pad=.5", fc="0.9"),
            arrowprops=dict(
                arrowstyle="->",
                connectionstyle="angle,angleA=0,angleB=80,rad=20"))


ax.annotate('Christmas', xy=('2012-12-25', 3850),  xycoords='data',
             xytext=(-30, 0), textcoords='offset points',
             size=13, ha='right', va="center",
             bbox=dict(boxstyle="round", alpha=0.1),
             arrowprops=dict(arrowstyle="wedge,tail_width=0.5", alpha=0.1));

# 在 axes 加上標籤
ax.set(title='USA births by day of year (1969-1988)',
       ylabel='average daily births')

# 使用置中的月份標籤格式 x 座標軸
ax.xaxis.set_major_locator(mpl.dates.MonthLocator())
ax.xaxis.set_minor_locator(mpl.dates.MonthLocator(bymonthday=15))
ax.xaxis.set_major_formatter(plt.NullFormatter())
ax.xaxis.set_minor_formatter(mpl.dates.DateFormatter('%h'));

ax.set_ylim(3600, 5400);
```

許多的選項讓 annonate 強大而靈活：你可以建立幾乎是所有想要的任何樣式的箭頭。不幸的是，這也表示這些特性經常需要手工拉製，這樣的過程在你要建立一個出版品質的圖表時，會花上非常多的時間。最後，我再提醒一下，前面這種混合多種樣式的方法絕不是表示資料的最佳範例，它只是被用來做為一些可用選項的展示而已。

更多關於可用的箭頭和註釋樣式的例子以及討論，可以在 Matplotlib 的 Annotations tutorial（*https://oreil.ly/abuPw*）中找到。

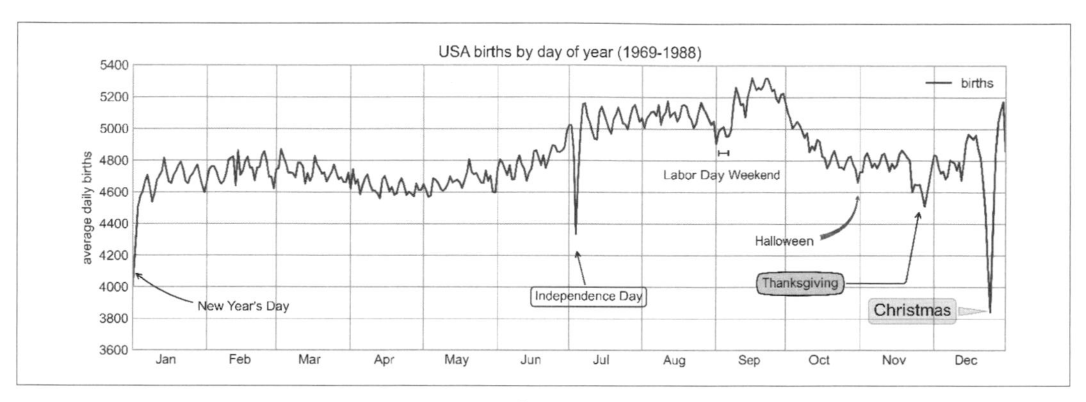

圖 32-6：以日期為依據的平均出生率註解範例[3]

3　本圖表的全尺寸版本可以在 GitHub（*https://oreil.ly/PDSH_GitHub*）中取得。

第 33 章

自訂刻度

Matplotlib 的預設刻度定位器和格式器在一般情況下可以滿足使用者的需求，但並不會對所有的圖表都最最佳的。本章將針對一些特定的圖表型式範例，進行一些調整刻度位置與其格式。

在進入這些範例之前，讓我們進一步瞭解 Matplotlib 圖表的物件階層結構。Maplotlib 的目標是，提供一種以 Python 物件來表示圖表中任何事物的方式：例如，回想之前 `figure` 是 plot 元素顯示的地方之外部邊界框。每一個 Matplotlib 物件也可以像是一個容器一樣包含子物件，例如每一個 `figure` 可以包含一個或更多 axes 物件，每一個 axes 都可以包含其他用來表示圖表內容的物件。

刻度標記也不例外。每一個 axes 有 `xaxis` 和 `yaxis` 屬性，它們分別還有屬性可以包含所有用來組成 axes 的線條、刻度、以及標籤的特性。

主要和次要刻度

在每一個軸裡面，都有一個主要的刻度標記和次要的刻度標記。顧名思義，主要刻度通常比較大或比較明顯，而次要刻度通常比較小。預設的情況下，Matplotlib 很少使用次要刻度，但在一個地方可以看到，那就是對數刻度的圖表（參見圖 33-1）。

```
In [1]: import matplotlib.pyplot as plt
        plt.style.use('classic')
        import numpy as np
```

```
        %matplotlib inline

In [2]: ax = plt.axes(xscale='log', yscale='log')
        ax.set(xlim=(1, 1E3), ylim=(1, 1E3))
        ax.grid(True);
```

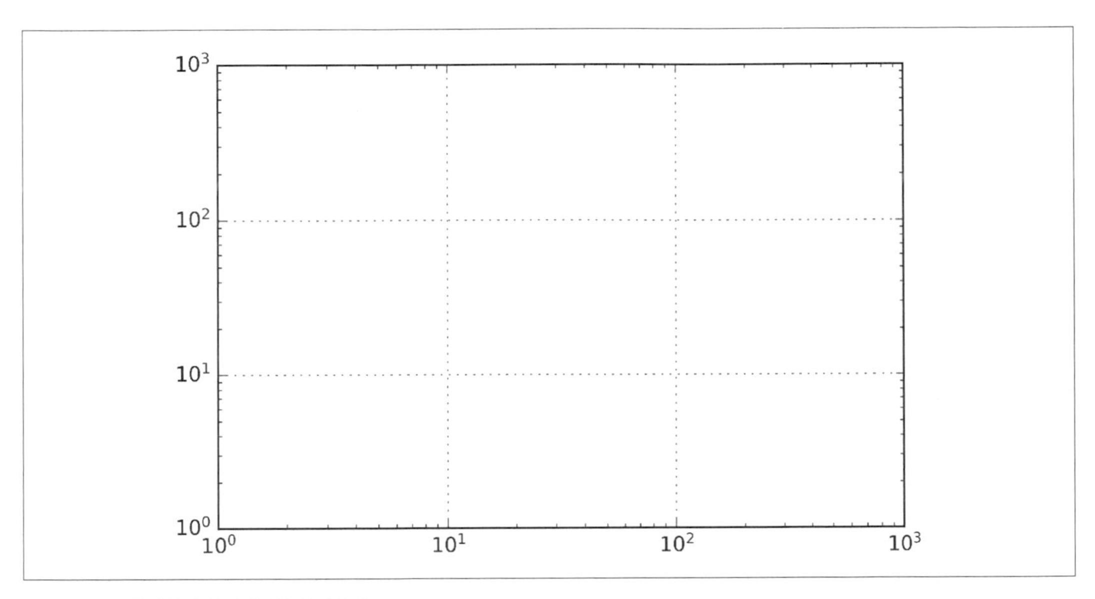

圖 33-1：對數刻度和標籤的例子

在這個圖表中，每一個主要刻度顯示一個大的刻度標記、標籤、以及格線，而每一個次要的刻度則顯示小一點的刻度、且沒有加上標籤或格線。

我們可以透過設定每一個軸的 `formatter` 和 `locator` 物件來自訂這些刻度的特性，也就是位置與標籤。檢視剛剛顯示的 x 軸的特性的圖表如下：

```
In [3]: print(ax.xaxis.get_major_locator())
        print(ax.xaxis.get_minor_locator())
Out[3]: <matplotlib.ticker.LogLocator object at 0x1129b9370>
        <matplotlib.ticker.LogLocator object at 0x1129aaf70>

In [4]: print(ax.xaxis.get_major_formatter())
        print(ax.xaxis.get_minor_formatter())
Out[4]: <matplotlib.ticker.LogFormatterSciNotation object at 0x1129aaa00>
        <matplotlib.ticker.LogFormatterSciNotation object at 0x1129aac10>
```

從上面可以看出來，主要的和次要的刻度標籤都有它們各自用來指定位置的 `LogLocator`（讓對數圖表有意義）。然而，次要刻度有它們自己使用 `NullFormatter` 格式化的標籤；這也是讓它不會顯示標籤的原因。

我們將展示針對不同圖表的定位器和格式器的設定範例。

隱藏刻度或標籤

也許刻度 / 標籤格式的操作最常見的情況是隱藏刻度或標籤，可以使用 `plt.NullLocator` 和 `plt.NullFormatter` 做到，如下所示（圖 33-2）：

```
In [5]: ax = plt.axes()
        rng = np.random.default_rng(1701)
        ax.plot(rng.random(50))
        ax.grid()
        ax.yaxis.set_major_locator(plt.NullLocator())
        ax.xaxis.set_major_formatter(plt.NullFormatter())
```

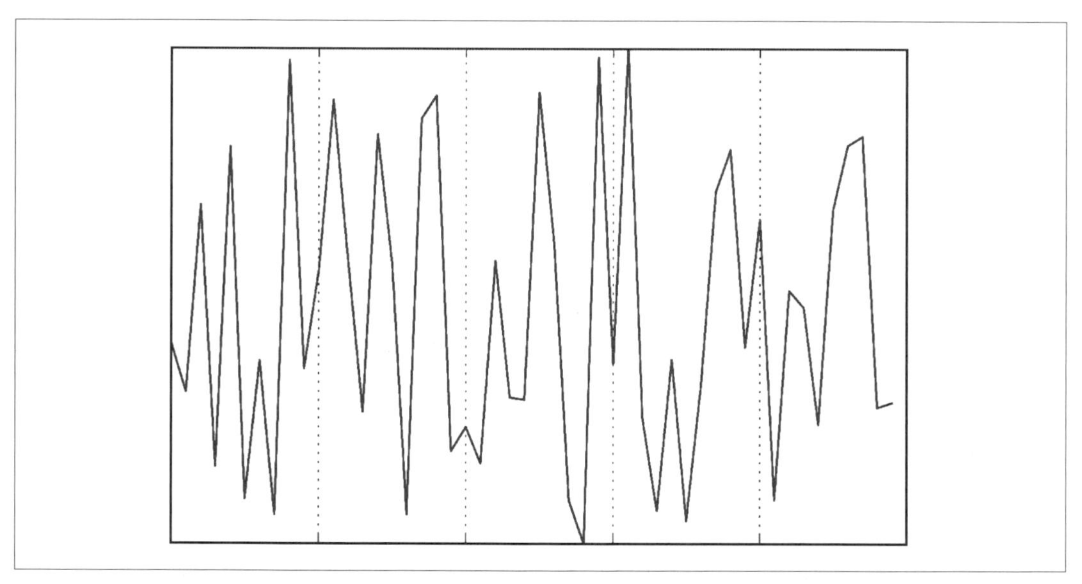

圖 33-2：一張隱藏刻度標籤（x 軸）和刻度（y 軸）的圖表

請留意我們已經移除了 x 軸的標籤（但是保留了刻度和格線），以及移除了 y 軸的刻度（也包括標籤）。完全沒有刻度在許多情況下是很有用的 —— 像是要顯示影像的格線時。舉個例子，請看圖 33-3，它包含了一張含有不同臉的影像，這是一個經常被用在監督式學習問題時的例子（參考第 43 章）：

```
In [6]: fig, ax = plt.subplots(5, 5, figsize=(5, 5))
        fig.subplots_adjust(hspace=0, wspace=0)

        # Get some face data from Scikit-Learn
        from sklearn.datasets import fetch_olivetti_faces
        faces = fetch_olivetti_faces().images

        for i in range(5):
            for j in range(5):
                ax[i, j].xaxis.set_major_locator(plt.NullLocator())
                ax[i, j].yaxis.set_major_locator(plt.NullLocator())
                ax[i, j].imshow(faces[10 * i + j], cmap='binary_r')
```

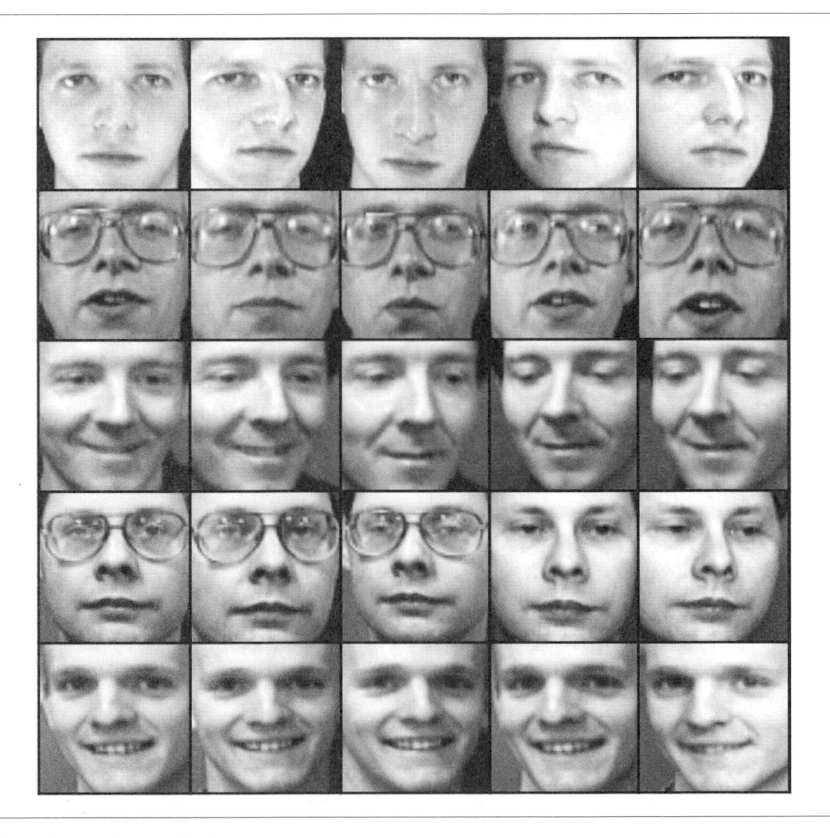

圖 33-3：在影像圖表中隱藏刻度

每一個顯示的影像都有自己的 axes，而我們已經設定 locator 為 null，因為在此刻度值（在此例為像素數）並不能傳達此種特定視覺化的相關訊息。

減少或增加刻度的數目

預設值的一個共同問題是，比較小的子圖會被太過於擁擠的標籤所終結。我們可以在這裡顯示的圖表網格中看到這樣的情形（參見圖 33-4）。

```
In [7]: fig, ax = plt.subplots(4, 4, sharex=True, sharey=True)
```

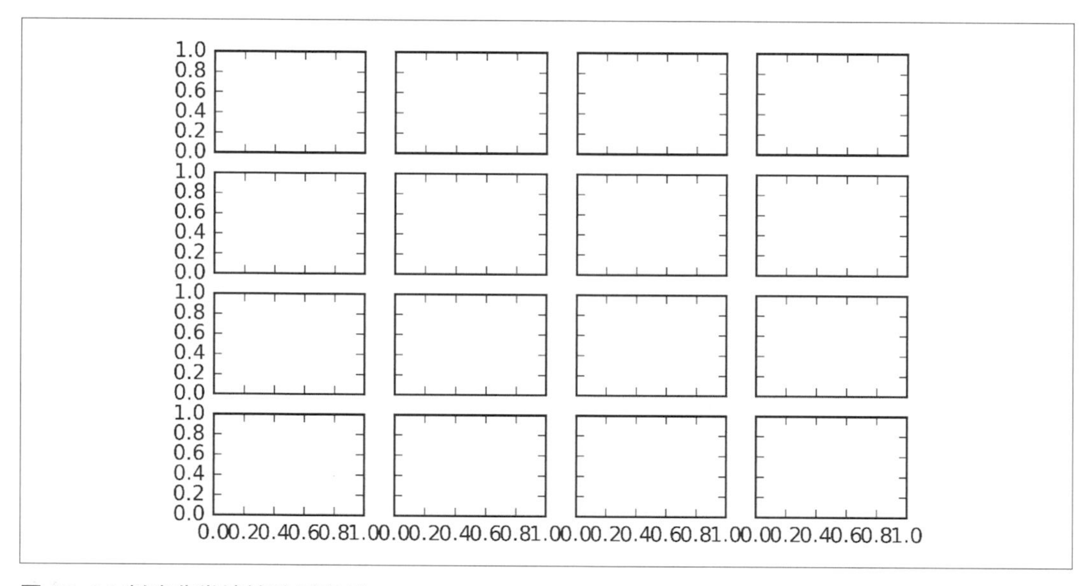

圖 33-4：刻度非常擁擠的圖表例

尤其是 x 刻度，所有數字幾乎都重疊在一起，使它們相當難以辨認。在此可以利用 `plt.MaxNLocater` 修正這個問題，它可以指定將要顯示的最大刻度值。給了這個最大值，Matplotlib 將會使用內部的邏輯去選用特定的刻度位置（參見圖 33-5）。

```
In [8]: # 對每一個軸，設定 x 和 y 的主要刻度
        for axi in ax.flat:
            axi.xaxis.set_major_locator(plt.MaxNLocator(3))
            axi.yaxis.set_major_locator(plt.MaxNLocator(3))
        fig
```

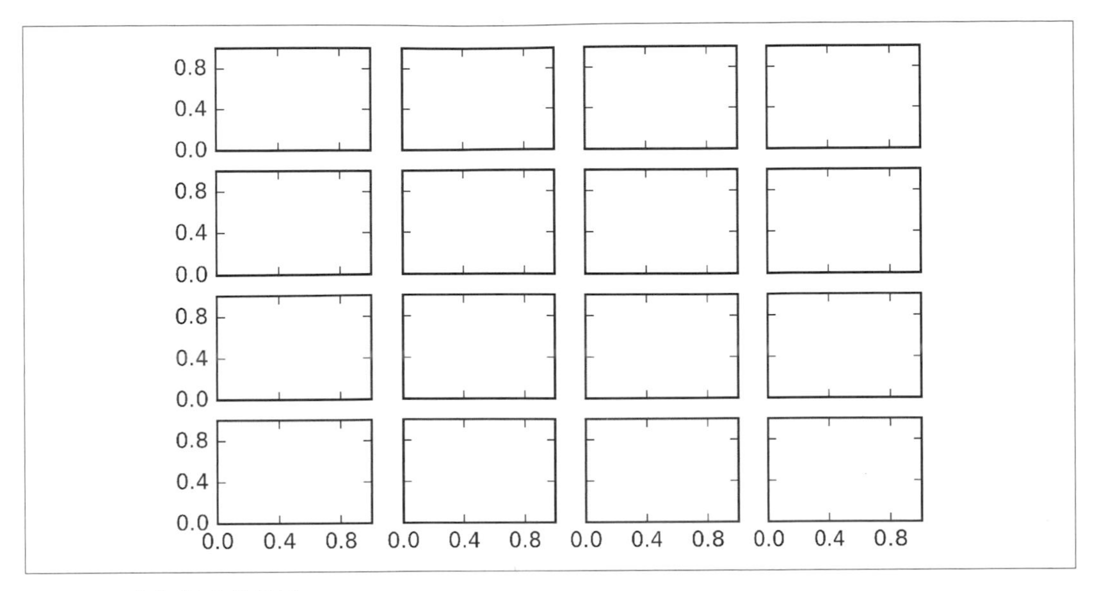

圖 33-5：自訂刻度的數目

如此看起來就清爽多了。如果你想要更進一步地控制刻度間隔位置的規則，可以使用 `plt.MultipleLocator`，此方式將會在接下來的章節中討論。

花式刻度格式

Matplotlib 預設的刻度格式可以做很多你想要做的：做為預設值，它運作地非常好。但有時候你可能會想要多做一點不一樣的。請考慮在圖 33-6 的 SIN 和 COS 圖表。

```
In [9]: # 畫一個 SIN 和 COS 的圖形
        fig, ax = plt.subplots()
        x = np.linspace(0, 3 * np.pi, 1000)
        ax.plot(x, np.sin(x), lw=3, label='Sine')
        ax.plot(x, np.cos(x), lw=3, label='Cosine')

        # Set up grid, legend, and limits
        ax.grid(True)
        ax.legend(frameon=False)
        ax.axis('equal')
        ax.set_xlim(0, 3 * np.pi);
```

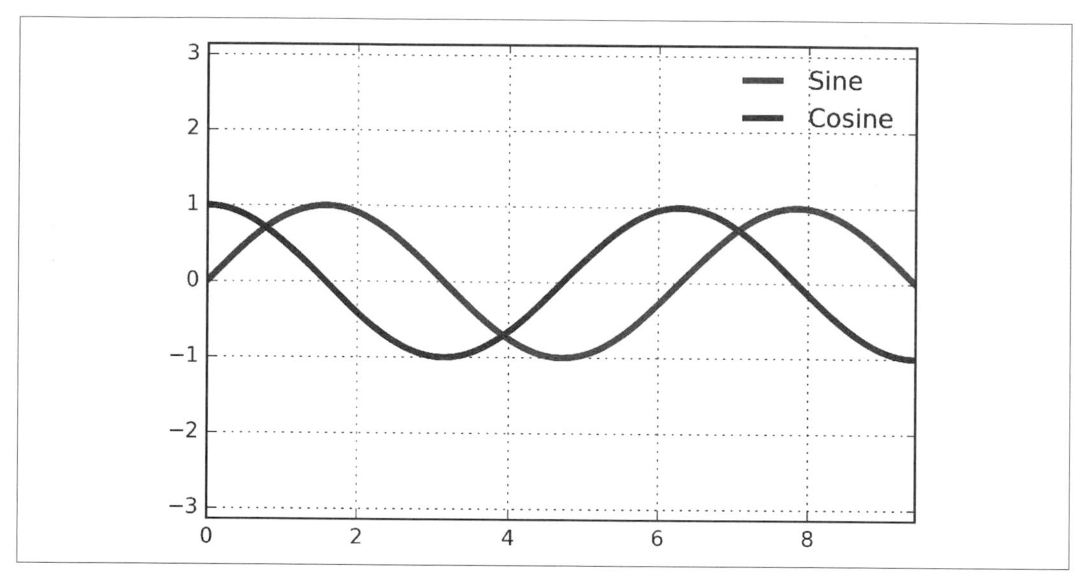

圖 33-6：使用整數刻度的預設圖表

全彩圖表可以在 GitHub（*https://oreil.ly/PDSH_GitHub*）的補充教材中找到。

這裡要做兩項調整。首先，資料的刻度和格線的間隔使用多個 π，看起來會比較自然。在此可以藉由設定 `MultipleLocator` 來完成，它會以我們提供的多個數字來定位刻度。為了方便測量，將同時使用多個 $\pi/2$ 和 $\pi/4$ 加到主要和次要刻度上（參見圖 33-7）。

```
In [10]: ax.xaxis.set_major_locator(plt.MultipleLocator(np.pi / 2))
         ax.xaxis.set_minor_locator(plt.MultipleLocator(np.pi / 4))
         fig
```

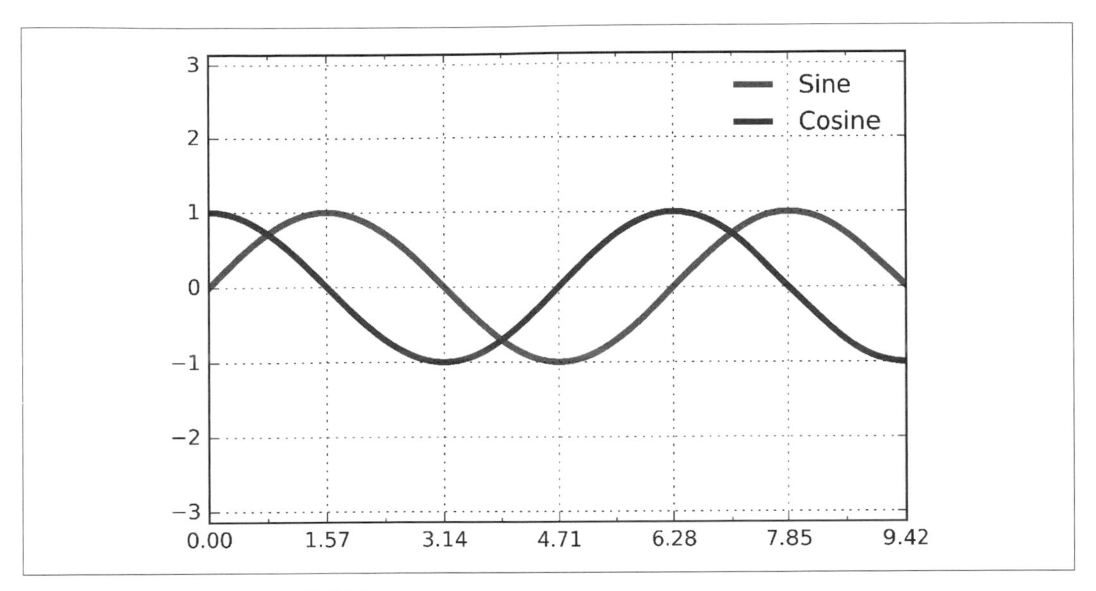

圖 33-7：多個$\pi/2$和$\pi/4$的刻度

但是這些刻度現在看起來有點蠢：我們知道它們代表好幾個 π，但是這些數字表示方法並沒有辦法立即傳達出這個意思。為了修正這一點，可以更改刻度 formatter。沒有內建的 formatter 可以做到我們想要做的，所以只能使用 `plt.FuncFormatter` 取代，它接受一個使用者自訂的函式對刻度的輸出做更細微的調整（參見圖 33-8）。

```
In [11]: def format_func(value, tick_number):
             # 找出多個 pi/2 的數目
             N = int(np.round(2 * value / np.pi))
             if N == 0:
                 return "0"
             elif N == 1:
                 return r"$\pi/2$"
             elif N == 2:
                 return r"$\pi$"
             elif N % 2 > 0:
                 return rf"${N}\pi/2$"
             else:
                 return rf"${N // 2}\pi$"

         ax.xaxis.set_major_formatter(plt.FuncFormatter(format_func))
         fig
```

這樣看起來好多了！請留意剛剛使用的是 Matplotlib 的 LaTeX 支援，它使用 $ 符號包圍起來的字串設定。這是一個用來顯示數學符號和公式非常方便的方法，在此例，"π" 被解譯成為希臘字母的 π。

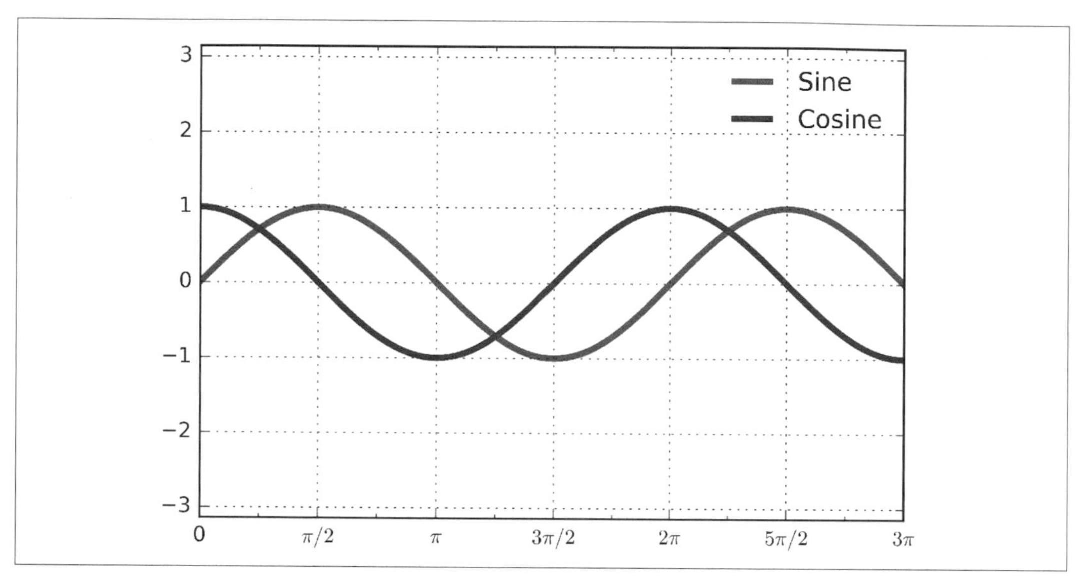

圖 33-8：自訂的標籤刻度

小結

前面提到過兩個可用的格式器和定位器。在此簡要列出所有的內建 locator 選項（表 33-1）和 formatter 選項（表 33-2）做為本章的結論。若你需要更多的資訊，請參考函式說明字串或是 Matplotlib 的線上說明文件。以下列出的每一個都可以在 `plt` 命名空間中使用。

表 33-1：Matplotlib locator 可用選項

locator 類別	說明
`NullLocator`	沒有刻度
`FixedLocator`	刻度位置是固定的
`IndexLocator`	索引圖表的定位器（例如：當 x = range(len(y))）
`LinearLocator`	從 min 到 max 平均分配刻度間隔
`LogLocator`	從 min 到 max 做對數刻度

locator 類別	說明
`MultipleLocator`	同時指定多個刻度和範圍
`MaxNLocator`	找出一個到最大數刻度的最佳位置
`AutoLocator`	（預設值）使用簡單預設值的 MaxNLocator
`AutoMinorLocator`	次要刻度的定位器

表 33-2：Matplotlib formatter 可用選項

formatter 類別	說明
`NullFormatter`	在刻度上面不要設定標籤
`IndexFormatter`	用一個標籤串列來設定字串
`FixedFormatter`	手動字串設定標籤
`FuncFormatter`	使用者自訂函式設定標籤
`FormatStrFormatter`	為每一個值使用一個格式字串
`ScalarFormatter`	（預設值）使用純量做格式器
`LogFormatter`	對數軸的預設格式器

接下來將會在本書剩餘的部分看到更多的例子。

第 34 章

客製化 Matplotlib：系統配置和樣式表

雖然前幾章中涉及的許多主題都可以逐個調整圖表元素的樣式，Matplotlib 也提供一些機制可以一次性地調整圖表的整體樣式。在本章中，我們將介紹一些 Matplotlib 執行期間配置（*rc*）選項，並查看樣式表功能，其中包含一些不錯的預設系統配置。

手動自訂圖表

本書的這一部分，你已經看過如何去調整個別的圖表設定，以取得比預設值看起來還要好的圖表。針對每一個獨立的圖表做客製化也是可能的。例如，以下是一個相當單調的預設直方圖，如圖 34-1 所示。

```
In [1]: import matplotlib.pyplot as plt
        plt.style.use('classic')
        import numpy as np

        %matplotlib inline

In [2]: x = np.random.randn(1000)
        plt.hist(x);
```

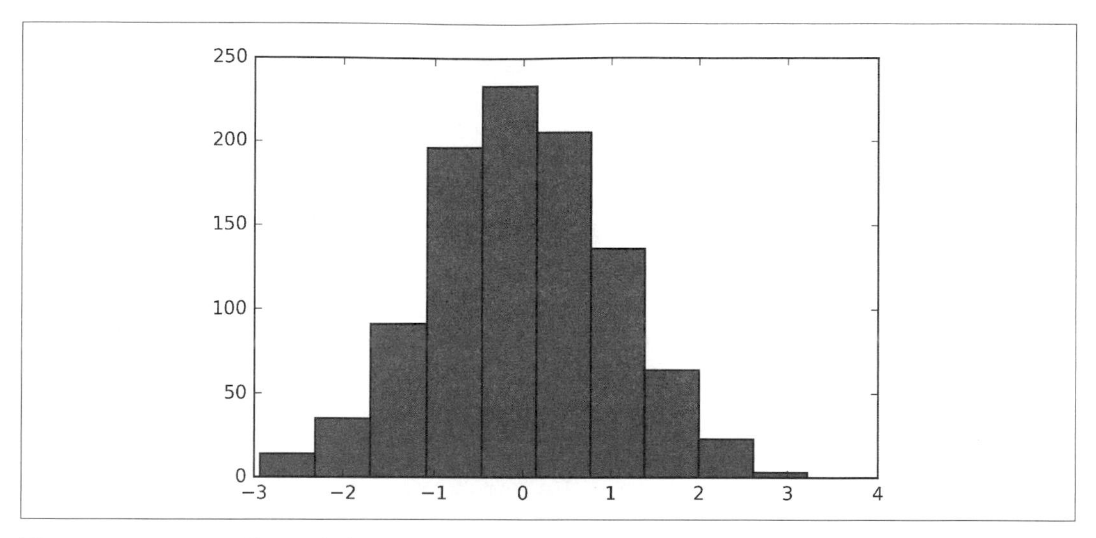

圖 34-1：Matplotlib 的預設直方圖樣式

我們可以手動調整讓它在視覺上更好看一些，如圖 34-2 所示。

```
In [3]: # 使用一個灰色的背景
        fig = plt.figure(facecolor='white')
        ax = plt.axes(facecolor='#E6E6E6')
        ax.set_axisbelow(True)

        # 畫上白色的實心格線
        plt.grid(color='w', linestyle='solid')

        # 隱藏軸柱
        for spine in ax.spines.values():
            spine.set_visible(False)

        # 隱藏上面和右側的刻度
        ax.xaxis.tick_bottom()
        ax.yaxis.tick_left()

        # 淡化刻度和標籤
        ax.tick_params(colors='gray', direction='out')
        for tick in ax.get_xticklabels():
            tick.set_color('gray')
        for tick in ax.get_yticklabels():
            tick.set_color('gray')

        # 控制直方圖的填滿和邊線顏色
        ax.hist(x, edgecolor='#E6E6E6', color='#EE6666');
```

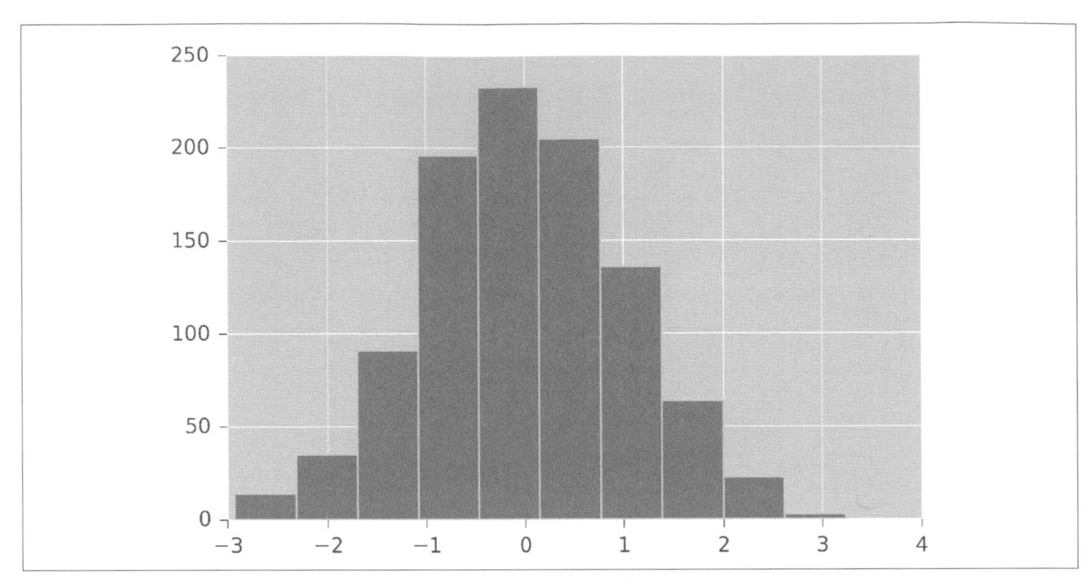

圖 34-2：使用手動的方式去客製化直方圖

看起來不錯，而且這可能會讓你聯想到和 R 語言的 `ggplot` 視覺化套件的外觀。但這花了許多的工夫！我們絕不想每一次都全部自己動手調整這些以建立這樣的一張圖表。幸運的是，有個方法可以只要做一次預設值，然後套用到所有的圖表。

變更預設值：rcParams

每一次 Matplotlib 載入時，它會定義一個執行時期配置（runtime configuratio，rc）包含每一個建立之圖表元素的預設樣式。可以使用 `plt.rc` 這個便利程序隨時調整這個配置。讓我們看看如何修改 rc 參數，以便讓我們的預設圖表看起來我們之前所做的相似。

我們可以使用 `plt.rc` 函式去改變這些設定的其中一部分：

```
In [4]: from matplotlib import cycler
        colors = cycler('color',
                        ['#EE6666', '#3388BB', '#9988DD',
                         '#EECC55', '#88BB44', '#FFBBBB'])
        plt.rc('figure', facecolor='white')
        plt.rc('axes', facecolor='#E6E6E6', edgecolor='none',
               axisbelow=True, grid=True, prop_cycle=colors)
```

```
plt.rc('grid', color='w', linestyle='solid')
plt.rc('xtick', direction='out', color='gray')
plt.rc('ytick', direction='out', color='gray')
plt.rc('patch', edgecolor='#E6E6E6')
plt.rc('lines', linewidth=2)
```

當這些設定完成之後，即可建立一個圖表，然後看看我們設定的成果（參見圖 34-3）。

```
In [5]: plt.hist(x);
```

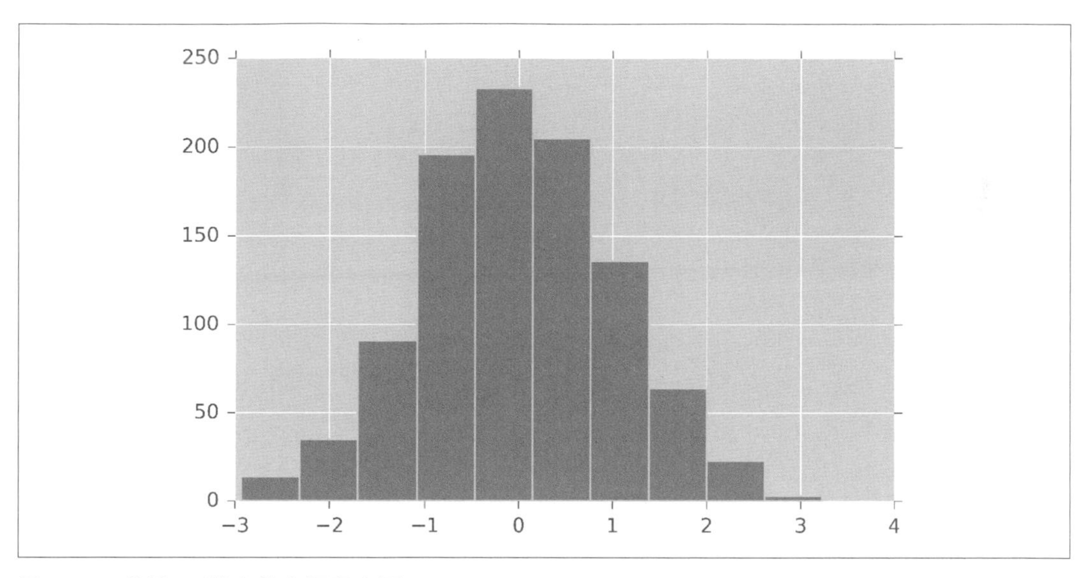

圖 34-3：使用 rc 設定的自訂直方圖

接著檢視這些 rc 參數在一個簡單的線條圖時看起來如何（參見圖 34-4）。

```
In [6]: for i in range(4):
            plt.plot(np.random.rand(10))
```

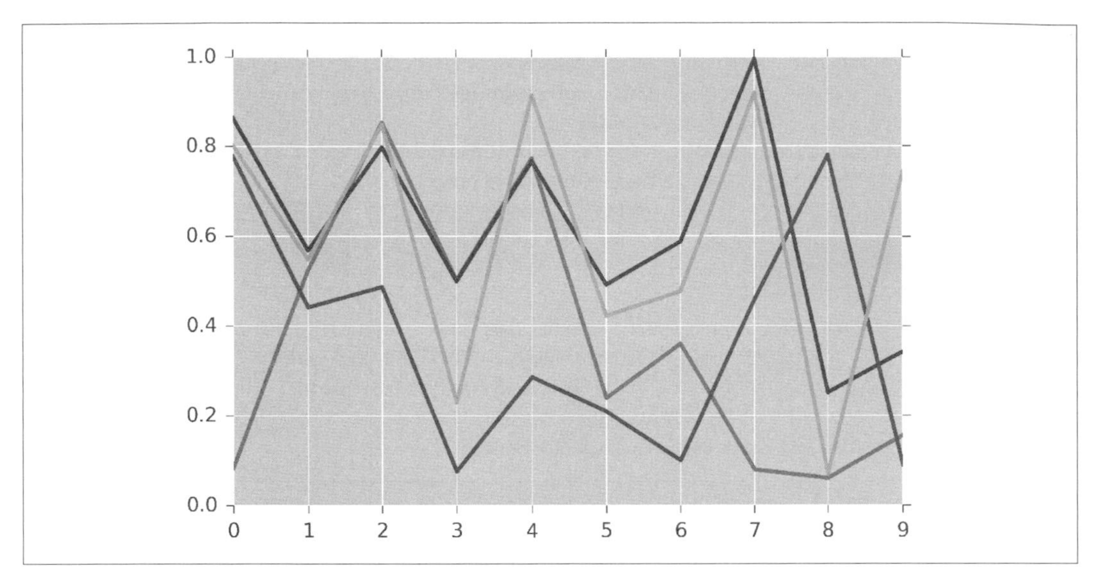

圖 34-4：使用自訂樣式的線條圖

對於那些提供螢幕檢視而不是列印出來的圖表而言，我發現這樣比原來預設的樣式看起來美觀多了。如果你不同意我的審美觀，好消息是你可以調整 rc 參數使其符合你的口味！這些設定可以被儲存在一個 *.matplotlibrc* 檔案中，這個檔案的相關資訊可以在 Matplotlib 說明文件中找到（*https://oreil.ly/UwM2u*）。

樣式表

透過 Matplotlib 的 `style` 模組調整整體圖表樣式是一個比較新的機制，其中包含了多預設樣式表，以及建立及包裝你自己樣式表的能力。這些樣式表的格式和之前提到過的 *.matplotlibrc* 檔案類似，但是必須被以 *.mplstyle* 副檔名命名。

就算是你沒有要建立自己的樣式，你可能會在內建的樣式表中找到需要的內容。可用的樣式表被列在 `plt.style.available`。在此，我只簡要地列出前 5 個：

```
In [7]: plt.style.available[:5]
Out[7]: ['Solarize_Light2', '_classic_test_patch', 'bmh', 'classic',
        >'dark_background']
```

切換樣式表的標準做法是呼叫 style.use：

```
plt.style.use(' stylename ')
```

但要謹記在心的是，這將會改變 Python 作業階段之後的樣式！另外一種方式是，你可以使用樣式內容管理器，它可以暫時地設定一個樣式：

```
with plt.style.context(' stylename '):
    make_a_plot()
```

透過一個函式來建立兩個基本型態的圖表：

```
In [8]: def hist_and_lines():
            np.random.seed(0)
            fig, ax = plt.subplots(1, 2, figsize=(11, 4))
            ax[0].hist(np.random.randn(1000))
            for i in range(3):
                ax[1].plot(np.random.rand(10))
            ax[1].legend(['a', 'b', 'c'], loc='lower left')
```

我們將使用這個函式去探索各種內建樣式在繪製圖表時看起來會是什麼樣子。

全彩圖表可以在 GitHub（*https://oreil.ly/PDSH_GitHub*）的補充教材中取得。

預設樣式表

預設樣式表在 2.0 發佈版本中被更新；我們將以此為開始（參見圖 34-5）。

```
In [9]: with plt.style.context('default'):
            hist_and_lines()
```

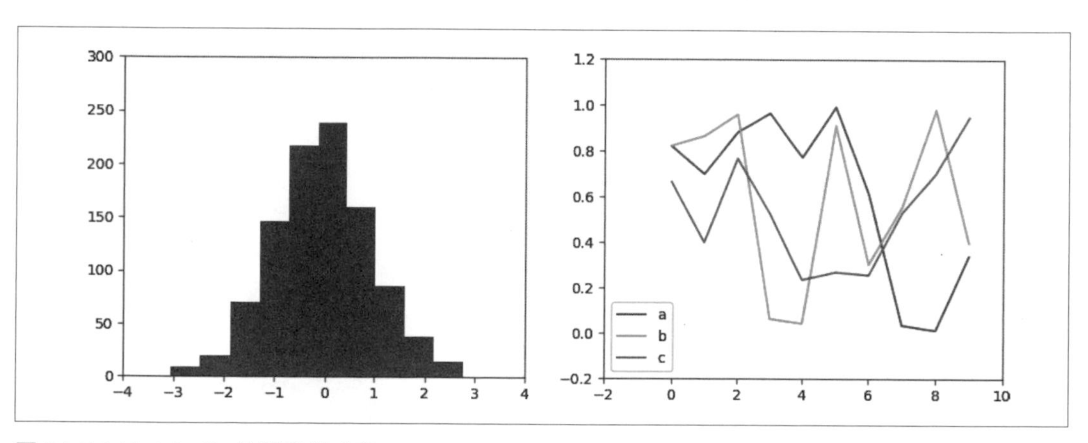

圖 34-5：Matplotlib 的預設樣式表

FiveThiryEight 樣式表

`FiveThirtyEight` 所呈現的樣式模仿了頗受歡迎的 FiveThirtyEight 網站（*https://fivethirtyeight.com*）。如圖 34-6 所示，它是以大膽的配色、粗線條，以及透明的軸為代表樣態：

```
In [10]: with plt.style.context('fivethirtyeight'):
             hist_and_lines()
```

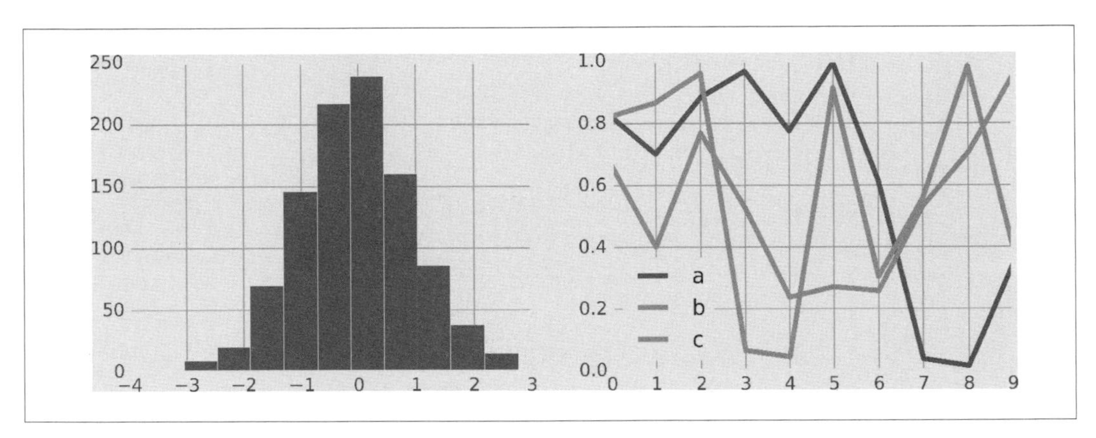

圖 34-6：`fivethirtyeight` 樣式表

ggplot 樣式表

R 語言中的 `ggplot` 套件是非常受歡迎的視覺化工具。Matplotlib 的 `ggplot` 樣式模仿這個套件的預設樣式（參見圖 34-7）。

```
In [11]: with plt.style.context('ggplot'):
             hist_and_lines()
```

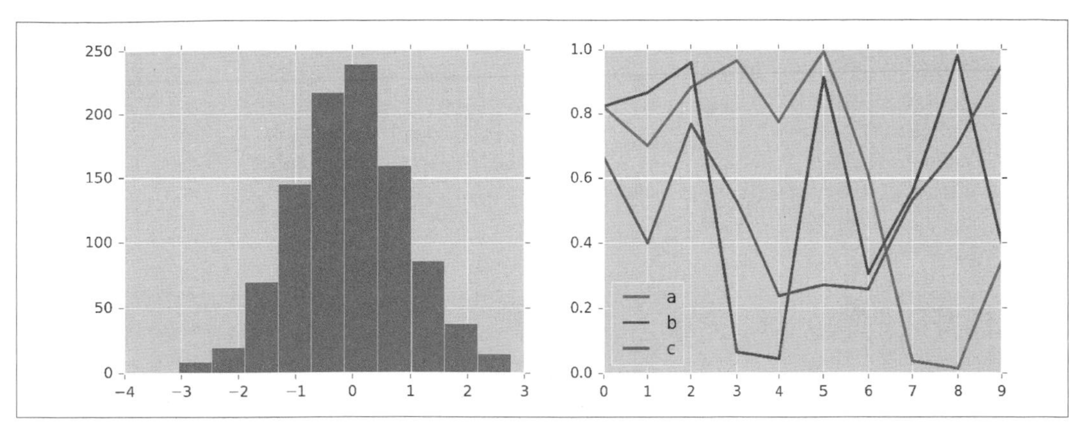

圖 34-7：ggplot 樣式表

貝式駭客法樣式表

有一本簡潔的線上電子書，名為《Probabilistic Programming and Bayesian Methods for Hackers》（*https://oreil.ly/9JIb7*），它是由 Cameron Davidson-Pilon 所著作；它使用 Matplotlib 創建的圖形相當具有特色，整本書以一個不錯的 rc 參數集來建立一致且吸引人的視覺樣式。此種型態的樣式被以 bmh 樣式表重現（參見圖 34-8）。

```
In [12]: with plt.style.context('bmh'):
             hist_and_lines()
```

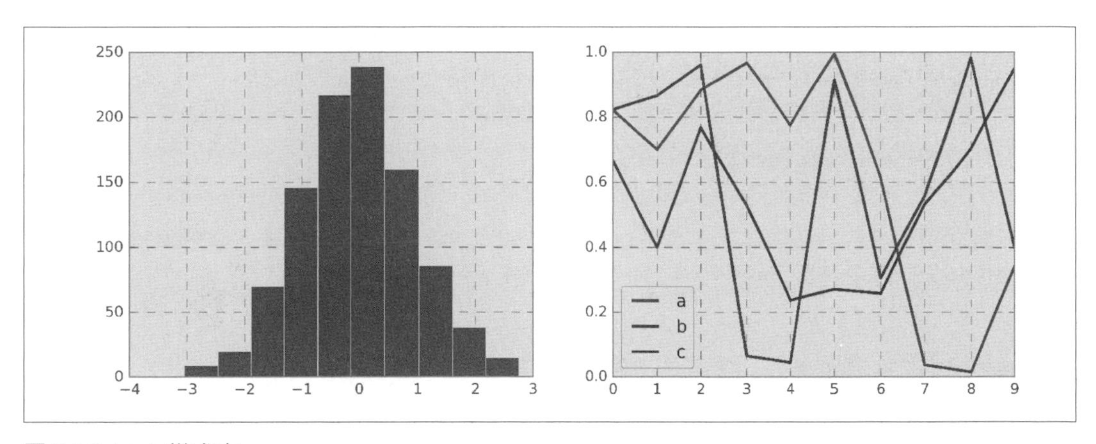

圖 34-8：bmh 樣式表

Dark Background 樣式表

對於將被使用在簡報展示的圖表，一個深色的背景會比明亮的背景來得有用。dark_background 樣式表就提供此種類的樣式（圖 34-9）。

```
In [13]: with plt.style.context('dark_background'):
             hist_and_lines()
```

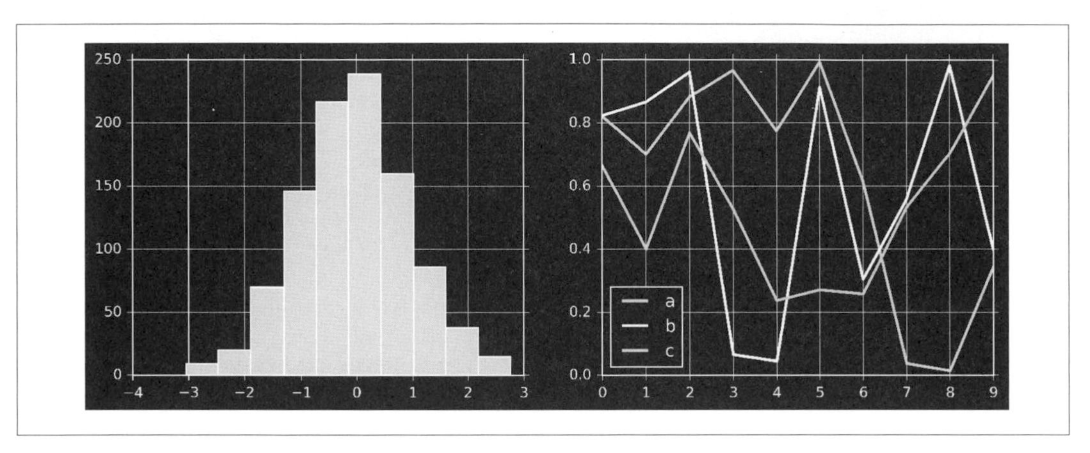

圖 34-9：dark_background 樣式表

Grayscale 樣式表

有時候你可能會發現當圖形要列印出版時並不支援彩色印刷。此時，grayscale 樣式，如圖 34-10 所示，就非常有用。

```
In [14]: with plt.style.context('grayscale'):
             hist_and_lines()
```

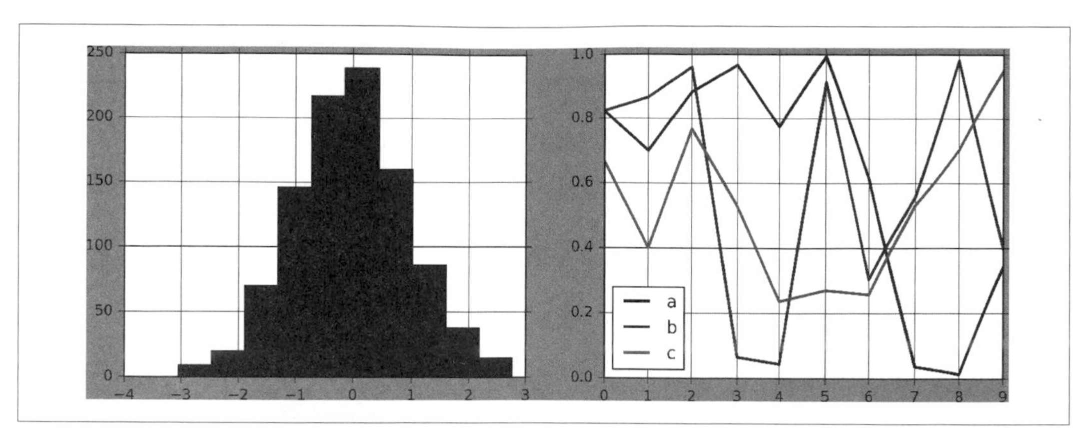

圖 34-10：grayscale 樣式表

Seaborn 樣式表

Matplotlib 也有來自於 Seaborn 程式庫（在第 36 章中會有完整的討論）所啟發的樣式表。我發現這些設定非常好，而且在我自己的資料探索過程中經常做為預設值來使用它們（參見圖 34-11）。

```
In [15]: with plt.style.context('seaborn-whitegrid'):
             hist_and_lines()
```

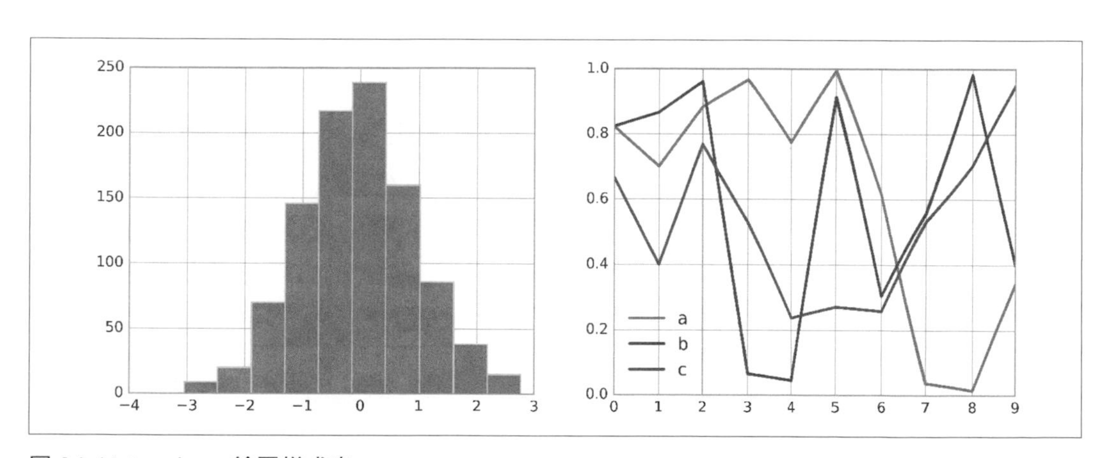

圖 34-11：seaborn 繪圖樣式表

花一些時間去探索這些內建的功能，然後找到一個能吸引你的！在本書的所有內容中，我將會在建立圖表時使用一個或多個這樣的型態慣例。

第 35 章

在 Matplotlib 中的三維繪圖

Matplotlib 一開始只是被設計用在二維圖表的繪製。在 1.0 版的那時候，有一些三維圖表繪製工具被建立在 Matplotlib 的二維顯示器上，而其結果就是一個便利的（即便有點受限）三維視覺化工具組。透過匯入 `mplot3d` 工具包就可以啟用三維圖表，它被包含在 Matplotlib 的主要安裝中：

```
In [1]: from mpl_toolkits import mplot3d
```

一旦這個子模組被匯入之後，可以透過傳遞關鍵字 `projection='3d'` 來建立一個三維的 axes 到任何一個一般的 axes 建立程序中（參見圖 35-1）。

```
In [2]: %matplotlib inline
        import numpy as np
        import matplotlib.pyplot as plt

In [3]: fig = plt.figure()
        ax = plt.axes(projection='3d')
```

在三維 axes 啟用之後，就可以畫上各式各樣的三維圖表型式。相較於在 Notebook 中靜態的方式，三維圖表繪製是非常地受益於互動式檢視圖表的其中一項功能。請記得要使用互動式圖表並在執行程式碼時，可以使用 `%matplotlib notebook` 來取代 `%matplotlib inline`。

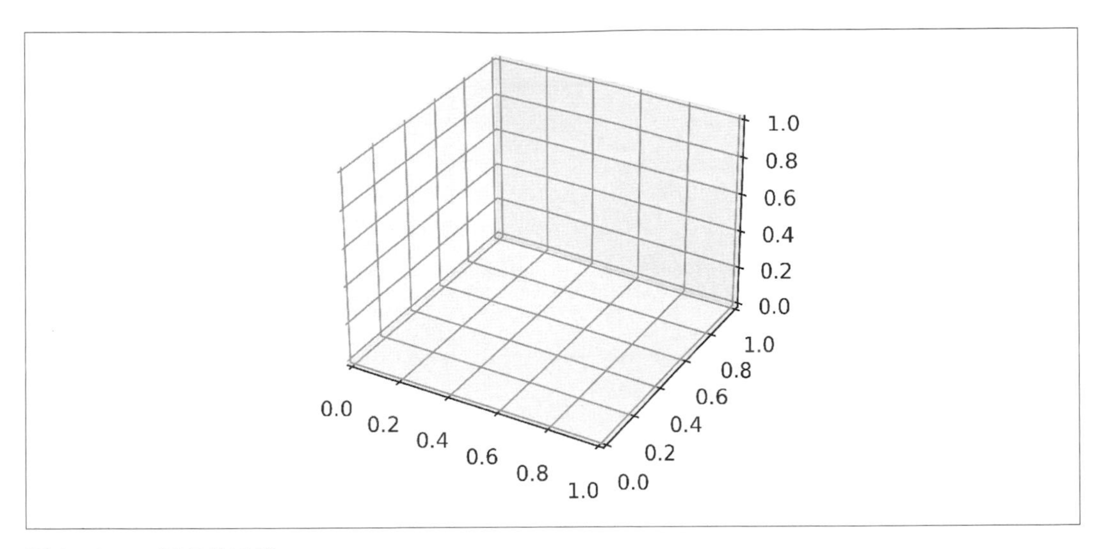

圖 35-1：一個空的三維 axes

三維的點和線

最基本的三維圖表就是一個線條或是從 (x, y, z) 的集合中所繪製的散佈圖。和之前討論過的比較常用的二維圖表類似，可以使用 ax.plot3D 和 ax.scatter3D 函式來繪製。此種呼叫的方式和它們二維的複本幾乎一致，所以你可以參考第 26 章和第 27 章以取得更多關於如何控制輸出的資訊。在此將會繪製一個三角螺旋線，以及一些接近這條線的隨機點（參見圖 35-2）。

```
In [4]: ax = plt.axes(projection='3d')

        # 三維線條所需要的資料
        zline = np.linspace(0, 15, 1000)
        xline = np.sin(zline)
        yline = np.cos(zline)
        ax.plot3D(xline, yline, zline, 'gray')

        # 三維散佈圖點所需要的資料
        zdata = 15 * np.random.random(100)
        xdata = np.sin(zdata) + 0.1 * np.random.randn(100)
        ydata = np.cos(zdata) + 0.1 * np.random.randn(100)
        ax.scatter3D(xdata, ydata, zdata, c=zdata, cmap='Greens');
```

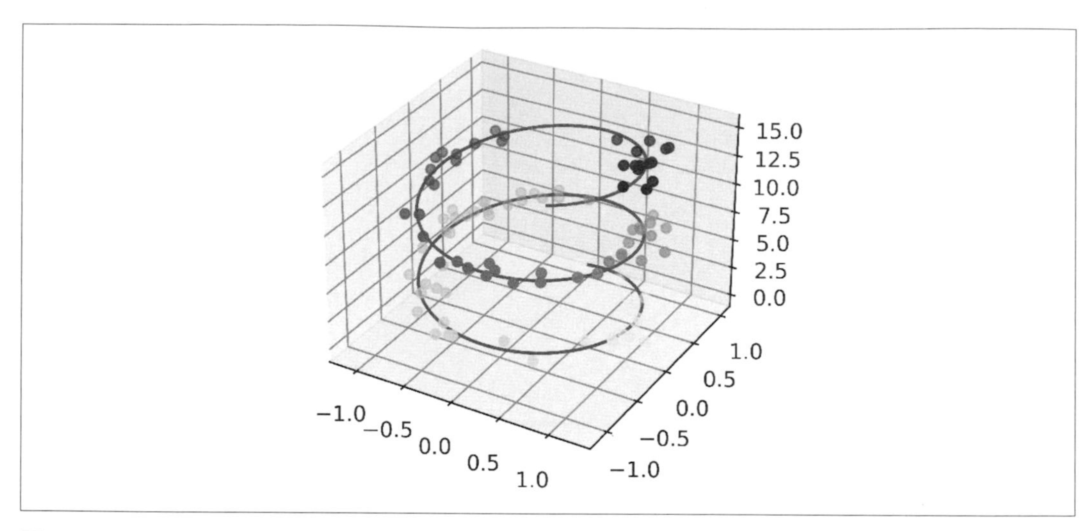

圖 35-2：在三度空間中的點和線

請注意，在預設的情形下，這些散佈點有被調整了透明度，以讓它在這張圖中有深度的感覺。雖然三維的效果有時候在一張靜態圖形中不容易看出來，但互動的視圖可以讓這些點的排版更直覺一些。

三維等高線圖

類似於在第 28 章我們探討的等高線圖，`mplot3d` 包含了可以使用相同輸入值建立三維地勢起伏圖表的工具。如同二維的 `ax.contour`，`ax.contour3D` 需要所有輸入的資料是有規則的二維網格型式，再加上在每一點中計算出來的 Z 資料。底下將展示使用一個三維 SIN 函數的三維等高線圖形（參見圖 35-3）。

```
In [5]: def f(x, y):
            return np.sin(np.sqrt(x ** 2 + y ** 2))

        x = np.linspace(-6, 6, 30)
        y = np.linspace(-6, 6, 30)

        X, Y = np.meshgrid(x, y)
        Z = f(X, Y)
In [6]: fig = plt.figure()
        ax = plt.axes(projection='3d')
        ax.contour3D(X, Y, Z, 40, cmap='binary')
```

```
ax.set_xlabel('x')
ax.set_ylabel('y')
ax.set_zlabel('z');
```

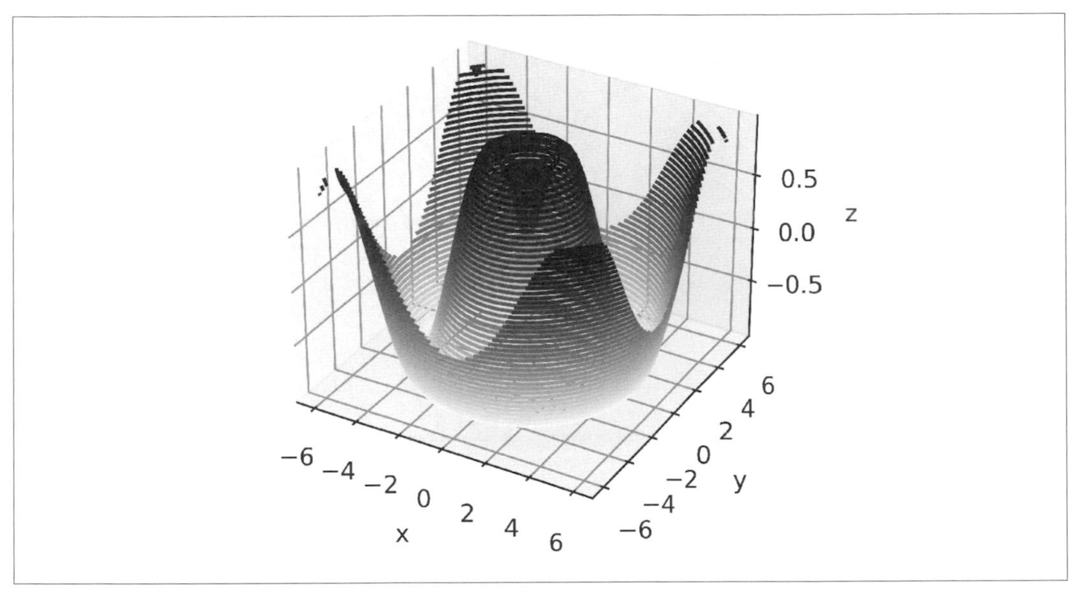

圖 35-4：一個三維的等高線圖

有時候預設的視角並不是最佳的，在此種情形下可以使用 `view_init` 方法去設定高度和方位角。在此例（結果如圖 35-4 所示），將使用一個提高 60 度角（也就是在 x-y 平面上 60 度）和一個 35 度的方位角（也就是對於 z 軸逆時針方向 35 度角）：

```
In [7]: ax.view_init(60, 35)
        fig
```

別忘了在和 Matplotlib 的後端互動時，可以透過點擊和拖曳交互地完成這一類型的旋轉。

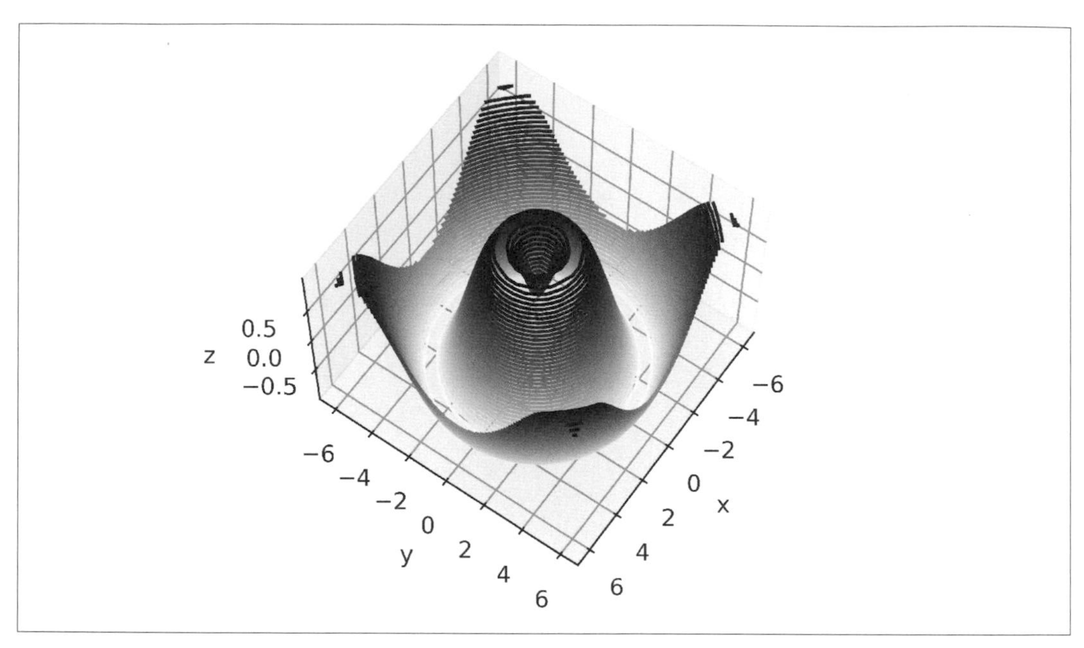

圖 4-95：調整三維圖表的視角

線框圖和曲面圖

還有其他的兩種三維圖表可以使用在格狀的資料上，分別是線框圖和曲面圖。它們取得格狀值然後把它映射到特定的三維表面，就可以讓三度空間的結果成為相當容易視覺化的格式。以下是使用一個線框圖的例子（參見圖 35-5）。

```
In [8]: fig = plt.figure()
        ax = plt.axes(projection='3d')
        ax.plot_wireframe(X, Y, Z)
        ax.set_title('wireframe');
```

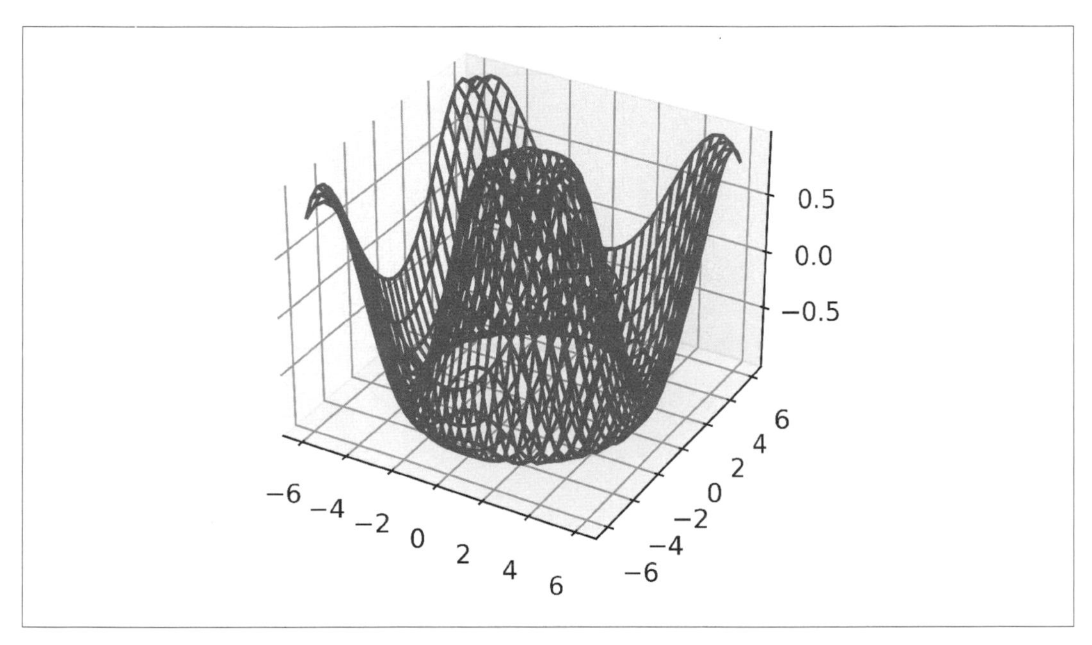

圖 35-5：線框圖

曲面圖很像線框圖，但是網格中的每一個表面都是一個填滿的多邊形。加上一個色彩對應表到這些被填滿的多邊形輔助，以感知要被視覺化的拓樸表面，正如你可以在圖 35-6 中看到的樣子。

```
In [9]: ax = plt.axes(projection='3d')
        ax.plot_surface(X, Y, Z, rstride=1, cstride=1,
                        cmap='viridis', edgecolor='none')
        ax.set_title('surface');
```

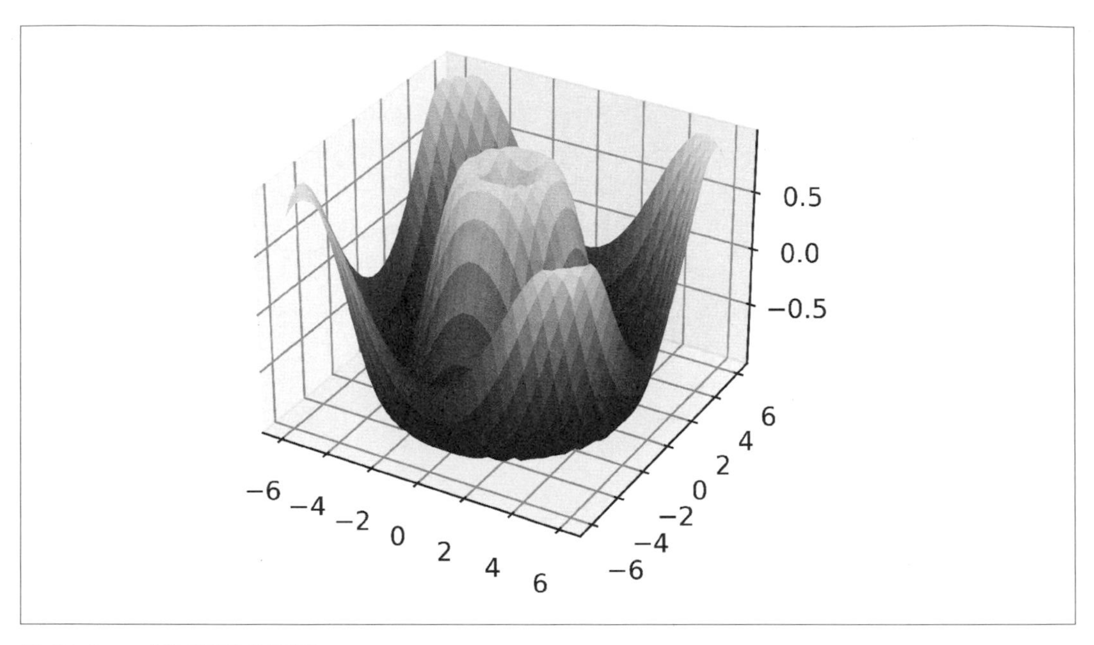

圖 35-6：一個三維的曲面圖

雖然用來產生曲面圖的格狀資料必須是二維的，但它不一定要是直線。底下是一個建立部分極性（partial polar）格線的例子，當在使用 surface3D 繪圖時可以給我們一個進入正在視覺化的函數之切片（參見圖 35-7）。

```
In [10]: r = np.linspace(0, 6, 20)
         theta = np.linspace(-0.9 * np.pi, 0.8 * np.pi, 40)
         r, theta = np.meshgrid(r, theta)

         X = r * np.sin(theta)
         Y = r * np.cos(theta)
         Z = f(X, Y)

         ax = plt.axes(projection='3d')
         ax.plot_surface(X, Y, Z, rstride=1, cstride=1,
                         cmap='viridis', edgecolor='none');
```

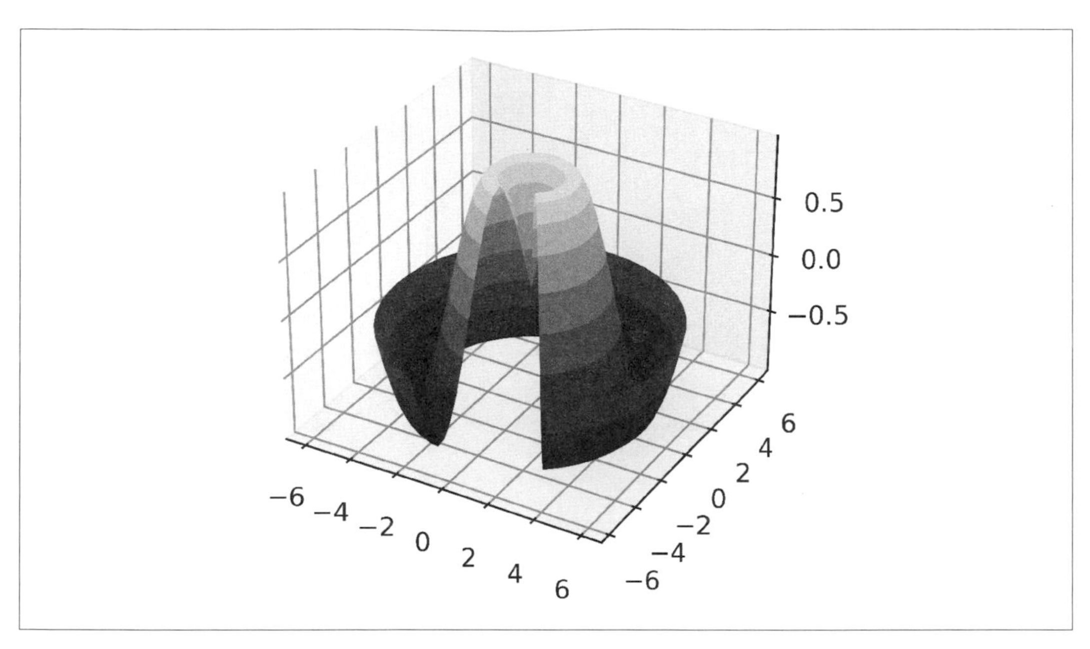

圖 35-7：極性曲面圖

表面三角測量

在有一些應用中，依照前面的程序需要的是平均取樣的格線，如此會太過於受限以及不方便。在這種情況下，基於三角測量（triangulation-based）的圖表就非常有用。如果不是從笛卡兒座標系或極座標系上平均作圖，而是以一組隨機作圖取代會如何呢？

```
In [11]: theta = 2 * np.pi * np.random.random(1000)
         r = 6 * np.random.random(1000)
         x = np.ravel(r * np.sin(theta))
         y = np.ravel(r * np.cos(theta))
         z = f(x, y)
```

我們可以從這些點建立一個散佈圖，以取得這個平面的概觀（參見圖 35-8）。

```
In [12]: ax = plt.axes(projection='3d')
         ax.scatter(x, y, z, c=z, cmap='viridis', linewidth=0.5);
```

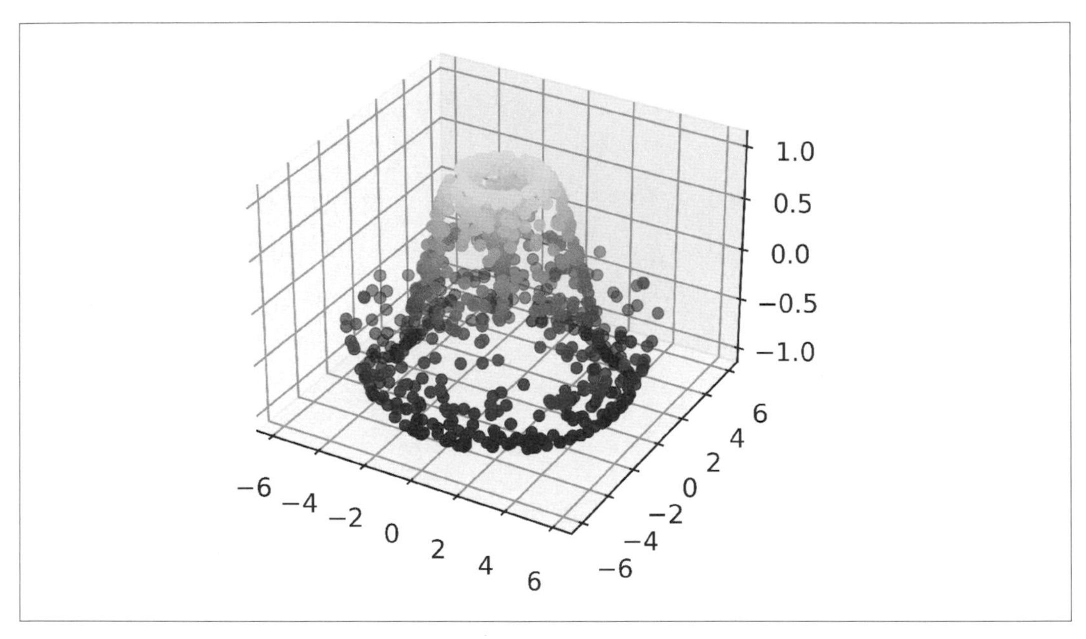

圖 35-8：三維取樣的平面

這些點所組成的部分還有很多不足之處。此種情況下可以幫助我們的函式是 ax.plot_trisurf，它首先找到一組在鄰近的點之間所形成的三角形，然後建立一個平面（請記住在此 x、y、和 z 是一維陣列），如圖 35-9 所示：

```
In [13]: ax = plt.axes(projection='3d')
         ax.plot_trisurf(x, y, z,
                         cmap='viridis', edgecolor='none');
```

這個結果當然沒有像使用格子直接畫上去來的清楚，但是像此種三角形的彈性提供許多真正有趣的三維圖表。例如：你可以使用這種方式畫一個三維的莫比烏斯帶，讓我們接著看下去。

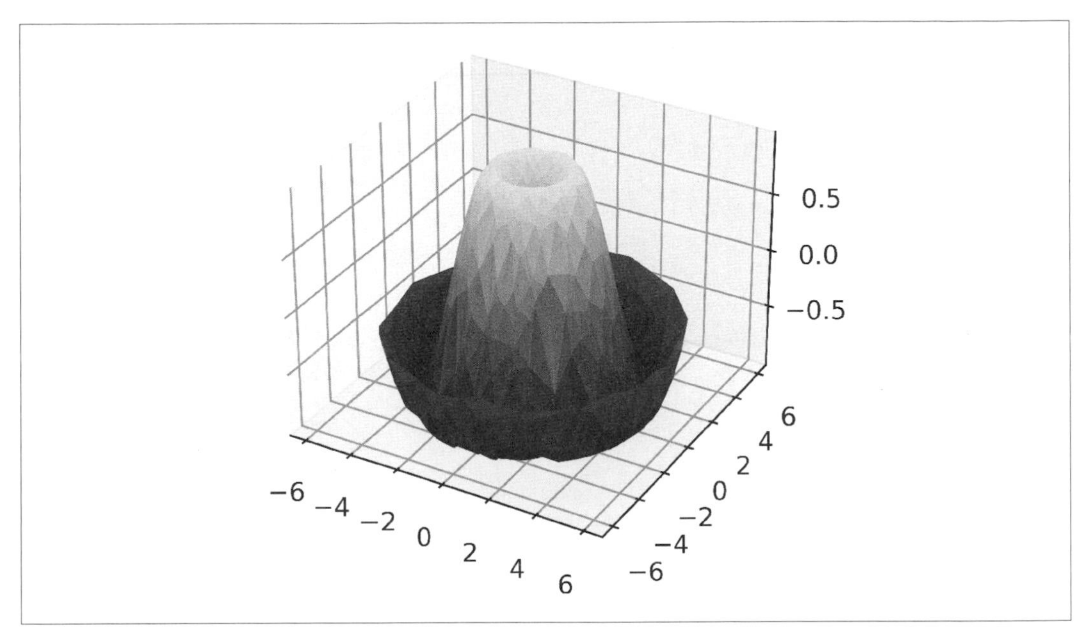

圖 35-9：三角曲面圖

範例：視覺化一個莫比烏斯帶（Möbius Strip）

莫比烏斯帶是類似於一個紙帶，把它另外一邊扭轉過來黏在一起而形成的一個環。有趣的點在於，因為它表現起來就只有一個單面。在此我們將使用 Matplotlib 的三維工具把這樣的物體畫出來。建立一個莫比烏斯帶的關鍵是要想清楚它的參數化方法：它是一個二維的帶子，所以需要兩個真正的平面。在此的 θ，它的範圍從 0 到 2π 環繞一圈，然後 w 的範圍從 -1 到 1 橫跨這個帶子的寬度：

```
In [14]: theta = np.linspace(0, 2 * np.pi, 30)
         w = np.linspace(-0.25, 0.25, 8)
         w, theta = np.meshgrid(w, theta)
```

現在根據這個參數化方法，我們必須決定這個內嵌帶子的 (x, y, z) 位置。

仔細想想，這其中會發生 2 個旋轉：1 個是迴圈的中間位置（就是我們說的 θ），而另外 1 個則是帶子扭轉處的那個軸（稱之為 ϕ）。對莫比烏斯帶來說，必須有一個帶子讓它在一個完整的環中扭轉一半，也就是 $\Delta\phi = \Delta\theta/2$：

```
In [15]: phi = 0.5 * theta
```

現在使用學過的三角函數方法推導這個三維的內嵌物件。在此定義 r 是從中間到每一個點的距離，然後使用它找出內嵌的（x, y, z）座標：

```
In [16]: # 在 x-y 平面的半徑
         r = 1 + w * np.cos(phi)

         x = np.ravel(r * np.cos(theta))
         y = np.ravel(r * np.sin(theta))
         z = np.ravel(w * np.sin(phi))
```

最後，為了畫出這個物體，必須確保此三角測量是正確的，而最好的方式就是在基本的參數化方法之內定義三角測量，然後讓 Matplotlib 鏡射這個三角測量到莫比烏斯帶的三度空間上。這些動作可以被完成如下（參見圖 35-10）。

```
In [17]: # 基礎參數化中的三角測量
         from matplotlib.tri import Triangulation
         tri = Triangulation(np.ravel(w), np.ravel(theta))

         ax = plt.axes(projection='3d')
         ax.plot_trisurf(x, y, z, triangles=tri.triangles,
                         cmap='Greys', linewidths=0.2);

         ax.set_xlim(-1, 1); ax.set_ylim(-1, 1); ax.set_zlim(-1, 1)
         ax.axis('off');
```

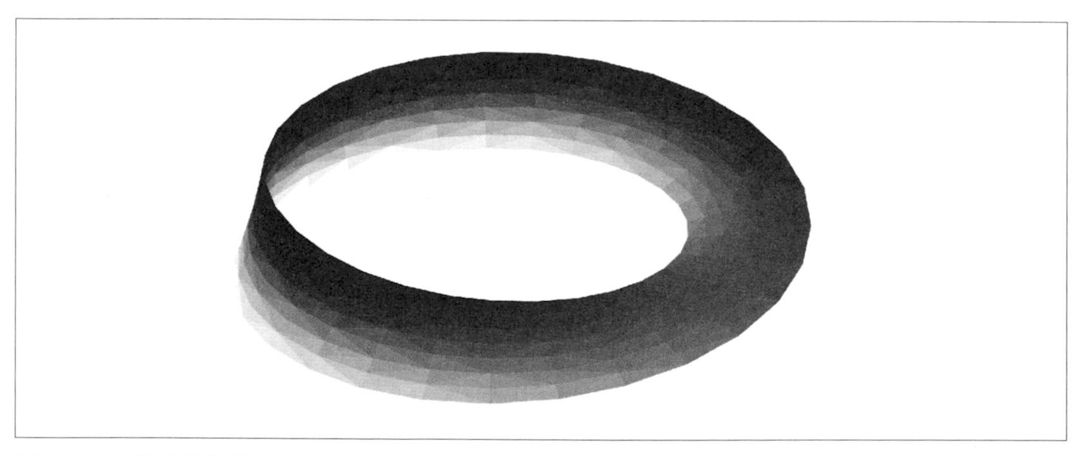

圖 35-10：莫比烏斯帶的視覺化

結合這所有的技術，日後你要使用 Matplotlib 建立和顯示廣泛的各種三維物體和樣式就都沒問題了。

第 36 章

使用 Seaborn 進行視覺化

幾十年來，Matplotlib 一直是使用 Python 在科學視覺化的核心，但就算是狂熱的使用者也會同意它仍然還有許多需要改進的地方。Matplotlib 一些經常被提及的抱怨如下：

- 一個早期常見的抱怨，現在已經過時了：Matplotlib 的色彩與樣式表預設值有時很差，看起來很過時。
- Matplotlib 的 API 相對來說比較低階。可以執行複雜的統計學視覺化，但是經常需要非常多的樣板程式碼。
- Matplotlib 比 Pandas 要早上 10 年，因此它並沒有被設計來使用在 Pandas 的 `DataFrame` 上。為了要使用 Pandas 的 `DataFrame` 做為視覺化資料，你必須擷取出每一個 `Series` 而且常常要把它們串接在一起成為正確的格式，如果有一個繪製圖表的程式庫可以聰明的在一個圖表中使用 `DataFrame` 就太好了。

針對這些問題的答案就是 Seaborn（*http://seaborn.pydata.org*）。Seaborn 提供一組建立在 Matplotlib 上面的 API，它提供了用來繪製樣式和色彩預設值的理智選擇，定義簡單的高階函式用於常用的統計學圖表類型，以及整合 Pandas DataFrame 所提供的功能。

公平地說，Matplotlib 團隊已經適應了不斷變化的環境，他們加入了在第 34 章討論過的 `plt.style` 工具，然後開始更無縫地處理 Pandas 資料。基於剛剛討論過的所有理由，Seaborn 仍然是一個非常好用的附加元件。

為了方便起見，Seaborn 在匯入之後通常會以 sns 做為其套件的別名：

```
In [1]: %matplotlib inline
        import matplotlib.pyplot as plt
        import seaborn as sns
        import numpy as np
        import pandas as pd

        sns.set()  # 這是 seaborn 用來設定圖表樣式的方法函式
```

全彩圖表可以在 GitHub（*https://oreil.ly/PDSH_GitHub*）的補充教材中取得。

探索 Seaborn 的圖表

Seaborn 的主要概念是提供高階的命令以建立各式各樣的圖表類型，它在統計學資料探索上非常有用，甚至包括一些統計學上的模型擬合（model fitting）。

讓我們聚焦在一些資料集以及 Seaborn 提供的圖表種類上。留意所有接下來的動作都可以被使用原始的 Matplotlib 命令（也就是 Seaborn 實際上在背後所做的事情）來完成，但是 Seaborn API 用起來方便多了。

直方圖、KDE、與密度

在統計學資料視覺化中，常常想要的就是畫出直方圖以及變量的聯合分佈。我們已經看過這些在 Matplotlib 中相對來說是很簡單明瞭的（參見圖 36-1）。

```
In [2]: data = np.random.multivariate_normal([0, 0], [[5, 2], [2, 2]], size=2000)
        data = pd.DataFrame(data, columns=['x', 'y'])

        for col in 'xy':
            plt.hist(data[col], density=True, alpha=0.5)
```

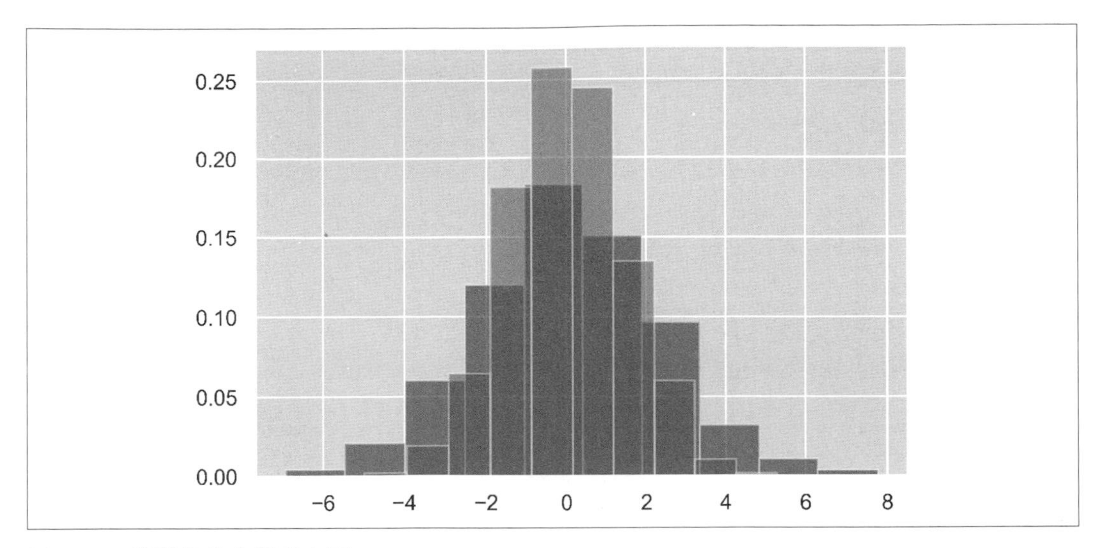

圖 36-1：視覺化分佈的直方圖

與只提供直方圖做為視覺化輸出不同，可以藉由一個核密度估計（kernel density estimation，KDE）（我們在第 28 章中介紹過）得到一個平滑的分佈估計，Seaborn 可以使用 `sns.kdeplot` 來完成這項工作（參見圖 36-2）。

```
In [3]: sns.kdeplot(data=data, shade=True);
```

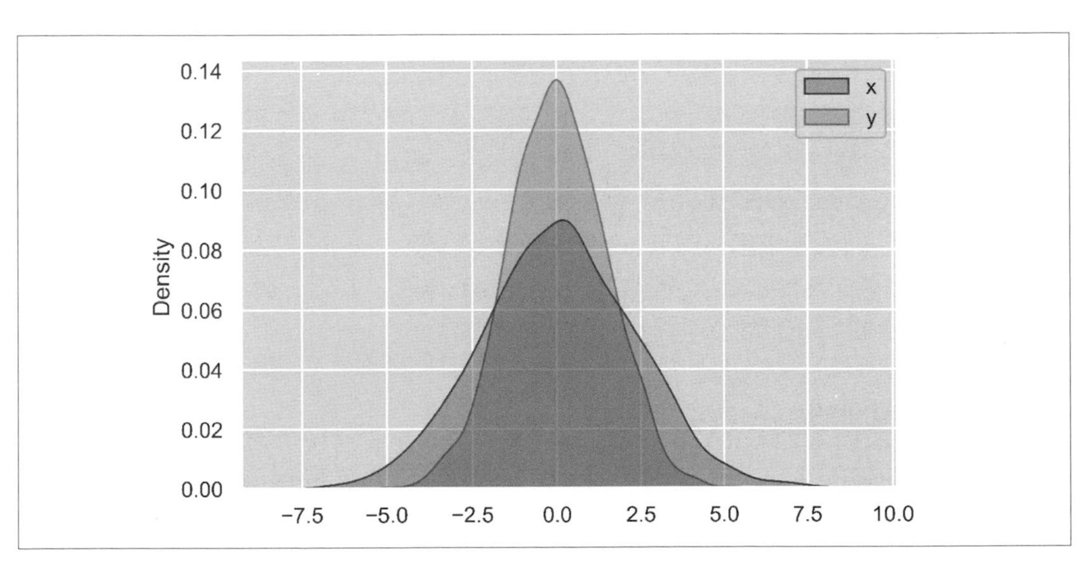

圖 36-2：視覺化分佈的核密度估計

如果我們傳遞 x 和 y 欄到 kdeplot，我們將會得到一個聯合密度的二維視覺化圖（參見圖 36-3）。

```
In [4]: sns.kdeplot(data=data, x='x', y='y');
```

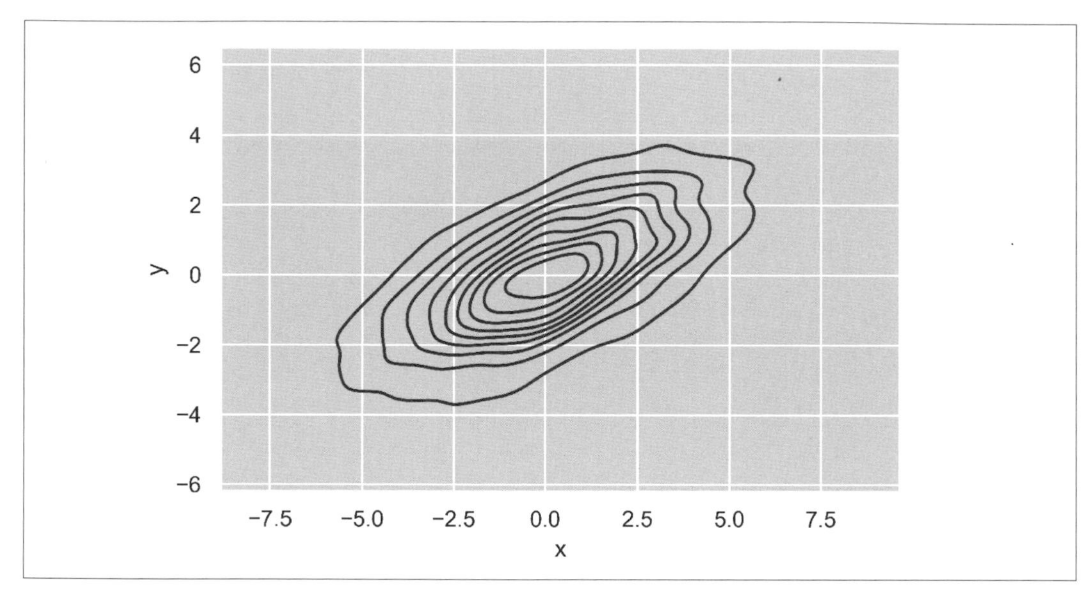

圖 36-3：二維的 KDE 圖表

我們可以使用 sns.jointplot 一起查看聯合分佈和邊際分佈，我們將在本章後面進一步探討。

多變量圖（pair plots）

當一般化聯合圖表到更高維度的資料集時，終究會使用到多變量圖。當你想要為每一個成對的值畫出圖表彼此之間的對比，以探索在多維度資料之間的關聯性時這就非常有用。

我們將會使用大家熟知的 Iris 資料集來展示此種類型的圖表，它列出了三種鳶尾花物種的花瓣和花萼的測量值：

```
In [5]: iris = sns.load_dataset("iris")
        iris.head()
Out[5]:    sepal_length  sepal_width  petal_length  petal_width species
```

```
0          5.1          3.5          1.4          0.2  setosa
1          4.9          3.0          1.4          0.2  setosa
2          4.7          3.2          1.3          0.2  setosa
3          4.6          3.1          1.5          0.2  setosa
4          5.0          3.6          1.4          0.2  setosa
```

在這些樣本中視覺化多維度的關係，就只是呼叫 `sns.pariplot` 這樣簡單（參見圖 36-4）。

```
In [6]: sns.pairplot(iris, hue='species', height=2.5);
```

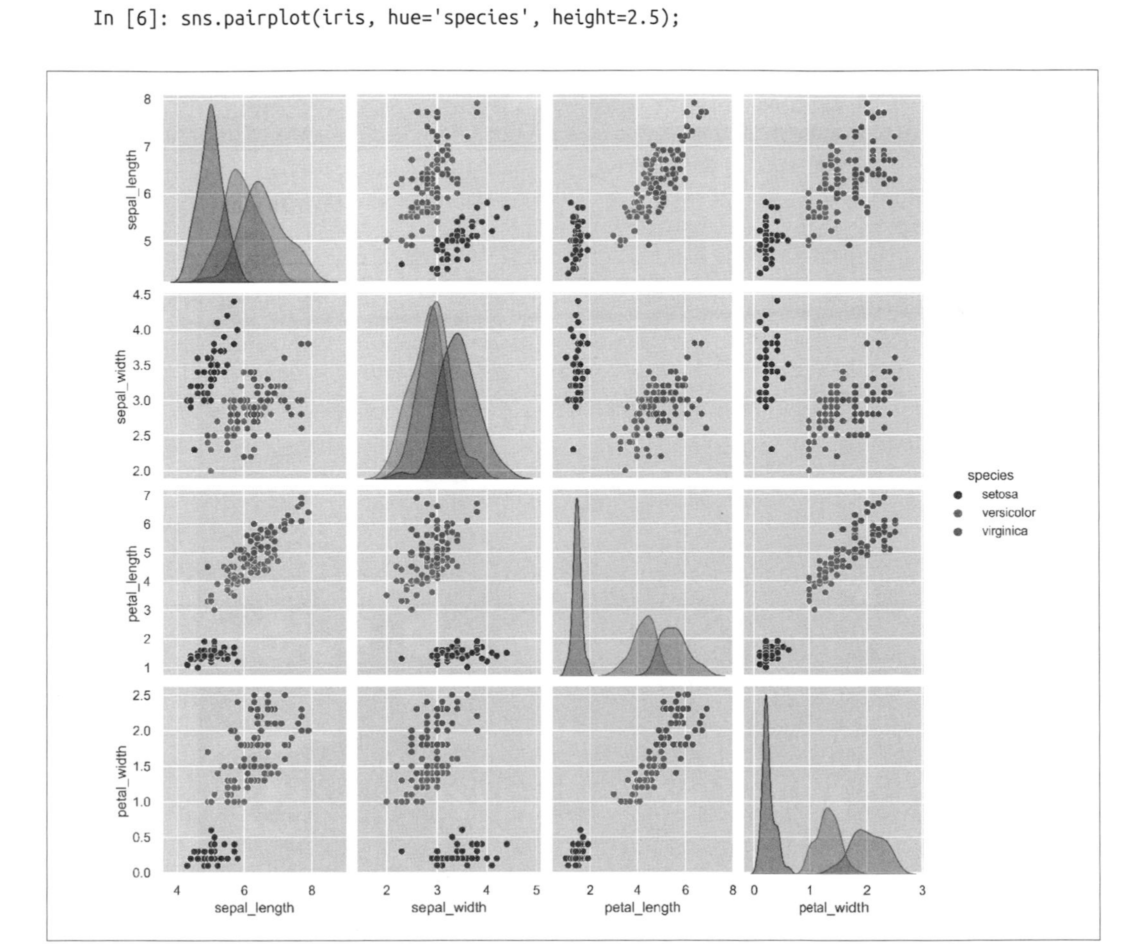

圖 36-4：在 4 個變量之間使用多變量圖展示出其間的關係

多面向直方圖（faceted histogram）

有時候要檢視資料最好的方式是透過子集合的直方圖，如圖 36-5 所示。Seaborn 的 `FacetGrid` 讓此種方式變得非常簡單。底下的這些資料，展現了基於許多不同指標資料所統計到的，餐廳服務生收到的小費總額 [1]：

```
In [7]: tips = sns.load_dataset('tips')
        tips.head()
Out[7]:    total_bill   tip     sex smoker  day    time  size
        0       16.99  1.01  Female     No  Sun  Dinner     2
        1       10.34  1.66    Male     No  Sun  Dinner     3
        2       21.01  3.50    Male     No  Sun  Dinner     3
        3       23.68  3.31    Male     No  Sun  Dinner     2
        4       24.59  3.61  Female     No  Sun  Dinner     4

In [8]: tips['tip_pct'] = 100 * tips['tip'] / tips['total_bill']

        grid = sns.FacetGrid(tips, row="sex", col="time", margin_titles=True)
        grid.map(plt.hist, "tip_pct", bins=np.linspace(0, 40, 15));
```

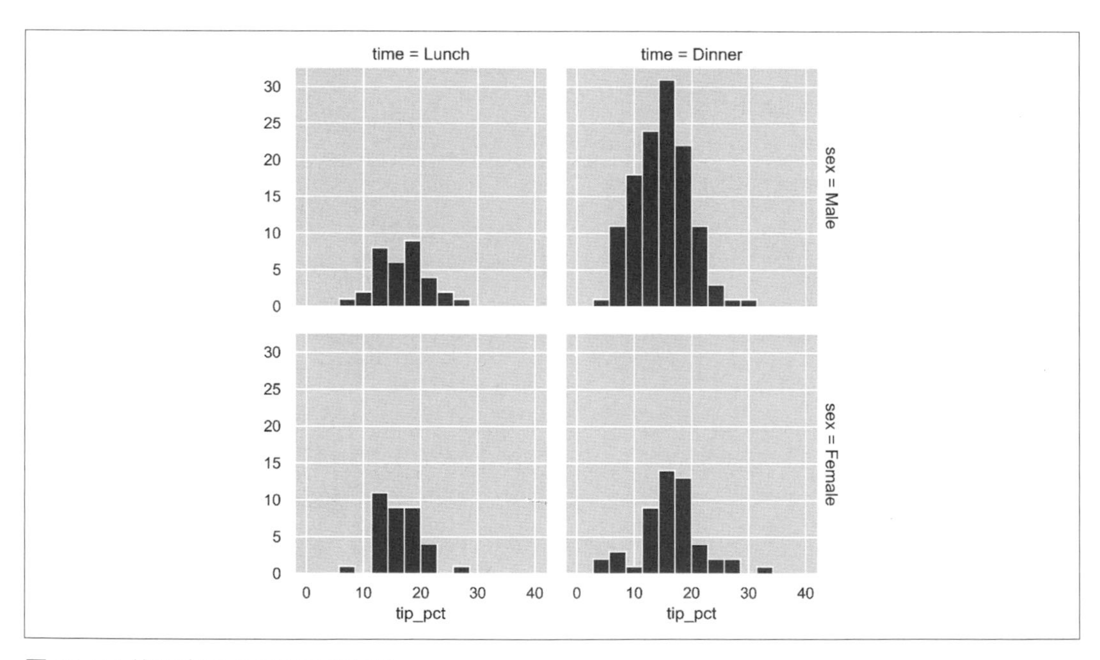

圖 36-5：使用多面向直方圖的例子

1 本節中使用的餐廳員工資料將員工分為兩種性別：女性和男性。生物性別不是二元的，但以下討論和可視化受到這些資料的限制。

多面向的圖讓我們對資料集有一些快速的瞭解：例如，我們看到它在晚餐時間包含男性所服務的資料比其他的類別多得多，典型的小費金額似乎大約在 10% 到 20% 之間，但是兩端都有一些異常值。

分類圖

分類圖在此種情況的視覺化也很有用處。這些圖表讓你可以檢視由任何其他參數定義的箱子內參數的分佈，如圖 36-6 所示。

```
In [9]: with sns.axes_style(style='ticks'):
            g = sns.catplot(x="day", y="total_bill", hue="sex",
                            data=tips, kind="box")
            g.set_axis_labels("Day", "Total Bill");
```

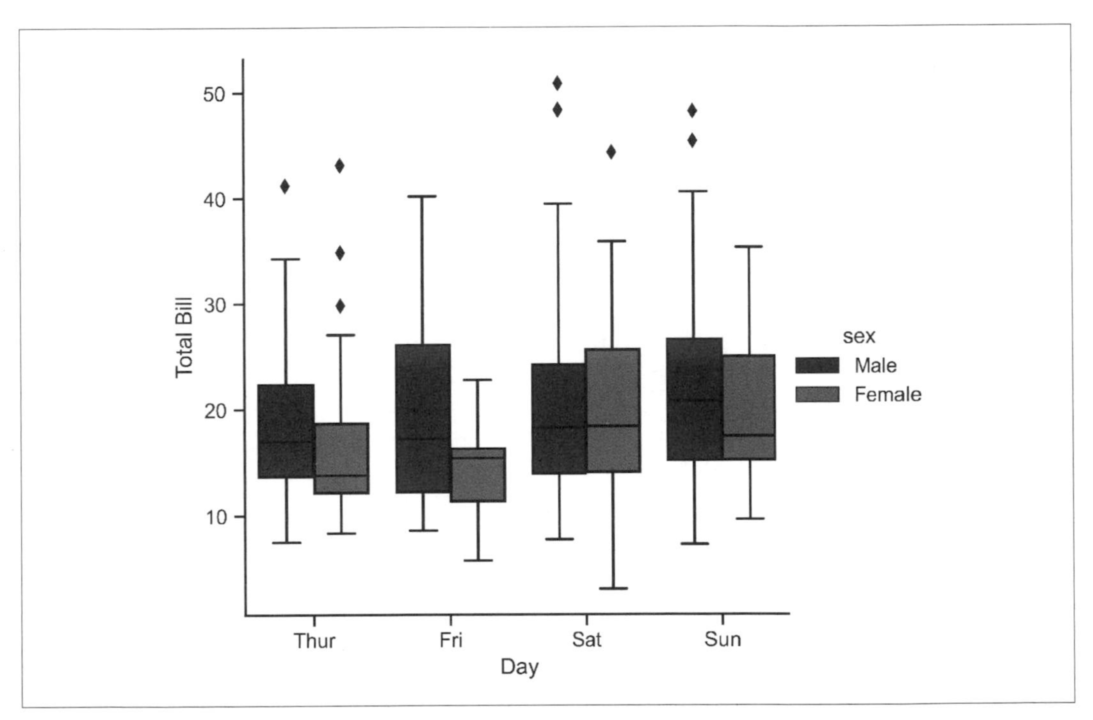

圖 36-6：一個因素圖的例子，比較不同離散因素時的分佈

聯合分佈

類似於前面看到的多變量圖，我們可以使用 `sns.jointplot` 去展示在不同的資料集中的聯合分佈，以及與其關聯的邊界分佈（參見圖 36-7）。

```
In [10]: with sns.axes_style('white'):
             sns.jointplot(x="total_bill", y="tip", data=tips, kind='hex')
```

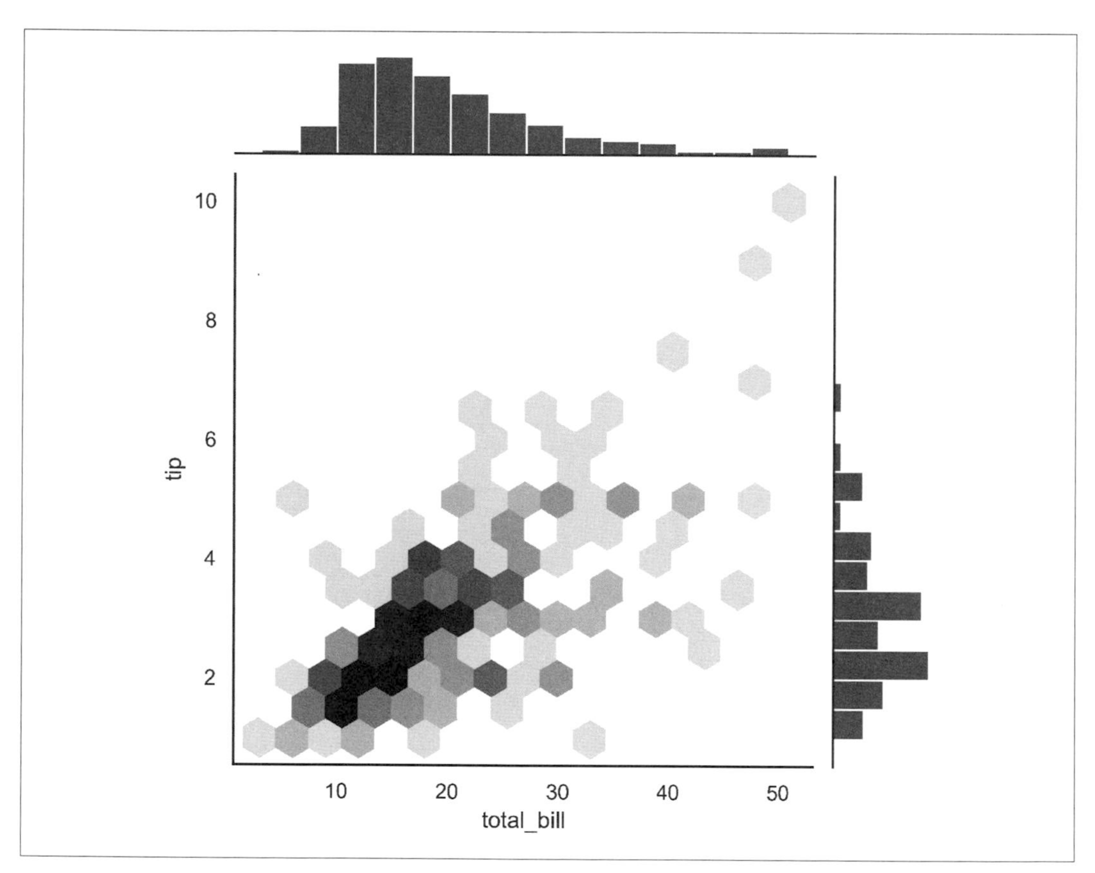

圖 36-7：一個聯合分佈圖

聯合圖表甚至可以執行一些自動核密度估計以及迴歸，如圖 36-8 所示。

```
In [11]: sns.jointplot(x="total_bill", y="tip", data=tips, kind='reg');
```

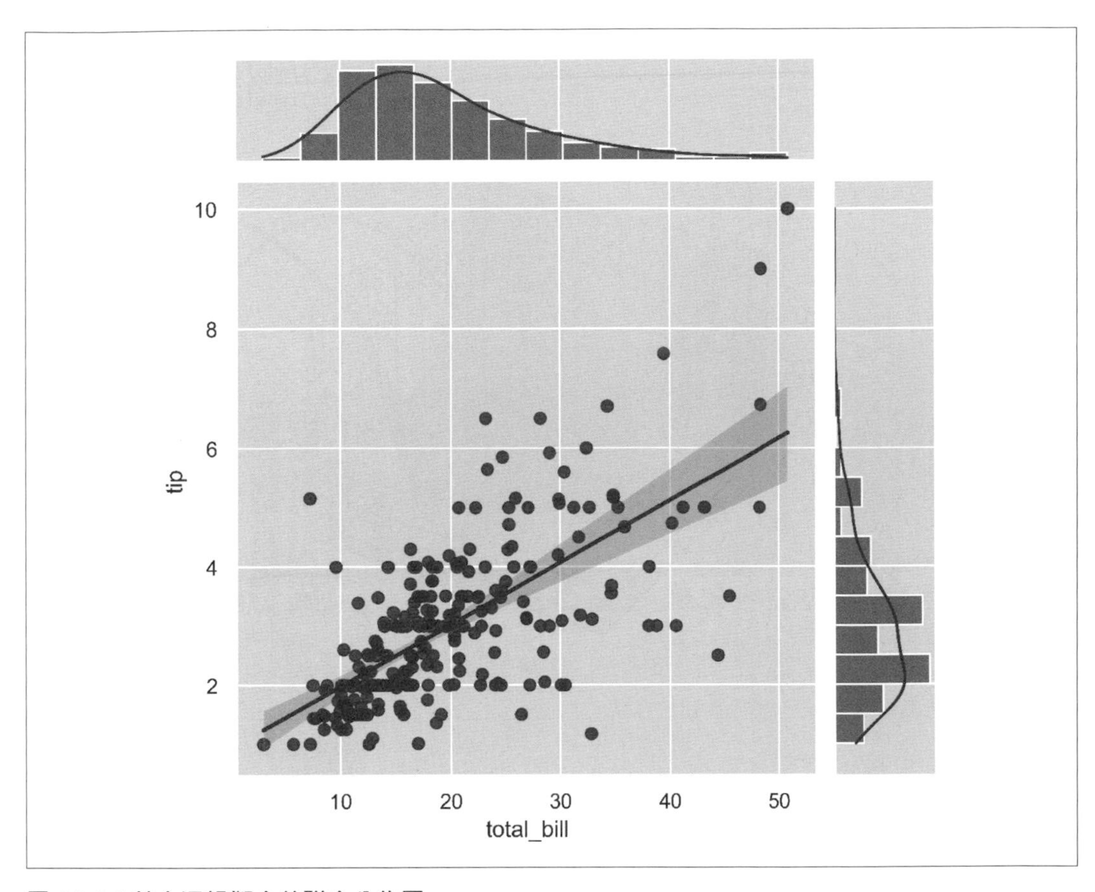

圖 36-8：結合迴歸擬合的聯合分佈圖

長條圖

時間序列可以使用 sns.factorplot 來繪製。在接下來的例子，我們將使用在第 20 章中看到的 Planets 資料；圖 36-9 展示了此結果。

```
In [12]: planets = sns.load_dataset('planets')
         planets.head()
Out[12]:             method  number  orbital_period   mass  distance  year
         0  Radial Velocity       1         269.300   7.10     77.40  2006
         1  Radial Velocity       1         874.774   2.21     56.95  2008
         2  Radial Velocity       1         763.000   2.60     19.84  2011
         3  Radial Velocity       1         326.030  19.40    110.62  2007
         4  Radial Velocity       1         516.220  10.50    119.47  2009
```

```
In [13]: with sns.axes_style('white'):
             g = sns.catplot(x="year", data=planets, aspect=2,
                             kind="count", color='steelblue')
             g.set_xticklabels(step=5)
```

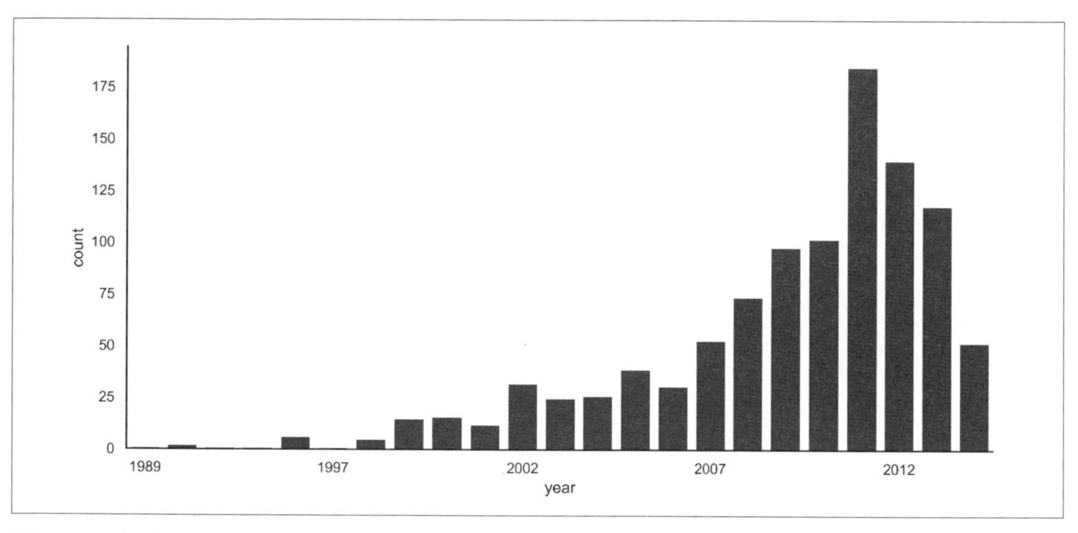

圖 36-9：把直方圖當作是一個因素圖的特例

我們可以透過檢視每一個行星被發現的方法來學習更多（參見圖 36-10）。

```
In [14]: with sns.axes_style('white'):
             g = sns.catplot(x="year", data=planets, aspect=4.0, kind='count',
                             hue='method', order=range(2001, 2015))
             g.set_ylabels('Number of Planets Discovered')
```

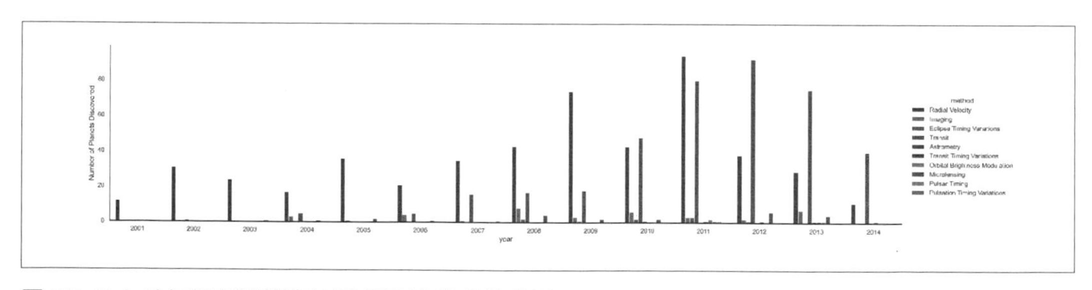

圖 36-10：以年份和型態來檢視行星被發現的數目

使用 Seaborn 繪圖的更多資訊，請參考 Seaborn 說明文件（*https://oreil.ly/fCHxn*），特別是範例圖庫（*https://oreil.ly/08xGE*）。

範例：探索馬拉松完成時間

接下來讓我們觀察使用 Seaborn 來協助視覺化以及瞭解馬拉松的完賽結果[2]。我已經從資料來源網站上蒐集了資料，經過聚合計算並移除任何個人識別資訊，然後放在 GitHub 供你下載[3]。

接著，你將從網頁下載資料，然後把它載入到 Pandas：

```
In [15]: # url = ('https://raw.githubusercontent.com/jakevdp/'
         #        'marathon-data/master/marathon-data.csv')
         # !cd data && curl -O {url}

In [16]: data = pd.read_csv('data/marathon-data.csv')
         data.head()
Out[16]:    age gender     split     final
         0   33      M  01:05:38  02:08:51
         1   32      M  01:06:26  02:09:28
         2   31      M  01:06:49  02:10:42
         3   38      M  01:06:16  02:13:45
         4   31      M  01:06:32  02:13:59
```

在預設的情況下，Pandas 載入時間的欄位會把它當作是 Python 字串（型態 `object`）；我們可以藉由 `DataFrame` 的 `dtypes` 屬性看到：

```
In [17]: data.dtypes
Out[17]: age         int64
         gender     object
         split      object
         final      object
         dtype: object
```

此點可以透過提供一個 converter 程序來修正時間的型態：

```
In [18]: import datetime

         def convert_time(s):
             h, m, s = map(int, s.split(':'))
             return datetime.timedelta(hours=h, minutes=m, seconds=s)
```

2 本節中使用的馬拉松數據將跑者分為兩種性別：男性和女性。雖然性別不能直接這樣劃分，但以下討論視覺化使用此種二分法是因為它們需要依據這樣的資料。

3 如果您有興趣使用 Python 進行網頁抓取，推薦你 Ryan Mitchell 所著的《Web Scraping with Python》，這本書也是由 O'Reilly 所出版。

```
        data = pd.read_csv('data/marathon-data.csv',
                           converters={'split':convert_time, 'final':convert_time})
        data.head()
Out[18]:    age gender           split           final
        0   33      M 0 days 01:05:38 0 days 02:08:51
        1   32      M 0 days 01:06:26 0 days 02:09:28
        2   31      M 0 days 01:06:49 0 days 02:10:42
        3   38      M 0 days 01:06:16 0 days 02:13:45
        4   31      M 0 days 01:06:32 0 days 02:13:59
In [19]: data.dtypes
Out[19]: age                 int64
        gender             object
        split     timedelta64[ns]
        final     timedelta64[ns]
        dtype: object
```

這樣將會讓我們更容易地操作時間資料。為了使用 Seaborn 繪圖工具，接下來需加上一些欄位提供以秒為單位的時間：

```
In [20]: data['split_sec'] = data['split'].view(int) / 1E9
        data['final_sec'] = data['final'].view(int) / 1E9
        data.head()
Out[20]:    age gender           split           final  split_sec  final_sec
        0   33      M 0 days 01:05:38 0 days 02:08:51     3938.0     7731.0
        1   32      M 0 days 01:06:26 0 days 02:09:28     3986.0     7768.0
        2   31      M 0 days 01:06:49 0 days 02:10:42     4009.0     7842.0
        3   38      M 0 days 01:06:16 0 days 02:13:45     3976.0     8025.0
        4   31      M 0 days 01:06:32 0 days 02:13:59     3992.0     8039.0
```

為了得到這個資料看起來的樣子，可以利用這些資料畫出聯合圖表，圖 36-11 展示出此結果：

```
In [21]: with sns.axes_style('white'):
            g = sns.jointplot(x='split_sec', y='final_sec', data=data, kind='hex')
            g.ax_joint.plot(np.linspace(4000, 16000),
                            np.linspace(8000, 32000), ':k')
```

圖中的那條虛線指出，任何以完美固定速率跑完馬拉松全程的跑者的落點位置。事實上，分佈主要是在此指標的上方（就像是你預期的），大部分的人在馬拉松的過程中會慢下來。如果你曾經挑戰過，就會知道那些表現得和此圖不一樣的人（也就是在後半段跑得更快的人），被稱為是在賽程中「後段加速」。

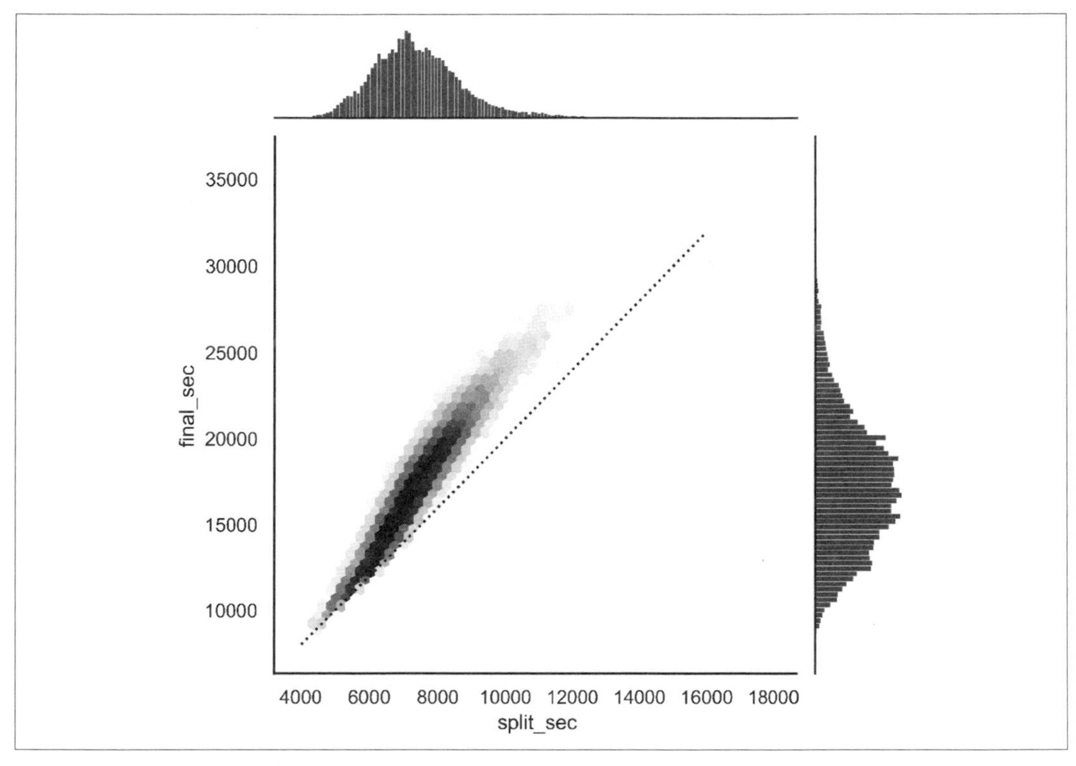

圖 36-11：前半程馬拉松完成時間和全程馬拉松完成時間的關係

接下來建立另一個欄位的資料：半程分率（split fraction），它計算出每一個跑者在賽程中是後段加速或是前段加速的等級：

```
In [22]: data['split_frac'] = 1 - 2 * data['split_sec'] / data['final_sec']
         data.head()
Out[22]:    age gender           split           final  split_sec  final_sec  \
         0   33      M 0 days 01:05:38 0 days 02:08:51     3938.0     7731.0
         1   32      M 0 days 01:06:26 0 days 02:09:28     3986.0     7768.0
         2   31      M 0 days 01:06:49 0 days 02:10:42     4009.0     7842.0
         3   38      M 0 days 01:06:16 0 days 02:13:45     3976.0     8025.0
         4   31      M 0 days 01:06:32 0 days 02:13:59     3992.0     8039.0

            split_frac
         0   -0.018756
         1   -0.026262
         2   -0.022443
         3    0.009097
         4    0.006842
```

如果半程時間差是負的，則這個人就是在比賽中後段加速。讓我們使用半程分率製作分佈圖（參見圖 36-12）。

```
In [23]: sns.displot(data['split_frac'], kde=False)
         plt.axvline(0, color="k", linestyle="--");
```

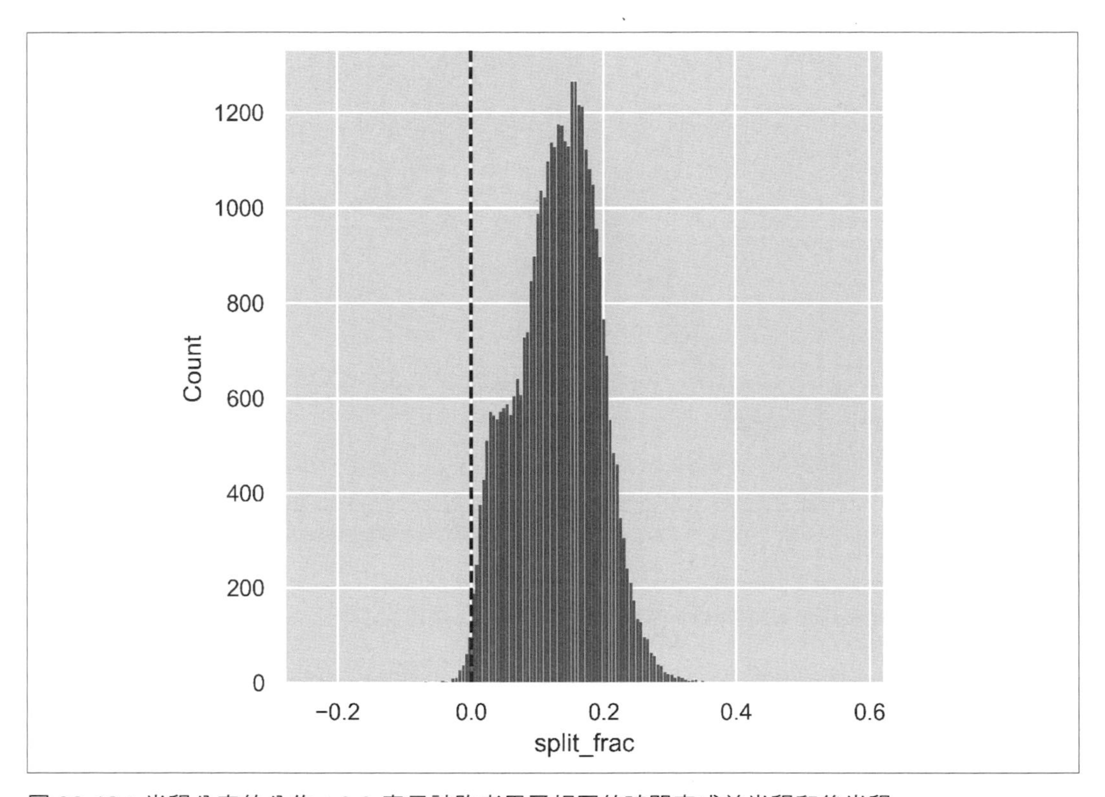

圖 36-12：半程分率的分佈；0.0 表示該跑者用了相同的時間完成前半程和後半程

```
In [24]: sum(data.split_frac < 0)
Out[24]: 251
```

在全部 40,000 個參加者中，只有 250 個人在後段加速。

讓我們來看看這個半程分率和其他的變量有沒有任何關係。我們使用 PairGrid 繪製這所有的相關性圖表（參見圖 36-13）。

```
In [25]: g = sns.PairGrid(data, vars=['age', 'split_sec', 'final_sec', 'split_frac'],
                          hue='gender', palette='RdBu_r')
         g.map(plt.scatter, alpha=0.8)
         g.add_legend();
```

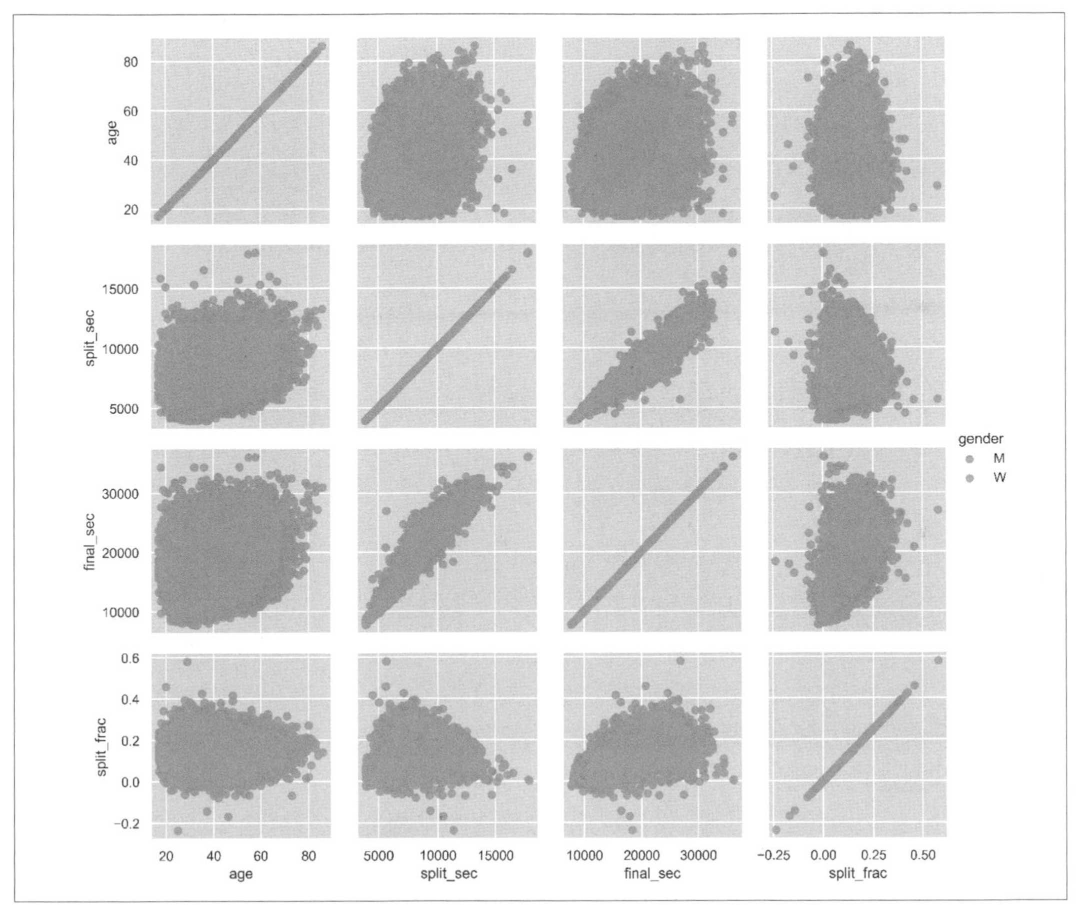

圖 36-13：所有在馬拉松資料中的數量值之間的關係

從所有的圖表中看起來，半程分率和年紀沒什麼相關，但是和最後完成的時間有相關：速度比較快的跑者傾向於接近平均分配前後半程的時間。讓我們將不同性別的半程分率直方圖放大來看，如圖 36-14 所示。

```
In [26]: sns.kdeplot(data.split_frac[data.gender=='M'], label='men', shade=True)
         sns.kdeplot(data.split_frac[data.gender=='W'], label='women', shade=True)
         plt.xlabel('split_frac');
```

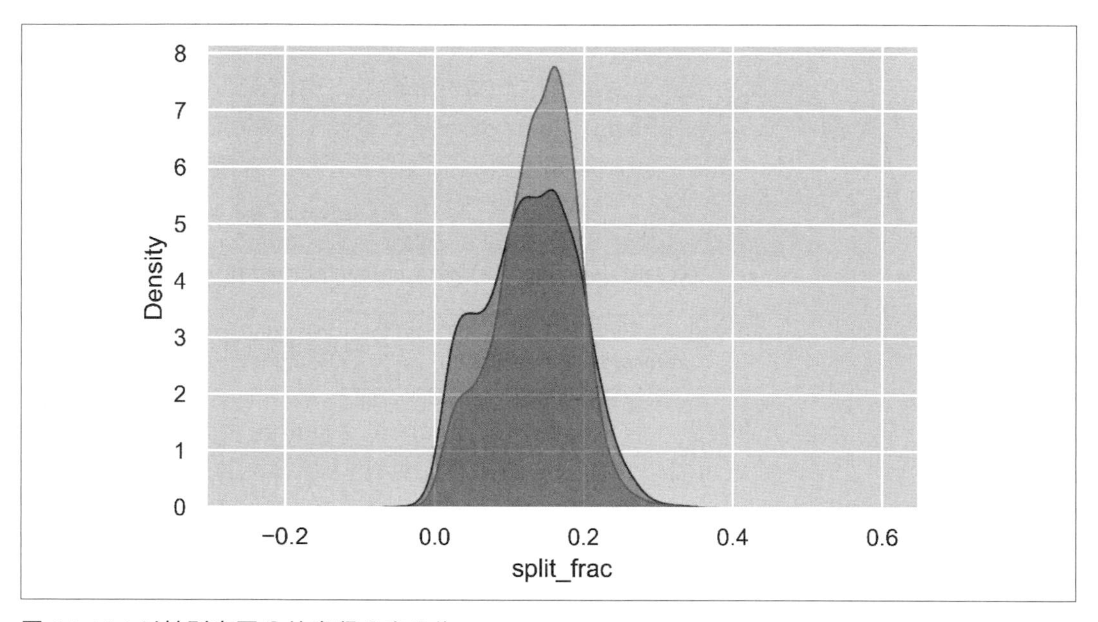

圖 36-14：以性別來區分的半程分率分佈

有趣的地方在於，在跑步時前後半程完成時間非常接近的人，男性比女性多了非常多！這幾乎看起來像是某種型式的男性與女性之中的雙峰分佈現象。接下來看看是否可以從以年齡為函數的分佈找出這到底是怎麼回事。

小提琴圖（*violin plot*）是一個比較分佈情形還不錯的方法，如圖 36-15 所示。

```
In [27]: sns.violinplot(x="gender", y="split_frac", data=data,
                        palette=["lightblue", "lightpink"]);
```

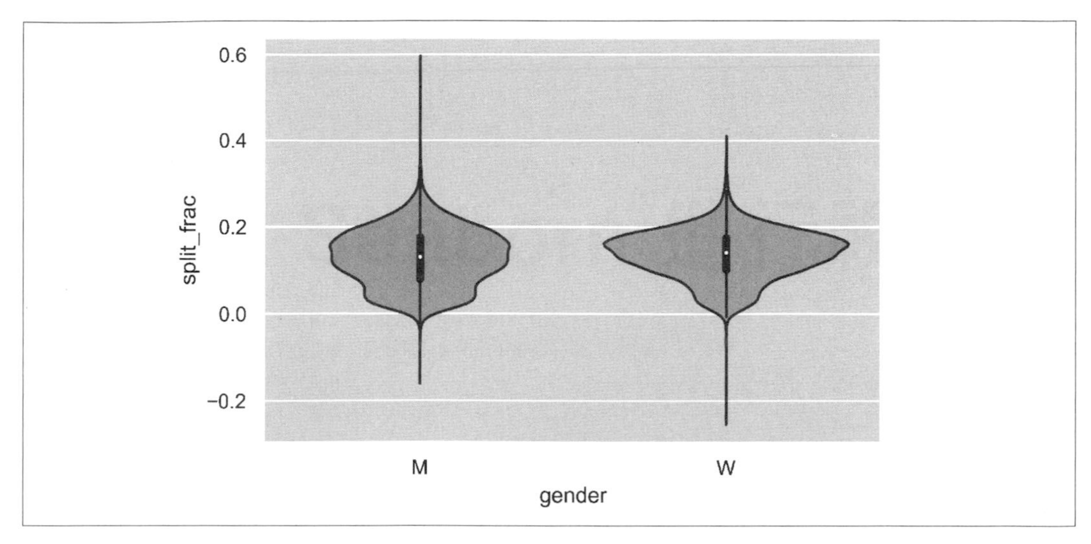

圖 36-15：以性別來區分檢視半程分率的小提琴圖

接著再深入一些，以年齡為函數比較它們的小提琴圖（參見圖 36-16）。底下將建立一個新的欄位，該欄位指定每一個人所在的以 10 歲為分隔的區間陣列：

```
In [28]: data['age_dec'] = data.age.map(lambda age: 10 * (age // 10))
         data.head()
Out[28]:    age gender           split           final  split_sec  final_sec  \
         0   33      M 0 days 01:05:38 0 days 02:08:51     3938.0     7731.0
         1   32      M 0 days 01:06:26 0 days 02:09:28     3986.0     7768.0
         2   31      M 0 days 01:06:49 0 days 02:10:42     4009.0     7842.0
         3   38      M 0 days 01:06:16 0 days 02:13:45     3976.0     8025.0
         4   31      M 0 days 01:06:32 0 days 02:13:59     3992.0     8039.0

            split_frac  age_dec
         0   -0.018756       30
         1   -0.026262       30
         2   -0.022443       30
         3    0.009097       30
         4    0.006842       30

In [29]: men = (data.gender == 'M')
         women = (data.gender == 'W')

         with sns.axes_style(style=None):
             sns.violinplot(x="age_dec", y="split_frac", hue="gender", data=data,
                            split=True, inner="quartile",
                            palette=["lightblue", "lightpink"]);
```

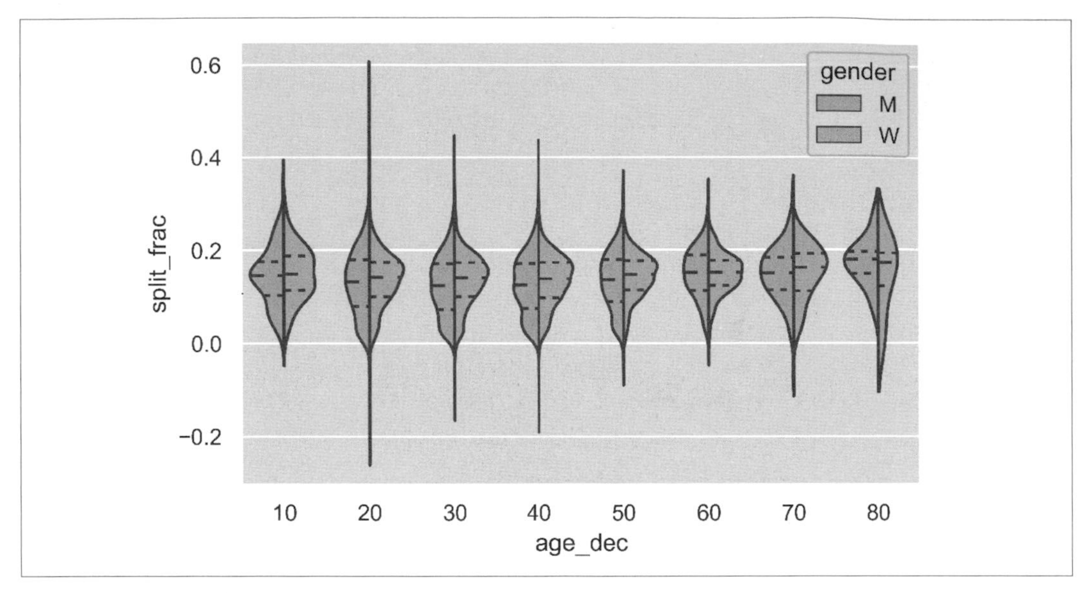

圖 36-16：以性別來區分檢視半程分率的小提琴圖

如圖所示，可以看出來男性和女性的分佈差異：在 20 到 50 歲的區間，和女性比較起來（對於此問題，所有的年齡層都是），男性的半程分佈顯示出很明顯地過度集中到較低的區間。

同樣令人驚訝的是，就半程時間來說，80 歲的女性看起來都表現傑出。這可能是因為從小數量的分佈所計算出來造成的結果，以下的程式碼可以看到究竟在此範圍中有幾個跑者：

```
In [30]: (data.age > 80).sum()
Out[30]: 7
```

回到那些在後段加速的男性：這些跑者是哪些人？此半程分率和快一點完成全程有關嗎？我們可以很簡單地把它們畫出來。以下使用 `regplot`，它會自動地擬合一個線性迴歸到這些資料（參見圖 36-17）。

```
In [31]: g = sns.lmplot(x='final_sec', y='split_frac', col='gender', data=data,
                        markers=".", scatter_kws=dict(color='c'))
         g.map(plt.axhline, y=0.0, color="k", ls=":");
```

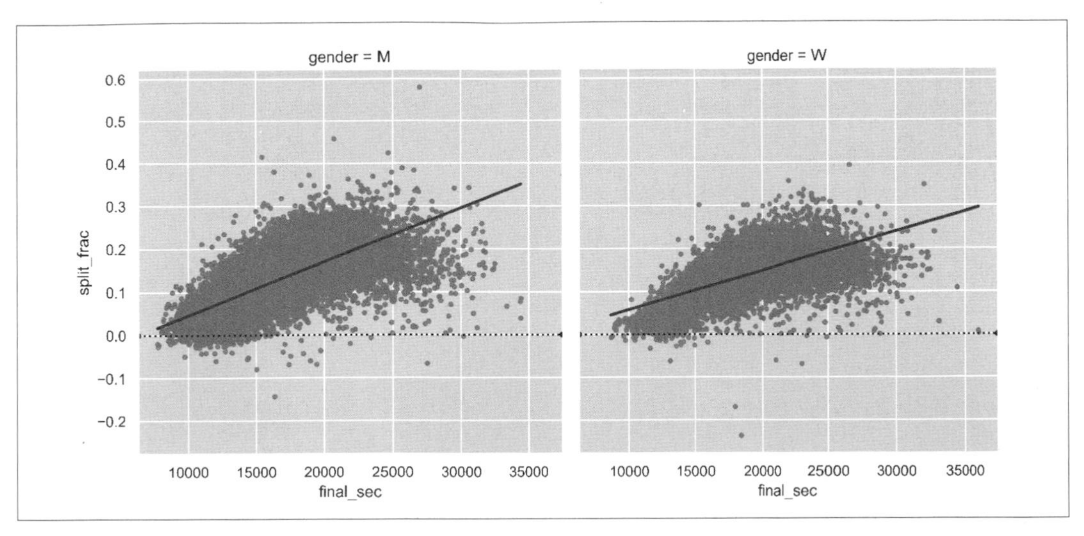

圖 36-17：不同性別的半程分率對比跑完全程時間

很明顯地，那些有較佳半程分率的跑者依完成時間來看也是傑出的跑者，大約都在 15,000 秒左右完成，也就是大約 4 小時。那些比較慢的人則傾向於在前半段跑得比較快。

進一步的資源

本書中單獨的部分並沒有辦法涵蓋 Matplotlib 所有可用的特性和圖表類型。就像是我們看到過的其他套件一樣，你可以自由地使用 IPython 的定位鍵補齊以及求助函式（參閱第 1 章），這些功能當你在探索 Matplotlib API 時會非常有幫助。此外，Matplotlib 的線上說明文件也是非常有用的參考（*http://matplotlib.org/*）。特別是 Matplotlib 圖庫（*https://oreil.ly/WNiHP*）：它展示了上百個不同圖表類型的縮圖，每一個都會連結到用來產生它的 Python 程式片段。這讓你可以視覺化地觀察和學習非常廣泛的多樣化繪製樣式和視覺化的技巧。

如果你需要一整本的 Matplotlib 教科書，我會推薦由 Matplotlib 核心開發者 Ben Root 所撰寫的《Interactive Applications Using Matplotlib》（Packt）一書。

其他 Python 的視覺化程式庫

雖然 Matplotlib 是 Python 最傑出的視覺化程式庫，但仍然有許多其他現代化的工具也值得探究。以下簡要地提到其中的一些：

- Bokeh（*http://bokeh.pydata.org*）是一個 Python 前端的 JavaScript 視覺化程式庫，它可以建立高互動性的視覺化圖形，有能力可以處理非常大的串流資料集。
- Plotly（*http://plot.ly*）是 Plotly 公司的同名開源產品，它在精神上和 Bokeh 相類似。它是被積極地開發，而且提供了廣泛的互動式圖表型態。
- HoloViews（*https://holoviews.org*）是一個更具陳述性的統一化 API，用於在各種後端生成圖表，包括 Bok Bokeh 以及 Matplotlib。
- Vega（*https://vega.github.io*）與 Vega-Lite（*https://vega.github.io/vega-lite*）是宣告圖形表示法，而且是經過多年的研究成為產品的資料視覺化基礎語言。參考的繪製實作是 JavaScript，而且 Altair 套件（*https://altair-viz.github.io*）提供了 Python 的 API 可以用來產生這些圖表。

Python 視覺化領域社群非常活躍，而且我完全可以預期這個清單在此書出版之後會很快過期。此外，因為 Python 被使用在許多不同的領域，你將會發現其他被創建以用於更特別使用案例的視覺化工具。要持續追蹤他們會有些困難，但有一個不錯的學習資源關於這些廣泛的視學化工具是 PyViz（*https://pyviz.org*），它是一個開放社群網站，包含了多不同的視覺化工具之教學與範例。

第五篇

機器學習

本書的最後一個部分是對於非常廣泛機器學習主題的介紹，主要是藉由 Python 的 Scikit-Learn 套件（*http://scikit-learn.org*）進行。你可以把機器學習看成是一種演算法，允許程式檢測資料集中的特定模式，之後從資料中「學習」以從其中推導出推論。這並不是對機器學習領域的全面介紹；這是一個很大的主題，需要採取比我們在這裡使用的更具技術性的研究。同時本篇也不是使用 Scikit-Learn 套件的完整手冊（為此，你可以參考我們在第 582 頁的「進階的機器學習資源」小節中所列出的可參考資源列表）。取而代之的，本篇的目標是：

- 介紹機器學習基本的專業術語和概念。
- 介紹 Scikit-Learn API 以及展示一些應用實例。
- 深入探究幾種最重要的機器學習研究細節，發展一個瞭解這些方法如何運作、以及要在何時和何處應用它們的直觀能力。

大部分的資料都是取自於 Scikit-Learn 的教學，和筆者在 PyCon、SciPy、PyData、以及其他研討會場合上提供的內容。以下的內容之所以可以那麼簡明清楚，是因為在這些年來，許多工作坊的參與者以及一起教學的夥伴們，他們針對這些資料給了我非常有價值的回饋。

第 37 章

什麼是機器學習？

在開始檢視許多不同的機器學習方法細節之前，先來檢視什麼是機器學習，以及什麼不是機器學習。機器學習經常被分類成人工智慧的一個子領域，但是我發現這樣的分類經常會在一開頭就被誤導。機器學習的研究當然是從這個領域中被激發的，但是在機器學習方法於資料科學的應用上，把機器學習想成是建構資料的模型會更有幫助。

在這種情況下，當我們這些模型提供可適應觀察資料的可調參數時，「學習」就個詞就進來了。程式在此種方式下就可以被認為是從資料中「學習」。一旦這些模型被擬合了之前看過的資料，它可以被使用來預測和理解新進資料的各個方面。對於此種數學上、以模型為基礎的「學習」和人類頭腦在「學習」表現上的相似程度之哲學延伸議題，就留給讀者自行思考。

瞭解在機器學習中問題的設定，是如何有效率地使用工具上非常重要的議題，因此，以下將從接著會在此討論的一些廣泛的方法類型之分類開始。

本章的所有圖表都是被以基於實際機器學習運算方式產生的：這些在背後的程式碼可以在線上附錄（*https://oreil.ly/o1Zya*）中找到。

機器學習的分類

機器學習可以被分類為兩種主要的類型：監督式學習（supervised learning）和非監督式學習（unsupervised learning）。

「監督式學習」包含某種方式去建模（modeling）量測到的資料特徵（feature）以及一些與資料結合的標籤（label）之間的關係；一旦確定了模型（model），即可以被用來套用標籤到全新且未知的資料。此方式可以進一步地再區分為分類（classification）和迴歸（regression）工作：分類所使用的標籤是離散型類別，在迴歸中則是連續的量。你將會在接下來的章節中看到此兩種監督式學習類型的範例。

「非監督式學習」包含了沒有參考任何標籤的資料集的特徵建模。這些模型包括像是集群（*clustering*）以及降維（*dimensionality reduction*）的任務。集群演算法會識別出資料中不同的群組，而降維演算法則會搜尋更簡潔的資料表示方法。你將會在接下來的章節內容中看到這兩種非監督式學習類型的範例。

此外，還有所謂的半監督式學習（semi-supervised learning）方法，它介於監督式學習和非監督式學習之間。半監督式學習方法在那些資料不具備完整標籤的情況下是非常有用的。

機器學習應用的定性範例

要讓這些概念更加地具體，接著來看一些機器學習任務中非常簡單的例子。這些例子是針對我們會在此章中討論到的機器學習任務給一個直觀地、非定量的概述。在接下來的章節中，將更深入地探討關於那些特定的模型以及如何使用它們。如需要一個更具技術觀點的瀏覽，你可以在線上附錄中找到產生這些圖表的 Python 資源（*https://oreil.ly/o1Zya*）。

分類：預測離散的標籤

我們首先看一個簡單分類的例子，也就是給一組具有標籤的點，然後希望使用這些點去分類一些未具標籤的點。

想像有一些如圖 37-1 所示的資料。這些資料是二維的：也就是，每一個點均有兩個特徵（*features*）代表在此平面上的 (x, y) 位置。此外，每一個點都屬於這兩種類別標籤的其中之一，在此以點的顏色來表示。從這些特徵和標籤，我們想要建立一個模型，可以決定任一個新的點應該被標示為「藍色」還是「紅色」

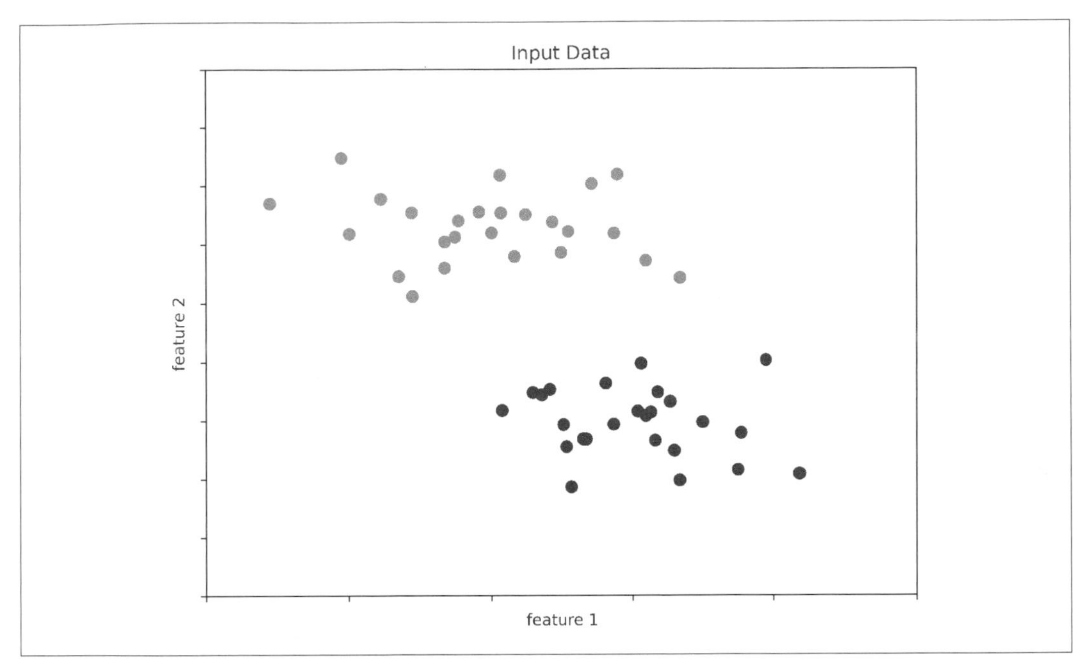

圖 37-1：一個用來分類的簡單資料集

有許多可能的模型可以用在這樣的分類工作上，但是在這裡將使用一個非常簡單的。假設這兩組可以被用一條直線在這個平面上把它們分成兩邊，則落在線的同一邊的就屬於同一組。這個模型是「一條直線將這些類別分開」文字敘述的量化版本，而這個模型的參數則是被資料用來描述那條線位置和方向的特定數字。此模型的參數之最佳值是從這些資料學習來的（這就是機器學習中的「學習」），它通常被稱為模型訓練。

圖 37-2 是這個資料訓練的模型看起來的樣子之視覺化表示。

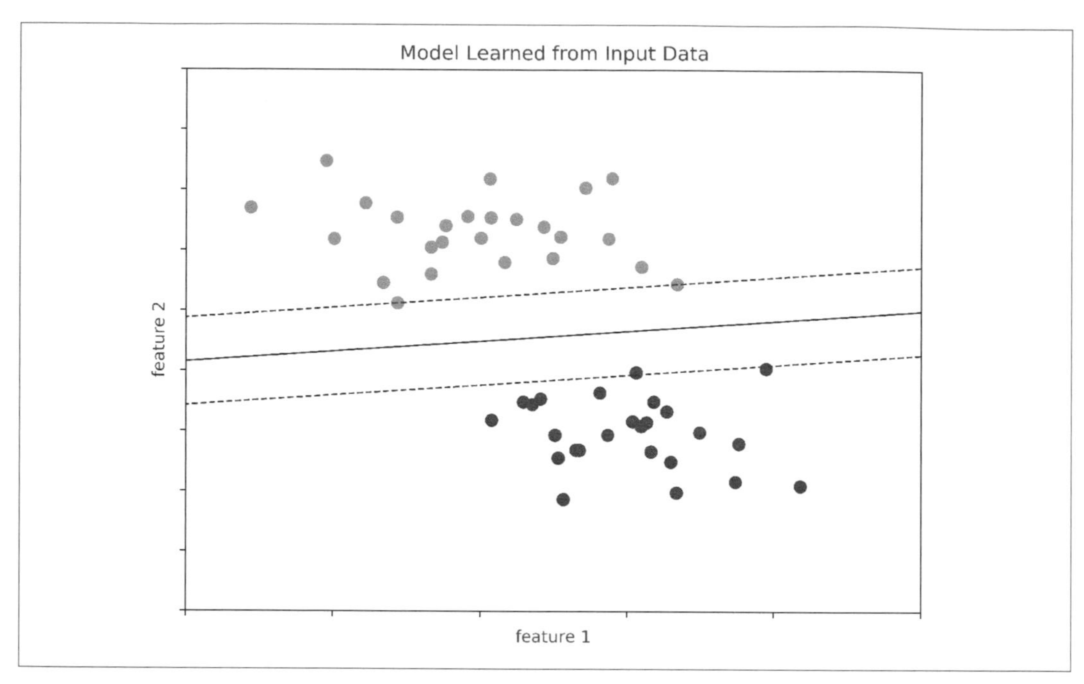

圖 37-2：一個簡單的分類模型

現在這個模型已經被訓練好了，可以被套用到新的、未標籤過的資料。換句話說，我們可以拿一筆新的資料，畫出這個模型的線，然後根據這個模型來把標籤設定到新的點上（參見圖 37-3）。這個步驟通常叫做預測（*prediction*）。

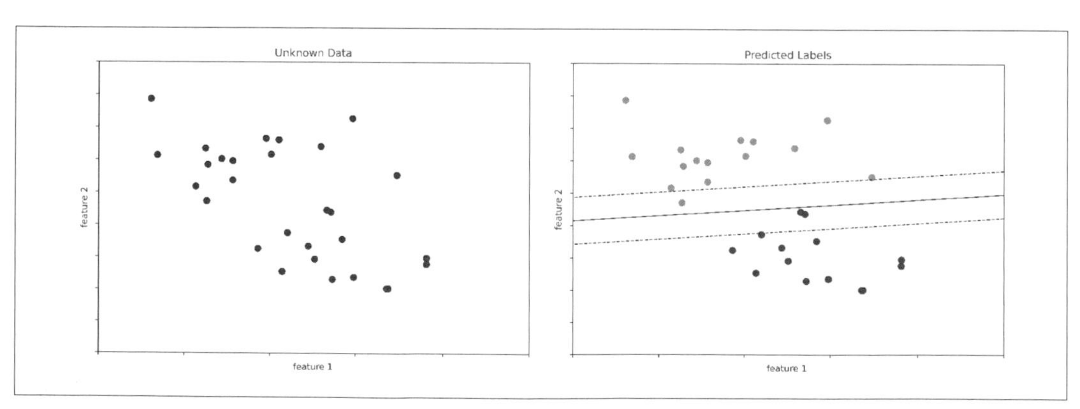

圖 37-3：套用一個分類模型到新的資料

這是分類工作在機器學習中的基本概念，在此「分類」表示這些資料具有離散的類別標籤。乍看之下這些似乎相當的不重要：但這相對地容易去簡單的檢視這些資料，然後畫上像這樣的判別線以完成分類工作。然而機器學習研究的優點是，它可以被套用到許多更高維度且更大的資料集上。例如：與此相類的任務是自動垃圾郵件偵測的工作。在這個例子中，我們可能會使用到以下的特徵和標籤：

- 特徵 *1*，特徵 *2* 等等 → 重要的單字或片語（例如：「Viagra」、「Nigerian prince」等）正規化的計次。
- 標籤 →「垃圾郵件」（spam）或「非垃圾郵件」（not spam）。

對訓練集而言，他們的標籤是由一個較小但具有代表性的電子郵件樣本之個別觀察所決定；而那些剩下的電子郵件，標籤將使用這個模型來決定。對於一個具有足夠建立良好特徵（一般都是上千或百萬的單字或片語）且合適的已訓練演算法，此類型的研究會非常有效。在第 41 章中我們將介紹此種以文字為主的分類法範例。

我們將會深入討論更多細節的一些重要的分類演算法包括高斯單純貝氏（Gaussian naive Bayes）（參考第 41 章）、支持向量機（support vector machines）（參考第 43 章）、以及隨機森林分類法（random forest classification）（參考第 44 章）。

迴歸：預測連續性標籤

與離散標籤的分類演算法對比，接下來要檢視一個簡單的迴歸工作，它的標籤是連續的量。

考慮如圖 37-4 所示的資料，它是由一群資料點所組成的，每一個點都有一個連續性的標籤。

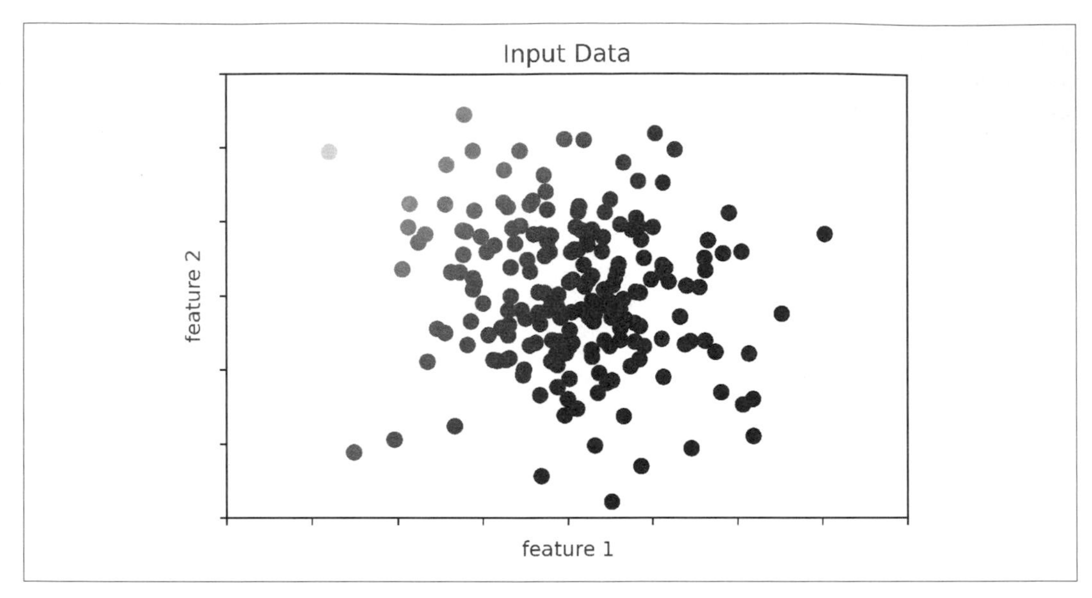

圖 37-4：一個用於迴歸的簡單資料集

和分類範例一樣，我們有一個二維的資料：亦即每個資料點都有兩個特徵描述它。每一個點的顏色代表該點的連續標籤。

有許多的迴歸模型可用在此種資料型態上，但是在此將使用一個簡單的線性迴歸去預測這些點。這個簡單的線性迴歸模型假設把這些資料當作是一個第三度的空間，如此可以擬合一個平面到這些資料中。這是一個把我們已知的，應用一條線擬合到兩個座標資料的問題比較高階的一般化過程。

我們可以將這個設置視覺化如圖 37-5 所示。

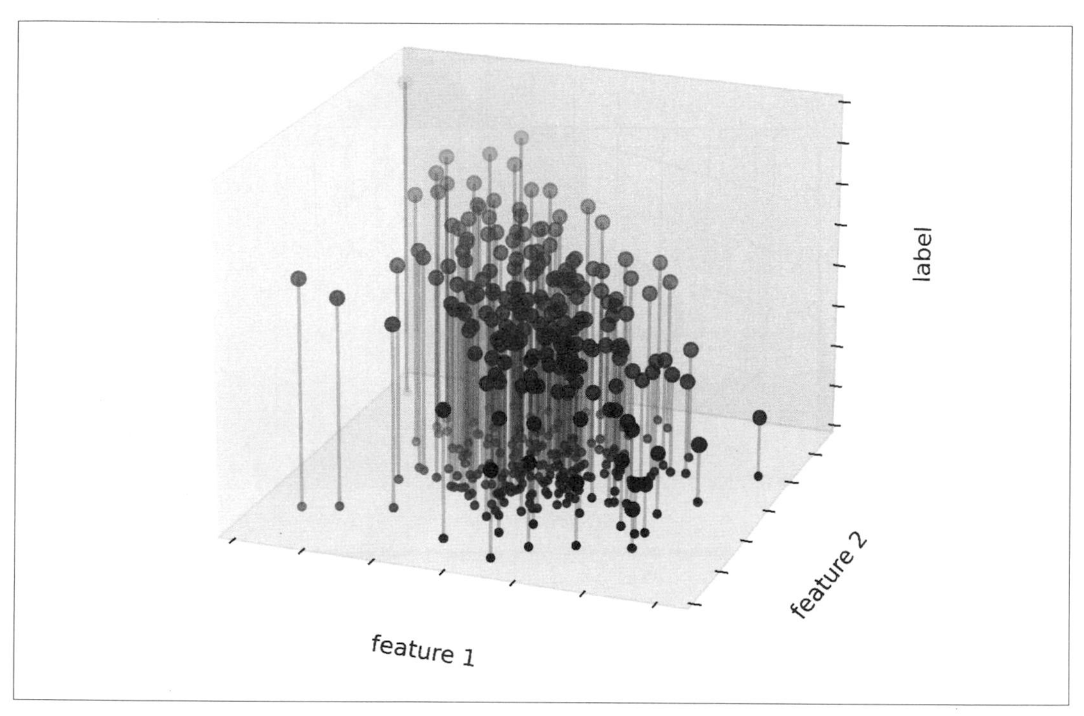

圖 37-5：一個迴歸資料的三度空間視圖

留意此圖的 *feature 1–feature 2* 平面，這裡和圖 37-4 的二維圖表是一樣的；然而在此例中，我們同時使用顏色和三維座標位置來表示這些標籤。從這個視圖，擬合一個平面穿越這些三維資料看起來很合理，它允許我們對任何輸入參數的組合去預測一個預期的標籤。回到二維的投影，當擬合這樣的一個平面，可以得到如圖 37-6 所示的結果。

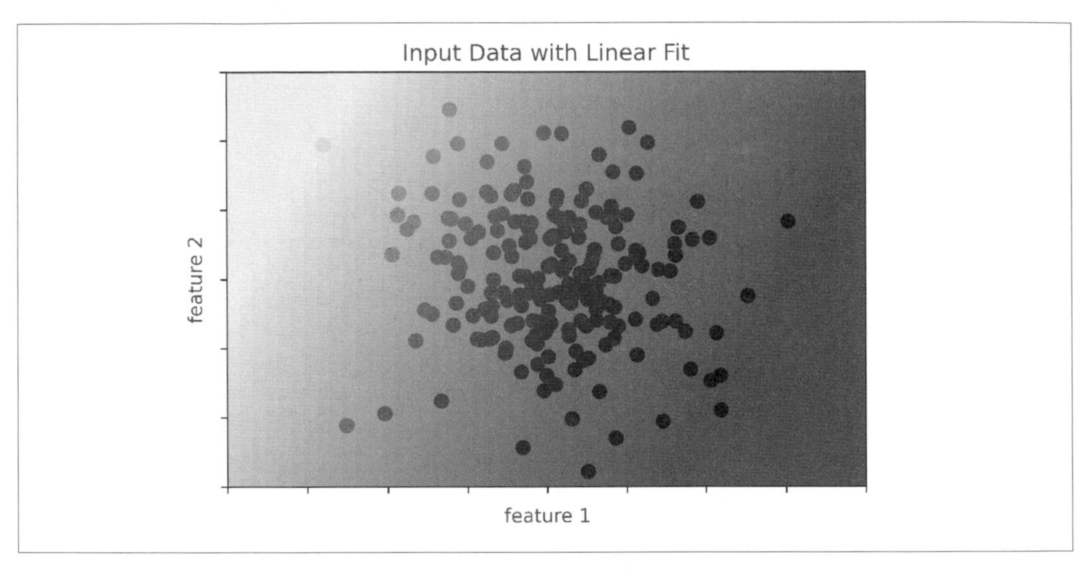

圖 37-6：迴歸模型的表示法

這個擬合的平面提供我們對於一個新的點進行預測所需要的。視覺上，找到的結果如圖 37-7 所示。

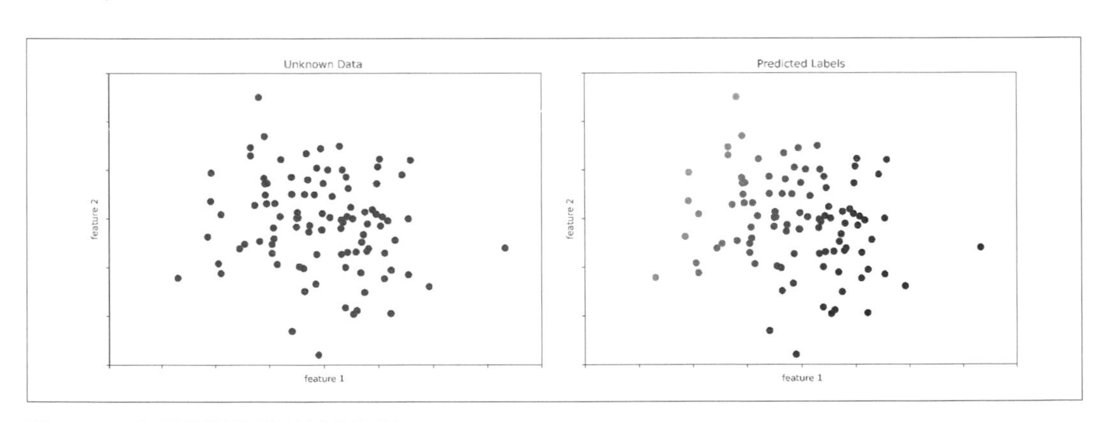

圖 37-7：套用迴歸模型到新的資料

如同分類的例子，這個任務在低維度時似乎比較沒有那麼重要。但是這些方法的好處是它們可以被直接的套用，然後在具有非常非常多特徵的情況下進行運算。例如：這裡有一個類似的工作就是計算從望遠鏡觀察到的銀河系距離——在此例子中，你可能會使用的特徵和標籤如下：

- 特徵 *1*，特徵 *2* 等等 → 每一個銀河系在許多波長上或顏色的亮度。
- 標籤 → 銀河系的距離或紅移。

少部分的這些銀河系距離可能從（通常比較昂貴的）觀察之獨立集合來決定。然後就可以根據剩下的銀河系使用適當的迴歸模型去估計距離，不需要對整個集合使用更多昂貴的觀察。在天文學的圈圈裡，這就是大家熟知的「光度紅移」問題。

我們將討論的一些重要的迴歸演算法包括線性迴歸（linear regression）（參考第 42 章）、支持向量機（support vector machine）（參考第 43 章）、以及隨機森林迴歸（random forest regression）（參考第 44 章）。

集群：在未建立標籤的資料中推導標籤

我們剛剛看到的分類和迴歸展示是監督式學習演算法的例子，在那些例子中我們嘗試去建立一個模型讓它可以根據最新的資料預測標籤。非監督式學習包含的模型描述資料不需要參考到任何已知的標籤。

非監督式學習一個常見的例子是「集群」，它的資料被自動的指定到某些數目的離散群組。例如：假設有一些二維資料，如圖 37-8。

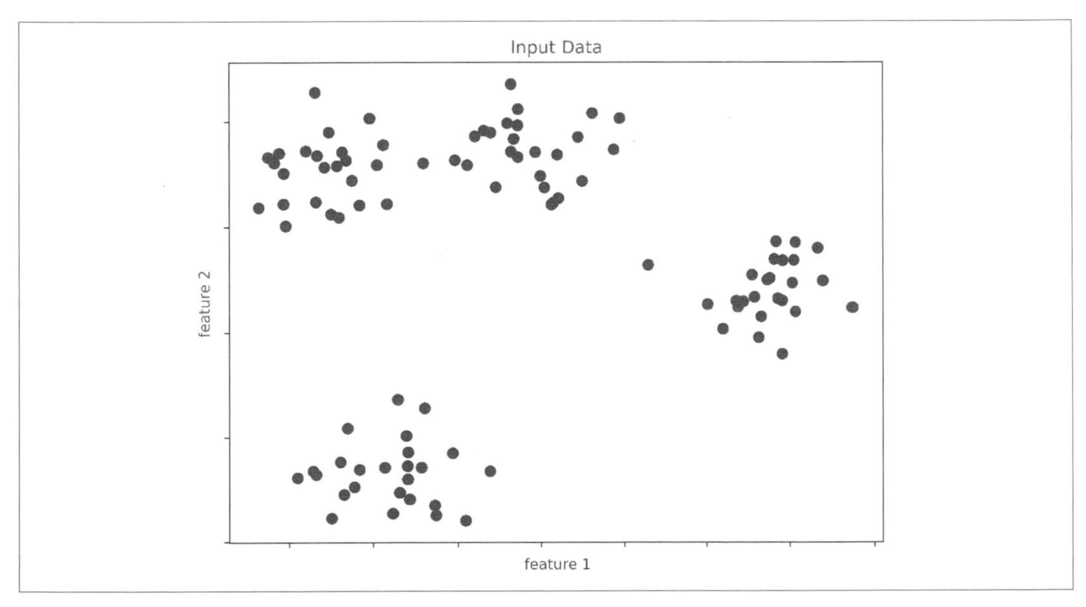

圖 37-8：集群方法的範例資料

從肉眼看來，非常明顯的每一個點中都是其中一個不同群組的一部分。有了這樣的輸入，一個集群的模型將使用這個資料的內部結構去決定哪些點是相關的。使用非常快速且直覺的 K-means 演算法（參考第 47 章），我們可以找出如圖 37-9 的群組。

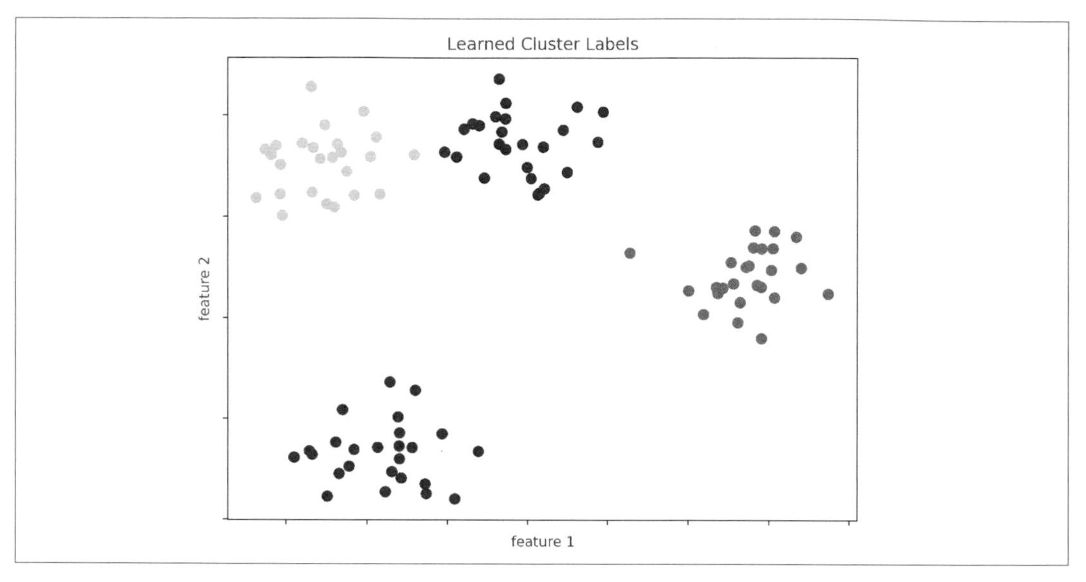

圖 37-9：用一個 K-means 集群模型做資料標籤

K-means 擬合的模型是由 k 個群中心組合而成；最佳化的中心點被假設是那些每一個點到指定中心的最小距離。同樣地，這在二維資料中看起來就像是一個瑣碎的練習，但是當資料變得更大也更複雜時，這種集群演算法就可以被用來從這些資料中萃取出有用的資訊。

我們將在第 47 章深入探討 k-means 演算法。其他重要的集群演算法包括：高斯混合模型（Gaussian mixture models）（請參考第 48 章）以及譜聚類（spectral clustering）請參考 Scikit-Learn 的集群說明文件（https://oreil.ly/9FHKO）。

降維：未標籤資料的結構推理

降維是非監督學習演算法的另外一個範例，它的標籤或其他資訊是從資料集本身的結構推理來的。降維比我們之前看過的例子還要再抽象一點，但是一般來說，它試圖找出一些資料的低維度表示，以某種方式保留完整資料集的相關品質。不同的降維程序以不同的方式衡量這些相關品質，我們將會在第 46 章中看到。

關於這點，我們來看一個例子，請參考如圖 37-10 所示的資料。

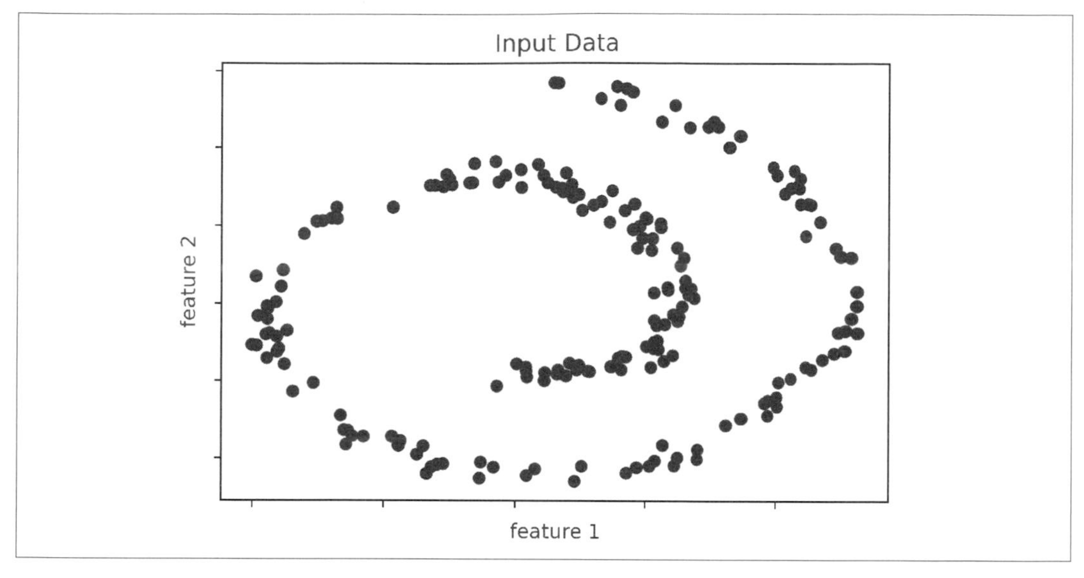

圖 37-10：降維的範例資料

看起來，很明顯的這些資料有一些結構在裡面：在二維平面中，它被畫上一個排列成螺旋狀的一維線條。在某種意義上，這個資料本質上只是一維的，雖然這個一維的資料是被嵌在一個較高維的空間中。在此例中，在這種情況下一個適合的降維模型對於這樣的非線性嵌入結構很敏感，而且能夠檢測到此種低維度表示。

圖 37-11 展示出使用 Isomap 演算法的視覺化結果，Isomap 是一種可以做到這點的流形學習演算法。

請留意在此的顏色（這表示萃取出的一維潛藏變量）沿著螺旋一致地變化，表示此演算法確實是和我們眼睛一樣觀察到這個結構。就像是之前的範例，降維演算法的威力在更高維度上會更明顯。例如：假設想要視覺化一個擁有 100 或 1,000 個特徵值的資料集中的重要關係。視覺化 1,000 個維度的資料是非常挑戰的，而其中一個讓它比較可行的方法就是使用維度降低技巧把資料變成二或三個維度。

我們將會討論到的一些重要的降維演算法，包括主成分分析（principal component analysis）（參閱第 45 章）和多種流形學習演算法（manifold learning algorithms），也包含 Isomap 和本地線性嵌入（locally linear embedding）（參閱第 46 章）。

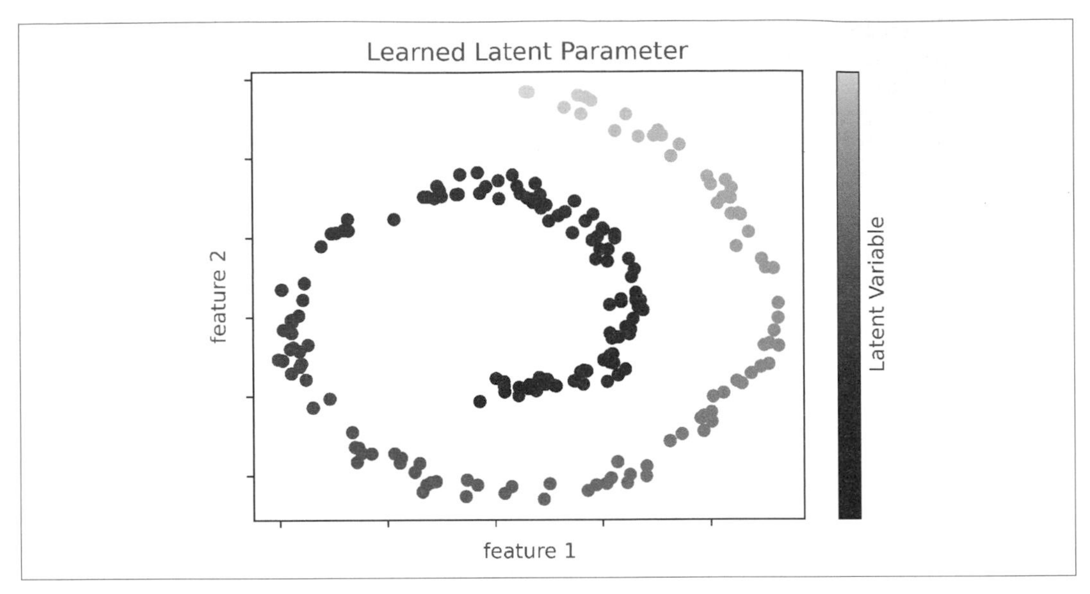

圖 37-11：使用降維演算法並具有學習後標籤的資料

小結

在此節中，我們看到了少數使用一些基本型式的機器學習研究範例。不用說，我們在範例中掩蓋了許多重要的實務上的細節，但是我希望在這一節中的內容，足夠讓你對於各種機器學習研究所能夠解決的問題有一些基本的概念。

簡而言之，我們看了以下的內容：

- 監督式學習（*Supervised learning*）：基於已經標上標籤的資料建立模型來預測標籤。
  - — 分類（*Classification*）：可以把 2 個或是更多的獨立的類別標上標籤的模型。
  - — 迴歸（*Regression*）：可以用來預測連續標籤的模型。
- 非監督式學習（*Unsupervised learning*）；在未標上標籤的資料中識別出結構的模型。
  - — 集群（*Clustering*）：在資料中偵測並識別出不同的群組之模型。
  - — 降維（*Dimensionality reduction*）：在比較高維度的資料中可以偵測及識別出較低維度結構的模型。

在接下來的章節中，我們將在更深入這些分類，並看看這些概念可以被使用的一些有趣的範例。

第 38 章

Scikit-Learn 簡介

許多 Python 程式庫提供了一些機器學習演算法穩健實作，其中一個最為人熟知的就是 Scikit-Learn（*http://scikitlearn.org*），此套件提供了大量常見演算法的高效能版本。Scikit-Learn 的特色是簡潔、一致、最新的 API，以及非常有用而且完整的線上說明文件。一致性的特色讓你一旦瞭解了 Scikit-Learn 其中一個模型的基本的使用方式和語法之後，要切換到另外一個模型或是演算法也會覺得非常地簡單且直接。

本章提供對於 Scikit-Learn API 的一個概覽；確實地瞭解這些 API 元素，將可以讓你對於在接下來章節中要更深入對機器學習演算法和研究的實務討論時，能有一個可以理解的基礎。

我們將會從簡介在 Scikit-Learn 中的資料表示法開始，接著討論 Estimator API，最後藉由使用這些工具探索一組手寫字元影像的有趣例子來完整地練習一遍。

Scikit-Learn 中的資料表示法

機器學習大概可以看成是從資料中建立模型：基於這個理由，我們將以如何讓電腦可以理解的角度來看資料的表示方法開始。Scikit-Learn 資料最好的理解方法是從資料表格的角度來看。

一個基本的表格是一個二維網格狀的資料，「列」表示資料集中個別的元素，而「欄」表示和這些元素相關的數量。例如，來看一下一個非常著名的，Ronald Fisher 在 1936 年所分析的 Iris 資料集（*https://oreil.ly/TeWYs*）。我們可以使用 Seaborn 程式庫（*http://*

seaborn.pydata.org）以 Pandas 的 DataFrame 格式下載這份資料。讓我們來看一下最前面的一些項目：

```
In [1]: import seaborn as sns
        iris = sns.load_dataset('iris')
        iris.head()
Out[1]:    sepal_length  sepal_width  petal_length  petal_width species
        0           5.1          3.5           1.4          0.2  setosa
        1           4.9          3.0           1.4          0.2  setosa
        2           4.7          3.2           1.3          0.2  setosa
        3           4.6          3.1           1.5          0.2  setosa
        4           5.0          3.6           1.4          0.2  setosa
```

在此例中，每一資料列代表的是單一朵被觀察的花，而列的數目就是在此資料集中所有花的數量。一般來說，會把這個矩陣的所有列稱為樣本（*sample*），而列的總數就是 n_samples。

同樣地，資料中的每一欄代表每一個用來描述這個樣本的部分量化資訊。一般來說，會把此矩陣的所有欄稱為特徵（*feature*），而欄的總數就是 n_features。

特徵矩陣（Feature Matrix）

表格排列的樣子使得資訊可以被想成是一個二維的數值陣列或矩陣，此種表格稱之為特徵矩陣（*feature matrix*）。慣例上，此特徵矩陣通常被儲存在一個叫做 X 的變數中。此特徵矩陣被視為是形狀為 [n_samples, n_features] 的二維陣列，而且大部分都被放在一個 NumPy 陣列或是一個 Pandas 的 DataFrame 中，而有一些 Scikit-Learn 模型也接受 SciPy 稀疏矩陣。

樣本（也就是列）通常對應到的是資料集所描述的獨立個體。例如：樣本可能是一朵花、一個人、一份文件、一張影像、一個聲音檔、一段影片、一個天文學上的物體、或是任何其他可以被描述的一組觀測數值。

特徵（也就是欄）總是被視為是獨特的觀察，此觀察是以數值的方式去描述每一個樣本。特徵通常都是實數的數值，但是在有些情況下也可以是布林值或是離散的資料。

目標陣列（Target Array）

除了特徵矩陣 X，我們也會使用標籤（*label*）或目標陣列，慣例上通常會把它叫做 y。目標陣列通常是一維的，它的長度是 n_samples，而且通常被放在 NumPy 陣列或是 Pandas Series 中。目標陣列可以是連續的數值或是離散的類別 / 標籤。雖然有一些 Scikit- Learn 的估計器可以處理二維 [n_samples, n_features] 目標陣列型式的多重目標值，我們還是會以常用的一維目標陣列為主。

有一個經常會被搞混的地方是目標陣列和其他特徵欄的差別。目標陣列通常是我們想要從特徵去預測的值：用統計學的術語來說就是應變數（dependent variable）。例如，前面資料假設想要建立一個模型，讓此模型可以根據其他的量測以預測花的種類，在此例，species 欄就可以被視為是目標陣列。

理解了目標陣列，我們可以使用 Seaborn（之前在第 36 章中討論過）很方便地畫出資料（參見圖 38-1 所示）：

```
In [2]: %matplotlib inline
        import seaborn as sns
        sns.pairplot(iris, hue='species', height=1.5);
```

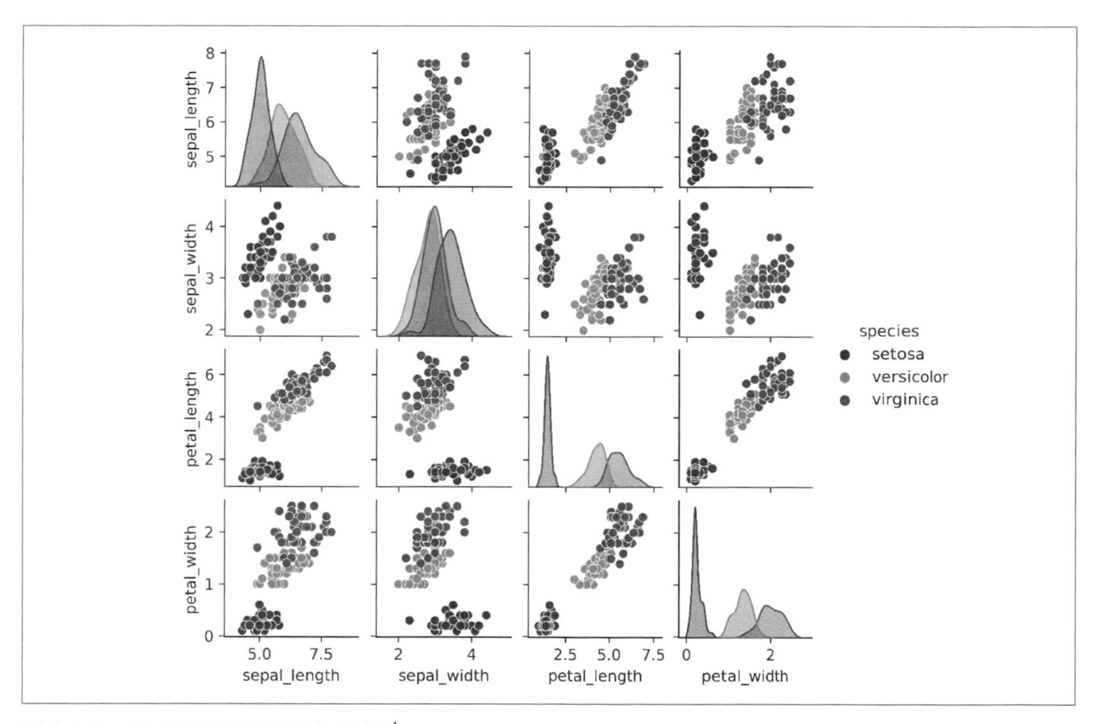

圖 38-1：Iris 資料集的視覺化結果 [1]

1 此圖表的全尺寸且全彩版本可以在 GitHub（*https://oreil.ly/PDSH_GitHub*）取得。

為了在 Scikit-Learn 中使用，需要從 `DataFrame` 中擷取出特徵矩陣以及目標陣列，在此可以使用一些在第三篇中討論過 Pandas 的 `DataFrame` 運算：

```
In [3]: X_iris = iris.drop('species', axis=1)
        X_iris.shape
Out[3]: (150, 4)

In [4]: y_iris = iris['species']
        y_iris.shape
Out[4]: (150,)
```

總結來說，預期的特徵和目標值的排列如圖 38-2 所示。

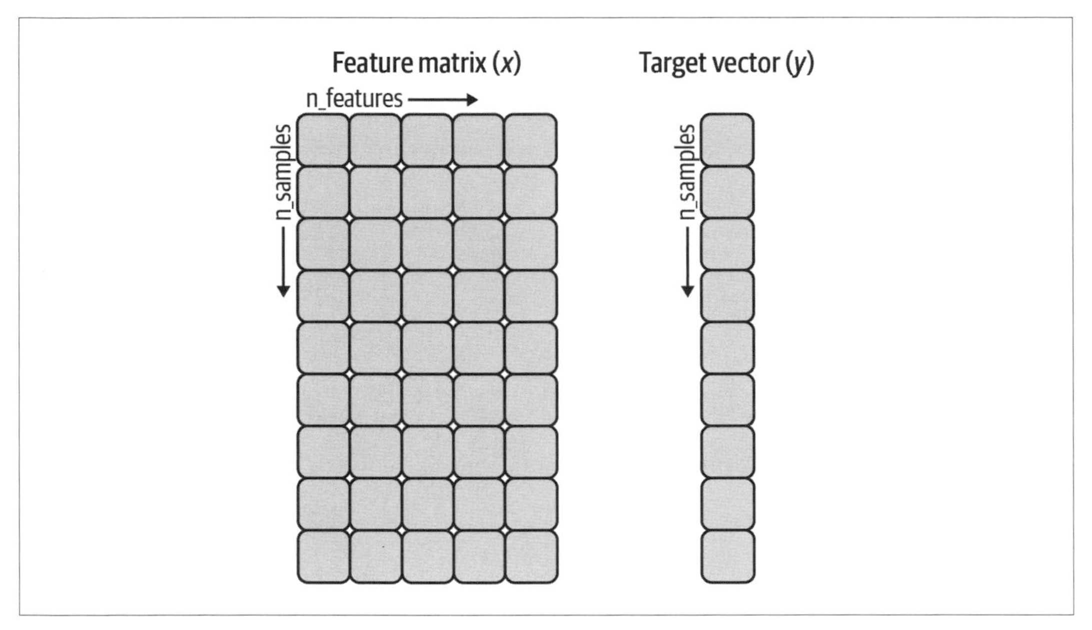

圖 38-2：Scikit-Learn 的資料排列 [2]

當資料被正確地格式化之後，就可以開始來考慮 Scikit-Learn 的 estimator API 了。

2 產生這張圖表的程式碼可以在線上附錄（*https://oreil.ly/J8V6U*）中找到。

Scikit-Learn 的 Estimator API

Scikit-Learn API 是被依照以下的指導原則來設計的，它被摘要在 Scikit-Learn API 論文中（*http://arxiv.org/abs/1309.0238*）：

一致性（*Consistency*）

所有的物件共享一個共同的介面，該介面來自於方法的一個有限集合，以及一致性的說明文件。

可觀察（*Inspection*）

所有指定的參數值都被當作是公用的屬性。

有限的個體階層（*Limited object hierarchy*）

只有演算法被以 Python 類別表示；資料集被用標準的格式（NumPy 陣列、Pandas DataFrame、SciPy 稀疏矩陣）表示，而且參數名稱使用標準的 Python 字串。

合成的（*Composition*）

許多機器學習的工作可以被表示成一系列更基本的演算法，而 Scikit-Learn 盡可能地使用此種方式。

合理的預設值（*Sensible defaults*）

當模型需要使用者指定的參數時，程式庫會定義一個適當的預設值。

實務上，一旦瞭解了這些基本原則之後，這些原則讓 Scikit-Learn 非常易於使用。每一個在 Scikit-Learn 中的機器學習演算法被透過 Estimator API 實作，提供了一致性的介面讓我們可以運用在非常廣泛的機器學習應用中。

API 的使用基礎

最常見的使用 Scikit-Learn estimator API 之步驟如下：

1. 從 Scikit-Learn 透過匯入合適的 estimator 類別來選用一個模型的種類。
2. 藉由想要的資料值來實體化類別，以選擇模型的超參數（hyperparameters）。
3. 依照本章之前討論的內容，把資料安排到特徵矩陣以及目標向量。
4. 藉由呼叫模型執行實例的 `fit` 方法，把你的資料擬合出一個模型。

5. 套用這個模型到新的資料：

   • 如果是監督式學習，通常使用 `predict` 方法預測未知資料的標籤。

   • 如果是非監督式學習，通常使用 `transform` 或 `predict` 方法，轉換或推理出資料的特性。

現在我們將以幾個套用監督式和非監督式學習方法的幾個簡單的例子，一步一步進行這些步驟。

監督式學習範例：簡單線性迴歸（Simple linear regression）

做為此處理步驟的範例，先來看看簡單線性迴歸，也就是最常見的，使用一條線擬合到 (x, y) 資料的例子。以下的簡單資料將會用在此迴歸範例中（參見圖 38-3）。

```
In [5]: import matplotlib.pyplot as plt
        import numpy as np

        rng = np.random.RandomState(42)
        x = 10 * rng.rand(50)
        y = 2 * x - 1 + rng.randn(50)
        plt.scatter(x, y);
```

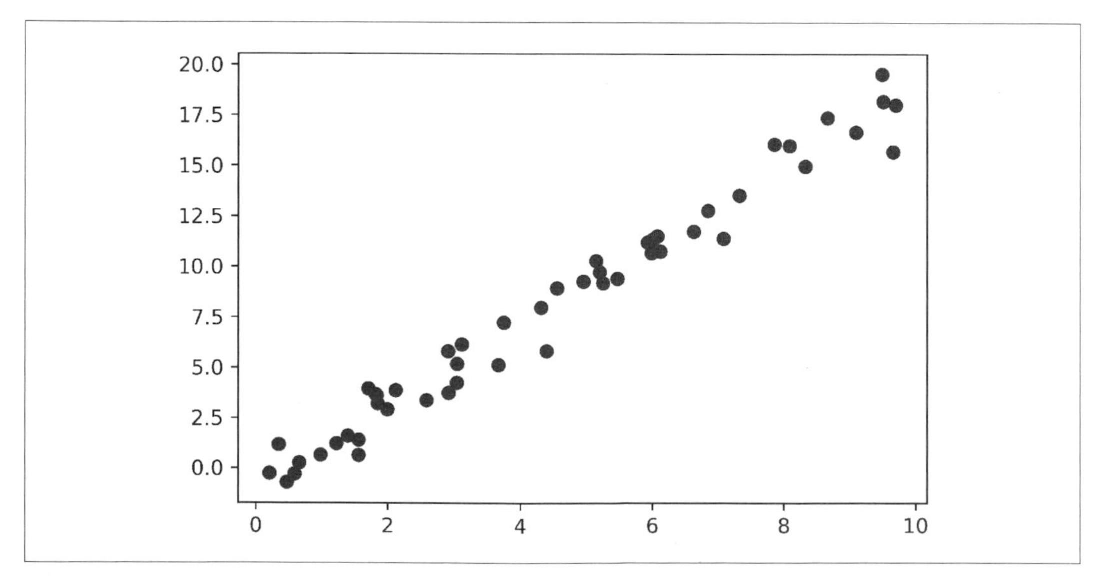

圖 38-3：線性迴歸用的資料

對於這些資料，我們可以使用之前列出的操作步驟。現在就來進行一遍此流程：

1. 選用一個模型類別

在 Scikit-Learn 中，每一個模型的類別都被以 Python 類別表示。所以，如果打算計算 `LinearRegression` 模型，可以匯入線性迴歸類別：

```
In [6]: from sklearn.linear_model import LinearRegression
```

要注意的是，還有其他更通用的線性迴歸可以使用；你可以在 `sklearn.linear_model` 模組的線上文件中閱讀更多的訊息（*https://oreil.ly/YVOFd*）。

2. 選用模型的超參數

有一點很重要，就是模型的類別不等於模型的執行實例。

一旦決定了要使用的類別之後，仍然還有一些選項需要設定。依照使用的不同模型種類，需要回答以下的一個或是多個問題：

- 想要擬合偏差值，也就是截距（intercept）嗎？
- 此模型需要常態化（normalized）嗎？
- 想要預處理特徵值以增加模型的彈性嗎？
- 在我們的模型中要做到何種程度的正規化（regularization）？
- 打算使用多少模型的元件？

以上就是當模型類別選妥之後，一些重要選擇的例子。這些選擇通常被表示為超參數（hyperparameter），或是在把模型擬合到資料之前必須要被設定的參數。在 Scikit-Learn 中，超參數透過在模型實體化時傳遞的參數來選定。我們將會在第 39 章中探討如何定量地選用超參數。

在此線性迴歸例子中，可以使用 `fit_intercept` 超參數去實例化 `LinearRegression` 類別以及指定擬合的截距：

```
In [7]: model = LinearRegression(fit_intercept=True)
        model
Out[7]: LinearRegression()
```

要留意的是，當模型已經被實體化之後，唯一的行動就是儲存這些超參數的值。特別是，我們還沒有應用此模型到任何的資料上：Scikit-Learn API 對模型選擇和把模型應用到資料之間做了非常清楚的區分。

3. 安排資料到特徵矩陣和目標向量

之前詳細地說明了 Scikit-Learn 的資料表示法，也就是需要一個二維的特徵矩陣和一個一維的目標陣列。在此目標變數 `y` 已經是正確的格式（一個長度為 `n_samples` 的陣列），但是我們需要去把資料 `x` 變成一個大小是 `[n_samples, n_features]` 的矩陣。在此例，就是一維陣列的簡易重塑：

```
In [8]: X = x[:, np.newaxis]
        X.shape
Out[8]: (50, 1)
```

4. 擬合模型到你的資料中

現在，是時候套用此模型到資料上了。這個動作可以使用模型的 `fit` 方法完成：

```
In [9]: model.fit(X, y)
Out[9]: LinearRegression()
```

此處的 `fit` 命令會引發一連串和模型相依的內部運算，這些運算的結果會被儲存在模型專屬的屬性中讓使用者可以查詢利用。在 Scikit-Learn 中，慣例上，所有在執行 `fit` 的過程中學習過的模型參數，後面都會加上一個底線符號：例如，在此線性迴歸中，會是像下面這個樣子：

```
In [10]: model.coef_
Out[10]: array([1.9776566])

In [11]: model.intercept_
Out[11]: -0.9033107255311146
```

這二個參數即為對此資料簡單線性擬合之斜率和截距。和資料的定義比對之後，可以看到它們非常接近輸入斜率是 2 以及截距是 -1。

一個經常被提出的問題是關於在此種內部模型參數中的不確定性。一般來說，Scikit-Learn 並不提供工具去從它們自己內部的模型參數得出結論：也就是，解釋模型參數更像是統計學的建模問題而不像是機器學習問題。機器學習比較傾向於聚焦在這個模型可以預測什麼。如果你想要深入瞭解在模型內部那些參數的意義，有其他工具可以使用，像是 `statsmodels` Python 套件（*https://oreil.ly/adDFZ*）。

5. 預測未知資料的標籤

一旦模型完成訓練之後，監督式學習的主要任務就是去評估那些不在訓練資料中的新資料。在 Scikit-Learn 中可以使用 `predict` 方法。由這個例子來看，「新資料」是 x 值的網格，我們將會詢問模型預測的 y 值如下：

```
In [12]: xfit = np.linspace(-1, 11)
```

如之前所示，需要把這些 x 值放到 `[n_samples, n_features]` 特徵矩陣中，然後才能夠把它餵給模型：

```
In [13]: Xfit = xfit[:, np.newaxis]
         yfit = model.predict(Xfit)
```

最後，首先把原始資料畫上去，再畫上模型的擬合，以視覺化出最後的結果（參見圖 38-4）：

```
In [14]: plt.scatter(x, y)
         plt.plot(xfit, yfit);
```

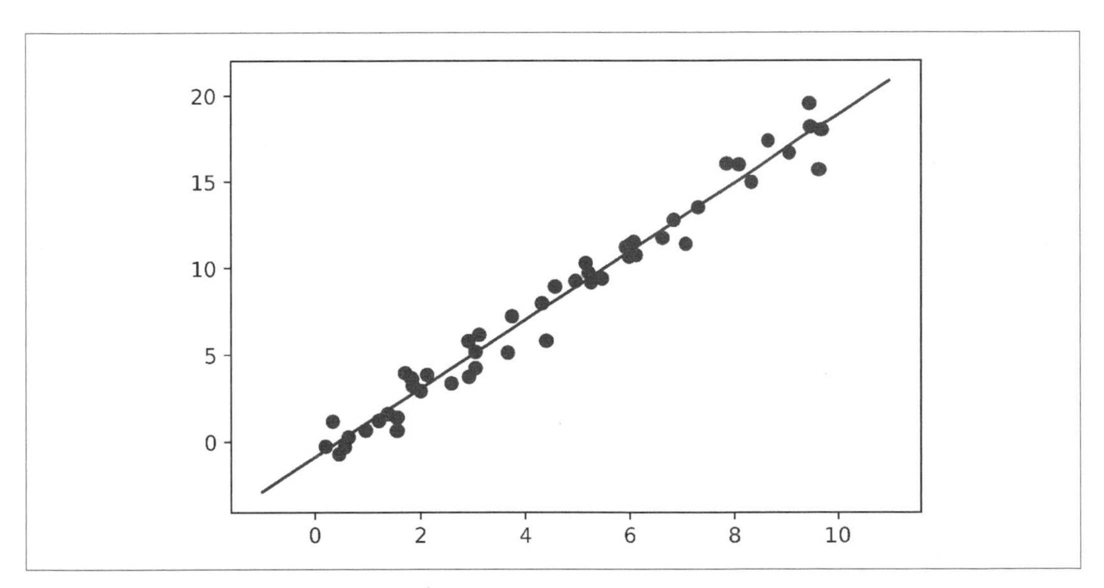

圖 38-4：簡單線性迴歸值擬合到資料

通常評估一個模型的效果就是把它的結果和某些已知的基線（baseline）做比較，就像將會在下一個例子中看到的。

監督式學習：鳶尾花分類

接著是此種處理程序的另外一個例子，使用之前討論過的 Iris 資料集。我們提出的問題是：給一個針對部分鳶尾花訓練過的模型，用在預測剩餘的標籤之表現會有多好？

為了上述的任務，我們將使用一個極簡單的生成模型，也就是所謂的高斯單純貝氏，它藉由假設每一個類別都是從一個軸對齊（axis-aligned）高斯分佈（參考第 41 章有更詳細的內容）進行的。因為它的速度非常快而且不需要選用超參數，在探索是否可以藉由更複雜的模型找出可以改進的內容之前，高斯單純貝氏經常是做為基線分類方法一個不錯的模型。

我們打算在還沒有見過的資料上評估模型，因此將把資料分成訓練集（*training set*）以及測試集（*testing set*），可以手動地完成此分割，然而使用 `train_test_split` 工具函式會更加地方便：

```
In [15]: from sklearn.model_selection import train_test_split
         Xtrain, Xtest, ytrain, ytest = train_test_split(X_iris, y_iris,
                                                         random_state=1)
```

當資料排列好了之後，可以遵循底下的方式來預測標籤：

```
In [16]: from sklearn.naive_bayes import GaussianNB # 1. 選擇模型類別
         model = GaussianNB()                       # 2. 實體化模型
         model.fit(Xtrain, ytrain)                  # 3. 對資料擬合此模型
         y_model = model.predict(Xtest)             # 4. 針對新資料進行預測
```

最後，使用 `accuracy_score` 工具檢視預測的標籤和它的真正標籤符合程度之分數：

```
In [17]: from sklearn.metrics import accuracy_score
         accuracy_score(ytest, y_model)
Out[17]: 0.9736842105263158
```

正確率高達 97%，由此即可瞭解，就算是非常單純的分類演算法，在這個特定的資料集中非常有效！

非監督式學習範例：鳶尾花維度

做為一個非監督式學習問題的例子，讓我們先看降低 Iris 資料維度的部分，以使它更容易於被視覺化。回想之前的資料格式可以知道，Iris 資料有 4 個維度：它的每一個樣本均有 4 個特徵被記錄下來。

降低維度的任務是去找出，是否有合適的較低維度表示方法可以保留資料中重要的特徵。維度降低經常被使用在以視覺化為目標的情況，畢竟，畫出二維資料遠比 4 維或更高維的資料容易多了！

在此，我們將使用**主成分分析**（*principal component analysis*，PDA）方法（請參閱第 45 章），它是一個快速的線性降維技巧。我們將要求此模型傳回 2 個成分（component），也就是一個對於此資料的二維表示法。同樣地也是遵循之前提到的方法執行如下所示的步驟：

```
In [18]: from sklearn.decomposition import PCA  # 1. 選擇一個模型類別
         model = PCA(n_components=2)            # 2. 實體化模型
         model.fit(X_iris)                      # 3. 擬合模型到資料
         X_2D = model.transform(X_iris)         # 4. 轉換資料
```

現在可以畫出結果。一個快速的方式是把結果插入到原始的 Iris `DataFrame`，然後使用 Seaborn 的 `lmplot` 去顯示出結果（參見圖 38-5）。

```
In [19]: iris['PCA1'] = X_2D[:, 0]
         iris['PCA2'] = X_2D[:, 1]
         sns.lmplot(x="PCA1", y="PCA2", hue='species', data=iris, fit_reg=False);
```

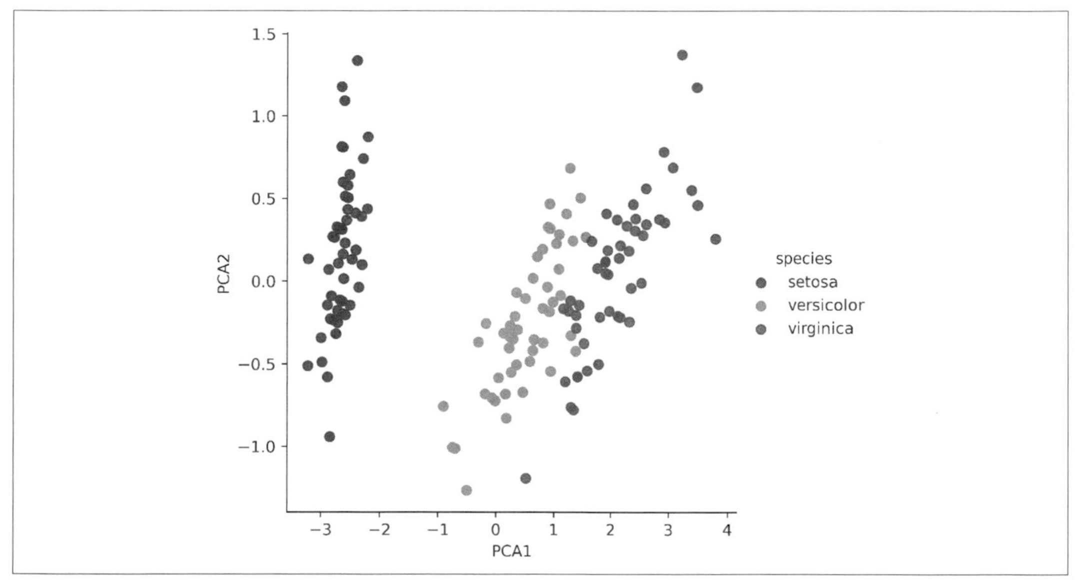

圖 38-5：把 Iris 資料投射到二個維度 [3]

3　本圖表的全彩版本可以在 GitHub（*https://oreil.ly/PDSH_GitHub*）上取得。

在此可以看到它的二維表示法，物種被區分地相當好，而 PCA 演算法甚至沒有任何關於標籤的知識！這表示，一個相對直接簡易的分類，就像是之前看到的，也將可能會很有效地使用在資料集上。

非監督式學習：鳶尾花集群

接著，我們來看如何將集群（clustering）應用到 Iris 資料集。集群演算法嘗試在對於任何標籤均沒有任何參考的情況下把資料分成不同的群組。在此我們將使用一個很有威力的集群方法：高斯混合模型（Gaussian mixture model，GMM），此方法會在第 48 章中詳加討論。GMM 嘗試去把資料塑模成為一組高斯斑（Gaussian blob）。

我們可以依如下所示的方式擬合高斯混合模型：

```
In [20]: from sklearn.mixture import GaussianMixture      # 1. 選擇模型類別
         model = GaussianMixture(n_components=3,
                                 covariance_type='full')  # 2. 實體化模型
         model.fit(X_iris)                                # 3. 擬合到資料
         y_gmm = model.predict(X_iris)                    # 4. 決定出群的標籤
```

就像是之前看過的，我們將加上集群的標籤到 Iris `DataFrame` 中，然後使用 Seaborn 繪出結果（參見圖 38-6）。

```
In [21]: iris['cluster'] = y_gmm
         sns.lmplot(x="PCA1", y="PCA2", data=iris, hue='species',
                    col='cluster', fit_reg=False);
```

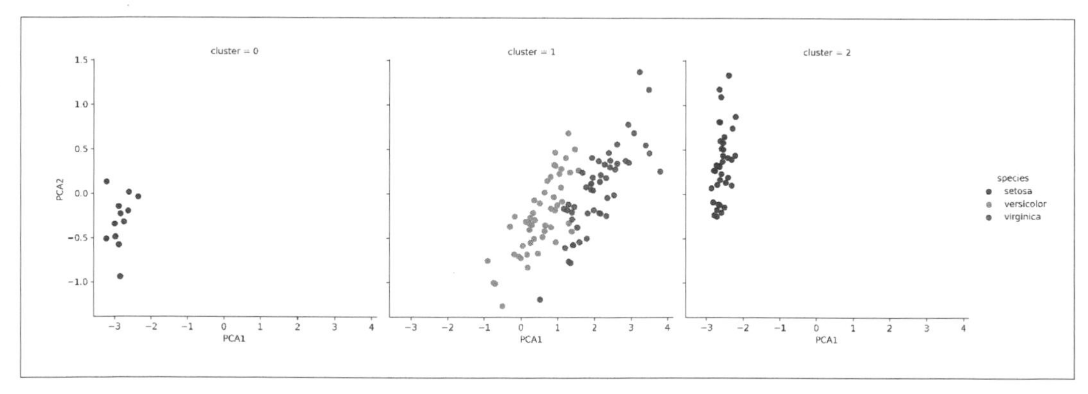

圖 38-6：在 Iris 資料中的 k-means 群組[4]

4　本圖表的全尺寸且全彩版本可以在 GitHub（*https://oreil.ly/PDSH_GitHub*）中找到。

藉由集群編號分割資料，可以精確地看到 GMM 演算法可以多好地恢復在底層的標籤：山鳶尾（*setosa*）被非常完美地區分在第 0 個集群，然而在變色鳶尾（*versicolor*）和維吉尼亞鳶尾（*virginica*）之間則留下少量的混合部分。這表示就算沒有專家告訴我們這些不同花種的物種標籤，那些對於這些花的量測資料仍然足以讓我們使用一個簡單的集群演算法，自動地把這些存在的物種區分成不同的物種群組。此類型的演算法也可以進一步地給專家在領域中，觀察到的樣本之間關係的線索。

應用：探索手寫數字

為了在一個更有趣的例子中展現這些原理，讓我們來看光學字元辨識問題中的其中一部分：手寫數字辨識。從最初始的角度來看，這個問題包含了定位與識別在一張影像中的字元。在此將抄個捷徑，直接使用 Scikit-Learn 中一組已經預處理過的數字元集合，它是內建在程式庫中的。

載入和視覺化這些數字資料

使用 Scikit-Learn 的資料存取介面，然後看一下這些資料：

```
In [22]: from sklearn.datasets import load_digits
         digits = load_digits()
         digits.images.shape
Out[22]: (1797, 8, 8)
```

這些影像資料是一個三維的陣列：共有 1,797 個樣本，每一個都是由 8×8 格的像素所組成。以下繪製出其中的前 100 個（參見圖 38-7）。

```
In [23]: import matplotlib.pyplot as plt

         fig, axes = plt.subplots(10, 10, figsize=(8, 8),
                                  subplot_kw={'xticks':[], 'yticks':[]},
                                  gridspec_kw=dict(hspace=0.1, wspace=0.1))

         for i, ax in enumerate(axes.flat):
             ax.imshow(digits.images[i], cmap='binary', interpolation='nearest')
             ax.text(0.05, 0.05, str(digits.target[i]),
                     transform=ax.transAxes, color='green')
```

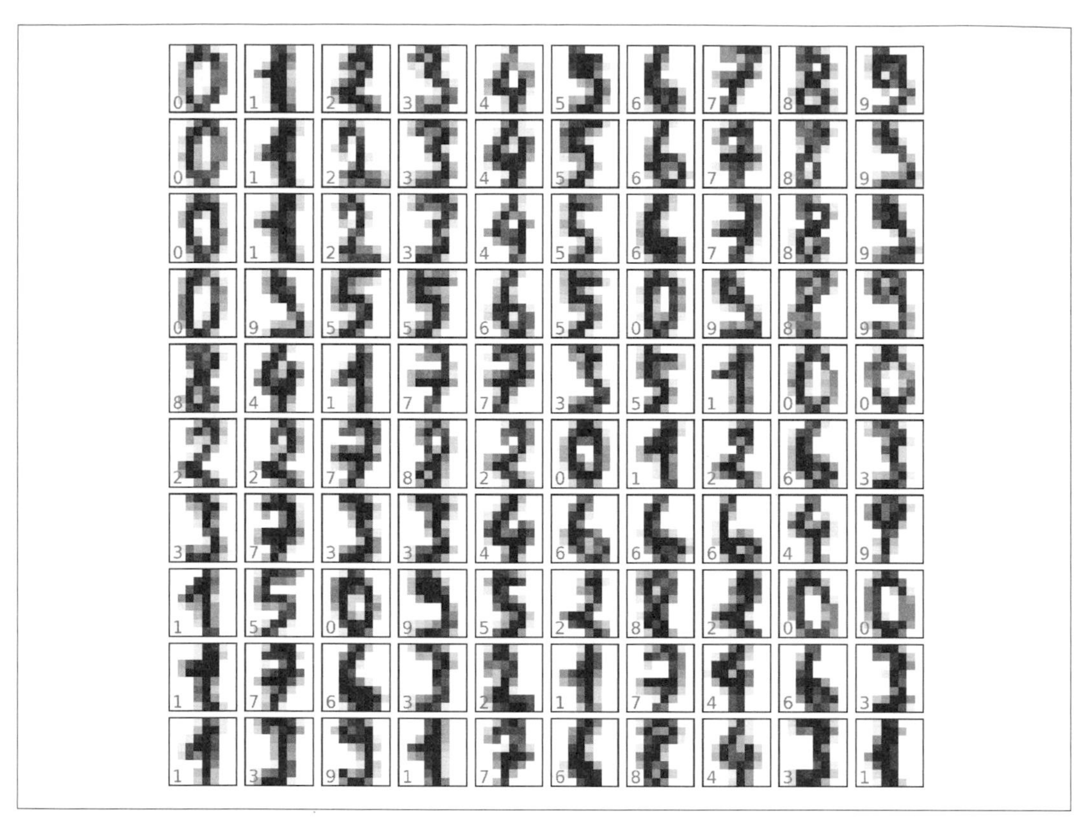

圖 38-7：手寫數字元資料：每一個樣本都由 8×8 格像素所表示

為了讓這些資料可以在 Scikit-Learn 中運算，需要的是一個二維的 [n_samples, n_features] 表示方法。我們可以透過把每一個在影像中的像素當作是一個特徵，也就是說，藉由把像素陣列平面化，讓一個長度為 64 的像素值陣列可以表示每一個數字元。此外，還需要一個目標陣列，用來放每一個數字元之前定義的標籤。這兩個值可以被建立到數字元資料集中，分別放在 data 以及 target 屬性：

```
In [24]: X = digits.data
         X.shape
Out[24]: (1797, 64)

In [25]: y = digits.target
         y.shape
Out[25]: (1797,)
```

如此就變成 1,797 個樣本以及 64 個特徵了。

非監督學習範例：降維

我們打算在 64 維的參數空間中視覺化這些資料點，但是在如此高維度的空間中視覺化出資料點是非常困難的，所以我們將會使用非監督式方法把維度降低。在此將使用一種叫做 Isomap 的流形學習演算法（manifold learning algorithm）（請參考第 46 章），然後轉換此資料成為兩個維度：

```
In [26]: from sklearn.manifold import Isomap
         iso = Isomap(n_components=2)
         iso.fit(digits.data)
         data_projected = iso.transform(digits.data)
         print(data_projected.shape)
Out[26]: (1797, 2)
```

我們可以看到此映射過後的資料現在是兩個維度了。接下來把這些資料畫出來看看是否能從其結構中學習到什麼東西（參見圖 38-8）。

```
In [27]: plt.scatter(data_projected[:, 0], data_projected[:, 1], c=digits.target,
                     edgecolor='none', alpha=0.5,
                     cmap=plt.cm.get_cmap('viridis', 10))
         plt.colorbar(label='digit label', ticks=range(10))
         plt.clim(-0.5, 9.5);
```

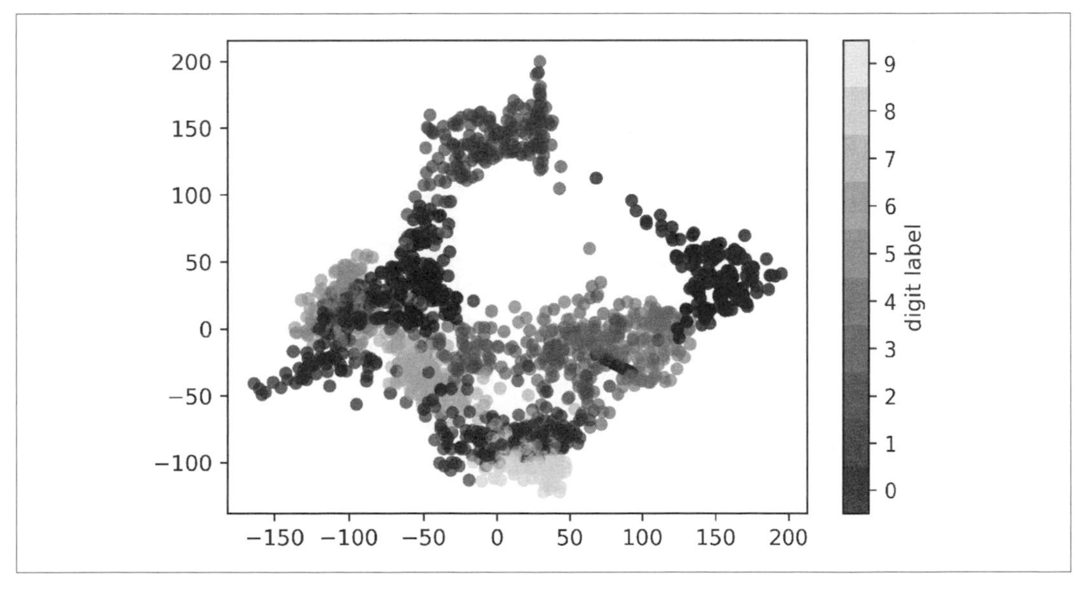

圖 38-8：數字元資料的 Isomap 內嵌圖

這張圖給我們一些很直觀的印象，讓我們可以瞭解這個較大的 64 維度空間被分隔成不同數字表現的好壞。例如：0 和 1 在參數空間中重疊的部分非常少。直觀上來看，這可以講得通：0 的圖像在中間都是空的，而 1 的圖像則是大部分都是畫在中間一豎的地方。另一方面，在 1 和 4 之間似乎或多或少有些連續的頻譜：我們可以瞭解到有一些人在寫 1 的時候會在上面加個「帽子」，這樣會讓它在有些部分和 4 相似。

然而整體而言，儘管在邊界的地方有一些混在一起，但上述不同群組顯示在參數空間的區隔相當好：這告訴我們，就算是非常直接的監督式分類演算法在這些資料集上應該也適用。我們就來試試看。

數字元的分類

讓我們套用一個分類演算法到這些數字元資料上。如同之前使用的 Iris 資料，在此將先把資料分成訓練組和測試組，然後擬合高斯單純貝氏模型：

```
In [28]: Xtrain, Xtest, ytrain, ytest = train_test_split(X, y, random_state=0)

In [29]: from sklearn.naive_bayes import GaussianNB
         model = GaussianNB()
         model.fit(Xtrain, ytrain)
         y_model = model.predict(Xtest)
```

現在已經預測完我們的模型了，接著可以藉由和測試資料集中的真實值與預測的內容進行比較來計算它的正確率：

```
In [30]: from sklearn.metrics import accuracy_score
         accuracy_score(ytest, y_model)
Out[30]: 0.8333333333333334
```

就算是這個非常簡單的模型，也有大約 80% 左右的數字分類正確率！然而，單就這個數字並沒有告訴我們，是哪些地方發生錯誤了。有一個還不錯的方法可以用來做這件事，就是使用混淆矩陣（*confusion matrix*），它可以透過 Scikit-Learn 計算，然後利用 Seaborn 把它畫出來（參見圖 38-9）。

```
In [31]: from sklearn.metrics import confusion_matrix

         mat = confusion_matrix(ytest, y_model)

         sns.heatmap(mat, square=True, annot=True, cbar=False, cmap='Blues')
         plt.xlabel('predicted value')
         plt.ylabel('true value');
```

圖中顯示的內容告訴我們錯誤分類點的傾向：例如：在此圖中「2」這個數字很多次被誤分類為「1」或是「8」。

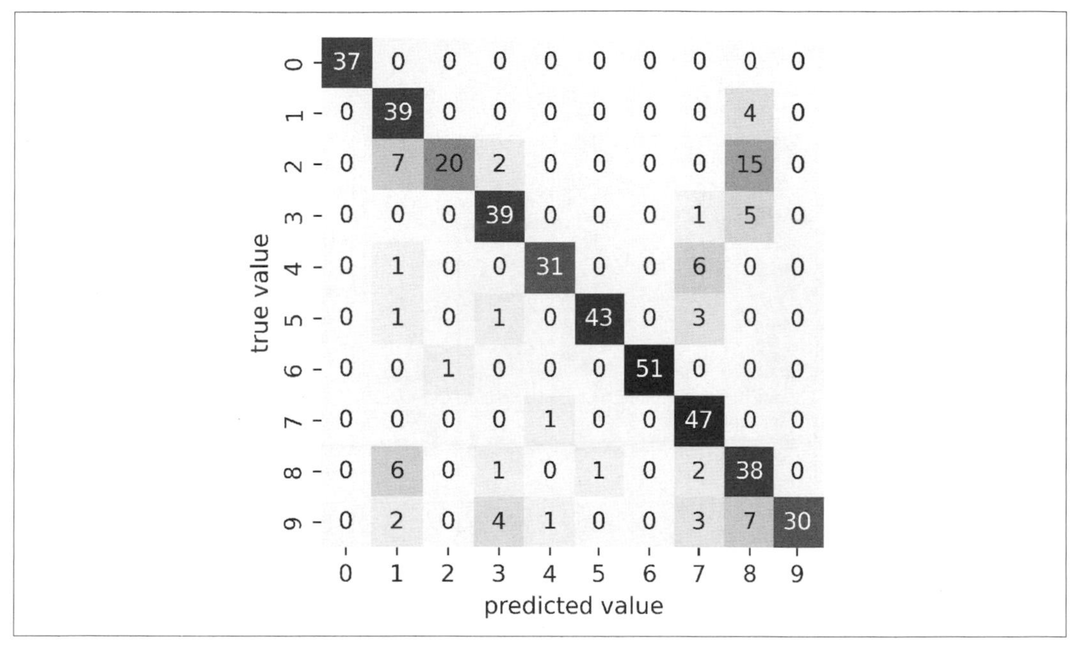

圖 38-9：一個顯示使用我們的分類器造成錯誤分類頻率之混淆矩陣

另一個可以對這個模型特性能有一個直覺瞭解的方式是同時畫出輸入的影像、以及其預測的標籤。在此以綠色當作是正確的標籤，而紅色則是不正確的標籤來顯示（參見圖 38-10）。

```
In [32]: fig, axes = plt.subplots(10, 10, figsize=(8, 8),
                                  subplot_kw={'xticks':[], 'yticks':[]},
                                  gridspec_kw=dict(hspace=0.1, wspace=0.1))

         test_images = Xtest.reshape(-1, 8, 8)

         for i, ax in enumerate(axes.flat):
             ax.imshow(test_images[i], cmap='binary', interpolation='nearest')
             ax.text(0.05, 0.05, str(y_model[i]),
                     transform=ax.transAxes,
                     color='green' if (ytest[i] == y_model[i]) else 'red')
```

檢視這個資料的子集合，可以得到關於此演算法可能無法執行到最佳結果的一個認知。要超過 83% 的分類成功率，我們可能要使用更複雜的演算法，像是支持向量機（support vector machine）（請參考第 43 章）、隨機森林（random forests）（請參考第 44 章）、或其他的分類法的研究。

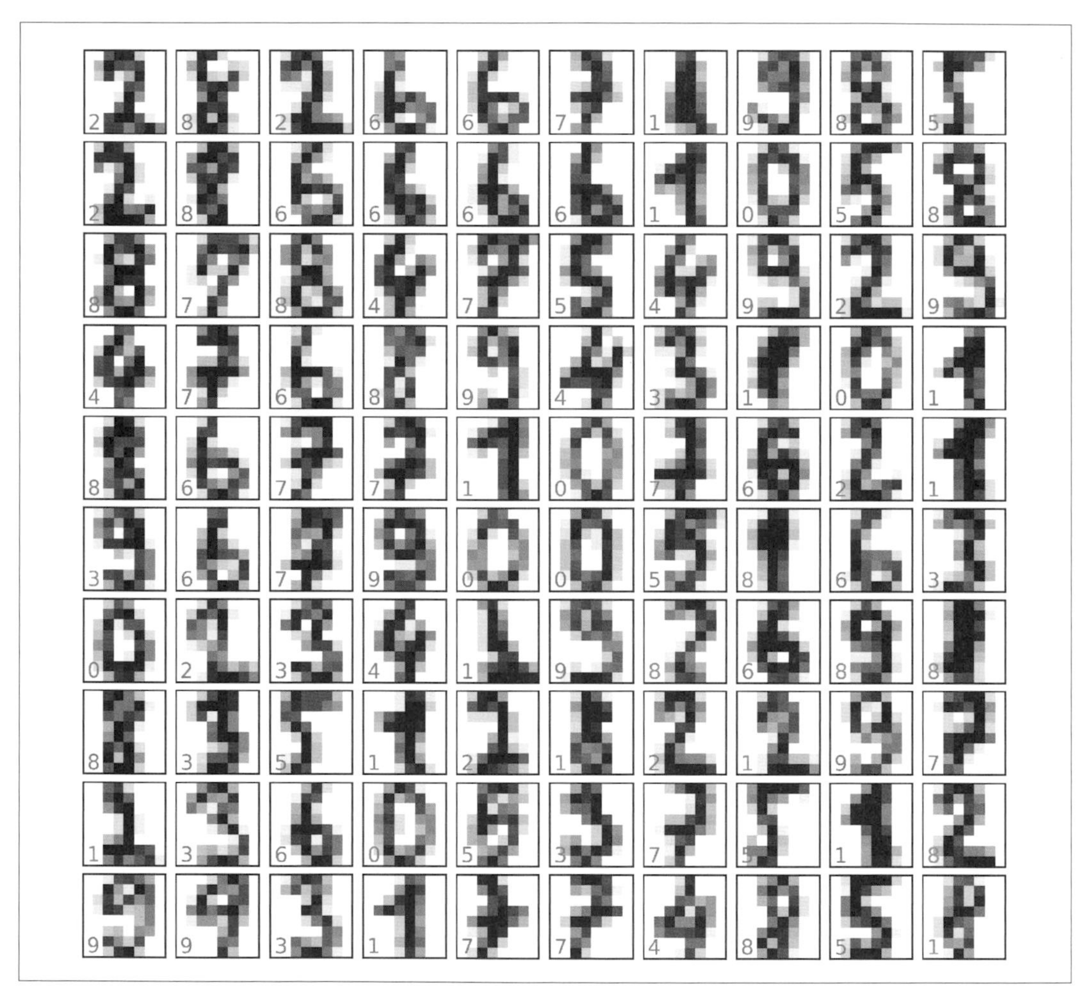

圖 38-10：資料顯示正確（綠色）以及不正確（紅色）標籤；此圖的彩色版本請參考本書的線上版本（*https://oreil.ly/PDSH_GitHub*）

小結

在這本章中我們涵蓋了 Scikit-Learn 資料表示法的一些主要特色，以及 Estimator API。

不管何種估計器（estimator），都使用同樣的執行樣板：匯入 / 實體化 / 擬合 / 預測（import/instantiate/fit/predict）。學會了這些資訊後，你可以探索 Scikit-Learn 說明文件，然後試著把不同種類的模型套用到你的資料上。

在下一章中，我們將探索也許是在機器學習中最重要的主題：如何選用以及驗證你的模型。

第 39 章

超參數與模型驗證

在前一章中，我們看到了用來套用監督式機器學習模型的基本的步驟：

1. 選擇一個模型的類別。
2. 選用模型的超參數。
3. 擬合模型到訓練資料。
4. 使用模型對新資料進行標籤預測。

上述的步驟中的前兩點（選擇一個模型的類別以及選用模型的超參數），也許是要有效地使用這些工具和技巧中最重要的部分。為了做出明智的選擇，需要有一個方法可以驗證選用的模型和超參數是否適合於我們的資料。雖然這個想法聽起來簡單，但為了有效率地執行這些工作，還是有一些陷阱是必須要避開的。

關於模型驗證的一些思考

原則上，模型驗證非常簡單：在選用了一個模型以及它的超參數之後，可以藉由把它套用到一些訓練的資料並比較它的預測結果和已知值，來評估它的效果。

本節將首先展示模型驗證的粗淺方法及其失敗原因，然後探討如何使用保留集（holdout set）和交叉驗證（cross-validation）進行更可靠的模型評估。

錯誤的模型驗證方式

底下展示一個粗淺的方式驗證在前面章節中看過的 Iris 資料集的使用。先載入資料如下：

```
In [1]: from sklearn.datasets import load_iris
        iris = load_iris()
        X = iris.data
        y = iris.target
```

接著選用一個模型和超參數。在此使用 k- 最近鄰（k-nearest neighbors）分類器，並設定 `n_neighbors=1`。這是一個非常簡單而且直覺的模型，它主要的意義為「未知標籤的點和跟它最近的訓練點標籤是一樣的」：

```
In [2]: from sklearn.neighbors import KNeighborsClassifier
        model = KNeighborsClassifier(n_neighbors=1)
```

然後我們訓練這個模型，並使用它去預測那些已知的資料標籤：

```
In [3]: model.fit(X, y)
        y_model = model.predict(X)
```

最後，計算正確標籤點之分數：

```
In [4]: from sklearn.metrics import accuracy_score
        accuracy_score(y, y_model)
Out[4]: 1.0
```

可以看到正確分數是 1.0，這表示使用此模型可以 100% 正確地標上對的標籤！但這樣真的測量到我們要的正確率嗎？我們真的可以推論這個模型可以一直是 100% 正確嗎？

正如你所瞭解的，答案為「否」。事實上，這個嘗試存在一個基本的缺陷：模型的訓練和驗證使用的是同一組資料。再者，最近鄰模型是一個以實例為基礎的估計器，它很簡單地儲存訓練資料，然後透過和新資料所儲存的資料做比較來預測標籤：除非在一些人為的情況，否則它會每一次都有 100% 的正確率！

正確的模型驗證方式：Holdout Sets

那麼該如何做呢？我們可以藉由使用所謂的保留集（holdout set）來得到對於模型效能有比較好的瞭解；也就是，把一些資料的子集從此模型的訓練資料中先暫留下來，然後使用這些保留集合去檢查模型的效能。底下透過在 Scikit-Learn 的 `train_test_split` 工具做切割的操作：

```
In [5]: from sklearn.model_selection import train_test_split
        # 對每一個集合切割 50% 的資料
        X1, X2, y1, y2 = train_test_split(X, y, random_state=0,
                                          train_size=0.5)

        # 對於資料的其中一個集合進行模型擬合
        model.fit(X1, y1)

        # 使用另外一個集合的資料評估這個模型
        y2_model = model.predict(X2)
        accuracy_score(y2, y2_model)
Out[5]: 0.9066666666666666
```

如此就可以看到更合理的結果：最近鄰分類器在這個保留集合中大約有 90% 的正確率。這個保留集類似於未知資料，因為對於這個模型來說，它們還沒有被「看」過。

透過交叉驗證（Cross-Validation）進行模型驗證

使用保留集合執行模型驗證有一個缺點，就是會在模型訓練時少了一部分的資料。在前面的例子中，一半的資料在訓練模型時並沒有做出貢獻！這樣就不是最佳情況，尤其是在一開始訓練資料集就已經很少的情況下更有可能會導致問題的發生。

其中一個可以解決這個問題的方法是使用交叉驗證（cross-validation），也就是，執行一系列的擬合，其中資料中的每一個部分都必須被當作訓練集以及驗證集。以圖形來看，如圖 39-1 所示的樣子。

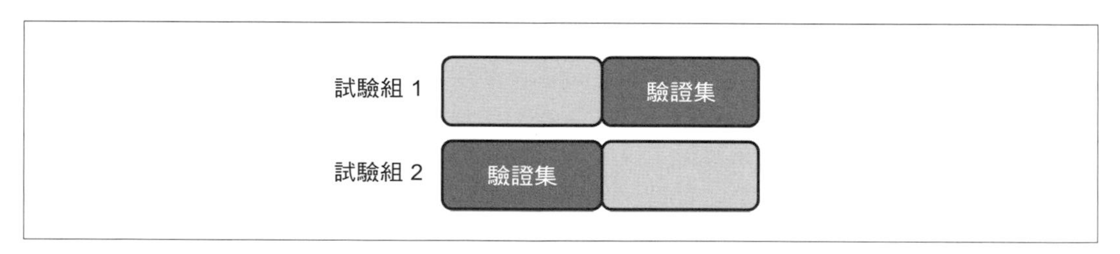

圖 39-1：對折交叉驗證示意圖[1]

在此我們做 2 次驗證的操作，交替地使用資料的另外一半當作是保留集。使用和之前同樣的方式分割資料，然後實作如下：

1　產生此圖表的程式碼可以在線上附錄（*https://oreil.ly/jv0wb*）中取得。

```
In [6]: y2_model = model.fit(X1, y1).predict(X2)
        y1_model = model.fit(X2, y2).predict(X1)
        accuracy_score(y1, y1_model), accuracy_score(y2, y2_model)
Out[6]: (0.96, 0.9066666666666666)
```

以上會有 2 個正確率分數，我們可以把這兩個分數結合（像是把它們平均起來）在一起以得到對於整體模型效能的較佳量測。此種特別的交叉驗證型式被稱為對折交叉驗證（two-fold cross-validation），也就是我們把資料切分成 2 個子集，然後輪流使用它們來做為驗證用的資料集。

我們可以擴展這個概念來使用更多次的嘗試，也就是把資料切割成更多份。例如：圖 39-2 所示，就是切成 5 份的五折交叉驗證（five-fold cross-validation）之示意圖。

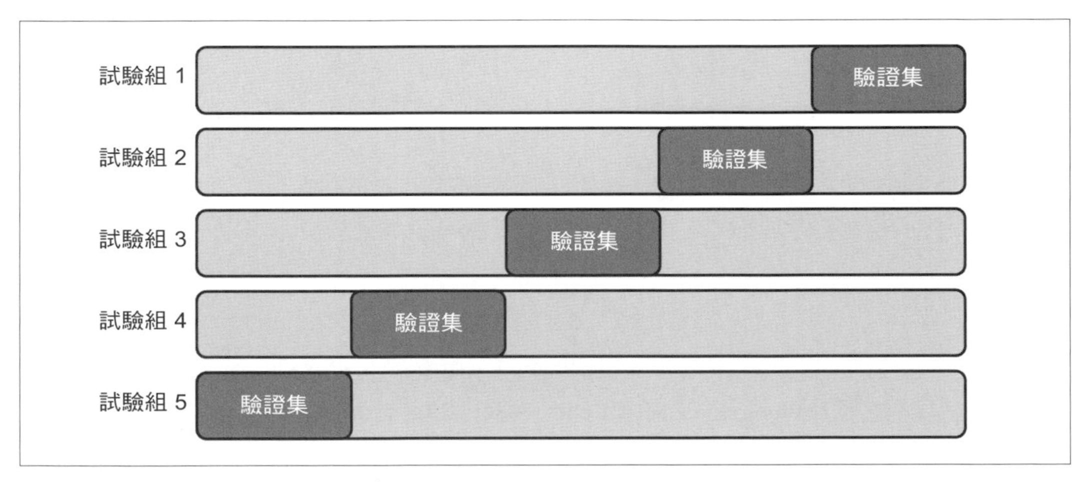

圖 39-2：五折交叉驗證之示意圖[2]

在此我們把資料分成 5 組，然後輪流使用其中之一去評估其他五分之四資料集的訓練結果。自己動手這麼做會相當麻煩，但是可以使用 Scikit-Learn 的 `cross_val_score` 這個便利的程序很簡潔地做到相同的事：

```
In [7]: from sklearn.model_selection import cross_val_score
        cross_val_score(model, X, y, cv=5)
Out[7]: array([0.96666667, 0.96666667, 0.93333333, 0.93333333, 1.        ])
```

重複地利用不同的資料子集合做交叉驗證讓我們對於演算法的效能可以有更好的瞭解。

2　產生此圖表的程式碼可以在線上附錄（*https://oreil.ly/2BP2o*）中找到。

Scikit-Learn 實作許多在特定情形下有用的交叉驗證方案；這些是透過 `model_selection` 模組中的迭代器實作的。例如：我們可能會希望使用一個極端的情況，也就是分割的數目等於資料點的數目；也就是說，我們在訓練資料時只留下一個資料做為驗證之用。此種型式的交叉驗證被稱為是留一交叉驗證（leave-one-out cross-validation），它可以使用以下的方式執行：

```
In [8]: from sklearn.model_selection import LeaveOneOut
        scores = cross_val_score(model, X, y, cv=LeaveOneOut())
        scores
Out[8]: array([1., 1., 1., 1., 1., 1., 1., 1., 1., 1., 1., 1., 1., 1., 1., 1., 1.,
               1., 1., 1., 1., 1., 1., 1., 1., 1., 1., 1., 1., 1., 1., 1., 1., 1.,
               1., 1., 1., 1., 1., 1., 1., 1., 1., 1., 1., 1., 1., 1., 1., 1., 1.,
               1., 1., 1., 1., 1., 1., 1., 1., 1., 1., 1., 1., 1., 1., 1., 1., 1.,
               1., 1., 0., 1., 0., 1., 1., 1., 1., 1., 1., 1., 1., 1., 1., 0., 1.,
               1., 1., 1., 1., 1., 1., 1., 1., 1., 1., 1., 1., 1., 1., 1., 1., 1.,
               1., 1., 1., 1., 0., 1., 1., 1., 1., 1., 1., 1., 1., 1., 1., 1., 1.,
               0., 1., 1., 1., 1., 1., 1., 1., 1., 1., 1., 1., 1., 1., 0., 1., 1.,
               1., 1., 1., 1., 1., 1., 1., 1., 1., 1., 1., 1., 1., 1.])
```

因為有 150 個樣本，此留一交叉驗證會在 150 次操作中產生分數，這些分數不是預測成功（1.0）就是預測失敗（0.0）。把這些拿來平均就可以得到對於錯誤率的估算：

```
In [9]: scores.mean()
Out[9]: 0.96
```

其他交叉驗證方案可以被相同的方式加以使用。要找到對於 Scikit-Learn 所提供方式之說明，可以使用 IPython 去探索 `sklearn.model_selection` 子模組，或是直接去瀏覽 Scikit-Learn 的交叉驗證線上說明文件（*https://oreil.ly/rITkn*）。

選用最佳的模型

現在我們已經看過了驗證和交叉驗證的基礎，接下來更進一步深入探討關於模型以及超參數的選擇。這些議題是在機器學習實務上非常重要的面向，但我發現這些資訊經常在機器學習介紹的教學中被忽略掉。

一個核心的重要問題是：如果評估之後的效能是不好的，那麼應該朝哪一個方向改進？以下是幾個可能的答案：

- 使用更複雜的 / 更具有彈性的模型。
- 使用比較不複雜的 / 比較沒有彈性的模型。

- 蒐集更多的訓練樣本。
- 蒐集更多的資料加到每一個樣本的特徵中。

這些問題的答案經常和我們的直覺相反。尤其是有時候使用更複雜的模型反而會得到更糟的結果，而增加更多的訓練樣本也不一定能夠改善結果！有能力判斷哪些步驟可以改良模型，是成功的機器學習實踐者與失敗者之間的差別。

偏差和方差的權衡

基本上，「最佳的模型」問題，就是要在偏差（*bias*）和變異（*variance*）的取捨之間找到一個甜蜜點（sweet spot）。參考圖 39-3，它呈現了同一個資料集的 2 種迴歸擬合。

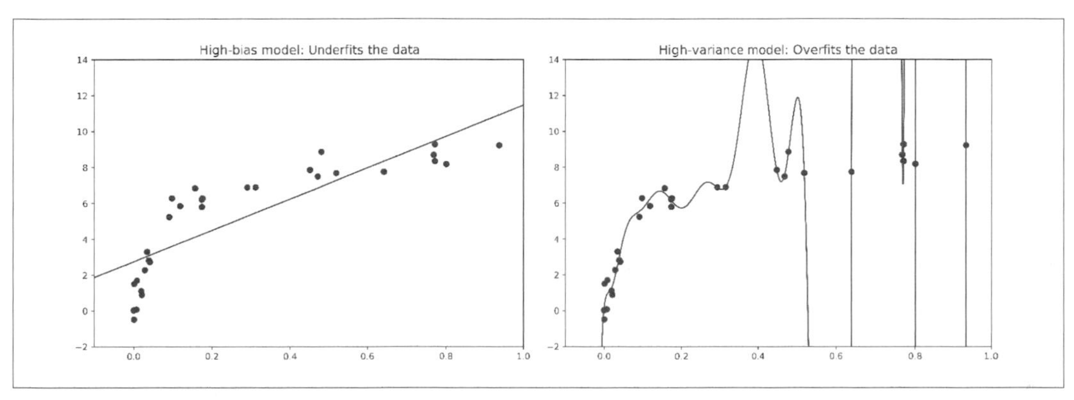

圖 39-3：高偏差與高變異迴歸模型 [3]

可以很清楚地看出沒有任何一個模型特別適合這組資料，但是它們失敗的地方卻不一樣。

左邊的模型嘗試去找到一條直線來擬合這份資料。因為這份資料使用一條直線並無法正確地分割它們，所以直線模型是永遠不可能用來好好地描述這個資料集。因此這樣的模型被稱為低度擬合（*underfit*）這組資料。也就是說，它沒有足夠的模型彈性去合適地說明此資料中的所有特徵。換個方式來說，就是這個模型具有高度偏差（high bias）。

3 產生本圖表的程式碼可以在線上附錄（）中取得。

右側的模型則是嘗試以一個高階多項式（high-order polynomial）來穿越此份資料。在此，這個模型有足夠的彈性讓它幾乎可以完美地說明此資料的所有細部特徵，但是儘管它非常精確地描述這份訓練資料，但是它的精確型式似乎是對於資料中特定的雜訊屬性會有較大的反應，而不是對於產生此資料過程之本質上的屬性。這樣的模型被稱為過度擬合（overfit）資料；也就是說，它有如此多的模型彈性讓此模型最終描述隨機錯誤以及資料分佈的本質是一樣的。另外一個角度說明這個模型就叫做高變異（high variance）。

從另外一個角度來看這個問題，試想，如果使用這兩個模型針對新的資料預測 y 值會發生什麼情況。如圖 39-4 所示，比較淺的紅色點表示那些不在訓練集中的資料。

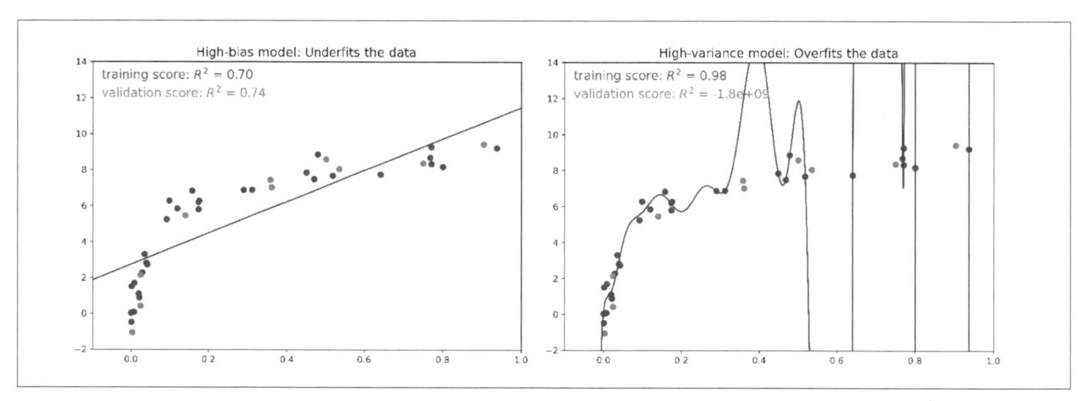

圖 39-4：在高偏差和高變異模型中的訓練和驗證分數[4]

此數的分數是 R^2 分數，或叫做決定係數（coefficient of determination）（*https://oreil.ly/2AtV8*），它用來測量一個模型在執行相對於一個簡單的目標值平均的好壞程度。$R^2 = 1$ 表示完美符合，而 $R^2 = 0$ 則表示此模型不會比簡單地拿取資料的平均值還要好，負值則表示甚至更糟，從與這兩模型相關的分數中，我們可以做出一個更一般性的觀察結果：

- 針對高偏差模型，對於驗證資料集的效能和對於訓練資料集的效能是相同的。
- 針對高變異模型，對於驗證資料集的效能遠比對於訓練資料集的效能還要糟多了。

4 產生此圖表的程式碼可以在線上附錄（*https://oreil.ly/YfwRC*）中取得。

想像我們有一些能力微調這個模型的複雜度，可預期的，訓練和驗證分數之行為可能會像是圖 39-5 所示的樣子，這通常被稱為驗證曲線（*validation curve*），可以從此圖看出如下所列的重要特色：

- 在任何一個地方，訓練分數都會高於驗證分數。這是很明顯的情況：模型的擬合結果對於有看過的會比沒有看過的還要來得好。
- 對於一個複雜度非常低的模型（一個高偏差的模型）而言，此訓練資料是低度擬合的，這表示此模型不管是在訓練資料或是對於之前沒有看過的資料來說，都是一個不好的預測器。
- 對於一個複雜度非常高的模型（一個高變異模型）而言，此訓練資料是過度擬合的，這表示此模型在預測訓練資料時表現得非常好，但對於任一個沒有看過的資料來說，預測會失敗。
- 對於一些中間值來說驗證曲線可以有一個最大值。此複雜度層級就是在偏差和變異之間合適的取捨。

微調模型複雜度的意義對每一個模型都不一樣；在後續的章節中深入討論每一個模型時，我們將會看到那些模型是如何進行此種微調。

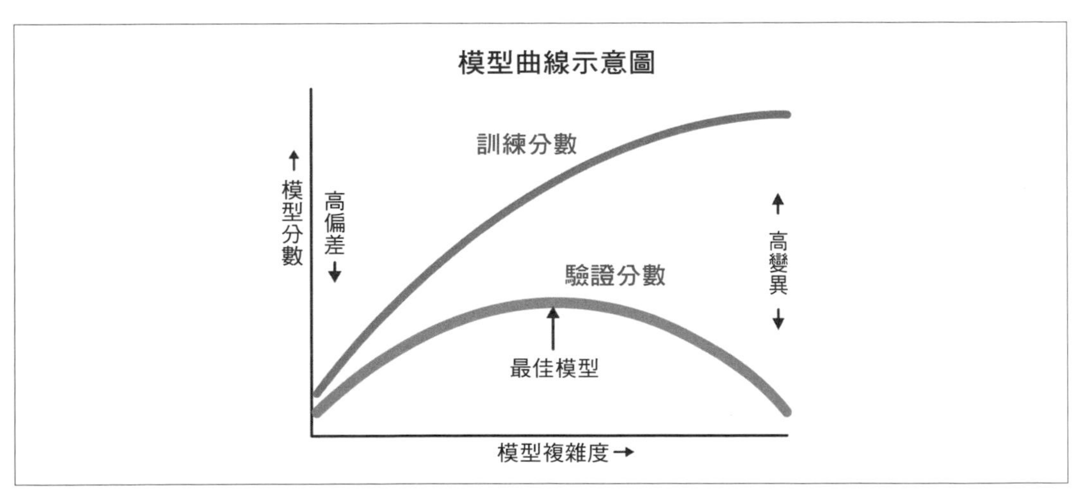

圖 39-5：模型複雜度、訓練分數、以及驗證分數之間的關係簡圖 [5]

5 產生此圖表的程式碼可以在線上附錄（*https://oreil.ly/4AK15*）中找到。

Scikit-Learn 中的驗證曲線

讓我們來看一個使用交叉驗證計算模型類別驗證曲線的例子。在此將使用多項式迴歸（*polynomial regression*）：這是一般化的線性模型，它的多項式階數（degree）是可以調整的參數。例如：degree-1 多項式擬合一條直線到資料；也就是對於模型參數 a 和 b，其中：

$$y=ax+b$$

三階多項式擬合一個立方曲線到資料；也就是模型參數 a、b、c、d，其中：

$$y=ax^3+bx^3+cx+d$$

我們可以一般化這個方程式到任意數量的多項式特徵。在 Scikit-Learn 中，透過簡單線性迴歸結合多項式預處理器可以做到這一點。以下我們將使用一個管線（*pipeline*）把這些運算串在一起（我們將會在第 40 章中將對多項式特徵和管線做更深入的討論）：

```
In [10]: from sklearn.preprocessing import PolynomialFeatures
         from sklearn.linear_model import LinearRegression
         from sklearn.pipeline import make_pipeline

         def PolynomialRegression(degree=2, **kwargs):
             return make_pipeline(PolynomialFeatures(degree),
                                  LinearRegression(**kwargs))
```

現在建立一些用來擬合模型的資料：

```
In [11]: import numpy as np

         def make_data(N, err=1.0, rseed=1):
             # 隨機取樣資料
             rng = np.random.RandomState(rseed)
             X = rng.rand(N, 1) ** 2
             y = 10 - 1. / (X.ravel() + 0.1)
             if err > 0:
                 y += err * rng.randn(N)
             return X, y

         X, y = make_data(40)
```

接著，可以視覺化資料以及幾個不同階數的多項式擬合如下（參見圖 39-6）：

```
In [12]: %matplotlib inline
         import matplotlib.pyplot as plt
         plt.style.use('seaborn-whitegrid')
```

```
X_test = np.linspace(-0.1, 1.1, 500)[:, None]

plt.scatter(X.ravel(), y, color='black')
axis = plt.axis()
for degree in [1, 3, 5]:
    y_test = PolynomialRegression(degree).fit(X, y).predict(X_test)
    plt.plot(X_test.ravel(), y_test, label='degree={0}'.format(degree))
plt.xlim(-0.1, 1.0)
plt.ylim(-2, 12)
plt.legend(loc='best');
```

在這個例子中，用來控制模型複雜度的旋鈕（knob）是多項式的階數，它可以是任何一個非負值的整數。一個需要被回答的問題是：哪一個階數的多項式提供一個在偏差（低度擬合）和變異（過度擬合）之間適當的取捨？

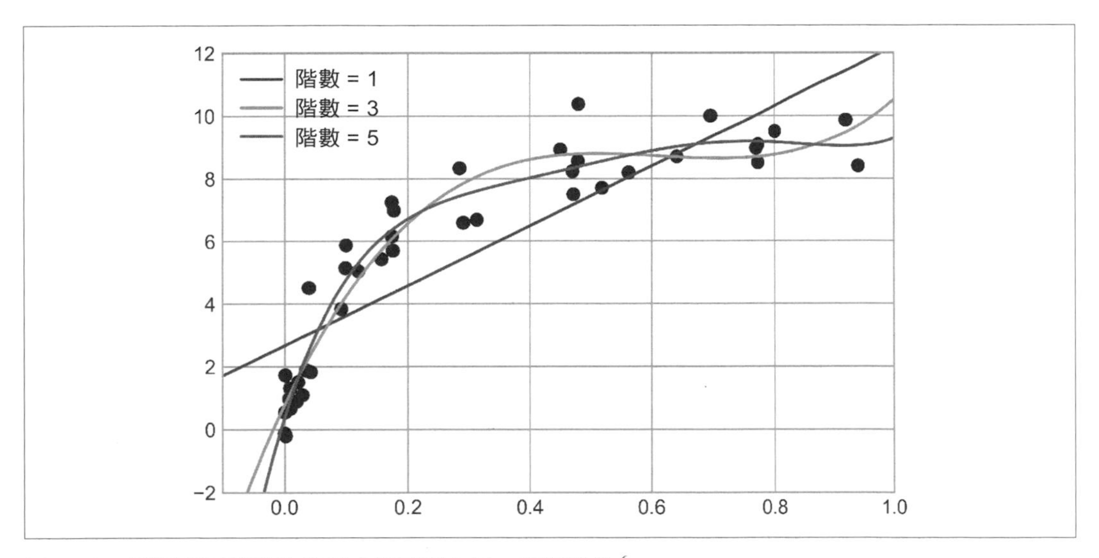

圖 39-6：三個不同階數的多項式模型擬合同一個資料集 [6]

接著繼續對這個特定的資料和模型進一步地視覺化它的驗證曲線；在此可直接使用 `validation_curve` 這個由 Scikit-Learn 所提供的便利程序來直接做到。給一個模型、資料、參數名稱、以及要探討的範圍，這個函式就會自動地計算所提供的範圍內之訓練分數以及驗證分數（參見圖 39-7）。

6 本圖表全彩的版本可以在 GitHub（*https://oreil.ly/PDSH_GitHub*）中取得

```
In [13]: from sklearn.model_selection import validation_curve
         degree = np.arange(0, 21)
         train_score, val_score = validation_curve(
             PolynomialRegression(), X, y,
             param_name='polynomialfeatures__degree',
             param_range=degree, cv=7)

         plt.plot(degree, np.median(train_score, 1),
                  color='blue', label='training score')
         plt.plot(degree, np.median(val_score, 1),
                  color='red', label='validation score')
         plt.legend(loc='best')
         plt.ylim(0, 1)
         plt.xlabel('degree')
         plt.ylabel('score');
```

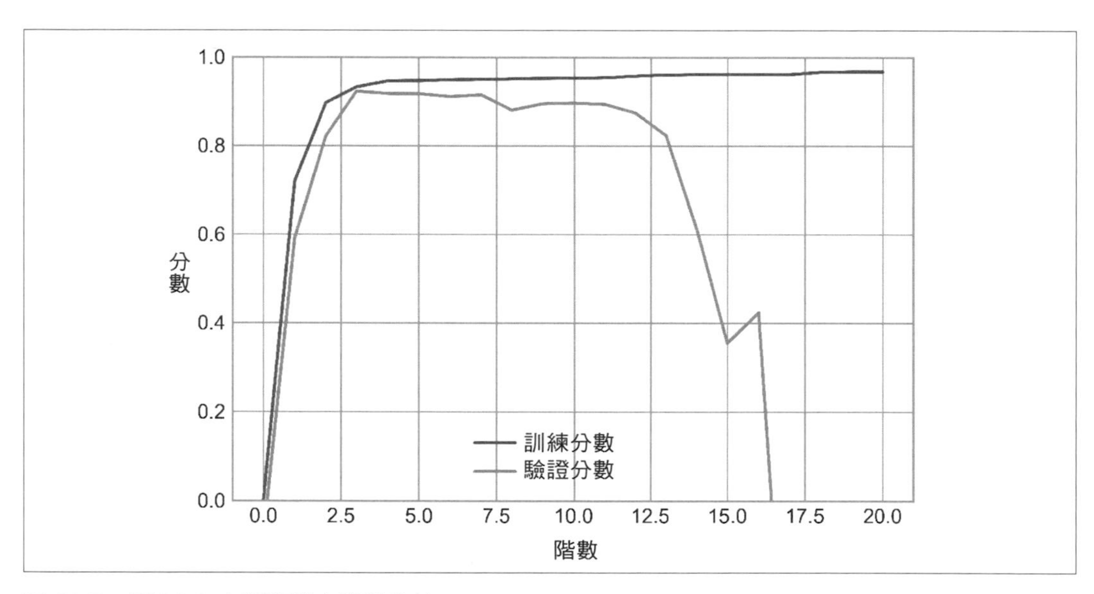

圖 39-7：圖 39-9 中的資料之驗證曲線

上述的程式可以精準地顯示我們預期的量化行為：也就是訓練分數總是高於驗證分數；而訓練分數會隨著增加模型的複雜度持續地改進；驗證分數會在模型被過度擬合之前到達最高值，然後分數就會開始往下滑落。

從驗證曲線可以看出，在偏差和變異之間最佳的取捨點是在三階多項式；我們可以計算以及顯示它在原始資料中的擬合結果，如下所示（參見圖 39-8）：

```
In [14]: plt.scatter(X.ravel(), y)
         lim = plt.axis()
         y_test = PolynomialRegression(3).fit(X, y).predict(X_test)
         plt.plot(X_test.ravel(), y_test);
         plt.axis(lim);
```

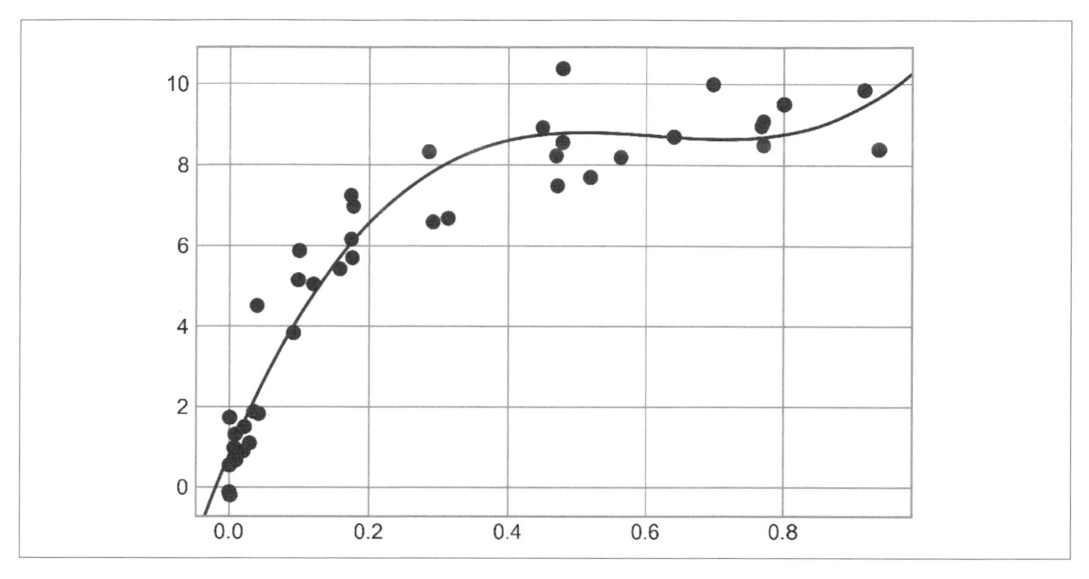

圖 39-8：在圖 39-6 中的資料之交叉驗證過的最佳模型

需注意的是，要找出最佳的模型實際上並不需要去計算出訓練分數，只要檢查訓練分數和驗證分數之間的關係，就可以讓我們對於模型的效能有一個深入的瞭解。

學習曲線

對於模型複雜度的一個重要的面向是，最佳的模型都會和訓練資料的大小有關。例如：以下產生一組新的資料集，它包含了 5 倍的資料點（參見圖 39-9）。

```
In [15]: X2, y2 = make_data(200)
         plt.scatter(X2.ravel(), y2);
```

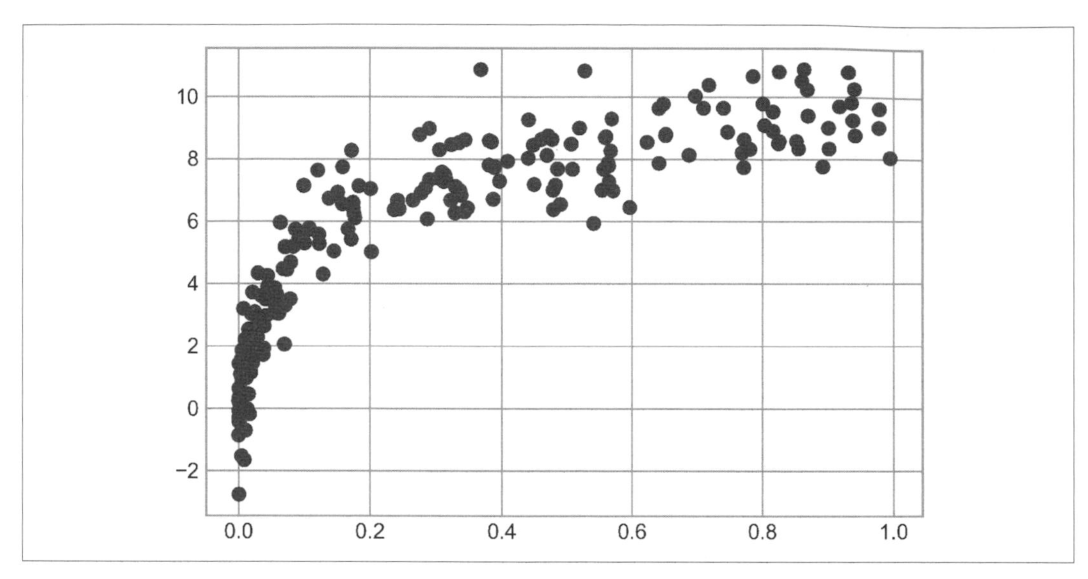

圖 39-9：用來示範學習曲線用的資料

複製之前的程式碼來畫出這個比較大的資料集之驗證曲線，讓我們可以和之前的結果進行比較（參見圖 39-10）。

```
In [16]: degree = np.arange(21)
         train_score2, val_score2 = validation_curve(
             PolynomialRegression(), X2, y2,
             param_name='polynomialfeatures__degree',
             param_range=degree, cv=7)

         plt.plot(degree, np.median(train_score2, 1),
                  color='blue', label='training score')
         plt.plot(degree, np.median(val_score2, 1),
                  color='red', label='validation score')
         plt.plot(degree, np.median(train_score, 1),
                  color='blue', alpha=0.3, linestyle='dashed')
         plt.plot(degree, np.median(val_score, 1),
                  color='red', alpha=0.3, linestyle='dashed')
         plt.legend(loc='lower center')
         plt.ylim(0, 1)
         plt.xlabel('degree')
         plt.ylabel('score');
```

實心線顯示的是新的結果，較暗的虛線顯示的是之前較小資料量的結果。很清楚地，從較大的資料集中計算的驗證曲線可以支援更複雜的模型：在此圖中的峰值大約落在 6 階的地方，但是就算是來到了 20 階時，此模型仍然沒有嚴重過度擬合的情況，此時驗證和訓練分數變得非常地接近。

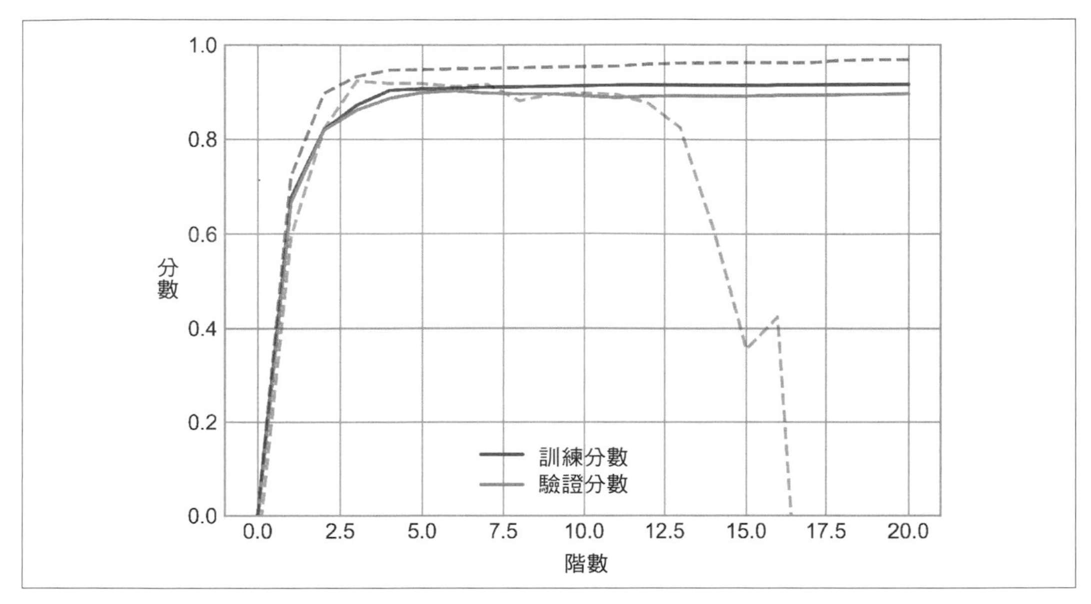

圖 39-10：使用多項式模型擬合在圖 39-9 中的資料之學習曲線[7]

如此可以瞭解，驗證曲線的行為有 2 個重要的輸入：模型的複雜度、以及訓練點的數量。我們可以透過探索模型的行為做為訓練點數量的函數來獲得進一步的見解，我們可以把資料逐步地增大子集合後擬合我們的模型。以訓練集的大小來繪出訓練 / 驗證分數的圖形被稱為**學習曲線**（*learning curve*）。

從學習曲線中可以預期以下的一般行為：

- 一個給定複雜度的模型將會對於一個小的資料集過度擬合：這表示訓練分數將會相對地高，而驗證分數相對地低。
- 一個給定複雜度的模型將會對於一個大的資料集低度擬合：這表示訓練分數將會降低，而驗證分數則會增加。
- 模型絕不會，除非是意外，發生驗證集的分數比訓練集分數高的情況：這表示曲線應該會愈來愈接近，但絕不會有交叉的情形。

7　此圖表的全彩版本可以在 GitHub（*https://oreil.ly/PDSH_GitHub*）中取得。

有了這些知識，我們可以預期一條用來檢視品質的學習曲線如圖 39-11 所示的樣子。

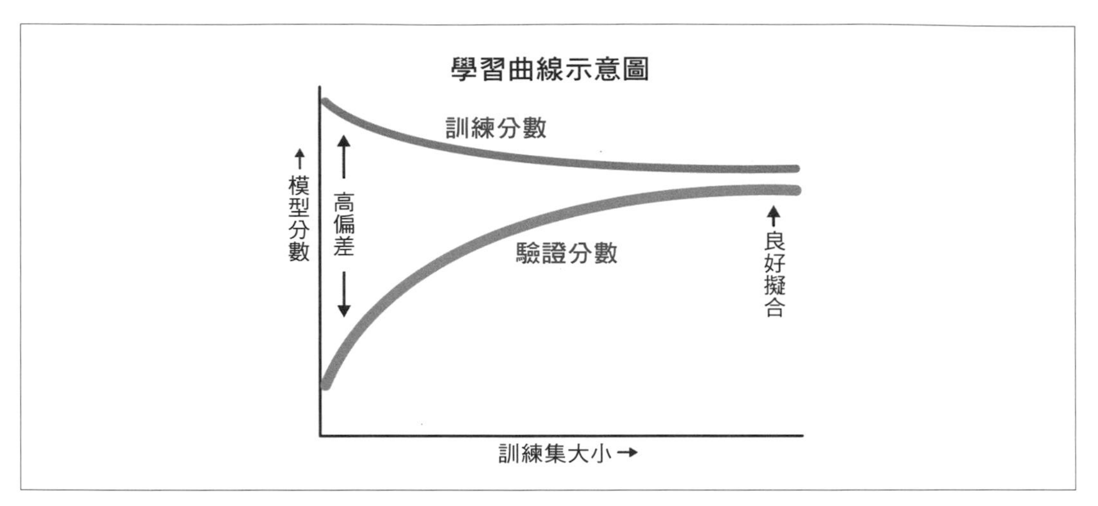

圖 39-11：概念上展示典型的學習曲線說明圖[8]

學習曲線主要的特色就是會隨著訓練樣本數量的增加而收斂到特定分數。尤其是，一旦你有足夠的資料點使得特定的模型收斂時，加上更多的訓練資料就不會有任何的幫助！在這個情況下，唯一可以增加模型效能的方法就是使用另外一個（通常是更複雜的）模型。

Scikit-Learn 提供一個便利的工具來幫你的模型計算像這樣的學習曲線；在此使用一個 2 階多項式模型和 9 階多項式模型，針對我們的原始資料計算學習曲線（參見圖 39-12）。

```
In [17]: from sklearn.model_selection import learning_curve

         fig, ax = plt.subplots(1, 2, figsize=(16, 6))
         fig.subplots_adjust(left=0.0625, right=0.95, wspace=0.1)

         for i, degree in enumerate([2, 9]):
             N, train_lc, val_lc = learning_curve(
                 PolynomialRegression(degree), X, y, cv=7,
                 train_sizes=np.linspace(0.3, 1, 25))

             ax[i].plot(N, np.mean(train_lc, 1),
                        color='blue', label='training score')
```

8 產生此圖表的程式碼可以在線上附錄（https://oreil.ly/omZ1c）中取得。

```
    ax[i].plot(N, np.mean(val_lc, 1),
               color='red', label='validation score')
    ax[i].hlines(np.mean([train_lc[-1], val_lc[-1]]), N[0],
                 N[-1], color='gray', linestyle='dashed')

    ax[i].set_ylim(0, 1)
    ax[i].set_xlim(N[0], N[-1])
    ax[i].set_xlabel('training size')
    ax[i].set_ylabel('score')
    ax[i].set_title('degree = {0}'.format(degree), size=14)
    ax[i].legend(loc='best')
```

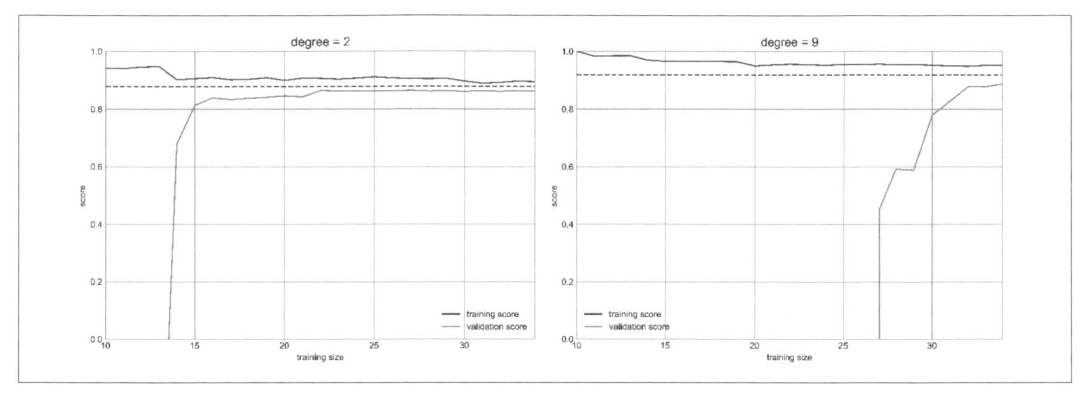

圖 39-12：低複雜度模型（左）和高複雜度模型（右）的學習曲線[9]

這是一個很有價值的診斷方式，因為它給我們一個視覺化的圖形，此圖形描繪出關於模型在增加訓練資料時如何回應。尤其是，當學習曲線已經收斂了（也就是，當訓練曲線和驗證曲線彼此已經非常接近），增加更多的訓練資料並不會明顯的提升擬合的程度！這個情況如左圖所示，也就是二階模型的學習曲線。

增加收斂分數唯一的方法是使用不同的（通常是更複雜的）模型。我們可以在右邊的圖形中看到：藉由換成更複雜的模型，增加了收斂的分數（由虛線所表示的），但代價是在更高的模型方差（由訓練和驗證分數之間的差來表示）。如果增加更多的資料點，對於更複雜的模型之學習曲線最終將會收斂。

畫出一個用來選擇特定模型和資料集的學習曲線，可以幫助做出有關於在改善你的分析中如何更進一步的決策。

9　此圖表的全尺寸的版本可以在 GitHub（*https://oreil.ly/PDSH_GitHub*）中取得。

驗證實務：格狀搜尋（Grid Search）

前面的討論旨在讓你直觀地瞭解在偏差和方差之間的取捨，以及在模型複雜度與訓練資料集大小之相依性。在實務上，一般來說，模型都會有超過一個可以調整的地方，如此驗證和學習曲線就會從線條變成多維度的面。在這樣例子中的視覺化就會變得困難，使得我們寧願去簡單的找尋一個可以最大化驗證分數的特定模型。

Scikit-Learm 提供了一些工具讓我們在做此種搜尋時更加地便利：在此我們將考慮使用格狀搜尋去找出最佳的多項式模型。我們將探索一個二維的模型特徵網格—也就是：多項式的階數和一個告訴我們要如何去擬合截距的旗標。這可以使用 Scikit-Learn 的 `GridSearchCV` 元估計器（meta-estimator）進行設定：

```
In [18]: from sklearn.model_selection import GridSearchCV

         param_grid = {'polynomialfeatures__degree': np.arange(21),
                       'linearregression__fit_intercept': [True, False]}

         grid = GridSearchCV(PolynomialRegression(), param_grid, cv=7)
```

請留意它就像是一個還沒有被套用到任何資料的一般估計器。呼叫 `fit` 方法將會在每一個格子點上擬合模型，並透過這個方式來追蹤分數：

```
In [19]: grid.fit(X, y);
```

現在擬合完成了，我們可以使用以下的方法詢問最佳參數：

```
In [20]: grid.best_params_
Out[20]: {'linearregression__fit_intercept': False, 'polynomialfeatures__degree': 4}
```

最後，如果想要的話，我們可以藉由之前用過的程式碼，使用這個最佳模型，然後顯示出擬合到資料之結果圖形（參見圖 39-13）。

```
In [21]: model = grid.best_estimator_

         plt.scatter(X.ravel(), y)
         lim = plt.axis()
         y_test = model.fit(X, y).predict(X_test)
         plt.plot(X_test.ravel(), y_test);
         plt.axis(lim);
```

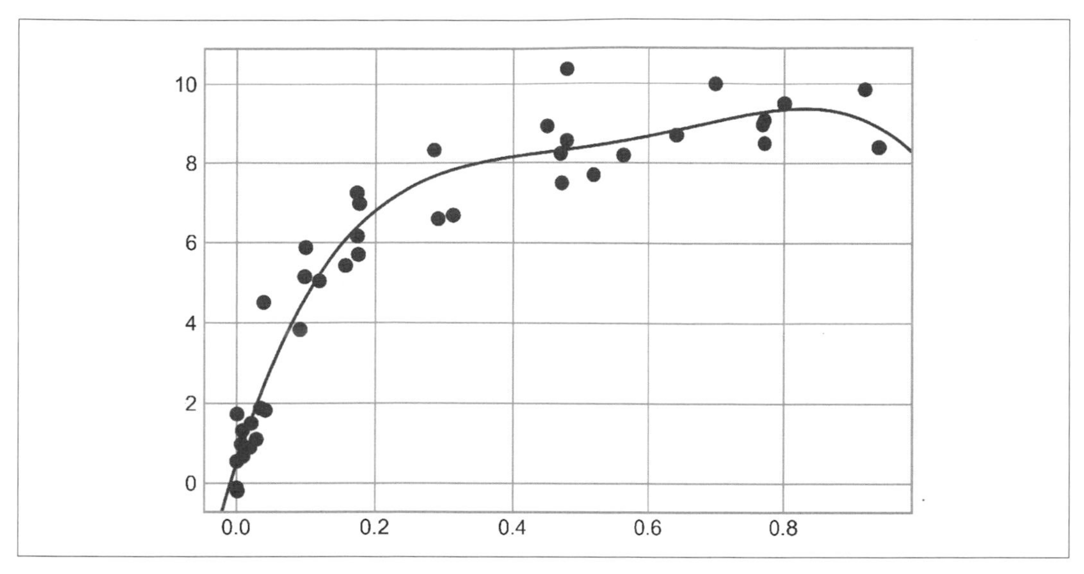

圖 39-13：透過自動化網格搜尋所決定的最佳擬合模型

`GridSearchCV` 的其他選項包括可以指定一個自訂的評分函式、平行化運算、執行隨機搜尋等等。更多的資訊請參考在第 49 和 50 章中的例子，或是參考 Scikit-Learn 的網格搜尋說明文件（*https://oreil.ly/xft8j*）。

小結

本章從探索模型驗證以及超參數最佳化的概念開始，聚焦在偏差 - 變異取捨的直觀角度，以及當要擬合模型到資料時它所扮演的角色。尤其是，我發現當你在更複雜 / 彈性的模型中為了要避免過度擬合時，在調整參數時使用一個驗證集和交叉驗證方式是非常重要的。

下一章，我們將會討論一些特別有用的模型之細節，而在全書中將會談到這些模型有哪些是可以微調的，以及這些參數如何影響到模型的複雜度。當你在繼續往下閱讀以及學習有關於機器學習的研究時，請把在此章中學習到的課程銘記在心中！

第 40 章

特徵工程

在前面的章節中概覽了機器學習的基礎概念，但是所有的例子都假設你使用的是簡潔的數值資料，[n_samples, n_features] 格式。在真實的世界中，資料很少是這樣的格式。有了這樣的體認就可以瞭解，在實務上，運用機器學習的其中一個重要的步驟就是**特徵工程**（*feature engineering*）。不管要處理的問題所包含的資訊是什麼，取出這些資訊，然後把它們轉換成可以使用的數字，讓你可以據此建立成為特徵矩陣。

本章將介紹一些常見的特徵工程任務的例子：類別資料（categorical data）的特徵、文字（text）特徵、以及影像（image）特徵。此外，也將討論增加模型複雜度的推導特徵（derived feature）以及缺失資料的補值（imputation）。這些處理的過程通常被稱為向量化（vectorization），也就是關於轉換任何資料變成表示可用向量的過程。

分類特徵

最常見的非數值資料就是**分類**（*categorical*）資料。例如，想像你在探索關於房價的一些資料時，它們會包括數值的特徵像是「價格」（price）以及「房間數」（rooms），也會有附近鄰居的相關資訊。例如，資料可能看起來會有點像是以下的樣子：

```
In [1]: data = [
            {'price': 850000, 'rooms': 4, 'neighborhood': 'Queen Anne'},
            {'price': 700000, 'rooms': 3, 'neighborhood': 'Fremont'},
            {'price': 650000, 'rooms': 3, 'neighborhood': 'Wallingford'},
            {'price': 600000, 'rooms': 2, 'neighborhood': 'Fremont'}
        ]
```

你可能會想到直接把這些資料使用以下的數字對應方法：

```
In [2]: {'Queen Anne': 1, 'Fremont': 2, 'Wallingford': 3};
```

這樣的轉換一般來說在 Scikit-Learn 中並不是一個有用的方式：該套件的模型有一個基本的假設就是數值特徵反映了它們的代數值。如此，像是這樣的對應會隱含著其間的代數關係，例如：*Queen Anne* < *Fremont* < *Wallingford*，或甚至是 *Wallingford* - *Queen Anne* = *Fremont*，但這樣做並不具任何意義。

在此例，一種被驗證過的技巧是使用獨熱編碼（one-hot encoding），它建立了額外的欄位，使用 0 或 1 來指示「有」或是「沒有」出現某類別。當把資料變成一個字典的串列時，Scikit-Learn 的 `DictVectorizer` 就可以為你做這件事：

```
In [3]: from sklearn.feature_extraction import DictVectorizer
        vec = DictVectorizer(sparse=False, dtype=int)
        vec.fit_transform(data)
Out[3]: array([[     0,      1,      0, 850000,      4],
               [     1,      0,      0, 700000,      3],
               [     0,      0,      1, 650000,      3],
               [     1,      0,      0, 600000,      2]])
```

留意 `neighborhood` 欄被擴展成 3 個分別的欄位，代表 3 個鄰居的標籤，而每一列中的該欄位如果是 1 就表示他有這個鄰居。把類別特徵進行此種編碼，就可以使用一般的程序來擬合一個 Scikit-Learn 模型。

要檢視每一個欄的意義，可以觀察此特徵的名稱：

```
In [4]: vec.get_feature_names_out()
Out[4]: array(['neighborhood=Fremont', 'neighborhood=Queen Anne',
               'neighborhood=Wallingford', 'price', 'rooms'], dtype=object)
```

此種方式有一個明顯的缺點：如果分類中有許多可能的值，可能會讓資料集增加非常多。然而，因為編碼的資料中包含的內容大部分都是 0，使用稀疏輸出（sparse output）是非常有效的解決方案：

```
In [5]: vec = DictVectorizer(sparse=True, dtype=int)
        vec.fit_transform(data)
Out[5]: <4x5 sparse matrix of type '<class 'numpy.int64'>'
                with 12 stored elements in Compressed Sparse Row format>
```

當在擬合和評估模型時，幾乎全部的 Scikit-Learn 估計器都接受此種稀疏型態的輸入。`sklearn.preprocessing.OneHotEncoder` 和 `sklearn.feature_extraction.FeatureHasher` 是 Scikit-Learn 中用來支援這一類型編碼的 2 個額外工具。

文字特徵

另一個在特徵工程中常用的需求是把文字轉換成可表示數值資料的集合。例如，大部分社群媒體的自動探勘技術是建立在把文字編碼成數字的某些型式上。編碼資料中最簡單的其中一個方法是**字數的計算**（*word counts*）：拿取任一個文字片段，計算其中每一個字出現的次數，然後把結果放入表格中。

例如，考慮以下的一個三個片語的集合：

```
In [6]: sample = ['problem of evil',
                  'evil queen',
                  'horizon problem']
```

要依照文字出現的次數來把這筆資料向量化，可以建立一個欄用來表示「problem」這個字，還有「evil」以及「horizon」等欄。儘管可以手動地完成這些事，但是使用 Scikit-Learn 的 `CountVectorizer` 可以省去許多麻煩事：

```
In [7]: from sklearn.feature_extraction.text import CountVectorizer

        vec = CountVectorizer()
        X = vec.fit_transform(sample)
        X
Out[7]: <3x5 sparse matrix of type '<class 'numpy.int64'>'
                with 7 stored elements in Compressed Sparse Row format>
```

上述的結果是記錄每一個字出現次數的稀疏矩陣，如果把它轉換成一個 `DataFrame` 的型態再加上欄的名稱會更容易進行觀察：

```
In [8]: import pandas as pd
        pd.DataFrame(X.toarray(), columns=vec.get_feature_names_out())
Out[8]:    evil  horizon  of  problem  queen
        0     1        0   1        1      0
        1     1        0   0        0      1
        2     0        1   0        1      0
```

然而使用此種簡單直接計算字的次數之方法有一些問題：它會導致特徵被放太多的權重在非常高頻出現的字上，如此在一些分類演算法中會比較沒那麼好。一個修正這個問題的方法是所謂的 *TF–IDF*（*term frequency–inverse document frequency*），它透過計算那些文字出現在文件中的頻率來加權文字出現的次數。計算這些特徵的語法和前面的例子類似：

```
In [9]: from sklearn.feature_extraction.text import TfidfVectorizer
        vec = TfidfVectorizer()
        X = vec.fit_transform(sample)
        pd.DataFrame(X.toarray(), columns=vec.get_feature_names_out())
Out[9]:        evil   horizon        of   problem     queen
        0  0.517856  0.000000  0.680919  0.517856  0.000000
        1  0.605349  0.000000  0.000000  0.000000  0.795961
        2  0.000000  0.795961  0.000000  0.605349  0.000000
```

在分類問題中使用 TF-IDF 的範例，請參考第 41 章。

影像特徵

在機器學習中另一個常見需求是適當的編碼影像。最簡單的就是之前在第 38 章中用在數字元資料上的方法：直接使用它們自己的像素值。但是根據不同的應用，此種方法並不一定都會是最佳的。

對於影像的特徵萃取技巧的完整摘要已經超出了本章的範圍，但是你可以在 Scikit-Image 專案中找到許多標準方法的傑出實作（*http://scikit-image.org*）。其中一個同時使用 Scikit-Learn 和 Scikit-Image 的例子，請參考第 50 章。

衍生特徵（Derived Features）

另外一個常見的特徵型式是從一些輸入特徵中，以數學的方式推導來的，當從輸入資料建構多項式特徵時，在第 39 章看過這樣的一個例子。我們知道可以藉由轉換輸入而不是改變模型來把線性迴歸轉變成多項式迴歸！例如，這個資料顯然不能用直線很好地描述（參見圖 40-1）：

```
In [10]: %matplotlib inline
         import numpy as np
         import matplotlib.pyplot as plt

         x = np.array([1, 2, 3, 4, 5])
         y = np.array([4, 2, 1, 3, 7])
         plt.scatter(x, y);
```

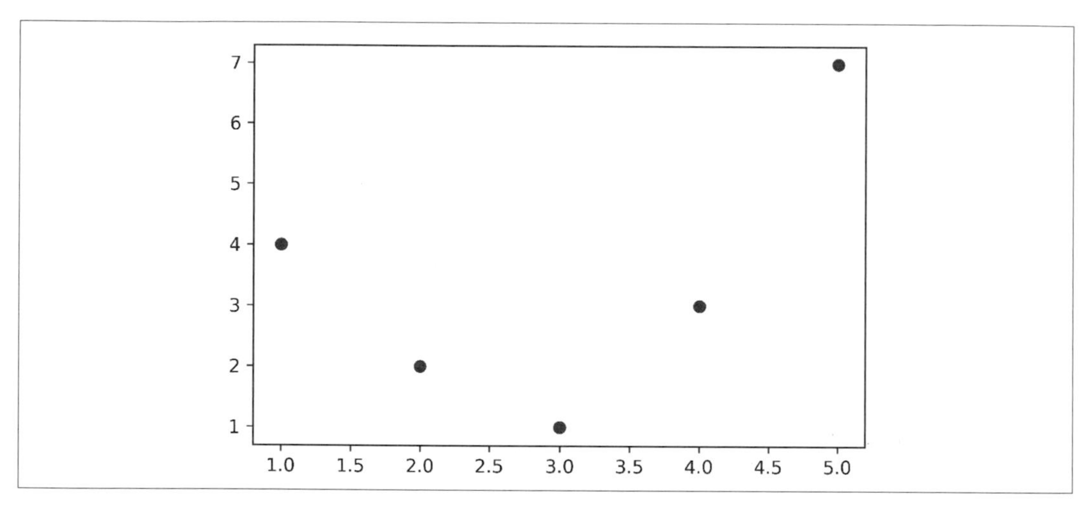

圖 40-1：沒辦法被一條直線完美描述的資料

儘管如此，還是可以使用 `LinearRegression` 去擬合一條直線而且取得最佳的結果（參見圖 40-2）：

```
In [11]: from sklearn.linear_model import LinearRegression
         X = x[:, np.newaxis]
         model = LinearRegression().fit(X, y)
         yfit = model.predict(X)
         plt.scatter(x, y)
         plt.plot(x, yfit);
```

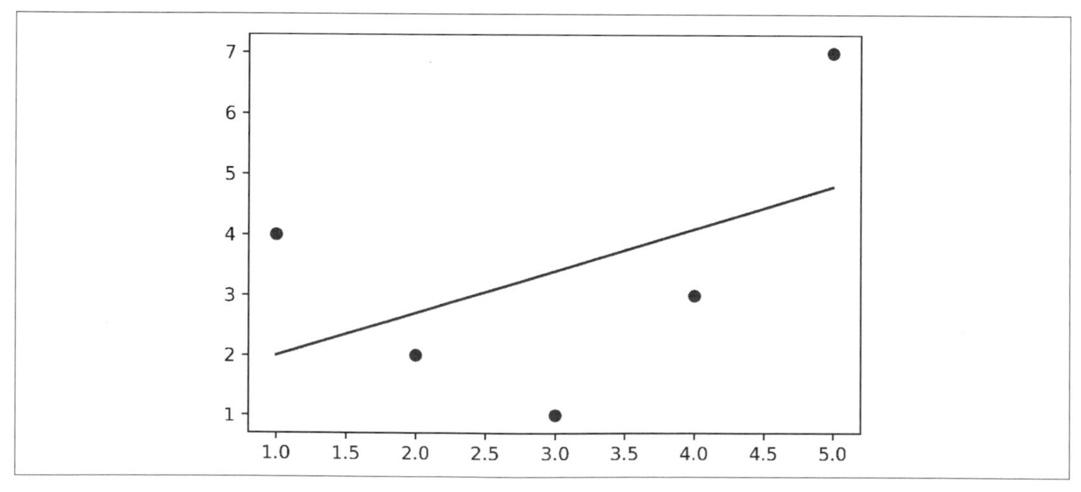

圖 40-2：一個不好的直線擬合

但是很顯然地，我們需要更複雜的模型來描述 x 和 y 之間的關係。

其中一個方法是轉換這些資料，增加額外的特徵欄位讓這個模型更有彈性。例如，可以把多項式特徵加到資料中，如下所示：

```
In [12]: from sklearn.preprocessing import PolynomialFeatures
         poly = PolynomialFeatures(degree=3, include_bias=False)
         X2 = poly.fit_transform(X)
         print(X2)
Out[12]: [[  1.   1.   1.]
          [  2.   4.   8.]
          [  3.   9.  27.]
          [  4.  16.  64.]
          [  5.  25. 125.]]
```

衍生的特徵矩陣有一個欄位代表 x，第二個欄位代表 x^2，第三個欄位代表 x^3。在此一延伸的輸入中計算線性迴歸可以得到一個非常接近資料之擬合，正如你在圖 40-3 所看到的：

```
In [13]: model = LinearRegression().fit(X2, y)
         yfit = model.predict(X2)
         plt.scatter(x, y)
         plt.plot(x, yfit);
```

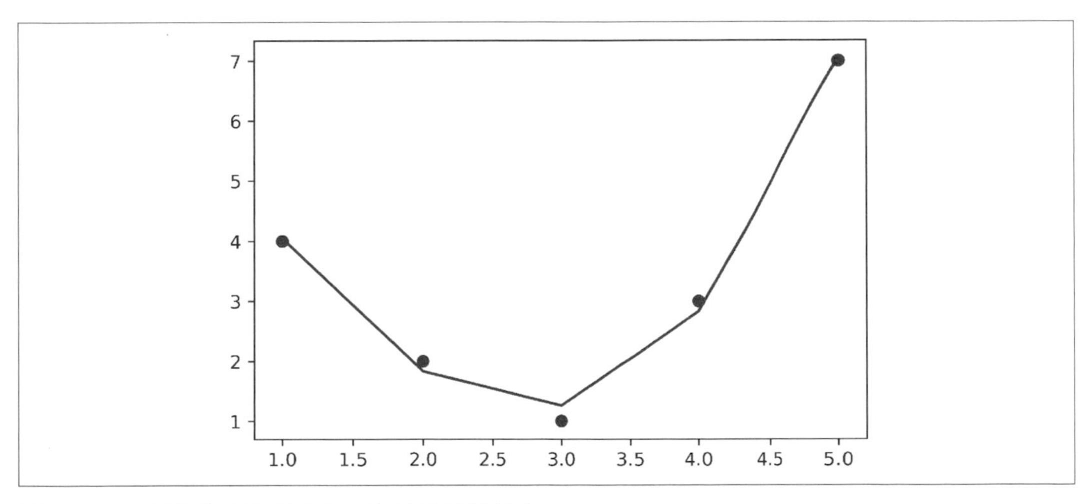

圖 40-3：一個衍生自資料的多項式特徵線性擬合

此種不是藉由更換模型，而是藉由轉換輸入來改良模型的想法，是許多更強大機器學習方法的基礎。我們將在第 42 章的基礎函數迴歸下，進一步探討這個想法。

更一般來說，這是一條前往更具威力之技術集合，也就是所謂的核方法（kernel methods）的激勵路徑，我們將會在第 43 章加以探討。

缺失資料的插補

在特徵工程中另一個常見的需求是處理缺失的資料。之前曾在第 16 章中討論在 `DataFrame` 中處理缺失資料的方法，並瞭解到通常都是使用 NaN 來標記缺失的值。例如，假設有一個資料集，看起來像是如下所示的樣子：

```
In [14]: from numpy import nan
         X = np.array([[ nan, 0,   3  ],
                       [ 3,   7,   9  ],
                       [ 3,   5,   2  ],
                       [ 4,   nan, 6  ],
                       [ 8,   8,   1  ]])
         y = np.array([14, 16, -1,  8, -5])
```

當打算把此種資料套用到典型的機器學習模型上時，首先需要把那些缺失的資料使用一些合適的值填上。這就是所謂的缺失資料的**插補**（*imputation*），而策略可以從簡單的：像是使用該欄的平均值取代缺失的資料，到複雜的：像是使用矩陣補全（matrix completion）或是穩健模型（robust model）去處理這種資料。

複雜的方法通常和應用領域非常相關，所以在此我們並不打算深入討論。在基本的補償方法中，使用平均值、中位數、或是最常出現的值，在 Scikit-Learn 提供了 `SimpleImputer` 類別可以使用：

```
In [15]: from sklearn.impute import SimpleImputer
         imp = SimpleImputer(strategy='mean')
         X2 = imp.fit_transform(X)
         X2
Out[15]: array([[4.5, 0. , 3. ],
                [3. , 7. , 9. ],
                [3. , 5. , 2. ],
                [4. , 5. , 6. ],
                [8. , 8. , 1. ]])
```

上述的內容中可以看到在結果資料中，那兩個缺失的資料已經被該欄其他值之平均數所取代。被補償的資料就可以接著被直接套用到一個像是 `LinearRegression` 的估計器中：

```
In [16]: model = LinearRegression().fit(X2, y)
         model.predict(X2)
Out[16]: array([13.14869292, 14.3784627 , -1.15539732, 10.96606197, -5.33782027])
```

特徵管線

在之前的任何一個例子中，使用手動執行轉換很快地變得非常繁瑣，尤其是在打算把多個步驟串接在一起的時候。例如，進行一個如下所示的處理管線：

1. 使用平均值替補缺失的資料。
2. 轉換特徵成為二階方程式。
3. 擬合線性迴歸。

要讓上述的處理成為並行的管線，Scikit-Learn 提供了管線物件，可以透過以下的方式來使用：

```
In [17]: from sklearn.pipeline import make_pipeline

         model = make_pipeline(SimpleImputer(strategy='mean'),
                               PolynomialFeatures(degree=2),
                               LinearRegression())
```

這個管線不僅看起來，就連其行為也很像是一個標準的 Scikit-Learn 物件，而且將會把所有指定的步驟套用到任一輸入的資料。

```
In [18]: model.fit(X, y)  # 含有缺失資料的 X ，來自於之前的例子
         print(y)
         print(model.predict(X))
Out[18]: [14 16 -1  8 -5]
         [14. 16. -1.  8. -5.]
```

此模型的所有步驟均會被自動地套用。留意在此為了簡易示範起見，套用到資料的模型已經是訓練過的，這也是為什麼它可以完美地預測出結果的原因（可回到第 39 章中看到更進一步的討論）。

對於一些讓管線在 Scikit-Learn 中使用的例子，可以參考接下來章節中的單純貝氏分類法（naive Bayes classification）以及第 42 和 43 章。

第 41 章

深究：單純貝氏分類法（Naive Bayes Classification）

在前面四章中對於機器學習的概念已經給了一個通盤的介紹。在第五篇剩下的部分，我們將先深入探討監督式學習的 4 種演算法，以及非監督式學習的 4 種演算法。在此我們先從第一種監督式方法，單純貝氏分類法（naive Bayes classification）開始。

單純貝氏模型是一組非常快速且簡單的分類演算法，它通常適用於非常高維度的資料集。因為此演算法非常快而且可調的參數很少，所以被拿來當作是針對某一分類問題速成（quick-and-dirty）的基線（baseline）時非常實用。在本章中將聚焦在直觀地解釋單純貝氏分類器是如何工作的，接著是應用在一些資料集上的例子。

貝氏分類法（Bayesian Classification）

單純貝氏分類器建立在貝氏分類法之上。這些倚賴貝氏定理，是一個用來描述統計量條件機率關係的等式。在貝氏分類法中，我們感興趣的是找出一個給了一些已觀察特徵的標籤 L 之機率，它可以寫成 $P(L \mid \text{features})$。貝氏定理告訴我們如何可以更直接地使用可計算的量來表達：

$$P(L \mid \text{features}) = \frac{P(\text{features} \mid L)P(L)}{P(\text{features})}$$

如果我們嘗試在兩個標籤之間做決定，假設此兩標籤分別是 L_1 和 L_2，那麼有一個可以做決定的方式就是去計算每個標籤的後驗機率的比率：

$$\frac{P(L_1 \mid \text{features})}{P(L_2 \mid \text{features})} = \frac{P(\text{features} \mid L_1)}{P(\text{features} \mid L_2)} \frac{P(L_1)}{P(L_2)}$$

現在我們需要的就是一些可以對每一個標籤計算 $P(\text{features} \mid L_i)$ 的模型。此種模型稱為**生成模型**（*generative model*），因為它指定了產生這些資料的假定隨機程序。對於每一個標籤指定此生成模型是訓練此類貝氏分類器的主要部分。此種訓練步驟的一般化版本是非常困難的工作，但是我們可以透過關於此模型的型式之一些簡化假設讓它簡單一些。

這也就是「單純貝氏」中會有「單純」（naive）這個字的原因：如果我們對於這個生成模型的每一個標籤做一個非常單純的假設，可以找到生成模型對每個類別之粗略接近值，然後就可以執行貝氏分類。貝氏分類器的不同型態依賴在關於資料不同的單純假設，接著我們將在接下來的章節中仔細地檢視其中的一些例子。

首先從標準的匯入動作開始：

```
In [1]: %matplotlib inline
        import numpy as np
        import matplotlib.pyplot as plt
        import seaborn as sns
        plt.style.use('seaborn-whitegrid')
```

高斯單純貝氏（Gaussian Naive Bayes）

也許最容易的瞭解的單純貝氏分類器就是高斯單純貝氏。這個分類器假設每一個標籤的資料都是來自於一個簡單的高斯分佈（simple Gaussian distribution）。假設你有以下的資料，如圖 41-1 所示。

```
In [2]: from sklearn.datasets import make_blobs
        X, y = make_blobs(100, 2, centers=2, random_state=2, cluster_std=1.5)
        plt.scatter(X[:, 0], X[:, 1], c=y, s=50, cmap='RdBu');
```

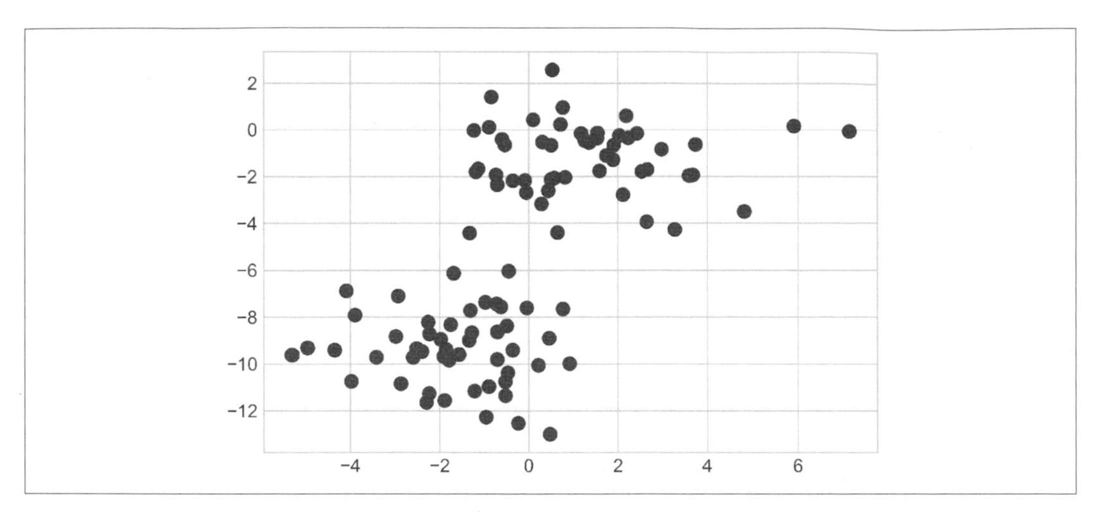

圖 41-1：用於高斯單純貝氏分類器的資料 [1]

最簡單的高斯模型是假設這個資料是使用一個在維度之間沒有共變異數（covariance）的高斯分佈所描述的。我們可以在每一個標籤中簡單地藉由找出該點的平均值和標準差來擬合這個模型，而全部需要做的就只是去定義這樣的一個分佈。此單純高斯假設的結果如圖 41-2 所示。

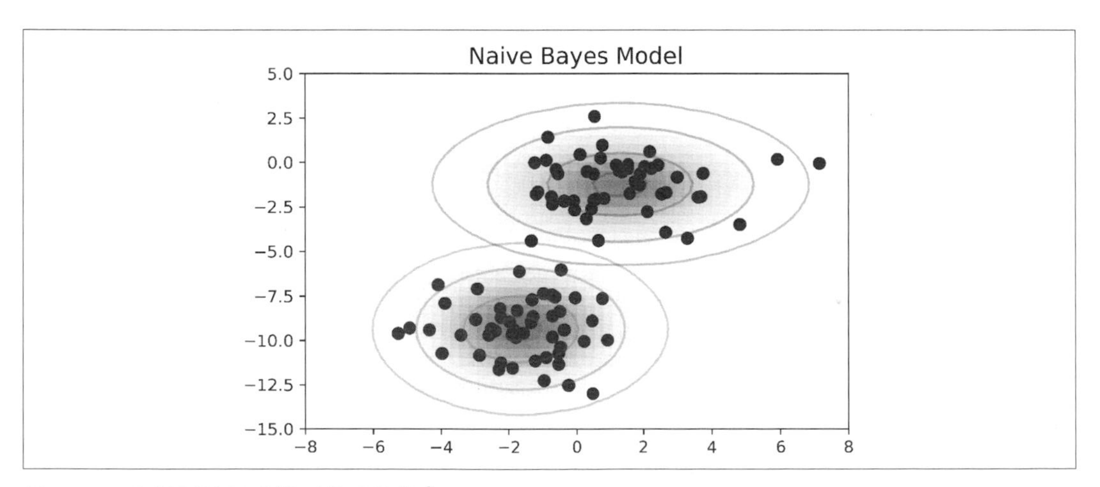

圖 41-2：高斯單純貝氏模型的視覺化 [2]

1 本圖表的全彩版本可以在 GitHub（*https://oreil.ly/PDSH_GitHub*）中找到。

2 產生此圖表的程式碼可以在線上附錄（*https://oreil.ly/o0ENq*）中取得。

圖中的橢圓形代表每一個標籤的高斯生成模型，愈接近圓心的地方表示其機率愈高。在每一個類別的生成模型中，有一個簡單的操作步驟可以計算任一點的相似度 $P(\text{features} \mid L_1)$，如此可以快速地計算事後比率，以及決定對於某一個給定的點中，哪一個標籤是比較可能的。

這個程序被 Scikit-Learn 中的 `sklearn.naive_bayes.GaussianNB estimator` 所實作：

```
In [3]: from sklearn.naive_bayes import GaussianNB
        model = GaussianNB()
        model.fit(X, y);
```

讓我們產生一些新的資料，並預測其標籤：

```
In [4]: rng = np.random.RandomState(0)
        Xnew = [-6, -14] + [14, 18] * rng.rand(2000, 2)
        ynew = model.predict(Xnew)
```

然後可以把這些新的資料畫出來，使得對於決策的邊界能夠有一個概念，知道它大約在哪裡（參見圖 41-3）。

```
In [5]: plt.scatter(X[:, 0], X[:, 1], c=y, s=50, cmap='RdBu')
        lim = plt.axis()
        plt.scatter(Xnew[:, 0], Xnew[:, 1], c=ynew, s=20, cmap='RdBu', alpha=0.1)
        plt.axis(lim);
```

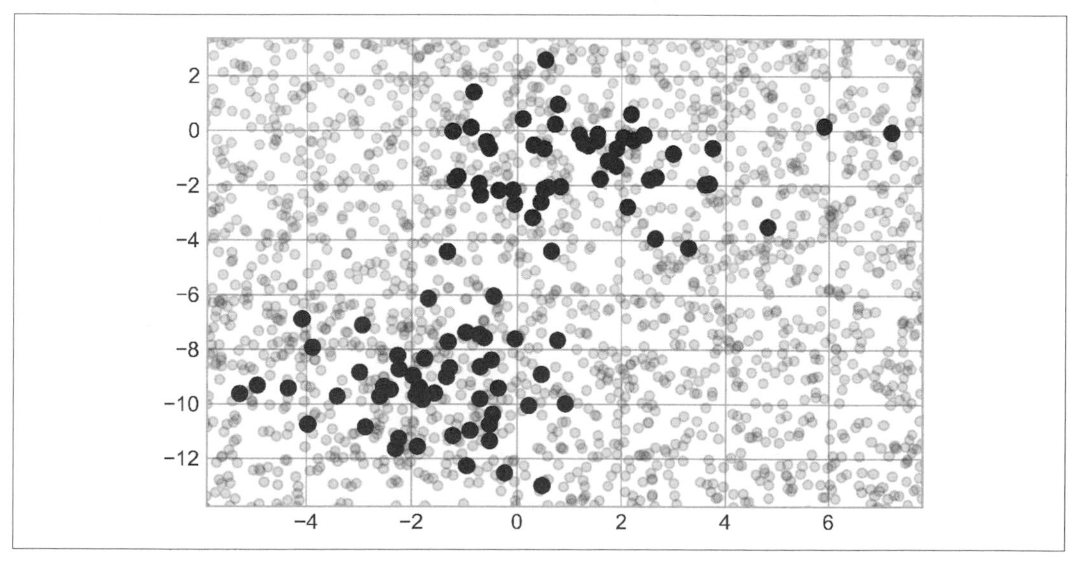

圖 41-3：高斯單純貝氏分類法的視覺圖形

在此分類中可以看到一個稍微彎曲的邊界。一般而言，高斯單純貝氏產生的邊界都是二次方程式。

貝氏法則其中一個還不錯的面向是，它在本質上允許機率分類，使得我們可以利用 predict_proba 方法來進行計算：

```
In [6]: yprob = model.predict_proba(Xnew)
        yprob[-8:].round(2)
Out[6]: array([[0.89, 0.11],
               [1.  , 0.  ],
               [1.  , 0.  ],
               [1.  , 0.  ],
               [1.  , 0.  ],
               [1.  , 0.  ],
               [0.  , 1.  ],
               [0.15, 0.85]])
```

這些欄的內容分別列出了第一個和第二個標籤的事後機率。如果你在尋找分類中對於不確定性的評估，像這樣的貝氏方式可能是一個很好的起點。

當然，最終分類將只會與導致它的模型假設一樣好，這也是為什麼高斯單純貝氏經常沒有辦法產生非常好的結果。然而，在許多的情況中，特別是特徵數量變得很大時，這個假設並不足以阻止讓高斯單純貝氏成為可靠的方法。

多項式單純貝氏（Multinomial Naive Bayes）

之前所說明的高斯假設，絕不是唯一可用於指定每個標籤生成分佈的簡單假設。另一個有用的例子是多項式單純貝氏，它的特徵被假設是從一個簡單的多項式分佈產生而來的。多項式分佈描述在一個數量的類別中觀察到的次數之機率，而使得此種多項式單純貝氏非常適合於其特徵是代表次數或計次比率的地方。

這個想法和之前的完全相同，只是我們沒有使用最適高斯（best-fit Gaussian）對資料建模，而是改為使用最適多項式（best-fit multinomial）分佈對其進行建模。

範例：文字的分類

多項式單純貝氏經常會被用到的地方是對文字的分類工作，其中特徵是和要被分類的文件中文字出現的次數或頻率相關的。我們在第 40 章曾討論過從文字中萃取出這一類的特徵，在此，我們將從 20 個新聞群組語料庫中使用稀疏文字計數特徵，以展示可以如何地把這些簡短文件分類到各類別中。

請下載這些資料，並看一下如下的目標名稱：

```
In [7]: from sklearn.datasets import fetch_20newsgroups
        data = fetch_20newsgroups()
        data.target_names
Out[7]: ['alt.atheism',
         'comp.graphics',
         'comp.os.ms-windows.misc',
         'comp.sys.ibm.pc.hardware',
         'comp.sys.mac.hardware',
         'comp.windows.x',
         'misc.forsale',
         'rec.autos',
         'rec.motorcycles',
         'rec.sport.baseball',
         'rec.sport.hockey',
         'sci.crypt',
         'sci.electronics',
         'sci.med',
         'sci.space',
         'soc.religion.christian',
         'talk.politics.guns',
         'talk.politics.mideast',
         'talk.politics.misc',
         'talk.religion.misc']
```

為了簡單起見，我們選用其中少部分的類別，接著下載訓練和測試資料集如下：

```
In [8]: categories = ['talk.religion.misc', 'soc.religion.christian',
                      'sci.space', 'comp.graphics']
        train = fetch_20newsgroups(subset='train', categories=categories)
        test = fetch_20newsgroups(subset='test', categories=categories)
```

以下是從資料中所得到的其中一個項目的代表性內容：

```
In [9]: print(train.data[5][48:])
Out[9]: Subject: Federal Hearing
        Originator: dmcgee@uluhe
        Organization: School of Ocean and Earth Science and Technology
        Distribution: usa
        Lines: 10

        Fact or rumor....?  Madalyn Murray O'Hare an atheist who eliminated the
```

```
use of the bible reading and prayer in public schools 15 years ago is now
going to appear before the FCC with a petition to stop the reading of the
Gospel on the airways of America.  And she is also campaigning to remove
Christmas programs, songs, etc from the public schools.  If it is true
then mail to Federal Communications Commission 1919 H Street Washington DC
20054 expressing your opposition to her request.  Reference Petition number


2493.
```

為了使用這些資料進行機器學習，首先需要把每一個字串的內容轉換成數值向量。為了達到此目的，使用 TF–IDF vectorizer（在第 40 章曾介紹過），然後建立管線，並把它附加到多項式單純貝氏分類器中：

```
In [10]: from sklearn.feature_extraction.text import TfidfVectorizer
         from sklearn.naive_bayes import MultinomialNB
         from sklearn.pipeline import make_pipeline

         model = make_pipeline(TfidfVectorizer(), MultinomialNB())
```

在此管線中可以套用模型到訓練資料中，然後使用測試資料來預測標籤：

```
In [11]: model.fit(train.data, train.target)
         labels = model.predict(test.data)
```

現在我們已經使用測試資料完成標籤預測，接著可以透過驗證以瞭解此估計器的效能如何。例如，以下呈現出在真實結果和測試資料預測結果之間的混淆矩陣（參見圖 41-4）。

```
In [12]: from sklearn.metrics import confusion_matrix
         mat = confusion_matrix(test.target, labels)
         sns.heatmap(mat.T, square=True, annot=True, fmt='d', cbar=False,
                     xticklabels=train.target_names, yticklabels=train.target_names,
                     cmap='Blues')
         plt.xlabel('true label')
         plt.ylabel('predicted label');
```

很明顯地，就算是這個非常簡單的分類器，也可以很成功地區分出太空和計算機的討論區，但是它會搞混宗教及基督教的討論區。這也許在意料之中！在此有一個很酷的事是，現在有了這個工具可以判斷任一字串的類別，也就是使用在這個管線中的 `predict` 方法。在此即為快速的工具函式，可以傳回單一字串的預測結果：

```
In [13]: def predict_category(s, train=train, model=model):
             pred = model.predict([s])
             return train.target_names[pred[0]]
```

多試一些看看：

```
In [14]: predict_category('sending a payload to the ISS')
Out[14]: 'sci.space'

In [15]: predict_category('discussing the existence of God')
Out[15]: 'soc.religion.christian'

In [16]: predict_category('determining the screen resolution')
Out[16]: 'comp.graphics'
```

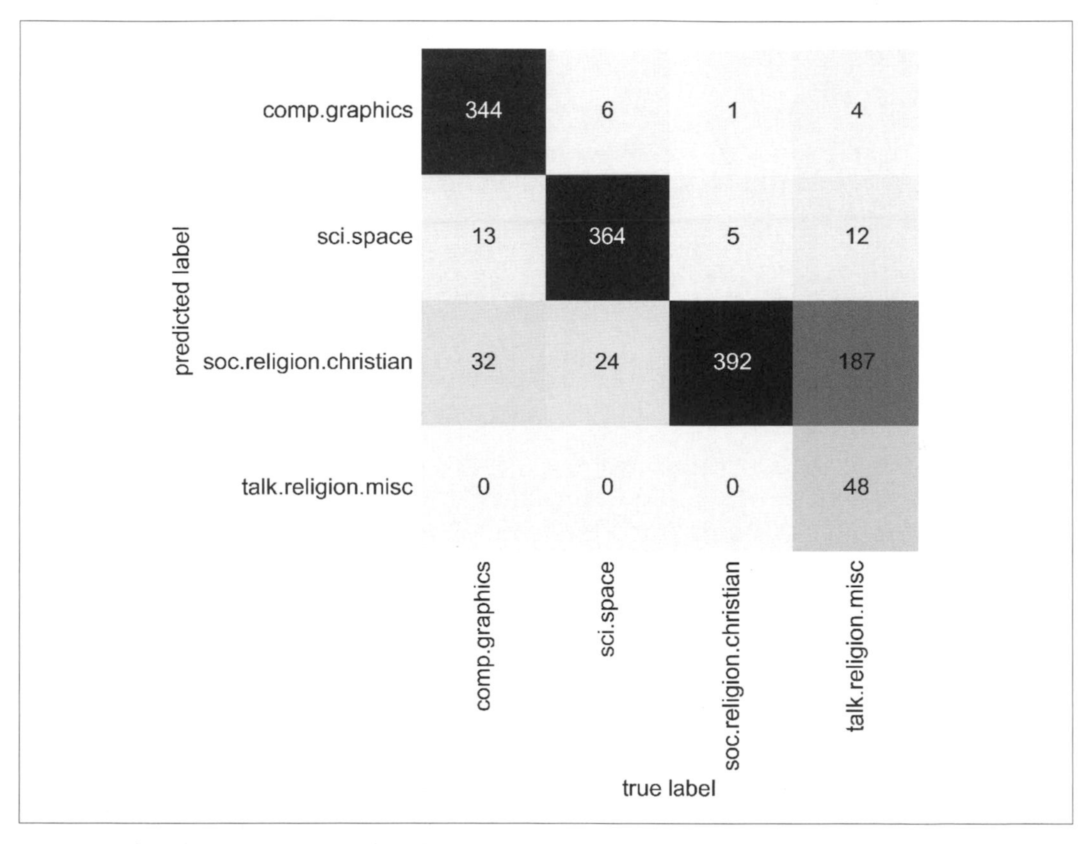

圖 41-4：多項式單純貝氏文字分類器的混淆矩陣

要留意的是，這比字串中每個單詞的（加權）頻率的簡單機率模型更複雜，然而它的結果非常突出。即使是一個非常單純的演算法，如果小心地運用，而且使用高維度的大量資料進行訓練，都可以會有令人驚艷的效果。

使用單純貝氏的時機

因為單純貝氏分類器對於資料有如此嚴格的假設，一般來說它們在更複雜的模型上並不會執行地一樣好。儘管如此，它們還是有許多的優點：

- 不管訓練或是預測，它們都非常地快速。
- 它們提供了直接的機率預測。
- 它們通常都非常易於解讀。
- 它們的可調變參數非常少（如果有的話）。

這些優點即表示，一個單純貝氏分類器經常做為一開始分類基線時的好選擇。如果它執行得還不錯，那就太好了，表示你會有一個非常快、非常易於解釋的分類器來處理問題。但如果它執行的不太好，那麼你就可以開始探索更複雜的模型，而這些基線知識可以讓你知道新的模型至少要表現到多好才行。

單純貝氏分類器通常在以下的情況成立時會表現地特別好：

- 當單純（navie）的假設正好符合資料時（在實務上非常罕見）。
- 對於區隔性非常好的類別來說，模型的複雜度就顯得不是那麼重要。
- 對於非常高維度的資料，模型的複雜度也比較不重要。

最後 2 點似乎是不同的，不過實際上卻是相關的：當資料集的維度增加時，任意 2 點幾乎不會靠在一起（畢竟，它們在每一個維度都要靠近才會靠在一起）。這表示在平均上來說，高維度的集群傾向於比低維度的更加地分開，假設新增加的維度是真的有增加一些資訊。基於這個理由，像是單純貝氏這一類被過份簡單化的分類器，當維度成長時，傾向於比更複雜的分類工作地更好：一旦你有足夠多的資料，就算是簡單的模型也會很有威力。

第 42 章

深究：線性迴歸（Linear Regression）

如同單純貝氏（在第 41 章討論過的）在分類工作是一個好的起點，線性迴歸模型則是迴歸工作的好起點。這個模型會受歡迎是因為它們可以擬合得非常快速，而且非常易於解讀。你可能已經熟悉了線性迴歸模型的最簡單型式（也就是：擬合一條直線到資料），但是這樣的模型可以被擴展以塑模到更複雜的資料行為。

這一章中，在開始前往瞭解線性模型可以被一般化去處理資料中更複雜的樣態之前，我們將從眾所周知的問題背後的數學快速演練開始。先從標準的匯入動作開始：

```
In [1]: %matplotlib inline
        import matplotlib.pyplot as plt
        plt.style.use('seaborn-whitegrid')
        import numpy as np
```

簡單線性迴歸

我們將從最熟悉的線性迴歸，以直線擬合到資料開始。直線擬合是一個如下型式的模型：

$$y = ax + b$$

其中 a 就是所謂的斜率（*slope*），而 b 則是所謂的截距（*intercept*）。

考慮以下的資料，它被散佈在大約是一條斜率為 2，而截距是 -5 的線上（參見圖 42-1）。

```
In [2]: rng = np.random.RandomState(1)
        x = 10 * rng.rand(50)
        y = 2 * x - 5 + rng.randn(50)
        plt.scatter(x, y);
```

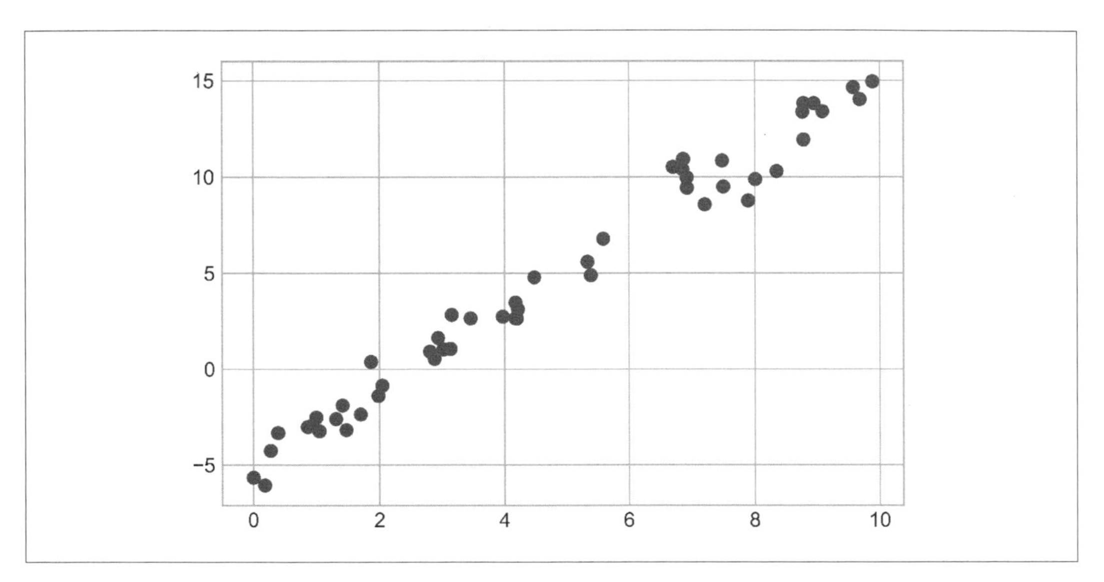

圖 42-1：用於線性迴歸的資料

我們可以使用 Scikit-Learn 的 `LinearRegression` 估計器來擬合這份資料，然後建立一最佳擬合的線條，如圖 42-2 所示。

```
In [3]: from sklearn.linear_model import LinearRegression
        model = LinearRegression(fit_intercept=True)

        model.fit(x[:, np.newaxis], y)

        xfit = np.linspace(0, 10, 1000)
        yfit = model.predict(xfit[:, np.newaxis])

        plt.scatter(x, y)
        plt.plot(xfit, yfit);
```

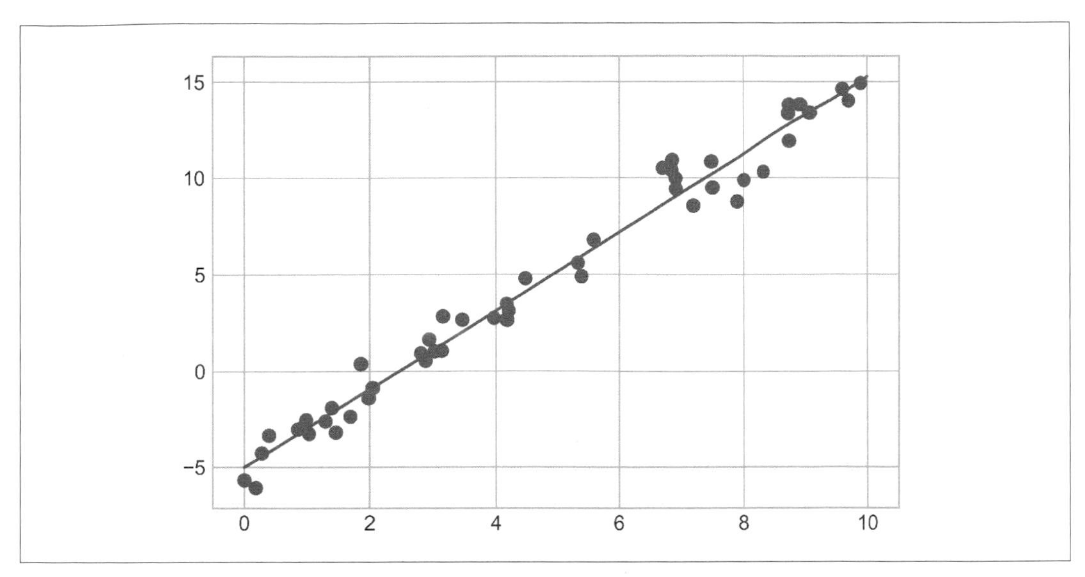

圖 42-2：一個簡單的線性迴歸模型

資料的斜率和截距包含在此模型的擬合參數中，在 Scikit-Learn 中總是被以在字尾加上底線的方式來表示。在此，相關的參數是 `coef_` 和 `intercept_`：

```
In [4]: print("Model slope:     ", model.coef_[0])
        print("Model intercept:", model.intercept_)
Out[4]: Model slope:     2.0272088103606953
        Model intercept: -4.998577085553204
```

正如我們所希望的，我們看到這個結果非常接近用於生成資料的值。

然而，此 `LinearRegression` 估計器可以做的不只如此，除了簡單的直線擬合之外，它還可以處理如下所示的高維度線性模型型式：

$$y = a_0 + a_1 x_1 + a_2 x_2 + \cdots$$

其中有許多個 x 值。幾何學上，這類似於去擬合一個平面到一群在三度空間中的點，或是擬合一個超平面到更高維度的資料點中。

此種高維度的迴歸，本質上就讓它們非常難以被視覺化，但是可以透過建立一些範例資料來檢視它們是如何運作的，以下使用 NumPy 矩陣的乘法運算子：

```
In [5]: rng = np.random.RandomState(1)
        X = 10 * rng.rand(100, 3)
        y = 0.5 + np.dot(X, [1.5, -2., 1.])
```

```
        model.fit(X, y)
        print(model.intercept_)
        print(model.coef_)
Out[5]: 0.50000000000001
        [ 1.5 -2.   1. ]
```

在此，資料 y 是從 3 個隨機 x 值的線性組合構建的，而線性迴歸恢復了被使用於建立資料的係數。

此種方式，可以使用單一的 `LinearRegression` 估計器去擬合線條、平面、或是超平面到我們的資料中。此方式仍然顯示這個方法會被侷限在變數之間的嚴格線性關係，但事實證明，我們也可以放寬此點。

基函數迴歸（Basis Function Regression）

有一個技巧可以把兩個變數之間的關係從線性迴歸調適成非線性，那就是把資料根據其基函數進行轉換。之前已經看過其中一個版本，也就是在第 39 和 40 章使用過的 `PolynomialRegression` 管線。這個概念可以被使用到以下的多維度線性模型：

$$y = a_0 + a_1x_1 + a_2x_2 + a_3x_3 + \cdots$$

而且從一維輸入 x 來建立 x_1、x_2、x_3 等等。也就是，我們讓 $x_n = f_n(x)$，其中 f_n 就是轉換我們的資料的一些函數。

例如，如果 $f_n(x) = x^n$，則我們的模型就成為多項式迴歸：

$$y = a_0 + a_1x + a_2x^2 + a_3x^3 + \cdots$$

要留意這仍然是一個線性模型 —— 線性是指係數 a_n 永遠不會相乘或相除的事實。我們有效地所做的是將我們的一維 x 值投影到更高的維度上，以便線性擬合可以擬合 x 和 y 之間更複雜的關係。

多項式基函數（Polynomial Basis Functions）

這個多項式映射非常有用，它被內建於 Scikit-Learn 中，使用 `PolynomialFeatures` 轉換器如下：

```
In [6]: from sklearn.preprocessing import PolynomialFeatures
        x = np.array([2, 3, 4])
        poly = PolynomialFeatures(3, include_bias=False)
```

```
        poly.fit_transform(x[:, None])
Out[6]: array([[ 2.,  4.,  8.],
               [ 3.,  9., 27.],
               [ 4., 16., 64.]])
```

以上可以看出此轉換器計算出每一個值的指數，把一維陣列轉換成三維陣列，而新建立的較高維度資料表示方式，就可以接著放到一個線性迴歸中。

就像是之前在第 40 章中所看到的，要完成這項工作最簡潔的方式就是使用管線。以下使用這個方式建立一個第 7 階的多項式模型：

```
In [7]: from sklearn.pipeline import make_pipeline
        poly_model = make_pipeline(PolynomialFeatures(7),
                                   LinearRegression())
```

在位置中進行轉換之後，可以使用線性模型去擬合更複雜的 x、y 關係。例如，以下是一個具有雜訊的正弦函數波形（參見圖 42-3）：

```
In [8]: rng = np.random.RandomState(1)
        x = 10 * rng.rand(50)
        y = np.sin(x) + 0.1 * rng.randn(50)

        poly_model.fit(x[:, np.newaxis], y)
        yfit = poly_model.predict(xfit[:, np.newaxis])

        plt.scatter(x, y)
        plt.plot(xfit, yfit);
```

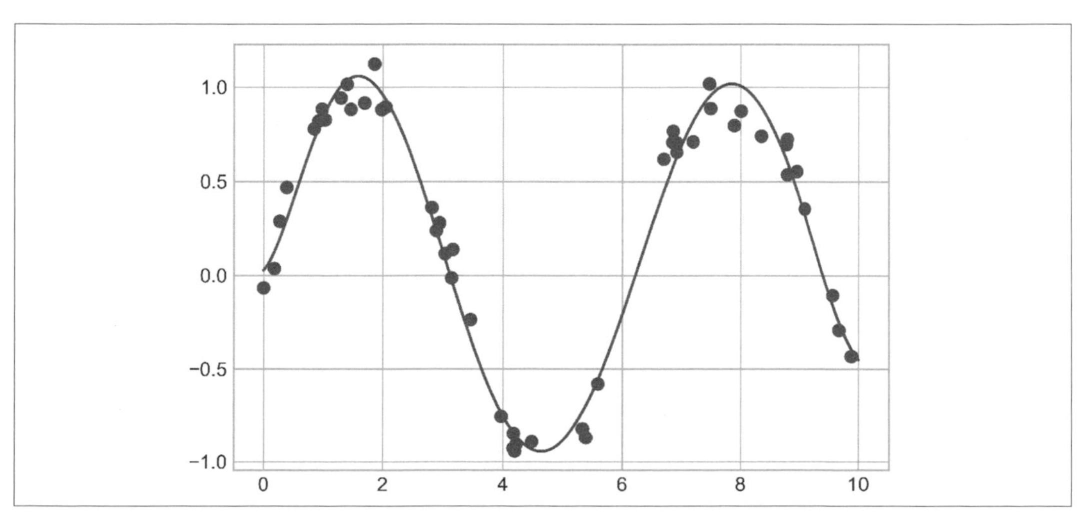

圖 42-3：使用一個線性多項式擬合一個非線性的資料

我們的線性模型，經由第 7 階多項式基函數的使用，可以提供對於這個非線性資料一個非常好的擬合結果！

高斯基函數（Gaussian Basis Function）

當然，還有其他的基函數可以使用。其中一個有用的範式就是不使用多項式基的和，而是使用高斯基的總和來擬合模型。這樣的結果看起來可能會像是圖 42-4 所示的樣子。

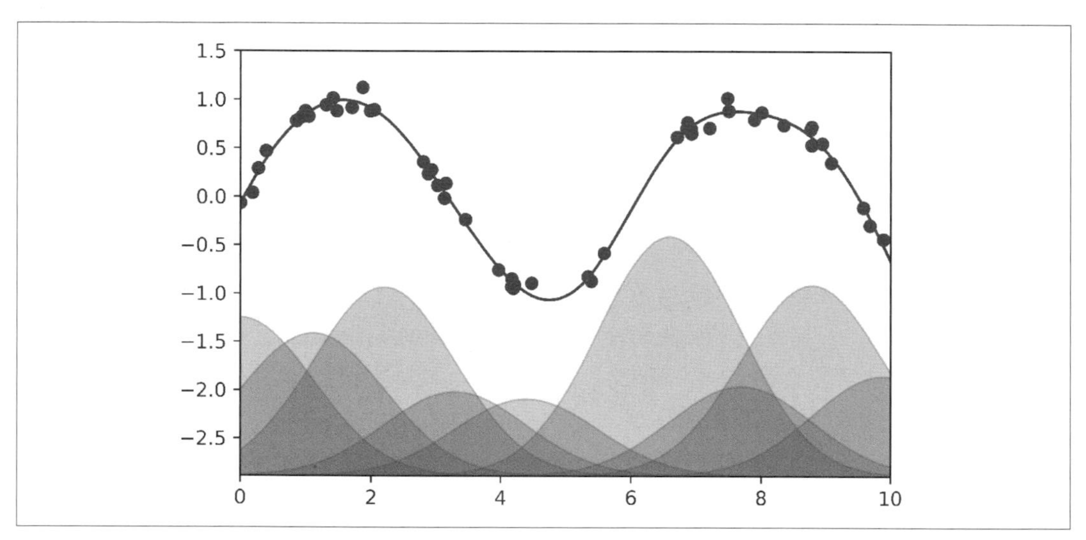

圖 42-4：使用高斯基函數擬合到非線性資料[1]

在圖 42-4 中陰影的區域是依比例的基函數，加在一起時，會從資料中產生更平滑的曲線。這些高斯基函數並沒有被內建在 Scikit-Learn 中，但是可以編寫一個自訂的轉換器來建立它們，就像是在圖 42-5 中所示的樣子（Scikit-Learn 轉換器被以 Python 的類別來實作，閱讀 Scikit-Learn 的原始碼是瞭解它們如何被建立的好方法）：

```
In [9]: from sklearn.base import BaseEstimator, TransformerMixin

        class GaussianFeatures(BaseEstimator, TransformerMixin):
            """Uniformly spaced Gaussian features for one-dimensional input"""

            def __init__(self, N, width_factor=2.0):
```

1　產生此圖表的程式碼可以在線上附錄（*https://oreil.ly/o1Zya*）中取得。

```
        self.N = N
        self.width_factor = width_factor

    @staticmethod
    def _gauss_basis(x, y, width, axis=None):
        arg = (x - y) / width
        return np.exp(-0.5 * np.sum(arg ** 2, axis))

    def fit(self, X, y=None):
        # create N centers spread along the data range
        self.centers_ = np.linspace(X.min(), X.max(), self.N)
        self.width_ = self.width_factor*(self.centers_[1]-self.centers_[0])
        return self

    def transform(self, X):
        return self._gauss_basis(X[:, :, np.newaxis], self.centers_,
                                 self.width_, axis=1)

gauss_model = make_pipeline(GaussianFeatures(20),
                            LinearRegression())
gauss_model.fit(x[:, np.newaxis], y)
yfit = gauss_model.predict(xfit[:, np.newaxis])

plt.scatter(x, y)
plt.plot(xfit, yfit)
plt.xlim(0, 10);
```

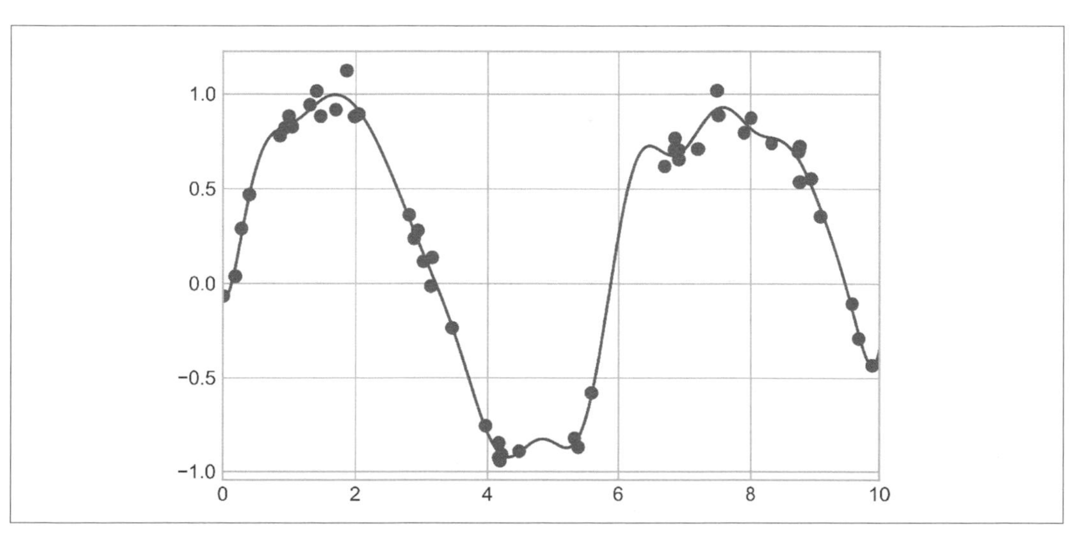

圖 42-5：使用自訂轉換器計算出來的高斯基函數擬合

我把這個例子放在這裡只是為了要讓讀者瞭解，關於多項式基函數其實沒有什麼神奇的地方：如果你對於資料之產生過程有某種直覺，這會讓你想到某一個或是另外一個基函數可能會更加地適合時，就可以使用它們。

正規化（Regularization）

把基函數引入到線性迴歸中會讓模型更加靈活，但是也有可能會很快地導致過度擬合（你可以回去參考第 39 章關於此點的討論）。例如，圖 42-6 顯示了如果選用太多高斯基函數會導致的情況：

```
In [10]: model = make_pipeline(GaussianFeatures(30),
                               LinearRegression())
         model.fit(x[:, np.newaxis], y)

         plt.scatter(x, y)
         plt.plot(xfit, model.predict(xfit[:, np.newaxis]))

         plt.xlim(0, 10)
         plt.ylim(-1.5, 1.5);
```

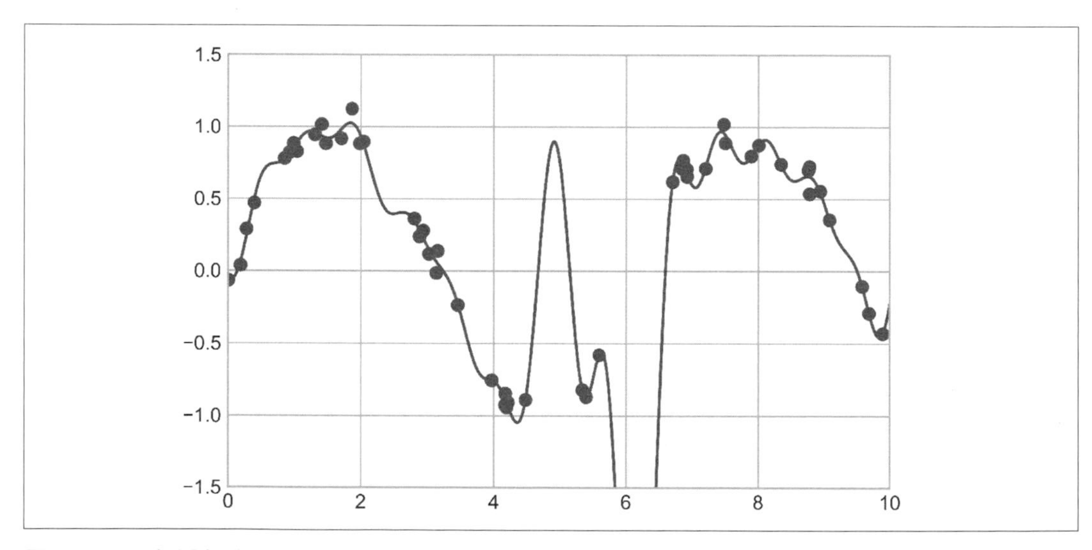

圖 42-6：一個過於複雜的基函數模型之過度擬合實例

這些資料被投影到 30 維的基礎，此模型就太過於彈性，使得它極度地被受限在資料點之間的位置。如果把此高斯基的係數以及和它相對應的位置畫出來，就可以看出原因了，如圖 42-7 所示。

```
In [11]: def basis_plot(model, title=None):
             fig, ax = plt.subplots(2, sharex=True)
             model.fit(x[:, np.newaxis], y)
             ax[0].scatter(x, y)
             ax[0].plot(xfit, model.predict(xfit[:, np.newaxis]))
             ax[0].set(xlabel='x', ylabel='y', ylim=(-1.5, 1.5))

             if title:
                 ax[0].set_title(title)

             ax[1].plot(model.steps[0][1].centers_,
                        model.steps[1][1].coef_)
             ax[1].set(xlabel='basis location',
                       ylabel='coefficient',
                       xlim=(0, 10))
         model = make_pipeline(GaussianFeatures(30), LinearRegression())
         basis_plot(model)
```

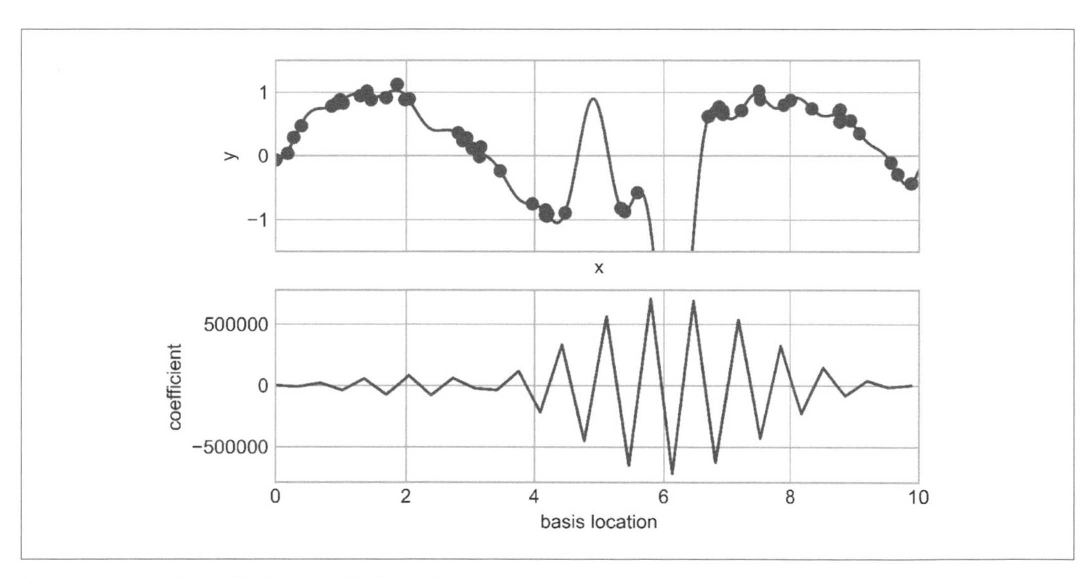

圖 42-7：過度複雜模型中的高斯基係數

本圖表下方顯示每一個位置基函數的振幅。這是一個當基函數重疊時典型的過度擬合行為：相鄰接的基函數係數相正放大並且互相抵消，我們知道這樣的行為是有問題的。如果我們可以藉由懲罰模型參數中過大的值來明確限制模型中的此類峰值就會比較好一些。此種懲罰的方式就是所謂的正規化（regularization），有以下幾種型式。

嶺迴歸（L_2 正規化）

也許最常用的正規化型式，就是所謂的嶺迴歸（ridge regression）或 L_2 正規化（L_2 regularization），有時候它也被稱為吉洪諾夫正規化（Tikhonov regularization）。此種方式透過懲罰模型係數 θ_n 的平方和（2-norms）來進行；在此例，模型擬合的懲罰如下：

$$P = \alpha \sum_{n=1}^{N} \theta_n^2$$

其中 α 是一個自由的參數，它用來控制懲罰的強度。此類型的懲罰模型被建立在 Scikit-Learn 中的 Ridge 估計器中（參見圖 42-8）。

```
In [12]: from sklearn.linear_model import Ridge
         model = make_pipeline(GaussianFeatures(30), Ridge(alpha=0.1))
         basis_plot(model, title='Ridge Regression')
```

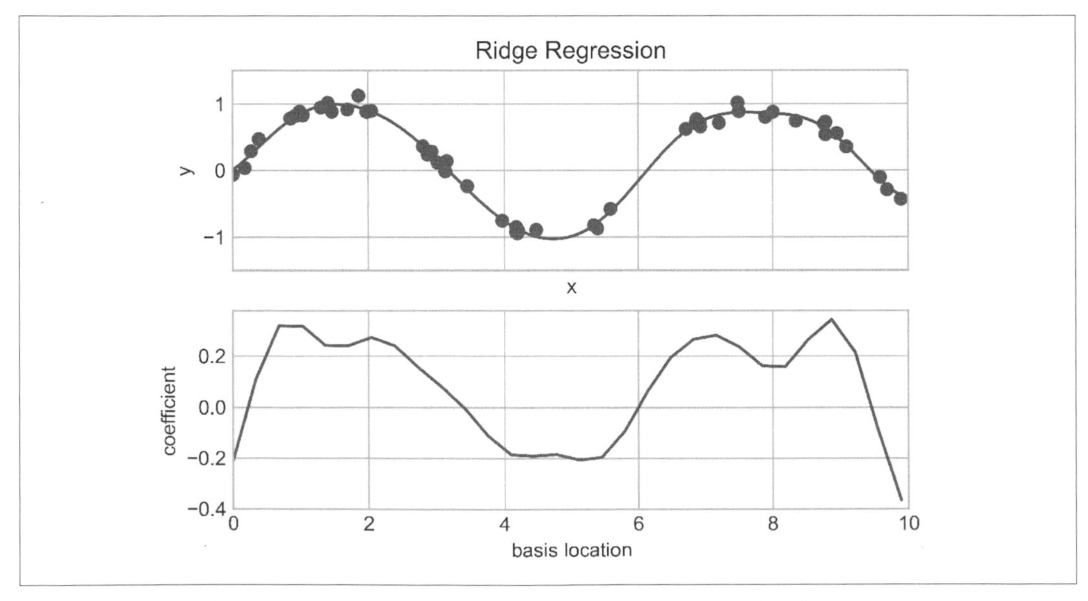

圖 42-8：嶺回歸（L_2）正規化被套用在過度複雜的模型（與圖 42-7 比較）

此 α 參數本質上是一個可調的變數，用來控制結果模型的複雜度。如果 limit α → 0，會回到標準的線性迴歸結果，如果 limit α → ∞，則所有的模型回應將都會被抑制下來。ridge 迴歸其中一個特別的好處是，它可以被非常有效率的計算，幾乎不會比原來的線性迴歸模型增加更多的計算成本。

Lasso 迴歸（L_1 正規化）

另一個常見的正規化型態是所謂的 Lasso 迴歸（Lasso Regression）或 L_1 正規化（L_1 Regularization），它是以迴歸係數絕對值的和（1-norms）來做為懲罰：

$$P = \alpha \sum_{n=1}^{N} |\theta_n|$$

雖然在概念上這和嶺迴歸非常相似，但結果卻非常不一樣。例如：由於其構造，lasso 迴歸在可能的情況下傾向於支援稀疏模型。也就是說，它優先將許多模型係數設置為正好為零。

如果我們使用 L_1- 常態化係數重複之前的範例，我們可以看到此種行為（參見圖 42-9）。

```
In [13]: from sklearn.linear_model import Lasso
         model = make_pipeline(GaussianFeatures(30),
                               Lasso(alpha=0.001, max_iter=2000))
         basis_plot(model, title='Lasso Regression')
```

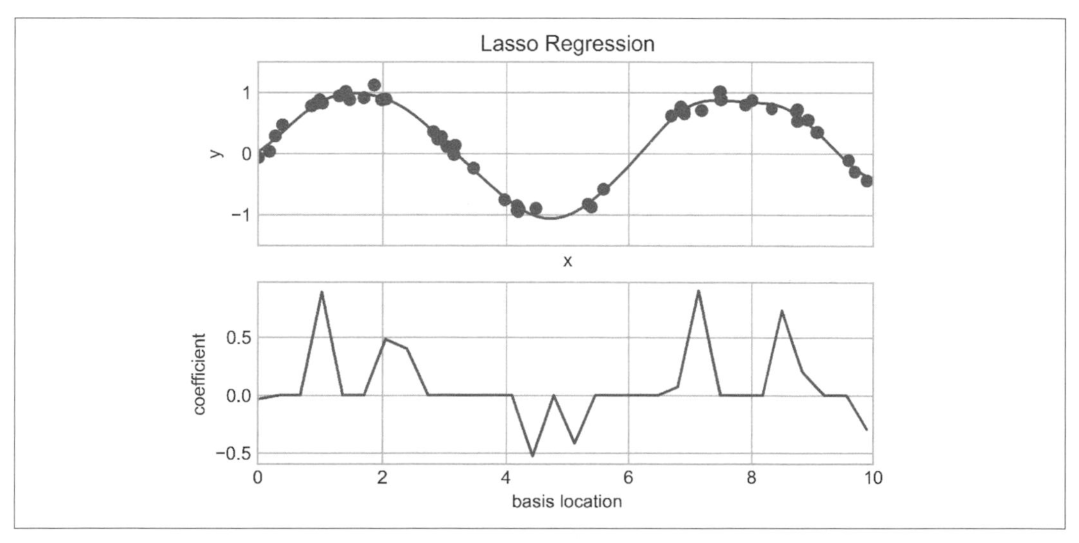

圖 42-9：Lasso（L_1）正規化套用到過於複雜的模型（與圖 42-8 比較）

使用 Lasso 迴歸懲罰時，大部分的係數正好為 0，此時函數的行為就會被可用基函數的小型子集合所塑模。如同嶺回歸一樣可以使用 α 參數來微調處罰的強度，而且應該藉由交叉驗證加以決定（可回去參考第 39 章關於此部分的討論）。

範例：預測自行車的流量

做為一個範例，來看看可以如何根據天氣、季節、和其他因素，預測自行車來回經過西雅圖費利蒙大橋的數量。這些資料在第 23 章中曾經看過，但在此我們將會把另外一個資料集加到這個自行車資料中，然後試著延伸到天氣和季節的因素（溫度、雨量、和白晝時間）這些會影響到行經這個車道的自行車流量。還不錯的是，美國國家海洋暨大氣總署（National Oceanic and Atmospheric Administration，NOAA）提供了每天的氣候資料（*https://oreil.ly/sE5zO*）（我使用的量測站 ID 是 USW00024233），而且讓我們可以很容易地利用 Pandas 來聯合這兩個資料來源。我們將執行簡單的線性迴歸讓天氣和其他自行車的資料相關聯，以評估出在任何指定的一天中，任一個參數是如何影響到自行車騎士數量的改變。

特別是，這是說明如何在統計學建模框架上使用 Scikit-Learn 工具的一個範例，其中這些模型的參數都被假設是具有可解讀意義的。如前所述，這不是使用機器學習的標準方式，但是對於某些模型而言，這種解釋是有可能的。

先從載入這 2 個資料夾，並以日期做為索引開始：

```
In [14]: # url = 'https://raw.githubusercontent.com/jakevdp/bicycle-data/main'
         # !curl -O {url}/FremontBridge.csv
         # !curl -O {url}/SeattleWeather.csv

In [15]: import pandas as pd
         counts = pd.read_csv('FremontBridge.csv',
                              index_col='Date', parse_dates=True)
         weather = pd.read_csv('SeattleWeather.csv',
                               index_col='DATE', parse_dates=True)
```

為了簡單起見，讓我們看一下 2020 年之前的資料，以避開新冠疫情所造成之影響，該大流行嚴重影響了西雅圖的通勤模式：

```
In [16]: counts = counts[counts.index < "2020-01-01"]
         weather = weather[weather.index < "2020-01-01"]
```

接下來計算每天的自行車總流量，然後把它放到自己的 DataFrame 中：

```
In [17]: daily = counts.resample('d').sum()
         daily['Total'] = daily.sum(axis=1)
         daily = daily[['Total']] # 移除其他的欄
```

從之前看過的樣式可知，一般來說每天都會有所變化；為了處理這種情形，再加上一個二進制欄位，用來表示星期：

```
In [18]: days = ['Mon', 'Tue', 'Wed', 'Thu', 'Fri', 'Sat', 'Sun']
         for i in range(7):
             daily[days[i]] = (daily.index.dayofweek == i).astype(float)
```

從之前看過的樣式可知，一般來說每天都會有所變化；為了處理這種情形，再加上一個二進位欄位，用來指示是一星期中的哪一天：

```
In [19]: from pandas.tseries.holiday import USFederalHolidayCalendar
         cal = USFederalHolidayCalendar()
         holidays = cal.holidays('2012', '2020')
         daily = daily.join(pd.Series(1, index=holidays, name='holiday'))
         daily['holiday'].fillna(0, inplace=True)
```

我們也懷疑白晝的時數也會影響到騎車的人數，因此使用標準的天文學運算來加上這些資訊（參見圖 42-10）：

```
In [20]: def hours_of_daylight(date, axis=23.44, latitude=47.61):
             """從給定的日期計算白晝的時數"""
             days = (date - pd.datetime(2000, 12, 21)).days
             m = (1. - np.tan(np.radians(latitude))
                  * np.tan(np.radians(axis) * np.cos(days * 2 * np.pi / 365.25)))
             return 24. * np.degrees(np.arccos(1 - np.clip(m, 0, 2))) / 180.

         daily['daylight_hrs'] = list(map(hours_of_daylight, daily.index))
         daily[['daylight_hrs']].plot()
         plt.ylim(8, 17)
Out[20]: (8.0, 17.0)
```

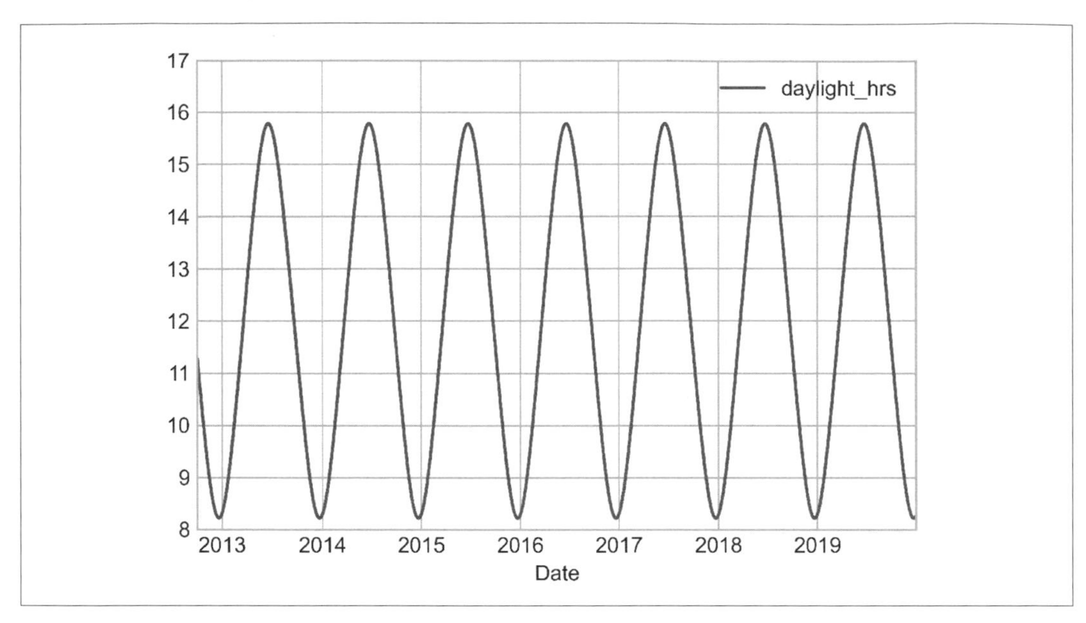

圖 42-10：西雅圖白晝時數之視覺圖

我們也可以加上平均溫度和總降雨量到資料中。此外，除了加上以英吋計的降雨量外，我們也可以加上一個旗標用來指示當日是否沒有下雨（當降雨量是 0）：

```
In [21]: weather['Temp (F)'] = 0.5 * (weather['TMIN'] + weather['TMAX'])
         weather['Rainfall (in)'] = weather['PRCP']
         weather['dry day'] = (weather['PRCP'] == 0).astype(int)

         daily = daily.join(weather[['Rainfall (in)', 'Temp (F)', 'dry day']])
```

最後加上一個計數器，該計數器從 1 開始增加，用來計算總共過了多少年。這可以用來量測以年度而言的每日經過流量是增加還是減少：

```
In [22]: daily['annual'] = (daily.index - daily.index[0]).days / 365.
```

現在，資料已經準備好，可以來仔細地看看它了：

```
In [23]: daily.head()
Out[23]:              Total  Mon  Tue  Wed  Thu  Fri  Sat  Sun  holiday \
         Date
         2012-10-03  14084.0  0.0  0.0  1.0  0.0  0.0  0.0  0.0      0.0
         2012-10-04  13900.0  0.0  0.0  0.0  1.0  0.0  0.0  0.0      0.0
         2012-10-05  12592.0  0.0  0.0  0.0  0.0  1.0  0.0  0.0      0.0
         2012-10-06   8024.0  0.0  0.0  0.0  0.0  0.0  1.0  0.0      0.0
         2012-10-07   8568.0  0.0  0.0  0.0  0.0  0.0  0.0  1.0      0.0

                     daylight_hrs Rainfall (in)  Temp (F)  dry day    annual
         Date
         2012-10-03     11.277359           0.0      56.0        1  0.000000
         2012-10-04     11.219142           0.0      56.5        1  0.002740
         2012-10-05     11.161038           0.0      59.5        1  0.005479
         2012-10-06     11.103056           0.0      60.5        1  0.008219
         2012-10-07     11.045208           0.0      60.5        1  0.010959
```

有了上述的內容，就可以選擇需要使用的欄位，然後擬合一個線性迴歸模型到資料中。我們將會設定 `fit_intercept = False`，因為 daily 這個旗標操作的本質上就是該日的截距：

```
In [24]: # 把任一有空值的列刪除
         daily.dropna(axis=0, how='any', inplace=True)

         column_names = ['Mon', 'Tue', 'Wed', 'Thu', 'Fri', 'Sat', 'Sun',
                         'holiday', 'daylight_hrs', 'Rainfall (in)',
                         'dry day', 'Temp (F)', 'annual']
         X = daily[column_names]
         y = daily['Total']

         model = LinearRegression(fit_intercept=False)
         model.fit(X, y)
         daily['predicted'] = model.predict(X)
```

最後，我們可以在視覺上比較全部和預測的自行車流量（圖 42-11）：

```
In [25]: daily[['Total', 'predicted']].plot(alpha=0.5);
```

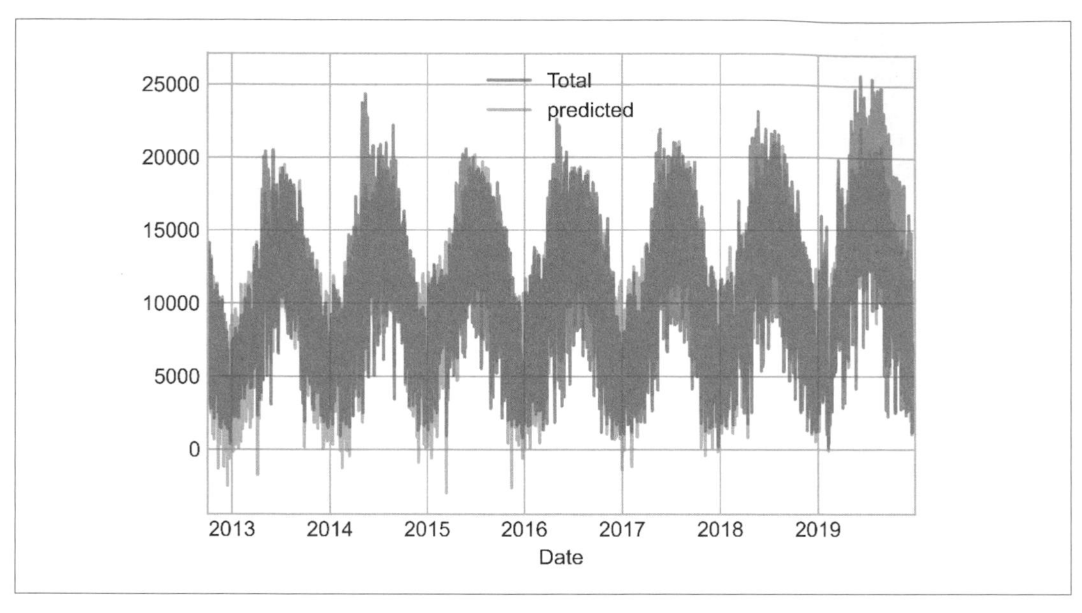

圖 42-11：使用我們的模型所預測的自行車流量

從資料和模型預測不完全一致的事實來看，很明顯我們錯失了一些關鍵特徵。也許是特徵並不完整（也就是，人們決定是否騎自行車去工作可能還需要更多的考慮因素），或者是有存在一些非線性的關係還沒有把它們考慮進去（例如，也許人們在高溫和低溫時較少騎車）。儘管如此，此種粗略的近似值已經足以提供我們一些見解，而且我們還可以更仔細去推敲線性模型的係數，來評估每一個特徵對於每日自行車流量的貢獻有多少：

```
In [26]: params = pd.Series(model.coef_, index=X.columns)
         params
Out[26]: Mon              -3309.953439
         Tue              -2860.625060
         Wed              -2962.889892
         Thu              -3480.656444
         Fri              -4836.064503
         Sat             -10436.802843
         Sun             -10795.195718
         holiday          -5006.995232
         daylight_hrs       409.146368
         Rainfall (in)    -2789.860745
         dry day           2111.069565
         Temp (F)           179.026296
         annual             324.437749
         dtype: float64
```

在沒有一些對這些數字的不確定性量測時，它們很難加以解釋。我們可以使用資料的 bootstrap 重新抽樣（bootstrap resampling）快速地計算這些不確定性：

```
In [27]: from sklearn.utils import resample
         np.random.seed(1)
         err = np.std([model.fit(*resample(X, y)).coef_
                       for i in range(1000)], 0)
```

基於這些被評估的誤差，再看一次結果如下：

```
In [28]: print(pd.DataFrame({'effect': params.round(0),
                             'uncertainty': err.round(0)}))
Out[28]:                  effect  uncertainty
         Mon             -3310.0        265.0
         Tue             -2861.0        274.0
         Wed             -2963.0        268.0
         Thu             -3481.0        268.0
         Fri             -4836.0        261.0
         Sat            -10437.0        259.0
         Sun            -10795.0        267.0
         holiday         -5007.0        401.0
         daylight_hrs      409.0         26.0
         Rainfall (in)   -2790.0        186.0
         dry day          2111.0        101.0
         Temp (F)          179.0          7.0
         annual            324.0         22.0
```

粗略地說，這裡的 `effect` 欄顯示了相關特徵的更改如何影響自行車騎士的數量。例如，當牽涉到星期幾時，有一個明顯的分歧：週末騎車的人比工作日少了數千人。我們還看到，白天每增加 1 小時，就有 409 ± 26 人選擇騎車；每升高華氏 1 度的溫度就會鼓勵 179 ± 7 人拿起他們的自行車；乾爽的一天意味著平均會增加 2,111 ± 101 名騎士，每 1 英吋的降雨都會導致 2,790 ± 186 名騎士選擇其他交通方式。當把所有的影響全部考慮進去時，我們看到每年來看大約會新增一天 324 ± 22 位騎士。

我們的簡易模型幾乎必然缺失了一些相關資訊。例如：非線性的影響（像是降雨量和低溫的影響），以及在每一個變量之內的非線性趨勢（像是在非常冷和非常熱時會對騎車不感興趣）無法被考慮到這個模型中。此外，我們丟棄一些太細節的資訊（像是有雨的上午和有雨的下午之差別），也忽略了在不同天之間的相互關係（像是下雨的週二對於週三騎車人數的可能影響，或是在連續下雨之後突然放晴的影響）。這些都是潛在有趣的影響，而現在有了這些工具，你就可以依照你所想要的方式去作探索。

第 43 章

深究：支持向量機（Support Vector Machines）

支持向量機（support vector machines，SVM）是不管是在分類或是迴歸中都是特別具有威力以及靈活的監督式演算法。本章將探討支持向量機背後的直觀看法以及它們在分類問題上的應用。讓我們先從標準的匯入動作開始：

```
In [1]: %matplotlib inline
        import numpy as np
        import matplotlib.pyplot as plt
        plt.style.use('seaborn-whitegrid')
        from scipy import stats
```

全尺寸及全彩的圖表均可以在 GitHub（*https://oreil.ly/PDSH_GitHub*）上的補充教材中取得。

支持向量機的動機

做為貝氏分類法討論的一部分（請參閱第 41 章），我們學習了一個簡單的模型可以用來描述在每一個類別之分佈，並嘗試使用它以機率的方式決定新資料點的標籤。那是生成分類法的例子，在此，我們將考慮取代判別分類法：與其對每一個類別建模，我們找出一條直線或曲線（到二個維度）或是多方面地（在多維度中），讓它們可以和其他的類別分開。

以此為例，考慮一個分類任務的簡單情境，也就是所有的點有 2 個類別，而且分隔地很清楚（參見圖 43-1）。

```
In [2]: from sklearn.datasets import make_blobs
        X, y = make_blobs(n_samples=50, centers=2,
                          random_state=0, cluster_std=0.60)
        plt.scatter(X[:, 0], X[:, 1], c=y, s=50, cmap='autumn');
```

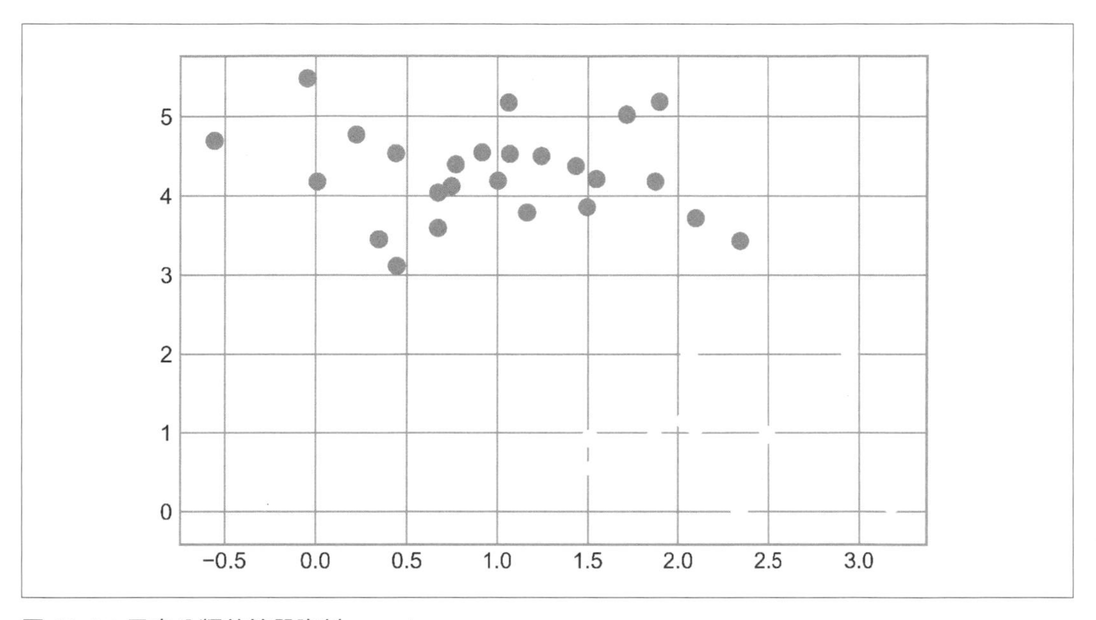

圖 43-1：用來分類的簡單資料

一個線性的判別分類器可以嘗試去畫出一條直線把這些資料分隔為 2 個集合，從而建立一個可以用來分類的模型。對於如圖所示的二維資料，這是一個手動即可完成的工作。但是很快就會看到一個問題：有不只一條可能的線條可以用來完美地區分這兩個類別！

把它們畫出來，如圖 43-2 所示：

```
In [3]: xfit = np.linspace(-1, 3.5)
        plt.scatter(X[:, 0], X[:, 1], c=y, s=50, cmap='autumn')
        plt.plot([0.6], [2.1], 'x', color='red', markeredgewidth=2, markersize=10)

        for m, b in [(1, 0.65), (0.5, 1.6), (-0.2, 2.9)]:
            plt.plot(xfit, m * xfit + b, '-k')

        plt.xlim(-1, 3.5);
```

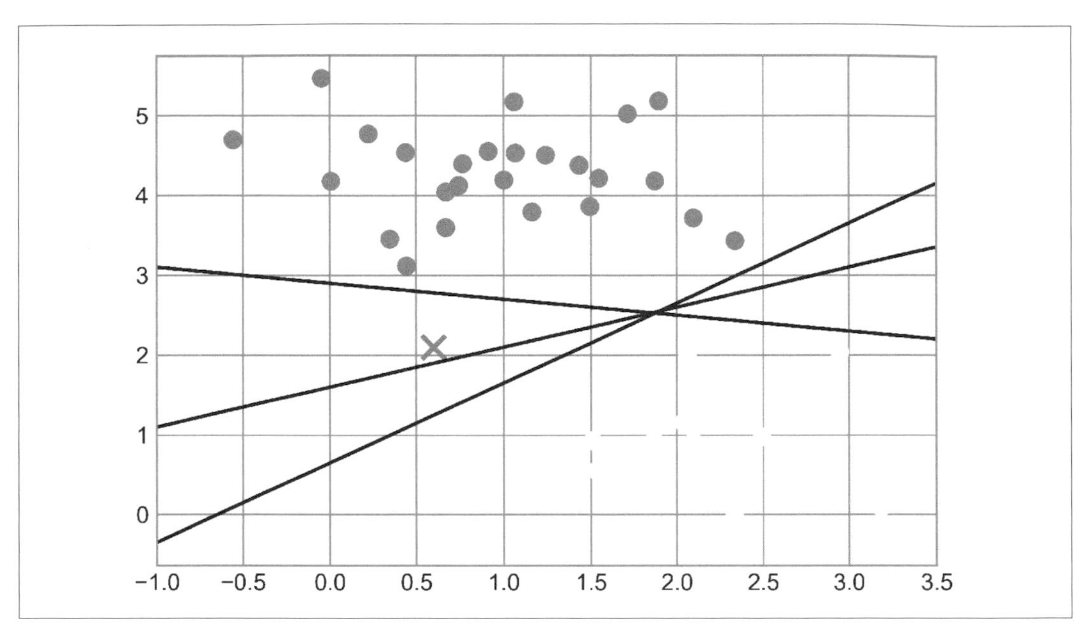

圖 43-2：可以應用到資料的 3 條完美線性判別分類器

這裡有 3 條非常不一樣的分割器，它們都可以完美地區分出這些樣本點。端看你選用的是哪一個，則一個新的資料點（例如，圖中的「X」標記）將會被指定到不同的標籤！很明顯地，只靠直覺「在類別間畫一條直線」是不夠用的，這還需要更深入地思考。

支持向量機：最大化邊界

支持向量機提供一個改良上述問題的方式。直觀的想法是：與其簡單地在類別之間畫一條寬度為 0 的線，我們可以在每一條線上畫上具有一些寬度的邊界，直到最近的點。以下是看起來可能的樣子（參見圖 43-3）。

```
In [4]: xfit = np.linspace(-1, 3.5)
        plt.scatter(X[:, 0], X[:, 1], c=y, s=50, cmap='autumn')

        for m, b, d in [(1, 0.65, 0.33), (0.5, 1.6, 0.55), (-0.2, 2.9, 0.2)]:
            yfit = m * xfit + b
            plt.plot(xfit, yfit, '-k')
            plt.fill_between(xfit, yfit - d, yfit + d, edgecolor='none',
                             color='lightgray', alpha=0.5)

        plt.xlim(-1, 3.5);
```

在支持向量機中，能夠最大化邊界的線條會被選用來當作是最佳的模型。

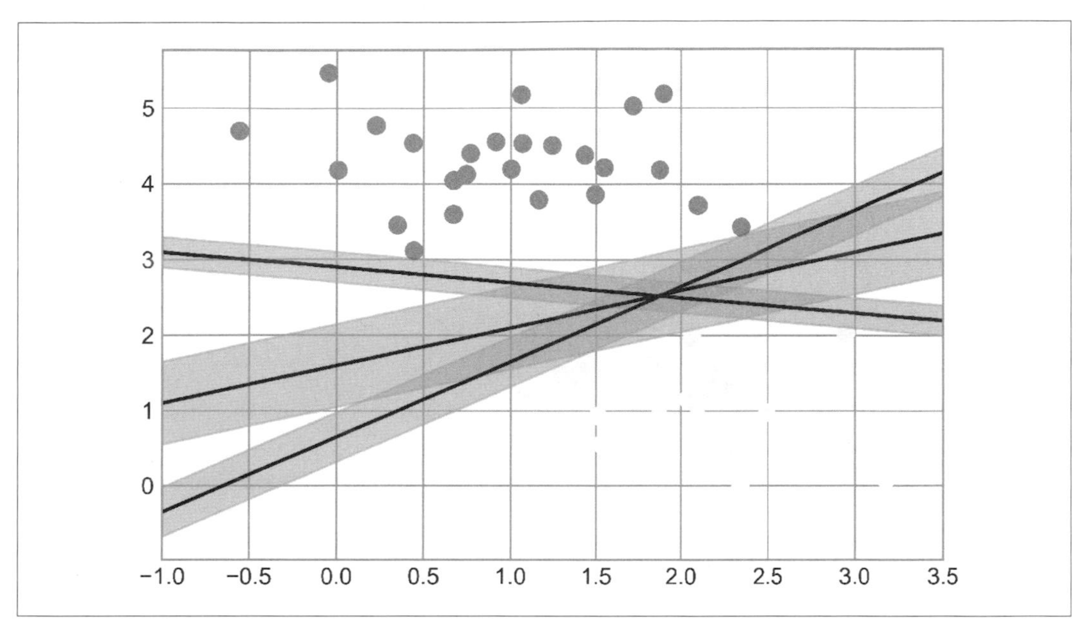

圖 43-3：判別分類器加上邊界的視覺圖

擬合支持向量機

來看看實際把此模型擬合到資料的結果：我們將會利用 Scikit-Learn 的支持向量分類器（support vector classifier，SVC），使用這些資料去訓練一個 SVM 模型。目前，我們將使用一個線性核心，並設定 `C` 參數到一個非常大的數目（接著我們將會更深入地討論它們實際所代表的意義）：

```
In [5]: from sklearn.svm import SVC # "Support vector classifier"
        model = SVC(kernel='linear', C=1E10)
        model.fit(X, y)
Out[5]: SVC(C=10000000000.0, kernel='linear')
```

在此，為了讓視覺圖表現地比較好，先建立一個方便的函式為我們畫出 SVM 的決策邊界（圖 43-4）。

```
In [6]: def plot_svc_decision_function(model, ax=None, plot_support=True):
            """Plot the decision function for a 2D SVC"""
            if ax is None:
                ax = plt.gca()
            xlim = ax.get_xlim()
            ylim = ax.get_ylim()

            # 建立 grid 以評估模型
            x = np.linspace(xlim[0], xlim[1], 30)
            y = np.linspace(ylim[0], ylim[1], 30)
            Y, X = np.meshgrid(y, x)
            xy = np.vstack([X.ravel(), Y.ravel()]).T
            P = model.decision_function(xy).reshape(X.shape)


            # 繪出決策邊界

            ax.contour(X, Y, P, colors='k',
                       levels=[-1, 0, 1], alpha=0.5,
                       linestyles=['--', '-', '--'])

            # 繪出支持向量
            if plot_support:
                ax.scatter(model.support_vectors_[:, 0],
                           model.support_vectors_[:, 1],
                           s=300, linewidth=1, edgecolors='black',
                           facecolors='none');
            ax.set_xlim(xlim)
            ax.set_ylim(ylim)

In [7]: plt.scatter(X[:, 0], X[:, 1], c=y, s=50, cmap='autumn')
        plot_svc_decision_function(model);
```

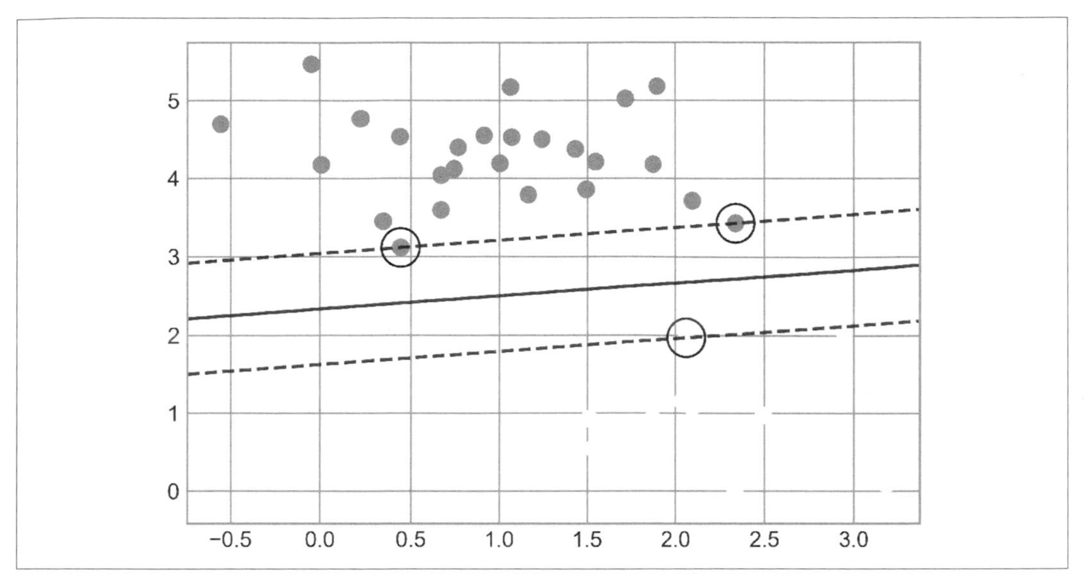

圖 43-4：一個擬合到資料的支持向量分類器，包含邊界（虛線）以及支持向量（圓形）

這是在 2 組資料點中具有最大邊界的分隔線。留意有少許的訓練資料剛好接觸到邊界；在圖 43-5 中以黑色的圓形表示。這些點是擬合的關鍵元素，也就是被稱為支持向量（support vectors）的元素，它們即為此演算法名稱的由來。在 Scikit-Learn 中，這些點的內容被儲存在分類器的 `support_vectors_` 屬性中：

```
In [8]: model.support_vectors_
Out[8]: array([[0.44359863, 3.11530945],
               [2.33812285, 3.43116792],
               [2.06156753, 1.96918596]])
```

此分類器成功的其中一個關鍵是，關於擬合，只有那些支持向量的位置是重要的：任何在任一邊中比邊界還要遠的資料點並不會影響擬合的結果！技術上來說，這是因為這些點並不會對於使用在擬合此模型的損失函數（loss function）有任何的貢獻，所以只要它們不跨過邊界，它們的位置和數目並不重要。

請看以下的例子，如果要繪出一個從這個資料集中之前面 60 個點和前面 120 個學習而來的模型（圖 43-5）。

```
In [9]: def plot_svm(N=10, ax=None):
            X, y = make_blobs(n_samples=200, centers=2,
                              random_state=0, cluster_std=0.60)
            X = X[:N]
```

```
    y = y[:N]
    model = SVC(kernel='linear', C=1E10)
    model.fit(X, y)

    ax = ax or plt.gca()
    ax.scatter(X[:, 0], X[:, 1], c=y, s=50, cmap='autumn')
    ax.set_xlim(-1, 4)
    ax.set_ylim(-1, 6)
    plot_svc_decision_function(model, ax)

fig, ax = plt.subplots(1, 2, figsize=(16, 6))
fig.subplots_adjust(left=0.0625, right=0.95, wspace=0.1)
for axi, N in zip(ax, [60, 120]):
    plot_svm(N, axi)
    axi.set_title('N = {0}'.format(N))
```

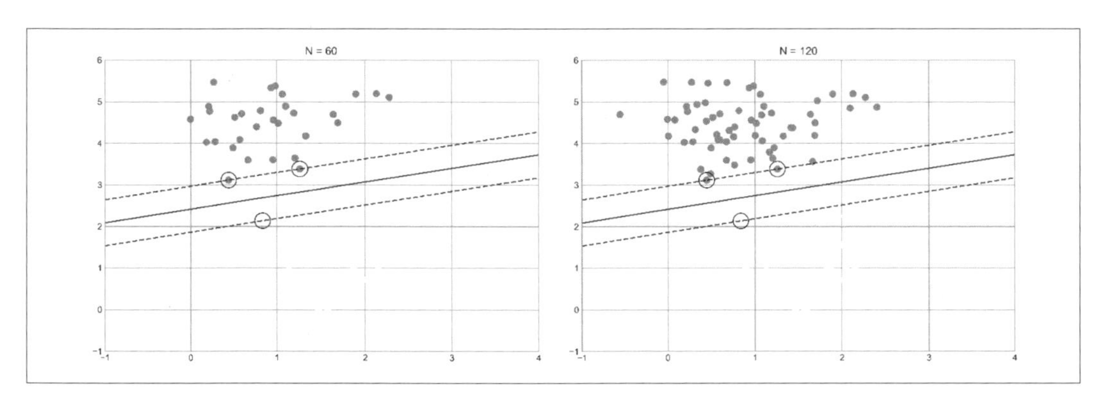

圖 43-5：SVM 模型上新加入的訓練資料點之影響

在左側的圖中，可以看到該模型和用來訓練 60 個資料點的支持向量。在右側圖中，我們加倍了訓練點的數量，但是此模型被沒有被改變：在左側的 3 個支持向量在右側也是一樣的。對於遠離的資料點的行為不敏感是 SVM 模型的長處之一。

如果你是在 Notebook 上執行的話，可以使用 IPython 的互動式小工具互動地檢視 SVM 模型的特徵：

```
In [10]: from ipywidgets import interact, fixed
         interact(plot_svm, N=(10, 200), ax=fixed(None));
Out[10]: interactive(children=(IntSlider(value=10, description='N', max=200, min=10),
          > Output()), _dom_classes=('widget-...
```

超越線性邊界：核心 SVM（Kernel SVM）

把 SVM 結合核心之後就會變得非常強大。在第 42 章基函數迴歸中我們已經看過其中一個版本的核心。那時我們透過多項式和高斯基函數把資料投影到更高維度的空間中，從而讓我們可以在線性分類器中擬合非線性關係。

在 SVM 模型中，可以使用同樣概念的版本。為了說明核心的必要性，先讓我們來看一些無法以線性方式分隔的資料（圖 43-6）。

```
In [11]: from sklearn.datasets import make_circles
         X, y = make_circles(100, factor=.1, noise=.1)

         clf = SVC(kernel='linear').fit(X, y)

         plt.scatter(X[:, 0], X[:, 1], c=y, s=50, cmap='autumn')
         plot_svc_decision_function(clf, plot_support=False);
```

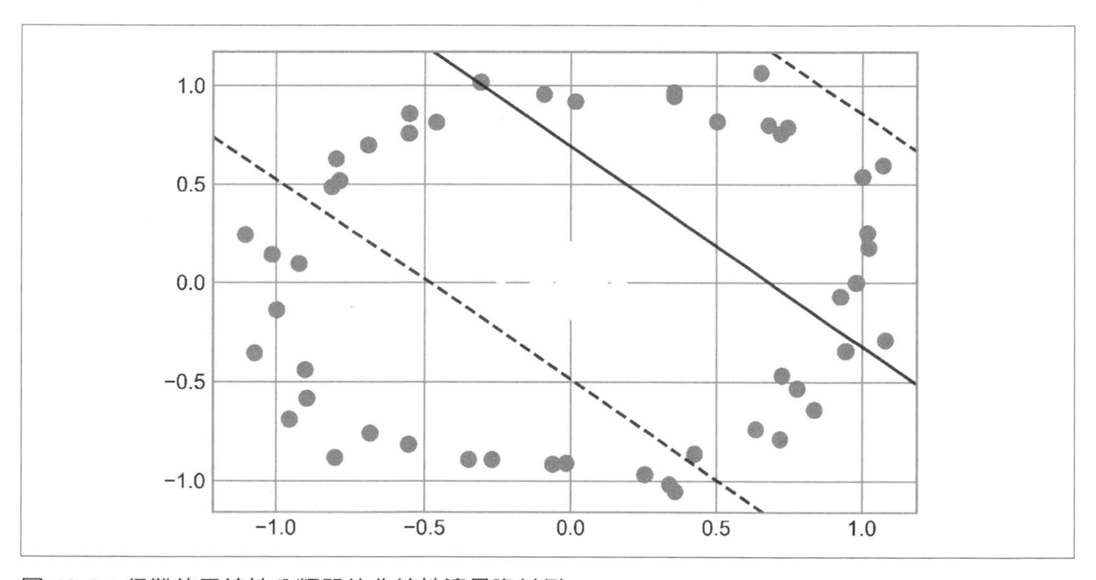

圖 43-6：很難使用線性分類器的非線性邊界資料例

很明顯地沒有任何的線性函數可以分隔這些資料。但是我們可以從在 42 章的基函數迴歸中學習到的，思考如何讓這樣的線性分隔器投影到足夠高的維度上。例如，其中一個可以使用的簡單投影方法是計算以這一堆點為中心的**徑向基函數**（*radial basis function*，RBF）：

```
In [12]: r = np.exp(-(X ** 2).sum(1))
```

我們可以使用三度空間的圖形視覺化這個額外的資料維度，如圖 43-7 所示：

```
In [13]: from mpl_toolkits import mplot3d

         ax = plt.subplot(projection='3d')
         ax.scatter3D(X[:, 0], X[:, 1], r, c=y, s=50, cmap='autumn')
         ax.view_init(elev=20, azim=30)
         ax.set_xlabel('x')
         ax.set_ylabel('y')
         ax.set_zlabel('r');
```

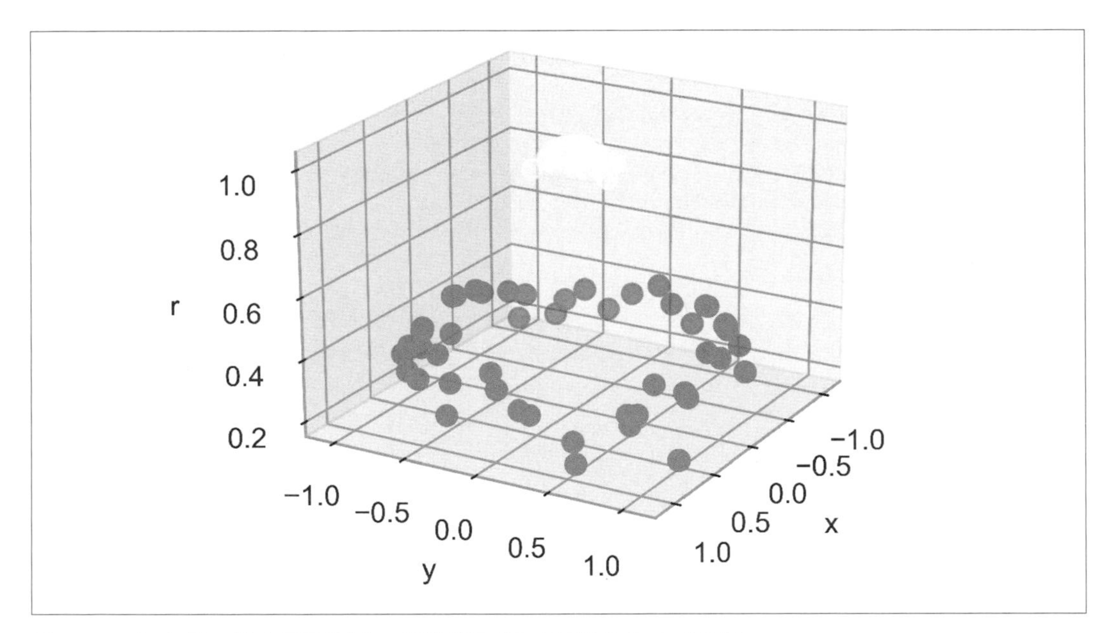

圖 43-7：加上第三維度到資料中，讓資料可以被以線性的方式分隔

我們可以看到這個額外加上的維度，讓資料就可以透過畫上一個在 r=0.7 的平面做線性分隔。

在此必須要小心地選用以及調整我們的投影；如果沒有在右邊置中徑向基函數的話，我們可能無法看到如此簡潔、可線性分隔的結果。一般而言，要我們自行選擇會是一個困擾：我們比較想要的是可以自動地找到最佳使用的基函數。

其中一個策略是以這些資料集的每一個點為中心計算基函數，然後讓 SVM 演算法過濾這些結果。此種型態的基函數轉換被稱為**核轉換**（*kernel transformation*），也就是基於每一對資料點之間的相似關係（或核心）。

此策略（投影 N 個點到 N 個維度）的一個潛在問題是，當 N 愈來愈大時，可能會變得需要耗費非常大量的計算。然而，因為有個叫做**核技巧**（*kernel trick*）（*http://bit.ly/2fStZeA*）的簡潔小程序可以在核轉換資料時被隱含地完成。也就是說，甚至不需要建構出全部核投影的 N 維度表示！此核心技巧內建在 SVM 中，而且這也是此方法如此有效的其中一個理由。

在 Scikit-Learn 中，我們可以簡單地套用核計算過的 SVM，使用 `kernel` 模式超參數將線性核心變更為 RBF 核心：

```
In [14]: clf = SVC(kernel='rbf', C=1E6)
         clf.fit(X, y)
Out[14]: SVC(C=1000000.0)
```

讓我們使用之前定義過的函式視覺化這個擬合，並且指出這些支持向量（圖 43-8）。

```
In [15]: plt.scatter(X[:, 0], X[:, 1], c=y, s=50, cmap='autumn')
         plot_svc_decision_function(clf)
         plt.scatter(clf.support_vectors_[:, 0], clf.support_vectors_[:, 1],
                     s=300, lw=1, facecolors='none');
```

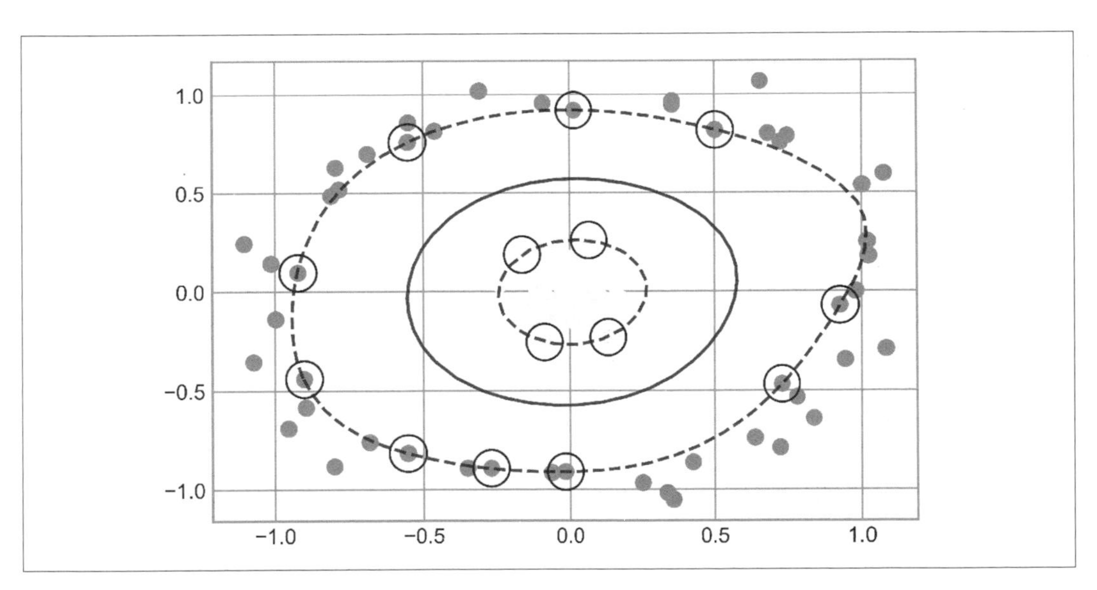

圖 43-8：核 SVM 擬合到資料

使用這個核計算過的支持向量機，我們學習到了一個適合的非線性決策邊界。這個核轉換策略經常被使用在機器學習中，用來轉換快速線性方法成為快速非線性方法，特別是對於那些可以使用核技巧的模型。

調整 SVM：柔化邊界

到目前為止，我們的討論集中在非常乾淨的資料集，也就是那些有著非常完美的可決定邊界存在的資料集。但是如果資料有一些是重疊的呢？例如，如下所示的資料（圖 43-9）：

```
In [16]: X, y = make_blobs(n_samples=100, centers=2,
                           random_state=0, cluster_std=1.2)
         plt.scatter(X[:, 0], X[:, 1], c=y, s=50, cmap='autumn');
```

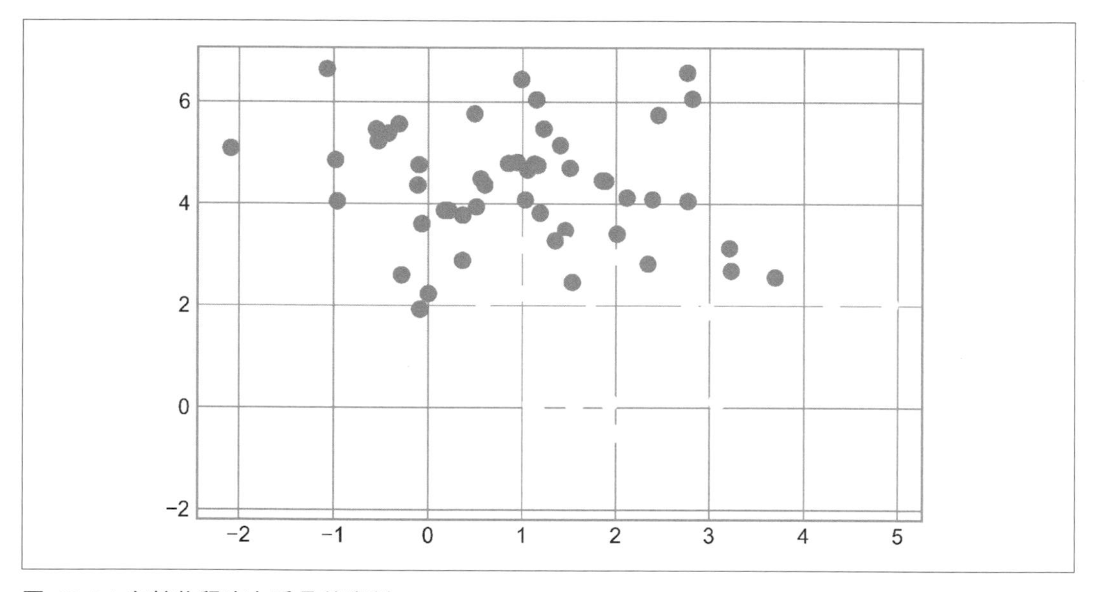

圖 43-9：有某些程度上重疊的資料

要處理這種情形，SVM 實作有一些模糊因子（fudge-factor）可以用來「柔化」邊界；也就是說，它允許一些資料點可以蔓延進入邊界以讓擬合的結果較好。邊界的銳利程度是由一個叫做 C 的參數來調整。對於越大的 C，邊界就越銳利，以致於資料點就不能夠在邊界上。對於比較小的 C，則邊界就較為柔和，它允許邊界成長到包含了一些資料點。

在圖 43-10 中所顯示的視覺圖提供了一個視覺化的參考，可以看出 C 這個參數藉由柔化邊界之後，對於最終擬合結果的影響：。

```
In [17]: X, y = make_blobs(n_samples=100, centers=2,
                           random_state=0, cluster_std=0.8)

         fig, ax = plt.subplots(1, 2, figsize=(16, 6))
         fig.subplots_adjust(left=0.0625, right=0.95, wspace=0.1)

         for axi, C in zip(ax, [10.0, 0.1]):
             model = SVC(kernel='linear', C=C).fit(X, y)
             axi.scatter(X[:, 0], X[:, 1], c=y, s=50, cmap='autumn')
             plot_svc_decision_function(model, axi)
             axi.scatter(model.support_vectors_[:, 0],
                         model.support_vectors_[:, 1],
                         s=300, lw=1, facecolors='none');
             axi.set_title('C = {0:.1f}'.format(C), size=14)
```

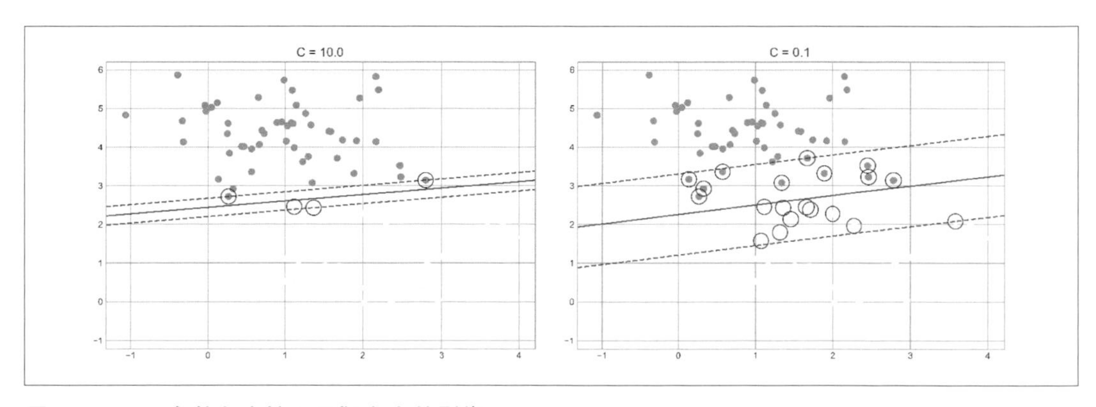

圖 43-10：C 參數在支持向量擬合中的影響

C 參數最佳的值由資料集來決定，它應該透過交叉驗證或是類似的程序來調整（回頭參考第 39 章）。

範例：人臉辨識

為了示範支持向量機的使用，接著來探討人臉辨識的問題。我們將會使用在 Wild 資料集中的 Labeled Faces，它是由數千張從公共領域圖片中整理出來的。底下是內建在 Scikit-Learn 中取得此資料集的下載器：

```
In [18]: from sklearn.datasets import fetch_lfw_people
         faces = fetch_lfw_people(min_faces_per_person=60)
         print(faces.target_names)
         print(faces.images.shape)
Out[18]: ['Ariel Sharon' 'Colin Powell' 'Donald Rumsfeld' 'George W Bush'
          'Gerhard Schroeder' 'Hugo Chavez' 'Junichiro Koizumi' 'Tony Blair']
         (1348, 62, 47)
```

先畫出其中的一些人臉來看看接下來會用到的資料內容（參見圖 43-11）。

```
In [19]: fig, ax = plt.subplots(3, 5, figsize=(8, 6))
         for i, axi in enumerate(ax.flat):
             axi.imshow(faces.images[i], cmap='bone')
             axi.set(xticks=[], yticks=[],
                     xlabel=faces.target_names[faces.target[i]])
```

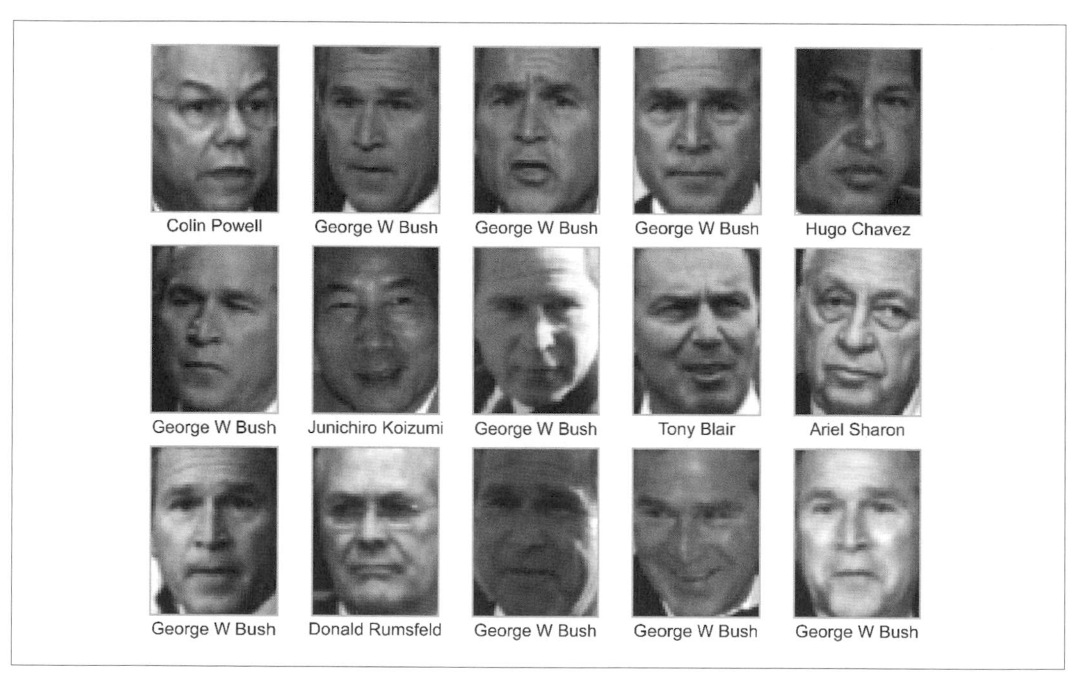

圖 43-11：在 Wild 資料集中的 Labeled Faces 的一些例子

每一個圖像都包含 62×47，也就是將近 3,000 個像素點。我們可以簡單地使用每一個像素點來當作是特徵，但是通常如果使用某些預處理器去萃取出一些比較有意義的特徵會更有效果；在此，我們將使用主成分分析（principal component analysis）（參閱第 45

章）萃取 150 個基礎成分，並把它們匯入到支持向量機分類器中。我們可以透過包裝這個預處理器以及分類器成為一個管線來直接做這件事：

```
In [20]: from sklearn.svm import SVC
         from sklearn.decomposition import PCA
         from sklearn.pipeline import make_pipeline

         pca = PCA(n_components=150, whiten=True,
                   svd_solver='randomized', random_state=42)
         svc = SVC(kernel='rbf', class_weight='balanced')
         model = make_pipeline(pca, svc)
```

因為需要測試我們的分類器輸出，所以需要把資料分成訓練集和測試集：

```
In [21]: from sklearn.model_selection import train_test_split
         Xtrain, Xtest, ytrain, ytest = train_test_split(faces.data, faces.target,
                                                         random_state=42)
```

最後，可以使用一個格狀搜尋交叉驗證來探索參數的組合。在此，我們將調整 C（用來控制邊界的銳利度）和 gamma（用來控制徑向基函數的核的大小），以決定出最佳的模型：

```
In [22]: from sklearn.model_selection import GridSearchCV
         param_grid = {'svc__C': [1, 5, 10, 50],
                       'svc__gamma': [0.0001, 0.0005, 0.001, 0.005]}
         grid = GridSearchCV(model, param_grid)

         %time grid.fit(Xtrain, ytrain)
         print(grid.best_params_)
Out[22]: CPU times: user 1min 19s, sys: 8.56 s, total: 1min 27s
         Wall time: 36.2 s
         {'svc__C': 10, 'svc__gamma': 0.001}
```

最佳值落在網格的中間；如果它們落在邊界上，就需要拓展這個格子以確保找到的是真的最佳值。

現在有了這個交叉驗證模型，就可以預測這個模型還沒有見過的測試資料標籤：

```
In [23]: model = grid.best_estimator_
         yfit = model.predict(Xtest)
```

以下檢視一些影像和它們被預測的標籤值（圖 43-12）。

```
In [24]: fig, ax = plt.subplots(4, 6)
         for i, axi in enumerate(ax.flat):
             axi.imshow(Xtest[i].reshape(62, 47), cmap='bone')
```

```
        axi.set(xticks=[], yticks=[])
        axi.set_ylabel(faces.target_names[yfit[i]].split()[-1],
                       color='black' if yfit[i] == ytest[i] else 'red')
    fig.suptitle('Predicted Names; Incorrect Labels in Red', size=14);
```

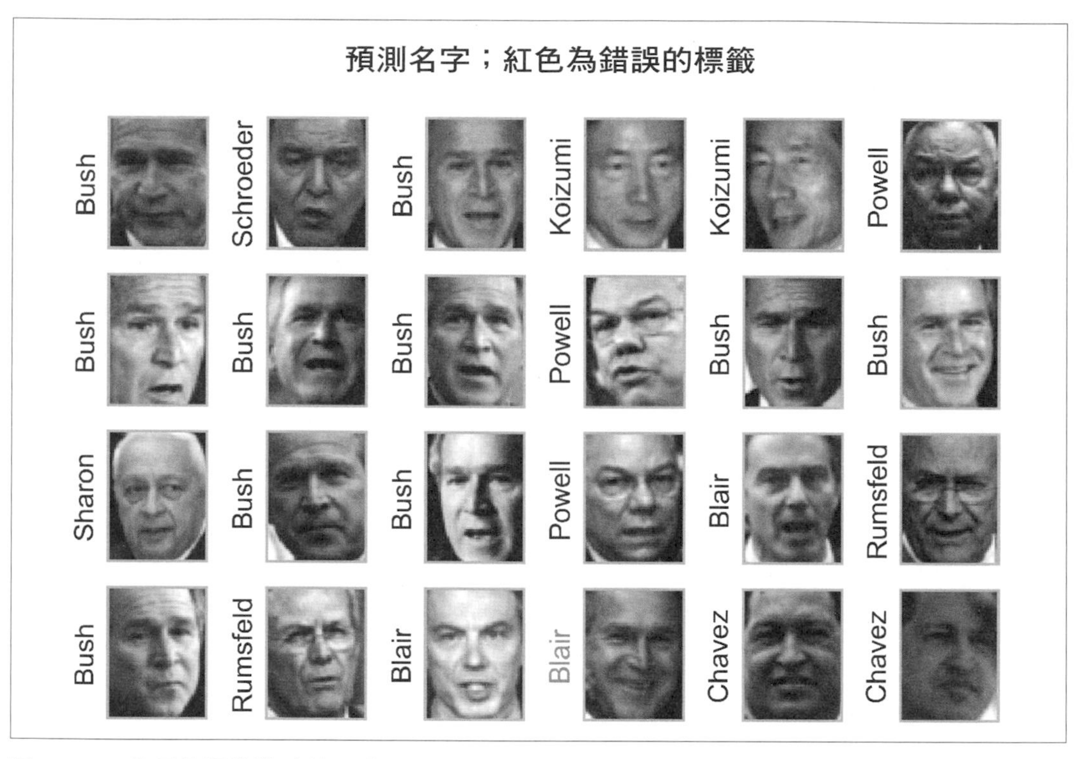

圖 43-12：使用我們的模型所預測的標籤

在這個小樣本中，我們的最佳估計器只標錯一張（在下方列中的 Bush 被標示成了 Blair）。我們可以透過分類報告來判讀這個估計器的效能，它對於每一個標籤都列出統計數據：

```
In [25]: from sklearn.metrics import classification_report
         print(classification_report(ytest, yfit,
                                     target_names=faces.target_names))
Out[25]:                    precision    recall  f1-score   support

              Ariel Sharon       0.65      0.73      0.69        15
              Colin Powell       0.80      0.87      0.83        68
           Donald Rumsfeld       0.74      0.84      0.79        31
             George W Bush       0.92      0.83      0.88       126
```

```
Gerhard Schroeder       0.86      0.83      0.84        23
      Hugo Chavez       0.93      0.70      0.80        20
Junichiro Koizumi       0.92      1.00      0.96        12
       Tony Blair       0.85      0.95      0.90        42

         accuracy                           0.85       337
        macro avg       0.83      0.84      0.84       337
     weighted avg       0.86      0.85      0.85       337
```

也可以顯示在這些類別之間的混淆矩陣（參見圖 43-13）。

```
In [26]: from sklearn.metrics import confusion_matrix
         import seaborn as sns
         mat = confusion_matrix(ytest, yfit)
         sns.heatmap(mat.T, square=True, annot=True, fmt='d',
                     cbar=False, cmap='Blues',
                     xticklabels=faces.target_names,
                     yticklabels=faces.target_names)
         plt.xlabel('true label')
         plt.ylabel('predicted label');
```

預測標籤 / 真實標籤

	Ariel Sharon	Colin Powell	Donald Rumsfeld	George W Bush	Gerhard Schroeder	Hugo Chavez	Junichiro Koizumi	Tony Blair
Ariel Sharon	11	2	1	2	0	1	0	0
Colin Powell	1	59	2	11	0	1	0	0
Donald Rumsfeld	2	2	26	3	1	0	0	1
George W Bush	1	3	1	105	1	2	0	1
Gerhard Schroeder	0	0	0	2	19	1	0	0
Hugo Chavez	0	0	0	1	0	14	0	0
Junichiro Koizumi	0	0	0	0	1	0	12	0
Tony Blair	0	2	1	2	1	1	0	40

圖 43-13：這些臉部資料的混淆矩陣

這可以幫助瞭解在我們的估計器中，哪些標籤比較容易被搞混。

在真實世界中的人臉辨識任務，相片並不會被切割成為這麼完美的方格，此種情況下，在面部分類的方法上唯一的差別就是特徵的選取：你可能需要使用更複雜的演算法去找到這些臉，以及獨立於像素之外去萃取特徵。對於這一類型的應用，OpenCV（*http://opencv.org*）就是其中一個好的選擇，它包含了經過訓練的最佳化影像特徵萃取工具，不論在一般的使用或特別是在人臉辨識上都很好。

小結

我們已經看過了關於在支持向量機背後原理之主要且直觀的介紹，這些方法非常具有威力是基於以下幾個理由：

- 它們依賴相對少的支持向量，這表示它們是非常精簡的模型，而且只使用很少的記憶體。
- 一旦模型訓練完成，預測階段的速度非常快。
- 因為它們只有被接近邊界的點所影響，因此在高維度的資料中運作地很好，甚至包括在維度比樣本數還多的資料中，這些對於其他的演算法來說是一項挑戰。
- 與核方法整合非常多樣化，能夠適應到許多型態的資料。

然而，SVM 也有幾項缺點：

- 關於樣本數 N 的執行效能估計，最糟時是 $\mathcal{O}[N^3]$，而有效率的實作則是 $\mathcal{O}[N^2]$。對於非常大的訓練樣本來說，計算成本可能就會變得太高了。
- 它的結果非常地依賴於一個合適的柔化參數 C 的選擇。這個值必須小心地藉由交叉驗證來選取，在資料集變大之後，成本就會非常昂貴。
- 它的結果沒有一個直接的機率學理解釋。這可以從一個內部的交叉驗證（請參考 SVC 的機率參數），但是這個額外的評估也是需要額外的成本。

瞭解了這些特性之後，通常我只有在其他更簡單、更快速以及較少極需調整的方法已經確定不夠用時，才會轉而使用 SVM。如果你有足夠的 CPU 效能可以在資料上用來訓練和交叉驗證 SVM，這個方法就可以得到很傑出的結果。

第 44 章

深究：決策樹（Decision Tree）與隨機森林（Random Forest）

在前面深入地檢視了一種簡單生成式分類器（單純貝氏；請參閱第 41 章）以及一個具有威力的判別分類器（支持向量機；請參閱第 43 章）。在此，將再來探討另一個也是非常具有威力的演算法，一個稱為**隨機森林**（*random forest*）的非參數演算法。隨機森林是**集成**（*ensemble*）方法的一種，它是藉由蒐集來自於較簡單估計器結果的方法。此種集成方法有一點令人驚訝的結果是，它的總和會比部分的結果還要更好，也就是說，來自於多數估計器的投票結果會形成比任一單獨的估計器還要好的結果！後面的章節中還會看到這樣的一些例子。

以下還是從執行一些標準的匯入動作開始：

```
In [1]: %matplotlib inline
        import numpy as np
        import matplotlib.pyplot as plt
        plt.style.use('seaborn-whitegrid')
```

隨機森林的動機：決策樹（Decision Tree）

隨機森林是建立在決策樹上的一個集成學習法。基於這個理由，將從討論決策樹開始。

決策樹是用在分類或進行標籤非常直覺的方法：你可以簡單地從 0 開始詢問一連串設計過的問題來進行分類。例如：如果想要建立一個用來分類你在健行時遇到的動物之決策樹，你可能會建構一個像是圖 44-1 的決策樹。

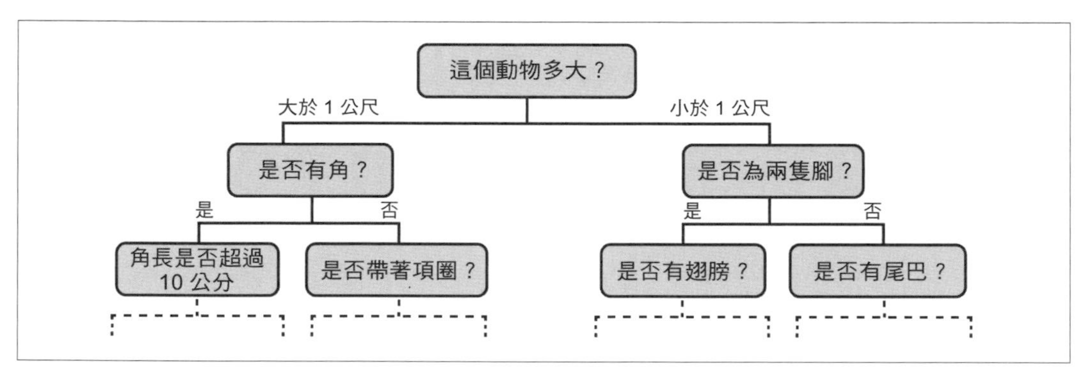

圖 44-1：一個二元決策樹的例子 [1]

二元分割讓此分類工作非常地有效率：在一個建構良好的決策樹中，每一個問題都可以把選項數目做接近對半的分割，如此就算是非常多的類別也可以很快地縮小範圍。當然，這樣的技巧要視你每一個步驟要問的是什麼問題來決定。在機器學習的實作中，問題通常是沿軸方式分割資料；也就是每一個在樹中的節點會使用其中一個特徵中的切割值把資料分割成 2 組。現在讓我們來看一個決策樹的例子。

建立決策樹

考慮如下所示的二維資料，其中共有 4 個類別標籤（參見圖 44-2）：

```
In [2]: from sklearn.datasets import make_blobs

        X, y = make_blobs(n_samples=300, centers=4,
                          random_state=0, cluster_std=1.0)
        plt.scatter(X[:, 0], X[:, 1], c=y, s=50, cmap='rainbow');
```

1 產生本圖表的程式碼可以在線上附錄（*https://oreil.ly/xP9ZI*）中取得。

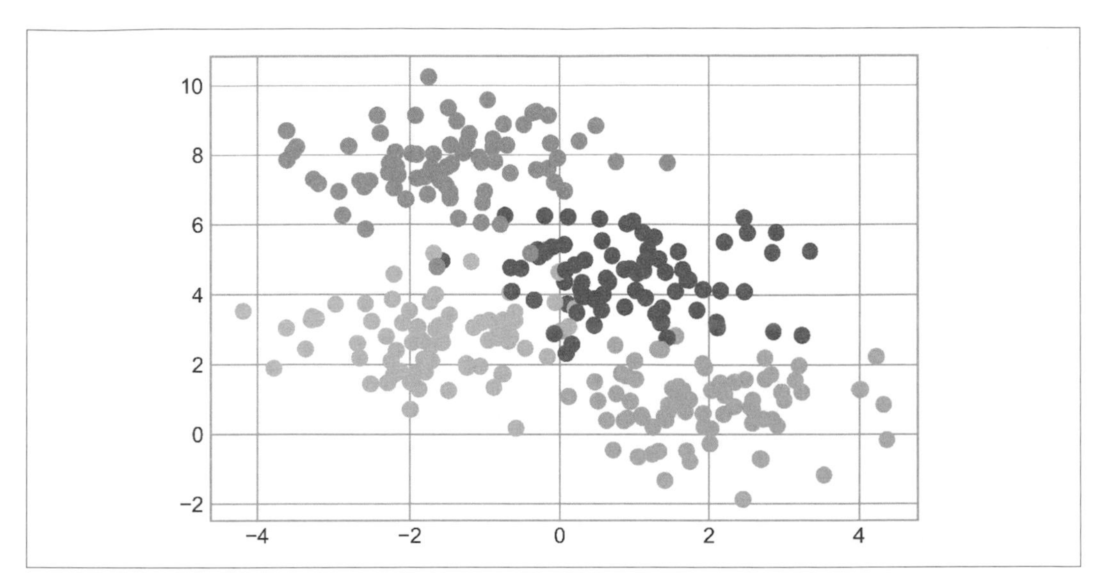

圖 44-2：用於決策樹分類器的資料

依此資料建立的簡單決策樹反覆地沿著一軸或其他的軸，根據某一個量值條件分割資料，而在每一層中依據新區域內的多數票對一個新區域設定標籤。圖 44-3 展示了這筆資料之決策樹分類器之前 4 層的視覺化效果。

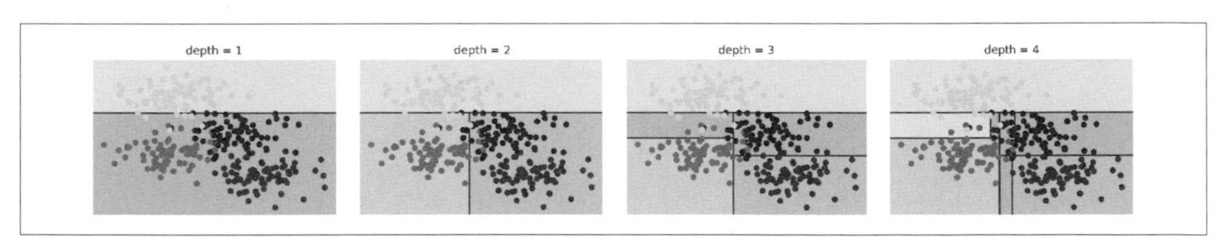

圖 44-3：決策樹如何分割資料的視覺化效果 [2]

留意圖中在第一層分割之後，每一個在上部的點都沒有改變，所以它們沒有必要再進一步地區分出更多的分支。除非每一個點全部都只包含一種顏色，否則在每一層中還必須再進一步依照任兩個特徵的其中之一進行分割。

2　產生此圖表的程式碼可以在線上附錄（*https://oreil.ly/H4WFg*）中取得。

此種決策樹擬合到資料之程序，可以透過 Scikit-Learn 的 `DecisionTreeClassifier` 估計器來完成：

```
In [3]: from sklearn.tree import DecisionTreeClassifier
        tree = DecisionTreeClassifier().fit(X, y)
```

底下編寫一個快速的工具函式協助我們視覺化此分類器的輸出：

```
In [4]: def visualize_classifier(model, X, y, ax=None, cmap='rainbow'):
            ax = ax or plt.gca()

            # 繪出訓練用資料點
            ax.scatter(X[:, 0], X[:, 1], c=y, s=30, cmap=cmap,
                       clim=(y.min(), y.max()), zorder=3)
            ax.axis('tight')
            ax.axis('off')
            xlim = ax.get_xlim()
            ylim = ax.get_ylim()

            # 擬合一個估計器
            model.fit(X, y)
            xx, yy = np.meshgrid(np.linspace(*xlim, num=200),
                                 np.linspace(*ylim, num=200))
            Z = model.predict(np.c_[xx.ravel(), yy.ravel()]).reshape(xx.shape)

            # 建立結果的彩色圖形
            n_classes = len(np.unique(y))
            contours = ax.contourf(xx, yy, Z, alpha=0.3,
                                   levels=np.arange(n_classes + 1) - 0.5,
                                   cmap=cmap, zorder=1)

            ax.set(xlim=xlim, ylim=ylim)
```

現在，可以檢視此決策樹分類法看起來會像是什麼樣子（圖 44-4）。

```
In [5]: visualize_classifier(DecisionTreeClassifier(), X, y)
```

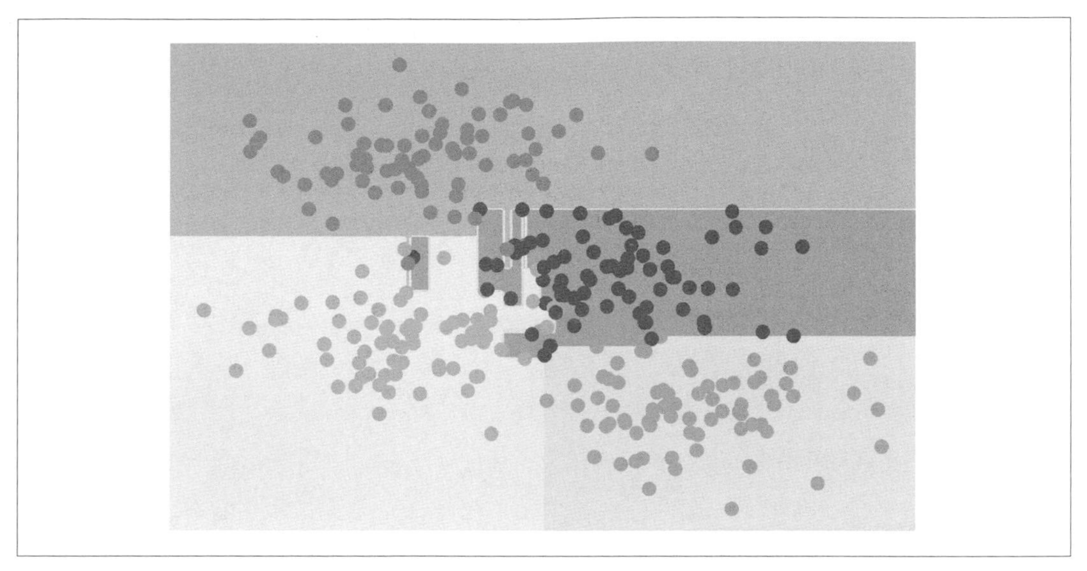

圖 44-4：決策樹分類方法的視覺化圖形

如果你是在 Notebook 中以 live 方式執行的話，可以使用被包含在線上附錄的 helpers script（*https://oreil.ly/etDrN*）讓這整個決策樹的建立可以使用互動的方式觀看其視覺化的過程：

```
In [6]: # helpers_05_08 可以在線上附錄中找到
        import helpers_05_08
        helpers_05_08.plot_tree_interactive(X, y);
Out[6]: interactive(children=(Dropdown(description='depth', index=1, options=(1, 5),
         > value=5), Output()), _dom_classes...
```

需留意的是當深度增加之後，有可能會得到非常奇怪形狀的分類區域；例如：在第 5 層深度時，黃色和藍色之間出現了一個瘦高的紫色區域。很明顯地，這不是一個資料本質上的真實分佈，而是一個對於特定樣本或資料雜訊特性之結果。也就是說，這個決策樹，甚至是在 5 層的深度，也很明顯地過度擬合了我們的資料。

決策樹與過度擬合

此種過度擬合是決策樹的一般特性；它非常容易於在樹中過度深入，以致於去擬合到特定資料的細節，而不是它們需要被擷取出的分佈全貌。另一個檢視此種過度擬合的方式，是去關注在資料的不同子集合中訓練過的模型。例如，在圖 44-5 中訓練了 2 個不同的樹，每一個都使用了原始資料的一半。

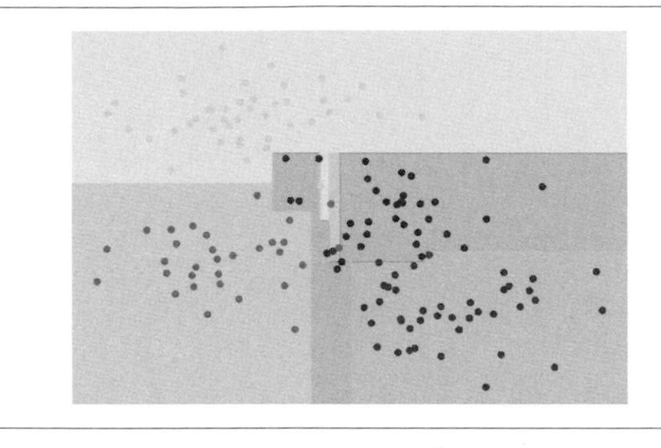
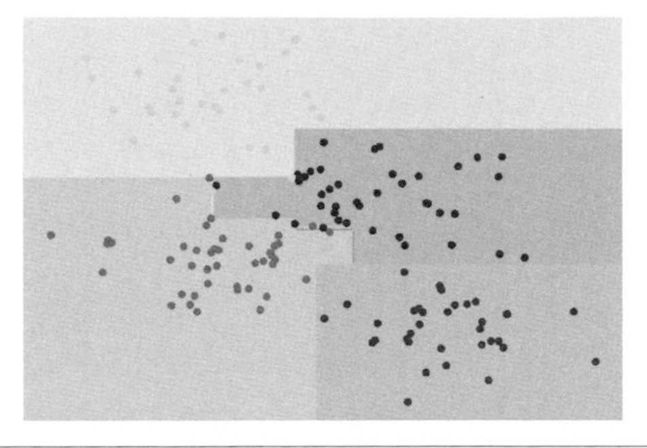

圖 44-5：2 個隨機決策樹的例子[3]

很明顯地在某些地方，這 2 個樹產生了一致的結果（例如：在 4 個角落），而在其他的地方，這 2 個樹給了非常不一樣的分類（例如：在任 2 個群組之間的區域）。關鍵的觀察是，不一致的情形傾向於發生在分類比較不確定的地方，如此同時使用來自於這 2 個樹的資料，就可以得到比較好的結果！

如果你是在 Notebook 中以 live 的方式執行，以下的函式可以讓你使用互動的方式去顯示在資料的隨機子集合中訓練出來的樹之擬合結果：

```
In [7]: # helpers_05_08 可以在線上附錄中找到
        import helpers_05_08
        helpers_05_08.randomized_tree_interactive(X, y)
Out[7]: interactive(children=(Dropdown(description='random_state', options=(0, 100),
         > value=0), Output()), _dom_classes...
```

只是使用來自於 2 棵樹的資訊就可以改善結果，可以期待使用來自於更多樹的資料應該可以更進一步改善結果。

估計器的集成：隨機森林（Random Forest）

把多個過度擬合的估計器合併起來可以減少此過度擬合的影響，集成估計器的基礎概念就是稱為 *Bagging* 的集成方法。Bagging 使用一些平行運行的估計器的一個集成（或許可以看作是垃圾袋），它們的每一個都過度擬合了我們的資料，而其平均的結果卻可以是較好的分類結果。其中一個使用隨機決策樹的方法就是被大家所熟知的隨機森林。

3　產生此圖表的程式碼可以在線上附錄（*https://oreil.ly/PessV*）中取得。

我們可以透過 Scikit-Learn 的 `BaggingClassifier` 中介估計器，手動地執行這一類型的 Bagging 分類如下（圖 44-6）。

```
In [8]: from sklearn.tree import DecisionTreeClassifier
        from sklearn.ensemble import BaggingClassifier

        tree = DecisionTreeClassifier()
        bag = BaggingClassifier(tree, n_estimators=100, max_samples=0.8,
                                random_state=1)

        bag.fit(X, y)
        visualize_classifier(bag, X, y)
```

在此例中，把資料隨機地擬合到每一個估計器，其中每一個隨機子集合訓練資料點的 80%。實務上，在選用要分割的內容時加入一些隨機性會讓決策樹的使用更有效率；此種方式，所有的資料每一次都被貢獻到擬合上，但是擬合的結果仍然有想要的隨機特性。例如：當你決定哪一個特徵要拿來分割，此隨機樹可能會從上面的幾個特徵來選擇。你可以在 Scikit-Learn（*https://oreil.ly/4jrv4*）的說明文件和其中的參考資料閱讀到更多關於隨機策略的細節。

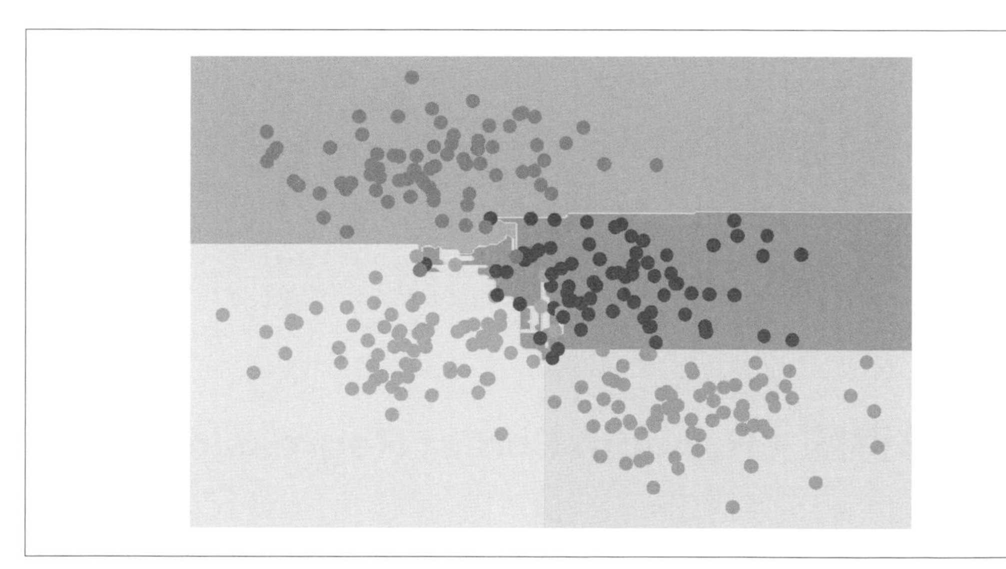

圖 44-6：隨機決策樹的集成之決策邊界

在 Scikit-Learn 中，這一種最佳化的隨機決策樹的集成被以 `RandomForestClassifier` 估計器來實作，它會自動處理關於隨機程序的所有細節。所有你要做的只是選擇估計器的數目，然後它將會非常快速地（平行執行）擬合出所有樹的集成（參見圖 44-7）。

```
In [9]: from sklearn.ensemble import RandomForestClassifier

        model = RandomForestClassifier(n_estimators=100, random_state=0)
        visualize_classifier(model, X, y);
```

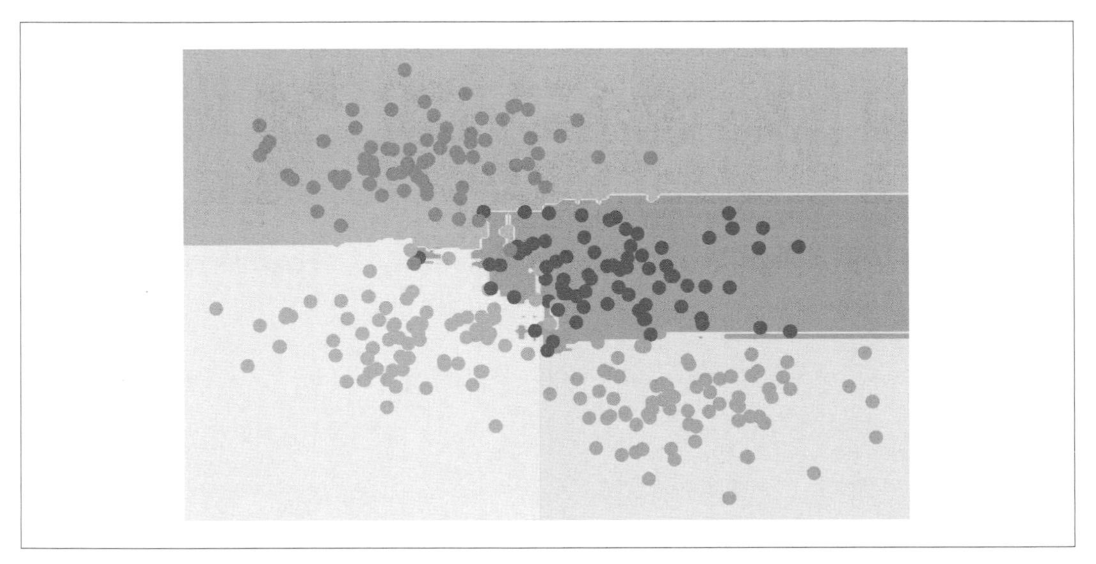

圖 44-7：以隨機森林執行的邊界決策，它是一個最佳化的決策樹之集成

透過對超過 100 個隨機擾動模型的平均，所得到的最終模型，更接近直覺上所認為這些參數空間應該如何被分割的樣子。

隨機森林迴歸（Random Forest Regression）

在前面那一節中檢視了在分類背景下的隨機森林。它也可以用於迴歸（也就是對象是連續量而不是類別變數）的情況中。使用的估計器是 `RandomForestRegressor`，而語法則非常接近前面所看到的。

考量以下的資料，它畫出快和慢的振盪組合（參見圖 44-8）。

```
In [10]: rng = np.random.RandomState(42)
         x = 10 * rng.rand(200)

         def model(x, sigma=0.3):
             fast_oscillation = np.sin(5 * x)
             slow_oscillation = np.sin(0.5 * x)
             noise = sigma * rng.randn(len(x))

             return slow_oscillation + fast_oscillation + noise

         y = model(x)
         plt.errorbar(x, y, 0.3, fmt='o');
```

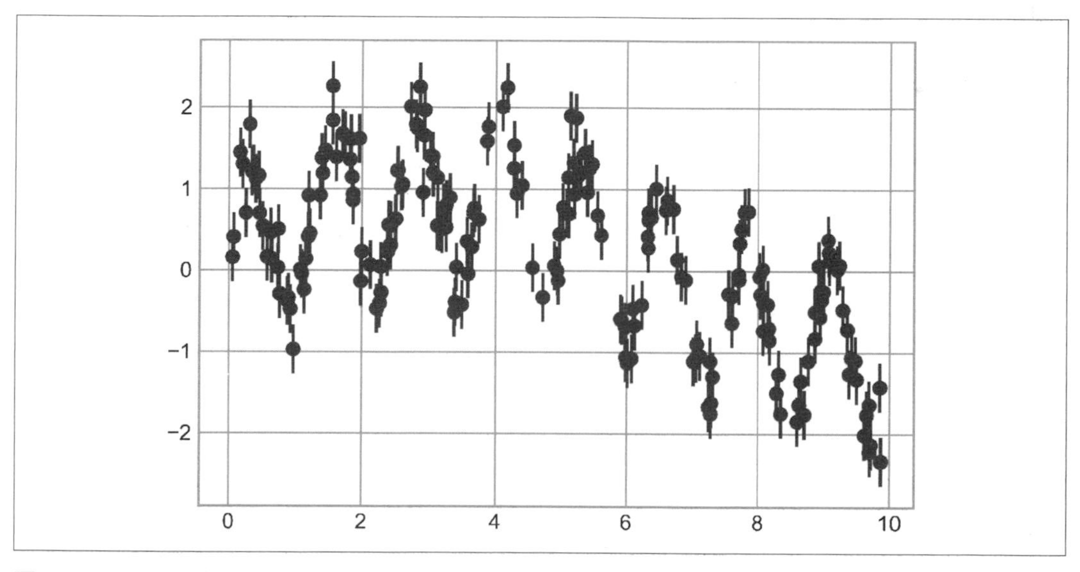

圖 44-8：用於隨機森林迴歸的資料

使用隨機森林迴歸器，我們可以找出最佳的擬合曲線（圖 44-9）。

```
In [11]: from sklearn.ensemble import RandomForestRegressor
         forest = RandomForestRegressor(200)
         forest.fit(x[:, None], y)

         xfit = np.linspace(0, 10, 1000)
         yfit = forest.predict(xfit[:, None])
         ytrue = model(xfit, sigma=0)
```

```
plt.errorbar(x, y, 0.3, fmt='o', alpha=0.5)
plt.plot(xfit, yfit, '-r');
plt.plot(xfit, ytrue, '-k', alpha=0.5);
```

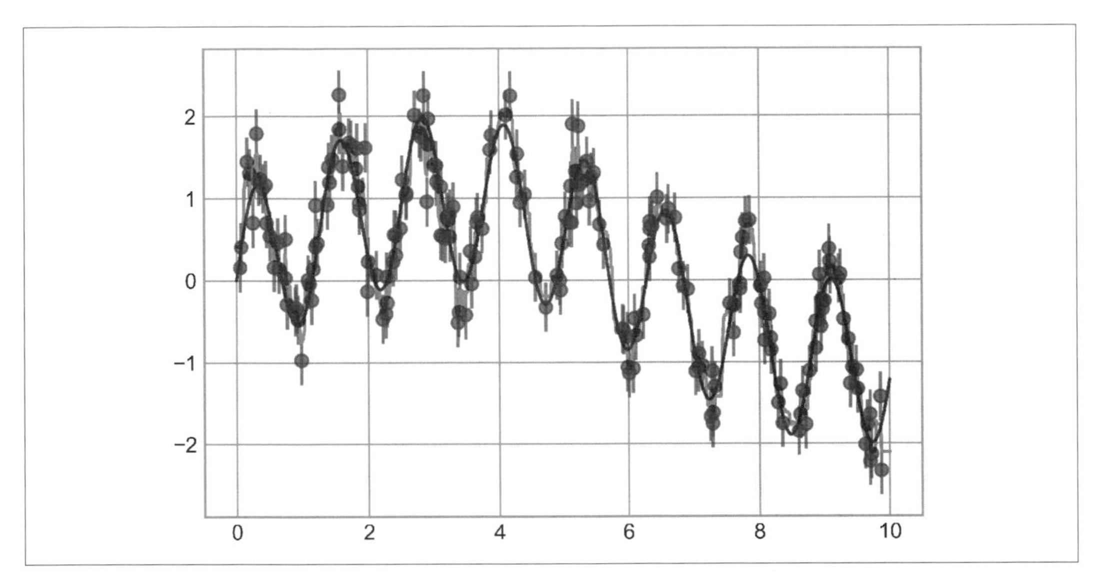

圖 44-9：隨機森林模型擬合到資料

在此，真實的模型被以平滑的曲線來呈現，而隨機森林模型則是以鋸齒狀的曲線來表現。就像是你所看到的，非參數隨機森林模型之彈性足以擬合多週期（multiperiod）資料，無須我們指定一個多週期模型！

範例：使用隨機森林來執行數字元分類

在第 38 章中的範例中我們曾經使用過被包含在 Scikit-Learn 中的數字元資料集，讓我們再一次使用這筆資料，並看看隨機森林分類器可以如何被應用在這樣的情境中。

```
In [12]: from sklearn.datasets import load_digits
         digits = load_digits()
         digits.keys()
Out[12]: dict_keys(['data', 'target', 'frame', 'feature_names', 'target_names',
          > 'images', 'DESCR'])
```

為了瞭解即將看到的內容，我們將先視覺化出少許前面的資料點（參見圖 44-10）。

```
In [13]: # 設定 figure
         fig = plt.figure(figsize=(6, 6))  # 圖的大小是使用英吋為單位
         fig.subplots_adjust(left=0, right=1, bottom=0, top=1,
                             hspace=0.05, wspace=0.05)

         # 繪出數字元：每一張圖片是 8x8 的像素
         for i in range(64):
             ax = fig.add_subplot(8, 8, i + 1, xticks=[], yticks=[])
             ax.imshow(digits.images[i], cmap=plt.cm.binary, interpolation='nearest')

             # 對目標影像標上標籤
             ax.text(0, 7, str(digits.target[i]))
```

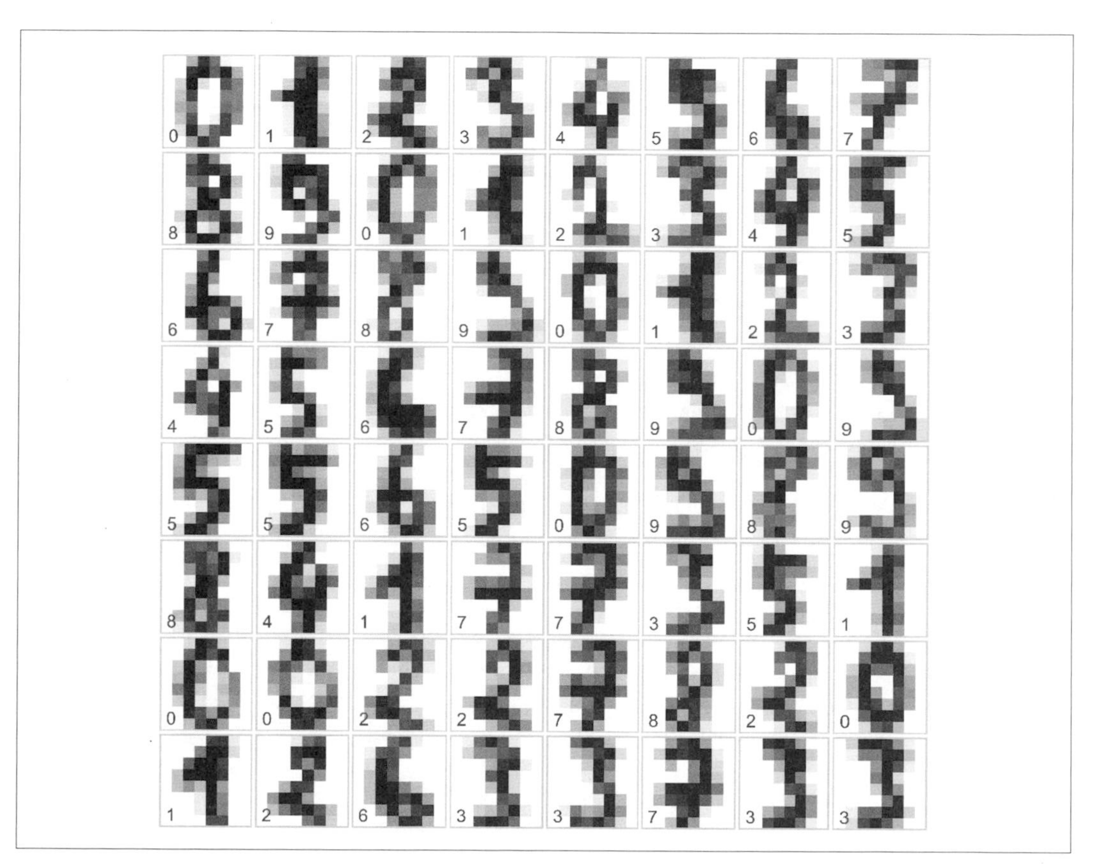

圖 44-10：數字元資料看起來的樣子

我們可以使用隨機森林分類這些數字元如下：

```
In [14]: from sklearn.model_selection import train_test_split

         Xtrain, Xtest, ytrain, ytest = train_test_split(digits.data, digits.target,
                                                         random_state=0)
         model = RandomForestClassifier(n_estimators=1000)
         model.fit(Xtrain, ytrain)
         ypred = model.predict(Xtest)
```

然後看一下分類器的分類成果報告：

```
In [15]: from sklearn import metrics
         print(metrics.classification_report(ypred, ytest))
Out[15]:               precision    recall  f1-score   support

                   0       1.00      0.97      0.99        38
                   1       0.98      0.98      0.98        43
                   2       0.95      1.00      0.98        42
                   3       0.98      0.96      0.97        46
                   4       0.97      1.00      0.99        37
                   5       0.98      0.96      0.97        49
                   6       1.00      1.00      1.00        52
                   7       1.00      0.96      0.98        50
                   8       0.94      0.98      0.96        46
                   9       0.98      0.98      0.98        47

            accuracy                           0.98       450
           macro avg       0.98      0.98      0.98       450
        weighted avg       0.98      0.98      0.98       450
```

為了更好的檢視成果，再繪出混淆矩陣（參見圖 44-11）。

```
In [16]: from sklearn.metrics import confusion_matrix
         import seaborn as sns
         mat = confusion_matrix(ytest, ypred)
         sns.heatmap(mat.T, square=True, annot=True, fmt='d',
                     cbar=False, cmap='Blues')
         plt.xlabel('true label')
         plt.ylabel('predicted label');
```

以上可以發現，一個簡單且未經過調整的隨機森林之結果也可以相當正確地分類這些數字元的資料。

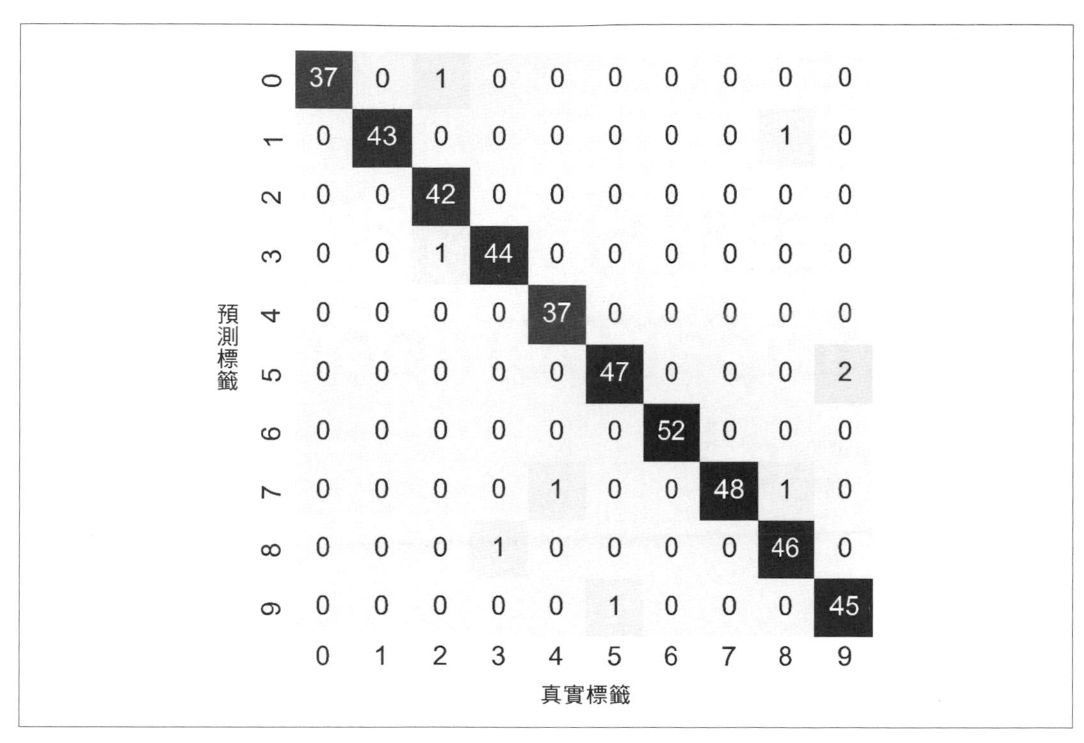

圖 44-11：使用隨機森林進行數字元分類的混淆矩陣

小結

本章提供了一個對於集成估計器概念主要介紹，尤其是隨機森林模型，它是一個隨機決策樹的集成。隨機森林是一個具威力的方法，包含了以下的幾個優點：

- 因為它的基礎是單純的決策樹，所以不管是訓練還是預測都非常快速。此外，因為每一顆個別的樹都是獨立的實體，所以每一項任務都可以直接被平行化執行。
- 多顆樹允許使用機率分類：在所有的估計器中進行過半數投票給出了機率評估（在 Scikit-Learn 中以 `predict_proba` 方法來存取）。
- 非參數的模型非常具有彈性，也可以在那些其他估計器擬合不足的任務上表現良好。

隨機森林主要的缺點是它的結果並不容易被解讀；也就是，如果你打算要從此分類模型中描繪出一個關於這個模型意義的結論，隨機森林可能就不會是你的最佳選擇。

第 45 章

深究：主成分分析（Principal Component Analysis）

到目前為止，我們已經深入地探討了監督式學習估計器：這些估計器利用已經標好標籤的訓練資料為基礎來預測標籤。接著將開始檢視幾個非監督式估計器，它們可以在沒有參考任何已知標籤的情況下突顯資料一些有趣的面向。

在這一章中將會探索可能是最被廣為使用的非監督式演算法，主成分分析（principal component analysis，PCA）。PCA 基本上是一種降維（dimensionality reduction）演算法，但是它也可以是用來進行視覺化、雜訊過濾、特徵擷取與工程等等的好用工具。在對 PCA 演算法做一些概念上的討論之後，我們將會檢視一些進一步應用的例子。

以下從一些標準的匯入動作開始：

```
In [1]: %matplotlib inline
        import numpy as np
        import matplotlib.pyplot as plt
        plt.style.use('seaborn-whitegrid')
```

主成分分析簡介

主成分分析是一個快速且靈活，用來對資料進行降維的非監督式方法，之前在第 38 章中有看過一些。透過檢視一個二維資料集是最容易視覺化其行為的方法。考慮以下的 200 個資料點（參見圖 45-1）。

```
In [2]: rng = np.random.RandomState(1)
        X = np.dot(rng.rand(2, 2), rng.randn(2, 200)).T
        plt.scatter(X[:, 0], X[:, 1])
        plt.axis('equal');
```

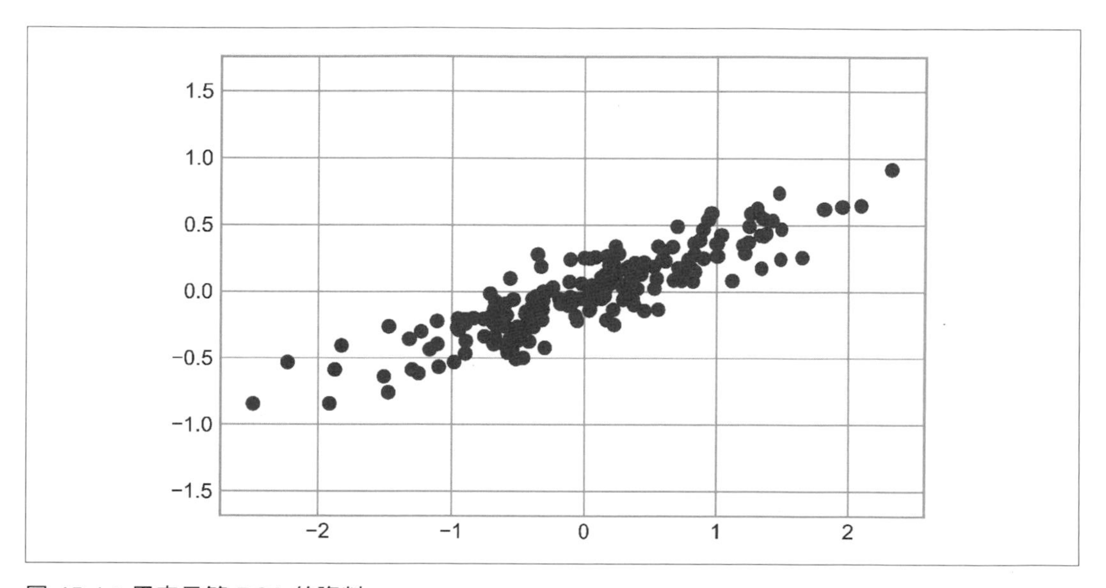

圖 45-1：用來示範 PCA 的資料

用肉眼就可以很清楚地看出，在 x 和 y 變數之間存在了一個近乎線性的關係。這讓我們想起在第 42 章中的線性迴歸資料，但是在此，這個問題的設定有一點不一樣：相較於從 x 的值去預測 y 的值，此非監督式學習問題嘗試去學習關於在 x 和 y 值之間的關係。

在主成分分析中，先找出資料中主軸（principal axes）的串列，然後使用這些軸來描述資料集以量化這種關係。藉由 Scikit-Learn 的 PCA 估計器，可以使用如下所示的方式來進行計算：

```
In [3]: from sklearn.decomposition import PCA
        pca = PCA(n_components=2)
        pca.fit(X)
Out[3]: PCA(n_components=2)
```

此擬合學習了一些來自於資料的量，最重要的是「成分」（components）以及「已解釋變異量」（explained variance）：

```
In [4]: print(pca.components_)
Out[4]: [[-0.94446029 -0.32862557]
         [-0.32862557  0.94446029]]

In [5]: print(pca.explained_variance_)
Out[5]: [0.7625315 0.0184779]
```

要瞭解這些數字的意義，可以把它們當作是在輸入資料上的向量加以視覺化，使用成分來定義向量的方向，而已解釋變異量則用來定義向量的平方長度（圖 45-2）。

```
In [6]: def draw_vector(v0, v1, ax=None):
            ax = ax or plt.gca()
            arrowprops=dict(arrowstyle='->', linewidth=2,
                            shrinkA=0, shrinkB=0)
            ax.annotate('', v1, v0, arrowprops=arrowprops)

        # 繪出資料
        plt.scatter(X[:, 0], X[:, 1], alpha=0.2)
        for length, vector in zip(pca.explained_variance_, pca.components_):
            v = vector * 3 * np.sqrt(length)
            draw_vector(pca.mean_, pca.mean_ + v)
        plt.axis('equal');
```

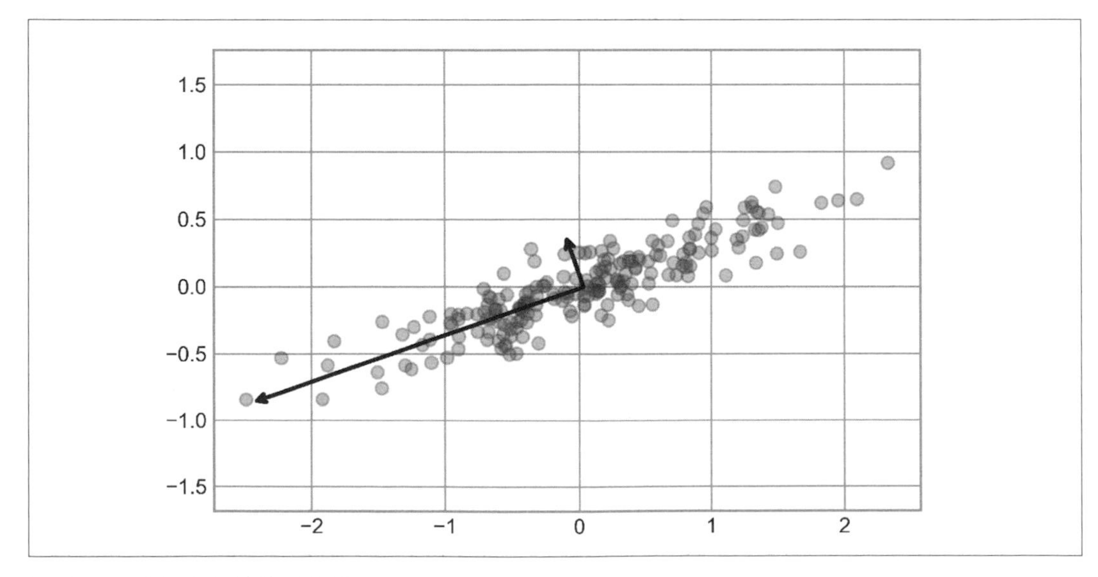

圖 45-2：資料中主軸的視覺圖

這些向量表示資料的主軸，每一個向量的長度則是表示在描述這個資料的分佈時，這個軸的「重要」程度。更精確地說，這是一個用來衡量當資料被投射到此軸時的變異量（variance）。每一個投射到主軸上的資料點就是此資料的「主要成分」（principal component）。

如果在原始資料旁把這些主要成分畫出來，如圖 45-3 所示。

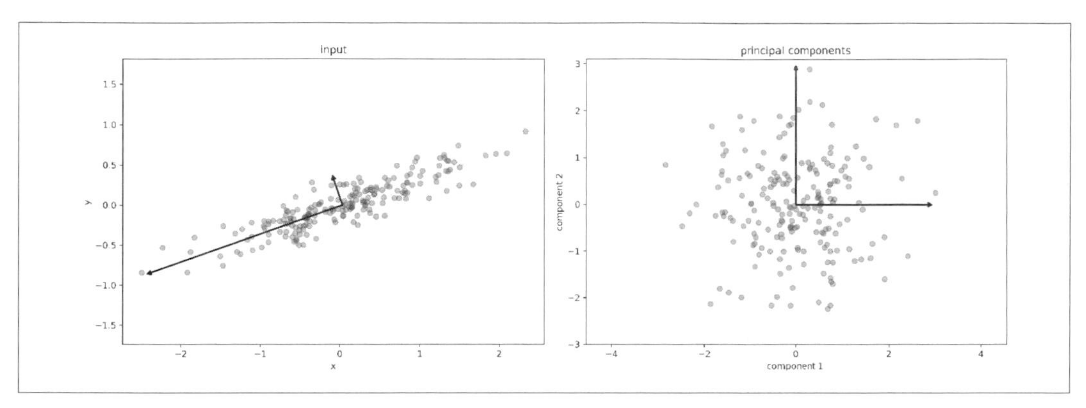

圖 45-3：在資料中的轉換主要軸 [1]

從資料軸到主軸的轉換是一個**仿射轉換**（*affine transformation*），基本上是由平移、旋轉、等比例縮放所組合成的轉換。

雖然此演算法去找出主要成分可能看起來似乎只是基於對數學上的好奇，但它最終在機器學習以及資料探索的世界中產生了深遠的應用。

使用 PCA 進行降維

使用 PCA 降維就是把 1 個或數個最小的主要成分歸零，結果就會是可以保留最大資料變異量的較低維度之投影。

1 產生此圖表的程式碼可以在線上附錄（*https://oreil.ly/VmpjC*）中取得。

以下即為使用 PCA 當作是降維轉換的例子：

```
In [7]: pca = PCA(n_components=1)
        pca.fit(X)
        X_pca = pca.transform(X)
        print("original shape:   ", X.shape)
        print("transformed shape:", X_pca.shape)
Out[7]: original shape:    (200, 2)
        transformed shape: (200, 1)
```

在此，轉換過的資料被減成一個維度。為了瞭解這個降維動作的影響，可以對這個被降維後的資料進行反轉換，然後把它和原始的資料畫在一起（參見圖 45-4）。

```
In [8]: X_new = pca.inverse_transform(X_pca)
        plt.scatter(X[:, 0], X[:, 1], alpha=0.2)
        plt.scatter(X_new[:, 0], X_new[:, 1], alpha=0.8)
        plt.axis('equal');
```

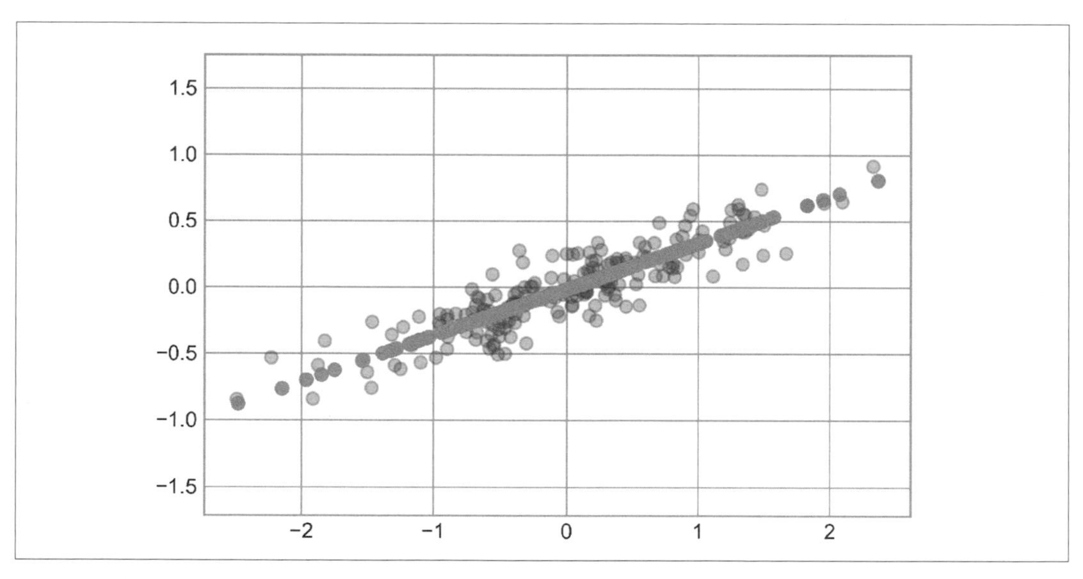

圖 45-4：把 PCA 當作是降維的視覺圖

比較淺色的點是原始資料，而比較深色的點則是投影後的版本。很清楚地可以看出 PCA 降維代表的意義：最不重要的主軸資料被移除，留下來的只有那些擁有最高變異量的資料成分。變異量的小數被切除（與上圖中形成的線周圍的點分佈成正比）之後大約可以做為一個衡量在此降維運算中，有多少「資訊」被丟棄的情況。

此降維之後的資料集可以看出，其在某種意義上「足夠好」地編碼了各點之間最重要的關係。儘管它減少了 50% 資料的維度，在點之間的關係大部分還是都被保留下來了。

PCA 在視覺上的應用：手寫數字

降維的用處並不會是只有在二維才那麼明顯，也讓我們在關注高維度資料時可以更加地清晰。為了瞭解此點，讓我們很快速地檢視 PCA 在數字元資料上的應用，此資料之前在第 44 章中操作過。

還是從載入資料開始：

```
In [9]: from sklearn.datasets import load_digits
        digits = load_digits()
        digits.data.shape
Out[9]: (1797, 64)
```

還記得這些資料是由 8×8 的影像所組成，在意義上來說它們有 64 個維度。為了得到在這些資料點之間關係的直觀看法，可以使用 PCA 把它們投影到一個可以更好處理的維度，像是二維：

```
In [10]: pca = PCA(2)  # 把 64 維度投影到 2 維
         projected = pca.fit_transform(digits.data)
         print(digits.data.shape)
         print(projected.shape)
Out[10]: (1797, 64)
         (1797, 2)
```

接著，可以把每一個點的前 2 個主要成分畫出來，並從這些成分中學習這筆資料，如圖 45-5 所示。

```
In [11]: plt.scatter(projected[:, 0], projected[:, 1],
                     c=digits.target, edgecolor='none', alpha=0.5,
                     cmap=plt.cm.get_cmap('rainbow', 10))
         plt.xlabel('component 1')
         plt.ylabel('component 2')
         plt.colorbar();
```

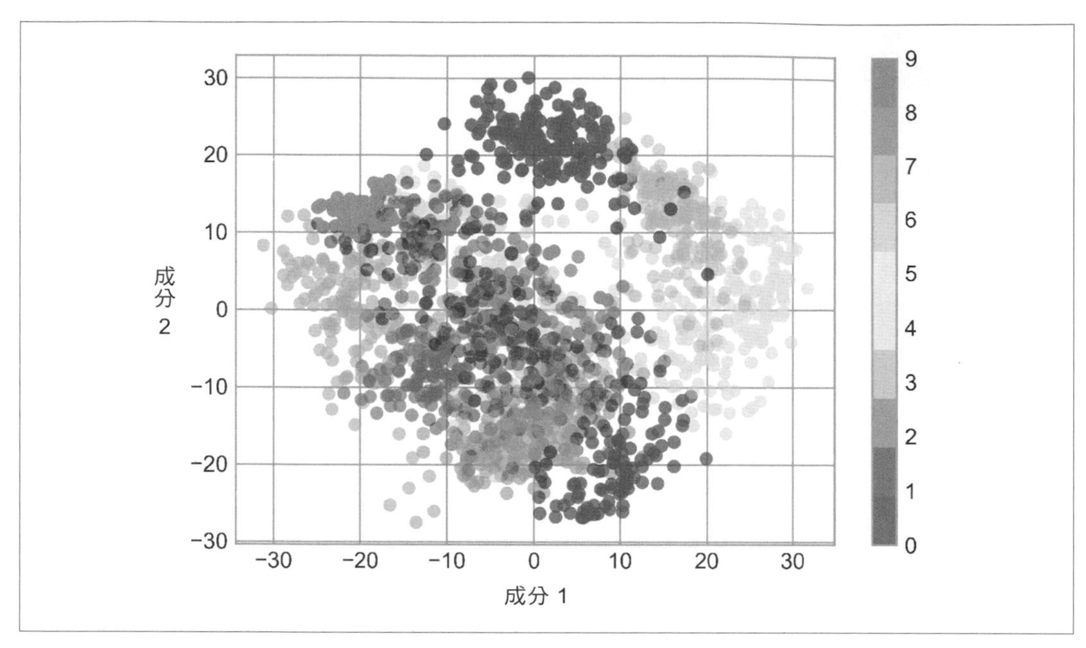

圖 45-5：把 PCA 套用到手寫數字元資料上

回想一下這些成分的意義：完整的資料是一個 64 個維度由點所組成的雲，而這些點是每一個資料點沿著最大變異量方向之投影。本質上，我們發現在 64 維空間中最佳的延展和旋轉，可以看出這些數字元在二維平面上的排列，而這些是使用非監督式的方法所完成，也就是，在沒有參考任何標籤的情況下所進行的。

成分的意義為何？

我們可以再進一步找出被減少的維度所代表的意義。此意義可以從基向量的組合方面來瞭解。例如：每一個在訓練集中的影像被以 64 個像素值之集合所定義，我們稱之為向量 x：

$$x = [x_1, x_2, x_3 \cdots x_{64}]$$

其中一個可以思考的方式是基於像素（pixel basis）。也就是，為了建立影像，我們將向量的每一個元素乘上其描述的像素，然後把結果相加以建立出這個影像：

$$\text{image}(x) = x_1 \cdot (\text{pixel 1}) + x_2 \cdot (\text{pixel 2}) + x_3 \cdot (\text{pixel 3}) \cdots x_{64} \cdot (\text{pixel 64})$$

我們可以想像降低這些資料維數的一種方法是將除了少數幾個基向量（basic vector）之外的所有基向量歸零。例如：如果我們只使用前 8 個位元，我們就得到了資料的 8 維投影（圖 45-6）。然而，它並不能很好地反映整張影像：我們已經丟棄了將近 90% 的像素！

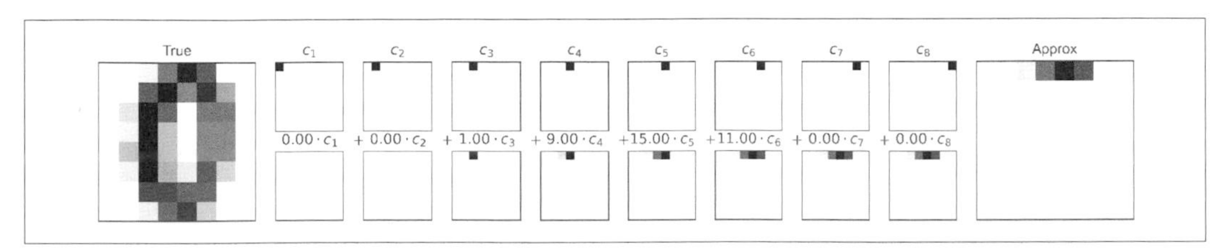

圖 45-6：一個藉由丟棄像素來進行的基礎降維 [2]

在上圖中的上方列中顯示了個別的像素，而下方列顯示的則是這些點在建立這張影像時的累積分佈。由於只使用 8 個像素基礎成分，因此我們只能建立此 64 像素影像的一小部分。讓我們依序使用，直到使用了全部的 64 個像素之後，就得以復原到原始影像。

但是以逐像素的表示方法並不只有此種選擇。我們也可以使用其他的基函數，每一個包含一些來自於每一個像素預先定義的分佈，如下所示：

$$image(x) = \text{mean} + x_1 \cdot (\text{basis } 1) + x_2 \cdot (\text{basis } 2) + x_3 \cdot (\text{basis } 3) \cdots$$

你可以把 PCA 想成是選用最佳基函數的一個程序，因此，只要把前面幾個少數的部分加在一起，就足以適當地重構此資料集的大量元素。此主要成分就像是資料的低維度表示法，只是與這一系列中的每一個元素相乘的係數。圖 45-7 展現了一個相似的重構數字元的圖形表元，它使用平均值加上前 8 個 PCA 基函數。

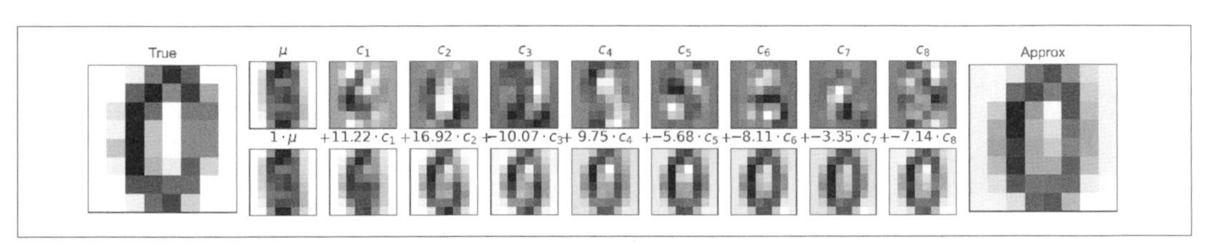

圖 45-7：一個藉由丟棄最不重要的主成分方式以完成更複雜的降維（和圖 45-6 比較） [3]

2 產生此圖表的程式碼可以在線上附錄（*https://oreil.ly/ixfc1*）中取得。

3 產生此圖表的程式碼可以在線上附錄（*https://oreil.ly/WSe0T*）中取得。

不同於以像素基的方式，PCA 基允許我們只要藉由平均值加上 8 個成分就可以復原輸入圖像中最顯著的特徵！元件中每一個像素的總量是在我們的二維例子中向量方向之必然結果。這就是 PCA 所提供的資料低維度表示法，它發掘出一組基函數，比基於原始像素的方法更加地有效。

選擇成分的數量

實務上使用 PCA 一個非常重要的部分，是可以有能力去評估要用來描述資料需要多少的成分。我們可以藉由檢視把累積的解釋變異比（*explained variance ratio*）當作是一個成分數量函數來決定（參見圖 45-8）：

```
In [12]: pca = PCA().fit(digits.data)
         plt.plot(np.cumsum(pca.explained_variance_ratio_))
         plt.xlabel('number of components')
         plt.ylabel('cumulative explained variance');
```

此曲線量化了前 N 個分量在 64 維變異量中的占比。例如，我們可以看到這些數字元的前 10 個成分包含了大約 75% 的變異量，而你需要大約 50 個成分才能夠接近 100% 描述資料的變異量。

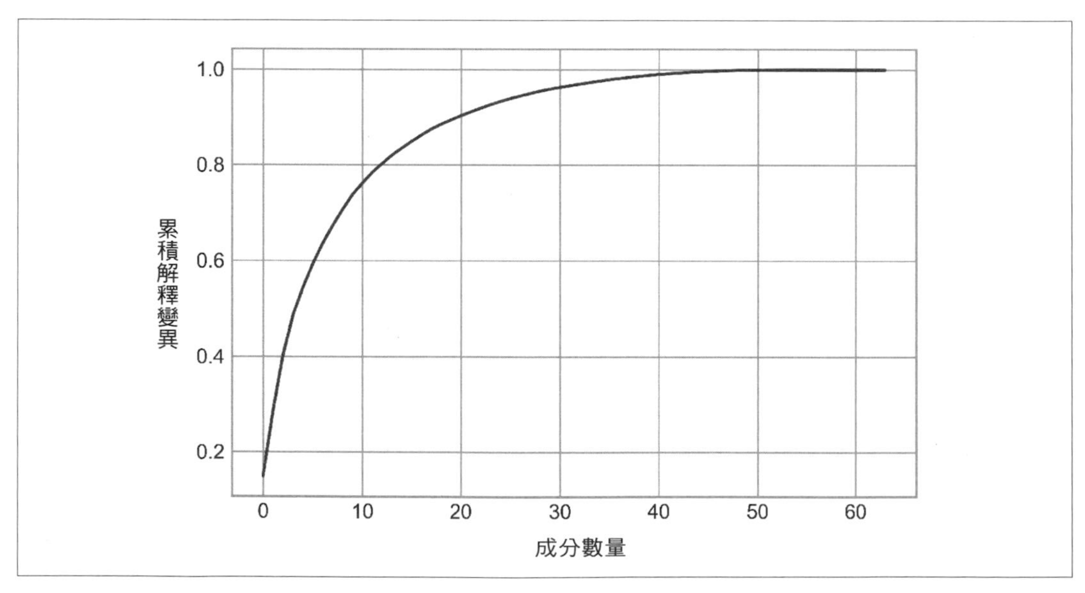

圖 45-8：累積解釋變異，可以用來評量 PCA 保留資料內容的好壞程度

在此可以看到二維的投影損失了許多的資訊（以已解釋變異量來衡量），而我們需要大約 20 個成分才能夠保留大約 90% 的變異量。對於高維度的資料，檢視此種圖形可以幫助我們瞭解在多次觀察之後，降維度程度的表現。

使用 PCA 做雜訊過濾

PCA 也可以被應用在具有雜訊資料的過濾研究上。它的概念是：任一個成分具有變異量遠大於雜訊的影響，則它應該是相對地不被雜訊所影響。所以，如果只使用主要成分的最大子集合來重建資料，則你應該會優先地保留訊號而丟棄掉那些雜訊。

讓我們看看這些數字元資料看起來的樣子。首先，畫幾個沒有雜訊的輸入資料（參見圖 45-9）。

```
In [13]: def plot_digits(data):
             fig, axes = plt.subplots(4, 10, figsize=(10, 4),
                                      subplot_kw={'xticks':[], 'yticks':[]},
                                      gridspec_kw=dict(hspace=0.1, wspace=0.1))
             for i, ax in enumerate(axes.flat):
                 ax.imshow(data[i].reshape(8, 8),
                           cmap='binary', interpolation='nearest',
                           clim=(0, 16))
         plot_digits(digits.data)
```

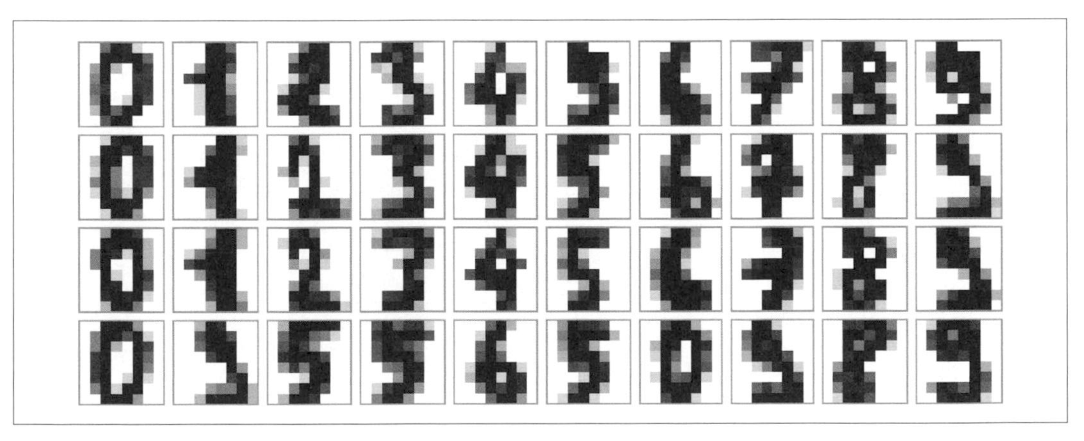

圖 45-9：沒有雜訊的數字元

現在，讓我們加上一些隨機的雜訊以建立雜訊資料集，然後再重畫一次（參見圖 45-10）。

```
In [14]: rng = np.random.default_rng(42)
         rng.normal(10, 2)
Out[14]: 10.609434159508863

In [15]: rng = np.random.default_rng(42)
         noisy = rng.normal(digits.data, 4)
         plot_digits(noisy)
```

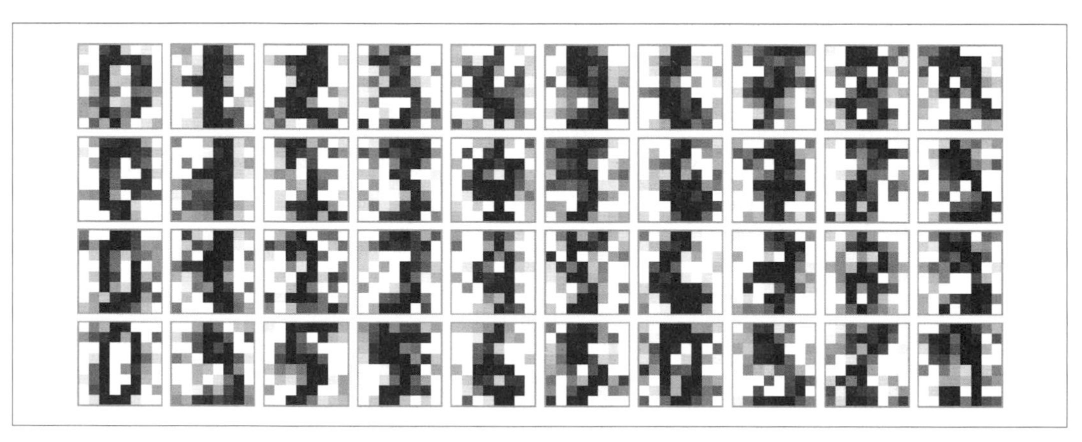

圖 45-10：加上高斯隨機雜訊的數字元

很明顯地可以看出這些影像非常地雜亂，而且包含了一些造假的像素。讓我們在此充滿雜訊的資料上訓練一個 PCA，並要求保留 50% 的變異量：

```
In [16]: pca = PCA(0.50).fit(noisy)
         pca.n_components_
Out[16]: 12
```

在此，50% 的變異量需要 12 個主要成分。現在我們可以計算這些成分，然後使用它們去反轉此轉換以重建此過濾過的數字元；圖 45-11 顯示了此結果。

```
In [17]: components = pca.transform(noisy)
         filtered = pca.inverse_transform(components)
         plot_digits(filtered)
```

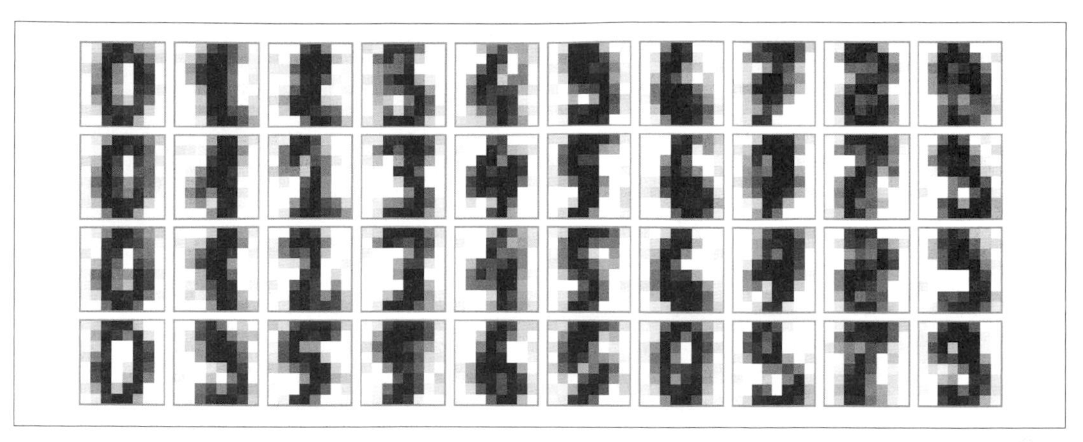

圖 45-1：使用 PCA「除去雜訊」的數字元

此種訊號保留但雜訊去除的特性，使得 PCA 成為一個非常有用的特徵選取程序。例如，與其在一個非常高維度的資料中訓練一個分類器，你可能會想要在較低維度的資料中訓練這個分類器，而且它將會自動地為我們過濾掉在輸入時的隨機雜訊。

範例：特徵臉 Example: Eigenfaces

之前我們探索了一個例子，是在一個支持向量機中使用 PCA 投影，以做為臉部辨識特徵選擇器（參閱第 43 章）。在此，我們回頭看一下這個例子，並更進一步探討。之前使用的是來自於 Scikit-Learn 資料集中的人臉資料集 LFW（Labeled Faces in the Wild）：

```
In [18]: from sklearn.datasets import fetch_lfw_people
         faces = fetch_lfw_people(min_faces_per_person=60)
         print(faces.target_names)
         print(faces.images.shape)
Out[18]: ['Ariel Sharon' 'Colin Powell' 'Donald Rumsfeld' 'George W Bush'
          'Gerhard Schroeder' 'Hugo Chavez' 'Junichiro Koizumi' 'Tony Blair']
         (1348, 62, 47)
```

讓我們看一下跨越此資料集的主要軸。因為這是一個大型的資料集，我們將使用 PCA 估計器中的「random」特徵求解器（eigensolver）—— 它包含了一個隨機的方法去近似前面 N 個主要成分，以犧牲一些準確性為代價，可以比標準的 PCA 估計器速度更快，此種取捨在高維度資料中非常有用（在此，維度大約是 3,000 左右）。先來關注前面的 150 個成分：

```
In [19]: pca = PCA(150, svd_solver='randomized', random_state=42)
         pca.fit(faces.data)
Out[19]: PCA(n_components=150, random_state=42, svd_solver='randomized')
```

在這個例子中，把前面幾個主要成分結合在一起再視覺化出來還滿有趣的（這些元件稱之為**特徵向量**（*eigenvectors*），所以此型式的影像通常就被稱之為**特徵臉**（*eigenfaces*）。就像你在圖 45-12 中看到的，它們看起來有些恐怖）：

```
In [20]: fig, axes = plt.subplots(3, 8, figsize=(9, 4),
                                  subplot_kw={'xticks':[], 'yticks':[]},
                                  gridspec_kw=dict(hspace=0.1, wspace=0.1))
         for i, ax in enumerate(axes.flat):
             ax.imshow(pca.components_[i].reshape(62, 47), cmap='bone')
```

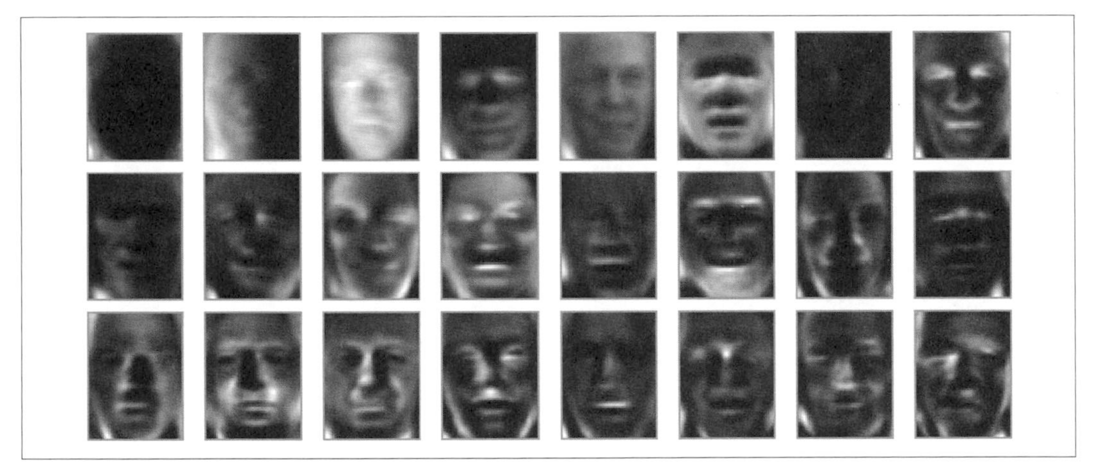

圖 45-12：從 LFW 資料集中學習得到的特徵臉之視覺圖

這些結果非常有趣，而且讓我們深入地瞭解到這些影像的變化：例如，前幾個特徵臉（從左上角）的臉上看起來似乎是有某一角度之光線打在上面，而後面的主要向量似乎是被挑走了某些特徵，像是眼睛、鼻子、和嘴唇等。接著檢視這些元件的累積變異量，看看在此投影中有多少資訊被保留下來（參見圖 45-13）：

```
In [21]: plt.plot(np.cumsum(pca.explained_variance_ratio_))
         plt.xlabel('number of components')
         plt.ylabel('cumulative explained variance');
```

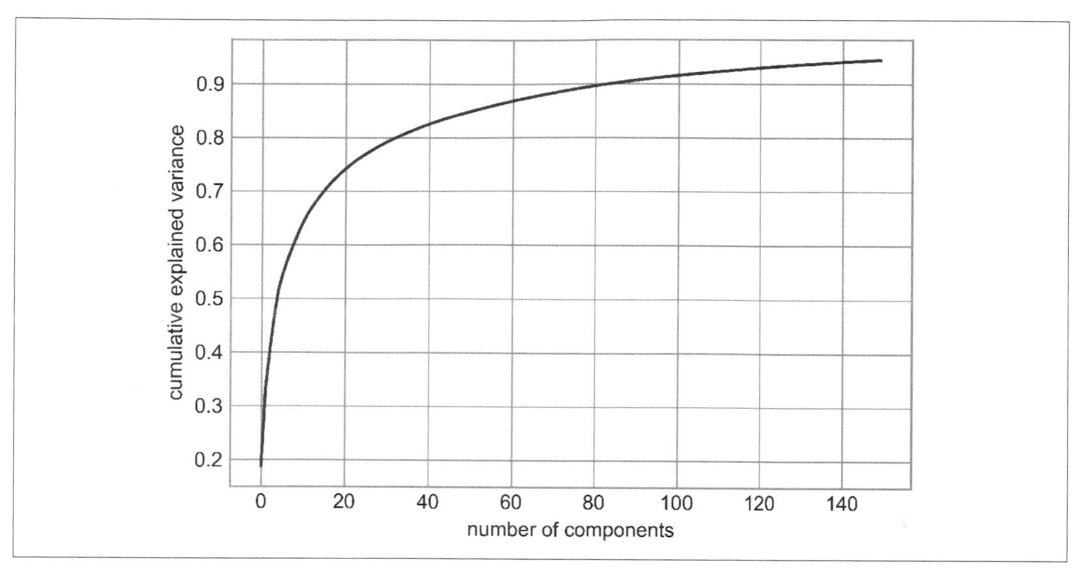

圖 45-13：對 LFW 資料的累積解釋變異量

圖中可看到 150 個成分就有超過 90% 的變異量。這讓我們相信，使用這 150 個成分就可以復原出這些資料的大部分特性。為了讓這個看法更具體一些，可以比較輸入的影像以及利用這 150 個元件所重建之後的影像（參見圖 45-14）：

```
In [22]: # 計算成分和被投影的臉
         pca = pca.fit(faces.data)
         components = pca.transform(faces.data)
         projected = pca.inverse_transform(components)

In [23]: # 繪出結果
         fig, ax = plt.subplots(2, 10, figsize=(10, 2.5),
                                subplot_kw={'xticks':[], 'yticks':[]},
                                gridspec_kw=dict(hspace=0.1, wspace=0.1))
         for i in range(10):
             ax[0, i].imshow(faces.data[i].reshape(62, 47), cmap='binary_r')
             ax[1, i].imshow(projected[i].reshape(62, 47), cmap='binary_r')

         ax[0, 0].set_ylabel('full-dim\ninput')
         ax[1, 0].set_ylabel('150-dim\nreconstruction');
```

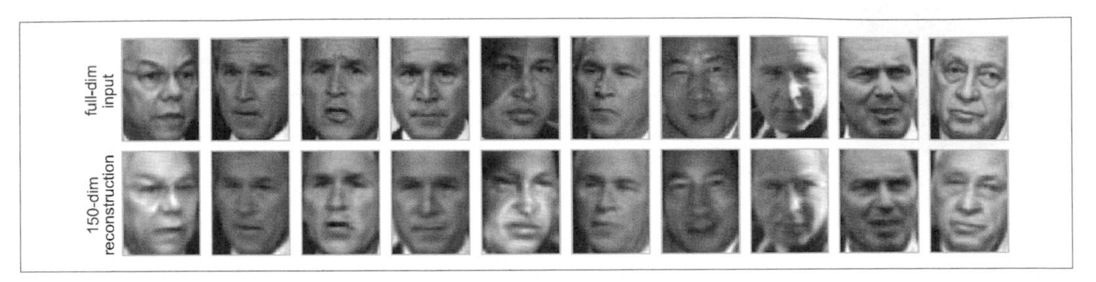

圖 45-14：對 LFW 資料之 150 維度 PCA 重建結果

此圖的上方列顯示了輸入影像，而下方列則是從大約是 3,000 個原始特徵中的 150 個所重建出來的影像。從比較圖可以很清楚地說明，為什麼 PCA 特徵選擇被用在第 43 章會如此地成功：儘管它減少了資料維度將近 20 倍，它所投影出來的影像仍然保有足夠的資訊讓我們可以從肉眼去辨識出它們的不同。它的意義是，分類演算法只需要去訓練 150 個維度的資料而不是 3,000 個維度，在我們所選用的演算法，可以讓它們在分類上更有效率。

小結

本章討論了主成分分析降維使用在對於高維度資料的視覺化、雜訊過濾、以及高維度資料特徵選擇的應用。因為 PCA 的可解釋特性以及多面性，它已經在許多領域以及學門上非常有效且廣泛地運用。拿到任一個高維度的資料集，通常我都會先利用 PCA 去視覺化各資料點之間的關係（就像前面在數字元時做的事），去瞭解資料主要的變異量（像在特徵臉中做的），以及去瞭解維度的本質（藉由畫出已解釋變異量比率來做到）。當然 PCA 並非對於每一個高維度資料都適用，但是它提供了簡易直觀且有效的途徑去取得對於高維度資料的深入觀察。

PCA 主要的缺點是它很容易被資料中的異常值所高度影響。因為這個理由，人們發展了許多穩健的 PCA 變形，這些變形中有許多是重複地丟棄那些不太能夠被初始成分所描述的資料點。Scikit-Learn 在 `sklearn.decomposition` 子模組包含了一些 PCA 有趣的變形，其中一個例子是 `SparsePCA`，它引入一個正規化術語（regularization term）（請參考第 42 章）用來提供強化成分的稀疏特性。

在接下來的章節中，我們將檢視其他建構在一些 PCA 概念上的非監督式學習方法。

第 46 章

深究：流形學習（Manifold Learning）

在前面的章節中我們已經看過 PCA 如何被使用在降維工作上，也就是可以減少資料集中的特徵數目，但仍然保留資料點之間的主要關係。雖然 PCA 具有靈活、快速、以及容易解釋的優點，但是當資料之間有非線性的關係時，在執行的效果就不是那麼地好了，就如同我們即將會看到的例子。

為了彌補這項不足，我們可以轉向*流形學習演算法*（*manifold learning algorithms*），一種非監督式的估計器，它試圖將資料集描述為嵌入在高維空間中的低維流形。當你在思考流形學習時，我建議你想像一張紙：這是一個在我們生活的三度空間中熟悉的二維物件，它可以在二維中被彎曲或是捲起來。在流形學習的說法中，可以想像這張紙是內嵌在三維空間中的二維複本。

在三度空間中對這張紙進行旋轉、重新定向、或是延展並不會改變這張紙的平面幾何：這樣的操作和線性嵌入同類。如果你彎曲、捲曲、弄皺這張紙，它仍然是一個二維的形狀，但是內嵌到三度空間中就不再是線性的了。流形學習演算法尋求去學習關於這張紙的二維本質，就算是它已經被扭曲地填入三維空間中。

在此將示範幾種流形方法，深入地探討這些技術的子集合：多維縮放（multidimensional scaling，MDS）、局部線性嵌入（locally linear embedding，LLE）、以及等距特徵映射（isometric mapping，Isomap）。

還是從基本的匯入開始：

```
In [1]: %matplotlib inline
        import matplotlib.pyplot as plt
        plt.style.use('seaborn-whitegrid')
        import numpy as np
```

流形學習：「HELLO」

要讓這些概念更清楚我們先從產生一些可以用來定義 manifold 的二維資料開始。以下是一個會建立「HELLO」這些字元形狀資料之函式：

```
In [2]: def make_hello(N=1000, rseed=42):
            # 畫 "HELLO" 圖形；存成一個 PNG 檔
            fig, ax = plt.subplots(figsize=(4, 1))
            fig.subplots_adjust(left=0, right=1, bottom=0, top=1)
            ax.axis('off')
            ax.text(0.5, 0.4, 'HELLO', va='center', ha='center',
                    weight='bold', size=85)
            fig.savefig('hello.png')
            plt.close(fig)

            # 開啟這個 PNG 檔，然後從其中畫一些隨機點
            from matplotlib.image import imread
            data = imread('hello.png')[::-1, :, 0].T
            rng = np.random.RandomState(rseed)
            X = rng.rand(4 * N, 2)
            i, j = (X * data.shape).astype(int).T
            mask = (data[i, j] < 1)
            X = X[mask]
            X[:, 0] *= (data.shape[0] / data.shape[1])
            X = X[:N]
            return X[np.argsort(X[:, 0])]
```

接著呼叫這個函式，並把結果畫出來（圖 46-1）：

```
In [3]: X = make_hello(1000)
        colorize = dict(c=X[:, 0], cmap=plt.cm.get_cmap('rainbow', 5))
        plt.scatter(X[:, 0], X[:, 1], **colorize)
        plt.axis('equal');
```

此輸出是二維的，而且由一些用來繪製「HELLO」這些字元形狀的資料點所組成。這樣的資料形式可以幫助我們從視覺上看出這個演算法做的事。

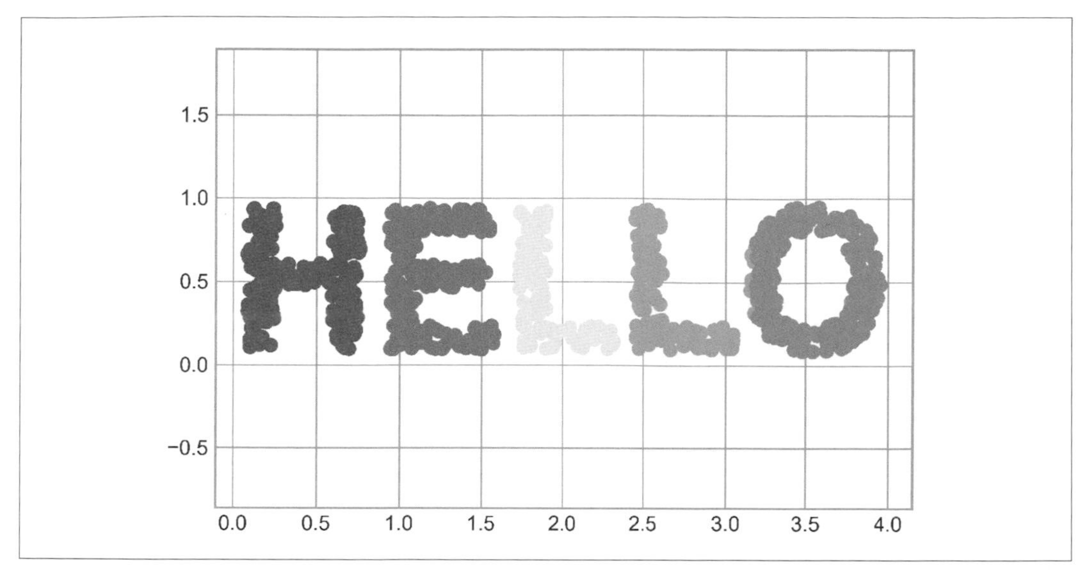

圖 46-1：用在流形學習的資料

多維縮放（Multidimensional Scaling，MDS）

從資料中可以看出，特定選取的 *x*、*y* 值並不是最基本用來描述資料的部分，我們可以放大、縮小、或是旋轉這些資料，而「HELLO」這個形狀依然可以顯現出來。例如，如果使用旋轉矩陣來旋轉這個資料，*x* 和 *y* 值被改變了，但是資料基本上還是一樣的（參見圖 46-2）。

```
In [4]: def rotate(X, angle):
            theta = np.deg2rad(angle)
            R = [[np.cos(theta), np.sin(theta)],
                 [-np.sin(theta), np.cos(theta)]]
            return np.dot(X, R)

        X2 = rotate(X, 20) + 5
        plt.scatter(X2[:, 0], X2[:, 1], **colorize)
        plt.axis('equal');
```

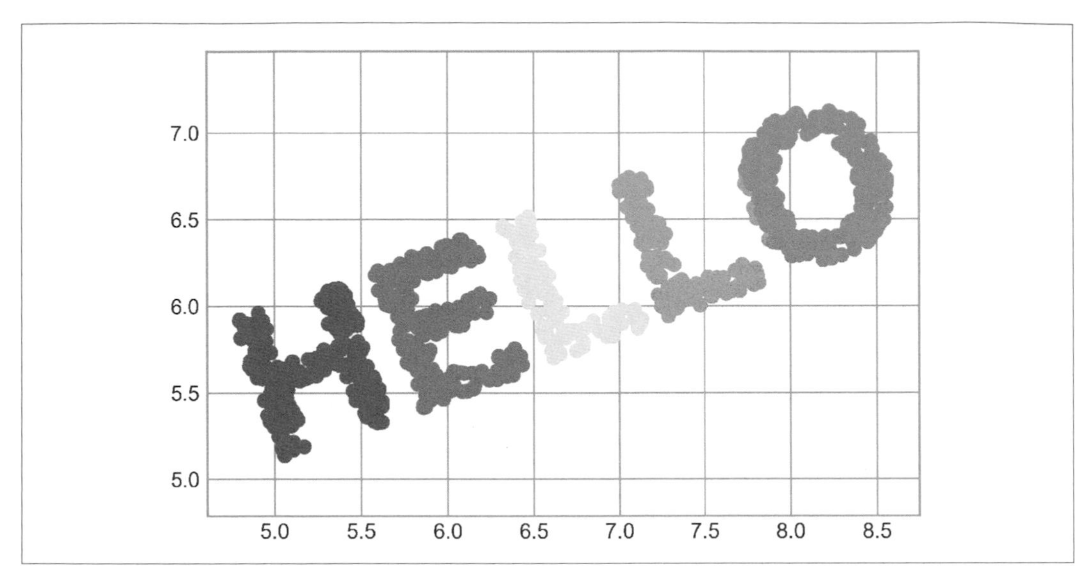

圖 46-2：旋轉過的資料集

這情況告訴我們，x 和 y 值並不是此資料中最基本必需的關係。那麼什麼是最基本的呢？在這個例子中，是每一個點和其他點之間的距離。一個經常用來表達此種情況的方式是使用距離矩陣（distance matrix）：對於 N 個資料點，建立一個 $N \times N$ 的陣列，其中 i、j 包含第 i 點和第 j 點之間的距離。使用 Scikit-Learn 高效的 `pairwise_distances` 函式從原始資料中執行如下：

```
In [5]: from sklearn.metrics import pairwise_distances
        D = pairwise_distances(X)
        D.shape
Out[5]: (1000, 1000)
```

正如之前所描述的，N=1,000 個資料點會得到一個 1,000×1,000 的矩陣，它可以被視覺化在此（參見圖 46-3）。

```
In [6]: plt.imshow(D, zorder=2, cmap='viridis', interpolation='nearest')
        plt.colorbar();
```

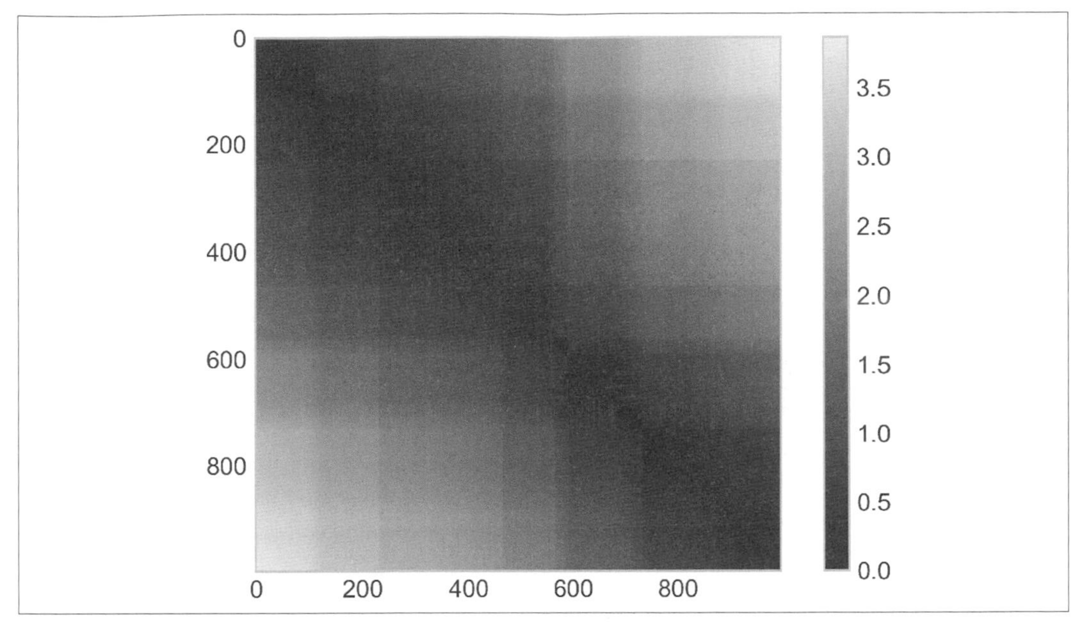

圖 46-3：資料點之間成對距離的視覺圖

如果同樣地建構一個旋轉過以及平移過的資料之距離矩陣，則可以看到同樣的內容：

```
In [7]: D2 = pairwise_distances(X2)
        np.allclose(D, D2)
Out[7]: True
```

此距離矩陣給我們一個可以不受旋轉和平移影響的資料表示方法，但是此矩陣的視覺圖並不是那麼地直觀。像是在圖 46-3 中所呈現的，我們看不到任何感興趣的結構可視化符號，也就是像之前看到的「HELLO」字元。

再者，儘管從 (x, y) 座標中建立距離矩陣相當地直覺，把這些距離轉換回原來的 x 和 y 座標相對來說較為困難。這正好說明了多維縮放（multidimensional scaling，MDS）演算法要達到的目標：給予一個每點之間的距離矩陣，它可以回復此資料的 D 維度座標表示法。來看看在距離矩陣中是如何做到這一點，使用 precomputed 相異度來指定我們正在傳遞的距離矩陣（圖 46-4）。

```
In [8]: from sklearn.manifold import MDS
        model = MDS(n_components=2, dissimilarity='precomputed', random_state=1701)
        out = model.fit_transform(D)
        plt.scatter(out[:, 0], out[:, 1], **colorize)
        plt.axis('equal');
```

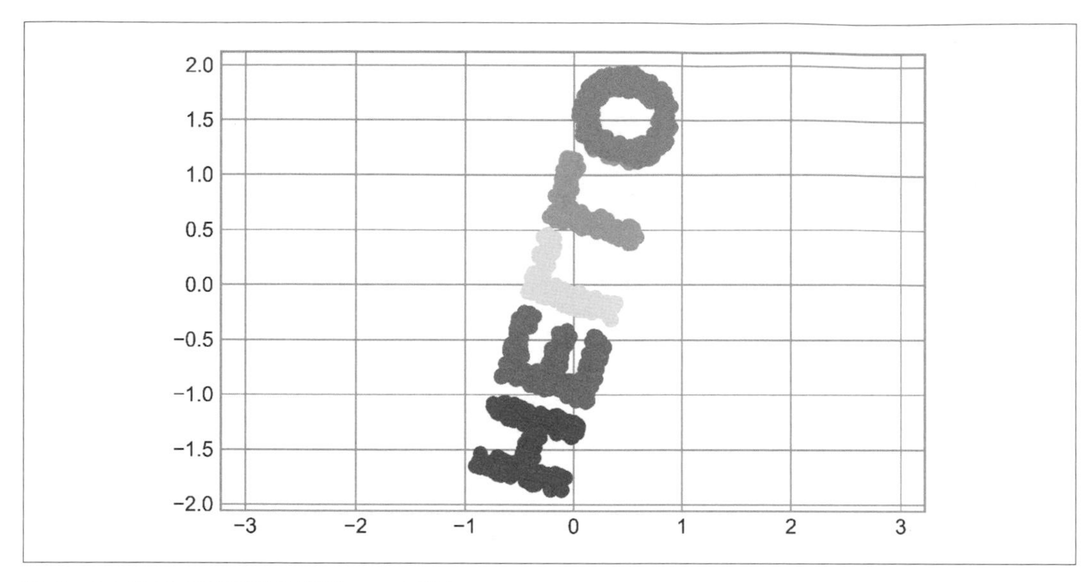

圖 46-4：根據成對距離計算的 MDS 嵌入

MDS 演算法只使用了用來描述資料點之間關係的 N × N 距離矩陣，就復原了資料中的可能的二維座標表示法之一。

把 MDS 做為流形學習

當距離矩陣可以用在任一維度的資料中計算得出，此種方法的用處就更加地顯著。舉例來說，我們可以使用以下的函式（基本上是之前使用過的旋轉矩陣在三維上的一般化）把它投影到三維上：

```
In [9]: def random_projection(X, dimension=3, rseed=42):
            assert dimension >= X.shape[1]
            rng = np.random.RandomState(rseed)
            C = rng.randn(dimension, dimension)
            e, V = np.linalg.eigh(np.dot(C, C.T))
            return np.dot(X, V[:X.shape[1]])

        X3 = random_projection(X, 3)
        X3.shape
Out[9]: (1000, 3)
```

讓我們把所用的這些資料點視覺化出來（圖 46-5）。

```
In [10]: from mpl_toolkits import mplot3d
         ax = plt.axes(projection='3d')
         ax.scatter3D(X3[:, 0], X3[:, 1], X3[:, 2],
                      **colorize);
```

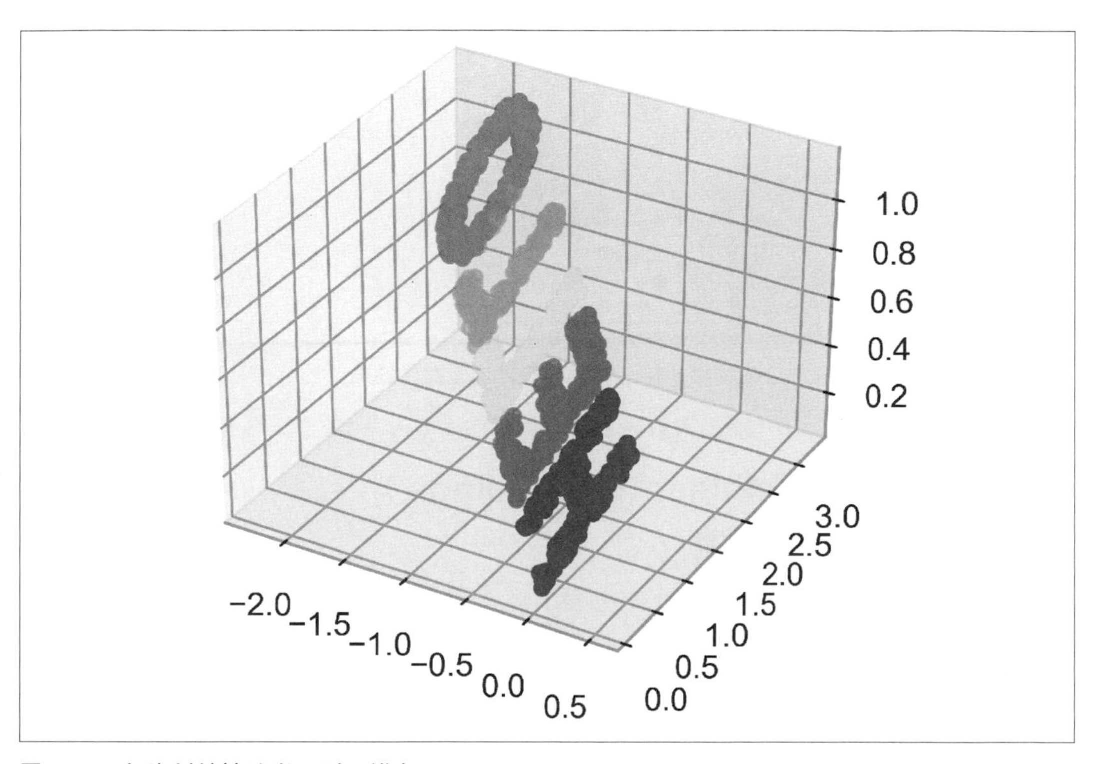

圖 46-5：把資料線性地嵌入到三維上

現在可以讓 MDS 估計器去輸入這些三維資料，計算距離矩陣，以及決定此距離矩陣的最佳二維嵌入。此結果復原了原始資料的表示，如圖 46-6 所示。

```
In [11]: model = MDS(n_components=2, random_state=1701)
         out3 = model.fit_transform(X3)
         plt.scatter(out3[:, 0], out3[:, 1], **colorize)
         plt.axis('equal');
```

這就是流形學習估計器本質上的目標：給一個高維度的內嵌資料，它可以尋找一個可以保留資料裡面之關係資訊的低維度表示法。在這個 MDS 的例子中，它保存的內容是每一對資料點之間的距離。

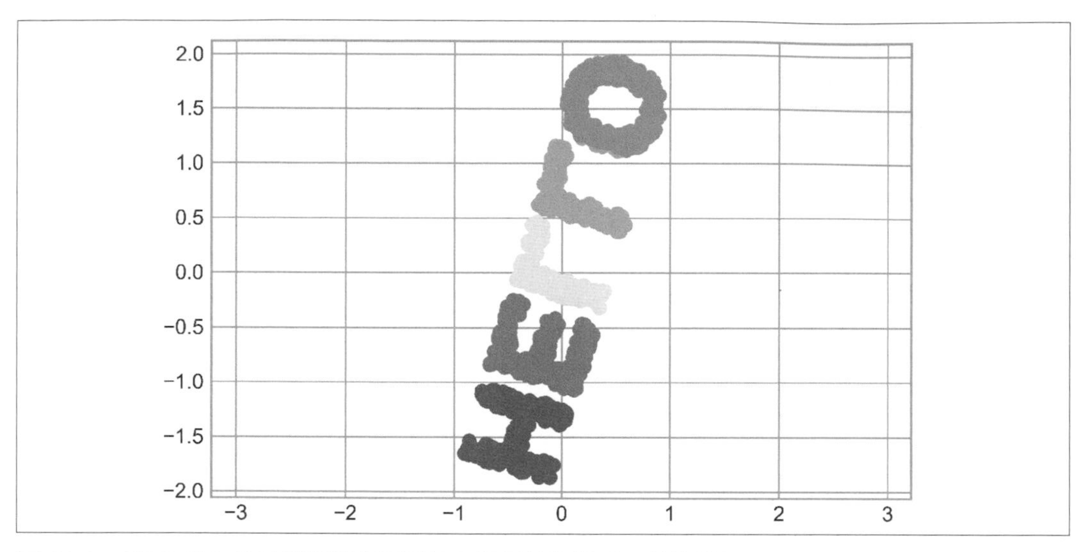
圖 46-6：MDS 嵌入的三維資料復原了輸入資料的旋轉以及鏡像結果

非線性嵌入（Nonlinear Embeddings）：MDS 無法應用的情境

到目前為止所考量的都是線性嵌入，本質上就是旋轉、平移、以及縮放資料到高維度的空間中。如果操作的內容超過了這些簡單的集合，MDS 並無法使用在非線性的嵌入中。考量以下的嵌入，它在三維空間中讓輸入變形成為「S」的形狀：

```
In [12]: def make_hello_s_curve(X):
             t = (X[:, 0] - 2) * 0.75 * np.pi
             x = np.sin(t)
             y = X[:, 1]
             z = np.sign(t) * (np.cos(t) - 1)
             return np.vstack((x, y, z)).T

         XS = make_hello_s_curve(X)
```

輸出的結果也是三維度的資料，但是我們可以看到在圖 46-7 中內嵌的內容已經變得更加地複雜了。

```
In [13]: from mpl_toolkits import mplot3d
         ax = plt.axes(projection='3d')
         ax.scatter3D(XS[:, 0], XS[:, 1], XS[:, 2],
                      **colorize);
```

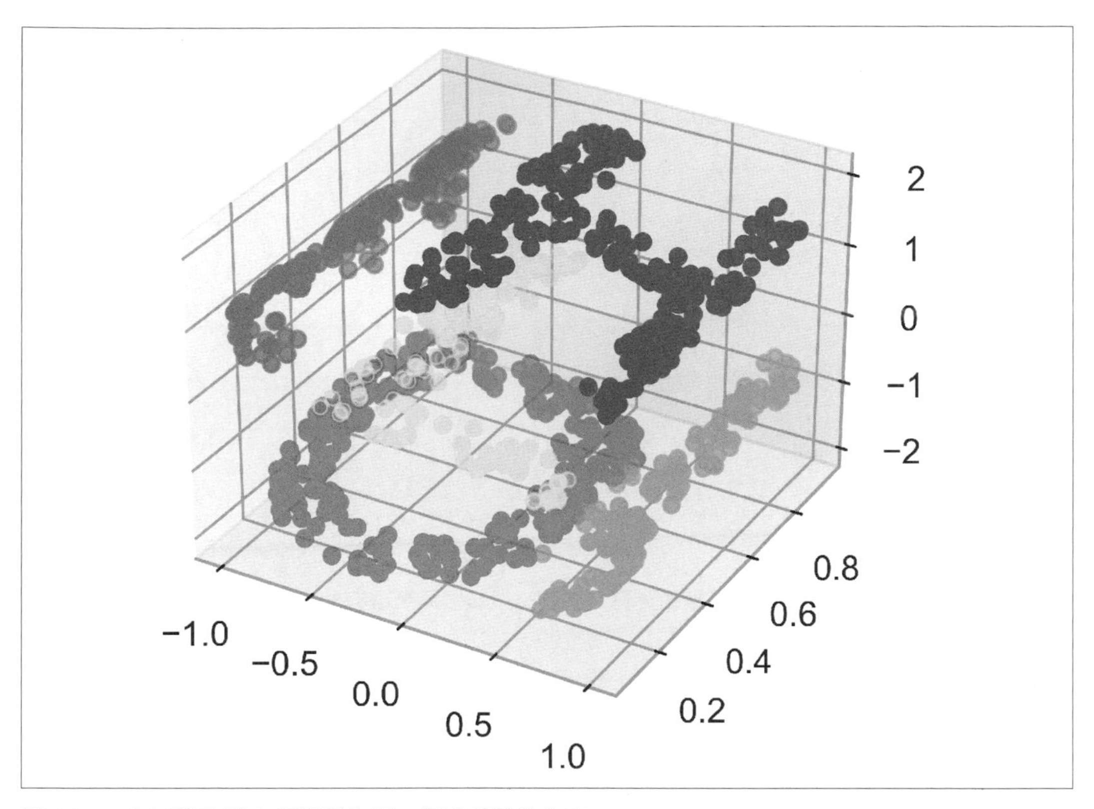

圖 46-7：在三維空間中把資料內嵌一個非線性的內容

所有資料點之間的基本關係還是存在，但是此時這些資料已經被使用非線性的方式轉換過了，它們都被包裝成「S」的形狀。

如果我們試著在這份資料中使用一個簡單的 MDS 演算法，它並沒有辦法「解除」此非線性嵌入的包裝，而且會無法再追蹤嵌入式流形中的基本關係（參見圖 46-8）。

```
In [14]: from sklearn.manifold import MDS
         model = MDS(n_components=2, random_state=2)
         outS = model.fit_transform(XS)
         plt.scatter(outS[:, 0], outS[:, 1], **colorize)
         plt.axis('equal');
```

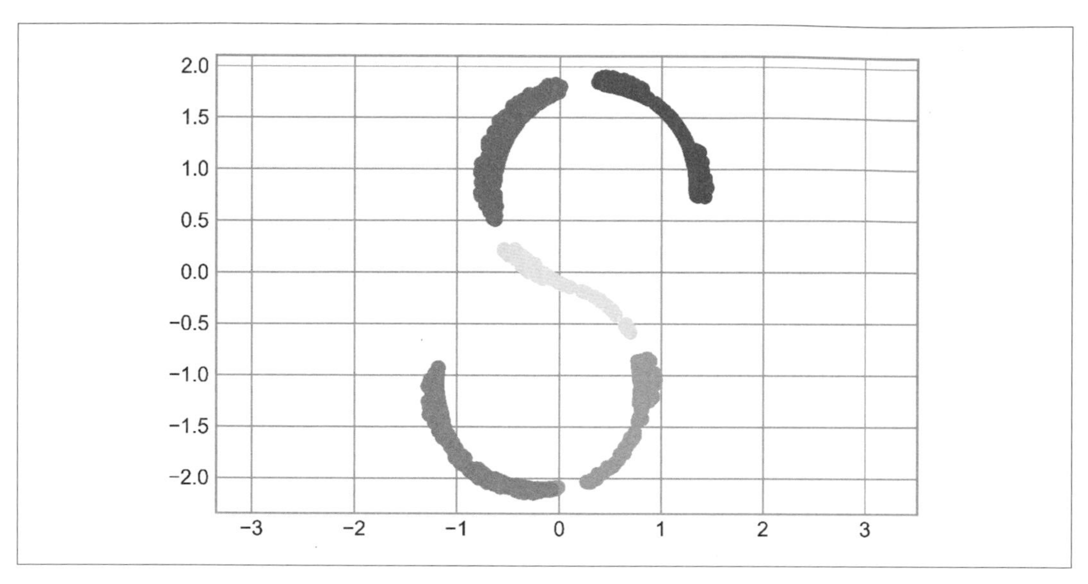

圖 46-8：把 MDS 演算法套用到非線性資料，它沒有辦法復原至原有的結構

最佳的二維線性嵌入不僅沒辦法解開這條 S 曲線，還丟失了原來的 y 軸。

非線性流形：局部線性嵌入（Locally Linear Embedding，LLE）

那麼如何可以再進一步呢？退一步而言，我們可以看到問題的來源是 MDS 在建構嵌入時，試著去保留遙遠點間的距離。但是如果修改這個演算法，讓它只保留比較近的點之間的距離呢？產生的內嵌可能會較接近我們想要的。

視覺上，我們可以把它想像成圖 46-9 所示的樣子。

在此圖中，每一條淺色的線表示在嵌入中必須要被保留的距離。左側是模型中使用 MDS 的表示結果，它試著去保留在資料集中每一對資料點之間的距離。而右側則是在模型中使用局部線性嵌入（locally linear embedding，LLE）演算法，不同於保留所有的距離，它只試著去保留鄰接點的距離（在此例中，是保留每一個點最近的 100 個鄰近點）。

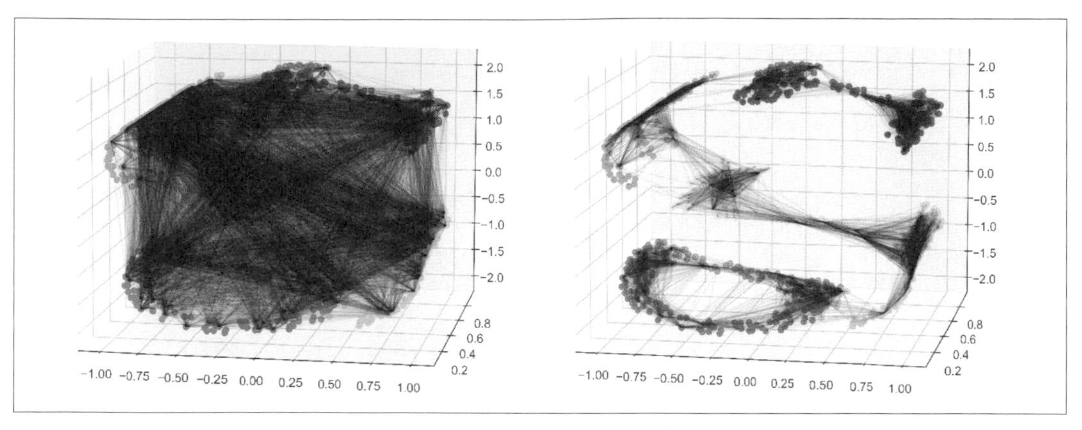

圖 46-9：使用 MDS 和 LLE 表現資料點之間關係的表示方法[1]

參考左側的圖，我們可以看出來為何 MDS 會失敗：當每一條線被畫在兩點之間時，沒有一個方法可以在把資料平面化之後，還能夠適當地保留這些線的長度。而在右側圖中，它的結果看起來就好多了。我們可以想像成它用一個方法來展開資料，同時還能夠保留接近相同的長度。這就是 LLE 所做的，透過一個成本函數的總體最佳化來反映這樣的邏輯。

LLE 有許多不同的修改版本，在此將使用一個修改後的 LLE 演算法，去復原這個內嵌的二維複本。一般來說，修改後的 LLE 在復原定義良好的流形方面比其他演算法更好，失真更小（參見圖 46-10）。

```
In [15]: from sklearn.manifold import LocallyLinearEmbedding
         model = LocallyLinearEmbedding(
             n_neighbors=100, n_components=2,
             method='modified', eigen_solver='dense')
         out = model.fit_transform(XS)

         fig, ax = plt.subplots()
         ax.scatter(out[:, 0], out[:, 1], **colorize)
         ax.set_ylim(0.15, -0.15);
```

和原始流形比較起來此結果還是有些變形，但是已經抓到了此資料中最重要的關係了！

1 產生此圖表的程式碼可以在線上附錄（*https://oreil.ly/gu4iE*）中取得。

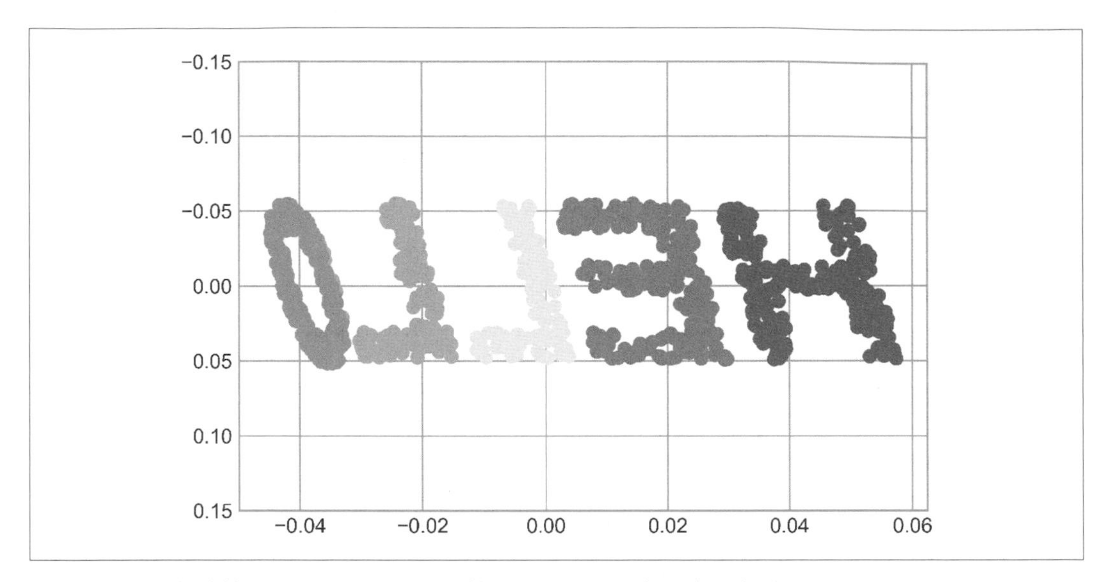

圖 46-10：局部線性嵌入可以從具有非線性的內嵌輸入中復原底層資料

關於流形方法的一些思考

儘管這些例子可能令人信服，但在實務上，流形學習技術往往太過挑剔，以至於它們很少用於高維度資料的簡單定性可視化。

下列是流形學習特有的挑戰，這使得它遠遠比不上 PCA：

- 在流形學習中，沒有一個好的框架可以用來處理缺失的資料。相對來說，PCA 就有非常直覺的交互式方式可以用在缺失資料上。
- 在流形學習中，雜訊的存在會讓複本「短路」以致於徹底地改變內嵌的內容。相對來說，PCA 在本質上就可以從大部分的元件中過濾雜訊。
- 複本內嵌的結果和鄰近點的數目之選用有非常大的關係，但是一般來說卻沒有一個穩健的量化方法告訴我們最佳的近鄰數目是多少。相對來說，PCA 就沒有這一層煩惱。
- 在流形學習中，總體最佳輸出維度的數目非常難決定，相對上來說，PCA 讓你可以基於已解釋變異量來找出輸出的維度。
- 在流形學習中，內嵌維度的意義並不總是清楚的。在 PCA，主要成分有非常明確的意義。

- 在流形學習中，流形方法的計算成本是 $O[N^2]$ 或是 $O[N^3]$，而對於 PCA，它存在一個隨機的方法可以更快地運算（你可以參考 *megaman* 套件（*https://oreil.ly/VLBly*），還有更多可擴展的流形學習之實作）。

把這些都攤在桌面上，流形學習方法相對於 PCA 唯一明確的優點，就是它有能力去保留資料中的非線性關係，基於這個理由，我傾向在第一次使用 PCA 之後才透過流形方法去探索資料。

Scikit-Learn 實作許多流形學習在 LLE 和 Isomap（這兩個我們在前面的章節中使用過，也將在接下來的章節中使用）之上的一些通用變形：在 Scikit-Learn 說明文件中有一些關於它們還不錯的討論和比較（*https://oreil.ly/tFzS5*）。基於經驗，我會給你以下的建議：

- 對於玩具等級的問題（像是前面看到的 S- 曲線），局部線性嵌入（locally linear embedding，LLE）和它的變種（特別是 modified LLE）表現得非常棒。它以 `klearn.manifold.LocallyLinearEmbedding` 進行實作。
- 對於來自於真實世界的高維度資料來源，LLE 通常會產生很差的結果，而 Isomap 一般來說似乎會產生更有意義的內嵌。它被實作在 `sklearn.manifold.Isomap` 中。
- 對於高度群聚的資料，t- 隨機鄰近嵌入法（t-distributed stochastic neighbor embedding，t-SNE）似乎可以運作得非常好，雖然和其他的方法比起來它可能會非常慢。它被實作在 `sklearn.manifold.TSNE` 中。

如果你對於瞭解這些如何運作感到興趣，我會建議你把在這一節中的資料透過每一個方法都執行看看。

範例：在臉部辨識上使用 Isomap

流形學習經常用來瞭解在高維度資料點之間的關係。高維度資料一個常見的例子就是影像；例如，一組有 1,000 個像素的影像，每一個都可以被想成是在 1,000 的維度中蒐集的資料點，每一個影像中的每一個像素之亮度用來定義維度中的座標。

在此，讓我們將 Isomap 套用在一些人臉資料集 LFW（Labeled Faces in the Wild）上，也就是之前在第 43 和 44 章使用過的資料集。執行以下的命令將會下載這些資料，然後把它們快取到你的主目錄中留待後續使用：

```
In [16]: from sklearn.datasets import fetch_lfw_people
         faces = fetch_lfw_people(min_faces_per_person=30)
         faces.data.shape
Out[16]: (2370, 2914)
```

現在有了 2,370 個影像，每一個影像有 2,914 的像素。換句話說，這些影像可以被想成是在一個 2,914 個維度空間中的資料點！

接著快速地瀏覽其中的一些影像，來看看即將要處理的資料內容（參見圖 46-11）。

```
In [17]: fig, ax = plt.subplots(4, 8, subplot_kw=dict(xticks=[], yticks=[]))
         for i, axi in enumerate(ax.flat):
             axi.imshow(faces.images[i], cmap='gray')
```

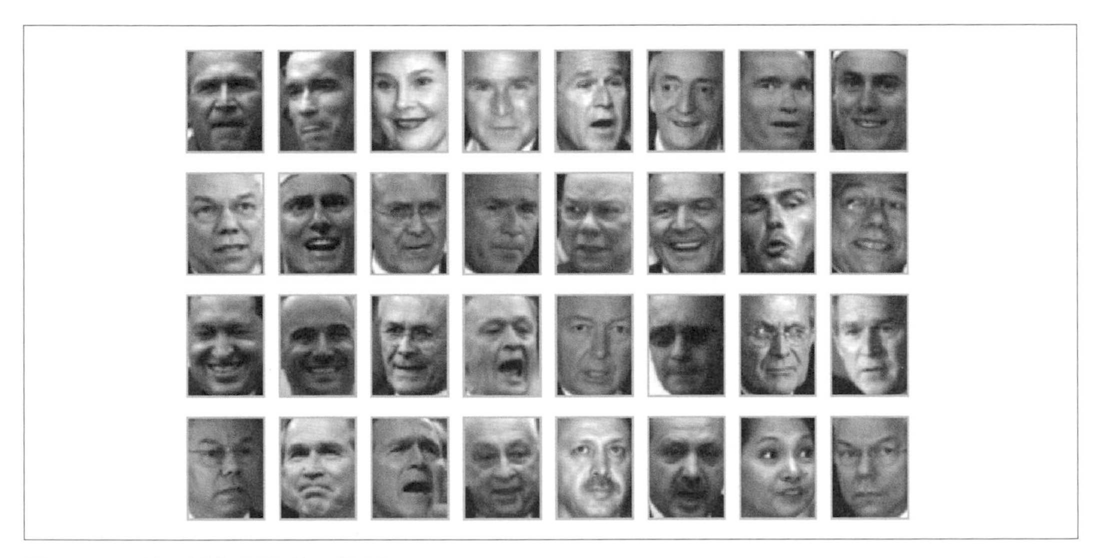

圖 46-11：輸入臉部影像的一些例子

當我們在第 45 章面對這些資料時，我們的目標本質上就是壓縮：從低維度表示法取出一些成分去重建輸入。

想要從 2,914 維度的資料中畫一個低維度的內嵌內容，以檢視在圖形中的一些基本關係。其中一個有用的方法就是去計算 PCA，然後檢視已解釋變異量，這讓我們知道要描述這些資料需要多少線性特徵（參見圖 46-2）。

```
In [18]: from sklearn.decomposition import PCA
         model = PCA(100, svd_solver='randomized').fit(faces.data)
         plt.plot(np.cumsum(model.explained_variance_ratio_))
         plt.xlabel('n components')
         plt.ylabel('cumulative variance');
```

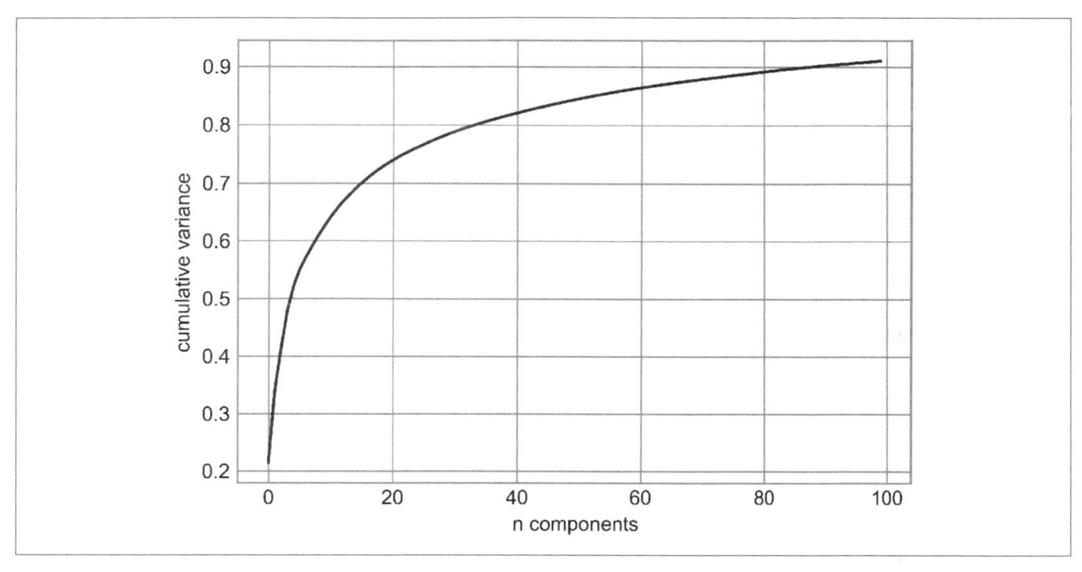

圖 46-12：從 PCA 投影中得到的累積變異量

從這個資料可以看出，接近 100 個成分就可以保留 90% 的變異量。也告訴我們，資料本質上是非常高維度，它沒有辦法線性地使用少許的維度即可加以描述。

在此例中，像是 LLE 和 Isomap 的非線性流形嵌入可能會有所幫助。可以在這些臉上使用之前用過的樣式來計算 Isomap 嵌入：

```
In [19]: from sklearn.manifold import Isomap
         model = Isomap(n_components=2)
         proj = model.fit_transform(faces.data)
         proj.shape
Out[19]: (2370, 2)
```

在此，其輸出是所有輸入影像的二維投影。為了從這個投影中取得更好的理解概念，先定義一個函式，讓它可以用來輸出此投影的位置之影像縮圖：

```
In [20]: from matplotlib import offsetbox

         def plot_components(data, model, images=None, ax=None,
                             thumb_frac=0.05, cmap='gray'):
             ax = ax or plt.gca()

             proj = model.fit_transform(data)
             ax.plot(proj[:, 0], proj[:, 1], '.k')

             if images is not None:
                 min_dist_2 = (thumb_frac * max(proj.max(0) - proj.min(0))) ** 2
                 shown_images = np.array([2 * proj.max(0)])
                 for i in range(data.shape[0]):
                     dist = np.sum((proj[i] - shown_images) ** 2, 1)
                     if np.min(dist) < min_dist_2:
                         # 不要顯示太過於接近的點
                         continue
                     shown_images = np.vstack([shown_images, proj[i]])
                     imagebox = offsetbox.AnnotationBbox(
                         offsetbox.OffsetImage(images[i], cmap=cmap),
                                               proj[i])
                     ax.add_artist(imagebox)
```

現在呼叫這個函式，就可以看到如圖 46-13 所示的結果。

```
In [21]: fig, ax = plt.subplots(figsize=(10, 10))
         plot_components(faces.data,
                         model=Isomap(n_components=2),
                         images=faces.images[:, ::2, ::2])
```

此結果非常有趣。前 2 個 Isomap 維度似乎要描述整體的影像特徵：整體上影像是深或淺是從左到右，而臉的一般方向則是由下而上。這給我們對於資料的基礎特徵有一個很好的視覺上的指示。

從這個地方，我們可以再進一步分類這筆資料，（也許使用流形特徵當作是此分類演算法的輸入），就像是我們之前在第 43 章做的一樣。

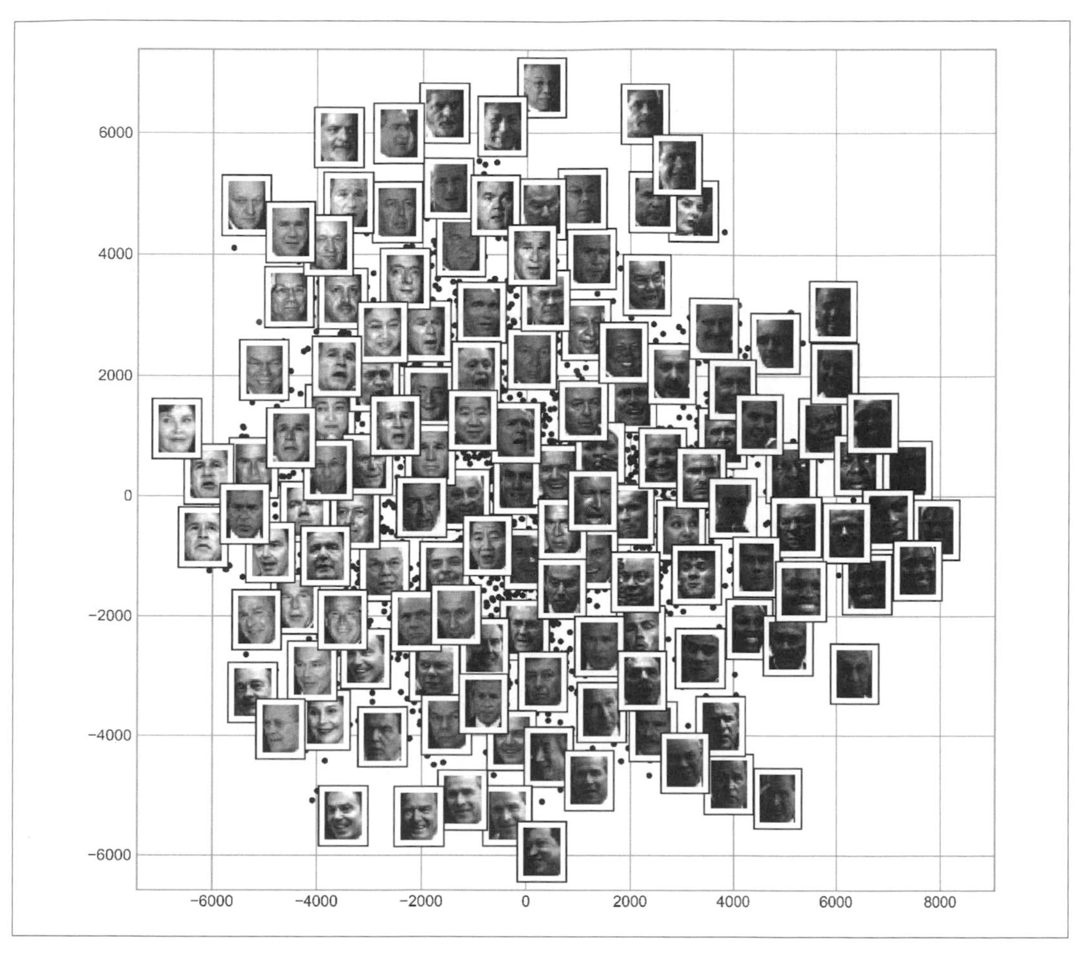

圖 46-13：人臉資料的 Isomap 嵌入內容

範例：數字元的視覺化結構

使用流形學習進行視覺化的另一個例子，讓我們來看看 MNIST 手寫數字元集。此筆資料和之前在第 44 章中看到的數字元類似，但它的每一個影像包含了更多的像素。它可以透過 Scikit-Learn 工具在 *http://openml.org/* 下載：

```
In [22]: from sklearn.datasets import fetch_openml
         mnist = fetch_openml('mnist_784')
         mnist.data.shape
Out[22]: (70000, 784)
```

此筆資料包含有 70,000 筆影像，每一個影像均有 784 個像素（也就是 28×28 的影像）。就像是之前做的，先看看其中的一些影像內容（參見圖 46-14）。

```
In [23]: mnist_data = np.asarray(mnist.data)
         mnist_target = np.asarray(mnist.target, dtype=int)

         fig, ax = plt.subplots(6, 8, subplot_kw=dict(xticks=[], yticks=[]))
         for i, axi in enumerate(ax.flat):
             axi.imshow(mnist_data[1250 * i].reshape(28, 28), cmap='gray_r')
```

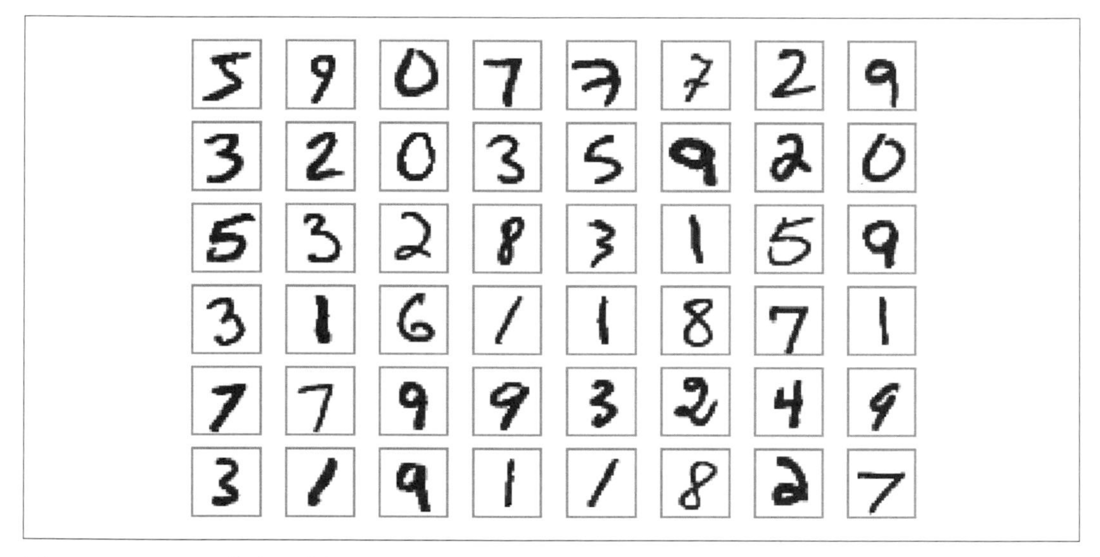

圖 46-14：MNIST 數字元的例子

這些內容讓我們了解到資料集中手寫風格的多樣性。

讓我們計算跨越資料的流形學習投影。為了加快速度，將只使用 1/30 的資料，也就是大約 2,000 點（因為流形學習相對上來講加大規模的效能較差，我發現幾千個樣本是在開始進入全部資料之前，一開始快速探索資料時一個相對較快的數目）。

圖 46-15 展示了計算結果。

```
In [24]: # 只使用 1/30 的資料：完整的資料集非常耗時！
         data = mnist_data[::30]
         target = mnist_target[::30]

         model = Isomap(n_components=2)
         proj = model.fit_transform(data)

         plt.scatter(proj[:, 0], proj[:, 1], c=target,
                     cmap=plt.cm.get_cmap('jet', 10))
         plt.colorbar(ticks=range(10))
         plt.clim(-0.5, 9.5);
```

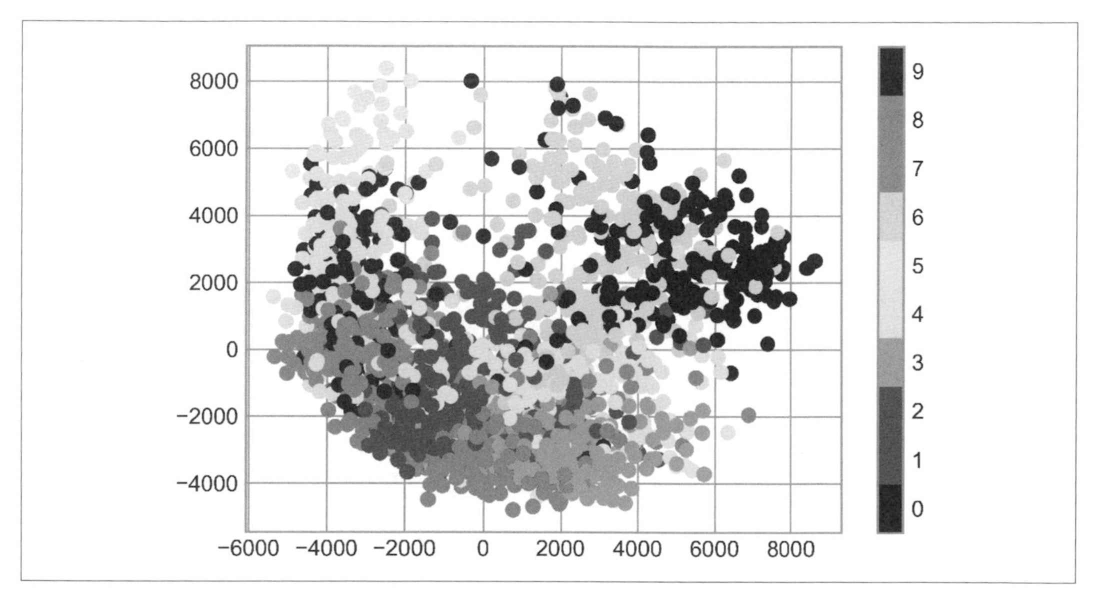

圖 46-15：MNIST 數字元資料的 Isomap 內嵌

此結果的散佈圖展現了一些資料點之間的關係，但是還是有一些擁擠。可以藉由一次只看一個單一的數字來看得更深入一些（參見圖 46-16）。

```
In [25]: # 選擇 1/4 個數字 "1" 進行投影計算
         data = mnist_data[mnist_target == 1][::4]

         fig, ax = plt.subplots(figsize=(10, 10))
         model = Isomap(n_neighbors=5, n_components=2, eigen_solver='dense')
         plot_components(data, model, images=data.reshape((-1, 28, 28)),
                         ax=ax, thumb_frac=0.05, cmap='gray_r')
```

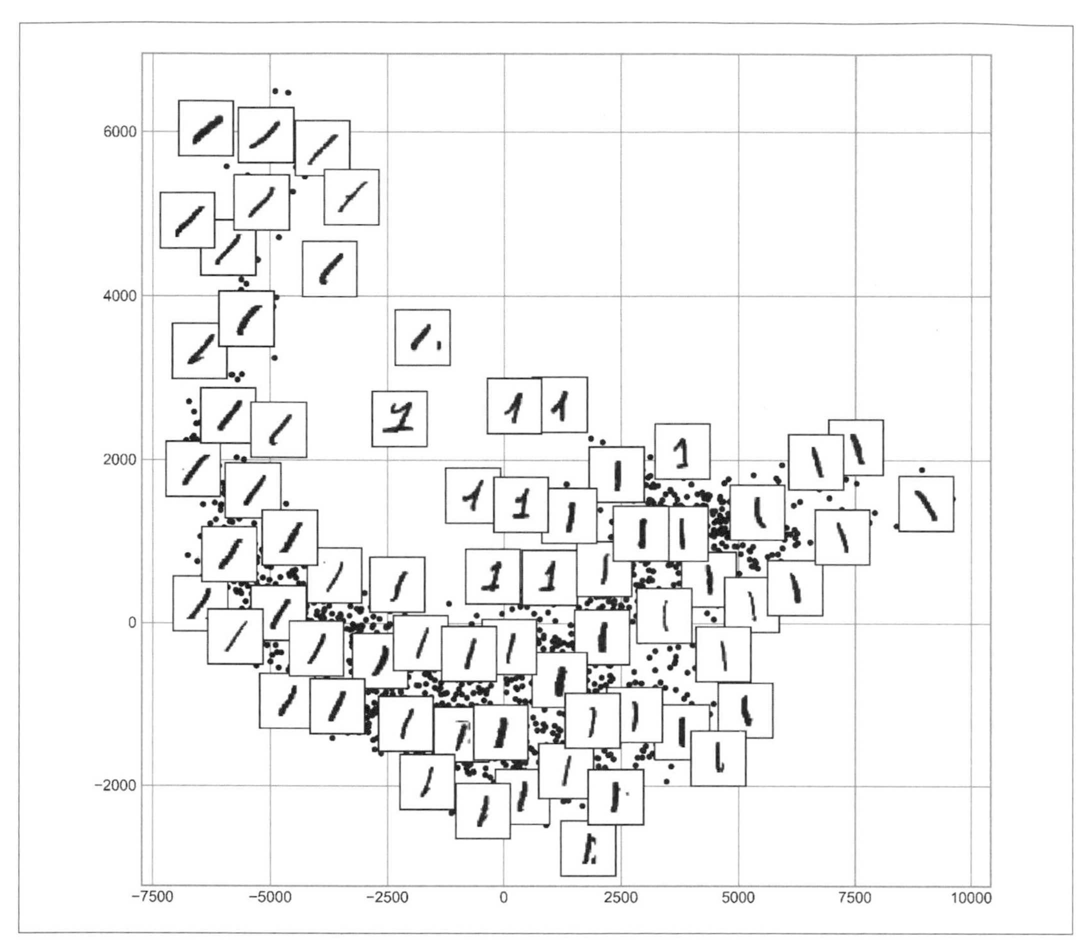

圖 46-16：只顯示數字 1 在 MNIST 資料集中的 Isomap 內嵌

此結果給你一個對於來自於資料集中許多種不同形式的數字「1」之概念，此資料在投影空間中沿著一個寬的曲線放置，顯示著去追蹤數字元的方向。當你看圖表的上方，可以發現有些 1 有一個帽子以及可能有底下的橫線，雖然它們在資料集中非常地稀疏。此投影讓我們辨識出資料問題的偏差值（也就是，鄰近數字元的一部分可能會偷溜進被擷取的影像中）。

現在，這個本身可能在分類數字的工作上並沒有什麼用處，但是它可以幫助我們取得對資料的瞭解，而且可能可以給我們一些關於如何進行下一步的想法，像是我們可以如何在建立分類管線之前預處理這些資料。

第 47 章

深究：K 平均數集群法

在前面的各章中，我們已經探討了非監督式機器學習模型的其中一個類別：降維。在此，我們將往前再看另外一類非監督式機器學習模型：集群演算法。集群演算法從資料的特性中尋找以學習一個最佳的分佈或是一組資料點的離散標籤。

許多集群演算法可以在 Scikit-Learn 和其他的地方找到，但也許最容易理解的方法就是所謂的 *K 平均數集群法*（*k-means clustering*），它實作在 `sklearn.cluster.KMeans` 中。

我們還是從標準的匯入操作開始：

```
In [1]: %matplotlib inline
        import matplotlib.pyplot as plt
        plt.style.use('seaborn-whitegrid')
        import numpy as np
```

K 平均法介紹

K 平均法演算法在一個未標籤的多維資料集中搜尋一個預先定義數目的群組。它藉由使用一個簡單的最佳化集群看起來的樣子之概念來完成：

- 「群組中心」是所有同一群組中的所有點之算術平均。
- 群組中的每一個點都比其他群組的點還要更接近群組中心。

這兩個假設是 K 平均法模型的基礎。我們將很快地深入到這個演算法是如何達到這樣的解法，不過還是先讓我們檢視一個簡單的資料集，然後看看它 K 平均法的結果。

首先，產生一個二維的資料集，內含有 4 個獨立的區塊。為了強調這是一個非監督式的演算法，我們將不在視覺化的結果中加上標籤（參見圖 47-1）：

```
In [2]: from sklearn.datasets import make_blobs
        X, y_true = make_blobs(n_samples=300, centers=4,
                               cluster_std=0.60, random_state=0)
        plt.scatter(X[:, 0], X[:, 1], s=50);
```

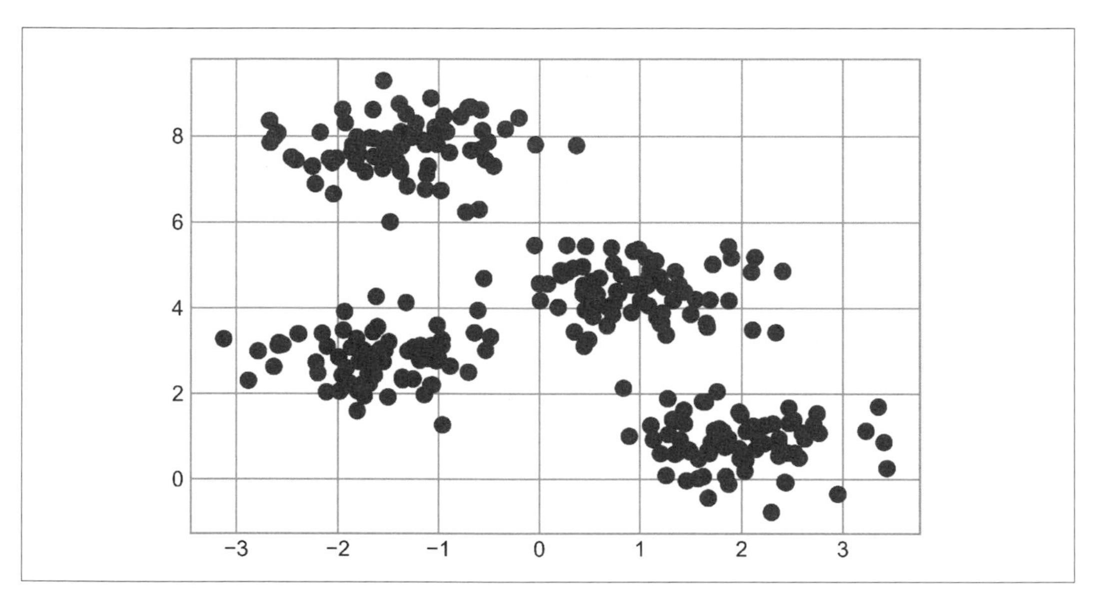

圖 47-1：用來展示集群的資料

用肉眼觀察，相對來說很簡單就可以挑出 4 個群組。K 平均法可以自動地做這件事，在 Scikit-Learn 中使用的是典型的估計器 API：

```
In [3]: from sklearn.cluster import KMeans
        kmeans = KMeans(n_clusters=4)
        kmeans.fit(X)
        y_kmeans = kmeans.predict(X)
```

讓我們透過畫出著色標籤資料來視覺化其結果，也標出被 K 平均法估計器所決定出的群組中心（圖 47-2）：

```
In [4]: plt.scatter(X[:, 0], X[:, 1], c=y_kmeans, s=50, cmap='viridis')

        centers = kmeans.cluster_centers_
        plt.scatter(centers[:, 0], centers[:, 1], c='black', s=200);
```

好消息是，K 平均法（至少在這個簡單的例子中）將這些點指定到其各群組的方式，和我們透過肉眼區分的方法很相似。但你可能會訝異，這個演算法是如何這麼快地找出這些群組的！畢竟，群組設定之組合的所有可能性是資料點的指數規模：使用窮舉搜尋法（exhaustive search）會非常非常耗時。幸運的是，窮舉搜尋法對我們來說並不必要，取而代之的，K 平均法的典型研究包含了一個直覺的迭代嘗試，也就是所謂的**最大期望算法**（*expectation-maximization*）。

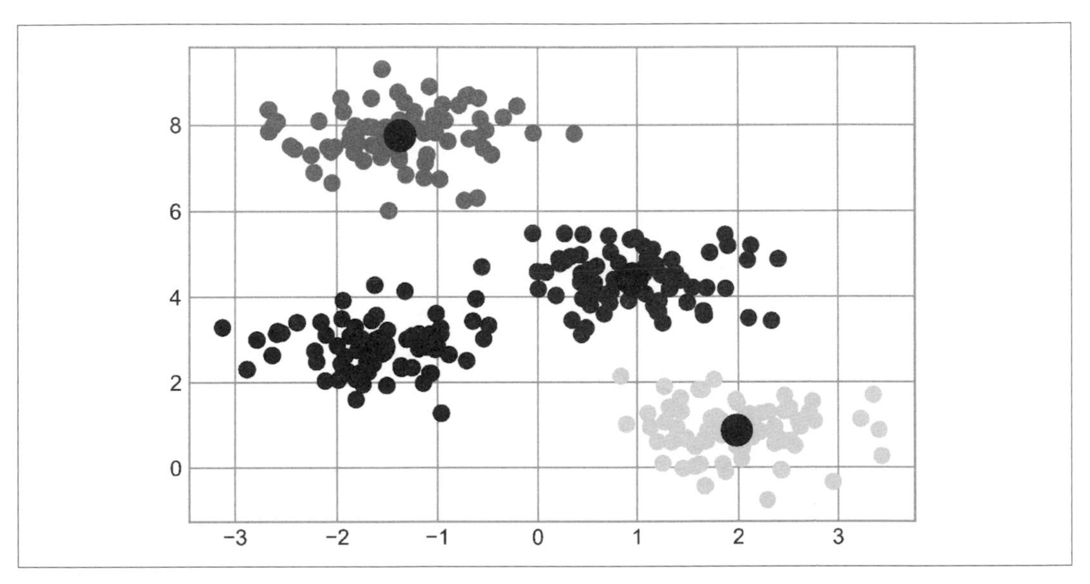

圖 47-2：K 平均數集群中心以及著色群組標籤

最大期望算法（Expectation–Maximization）

最大期望算法（expectation–maximization，E-M）是一個具有威力的演算法，應用在資料科學的許多不同的領域中。K 平均法是一個特別簡單而且容易理解的演算法應用，我們將在此簡要地執行一遍。簡單地說，最大期望算法研究是由以下幾個程序所組成的：

1. 猜測一些群組的中心。
2. 重複一直到收斂：。

   a. *E-Step*：指定一些點到最近的群組中心。

   b. *M-Step*：設定群組中心為其平均值。

這裡的 *E-step*（或稱 *expectation step*）顧名思義，它包含了更新我們對於每一個點屬於的群組之期望。而 *M-step*（或稱 m*aximization step*），則是因為它包括最大化一些適應函數（fitness function），這些函數定義了群組中心的位置 —— 在這個例子中，最大化藉由取得在每一個群組中資料點的簡單平均來完成。

此演算法的相關文獻非常多，但是我們還是可以摘要如下：在典型的環境之下，每重複一遍 E-step 和 M-step，就能對群組特性有更好的評估。

我們可以在圖 47-3 中視覺化此演算法。如圖中所示的特別的初始情況下，群組只在 3 次迭代之後就收斂了（此圖表的互動式版本程式碼可以在線上附錄 *https://oreil.ly/wFnok* 中取得）。

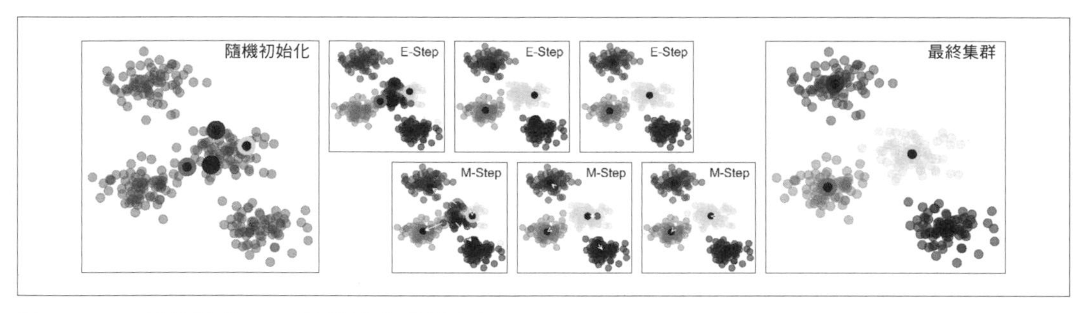

圖 47-3：K 平均法的 E-M 演算法之視覺化[1]

K 平均法簡單到只要寫幾行程式碼就可以完成。以下是一個非常基本的實作（參見圖 47-4）。

```
In [5]: from sklearn.metrics import pairwise_distances_argmin

        def find_clusters(X, n_clusters, rseed=2):
            # 1. 隨機選取群組
            rng = np.random.RandomState(rseed)
            i = rng.permutation(X.shape[0])[:n_clusters]
            centers = X[i]

            while True:
                # 2a. 基於最近的中心設定標籤
                labels = pairwise_distances_argmin(X, centers)
```

1　產生此圖表的程式碼可以在線上附錄（*https://oreil.ly/yo6GV*）中取得。

```
        # 2b. 從點的平均找出新的中心
        new_centers = np.array([X[labels == i].mean(0)
                                for i in range(n_clusters)])

        # 2c. 檢查是否收斂
        if np.all(centers == new_centers):
            break
        centers = new_centers

    return centers, labels

centers, labels = find_clusters(X, 4)
plt.scatter(X[:, 0], X[:, 1], c=labels,
            s=50, cmap='viridis');
```

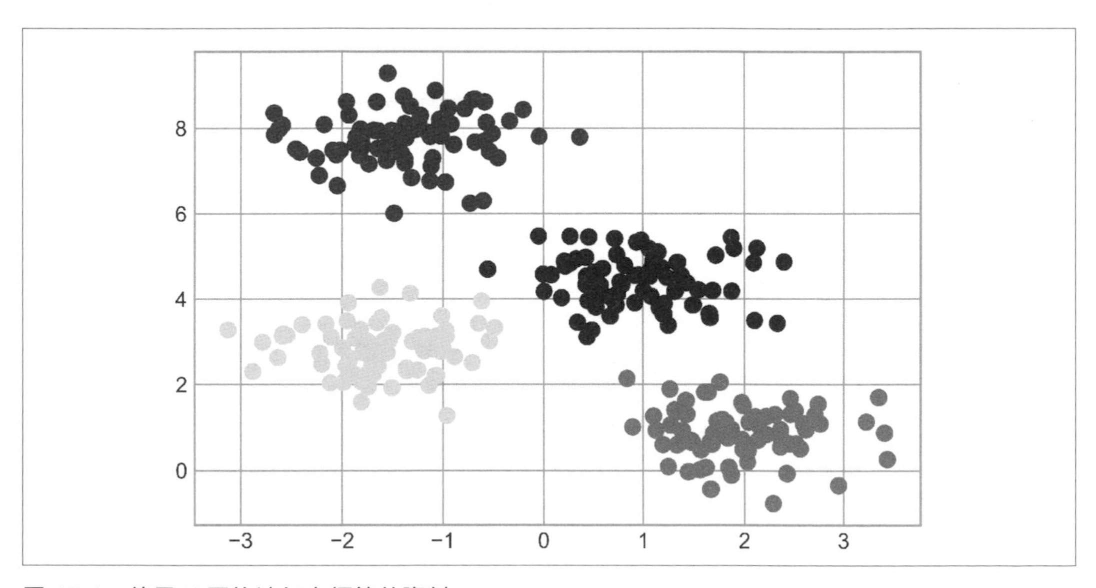

圖 47-4：使用 K 平均法加上標籤的資料

大部分測試良好的實作在背後其實比這些程式碼多做了一些，但是前面這一段程式碼已經可以提供最大期望算法研究的要旨了：

可能無法達到全體最佳化的結果

首先，儘管 E–M 程序保證在每一步中改善其結果，但無法保證它可以達成全體的最佳化。例如：如果我們使用一個不同的隨機種子在我們的簡單程序中，有一些特定的猜測將會導致很差的結果（參見圖 47-5）。

```
In [6]: centers, labels = find_clusters(X, 4, rseed=0)
        plt.scatter(X[:, 0], X[:, 1], c=labels,
                    s=50, cmap='viridis');
```

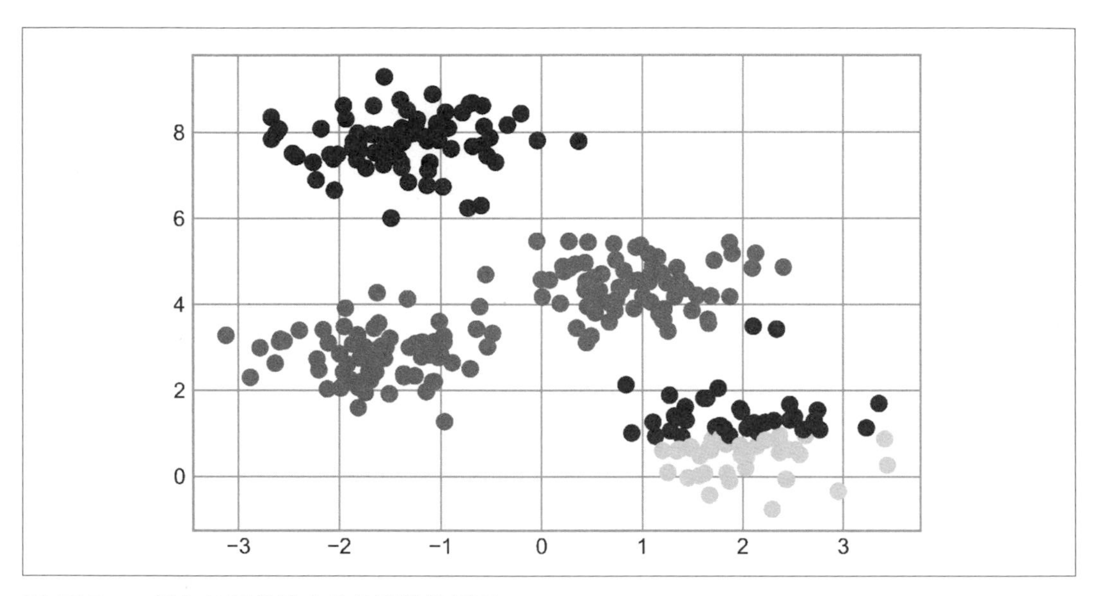

圖 47-5：一個在 K 平均法中收斂不佳的例子

在此 E-M 嘗試已經收斂了，但是並沒有收斂到總體最佳配置。因為這個理由，此演算法經常被使用多個不同的起始猜測執行多次。實際上，Scikit-Learn 在預設的情況下也會這麼做（以 n_init 參數來設定次數，預設值是 10）。

必須事先設定群組的數目

K 平均法的另一個常見的挑戰，是你必須先設定預期的群組數目：它沒辦法從資料中學習到群組的數目。例如，如果我們要求此演算法識別出 6 個群組，它會開心且快速地找出最佳的 6 個群組，如圖 47-6 所示：

```
In [7]: labels = KMeans(6, random_state=0).fit_predict(X)
        plt.scatter(X[:, 0], X[:, 1], c=labels,
                    s=50, cmap='viridis');
```

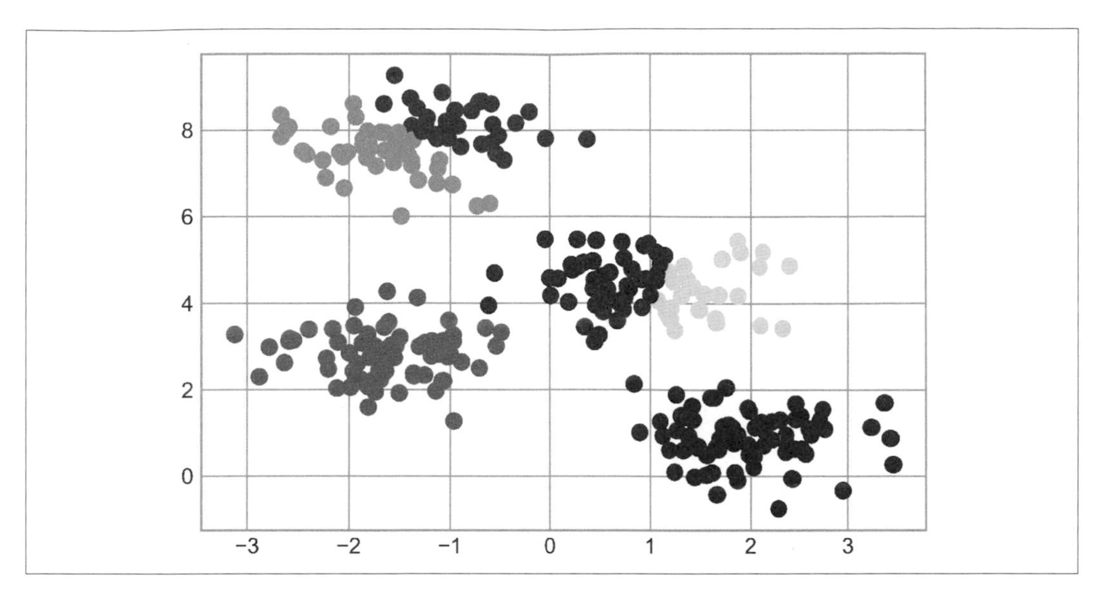

圖 47-6：當群組數設定不佳時的結果例

結果是否有意義是一個很難明確回答的問題：有一個相當直觀的研究叫做輪廓分析（silhouette analysis），但是我們並不打算在此深入討論（*https://oreil.ly/xybmq*）。

或者，你可以使用一個更複雜的、對於每一個群組數目有較佳的適應度量化量測的集群演算法（例如：高斯混合模型；請參考第 48 章），或是我們可以選用一個合適的群組數目，例如：基於密度的集群演算法（DBSCAN）、均值漂移法（mean-shift）、或鄰近傳播分群法（affinity propagation），你都可以在 `sklearn.cluster` 子模組中找到。

K 平均法被限制在線性群組邊界

K 平均法的基本模型假設（資料點為比在其他群組中的點更接近自己的群組中心）代表此演算法在遇到複雜幾何形狀的群組時經常是無效的。

特別是 K 平均法的群組邊界都是線性的，這代表如果遇到更複雜的邊界就會失敗。考慮以下的資料，透過典型的 K 平均法找出群組標籤（參見圖 47-7）。

```
In [8]: from sklearn.datasets import make_moons
        X, y = make_moons(200, noise=.05, random_state=0)

In [9]: labels = KMeans(2, random_state=0).fit_predict(X)
        plt.scatter(X[:, 0], X[:, 1], c=labels,
                    s=50, cmap='viridis');
```

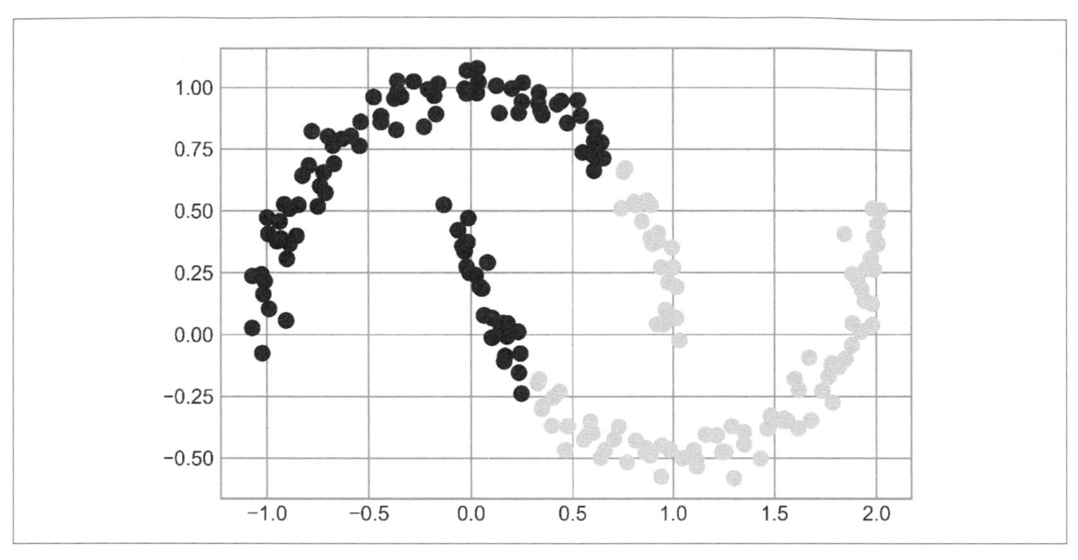

圖 47-7：K 平均法無法應用在非線性邊界上

此情況就像是之前在第 43 章中所討論的一樣，那時使用了核轉換把資料投影到一個更高維度讓線性分割變得可能。我們可以想像，使用相同的技巧以讓 K 平均法也可以找出非線性的邊界。

其中一個核化版本的 K 平均法被實作在 Scikit-Learn 之 `SpectralClustering` 估計器。它使用最近鄰圖（graph of nearest neighbors）計算一個資料之更高維度表示，然後使用 K 平均法指定標籤（參見圖 47-8）。

```
In [10]: from sklearn.cluster import SpectralClustering
         model = SpectralClustering(n_clusters=2,
                                    affinity='nearest_neighbors',
                                    assign_labels='kmeans')
         labels = model.fit_predict(X)
         plt.scatter(X[:, 0], X[:, 1], c=labels,
                     s=50, cmap='viridis');
```

我們可以看到透過此種核轉換的嘗試，核化 K 平均法就能夠找出群組間更加複雜的非線性邊界了。

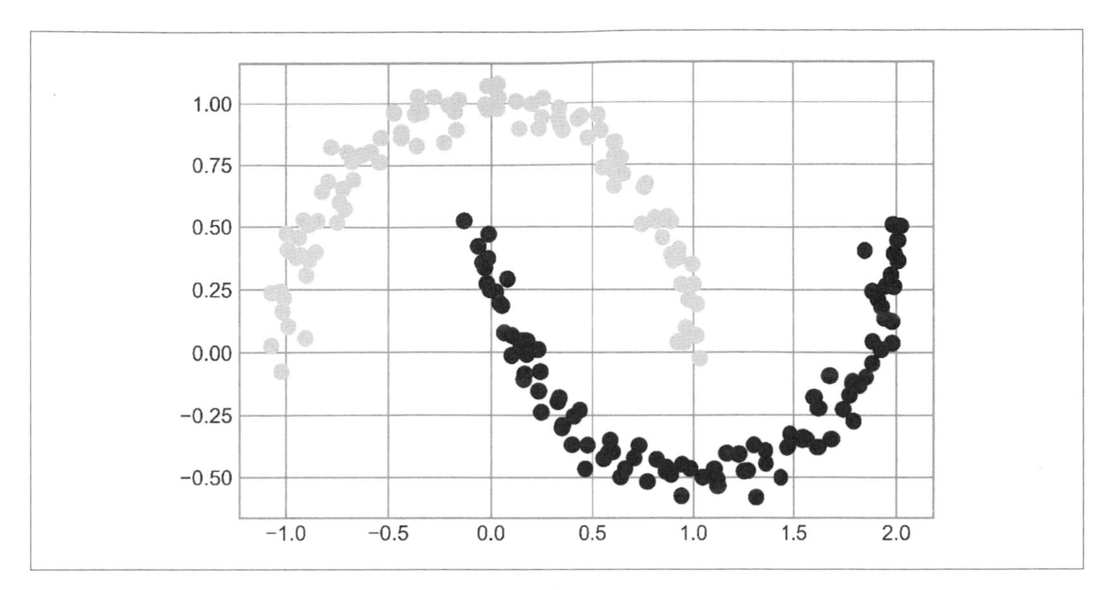

圖 47-8：透過 SpectralClustering 學習到的非線性邊界

大量的樣本會讓 *K* 平均法執行變慢

因為 K 平均法每一次的迭代都必須存取資料集中的每一個點，此演算法相對來說就會在資料量龐大時變慢。你可能會訝異「在每一個迭代中使用每一個點」這個需求是可以放寬的；例如，你可能只是要使用資料的其中一個子集合更新在每一個步驟中群組的中心。這是基於批次的 K 平均法背後的想法，它的其中一個型式被實作在 sklearn.cluster.MiniBatchKMeans 中。它的介面和標準的 K 平均法一樣；我們將會在接下來的討論中看到使用它的例子。

範例

留意演算法的這些侷限性之後，我們可以在各種情況下讓 K 平均法成為我們的優勢。現在就來檢視以下的兩個例子。

範例 1：在數字元上使用 K 平均法

一開始，讓我們檢視如何將 K 平均法應用在同樣的簡單數字元資料，也就是我們曾經在第 44 章以及第 45 章中看到過的資料集。在此，我們嘗試在沒有使用原始標籤資訊的情況下，試著使用 K 平均法去識別相似的數字元；這可能會類似於從沒有事先得知有關於標籤資訊的情況下擷取出新資料集的意義之運算。

我們將從載入資料集開始，然後找出區分的群組。回想之前的這些數字元有 1,797 個樣本以及 64 個特徵，其中 64 個特徵值就是在 8×8 影像中各個像素的亮度：

```
In [11]: from sklearn.datasets import load_digits
         digits = load_digits()
         digits.data.shape
Out[11]: (1797, 64)
```

集群可以被之前一樣的方式執行如下：

```
In [12]: kmeans = KMeans(n_clusters=10, random_state=0)
         clusters = kmeans.fit_predict(digits.data)
         kmeans.cluster_centers_.shape
Out[12]: (10, 64)
```

結果會是在 64 個維度中區分出 10 個群組。留意這些群組的中心是 64 維度的資料點，而它們可以被解釋為在群組中典型的數字元。檢視一下此群組中心看起來的樣子（參見圖 47-9）。

```
In [13]: fig, ax = plt.subplots(2, 5, figsize=(8, 3))
         centers = kmeans.cluster_centers_.reshape(10, 8, 8)
         for axi, center in zip(ax.flat, centers):
             axi.set(xticks=[], yticks=[])
             axi.imshow(center, interpolation='nearest', cmap=plt.cm.binary)
```

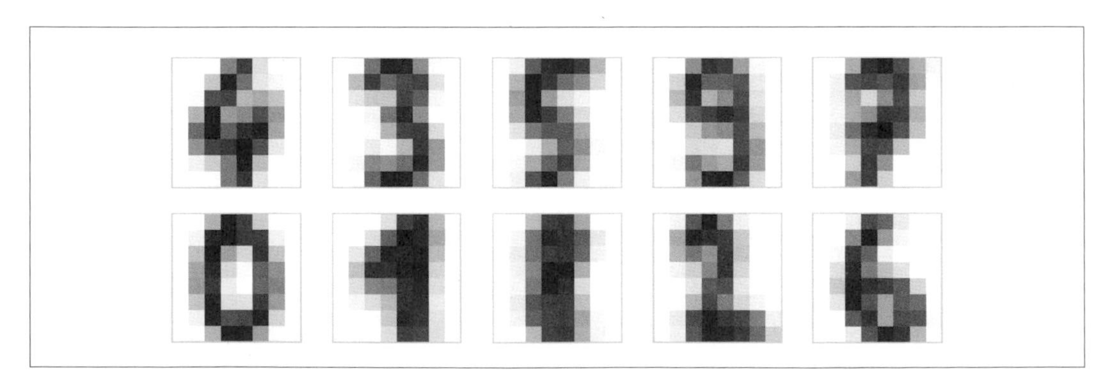

圖 47-9：使用 K 平均法學習到的群組中心

可以看到，就算是沒有標籤，KMeans 也能找出可以被辨識的群組中心，或許除了 1 和 8 之外。

因為 K 平均法對於群組的識別特徵沒有任何的瞭解，所以 0–9 的標籤可能會沒有正確地被排列。在此可以透過把每一個學習到的群組，和從它們之中找出的實際標籤做配對來修正此種情況：

```
In [14]: from scipy.stats import mode

         labels = np.zeros_like(clusters)
         for i in range(10):
             mask = (clusters == i)
             labels[mask] = mode(digits.target[mask])[0]
```

現在可以檢查我們的非監督式集群法，在此資料中找出相似數字元的正確率：

```
In [15]: from sklearn.metrics import accuracy_score
         accuracy_score(digits.target, labels)
Out[15]: 0.7935447968836951
```

只使用簡單的 K 平均法，我們發現輸入數字元的正確分群是 80%！現在讓我們透過混淆矩陣進行檢查，看起來像是圖 47-10 的樣子。

```
In [16]: from sklearn.metrics import confusion_matrix
         import seaborn as sns
         mat = confusion_matrix(digits.target, labels)
         sns.heatmap(mat.T, square=True, annot=True, fmt='d',
                     cbar=False, cmap='Blues',
                     xticklabels=digits.target_names,
                     yticklabels=digits.target_names)
         plt.xlabel('true label')
         plt.ylabel('predicted label');
```

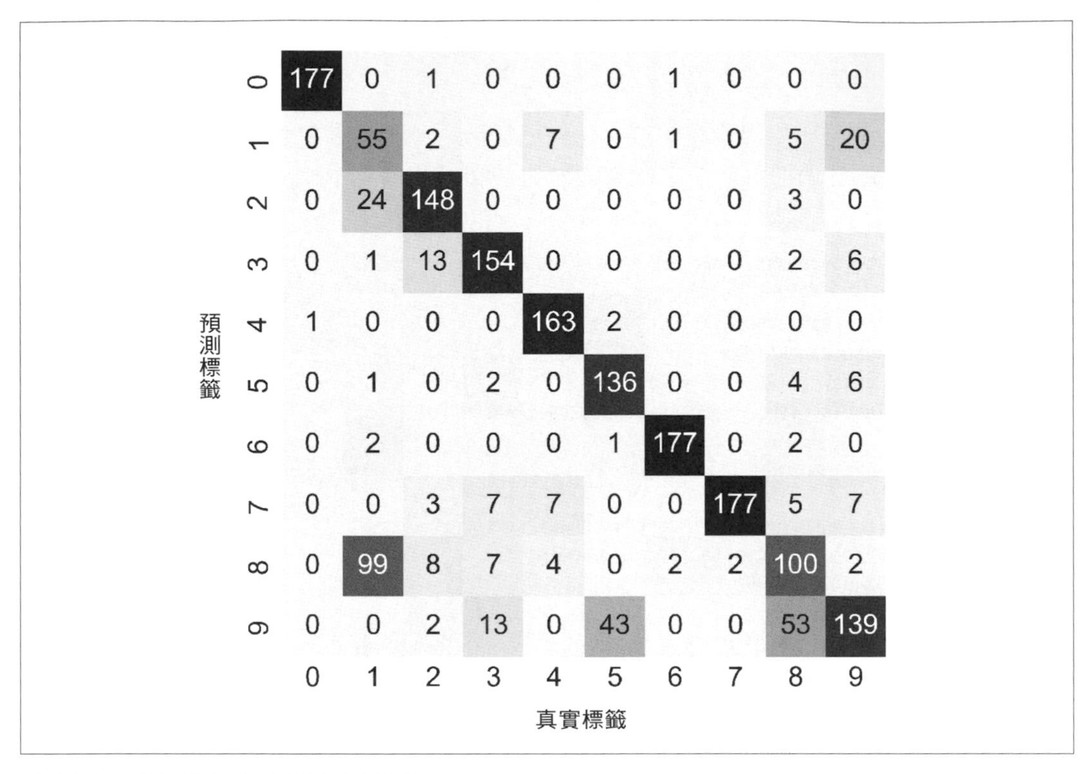

圖 47-10：K 平均法分類器的混淆矩陣

就像是我們可能從之前視覺化的群組中心所預期的，會混淆的主要點是 8 和 1。但是這仍然顯示使用 K 平均法還是可以在沒有給定任何已知標籤的情況下，很簡單地建立一個數字元的分類器！

基於好玩，讓我們試著再更往前一步。在此可以使用 t- 隨機鄰近嵌入法（t-distributed stochastic neighbor embedding，t-SNE）（我們在第 46 章中提到過），在進行 k-means 演算法之前去預處理這些資料。t-SNE 是一個非線性的內嵌演算法，它特別擅長保留群組中的資料點。讓我們來看看如何執行：

```
In [17]: from sklearn.manifold import TSNE

         # 投影此資料，這一步驟需要花上幾秒鐘
         tsne = TSNE(n_components=2, init='random',
                     learning_rate='auto',random_state=0)
         digits_proj = tsne.fit_transform(digits.data)
```

```
        # 計算這些群組
        kmeans = KMeans(n_clusters=10, random_state=0)
        clusters = kmeans.fit_predict(digits_proj)

        # 排列標籤
        labels = np.zeros_like(clusters)
        for i in range(10):
            mask = (clusters == i)
            labels[mask] = mode(digits.target[mask])[0]

        # 計算正確率
        accuracy_score(digits.target, labels)
Out[17]: 0.9415692821368948
```

在沒有使用標籤的情況下，還是有 94% 的分類正確率。這就是謹慎地使用非監督式學習的威力：它可以從資料集中萃取出那些透過手或眼睛不易處理的資訊。

範例 2：在色彩壓縮使用 K 平均法

還有一個有趣的集群應用是在影像中對色彩的壓縮（這個例子改編自 Scikit-Learn 的「Color Quantization Using K-Means」，*https://oreil.ly/TwsxU*）。例如：想像有一張影像具有百萬個顏色。對於大部分的影像，有大量的顏色其實是沒有被用到的，而且許多影像中的點它們具有相類似，甚至是一模一樣的顏色。

例如：考慮如圖 47-11 中的影像，它取自於 Scikit-Learn 資料集模組（要進行這項工作，需要安裝 Python 的 pillow 套件）：[2]

```
In [18]: # 注意：此程式需要事先已安裝過 pillow 套件
         from sklearn.datasets import load_sample_image
         china = load_sample_image("china.jpg")
         ax = plt.axes(xticks=[], yticks=[])
         ax.imshow(china);
```

2 此圖表和接下來的圖表之彩色版本，請參閱本書的線上版本（*https://oreil.ly/PDSH_GitHub*）。

圖 47-11：輸入的影像

這張影像本身是以大小為（高、寬、RGB）的三維陣列儲存，包含從 0–255 整數表示的紅 / 藍 / 綠三個資料值：

```
In [19]: china.shape
Out[19]: (427, 640, 3)
```

其中一個可以檢視此像素集合之方法是把它們當作是三維顏色空間中的資料點集合。我們將重塑此資料的形狀到 `[n_samples x n_features]`，然後把顏色的值重新調整到 0 和 1 之間：

```
In [20]: data = china / 255.0  # 使用 0...1 的比例
         data = data.reshape(-1, 3)
         data.shape
Out[20]: (273280, 3)
```

我們可以在此色彩空間中視覺化這些像素點，為了顧及效率，只使用 10,000 個像素點的子集合（參見圖 47-12）。

```
In [21]: def plot_pixels(data, title, colors=None, N=10000):
             if colors is None:
                 colors = data

             # 隨機選一個子集合
             rng = np.random.default_rng(0)
```

```
    i = rng.permutation(data.shape[0])[:N]
    colors = colors[i]
    R, G, B = data[i].T

    fig, ax = plt.subplots(1, 2, figsize=(16, 6))
    ax[0].scatter(R, G, color=colors, marker='.')
    ax[0].set(xlabel='Red', ylabel='Green', xlim=(0, 1), ylim=(0, 1))

    ax[1].scatter(R, B, color=colors, marker='.')
    ax[1].set(xlabel='Red', ylabel='Blue', xlim=(0, 1), ylim=(0, 1))

    fig.suptitle(title, size=20);

In [22]: plot_pixels(data, title='輸入色彩空間：1600 萬種可能的顏色')
```

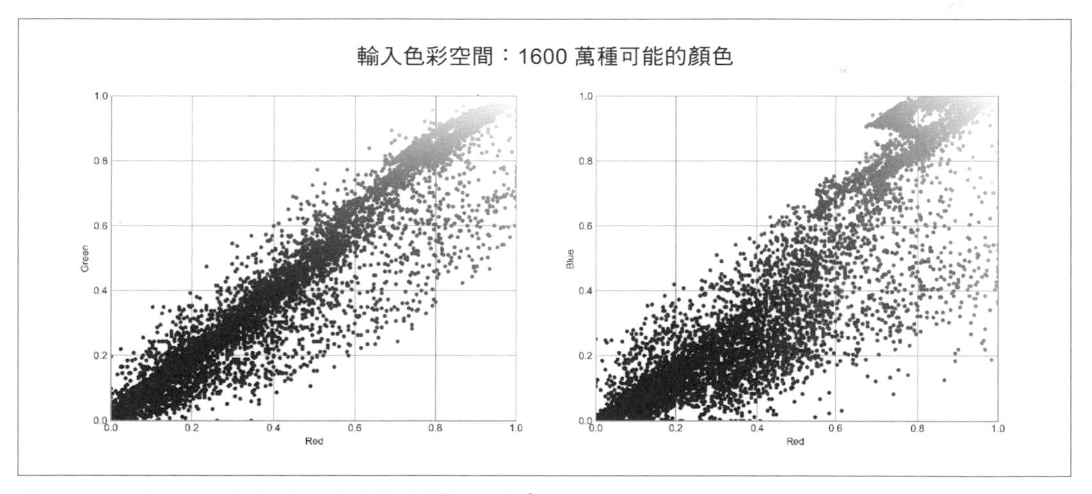

圖 47-12：在 RGB 顏色空間中各像素點的分佈[3]

現在使用 K 平均數集群法，在像素空間中跨像素地把這些 1 千 6 百萬色減少到只有 16 色，因為處理的是非常大的資料集，我們將使用迷你批次 K 平均數（mini-batch k-means），它在資料的子集合中計算結果，速度比標準的 K 平均數快多了（如圖 47-13）：

3 本圖表的全彩版本可以在 GitHub 中找到（https://oreil.ly/PDSH_GitHub）。

```
In [23]: from sklearn.cluster import MiniBatchKMeans
         kmeans = MiniBatchKMeans(16)
         kmeans.fit(data)
         new_colors = kmeans.cluster_centers_[kmeans.predict(data)]

         plot_pixels(data, colors=new_colors,
                     title="減少色彩空間：16 種顏色")
```

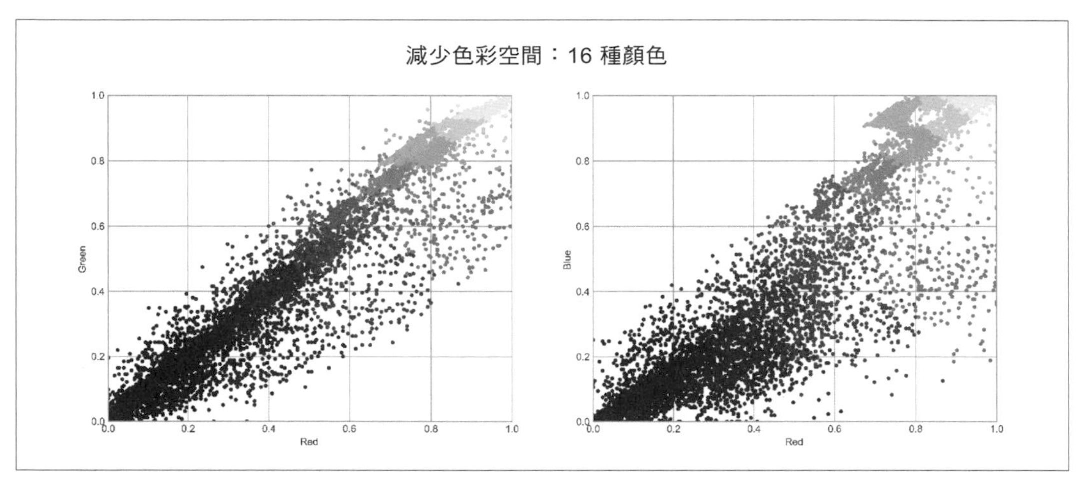

圖 47-13：在 RGB 色彩空間中的 16 個群組[4]

圖中的結果是對原始像素點的重新上色，其中每一個像素均被指定為最接近它的群組中心顏色。在影像空間中畫出這些新的顏色和原有的像素空間對比可以看出此演算法的成效（參見圖 47-14）。

```
In [24]: china_recolored = new_colors.reshape(china.shape)

         fig, ax = plt.subplots(1, 2, figsize=(16, 6),
                                subplot_kw=dict(xticks=[], yticks=[]))
         fig.subplots_adjust(wspace=0.05)
         ax[0].imshow(china)
         ax[0].set_title('Original Image', size=16)
         ax[1].imshow(china_recolored)
         ax[1].set_title('16-color Image', size=16);
```

4 本圖表全尺寸的版本可以在 GitHub（*https://oreil.ly/PDSH_GitHub*）中取得。

全色彩影像

16 色影像

圖 47-14：全色彩影像（左）和 16 色影像（右）的對比

在右邊的圖中肯定損失了一些細節，但是整體上影像仍然很容易可以加以辨識。右邊的這張影像最後達到的是 1 百萬倍的壓縮率！儘管這是一個使用 K 平均法的有趣應用，在影像壓縮上仍然有更好的方法。但是此範例展現出像是 K 平均法這樣的非監督式方式跳脫框架之外的其他能力。

第 48 章

深究：高斯混合模型（Gaussian Mixture Models）

在前一章中所探討的 K 平均法集群模型簡單也相對地容易理解，但是它的簡單特性使得它在應用上面臨了一些實務上的挑戰。尤其是，K 平均法的非機率本質，以及它所使用的簡單想法：以「從群組中心的距離」來指定群組的成員關係，將導致在許多真實世界情況下不好的效能。在這一章中，我們將檢視高斯混合模型（gaussian mixture models，GMM），它可以被看成是隱藏在 K 平均法背後概念的延伸，但也可以成為比簡單的集群的評估更強大的工具。

我們從標準的匯入開始：

```
In [1]: %matplotlib inline
        import matplotlib.pyplot as plt
        plt.style.use('seaborn-whitegrid')
        import numpy as np
```

使用 GMM 的動機：K 平均法的弱點

先來看 K 平均法的一些弱點，然後思考我們可以如何改進集群模型。就像在前面的章節中看到的，給一個簡單的、分佈良好的資料，K 平均法可以找到合適的集群結果。

例如，如果有一組簡單的資料，K 平均法可以快速地為那些群組加上標籤，使用的是我們透過眼睛也可以看出來的相近的配對（參見圖 48-1）。

```
In [2]: # 產生一些資料
        from sklearn.datasets import make_blobs
        X, y_true = make_blobs(n_samples=400, centers=4,
                               cluster_std=0.60, random_state=0)
        X = X[:, ::-1] # flip axes for better plotting

In [3]: # 繪出 k-means 的資料標籤
        from sklearn.cluster import KMeans
        kmeans = KMeans(4, random_state=0)
        labels = kmeans.fit(X).predict(X)
        plt.scatter(X[:, 0], X[:, 1], c=labels, s=40, cmap='viridis');
```

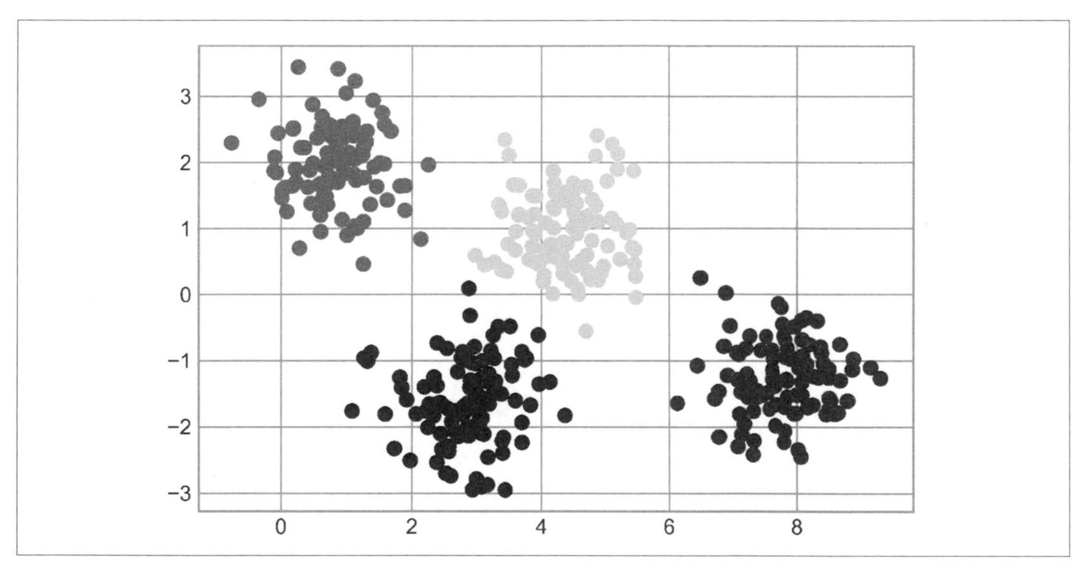

圖 48-1：對於簡單資料的 K 平均法標籤

從直觀的面向看，我們可以預期某些點的集群設定會比其他的點來得更確定；例如，有一些點看起來會在兩個中間群組間有一些非常輕微的重疊，像這樣的資料點我們可能會沒有把它們指定給某一群組完全的信心。不幸的是，K 平均法模型對於機率或是群組設定的不確定性沒有一個內在的衡量方式雖然它可能有機會去使用自助法（bootstrap method）去評估此種不確定性。對於此點，必須要思考到關於模型的一般化。

其中一個關於 K 平均法模型的思考方向就是在每一群的中心放置一個圓（或如果是在高維度中，是一個超球面），加上一個由此群中最遠的那一點所界定的半徑。此半徑在訓練資料集中做為一個嚴格斷面：任一個在此圓之外的點都不被認為是此群的一員。我們可以透過以下的函式視覺化出這個集群模型（參見圖 48-2）。

```
In [4]: from sklearn.cluster import KMeans
        from scipy.spatial.distance import cdist

        def plot_kmeans(kmeans, X, n_clusters=4, rseed=0, ax=None):
            labels = kmeans.fit_predict(X)

            # 繪出輸入的資料
            ax = ax or plt.gca()
            ax.axis('equal')
            ax.scatter(X[:, 0], X[:, 1], c=labels, s=40, cmap='viridis', zorder=2)

            # 繪出 KMean 模型的表示方法
            centers = kmeans.cluster_centers_
            radii = [cdist(X[labels == i], [center]).max()
                     for i, center in enumerate(centers)]
            for c, r in zip(centers, radii):
                ax.add_patch(plt.Circle(c, r, ec='black', fc='lightgray',
                                        lw=3, alpha=0.5, zorder=1))
```

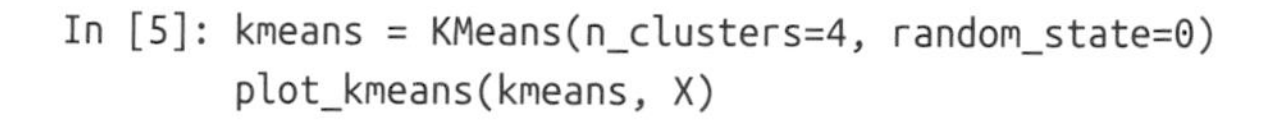

```
In [5]: kmeans = KMeans(n_clusters=4, random_state=0)
        plot_kmeans(kmeans, X)
```

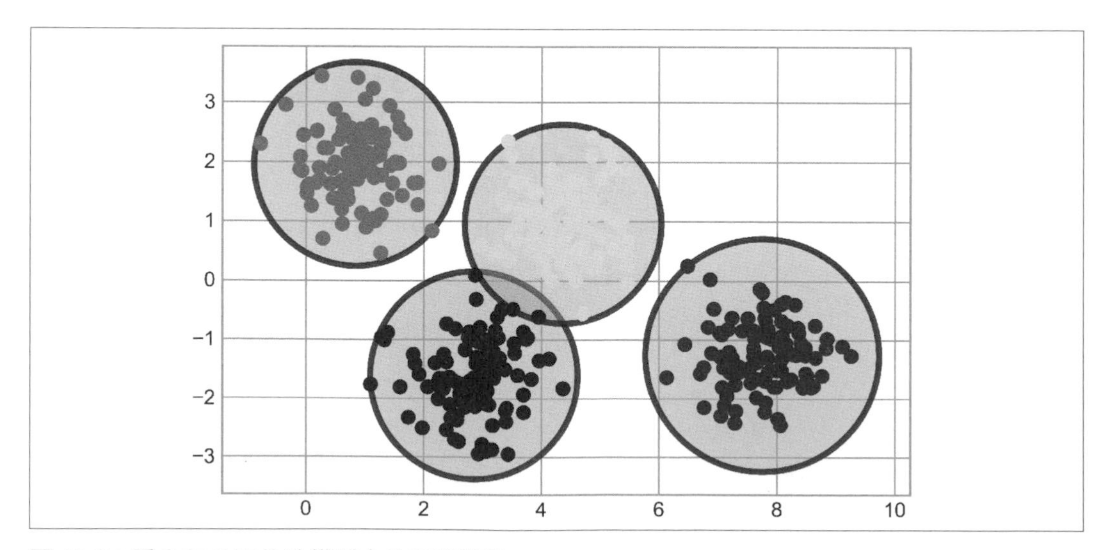

圖 48-2：隱含在 K 平均法模型中的圓形群組

對於 K 平均法一個重要的觀察是，這些集群模型必須是圓形的：K 平均法沒有用來處理橢圓的群的內建方法。所以，如果假設我們拿到了同樣的資料並把它進行轉換，則此集群的設定最終會變得混亂，如圖 48-3 所示。

```
In [6]: rng = np.random.RandomState(13)
        X_stretched = np.dot(X, rng.randn(2, 2))

        kmeans = KMeans(n_clusters=4, random_state=0)
        plot_kmeans(kmeans, X_stretched)
```

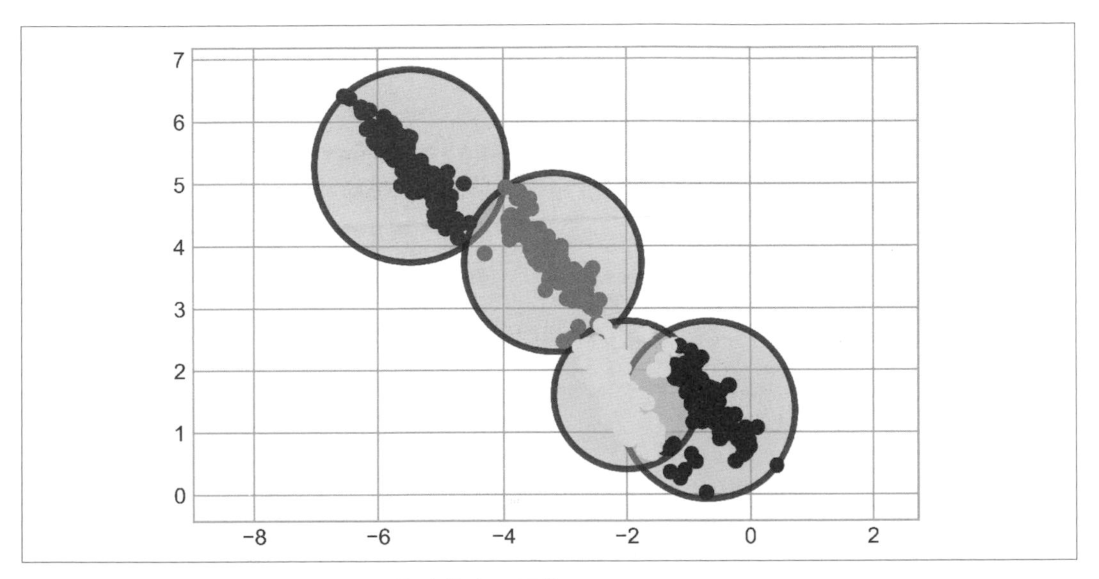

圖 48-3：對於非圓形的集群，K 平均法的表現不佳

透過眼睛，我們可以辨識出這些轉換過的群並不是正圓形，因此使用正圓形的群組去規範就不適合。雖然，K 平均法並沒有應付此種情境的彈性，而且它會試著去把這些資料擬合到 4 個正圓形的集群中。這樣會造成群的指定在重疊之處被混在一起：特別是在此圖的右下角處。一個可以想到解決這個特殊情況的方法是使用 PCA 對這些資料進行預處理（請參考第 45 章），但實務上並不能保證這樣的總體運算可以把這些個別的資料變成圓形。

K 平均法有兩個缺點：它缺乏在群組形狀上的彈性，而且缺乏機率集群的指定 —— 也就是說，有許多資料集（特別是低維度的資料集）並沒有辦法執行得像我們期待的那麼好。

你可能會想要提出一般化 K 平均法模型來解決這些缺點：例如，你可以在集群設定時，藉由比較每一資料點到群中心處來衡量不確定性，而不是只是聚焦在「距離最近」。可能也會想要允許此群的邊界可以是橢圓形而不一定要是正圓形，如此就可以面對非正圓形的集群。這種轉變形成另外一個不同的集群模型 —— 也就是高斯混合模型的兩個本質要素。

一般化 E–M：高斯混合模型（Gaussian Mixture Models）

高斯混合模型（gaussian mixture model，GMM）嘗試去尋找一個多維度高斯機率分佈的混合體，讓它可以最佳化形塑任一輸入之資料集。在一個簡單的例子中，GMM 可以被使用在找出群組，其方式與 K 平均法相同（參見圖 48-4）：

```
In [7]: from sklearn.mixture import GaussianMixture
        gmm = GaussianMixture(n_components=4).fit(X)
        labels = gmm.predict(X)
        plt.scatter(X[:, 0], X[:, 1], c=labels, s=40, cmap='viridis');
```

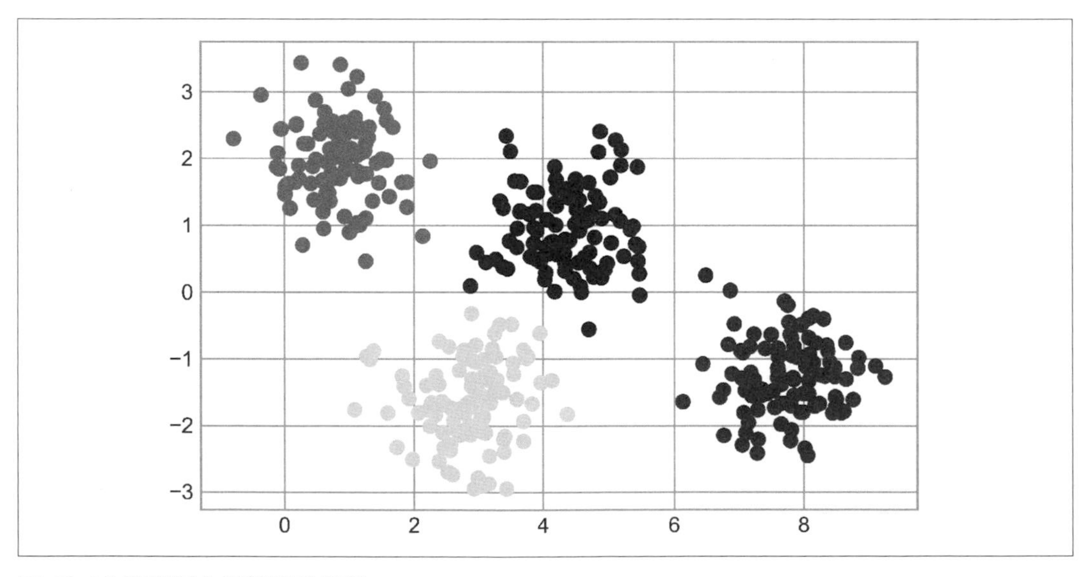

圖 48-4：高斯混合標籤用的資料

但是因為 GMM 的內部包含了機率模型，它也可能被用來找出機率群組分配。在 Scikit-Learn 中，我們使用 `predict_proba` 方法來執行。此傳回的值是一個大小為 `[n_samples, n_clusters]` 的矩陣，它量測了任一個資料點屬於某一群組的機率。

```
In [8]: probs = gmm.predict_proba(X)
        print(probs[:5].round(3))
Out[8]: [[0.    0.531 0.469 0.   ]
         [0.    0.    0.    1.   ]
         [0.    0.    0.    1.   ]
         [0.    1.    0.    0.   ]
         [0.    0.    0.    1.   ]]
```

我們可以使用每一個點的大小的比例標示出其預測的確定性來視覺化出此種不確定性質，如圖 48-5 所示。此圖可以看出精確地反映出在群組邊界的資料點之不確定性質：

```
In [9]: size = 50 * probs.max(1) ** 2  # square emphasizes differences
        plt.scatter(X[:, 0], X[:, 1], c=labels, cmap='viridis', s=size);
```

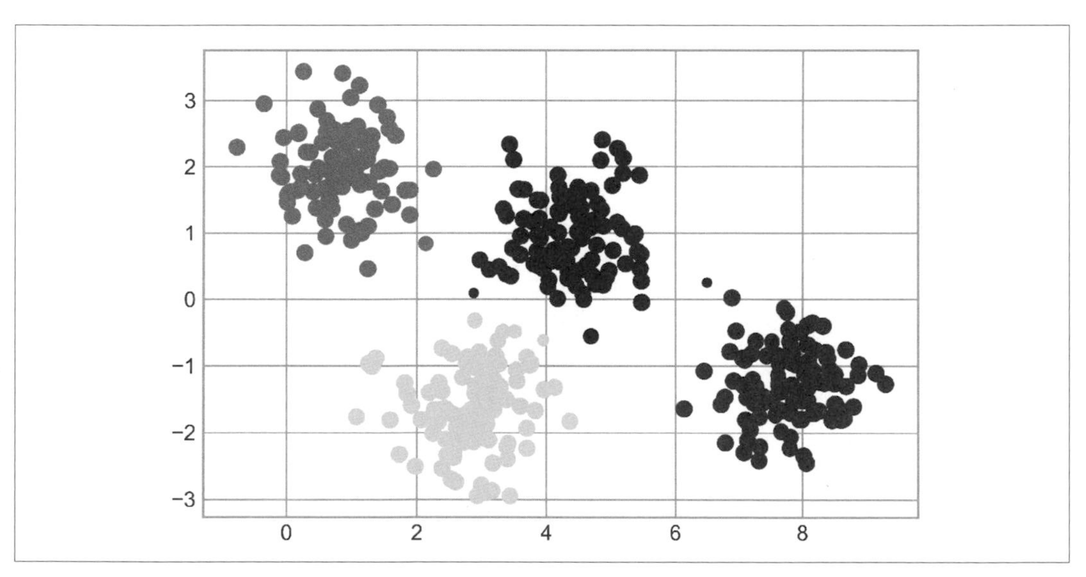

圖 48-5：GMM 的機率標籤：機率以點的大小尺寸來表示

本質上來說，高斯混合模型非常類似於 K 平均法：它使用最大期望算法方式，而其量化的行為如下：

1. 選擇一開始猜測的位置和形狀。
2. 重複直到收斂：

   a. *E-step*：對每一個點，找出權重以用來編碼在每一個群之中為其成員的機率。

   b. *M-step*：對每一個群，以所有資料點為基礎，利用這些權重更新它的位置、正規化、以及形狀。

執行之後的結果，每一個群所結合的就不只是一個嚴格的球面，而是一個平滑的高斯模型，正如在 K 平均法中的最大期望算法方式。此演算法有時候可能會失去整體的最佳化，但是在實務上會使用多重隨機初始化。

以下建立一個函式，讓此函式藉由畫出基於 GMM 輸出的橢圓，幫助我們去視覺化 GMM 集群的位置與形狀：

```
In [10]: from matplotlib.patches import Ellipse

         def draw_ellipse(position, covariance, ax=None, **kwargs):
             """給一個位置和 covariance，即可畫出一個橢圓 """
             ax = ax or plt.gca()

             # 把 covariance 轉換到主軸
             if covariance.shape == (2, 2):
                 U, s, Vt = np.linalg.svd(covariance)
                 angle = np.degrees(np.arctan2(U[1, 0], U[0, 0]))
                 width, height = 2 * np.sqrt(s)
             else:
                 angle = 0
                 width, height = 2 * np.sqrt(covariance)

             # 畫出橢圓
             for nsig in range(1, 4):
                 ax.add_patch(Ellipse(position, nsig * width, nsig * height,
                                      angle, **kwargs))

         def plot_gmm(gmm, X, label=True, ax=None):
             ax = ax or plt.gca()
             labels = gmm.fit(X).predict(X)
             if label:
```

```
        ax.scatter(X[:, 0], X[:, 1], c=labels, s=40, cmap='viridis',
                   zorder=2)
    else:
        ax.scatter(X[:, 0], X[:, 1], s=40, zorder=2)
    ax.axis('equal')

    w_factor = 0.2 / gmm.weights_.max()
    for pos, covar, w in zip(gmm.means_, gmm.covariances_, gmm.weights_):
        draw_ellipse(pos, covar, alpha=w * w_factor)
```

有了這個函式，可以來看看這個 4 個成分的 GMM 處理我們的初始資料會畫出什麼（參見圖 48-6）。

```
In [11]: gmm = GaussianMixture(n_components=4, random_state=42)
         plot_gmm(gmm, X)
```

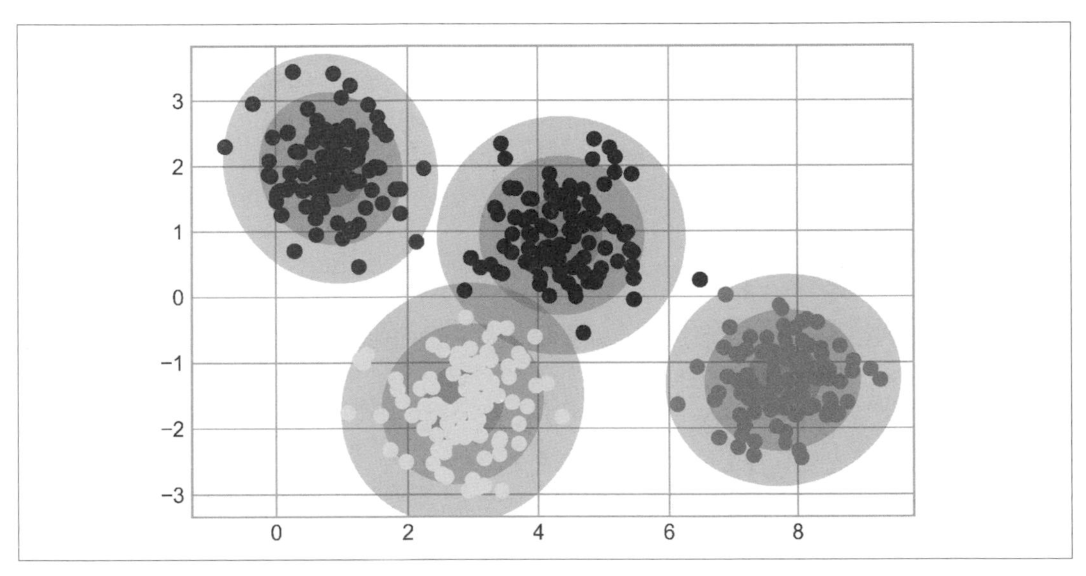

圖 48-6：以 4 個成分的 GMM 用在圓形群組樣式的表現

同樣地，也可以使用 GMM 方法去擬合延展過的資料集，設定完整的共變異數，此模型可以擬合到非常延展拉伸的群上，如圖 48-7 所示。

```
In [12]: gmm = GaussianMixture(n_components=4, covariance_type='full',
                               random_state=42)
         plot_gmm(gmm, X_stretched)
```

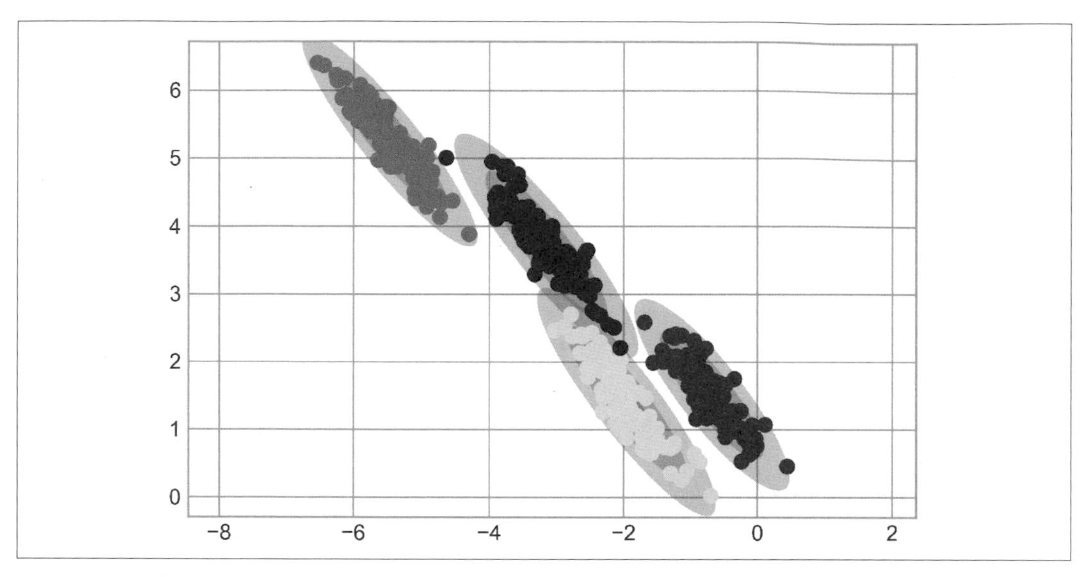

圖 48-7：：使用 4 個成分的 GMM 用來表示出非正圓的集群

此圖很清楚地表明，GMM 可以解決之前我們在 K 平均法所遇到的 2 個主要實務上的問題。

選用共變異數的類型

如果你注意到前面擬合時的細節時，會發現 `covariance_type` 選項每次的設定都不太一樣。此超參數控制了每一個集群形狀的自由度，在面對任何一個給定的問題時，基本上要小心地設定。預設值是 `covariance_type="diag"`，意思是每一個維度的群組大小可以被獨立地設定，則結果的橢圓形會被限制在對齊的軸線上。一個稍微簡單且快速的模型是 `covariance_type="spherical"`，它限制讓群組的形狀在所有的維度中都是相同的。此結果的群組將會和 K 平均法有類似的特性，然而它們並不完全等價。有一個更複雜，且會花上非常多計算成本的模型（尤其是維度增加非常大時）是使用 `covariance_type="full"`，此類型讓每一個群組可以在任意方向被形塑成橢圓形。圖 48-8 呈現了對於同一個群組這三種選項的樣子。

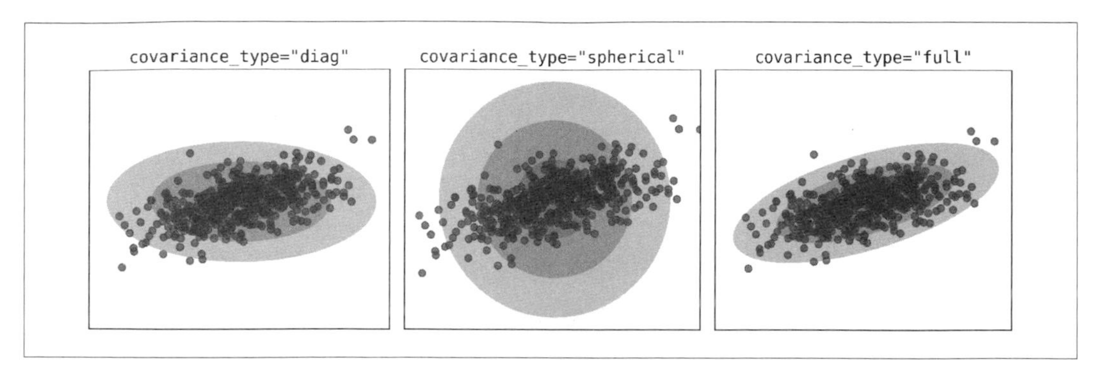

圖 48-8：不同 GMM 共變異數類型的視覺圖[1]

把 GMM 當作密度估計（Density Estimation）

雖然 GMM 經常被歸類到集群演算法，然而它基本上是一個用來做密度估計的演算法。也就是說，GMM 擬合的結果在技術上不是一個集群模型，而是一個用來描述資料分佈的生成機率模型（generative probabilistic model）。

舉個例子，考慮一些從 Scikit-Learn 使用 `make_moons` 函式所產生的資料，我們在第 47 章介紹過（參見圖 48-9）。

```
In [13]: from sklearn.datasets import make_moons
         Xmoon, ymoon = make_moons(200, noise=.05, random_state=0)
         plt.scatter(Xmoon[:, 0], Xmoon[:, 1]);
```

1 產生此圖表的程式碼可以在線上附錄（*https://oreil.ly/MLsk8*）中取得。

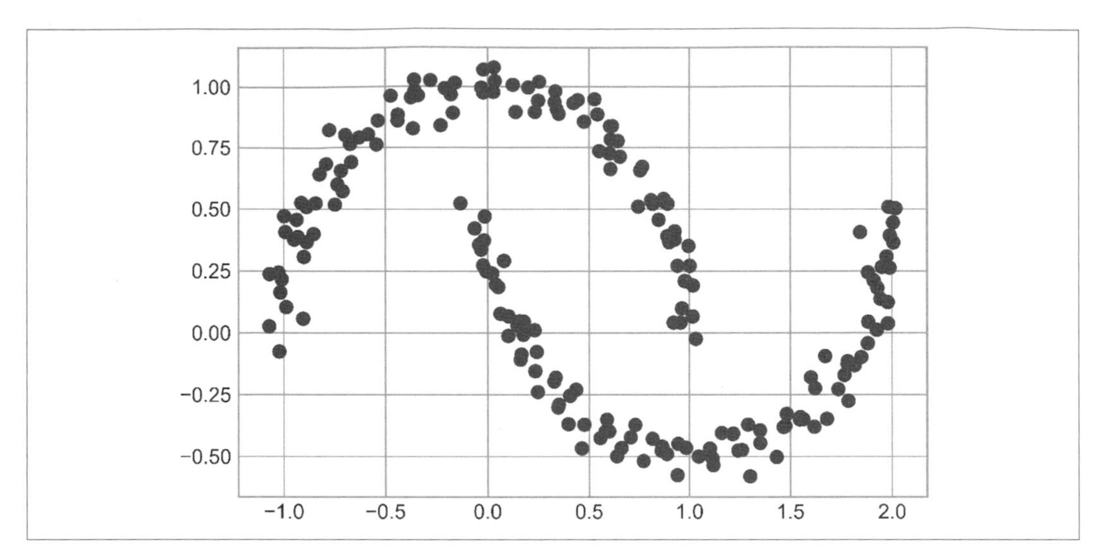

圖 48-9：GMM 被應用到非線性邊界的群組

如果嘗試使用之前看過的 2 個成分的 GMM 當作是集群模型去擬合此資料，結果並不會特別有用處（參見圖 48-10）。

```
In [14]: gmm2 = GaussianMixture(n_components=2, covariance_type='full',
                                random_state=0)
         plot_gmm(gmm2, Xmoon)
```

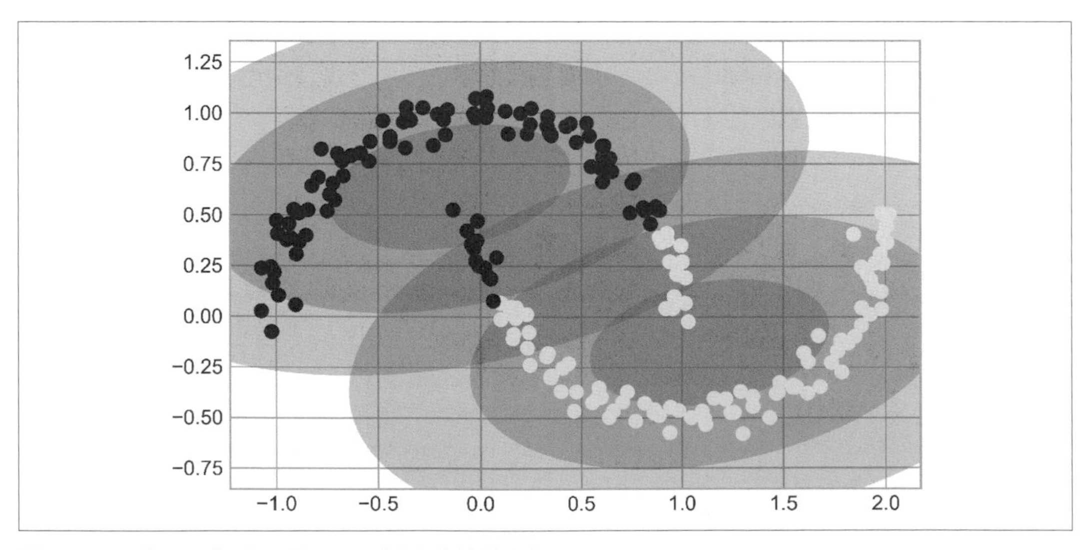

圖 48-10：使用 2 個成分的 GMM 擬合非線性群組

但是，如果我們使用更多的成分，並忽略群組的標籤，則可以找到一個更接近輸入資料的擬合結果（參見圖 48-11）。

```
In [15]: gmm16 = GaussianMixture(n_components=16, covariance_type='full',
                                 random_state=0)
         plot_gmm(gmm16, Xmoon, label=False)
```

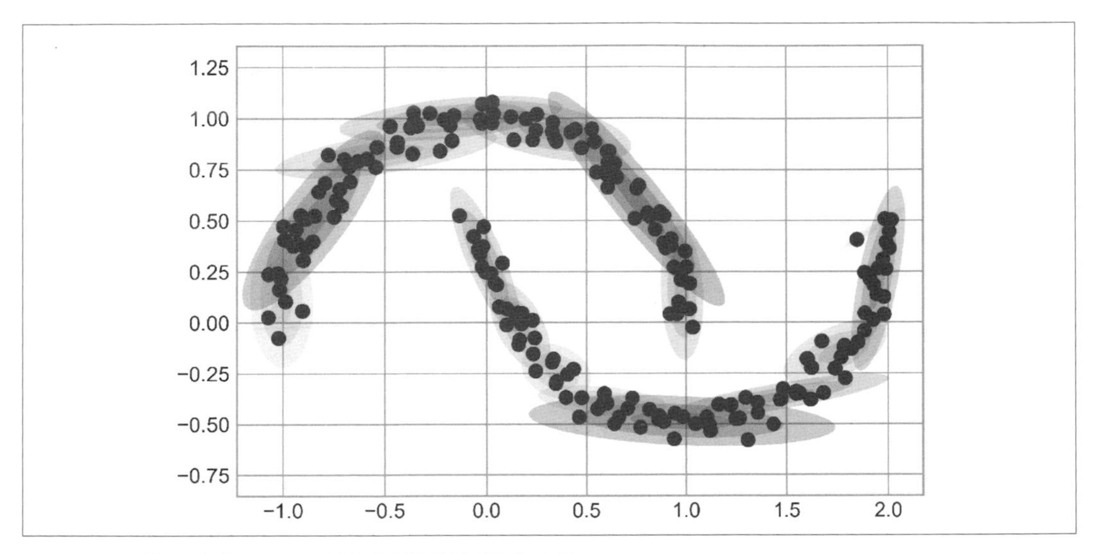

圖 48-11：使用許多 GMM 群組以形塑資料點的分佈

在此使用 16 個高斯成分的混合不是為了要找出資料分隔用的群組，但是卻形塑了此輸入資料的整體分佈狀態。這是一個分佈的生成式模型，代表的意義是 GMM 為我們提供了生成新的隨機資料的方法，這些資料和我們的輸入分佈相似。例如，以下是從 16 個成分的 GMM 擬合到原始資料之 400 個新的資料點（參見圖 48-12）。

```
In [16]: Xnew, ynew = gmm16.sample(400)
         plt.scatter(Xnew[:, 0], Xnew[:, 1]);
```

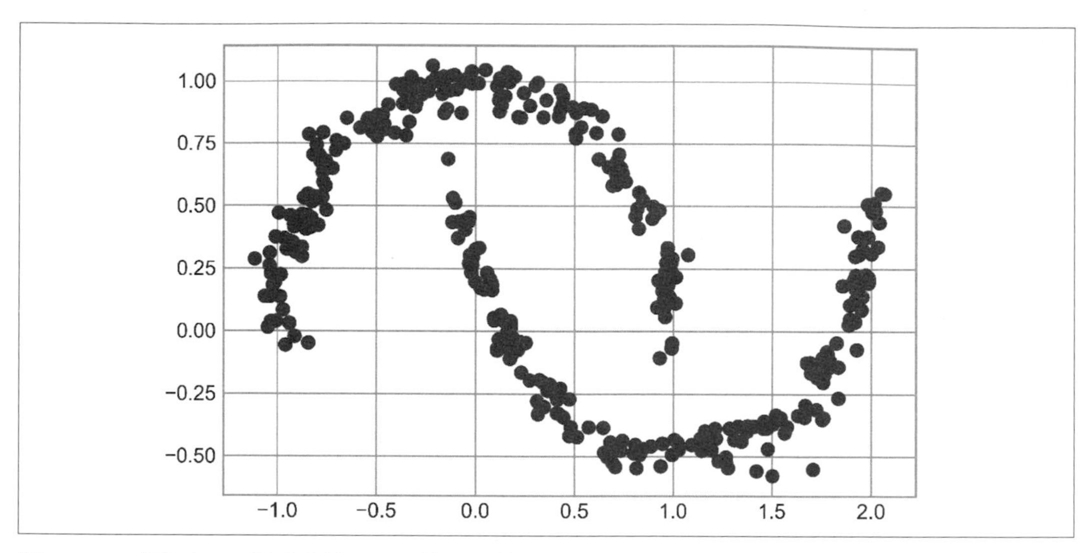

圖 48-12：萃取自 16 個成分的 GMM 的新資料

GMM 可以很方便地當作是一個具有彈性的，用來塑模任一多維度的資料分佈的方法。

GMM 實際上是一個生成模型，給一個資料集，它給我們一個自然的方法決定元件的最佳數目。生成模型是承襲自資料集的機率分佈，因此可以簡單地評估在模型之下資料的可能性，使用交叉驗證以避免過度擬合。另外一個修正過度擬合的方法是使用一些分析的規範，像是：赤池訊息量準則（akaike information criterion，AIC）（*https://oreil.ly/BmH9X*）或貝氏信息量準則（Bayesian information criterion，BIC）（*https://oreil.ly/Ewivh*）去調整模型的可能性。Scikit-Learn 的 GMM 估計器實際上包含了內建的模型可以計算此兩種，所以就可以非常簡單地操作此種方法。

讓我們看看在 moon 資料集中，使用 AIC 和 BIC 相對於 GMM 元件數目之情形（參見圖 48-13）。

```
In [17]: n_components = np.arange(1, 21)
         models = [GaussianMixture(n, covariance_type='full',
                                   random_state=0).fit(Xmoon)
                   for n in n_components]

         plt.plot(n_components, [m.bic(Xmoon) for m in models], label='BIC')
         plt.plot(n_components, [m.aic(Xmoon) for m in models], label='AIC')
         plt.legend(loc='best')
         plt.xlabel('n_components');
```

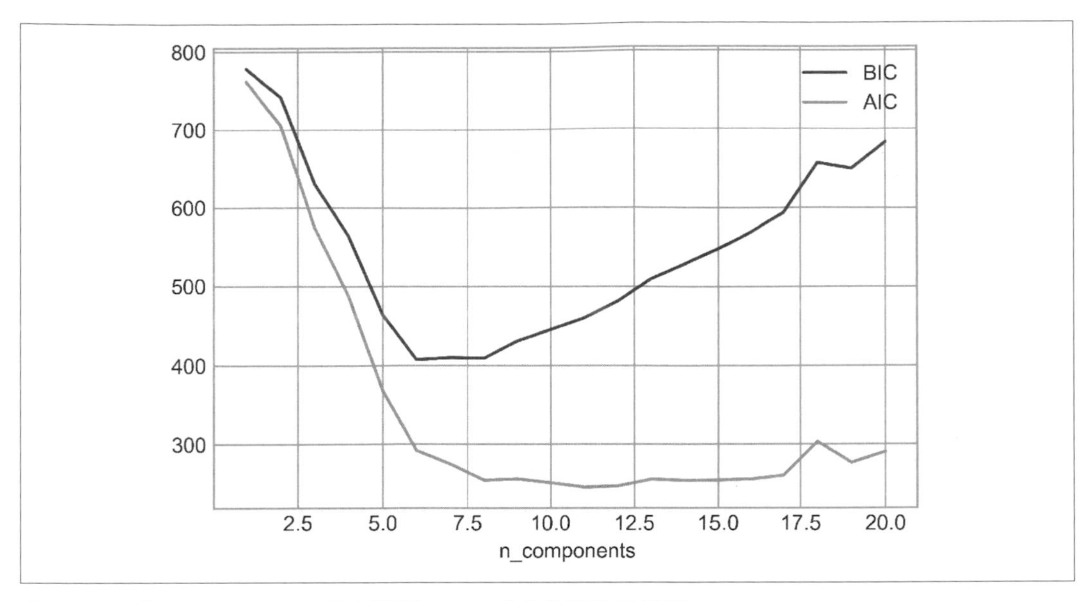

圖 48-13：使用 AIC 和 BIC 用來選擇 GMM 成分數目的視覺圖

依據我們想要使用的近似值，最佳的群組數目是 AIC 或 BIC 最小化值。從 AIC 中可以得知我們選用了 16 個成分可能太多了，大約是 8 到 12 個成分會是比較好的選擇。與此類問題的典型情況一樣，BIC 建議了一個更簡單的模型。

要留意一個重要的點：成分數目的選擇，是將 GMM 當作一個密度估計器來衡量其表現的好壞，而不是當作一個集群演算法。我建議你把 GMM 想成是一個密度估計器，只有確實是在簡單的資料集中才把它當作是集群方法。

範例：使用 GMM 來產生新資料

我們剛看過一個簡單地使用 GMM 做為生成模型，以從輸入資料中定義的分佈狀態產生新樣本的例子。在此，我們將繼續這個想法，然後從之前使用過的標準的數字元素材中，產生新的手寫數字元。

為了開始這樣的範例，先使用 Scikit-Learn 的資料工具中載入數字元資料如下：

```
In [18]: from sklearn.datasets import load_digits
         digits = load_digits()
         digits.data.shape
Out[18]: (1797, 64)
```

接著，繪出這些資料的前 100 個，回憶一下它們看起來實際的樣子（參見圖 48-14）。

```
In [19]: def plot_digits(data):
             fig, ax = plt.subplots(5, 10, figsize=(8, 4),
                                    subplot_kw=dict(xticks=[], yticks=[]))
             fig.subplots_adjust(hspace=0.05, wspace=0.05)
             for i, axi in enumerate(ax.flat):
                 im = axi.imshow(data[i].reshape(8, 8), cmap='binary')
                 im.set_clim(0, 16)
         plot_digits(digits.data)
```

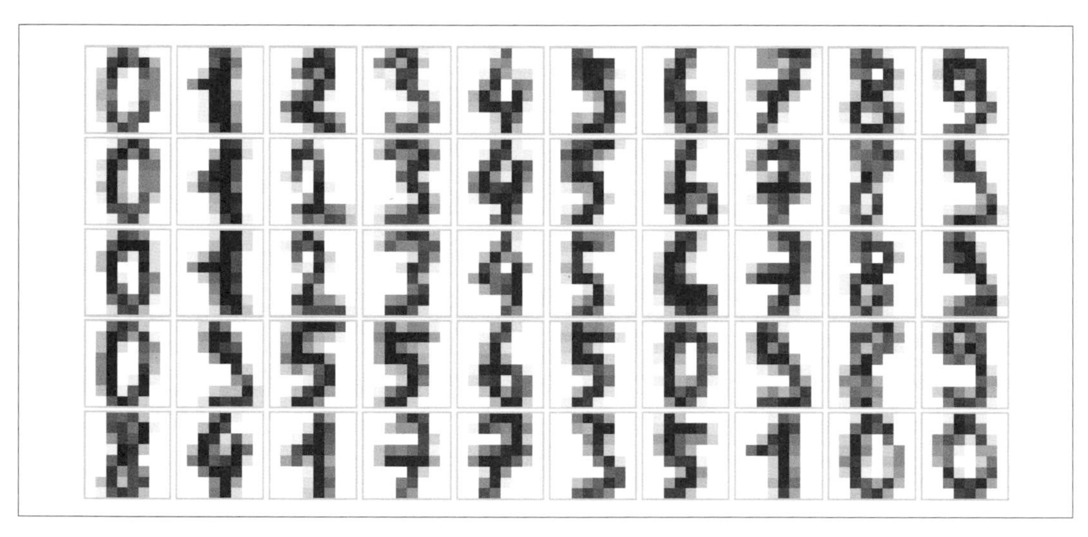

圖 48-14：手寫數字元輸入

在 64 個維度中有將近 1,800 個數字元，而我們可以在這些上面建立一個 GMM，以產生更多。在如此高維度的空間中，GMM 不容易收斂，因此我們將會先在資料上執行一個可逆的降維演算法。在此，我們將直接使用 PCA，要求它在投影的資料中保留 99% 的變異量：

```
In [20]: from sklearn.decomposition import PCA
         pca = PCA(0.99, whiten=True)
         data = pca.fit_transform(digits.data)
         data.shape
Out[20]: (1797, 41)
```

結果變成了 41 個維度，也就是降維了將近 1/3，而資料幾乎沒有任何損失。有了此投影後的資料，讓我們使用 AIC 去取得一個對於我們需使用的 GMM 成分數目之估計（參見圖 48-15）。

```
In [21]: n_components = np.arange(50, 210, 10)
         models = [GaussianMixture(n, covariance_type='full', random_state=0)
                   for n in n_components]
         aics = [model.fit(data).aic(data) for model in models]
         plt.plot(n_components, aics);
```

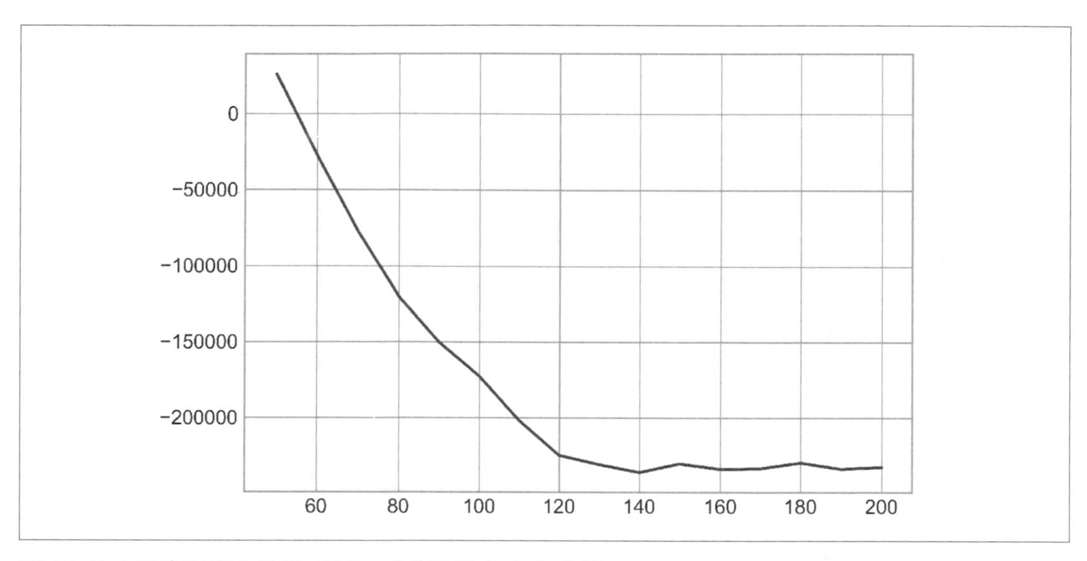

圖 48-15：用來選擇合適的 GMM 成分數目之 AIC 曲線

它顯示出大約在 110 個成分時會最小化 AIC；我們將使用這個模型。接下來擬合這個模型到資料上，然後確認它已經收斂：

```
In [22]: gmm = GaussianMixture(140, covariance_type='full', random_state=0)
         gmm.fit(data)
         print(gmm.converged_)
Out[22]: True
```

現在，可以畫出在這 41 個維度的投影空間中，使用 GMM 當作是生成模型的 100 個新資料點樣本：

```
In [23]: data_new, label_new = gmm.sample(100)
         data_new.shape
Out[23]: (100, 41)
```

最後，可以使用 PCA 物件的逆轉換以建構新的數字元（參見圖 48-16）。

```
In [24]: digits_new = pca.inverse_transform(data_new)
         plot_digits(digits_new)
```

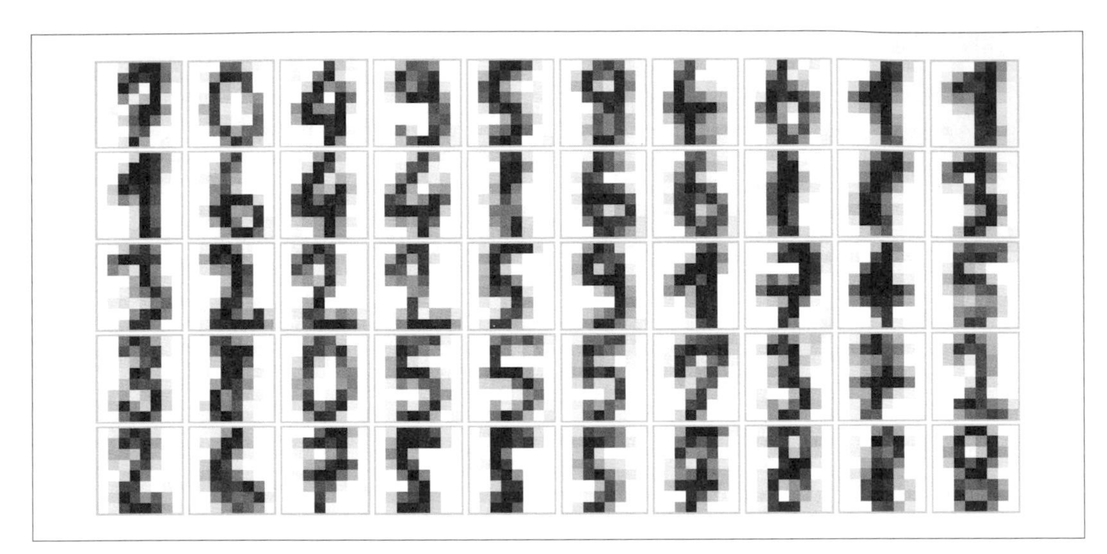

圖 48-16：從 GMM 估計器的底層模型隨機畫出的「新」數字元

在大多數的情況下，結果看起來都像是從資料集中找出來的數字元！

考慮我們在這裡做過的操作：給一個手寫數字元的樣本，用它們建模了此資料的分佈，然後就從資料裡產生全新的數字元樣本：這些是沒有個別出現在原始資料集中的「手寫數字元」，而是捕捉由混合模型去擷取輸入資料的一般化特徵。此種數字元的生成式模型做為一個貝氏生成分類器的元件時被證實非常有用，這點我們將會在下一章中看到。

第 49 章

深究：核密度估計（Kernel Density Estimation）

在第 48 章中我們討論了高斯混合模型（GMM），它是介於集群估計器和密度估計器之間的一種混合體。請記得，密度估計器是一個拿到 D 維度資料集，然後從資料中取出 D 維度機率分佈估計的演算法。GMM 演算法藉由展示把密度當作是高斯分佈的加權總和來達成此點。核密度估計（Kernel Density Estimation，KDE）則在某種意義上是一種使用高斯混合概念的演算法，然後把此邏輯極端到：使用由每一個資料點的一個高斯元件的混合，產生出一個本質上為非參數的密度估計器結果。在此章中，我們將探討此動機以及 KDE 的使用。

先從標準的匯入開始：

```
In [1]: %matplotlib inline
        import matplotlib.pyplot as plt
        plt.style.use('seaborn-whitegrid')
        import numpy as np
```

KDE 的使用動機：直方圖

就像是之前討論過的，密度估計器是一個演算法，它找出一個可以生成資料集之模型化機率分佈。對一維資料來說，你可能已經熟悉了一個簡單的密度估計器：也就是直方圖（histogram）。直方圖把資料切分成幾個分開的箱子，計算那些落在每一個箱子中資料點的數量，然後把此結果透過直覺的方式視覺化出來。

例如，讓我們從 2 個常態分佈建立一些資料：

```
In [2]: def make_data(N, f=0.3, rseed=1):
            rand = np.random.RandomState(rseed)
            x = rand.randn(N)
            x[int(f * N):] += 5
            return x

        x = make_data(1000)
```

前面已經看過標準的以計數為基礎的直方圖，它可以使用 `plt.hist` 函式建立。藉由指定直方圖的 `density` 參數，我們最終得到一個正規化的直方圖，其中箱子的高度並不是反應次數，而是機率密度（參見圖 49-1）。

```
In [3]: hist = plt.hist(x, bins=30, density=True)
```

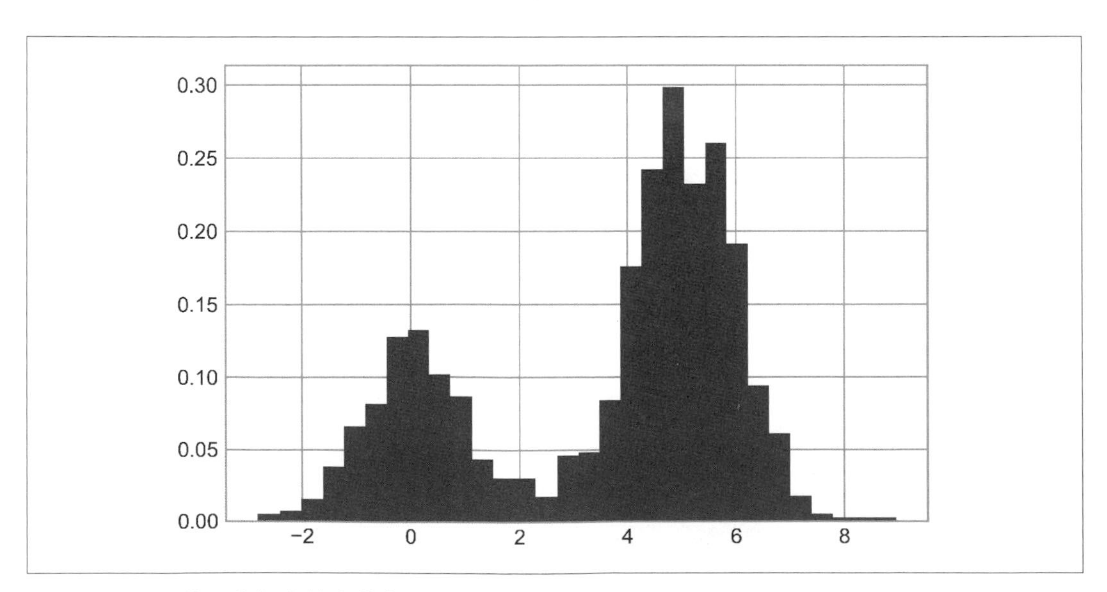

圖 40-1：從常態分佈組合繪出的資料

請留意，在此每一個箱子都是一樣的，正規化只是簡單地改變 y 軸的比例，讓相對的高度可以反映出和直接計算箱子中數目一樣的直方圖。由於選用了正規化，因此直方圖的全部面積等於 1，我們可以藉由觀察直方圖函式的輸出來確認：

```
In [4]: density, bins, patches = hist
        widths = bins[1:] - bins[:-1]
        (density * widths).sum()
Out[4]: 1.0
```

使用直方圖當作是密度估計器的其中一個問題是箱子大小以及位置的選擇，它可能會導致表現出來的樣子在質方面不同的特徵。例如，如果檢視此資料的其中一個只有 20 個資料點版本的情況，如何去畫出這些箱子的選擇，會導致出完全不一樣的資料意涵！請考慮以下這個例子，如圖 49-2 所示。

```
In [5]: x = make_data(20)
        bins = np.linspace(-5, 10, 10)

In [6]: fig, ax = plt.subplots(1, 2, figsize=(12, 4),
                               sharex=True, sharey=True,
                               subplot_kw={'xlim':(-4, 9),
                                           'ylim':(-0.02, 0.3)})
        fig.subplots_adjust(wspace=0.05)
        for i, offset in enumerate([0.0, 0.6]):
            ax[i].hist(x, bins=bins + offset, density=True)
            ax[i].plot(x, np.full_like(x, -0.01), '|k',
                       markeredgewidth=1)
```

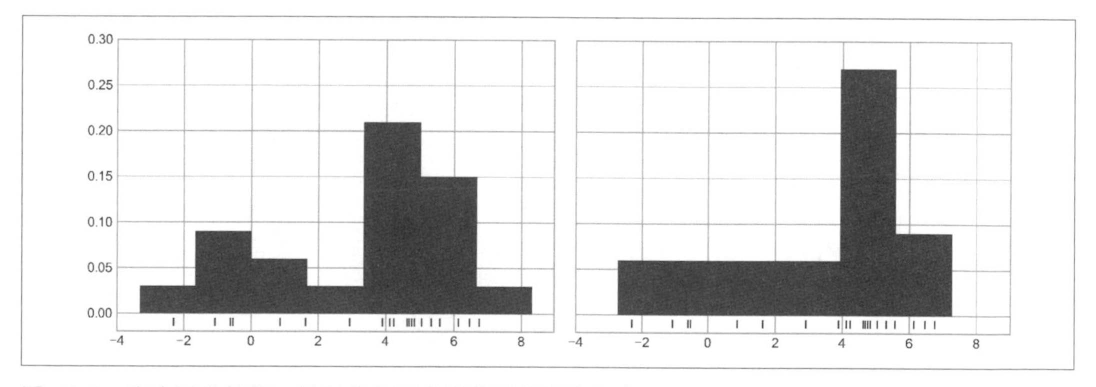

圖 49-2：直方圖的問題：箱子的位置會影響到解釋的內容

在左側，直方圖很清楚地呈現出雙峰分佈。但是在右側，我們看到的是具有一條長尾巴的單峰分佈。沒有看前面的程式碼，你可能不會認為這 2 個直方圖是來自於相同的資料。請謹記在心，如何可以讓你信任來自於直方圖所授予的直觀印象？如何才能夠改良此種情況？

退回去看，可以把直方圖想成是一些方塊的堆疊，箱子在每一個資料點的上方堆上一個方塊。直接看一下它的內容是什麼樣子（參見圖 49-3）。

```
In [7]: fig, ax = plt.subplots()
        bins = np.arange(-3, 8)
        ax.plot(x, np.full_like(x, -0.1), '|k',
                markeredgewidth=1)
        for count, edge in zip(*np.histogram(x, bins)):
            for i in range(count):
                ax.add_patch(plt.Rectangle(
                    (edge, i), 1, 1, ec='black', alpha=0.5))
        ax.set_xlim(-4, 8)
        ax.set_ylim(-0.2, 8)
Out[7]: (-0.2, 8.0)
```

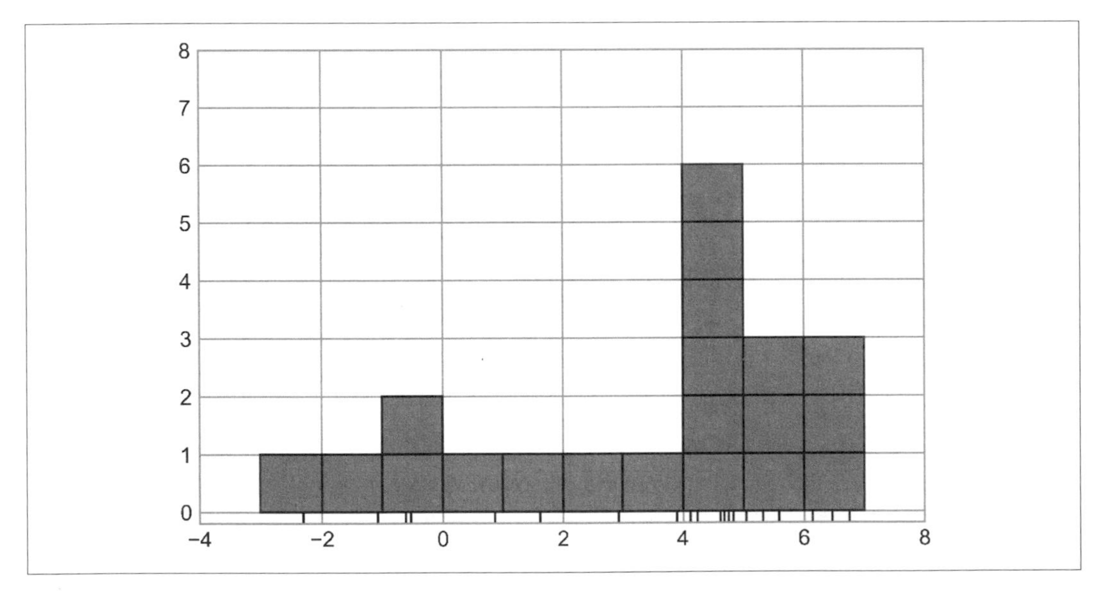

圖 49-3：把直方圖看成是方塊的堆疊

兩個箱子之間的區隔問題來自於一個事實，那就是方塊堆疊的高度通常反映出的不是此資料點附近實際的密度，而是此箱子在資料點中如何對齊的巧合。在資料點之間出現誤對齊的情況，則它們的區塊就有可能會造成像是我們看到的，不佳的直方圖問題。但如果我們不讓這些方塊和箱子對齊，而是依照資料點實際表現出的樣子堆疊這些方塊呢？如果這樣做，這些方塊就不會被對齊，但是我們可以在沿著 x 軸每一個位置添加它們的貢獻以形成結果。讓我們試試看這樣的做法（參見圖 49-4）。

```
In [8]: x_d = np.linspace(-4, 8, 2000)
        density = sum((abs(xi - x_d) < 0.5) for xi in x)

        plt.fill_between(x_d, density, alpha=0.5)
        plt.plot(x, np.full_like(x, -0.1), '|k', markeredgewidth=1)

        plt.axis([-4, 8, -0.2, 8]);
```

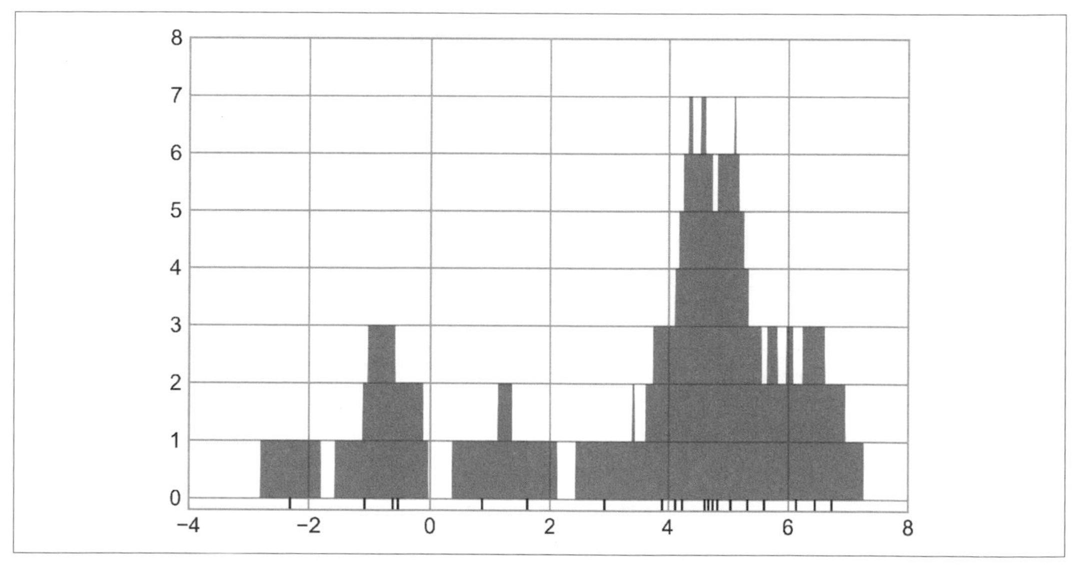

圖 49-4：一個讓方塊置中在每一個資料點的「直方圖」，這是核密度估計的一個例子

此結果看起來有一些雜亂，但是它可以比標準的直方圖更穩固地反映出實際資料的特性。然而，此粗略的邊緣看起來沒有什麼美感，也沒有反映資料的任何真實屬性。為了讓它平滑化，我們可能會決定用像是高斯平滑函數替換每個位置的方塊。讓我們在每一點上使用標準常態曲線取代方塊（參見圖 49-5）。

```
In [9]: from scipy.stats import norm
        x_d = np.linspace(-4, 8, 1000)
        density = sum(norm(xi).pdf(x_d) for xi in x)

        plt.fill_between(x_d, density, alpha=0.5)
        plt.plot(x, np.full_like(x, -0.1), '|k', markeredgewidth=1)

        plt.axis([-4, 8, -0.2, 5]);
```

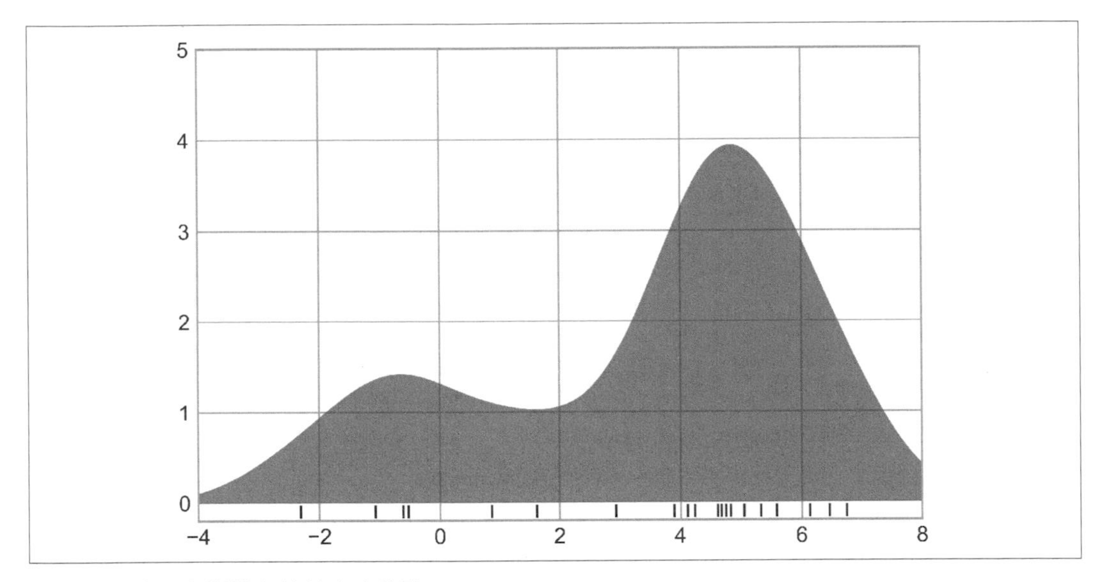

圖 49-5：使用高斯核心的核密度估計

此種利用在每一個輸入資料點上貢獻的高斯分佈取得的平滑過的圖表，它給了我們關於資料分佈的形狀更多正確的概念，而且更少變異量（也就是在不同的取樣中較不會反應出改變）。

前面 2 張圖表是在一維中的核密度估計：第一個使用一個方型或叫做「tophat」的核心，而第 2 個則是使用高斯核心在每一個點的位置上，然後使用它們的加總做為密度估計。本於此種直覺，我們現在將更進一步地檢視核密度估計的細節。

核密度估計實務

核密度估計可以使用的一些參數包括用來指定每一個點所放置分佈形狀的「核心」（kernel），以及用來控制每一個點的核心大小的**核心帶寬**（*kernel bandwidth*）。實務上，核密度估計中有許多核心可以使用，在 Scikit-Learn KDE 實作中支援了 6 個核心，你可以在 Scikit-Learn's Density Estimation 的說明文件中閱讀到相關的訊息（*https://oreil.ly/2Ae4a*）。

雖然在 Python（著名的 SciPy 和 statsmodels 套件中）都有實作幾個版本的核密度估計，我還是喜歡使用 Scikit-Learn 的版本，因為它的效能和使用上的彈性。它被實作在 `sklearn.neighbors.KernelDensity` 估計器中，可以在多個維度中使用 6 個核心中的一個以及幾十個距離指標之一處理 KDE。

因為 KDE 可能會使用相當大的運算資料，Scikit-Learn 估計器在背後使用以樹狀為基礎的演算法，可以透過 `atol`（絕對容許度，absolute tolerance）和 `rtol`（相對容許度，relative tolerance）參數的設定在正確率和計算資源之間做些取捨。核心帶寬可以使用 Scikit-Learn 的標準交叉驗證決定，此點我們待會兒會看到。

讓我們看一個簡單的例子，它複製了之前的圖表，但是使用 Scikit-Learn 的 `KernelDensity` 估計器（參見圖 49-6）。

```
In [10]: from sklearn.neighbors import KernelDensity

         # 實體化和擬合 KDE 模型
         kde = KernelDensity(bandwidth=1.0, kernel='gaussian')
         kde.fit(x[:, None])

         # score_samples 傳回機率密度的 log
         logprob = kde.score_samples(x_d[:, None])

         plt.fill_between(x_d, np.exp(logprob), alpha=0.5)
         plt.plot(x, np.full_like(x, -0.01), '|k', markeredgewidth=1)
         plt.ylim(-0.02, 0.22);
```

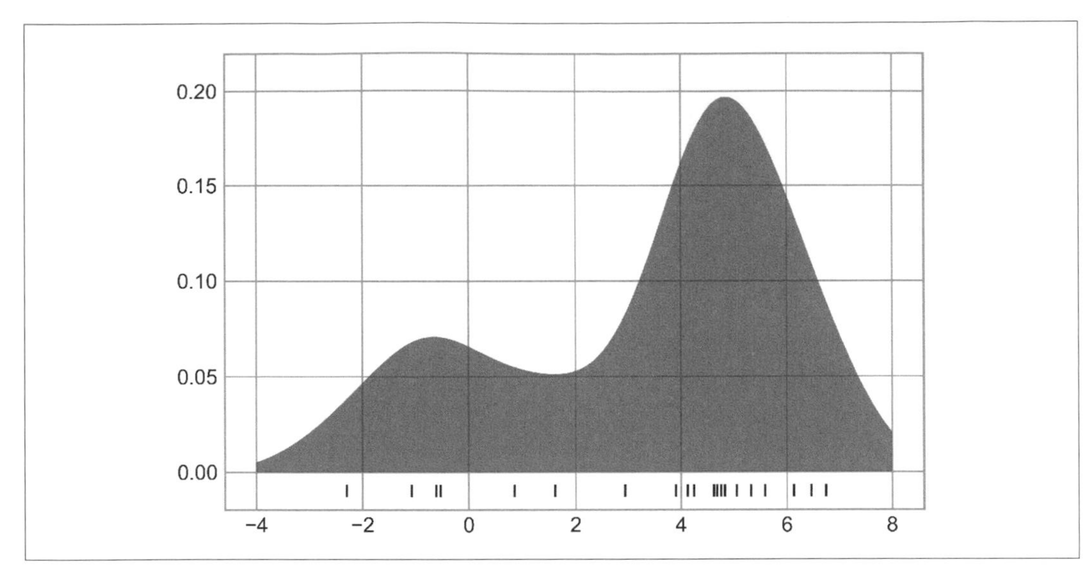

圖 49-6：使用 Scikit-Learn 計算的核密度估計

此處的結果是經過正規化的，所以在曲線下的面積等於 1。

經由交叉驗證選取帶寬

KDE 程序生成的最終估計可能對帶寬的選擇非常敏感，這是控制密度估計中的偏差 - 變異（bias-variance）之間取捨的旋鈕。太過窄化帶寬會造成一個高方差的估計（也就是過度擬合），單一個點的有無就會造成很大的差異。太過寬的帶寬則會導致一個高偏差的估計（也就是擬合不足），在資料中的結構會被過寬的核心所抹除。

在基於對資料非常嚴格的假定下快速地評估出最佳的帶寬，在統計學方法中已經有很長的一段歷史：例如，如果你搜尋在 SciPy 以及 `statsmodels` 套件的 KDE 實作，將會看到基於這些規則中的一些實作內容。

在機器學習的領域，我們已經看到過，此種超參數的調校經常是透過交叉驗證方式以經驗為主的方式完成。知道了這些，在 Scikit-Learn 中的 `KernelDensity` 估計器就是被設計來讓它們可以被直接使用在 Scikit-Learn 中的標準格狀搜尋工具。在此，我們將使用 `GridSearchCV` 去最佳化之前資料集的帶寬。因為我們將在如此小的資料集中尋找，所以將會使用留一交叉驗證（leave-one-out cross-validation），它可以最小化在進行每一次交叉驗證嘗試時所減少的訓練資料集：

```
In [11]: from sklearn.model_selection import GridSearchCV
         from sklearn.model_selection import LeaveOneOut

         bandwidths = 10 ** np.linspace(-1, 1, 100)
         grid = GridSearchCV(KernelDensity(kernel='gaussian'),
                             {'bandwidth': bandwidths},
                             cv=LeaveOneOut())
         grid.fit(x[:, None]);
```

現在找出可以最大化分數（在此例中預設是對數似然）的帶寬選擇：

```
In [12]: grid.best_params_
Out[12]: {'bandwidth': 1.1233240329780276}
```

此最佳帶寬可以看到非常接近之前所繪出例子的值，也就是帶寬是 1.0（也就是在 `scipy.stats.norm` 的預設帶寬）的情況。

範例：不是那麼單純的貝氏方法

此範例著眼於使用 KDE 的貝氏生成分類法（Bayesian generative classification），而且展示如何運用 Scikit-Learn 架構來創建一個自訂的估計器。

在第 41 章中我們討論了單純貝氏分類法，並為每一個類別建立一個簡單的生成模型，然後使用這些模型去建立一個快速的分類器。對於單純貝氏方法而言，生成模型是一個簡單的軸對齊高斯模型。

像是 KDE 這一類的密度估計演算法，我們可以移除「單純」元素，然後對每一個類別運用一個更複雜的生成模型執行相同的分類。它仍然是貝氏分類方法，但是已經不再單純了。

生成分類法的一般化步驟如下：

1. 利用標籤切割訓練資料。
2. 對於每一個集合，擬合一個 KDE 以得到一個資料的生成模型。這樣可以讓你根據任一觀察 x 和標籤 y 以計算出一個或然率 P(x| y)。
3. 從在訓練資料中每一個類別的樣本數目，計算類別的**先驗機率**（*class prior*），P(y)。
4. 對於未知的資料點 x，每一個類別的後驗機率（posterior probability）是。最大化後驗機率的類別就是要被指定到該資料點的標籤。

此演算法非常直接且很容易理解；比較困難的部分被放在 Scikit-Learn 框架裡面，然後讓它可以被使用在格狀搜尋與交叉驗證架構。

以下是在 Scikit-Learn 框架中實作此演算法的程式碼；我們將依照以下的程式碼區塊逐步完成它：

```
In [13]: from sklearn.base import BaseEstimator, ClassifierMixin


         class KDEClassifier(BaseEstimator, ClassifierMixin):
             """Bayesian generative classification based on KDE

             Parameters
             ----------
             bandwidth : float
                 the kernel bandwidth within each class
             kernel : str
                 the kernel name, passed to KernelDensity
             """
             def __init__(self, bandwidth=1.0, kernel='gaussian'):
                 self.bandwidth = bandwidth
                 self.kernel = kernel

             def fit(self, X, y):
                 self.classes_ = np.sort(np.unique(y))
                 training_sets = [X[y == yi] for yi in self.classes_]
                 self.models_ = [KernelDensity(bandwidth=self.bandwidth,
                                               kernel=self.kernel).fit(Xi)
                                 for Xi in training_sets]
                 self.logpriors_ = [np.log(Xi.shape[0] / X.shape[0])
                                    for Xi in training_sets]
                 return self

             def predict_proba(self, X):
                 logprobs = np.array([model.score_samples(X)
                                      for model in self.models_]).T
                 result = np.exp(logprobs + self.logpriors_)
                 return result / result.sum(axis=1, keepdims=True)

             def predict(self, X):
                 return self.classes_[np.argmax(self.predict_proba(X), 1)]
```

自訂估計器的剖析

讓我們一步一步地完成此程式碼，並討論其基本功能：

```
from sklearn.base import BaseEstimator, ClassifierMixin

class KDEClassifier(BaseEstimator, ClassifierMixin):
    """Bayesian generative classification based on KDE

    Parameters
    ----------
    bandwidth : float
        the kernel bandwidth within each class
    kernel : str
        the kernel name, passed to KernelDensity
    """
```

在 Scikit-Learn 的每一個估計器都是一個類別，所以最方便建立類別的方式是繼承自 `BaseEstimator` 類別以及提供標準功能的適當混入（mixin）。例如，這裡的 BaseEstimator 包含必要（除了別的以外）的邏輯可以用來克隆 / 複製一個要在交叉驗證程序中使用的估計器，而 `ClassifierMixin` 定義了預設的 `score` 方法，可以在此程序中使用。我們也提供了函式說明字串，它可以被使用在 IPython 中的求助功能中（請參考第 1 章）。

接下來要看的是類別的初始化方法：

```
    def __init__(self, bandwidth=1.0, kernel='gaussian'):
        self.bandwidth = bandwidth
        self.kernel = kernel
```

這是當此物件在被使用 `KDEClassifier` 實體化時實際上會執行的程式碼。在 Scikit-Learn 中很重要的是，除了透過名稱指定傳遞的資料到 `self` 之外，初始化時是不能有其他操作的。這是因為此邏輯被包含在 `BaseEstimator` 中，當需要複製或修改估計器以進行交叉驗證、格狀搜尋、以及其他函式時用的。同樣地，所有到 `__init__` 的參數必須被明確地列出來，也就是：`*args` 或是 `**kwargs` 應該被避免，否則它們將無法在交叉驗證程序中被正確地加以處理。

接下來是 `fit` 方法，這是用來處理訓練資料的地方：

```
    def fit(self, X, y):
        self.classes_ = np.sort(np.unique(y))
        training_sets = [X[y == yi] for yi in self.classes_]
        self.models_ = [KernelDensity(bandwidth=self.bandwidth,
```

```
                                   kernel=self.kernel).fit(Xi)
                          for Xi in training_sets]
        self.logpriors_ = [np.log(Xi.shape[0] / X.shape[0])
                            for Xi in training_sets]
        return self
```

在此，我們發現在訓練資料中的唯一類別，對每一個類別訓練一個 KernelDensity 模型，並且根據輸入樣本的數目計算先驗機率。最後，fit 應該總是會傳回 self，讓我們可以在後面串接命令，例如：

```
label = model.fit(X, y).predict(X)
```

留意每一個擬合之後的持續結果會被儲存起來，並在變數之後加上一個底線符號（例如：self.logpriors_）。這是 Scikit-Learn 所使用的慣例，讓你可以很快地掃描估計器的成員（使用 IPython 的定位鍵補齊功能），然後很準確地找出有哪一些成員是適用於訓練資料。

最後，我們有了在新資料上預測標籤的邏輯：

```
    def predict_proba(self, X):
        logprobs = np.vstack([model.score_samples(X)
                              for model in self.models_]).T
        result = np.exp(logprobs + self.logpriors_)
        return result / result.sum(axis=1, keepdims=True)

    def predict(self, X):
        return self.classes_[np.argmax(self.predict_proba(X), 1)]
```

因為這是一個機率分類器，我們首先實作 predict_proba，它會傳回一個形狀為 [n_samples, n_classes] 的機率類別陣列。陣列中的項目 [i, j] 是後驗機率，其中樣本 i 是類別 j 的一個成員，藉由或然率乘上先驗機率並予以正規化後計算得之。

最後，perdict 方法使用這些機率然後簡單地傳回有最大機率的那個類別。

使用我們的自訂估計器

讓我們嘗試使用這個自訂估計器在之前看過的問題上：手寫數字元的分類。在此，將會載入這些數字元，為候選帶寬的範圍中使用 GridSearchCV 中介估計器（可以回去第 39 章參考更多關於此部分的資訊）計算出交叉驗證分數：

```
In [14]: from sklearn.datasets import load_digits
         from sklearn.model_selection import GridSearchCV

         digits = load_digits()

         grid = GridSearchCV(KDEClassifier(),
                             {'bandwidth': np.logspace(0, 2, 100)})
         grid.fit(digits.data, digits.target);
```

接下來，可以把帶寬當作是一個函數，繪出交叉驗證分數（參見圖 49-7）。

```
In [15]: fig, ax = plt.subplots()
         ax.semilogx(np.array(grid.cv_results_['param_bandwidth']),
                     grid.cv_results_['mean_test_score'])
         ax.set(title='KDE Model Performance', ylim=(0, 1),
                xlabel='bandwidth', ylabel='accuracy')
         print(f'best param: {grid.best_params_}')
         print(f'accuracy = {grid.best_score_}')
Out[15]: best param: {'bandwidth': 6.135907273413174}
         accuracy = 0.9677298050139276
```

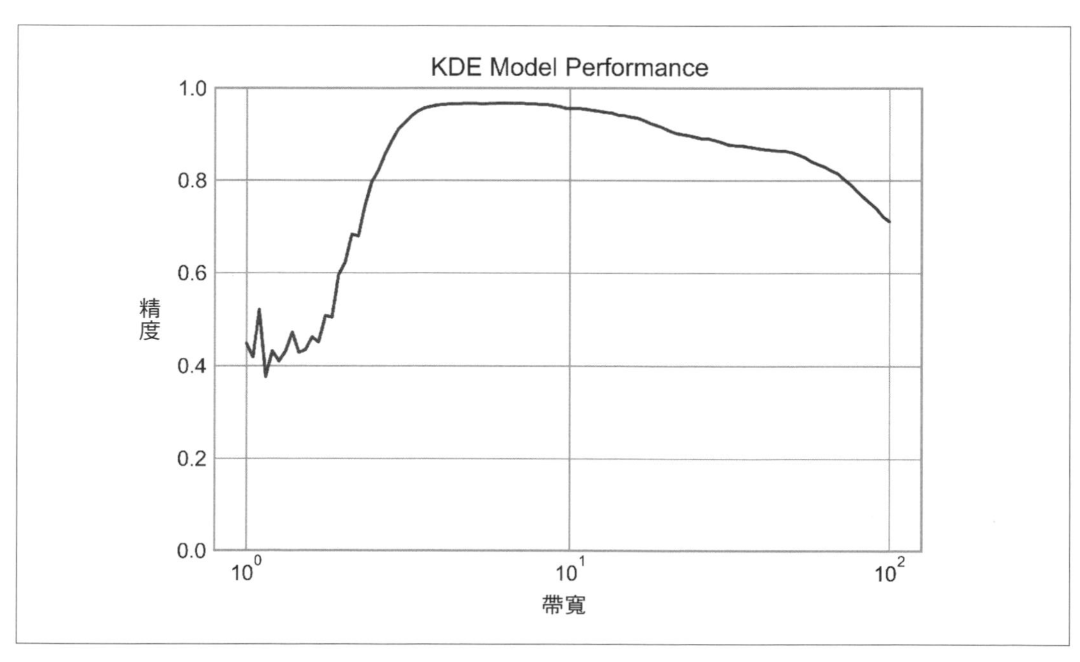

圖 49-7：以 KDE 為基礎的貝氏分類器之驗證曲線

此圖表指出不那麼單純的貝氏分類器可以達到交叉驗證率超過 96%；和單純貝氏分類法的大約 80% 比起來如下：

```
In [16]: from sklearn.naive_bayes import GaussianNB
         from sklearn.model_selection import cross_val_score
         cross_val_score(GaussianNB(), digits.data, digits.target).mean()
Out[16]: 0.8069281956050759
```

此種生成式分類器的其中一個優點是對於結果的可解釋性：對於每一個未知的樣本，不只取得一個機率的分類器，而是對於一個要比較的點分佈的一個完整模型！如果需要，它還提供一個直觀的視窗，可以瞭解 SVM 以及隨機森林這一類的分類演算法傾向於模糊的特定分類的原因。

如果你想要更進一步，在 KDE 分類器模型中還有許多可以改進的部分：

- 我們可以允許在每一個類別中的帶寬是可以獨立的變化。
- 我們可以最佳化這些帶寬，不是根據它們的預測分數，而是這些在每一個類別之下的生成模型訓練資料的或然率（例如，使用來自於 `KernelDensity` 自身的分數，而不是總體的預測正確率）。

最後，如果你要一些練習建構自己的估計器，可以使用高斯混合模型取代 KDE 建立一個相似的貝氏分類器。

第 50 章

應用：臉部辨識管線

本書在這一篇已經探討了許多機器學習的中心概念和演算法。但是將這些概念轉移到真實世界中的應用仍會是個挑戰。真實世界的資料集有許多雜訊以及異質性資料，也可能會有一些缺失的特徵，以及在資料中包含難以對應到乾淨的 [n_samples, n_features] 矩陣之型式。在應用前面提過的任一方法之前，你必須要從資料中擷取出這些特徵；沒有任何一個公式可以套用到所有的領域，因此身為一個資料科學家，你必須鍛練自己的直覺和專業。

機器學習中一個有趣和挑戰性的應用就是在影像的部分，而我們已經看過了一些例子，它們在像素層級的特徵中被用來做為分類之用。在真實的世界中，資料很少如此的一致化，所以簡單的像素並不適用的，這也是「從影像資料擷取出特徵的方法」會有如此大量參考文獻的原因（請參考第 40 章）。

在這一章中，我們將審視其中一個像這樣的特徵擷取的技巧，方向梯度直方圖（histogram of oriented gradient，HOG）（*https://oreil.ly/eiJ4X*），此技巧把影像之像素轉換成一個向量的表示方式，此方式對於影像中廣泛的具資訊的影像特徵敏感，而會忽略像是明度這一類的混擾因子。我們將使用這些特徵來發展一個簡單的臉部辨識管線，使用在本書此篇中看過的機器學習演算法以及概念。

還是從標準的匯入開始：

```
In [1]: %matplotlib inline
        import matplotlib.pyplot as plt
        plt.style.use('seaborn-whitegrid')
        import numpy as np
```

HOG 特徵

方向梯度直方圖（histogram of oriented gradient，HOG）是一個非常直接的特徵萃取程序，此程式被開發在識別影像中行人的領域上。HOG 包括了以下的步驟：

1. 可選用的前置正規化影像。這讓特徵可以對抗在明度中的變化。
2. 使用 2 個濾波器卷積此影像，這 2 個濾波器分別對水平和垂直的亮度梯度敏感。它們可以把邊緣、輪廓、以及文字的資料擷取出來。
3. 分割此影像成為預先定義尺寸的格子，然後計算每一個格子中梯度方向的直方圖。
4. 在每一個格子中藉由和鄰接格子區塊的比較正規化直方圖。這進一步地壓抑在影像中明度的影響。
5. 從每一個格子中的資訊建構一個一維的特徵向量。

在 Scikit-Image 專案中內建了一個快速的 HOG 萃取器，可以快速地試用，並視覺化出每一個格子中的方向梯度（參見圖 50-1）。

```
In [2]: from skimage import data, color, feature
        import skimage.data

        image = color.rgb2gray(data.chelsea())
        hog_vec, hog_vis = feature.hog(image, visualize=True)

        fig, ax = plt.subplots(1, 2, figsize=(12, 6),
                               subplot_kw=dict(xticks=[], yticks=[]))
        ax[0].imshow(image, cmap='gray')
        ax[0].set_title('input image')

        ax[1].imshow(hog_vis)
        ax[1].set_title('visualization of HOG features');
```

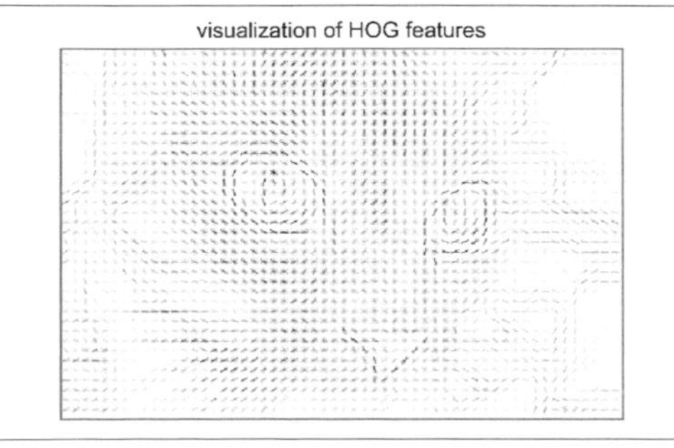

圖 50-1：從一個影像計算 HOG 特徵之視覺圖

使用 HOG：一個簡單的臉部偵測器

使用這些 HOG 特徵，可以在任一個 Scikit-Learn 估計器中建立一個簡單的臉部偵測演算法；在此我們將使用線性支持向量機（如果你需要重新複習一下，請參考第 43 章）。以下是需要執行的步驟：

1. 取得一組臉部的影像縮圖以組成「正向的」訓練樣本。
2. 取得一組沒有臉部的影像縮圖以組成「負向的」訓練樣本。
3. 從這些訓練樣本中萃取 HOG 特徵。
4. 在這些樣本中訓練一個線性 SVM 分類器。
5. 對於「未知」的影像，傳遞一個滑動窗橫跨此影像，使用此模型去評估在此視窗中是否包含臉的特徵。
6. 如果偵測重疊，把它們結合成一個單一視窗。

接下來開始逐步展示我們的嘗試：

1. 取得一組正向的訓練樣本集合

讓我們從找出一些正向的訓練樣本開始，這些訓練樣本展現了臉的多樣性。有一個可以運用的簡單資料集：人臉資料集 LFW（labeled faces in the wild），你可以從 Scikit-Learn 中下載：

```
In [3]: from sklearn.datasets import fetch_lfw_people
        faces = fetch_lfw_people()
        positive_patches = faces.images
        positive_patches.shape
Out[3]: (13233, 62, 47)
```

這些資料提供了 13,000 個臉部影像樣本可以做為訓練之用。

2. 取得一組負向的訓練樣本集合

接下來我們需要一組類似大小的縮圖，而這些圖不能有任何一張臉在其中。其中一個可以做的方式是去取得任一個輸入影像的素材，從它們之中以各種比例來擷取出縮圖。在此，可以使用一些在 Scikit-Image 中存在的影像，它們放在 Scikit-Learn 的 `PatchExtractor` 之中：

```
In [4]: data.camera().shape
Out[4]: (512, 512)

In [5]: from skimage import data, transform

        imgs_to_use = ['camera', 'text', 'coins', 'moon',
                       'page', 'clock', 'immunohistochemistry',
                       'chelsea', 'coffee', 'hubble_deep_field']
        raw_images = (getattr(data, name)() for name in imgs_to_use)
        images = [color.rgb2gray(image) if image.ndim == 3 else image
                  for image in raw_images]

In [6]: from sklearn.feature_extraction.image import PatchExtractor

        def extract_patches(img, N, scale=1.0, patch_size=positive_patches[0].shape):
            extracted_patch_size = tuple((scale * np.array(patch_size)).astype(int))
            extractor = PatchExtractor(patch_size=extracted_patch_size,
                                       max_patches=N, random_state=0)
            patches = extractor.transform(img[np.newaxis])
            if scale != 1:
                patches = np.array([transform.resize(patch, patch_size)
                                    for patch in patches])
            return patches

        negative_patches = np.vstack([extract_patches(im, 1000, scale)
                                      for im in images for scale in [0.5, 1.0, 2.0]])
        negative_patches.shape
Out[6]: (30000, 62, 47)
```

現在我們有了 30,000 個適合的影像，它們都沒有任何一張臉在其中。讓我們檢視一下其中的一些，以瞭解它們看起來大概是什麼樣子（參見圖 50-2）。

```
In [7]: fig, ax = plt.subplots(6, 10)
        for i, axi in enumerate(ax.flat):
            axi.imshow(negative_patches[500 * i], cmap='gray')
            axi.axis('off')
```

我們的希望是這些足以涵蓋我們的演算法可能看到的「沒有臉」的空間。

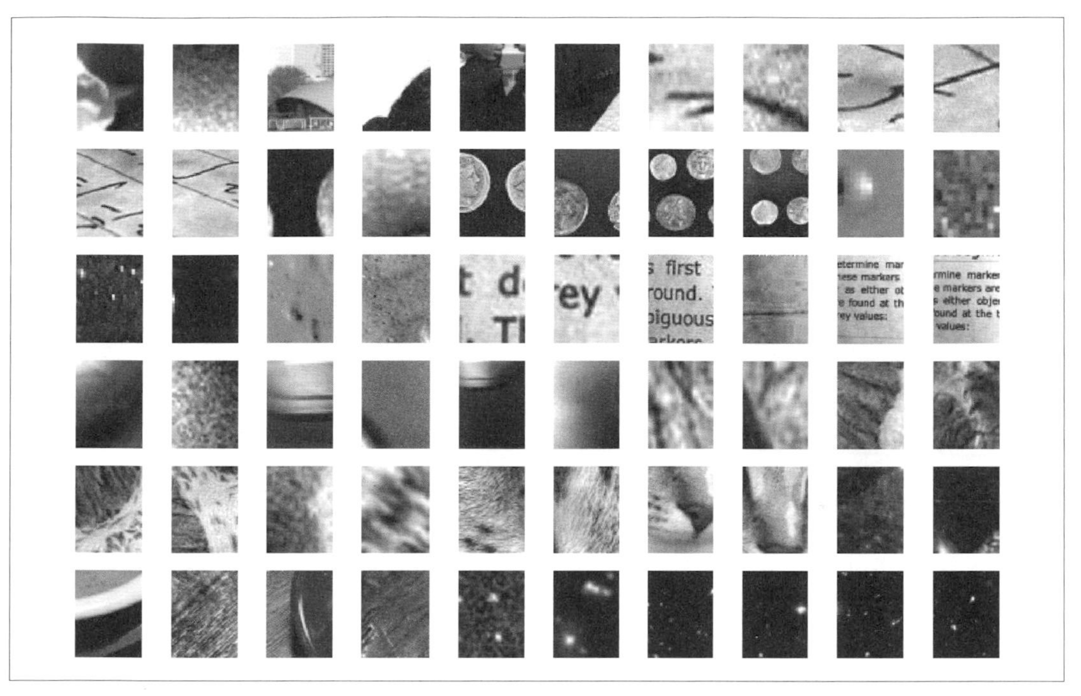

圖 50-2：負向的影像，在影像中都沒有包含臉

3. 結合這 2 個集合，然後萃取出 HOG 特徵

現在，我們已經有了正向的以及負向的樣本，可以把它們結合起來並計算 HOG 特徵。這個步驟會比較久一些，因為 HOG 特徵包含了對於每一個影像的繁瑣運算：

```
In [8]: from itertools import chain
        X_train = np.array([feature.hog(im)
                            for im in chain(positive_patches,
                                            negative_patches)])
        y_train = np.zeros(X_train.shape[0])
        y_train[:positive_patches.shape[0]] = 1

In [9]: X_train.shape
Out[9]: (43233, 1215)
```

我們在 1,215 個維度中留下了 43,000 個訓練樣本，然後現在有了可以餵給 Scikit-Learn 所需格式的資料了！

4. 訓練支持向量機

接著，我們使用之前在這章中探討過的工具來建立一個這些縮圖小圖片（thumbnail patches）。對於如此高維度的 2 位元分類任務，支持向量機是不錯的選擇。我們將使用 Scikit-Learn 的 `LinearSVC`，因為比較上來說，SVC 經常能夠應付大量的樣本。

不過首先，讓我們先使用簡單的高斯單純貝氏取得一個快速的基準：

```
In [10]: from sklearn.naive_bayes import GaussianNB
         from sklearn.model_selection import cross_val_score

         cross_val_score(GaussianNB(), X_train, y_train)
Out[10]: array([0.94795883, 0.97143518, 0.97224471, 0.97501735, 0.97374508])
```

在訓練資料中，可以看到就算是一個簡單的單純貝氏演算法也可以讓我們得到超過 95% 的正確率。再試試看支持向量機，對 C 參數的一些選項進行格狀搜尋：

```
In [11]: from sklearn.svm import LinearSVC
         from sklearn.model_selection import GridSearchCV
         grid = GridSearchCV(LinearSVC(), {'C': [1.0, 2.0, 4.0, 8.0]})
         grid.fit(X_train, y_train)
         grid.best_score_
Out[11]: 0.9885272620319941

In [12]: grid.best_params_
Out[12]: {'C': 1.0}
```

這使我們達到了接近 99% 的正確準。讓我們採用最佳估計器並在完整的資料集上重新訓練它：:

```
In [13]: model = grid.best_estimator_
         model.fit(X_train, y_train)
Out[13]: LinearSVC()
```

5. 在新的影像中找出人臉

現在，已經有了一個可用的模型，讓我們拿一個新的影像來看看此模型可以做到什麼程度。為了簡單起見（請參考在接下來的段落對此的討論），我們將使用太空人影像的一部分（參見圖 50-3），然後在此影像上執行一個滑動窗，並評估每一張小圖片：

```
In [14]: test_image = skimage.data.astronaut()
         test_image = skimage.color.rgb2gray(test_image)
         test_image = skimage.transform.rescale(test_image, 0.5)
```

```
        test_image = test_image[:160, 40:180]

        plt.imshow(test_image, cmap='gray')
plt.axis('off');
```

圖 50-3：一張我們要嘗試去定位人臉的影像

接著要建立一個在此影像上的每一個小圖片中的迭代運行視窗，並對每一個小圖片計算 HOG 特徵：

```
In [15]: def sliding_window(img, patch_size=positive_patches[0].shape,
                            istep=2, jstep=2, scale=1.0):
             Ni, Nj = (int(scale * s) for s in patch_size)
             for i in range(0, img.shape[0] - Ni, istep):
                 for j in range(0, img.shape[1] - Ni, jstep):
                     patch = img[i:i + Ni, j:j + Nj]
                     if scale != 1:
                         patch = transform.resize(patch, patch_size)
                     yield (i, j), patch

         indices, patches = zip(*sliding_window(test_image))
         patches_hog = np.array([feature.hog(patch) for patch in patches])
         patches_hog.shape
Out[15]: (1911, 1215)
```

最後，可以取出這些 HOG 特徵小圖片，並使用我們的模型去評估這些小圖片中是否存有人臉：

```
In [16]: labels = model.predict(patches_hog)
         labels.sum()
Out[16]: 48.0
```

可以看到在將近 2,000 張小圖片中，找到了 48 個。讓我們使用關於這些小圖片的資訊以顯示出它們在測試影像中放的位置，把它們用矩形繪出（參見圖 50-4）。

```
In [17]: fig, ax = plt.subplots()
         ax.imshow(test_image, cmap='gray')
         ax.axis('off')

         Ni, Nj = positive_patches[0].shape
         indices = np.array(indices)

         for i, j in indices[labels == 1]:
             ax.add_patch(plt.Rectangle((j, i), Nj, Ni, edgecolor='red',
                                        alpha=0.3, lw=2, facecolor='none'))
```

圖 50-4：含有人臉所決定出的視窗

所有偵測到的小圖片把它重疊在一起，就是找到的這張影像上的人臉！僅少少幾行 Python 程式可以達到的結果，還算不錯！

注意事項與改良

如果你深入挖掘之前的程式碼和範例，將會看到，在我們可以聲稱此為可用的人臉偵測器之前仍然有一些工作要做。有一些問題我們已經處理了，但是還是有一些可以改良的地方，尤其是：

訓練資料集，特別是對於負向的特徵，不是很完整

問題的中心就是有許多的很像人臉的紋理並不在這個訓練集中，以致於目前的模型非常易於誤認。你可以看到如果試著使用前面的演算法在一個完整的太空人影像：目前的模型會在此影像的其他區域中產生出許多的錯誤偵測。

我們可能想說多加更多樣的影像到負向訓練集中來解決這個問題，這也許會有一些改進。另一個解決此問題的方法則是使用更直接的方法，像是難例挖掘（hard negative mining）。在難例挖掘中，我們取得在我們的分類器沒有看過的影像之一個新的影像集合，找出所有誤判的小圖片，然後在重新訓練分類器之前，明確地把它們加到訓練集中做為負面實例。

我們目前的管線搜尋只有在其中一個比例

目前的版本，我們的演算法如果遇到不是近似於 62×47 像素的尺寸就會無法找出人臉。只要使用不同尺寸的滑動窗大小就可以直接解決這個問題，而在把圖片餵入此模型之前直接地使用 `skimage.transform.resize` 調整每一個小圖片的大小。事實上，使用的 `sliding_window` 工具也已經內建了這樣的想法。

我們應該要結合重疊的偵測小圖片

對於一個產品等級的管線，我們比較不會想要在同一個人臉上有 30 個偵測，而是要試著去把一些重疊的偵測群組減少成為一個單一的偵測。這可能可以藉由非監督式集群方法（均值漂移集群就是一個還不錯的候選者），或是藉由一個程序式的嘗試像是非極大值抑制（non-maximum suppression）來處理，這是一個在機器視覺中常見的演算法。

管線應該被精簡

一旦我們要處理這些問題，如果能夠建立一個更精簡的管線用來擷取訓練影像以及預測滑動窗的輸出會更好。這是當 Python 做為資料科學工具時最棒的部分：只要一點點工作，就可以建立好原型程式碼，然後使用已經設計良好的物件導向 API 打包它，讓使用者更容易地去使用這些程式碼。我會把這部分當作是「讀者的作業」。

最新的發展：深度學習（*deep learning*）

最後，應該加上此點，也就是 HOG 以及其他程序式的影像特徵萃取方法在影像上不再總是被使用。取而代之的，許多現代的物體偵測管線使用深度類神經網路的各種衍生方法（統稱深度學習）：類神經網路的一種思考方式是，它們是一個用來從資料中決定最佳的特徵萃取技巧的估計器，而不是基於使用者的直覺。

儘管該領域近年來取得了驚人的成果，但深度學習在概念上與前幾章中探索的機器學習模型並沒有太大的不同。它們主要的進步是能夠利用現代計算硬體（通常是大型且強大的機器叢集）在更大的資料語料庫上訓練更靈活的模型。但是，儘管規模不同，但最終目標卻大同小異：從資料建構模型。

如果您有興趣進一步瞭解，下一節中的參考清單應該提供了一個對你有用的起點！

進階的機器學習資源

本書的此篇已經提供了在 Python 中進行機器學習的一個快速的導覽，基本上使用的是在 Scikit-Learn 程式庫中的工具。同時，這些章的篇幅仍然太簡短，無法涵蓋許多有趣的以及重要的演算法、研究、以及討論。在此，筆者打算建議一些資源，提供想要進一步學習機器學習主題的讀者參考：

***Scikit-Learn* 網站（*http://scikit-learn.org*）**

Scikit-Learn 網站有許多令人深刻、廣泛的說明文件和範例，涵蓋了我們所討論過的模型以及更多其他的部分。如果你想要對於最重要的以及最常被使用的機器學習演算法有一個簡要的查詢，這個網站是起步的好地方。

***SciPy*、*PyCon* 與 *PyData* 的教學影片**

Scikit-Learn 和其他機器學習主題是許多以 Python 為主的研討會系列在教學系列中長年受到歡迎的項目，尤其是 PyCon、SciPy、以及 PyData 研討會。大部分這些研討會發佈的影片包括他們的主題演講、演講和教學都是免費的，你可以透過網站的搜尋找到他們（例如：「PyCon 2022 videos」）。

《*Introduction to Machine Learning with Python*》，*Andreas C. Müller* 和 *Sarah Guido* 著，*O'Reilly* 出版

本書涵蓋了這些章節中討論的許多機器學習基礎知識，但它特別涵蓋了 Scikit-Learn 的更高級功能，包括額外的估計器、模型驗證方法與管線化技巧。

《*Machine Learning with PyTorch and Scikit-Learn*》（*https://oreil.ly/p268i*），*Sebastian Raschka* 著，*Packt* 出版

Sebastian Raschka 的最新著作，從這些章節涵蓋的基本主題開始，但更深入地展示了如何將這些概念應用於更複雜且最計算密集型的深度學習與強化學習，該書使用的是 PyTorch 程式庫（*https://pytorch.org*）。

索引

※ 提醒您： 由於翻譯書排版的關係，部分索引名詞的對應頁碼會和實際頁碼有一頁之差。

符號

A

B

C

D

E

F

G

H

I

J

K

L

M

N

O

P

Q

R

S

T

U

V

W

關於作者

Jake VanderPlas 是一名 Google Research 的軟體工程師，致力於開發支援資料密集型研究的工具。Jake 創建與開發使用在資料密集科學的 Python 工具，包括 Scikit-Learn、SciPy、AstroPy、Altair、JAX 以及其他的套件。他參與了廣泛的資料科學社群，並在資料科學領域的各種會議上開發及展示有關科學計算主題講座與教學。

出版記事

本書的封面動物是墨西哥珠毒蜥（*Heloderma horridum*），一種在墨西哥和瓜地馬拉部分地區發現的爬行動物。希臘語 Heloderma 一詞意指「鑲嵌皮膚」，特指這種蜥蜴皮膚獨特的珠狀紋理鱗片，這些珠狀突起是骨皮（骨狀真皮），每個骨皮都含有一小塊骨頭，作為保護其身體的盔甲。

墨西哥珠毒蜥是黑色的，帶有黃色斑塊和條帶。牠有寬闊的頭和粗壯的尾巴，可以儲存脂肪，以幫助牠在炎熱的夏季度過不活躍的幾個月。平均而言，這些蜥蜴長 57 至 91 cm，重約 800 至 4000 克。與大多數的蛇和蜥蜴一樣，墨西哥珠毒蜥的舌頭是它的主要感覺器官。牠會反覆伸出舌頭，從環境中蒐集氣味顆粒並檢測獵物（或者在交配季節尋找潛在的伴侶）。

牠和美國毒蜥（近親）是世界上唯二的有毒蜥蜴。受到威脅時，墨西哥珠毒蜥會咬住並咀嚼，因為牠不能一次釋放大量的毒液。這種咬傷和毒液的後遺症非常痛苦，但對人類來說很少致命。墨西哥珠毒蜥的毒液含有已經合成的酶，能用來幫助治療糖尿病，進一步的藥理學研究正在進行。牠受到棲息地喪失、偷獵寵物貿易以及當地人因恐懼而殺死牠的威脅。這種動物在其居住的兩個國家都受到立法的保護。O'Reilly 封面上的許多動物都瀕臨滅絕；牠們都對世界很重要。

封面插圖由凱倫・蒙哥馬利（Karen Montgomery）繪製，基於伍德的動畫創作中的黑白版畫。

Python 資料科學學習手冊 第二版

作　　者：Jake VanderPlas
譯　　者：何敏煌
企劃編輯：蔡彤孟
文字編輯：詹祐甯
特約編輯：王子旻
設計裝幀：陶相騰
發 行 人：廖文良

發 行 所：碁峰資訊股份有限公司
地　　址：台北市南港區三重路 66 號 7 樓之 6
電　　話：(02)2788-2408
傳　　真：(02)8192-4433
網　　站：www.gotop.com.tw
書　　號：A727
版　　次：2023 年 12 月初版
建議售價：NT$980

國家圖書館出版品預行編目資料

Python 資料科學學習手冊 / Jake VanderPlas 原著；何敏煌譯. -- 初版. -- 臺北市：碁峰資訊, 2023.12
面；　公分
譯自：Python data science handbook: essential tools for working with data, 2nd ed.
ISBN 978-626-324-684-3(平裝)
1.CST：Python(電腦程式語言)
312.32P97　　112019104

本書是根據寫作當時的資料撰寫而成，日後若因資料更新導致與書籍內容有所差異，敬請見諒。 若是軟、硬體問題，請您直接與軟、硬體廠商聯絡。